U0898329

2008北京奥运建筑丛书

OLYMPIC

织梦筑鸟巢

NATIONAL STADIUM: PART ON ENGINEERING

国家体育场——工程篇

总主编 中 国 建 筑 学 会
中国建筑工业出版社

本卷主编 北京城建集团有限责任公司
中信建设有限责任公司

中国建筑工业出版社
CHINA ARCHITECTURE & BUILDING PRESS

2008北京奥运建筑丛书（共10卷）

梦寻千回——北京奥运总体规划

宏构如花——奥运建筑总览

五环绿苑——奥林匹克公园

织梦筑鸟巢——国家体育场

漪水盈方——国家游泳中心

曲扇临风——国家体育馆

华章凝彩——新建奥运场馆

故韵新声——改扩建奥运场馆

诗意漫城——景观规划设计

再塑北京——市政与交通工程

2008 北京奥运建筑丛书

总主编单位

中国建筑学会
中国建筑工业出版社

顾　问

黄　卫（北京市副市长、院士，原住房和城乡建设部副部长）

总编辑工作委员会

主　任　宋春华（中国建筑学会理事长、国际建筑师协会理事）
副主任　周　畅　王珮云　黄　艳　马国馨　何镜堂
执行副主任　张惠珍

委　员（按姓氏笔画为序）
丁　建　马国馨　王珮云　庄惟敏　朱小地　刘龙华　何镜堂
吴之昕　吴宜夏　宋春华　张　宇　张　韵　张　桦　张惠珍
李仕洲　李兴钢　李爱庆　沈小克　沈元勤　周　畅　孟建民
金　磊　侯建群　胡　洁　赵　晨　赵小钧　徐贱云　崔　恺
黄　艳
总主编　周　畅　王珮云

丛书编辑（按姓氏笔画为序）

马　彦　王伯扬　王莉慧　田启铭　白玉美　孙　炼　米祥友
刘　江　许顺法　何　楠　杜　洁　武晓涛　范　雪　徐　冉
戚琳琳　黄居正　董苏华
整体设计　冯彝诤

《织梦筑鸟巢　国家体育场——工程篇》

本卷编委会

主　　任：刘龙华　徐贱云　洪　波
常务副主任：谭晓春　袁绍斌
副　主　任：李振长　皮尤新　吴竞军　张从思　张晋勋
成　　员：李久林　宋林惠　刘月明　黄永生　周　杰　张从洲
刘桂根　薛忠亚　郑　中　梁文启　陈永坤　肖景贵
王增彪　刘　新　杨晓城　杨鸿良　吴之昕　陈晓佳

本卷编写人员

主　　编：李久林
副　主　编：杨庆德　邱德隆　杨俊峰　梁秋月

编写人员
第一章：杨庆德　高树栋　张新明
第二章：李久林　杨俊峰　杨庆德
第三章：李久林　杨庆德　杨俊峰　汪　蛟　张　颖　史自卫　韩　宇
第四章：李久林　邱德隆　高树栋　李文标　万里程　王大勇　王　磊　冯红涛
第五章：李久林　高树栋　邱德隆
第六章：第一、二、四节：杨庆德　陈永涛
第三、五、六节：梁秋月　代红先　张熠星　张爱萍
第七章：第一、二、三、四、五节：
杨俊峰　张新明　盛　宇　张　正　张叙川　耿国明
第六、七、八节：朱景明　张宏伟
第九、十节：杨俊峰　盛　宇　张新明　朱景明
第八章：第一节：张　颖；第二节：汪　蛟
第九章：第一节：杨庆德；第二节：邱德隆；第三节：杨庆德　王　毅
第十章：第一节：杨庆德　张义昆；第二节：庄卓琦；第三节：张义昆
第四节：卢　伟　徐仲卿；第五节：王依娜；第六节：张　颖
第七节：卢　伟；第八节：李久林　王大勇　卢　伟
第十一章：何慷民　康　建
摄　　影：何慷民

总　序

奥运会，作为人类传统的体育盛会，以五环辉耀的奥林匹克精神，牵动着五大洲不同肤色亿万观众的心。奥林匹克运动不仅是世界体育健儿展示力与美的舞台，是传承人类共荣和谐梦想的载体，也为世界建筑界搭建了一个展现多元的建筑文化、最新的建筑设计理念、建筑技术与材料、建筑施工与管理水平的竞技场。2008年北京奥运会，作为奥林匹克精神与古老的中华文明在东方的第一次相会，更为中国建筑师及世界各国建筑师们提供了展示建筑创作才华与智慧的机会：国内外的建筑师的合力参与，现代建筑形式与中国传统文化的结合，都赋予了北京奥运建筑迥异于历届奥运建筑的独特性，并将成为一笔丰赡的奥林匹克文化遗产和人类共享的世界建筑遗产。

随着2008年的到来，北京奥运会的筹备工作已进入决胜之年。而奥运会筹备工作的重头戏——奥运场馆建设，在陆续完成主要建设工程后，正在紧锣密鼓地进行后续工作，并抓紧承办测试赛的机会，对场馆设施和服务进行了最后阶段的至关重要的检测。奥运场馆的相继亮相，以及奥林匹克公园、国家会议中心、数字北京大厦、奥运村等奥运会的相关设施的落成，都为北京现代新建筑景观增添了吸引世人聚焦的亮点。而由著名建筑大师及建筑设计事务所参与设计的奥运场馆，诸如国家体育场（“鸟巢”）、国家游泳中心（“水立方”）等，更成为北京新的地标性建筑。

2008年北京奥运会新建场馆15处，改扩建场馆14处，临建场馆7处，相关设施5处。其中国家体育场、国家游泳中心、国家体育馆、北京射击馆、国家会议中心、奥林匹克公园、奥运村、媒体村、数字北京大厦等新建场馆以及相关设施，或者由世界上知名的设计师及事务所设计，或者拥有世界体育建筑中最先进的技术设备。无论从设计理念上，还是从技术层面上，这些建筑都承载了北京现代建筑的最新的信息，体现了北京奥运会“绿色奥运、科技奥运、人文奥运”的宗旨，成为2008年国际建筑界关注的热点。向世界展示北京奥运建筑、宣传奥运建筑也成为中国建筑界义不容辞的一项责任。

为共襄盛举，中国建筑学会与中国建筑工业出版社共同策划出版了这套“2008北京奥运建筑丛书”，以十卷精美的出版物向世界全面展现北京奥运建筑的风采。用出版物的形式记录北京奥运建筑的设计理念、先进技术、优美形象，是宣传和展示2008年北京奥运会的重要方式，这既为世界建筑界奉献了一套建筑艺术图书精品，也为后人留下了一份珍贵的奥林匹克文化遗产。

本套丛书共包括《梦寻千回——北京奥运总体规划》、《宏构如花——奥运建筑总览》、《五环绿苑——奥林匹克公园》、《织梦筑鸟巢——国家体育场》、《漪水盈方——国家游泳中心》、《曲扇临风——国家体育馆》、《华章凝彩——新建奥运场馆》、《故韵新声——改扩建奥运场馆》、《诗意漫城——景观规划设计》以及《再塑北京——市政与交通工程》十卷，从奥运总体规划到单体场馆介绍，全面展示了北京奥运建筑的方方面面。整套丛书从策划到编撰完成，历时两年。作为一项艰巨复杂的系统工程，丛书的编撰难度很大，参与编写的单位和人员众多，资料数据繁杂。在中国建筑学会和中国建筑工业出版社的总牵头下，丛书的编撰得到了住房和城乡建设部、北京奥组委、北京2008办公室及首都规划建设委员会的大力支持，更有中国建筑设计研究院、北京城建集团有限责任公司、北京市建筑设计研究院、中建国际设计顾问有限公司、北京国家游泳中心有限责任公司、清华大学建筑设计研究院、北京清华城市规划设计研究院风景园林规划设计研究所、北京市政工程总院等分卷主编单位的热情参与，各奥运建筑的设计单位也对丛书的编撰给予了很大的帮助。作为中国建筑界国家级学术团体和最强的图书出版机构，中国建筑学会与中国建筑工业出版社强强联合，再借国内外建筑界积极参与的合力，保证了丛书的学术性、技术性、系统性和权威性。

本套丛书凝聚了国内外建筑界的苦心之思，也是中国建筑界奉献给2008年北京奥运会、奉献给世界建筑界的一份礼物。希望通过本套丛书的编撰，打造一套具有国际水平的图书精品，全面向世界展示北京奥运建筑风貌，同时也可以促进我国建筑设计、工程施工、工程管理以及整个城市建设水平的提升，促进我国建设领域与国际更快更好地接轨。

宋春华

建设部原副部长

中国建筑学会理事长

2008年2月3日

本　书　序

随着2008年第29届北京奥运会、残奥会的精彩闭幕，国家体育场（鸟巢）作为无与伦比的2008奥运会主会场，因其新颖独特的设计和巨大的建造难度、经受了精彩绝伦的开闭幕式和田径比赛的考验而载入史册。国家体育场（鸟巢）2007年7月被英国《泰晤士报》评为世界正在建设十大建筑工程首位，被美国《时代》周刊评为2007年世界十大建筑奇迹，被评为北京当代十大建筑，被评为新中国成立60周年百项经典工程暨精品工程。

国家体育场工程充分体现了绿色奥运、科技奥运、人文奥运三大理念，具有技术上挑战性、功能上综合性、管理上复杂性等特点。作为一座体量巨大、设计新颖、设施先进、功能齐全、造型特异、科技含量高、充满时代气息的智能建筑，大量采用新材料、新技术、新工艺、新方法，工程的建造是一个庞大而复杂的系统工程。由于建筑师追求的浑然天成的鸟巢造型，在这一设计理念主导下，国家体育场工程由外至内均体现出“杂乱无序”的结构构造：外围钢结构由巨形弯扭构件编织而成，内部混凝土结构由倾斜、旋转角度各异的斜扭柱组成的异形框架结构，装饰选材及节点构造追求与钢结构造型相呼应，产生室内外空间的连续过渡，突出新颖奇特与返璞归真相结合的设计理念。工程100年耐久性指标要求、4.2万t异形钢构件加工安装、6万$m^2$1.4万t大跨度马鞍形空间钢屋盖卸载、Q460超强超厚钢板焊接、4.5万m^2ETFE和5.3万m^2PTFE大面积膜结构安装等诸多关键施工技术堪称世界难题，现行施工规范及验收标准未能全部涵盖；机电系统功能齐全、高度集成，施工难度巨大；与鸟巢造型相呼应的大量异型构造、装饰施工大量采用手工作业，质量控制难度很大。国家体育场作为北京市地标性工程，为国内外各界所关注，影响巨大，质量标准高。

针对本工程极为复杂的施工难点，北京城建集团举全集团之力、融社会之智，与中信建设及各参施单位，联合专业科研单位，历经四年多艰苦卓绝的努力和科技攻关，在诸多领域获得了突破性进展，取得了一系列成果：工程质量优异，科技成果丰硕，经济效益显著，社会影响巨大，必将成为奥运史的一座丰碑。主要科研课题均在国家、北京市科技计划立项，科技成果均通过市、部级科技成果鉴定评审，工程应用新技术的整体水平达到国际先进水平，其中高强厚板钢结构焊接技术、复杂异形钢结构综合安装技术等多项成果达到国际领先水平。工程获国际焊接协会2010年度奖、北京市科技进步一等奖、华夏一等奖、鲁班奖、詹天佑奖、中国建筑钢结构金奖等国内外科技、质量管理的最高奖项，以及一大批具有自主知识产权的国家专利、国家工法等，取得的一批系统的研究成果提高了我国建筑技术水平。

国家体育场工程得以顺利竣工以及完美承担一届伟大的奥运盛会，凝聚了广大建设者的智慧和汗水。工程技术人员满载荣耀，回首过去，对工程施工技术、施工管理进行全面的总结，形成本卷书籍。本卷书籍从总体概述、混凝土结构、钢膜结构、装饰装修、机电安装、开闭幕式、综合管理等诸方面，共分十一章四十多节，对鸟巢工程关键施工技术和总承包施工管理创新成果进行了全面的总结和阐述。本卷书具有很高的学术价值，同时图文并茂，很好地兼顾了通俗性。本书全部由国家体育场建设者编写完成，作者们经历了鸟巢建设的整个历程，所有素材取自第一手资料，保证了像鸟巢这样在设计施工中不断优化创新的工程资料的准确性和权威性。本卷书高度概括，调理清晰，技术性较强，既作为对施工过程的回顾、经验总结，也可作为类似工程的借鉴。

叶可明

中国工程院院士

国家住房和城乡建设部科技委员会委员

2009.5.19

目　录

第一章　工程总体概述及特点难点

国家体育场（图 1-1、图 1-2）位于奥林匹克公园中心区南部，是北京 2008 年第二十九届奥运会的主会场，承担开幕式、闭幕式和田径比赛，赛时可容纳观众 91000 人，其中临时坐席 11000 个（赛后拆除）。工程占地面积 20.4hm^2，总建筑面积 25.8 万 m^2。建设单位为国家体育场有限责任公司，设计单位为瑞士赫尔佐格和德梅隆、中国建筑设计研究院、奥雅纳组成的设计联合体，总承包单位为北京城建集团。工程于 2003 年 12 月 24 日开工建设，2008 年 6 月 27 日竣工。

第一节　工程概述

1．建筑工程概况

本工程分体育场、基座和热身场地三部分，体育场建筑造型呈椭圆的马鞍形，外壳由 4.2 万 t 钢结构有序编织成鸟巢状独特的建筑造型；内部为三层混凝土结构碗状看台；钢结构屋顶上层为 4.2 万 m^2 ETFE 单层张拉膜，下层为 5.3 万 m^2 PTFE 膜声学吊顶（图 1-3~ 图 1-6）。

图 1-1　国家体育场鸟瞰图

图 1-2　国家体育场立面图

图 1-3　国家体育场内部构造

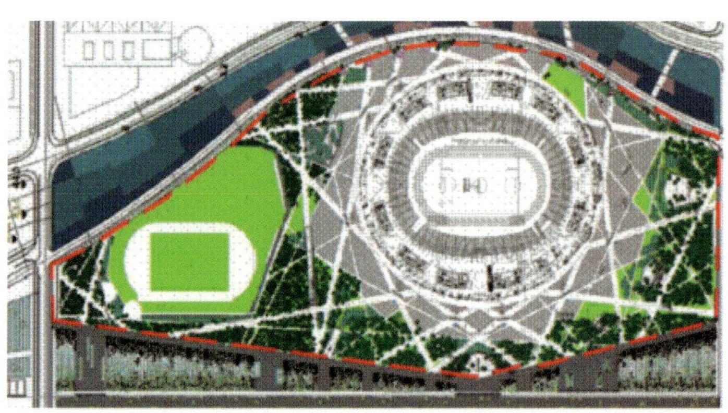

图 1-4　国家体育场工程总体布局图

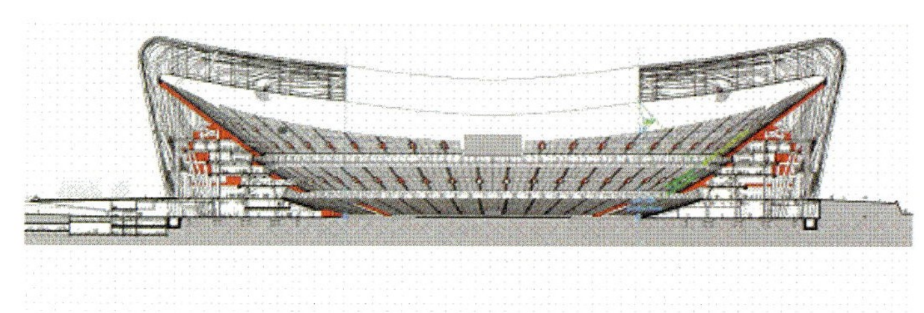

图 1-5　国家体育场工程东西剖面图

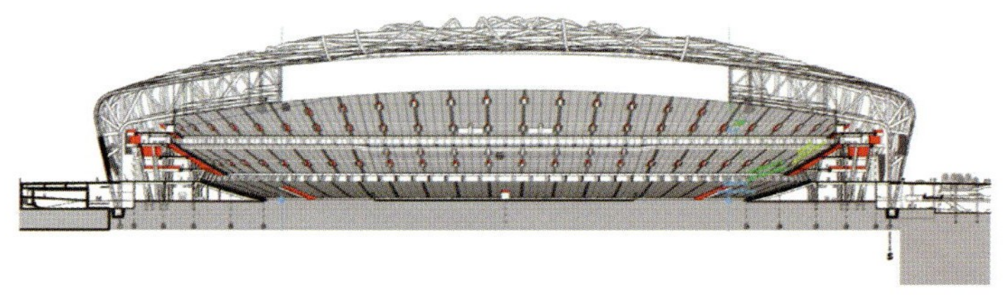

图 1-6　国家体育场工程南北剖面图

图 1-7　预制混凝土看台板

建筑物南北向（长轴）长 333m，东西向（短轴）长 280m；观众看台下地下 2 层，地上 4~7 层，建筑物高 69.21m（混凝土结构高 51.1m），±0.000 相当于 43.50m。本工程为特级体育建筑，工程设计使用年限为 100 年，耐火等级为一级，抗震设防烈度 8 度，人防等级为 6 级，物资库防化等级丁级。地下工程防水等级为Ⅰ级，采用三道设防。其中一道为钢筋混凝土自防水；在钢筋混凝土结构外侧，基座底板、外墙采用柔性防水层为两道 4+4 SBS 改性沥青卷材防水；基座顶板采用柔性防水层为两道 3+4 SBS 改性沥青卷材防水。室内防水采用 1.5mm 厚单组份聚氨酯涂膜。总体设计贯彻“绿色奥运、科技奥运、人文奥运”三大理念。

2. 结构工程概况

2.1 混凝土结构

本工程混凝土结构是由 12 个混凝土剪力墙形成的核心筒与周边梁、板、柱组成的异形框架 - 剪力墙结构，框架结构上部支撑着预制看台板，约 14700 块预制看台板与大跨度斜梁组成观众看台，见图 1-7。

除预制看台板外均为现浇混凝土结构。基础采用桩承台式基础，基础桩采用后压浆钻孔灌注桩，桩顶承台通过混凝土筏板连接为整体（图 1-8）。

看台结构存在大量斜柱、斜梁、空间环梁及弧形墙等大量异形构件，见图 1-9。其中斜柱断面尺寸为 1000mm×1000mm，共分两种形式：一种为单向倾斜，另一种为在单向倾斜基础上沿纵向旋转一个角度（简称斜扭），倾斜角度从 59°～89° 不等，共 70 种，旋转角度从 1°～89° 不等，共 36 种，跨层（二、三、四）与楼板相连的斜柱最大垂直高度达 18.65m。

斜梁为超长鱼腹式 T 形结构，中层看台斜梁断面尺寸 1000mm×（333～2278）mm 不等，上层看台斜梁截面尺寸 1000mm×（442～1200）mm 不等；上层看台斜梁端部为椭圆形马鞍状空间环梁，断面尺寸最大 1200mm×1615mm。基础外墙大量为弧形墙体。零层顶板、下层看台叠合现浇斜板采用无粘结预应力，直线布置；通道转换梁、看台悬挑梁采用有粘结预应力。各层结构外边梁为折线形，边线里出外进极不规则，6 条变形缝间板长约 172m，为超长结构。基础底标高变化大，其中钢结构组合柱 P 承台最大为 14m×26m×9.5m，为大体积混凝土结构。见图 1-9、图 1-10、图 1-11。

2.2 钢结构

钢结构主结构由 24 榀门式桁架组成，其中 22 榀是直线贯通或近似直线贯通。屋盖开口长轴方向（南北向）长度约为 185m，开口边缘接近跑道的外侧；短轴方向（东西向）约为 125m，边缘接近一层看台内侧。组合柱间共设置 12 对瀑布状大楼梯，见图 1-12。

屋顶桁架矢高 12m，其中上弦杆（组合柱外柱相连）截面基本为 1000mm×1000mm，下弦杆（组合柱内柱相连）为 800mm×800mm，腹杆截面基本为 600mm×600mm。组合柱（菱形内柱 +2 方形外柱）的截面保持 1200mm×1200mm 不变，次结构截面为 1000mm×1000mm。

钢板的最大厚度不大于 110mm。板厚不大于 34mm 时

图 1-8　基础施工图

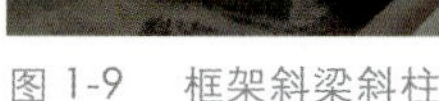

图 1-9　框架斜梁斜柱

采用 Q345 钢材; 板厚不小于 36mm 时，采用 Q345GJ 钢材; 板厚不小于 100mm 时采用 Q460E 钢材，此种钢材在国内建筑用钢中首次使用，共约 700t，应用在 4 个柱脚和 6 根桁架柱中。桁架柱的菱形内柱下端（标高 +1.5m）的上部采用了 Gs20Mn5V 铸钢件。铸钢件单件重量最大近 30t，共计约 600 t。钢材 Z 向性能要求：40mm $\leqslant t \leqslant$ 60mm，Z15；60mm $< t \leqslant$ 90mm，Z25；$t >$ 90mm，Z35。设计用钢量总计约 42000 t。见图 1-13~ 图 1-17。

图 1-10　钢结构柱下超厚混凝土承台

图 1-11　结构封顶全图

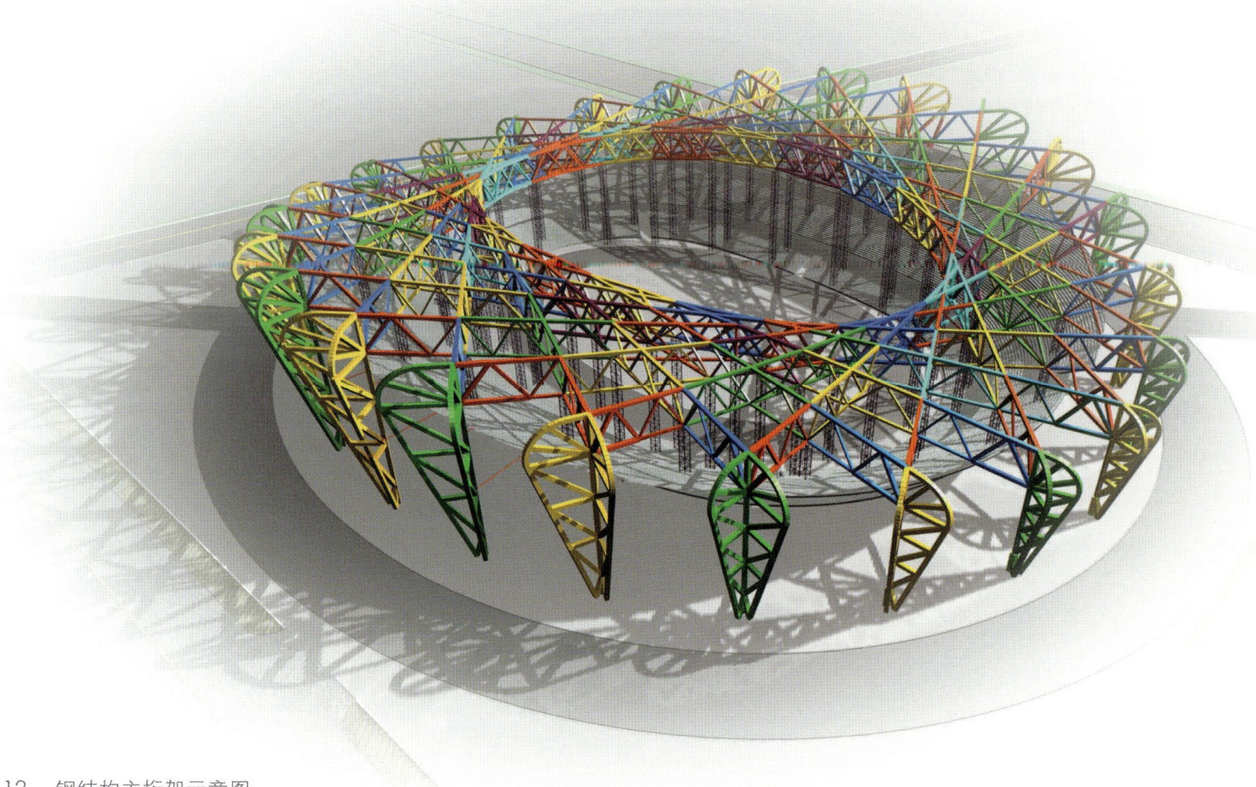

图 1-12　钢结构主桁架示意图

图 1-13　钢结构主桁架梁、柱

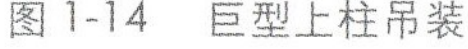

图 1-14　巨型上柱吊装

图 1-15　钢结构安装完成内景

图 1-16 钢结构吊装全图

图 1-17 钢结构安装完成外景

3. **装饰装修工程概况**

国家体育场气势宏大、风格独特。国家体育场装饰装修设计将中国元素、人文关怀、国际潮流相融合，通过不同材料、不同色彩、不同元素的运用，将不同功能分区有机结合在一起。装饰选材及节点构造追求与钢结构造型相呼应，突出新颖奇特与返璞归真相结合的设计理念。其装饰设计把建筑立面的不规则乱形图案运用到地面、幕墙、吊顶等部位，室内所有柱子均用与外部钢结构相同的银色漆饰面（图1-18），使建筑风格通过装饰手段在建筑内部得到延伸，建筑造型与装饰效果和谐统一、相得益彰。总体色彩搭配以银、红、黑、灰为主，色彩对比突出。根据不同区域的功能需要，选料用材把握有度，总体风格不求奢华，在各层观众集散区域力求通过银色、红色、黑色大面积色块和浅加工石材及本色混凝土形成对比。对贵宾接待区等重点区域，则采用金色金属及金属质感等装饰材料，辅以灯光照明，营造出气势豪华、金碧辉煌的空间氛围。对于要员接待厅，则采用充满文化底蕴的大漆工艺进行装饰，向世界传递中华传统文化。

其中3层餐厅层外侧、4层包厢层内外两侧设置隐框全玻幕墙，采用60×120钢框、中空玻璃，其中玻璃内侧用彩釉图案处理。集散厅采用红色涂料墙面、亚麻地面，顶棚平板部位喷涂黑色涂料，看台板下表面喷涂红色涂料。混凝土柱喷涂与钢结构一致的金属银灰色面漆。一层集散厅采用机切拼花石材地面。内隔墙除钢筋混凝土墙外，主要墙体均为300、250、150mm厚陶粒混凝土空心砌块及轻钢龙骨轻质隔墙。

外墙保温材料为100mm厚岩棉保温层，二层以上集散厅楼板保温材料为30mm厚挤塑板保温层，部分看台板下面有房间部位，在底板做50mm厚挤塑板保温层，一层集散厅及基座平台保温材料为50mm厚挤塑板保温层。

装饰完成内景见图1-19，装饰完成外景见图1-20。

4. **机电工程概况**

机电设备安装工程包括给排水、通风空调、电气、智能建筑及电梯五大系统38个专业系统。

给排水工程中给水系统采用紫铜管，最大口径达250mm，钎焊连接；生活排水系统卫生间坐便器均采用同层排水方式；观众区域设直饮水系统，采用食品级薄壁不锈钢管材；钢结构屋面雨水排水系统采用重力和虹吸相结合的排水方式，屋面雨水及场区径流雨水经6个雨水收集池收集处理后补充市政优质中水供体育场内消防、喷灌、后期改造卫生间使用。

图1-18　鸟巢混凝土结构外立面装饰

通风空调工程中空调主导冷源采用双工况冷水机组，赛时为空调工况，赛后采用冰蓄冷模式；体育场部分区域采用地源热泵系统，比赛场地下设置地源换热器。

电气工程中变配电系统采用10kVA四路进线、两路供电模式，设两台1680kW柴油发电机组作为应急电源，另设UPS作为计算机类负荷应急电源，EPS作为应急照明的电源；照明工程包括一般、应急、场地、景观及立面照明。

智能建筑工程中除常规的建筑设备监控等系统外，还包括安全防范系统、场地扩声系统及体育赛事系统。

5. **节能环保技术**

5.1 雨洪利用（图1-21）

国家体育场雨洪利用系统设施，年回收利用的雨水量可达到年平均总降水量的66%，年回收总量近6.7万m^3。既可有效地减少北京市的供水负担，降低径流量，减少对市政水管网的压力，又能为体育场运营中年回用水提供约23%的补水量；与使用自来水相比，还能为业主节约大量水资源费、自来水费和排污费，同时每年节约约400多万元的城市防洪费，具有显著的效益。其技术水平达到国际先进水平：（1）体育场内70%的供水由回用水代替，其中23%来自雨水；（2）世界范围内建筑雨洪利用系统处理标准最高的处理设施；（3）世界范围内建筑雨洪利用系统处理规模最大的设施之一；（4）世界范围内建筑再生水处理设施供水最洁净、最卫生的系统；（5）供水水质标准和先进的收集、处理、自控技术填补国内再生水处理领域空白，相关技术处于国际先进水平。

5.2 地源热泵技术应用（图1-22）

通过专项研究，利用体育场足球场草皮下的土壤资源，设计地源热泵冷热源系统，高效、节能、环保。本工程在足球场草坪下部设了312口深70m地源热泵井，夏季可提供

图 1-19　装饰完成内景

图 1-20　装饰完成外景

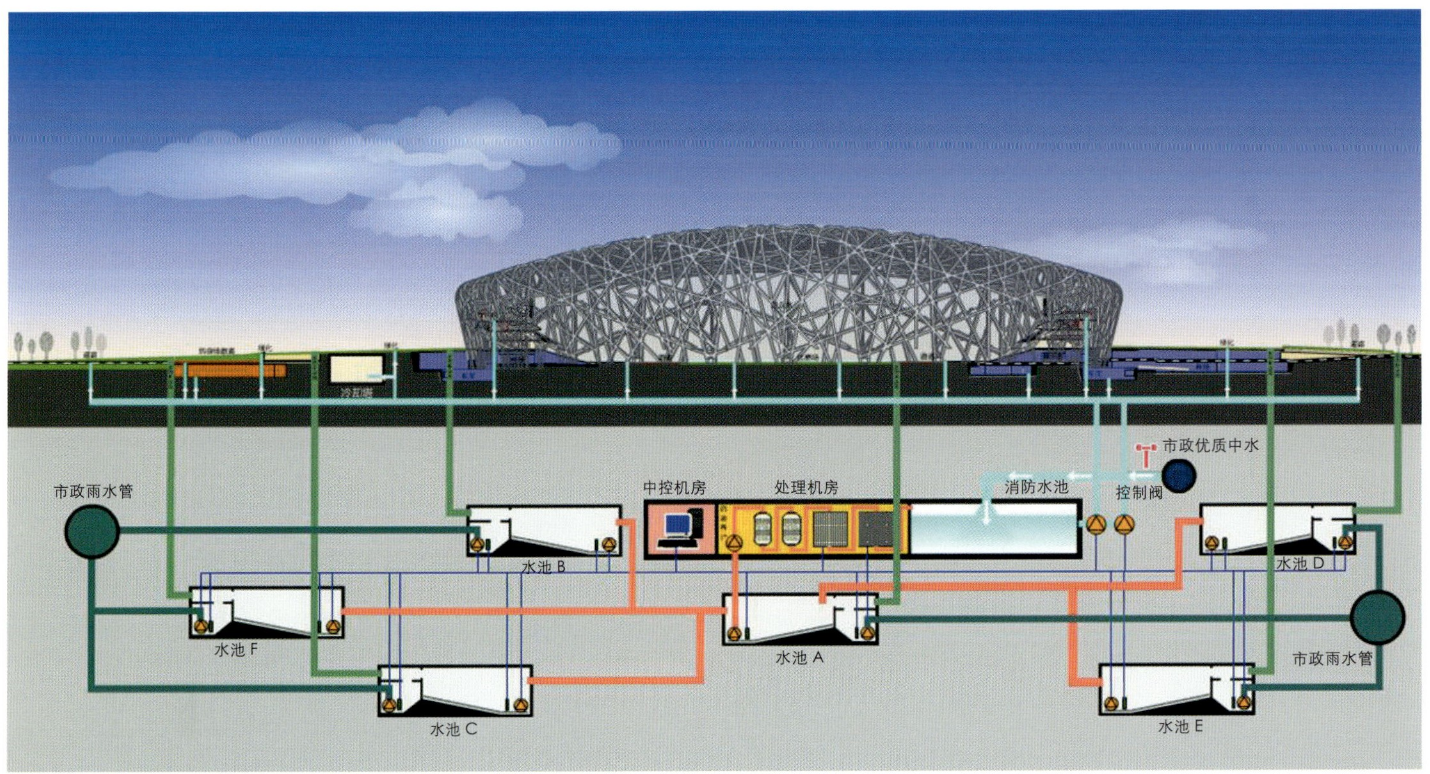

图 1-21 雨洪利用示意图

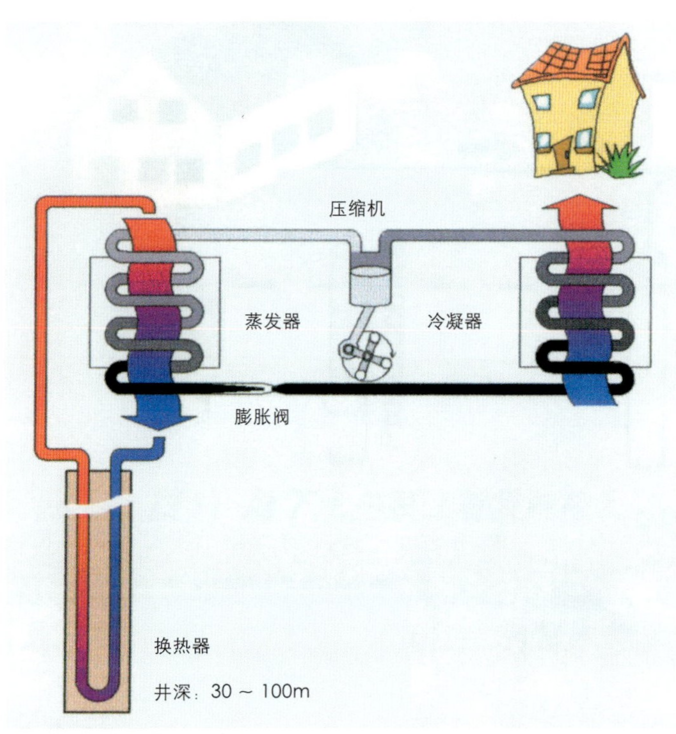

图 1-22 地源热泵示意图

1500kW 制冷量，冬季可提供 1800kW 制热量。这样既减少了部分负荷运行时的能耗，又充分利用可再生能源，积极响应了“绿色奥运”和“科技奥运”的理念。

图 1-23 上层透明 ETFE 膜结构

5.3 膜结构技术应用

采用新型、绿色建材 ETFE 及 PTFE 膜结构覆盖屋顶，并编制完成了由设计联合体作为主编单位的《国家体育场膜结构技术规程》、由施工总包作为主编单位的《国家体育场 ETFE 膜结构施工验收规程》和《国家体育场 PTFE 膜结构施工验收规程》，作为国家体育场膜结构设计施工的技术指导性文件。

膜结构具有燃烧性能优越、透光率好的特点，根据采用的膜材和使用部位的不同，具有防水、透光、吸声等作用。

图 1-24　下层半透明 PTFE 膜结构

本工程的膜结构由两部分构成：上层镶嵌在主体钢结构上层钢梁区格之间透明的 ETFE 膜结构（图 1-23），下层悬挂在主体钢结构下层钢梁下面半透明的 PTFE 膜结构吊顶（图 1-24）。

第二节　水文地质及气候条件

1. 土质情况

地表绝对标高为 43.00~47.00m。

土质在地表以下 2m 左右为人工堆积土；2.00~12.00m 范围内是第四纪黏性土、粉土层，层间夹有粉砂层；约 12.00~16.00m 是细砂层；16.00~36.00m 为黏性土、粉土层，层间夹有不连续分布的砂层透镜体；36.00~60.00m 为卵石层、砂层，且在深度约 47.00~52.00m 分布有一层黏性土层

在地震烈度达到 8 度且地下水位按历年最高水位时，本场地地基土不会产生地震液化

2. 地下水位

拟建工程场地地面以下 60m 深度范围内主要存在 5 层地下水，地下水类型为台地潜水、层间水、潜水和 2 层承压水。场区在该 5 层水以下的各含水层均具有较高的承压性

台地潜水层：场区台地潜水的静止水位标高为 37.86 ~ 40.63m；

层间水：场区层间水的静止水位标高在 34.54 ~ 35.01m，该层水在场区范围内具有不同程度的承压性；

潜水：场区该层水静止水位埋深在 28.28 ~ 30.20m，相应的水位标高为 15.21 ~ 17.48m，该层水与区域性的潜水～承压水有良好的水力联系；

承压水：场区该 2 层承压水静止水位埋深分别在 30.15 ~ 33.06m 和 32.40 ~ 34.28m，相应的水位标高分别为 12.12 ~ 15.20m 和 11.96 ~ 12.93m，这 2 层承压水在场区局部由于其间的相对隔水层缺失而相互连通

3. 地下水质

拟建工程场区台地潜水 9 个项目中的 5 个项目（氟化物、硒、总汞、铬、硝酸盐）符合一类标准、3 个项目（氰化物、砷化物、铅）符合二类标准，1 个项目（镉）符合三类标准；

层间潜水 9 个项目中的 6 个项目（氟化物、硒、总汞、铬、砷化物、硝酸盐）符合一类标准，2 个项目（氰化物、铅）符合二类标准，1 个项目（镉）符合三类标准

4. 气候情况

根据北京市气象局 30 年统计数据，北京地区的高低气温记录如下：

平均最高气温：30.8℃，极端最高气温：40.6℃，平均最低气温 -9.4℃，极端最低气温：-27.4℃

混凝土结构设计温度：冬天，最低温取 -15.9℃；夏天，最高温 +33.2℃；

钢结构设计温度：考虑因辐射产生的附加温度 +50℃ /+40℃（温度升高工况），-37℃（温度降低工况）；

膜结构设计温度：夏天，+40.6℃；冬天，-27.4℃。

第三节　工程特点和难点

1. 混凝土结构工程

（1）桩基设计施工难度大（图 1-25）。国家体育场为大跨度空间结构，基础受力复杂，同时抗浮水位较高，桩基承受的抗压、抗水平、抗拔荷载极大，且工程基底土质复杂，对于桩基设计参数的取得，尤其是水平荷载作用下桩顶嵌固效应以及桩土承台共同作用效应需通过系统的试桩确定，国内外民用建筑领域尚无成熟经验借鉴。

（2）异形框架结构复杂（图 1-26）。为实现鸟巢独特的建筑效果，混凝土结构中大量采用斜梁、斜柱构成异形框架结构（图 1-27）。1800 根混凝土柱中斜柱、斜扭柱占 80%，最大倾角 60°；其中跨三层、四层斜扭柱 124 根，最大斜长 21m；大断面、大跨度斜梁长 25m，倾角 30°。结构外边缘不规则，支撑架体施工难度大。采用现浇混凝土建造异形框架结构，国内外尚无先例。

（3）耐久性指标高。地上结构单块最大长度为 170m，钢结构柱下承台厚达 10m，基础底板不设伸缩缝，面积 300m × 400m，结构裂缝控制难度大。工程为具有重大意义的标志性建筑，混凝土结构需满足 100 年耐久性要求，对此

图 1-25　桩基钢筋笼图

图 1-26　异形混凝土框架结构示意图

类民用建筑工程国内外没有相应的规范可以依据，也无同类工程可供借鉴。

（4）预制看台板数量大、要求高（图 1-28）。国家体育场观众座席由约 1.5 万块预制混凝土看台板组拼而成。预制看台板型号多（约 2400 种）、工程量大，构件形式复杂；重量大（最重 18t），且为非预应力薄壁长构件，最长约 11m。看台板设计要求为清水混凝土构件，不做任何饰面处理，加工标准极高，构件制作及安装技术需进行专题研究解决。

2. 钢结构工程

（1）大量采用空间弯扭构件、节点复杂，加工制作及安装难度大。为体现鸟巢独特的建筑造型，本工程 1/3 以上的构件采用空间弯扭构件，无固定的线型。同时，本工程中无论是主结构之间，还是主次结构之间，都存在多根杆件（达 14 根）空间汇交现象；加之次结构复杂多变、规律性少，造成主结构的节点构造相当复杂，节点类型多样，制作、安装精度要求高（图 1-29）。

（2）构件体型大、单体重量重，构件翻身、吊装难度大。作为屋盖结构的主要承重构件的桁架柱最大外形尺寸达 25m × 20m × 68.5m，分两段吊装，吊装单元最重达 360 多 t，吊装高度最高达 68.5m。而主桁架高度 12m，双榀贯通最大跨度约 260m，吊装单元最重 262t，构件最长约 43m。由于构件体型较大，重量重，各类构件重心位置互不相同，翻身时吊点的设置和吊耳的选择难度较大，特别是桁架柱的翻身，吊耳在翻身和吊装时的受力有所变化，需考虑三向受力。翻身过程中的稳定性控制难度大。起吊时，必须调整好分段构件的角度和方位，而对于体型大、重量重的构件，角度调节相当困难，吊装难度大。

图 1-27　异形混凝土框架结构图

图 1-28　预制混凝土看台板图

图 1-29　桁架柱空间弯扭构件和多杆件汇交节点

（3）焊接量大、焊接难度大。本工程为全焊接钢结构，焊缝总长度约 30 万 m，焊缝折算总长度约 280 万 m。钢板厚度 3~110mm，焊接位置涉及平焊、横焊、立焊和仰焊，且焊接工作跨整个冬季。既有高强钢（Q460E-Z35）的焊接，又有铸钢件（GS-20Mn5V）的焊接（图 1-30）。薄板焊接变形大，厚板焊接熔敷量大，温度控制和劳动强度要求高。而高空焊接、冬雨季焊接的防风雨和防低温措施更使得焊接难度增大。

（4）安装精度控制难、施工质量要求高。由于施工过程中结构本身因自重和温度变化均会产生变形，结构形体复杂，均为箱形断面构件，位置和方向性均极强，安装精度受现场环境、温度变化等多方面的影响极难控制。另外，本工程无论是外观质量，还是内在质量（如焊缝质量等级等），都要求相当高。其中，钢板拼接、弯扭段构件组装焊缝及现场拼装、安装焊缝均为全熔透一级焊缝；钢结构立面在距视线 10m 内可见焊缝的余高要求为 0 ~ 1mm，所有焊缝表面均需进行磨光处理。

（5）合拢口多，合拢温度要求严，实施难度大。根据设计要求，本工程中的主桁架和立面结构各设置了四条合拢线。其中，主桁架合拢口 100 个（含上、下弦和腹杆），立面结构的合拢口 28 个（图 1-31），合

图 1-30　厚板焊缝

图 1-31　顶面、立面合拢

图 1-32　钢屋盖支撑卸载

拢口数量众多。虽立面结构和主桁架可采取分次合拢方案，但一次合拢的对接口数量仍高达 50 个，为确保合拢线上的对接口同时合拢，需组织大量的人力和物力。而且，整个钢屋盖安装及制作误差最终均集中在这四条合拢线，选择何种合拢方式来消纳误差难度特别大。同时，对于如此复杂的结构和复杂的温度场分布情况，要保证分次合拢时的温度条件基本一致，满足（19±4）℃要求，难度巨大。

（6）卸载点多、吨位重、设计要求高，同步控制难度大。本工程卸载点多、卸载吨位大，屋盖总面积约 60000m^2，卸载吨位约 14000t，78 个卸载点，设计要求“结构整体分级同步卸载、严格进行比例控制”，单点卸载吨位大、最大点支撑力约 300t，卸载实施难度大，见图 1-32。

（7）顶面及肩部次结构安装难度大。按设计要求，4000t 顶面及肩部次结构在主结构卸载之后进行安装（图 1-33），卸载之后主结构发生变形，而现有的加工制作依据是卸载前位形，所以卸载前后的变形量将会严重影响次结构的安装精度。

图 1-33　肩部次结构安装

图 1-34　膜结构安装

图 1-35　异形吊顶及石材地面

3. 膜结构工程

体育场钢结构屋顶上层为 4.5 万 m^2 ETFE 单层张拉膜，起到为观众看台遮风挡雨的作用，下层为 5.3 万 m^2 PTFE 膜声学吊顶，对于改善体育场内声学、光学环境具有重要作用，膜结构总覆盖面积近 10 万 m^2。大面积 ETFE 单层张拉膜的应用国内外尚无先例，也没有相应的质量验收标准，同时，在体育场复杂的钢结构表面进行膜结构安装存在巨大的质量和安全风险（图 1-34）。

4. 装饰装修工程

装饰面层材料的选择以及节点构造追求与钢结构乱形相呼应的效果，具体装饰节点作法上体现了粗犷与细腻相结合的方式，不追求选材的高档次，而是选择特异的材料，通过特殊的作法来表达设计师的意图，具体实施起来难度很大，如异形金属格栅吊顶、自然面石材地面拼砌等（图 1-35）。

5. 防水工程

室内外空间连续过渡，室内外建筑做法混合运用。由于钢结构和混凝土结构相互穿插，其变形缝受温度影响长期存在 45 ~ 72mm 大变形，变形缝防水难度极大；基座顶板和楼板采用挤塑板保温形成所谓的漂浮地面，大面积轻钢龙骨墙体内墙外用，防裂难度大。

6. 设备专业系统复杂

（1）系统集成化程度高

国家体育场工程规模宏大，各专业系统复杂，子系统项目繁多，各现场控制设备分散，为提高管理效率，采用现代通讯技术、计算机技术，建立统一的智能化管理与控制公共平台，使专业化系统管理与控制实现资源共享，将各独立的机电专业系统整合成一个复合功能强大的集成型系统。

（2）系统高新技术含量高

国家体育场专业设备大量采用了国内乃至国际建筑智能化的前沿技术，科技含量高，例如雨洪利用技术，智能照明综合控制技术；虹膜识别技术，系统集成技术，随异形结构敷设管线和设备安装施工技术等等。

（3）系统施工难度高

设备专业各系统间以及与其他专业系统间存在大量接口，因此，在施工过程中与土建、钢结构、装饰等专业存在大量交叉施工现象，协调配合难度较大。

本工程建设周期短，图纸深化设计、异形部件委托加工周期长，随设计的不断深入，施工方案、工艺与工序必然要进行调整，因此，在施工过程中会产生诸多设备安装位置和安装方式、线缆敷设路由、系统配置等变化，造成施工与管理上难度加大。

在调试过程中调试项目繁多，系统联动关系复杂，集成化程度高，系统开通调试难度大。

（4）系统电磁环境复杂

国家体育场的设计中，大量动力设备、变配电设备、照明设备、电梯机房与弱电系统的设备、管线及各子系统机房集中设置于0层，大量线缆及中继设备置于核心筒内，且场内部分通讯采用无线传输方式，电磁环境复杂，而体育场内的通讯系统、扩声系统和摄像转播等系统又对电磁环境有很高的要求，在深化设计、设备选型及施工的过程中对设备、管线的电磁兼容性如处理不当，不仅将产生大量系统间、设备间相互干扰的问题，导致系统工作失常，甚至会产生事故隐患。

（5）系统的安全性、可靠性要求高

国家体育场作为2008年奥运会主会场，将举办奥运会的开幕式、闭幕式及田径比赛等大型活动，其用途对其内部的机电设备运行的安全性、可靠性提出了非常高的要求。

（6）系统安装需同时兼顾赛时要求与赛后改造

本工程设备与系统除满足赛时要求外，在保证正常工期和施工安排前提下，应为赛后商业运营改造时有可能影响到建筑结构的部位提前做出方便改造施工的预留。

7. 其他

（1）国家体育场功能繁多，科技含量高，世界领先的建筑新技术、新材料、新工艺、新设备多，是世界上独一无二的特大型体育场馆建筑，特别是重型钢结构和顶面大面积ETFE和PTFE膜结构安装没有先例，近10项专项施工没有验收标准或国家现行施工验收标准不能覆盖，需要在施工过程中进行研究，制定专项验收标准用于指导施工，具有巨大的技术、质量风险。

（2）建设标准要求高。建设验收标准要求严格，综合调试、体育场地、体育设施技术标准必须与IOC、SPOC、BOCOG及国际单项体育联合会最新技术标准相一致；工程建设及工艺质量验收标准除了符合规范及国家最高质量标准——"鲁班奖"要求外，还应与国际接轨，接受国际奥委会、田联等国际相关组织的验收，满足体育场馆建设有关国际技术标准规定。

（3）施工时间短，工期紧。施工专业多，国际、国内分包单位多，特殊、特种专业施工队伍多，现场施工协调、管理与控制难度大。

第二章 总体施工部署

第一节 部署原则

为实现建设工期、质量、安全等管理目标，施工总承包遵循"引入先进的管理理念、采用最佳的施工技术、选用高素质的建设队伍、投入精良的机械设备、实施科学合理的组织安排、塑造过程精品"的指导思想，贯彻"绿色奥运、科技奥运、人文奥运"理念，进行施工总体部署。

施工总体顺序：先体育场，后基座、热身场地。体育场混凝土结构与钢结构施工顺序：以钢结构安装为主线，综合考虑施工工期，先行施工混凝土结构，合理安排混凝土结构施工顺序，为钢结构施工创造条件。对影响钢结构吊装的混凝土结构，根据设计图纸要求留设施工缝，待钢构件吊装后进行施工。预制混凝土看台板待钢结构卸载完成，随支撑塔架的分区拆除适时插入施工，同时保证顺序交接、先后有序、自然过渡。

时间上的原则：计划先行、统筹考虑，综合安排施工作业，尽量避开雨季、冬季不利工序，同时兼顾北京地区季节性气候影响。否则提前布置，为施工创造条件。

空间上的原则：平面分区段，立体分流水，合理组织，保证施工的连续性、均衡性、节奏性；做好分阶段验收安排，提前插入二次结构、钢结构、装饰装修、机电安装工程。

施工总平面布置原则：坚持长期性、阶段性、适用性、灵活性、可改造性兼顾的原则。科学合理布置施工临时设施、交通、临时用水、临时用电等，以施工总进度计划为依据进行阶段性调整，做到最低投入，最大收益。

资源配置原则：源头控制、动态配置、科学管理。对制定的进度计划进行可行性、合理性、科学性论证，从源头抓起，优化资源优势，按需均衡配置。

管理原则：发挥项目总承包管理优势，大力推进科技创新，实施信息化管理，进行数字建造。

第二节 工程施工区域划分

根据本工程施工的具体特点并结合类似工程施工的一般规律，本着科学合理、责任明确、尽量减少交叉施工、有利于施工管理的原则，划分施工区域。

（1）国家体育场工程施工总体分为：体育场、基座及热身场地，见图 2-1。

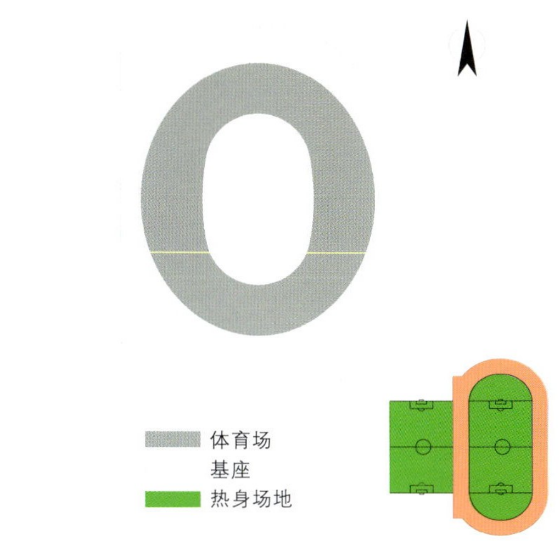

图 2-1　国家体育场工程整体区域划分图

（2）体育场混凝土结构工程依照 6 条变形缝划分为六个大的施工区域：EN 区、E 区、SW 区、ES 区、NW 区、W 区，见图 2-2。

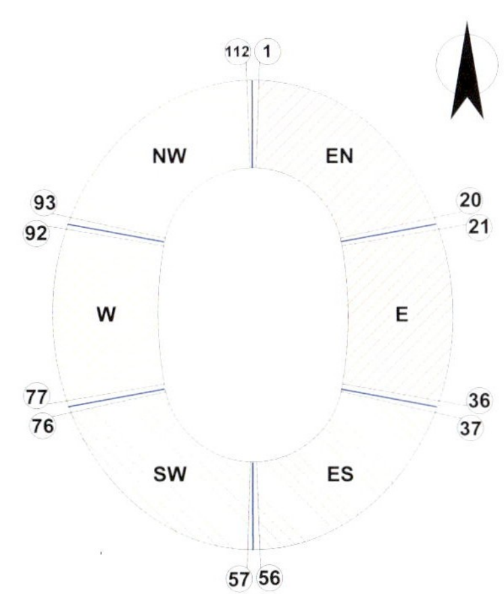

图 2-2　体育场混凝土结构施工区域划分图

（3）钢结构工程安装区域划分

钢结构工程安装划分为对称安装区域。总体划分为内环、中环及外环，见图 2-3。

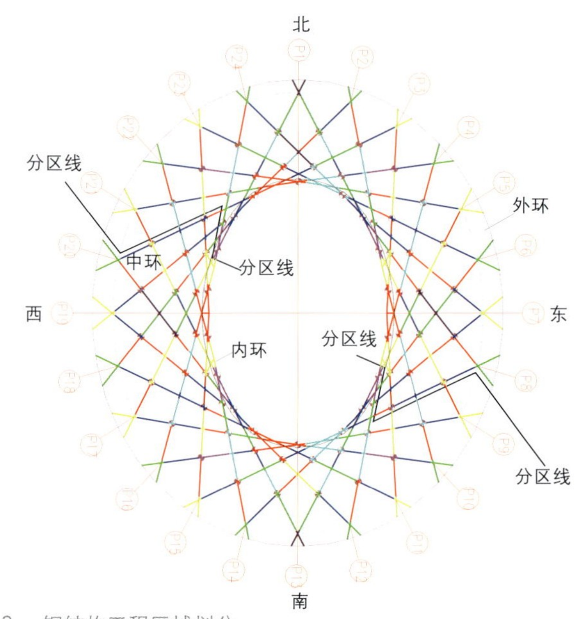

图 2-3　钢结构工程区域划分

（4）基座工程划分为：基座西区、基座南区和基座北区，其中东南和东北侧的两座冷冻机房分别划入基座南区和基座北区，见图 2-4。

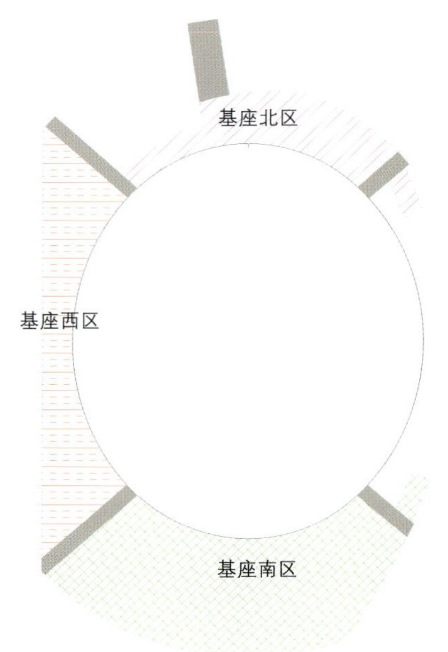

图 2-4　基座工程区域划分

（5）热身场地及比赛场地原则上不再划分。

（6）混凝土结构流水段划分

混凝土结构六个区安排三个作业队伍，区内流水施工。

（7）钢结构安装顺序

主结构的安装顺序遵循对称同步、尽早形成安装区域局部稳定的原则。总体上分为三个阶段八个区域，第一阶段安装①、②区域；第二阶段安装③、④区域；第三阶段安装⑤、⑥、⑦、⑧区域，如图 2-5 所示。

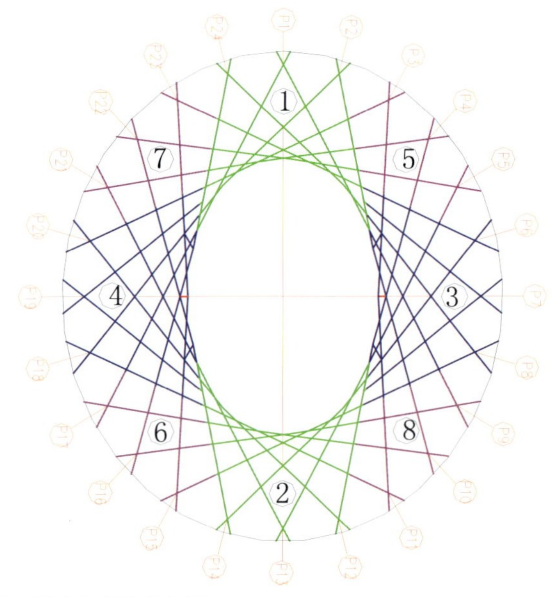

图 2-5　钢结构安装分区图

第三节　总体施工程序

总体施工程序见图 2-6。

第四节　施工总平面管理

国家体育场工程施工总平面布置坚持统筹性、全局性、可持续性、阶段性原则，并在施工管理中实施动态管理。根据场地条件及工程建设特点，总平面布置分三期进行，其中施工一期为体育场框架混凝土主体结构施工阶段，施工二期为体育场钢结构施工阶段，施工三期为基座、比赛场地及热身场地施工阶段。具体见施工总平面布置图（图 2-7 ~ 图 2-9）。

开工前施工准备
桩基施工
降水
护坡桩支护
钢结构详图设计
钢材采购
钢构件加工
钢构件运输
现场组拼
土方开挖
土钉墙支护
基础工程
支撑塔
桩基施工
临时支撑
塔安装
混凝土主体结构
（不含看台）
钢结构主
结构及立面
次结构安装
机电安装工程
预留预埋
预制混凝土
看台板
合拢
卸载 / 支撑塔
拆除
机电安装工程
安装施工
肩部及顶面
次结构安装
装饰装修
工程施工
比赛场地
工程施工
基座工程施工
膜结构安装
系统调试
景观工程施工
体育设施
工程施工
联合调试试运行
工程验收
工程竣工

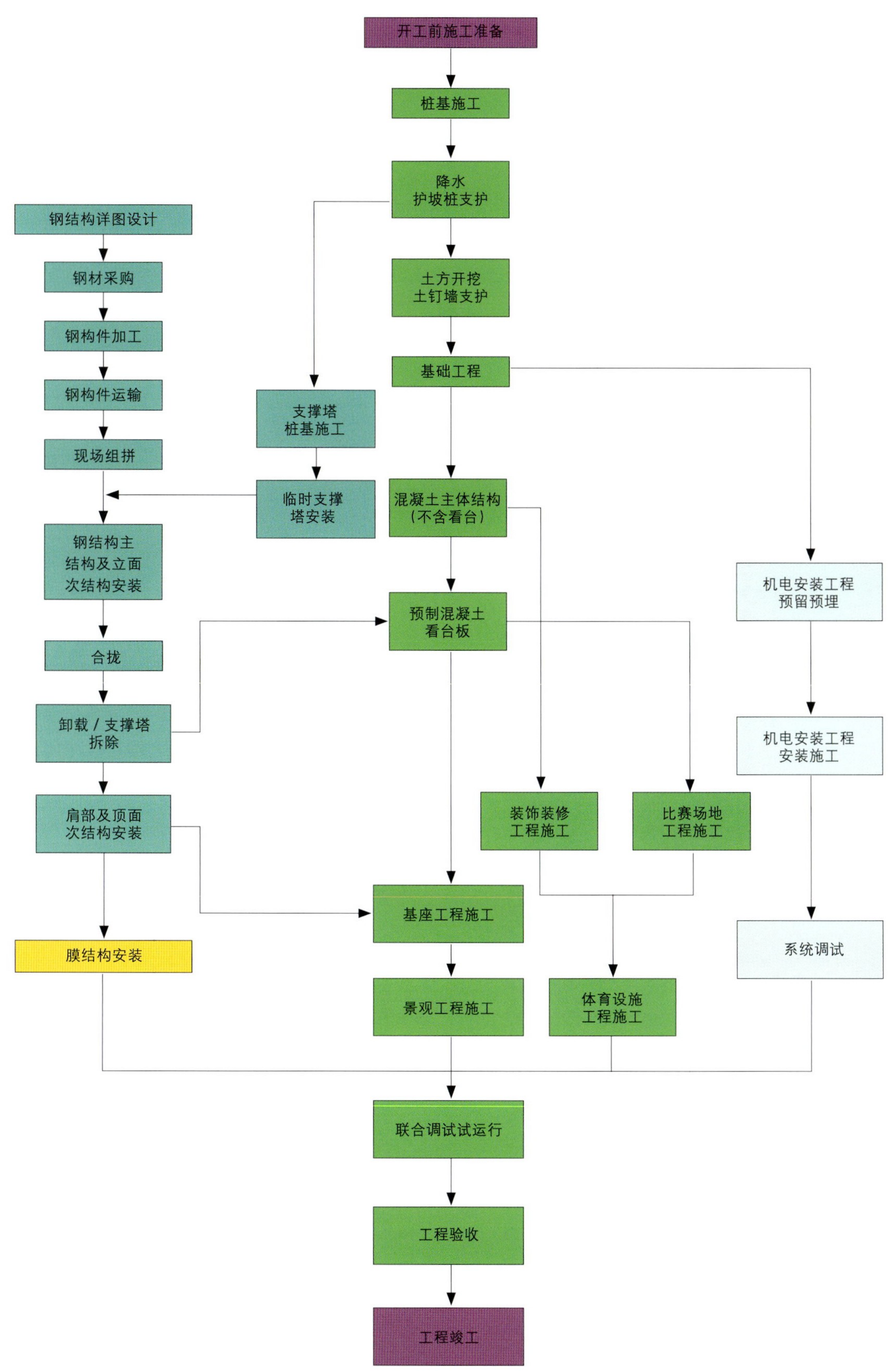

图 2-6　总体施工程序

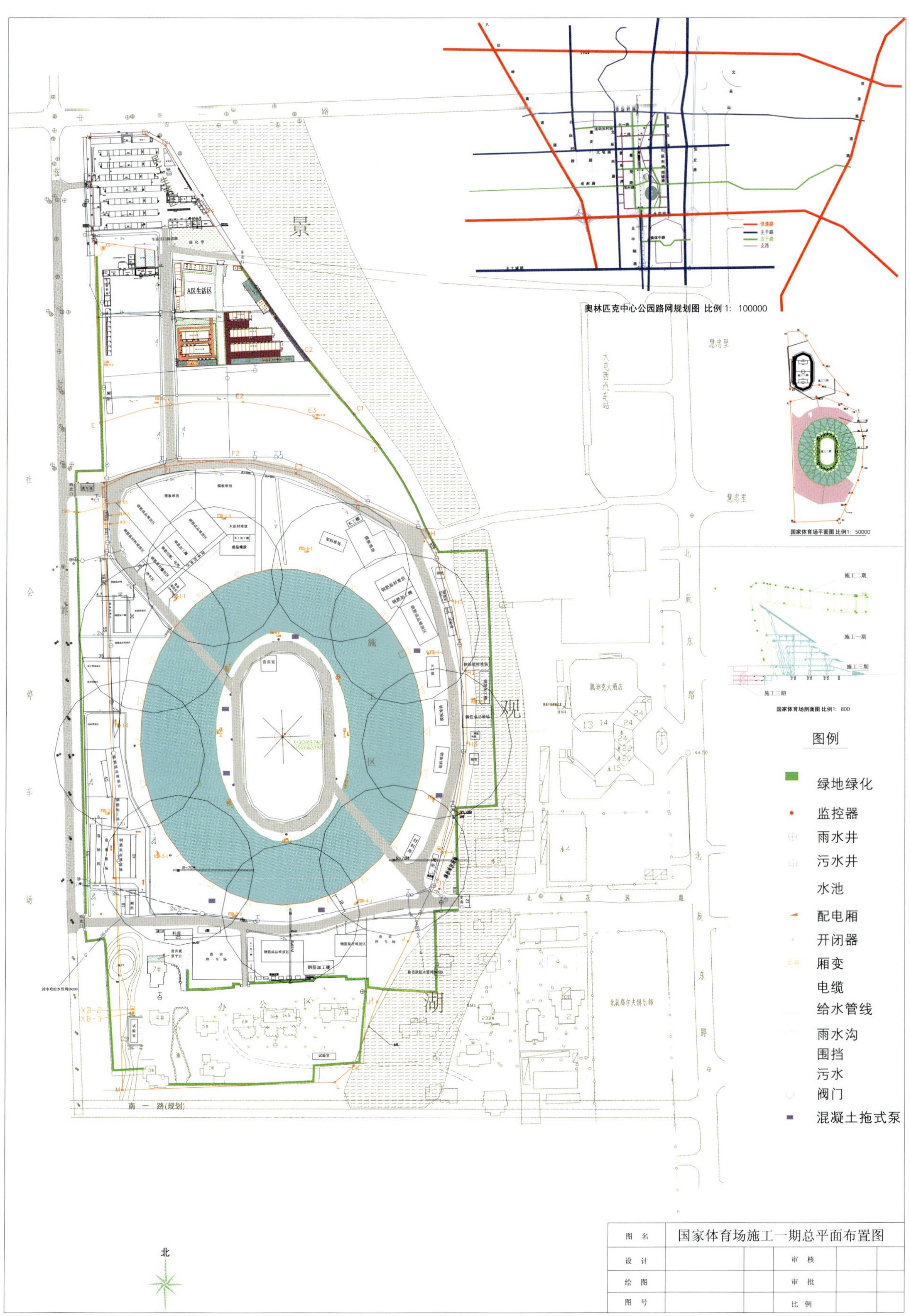

图 2-7　施工总平面布置图（一）

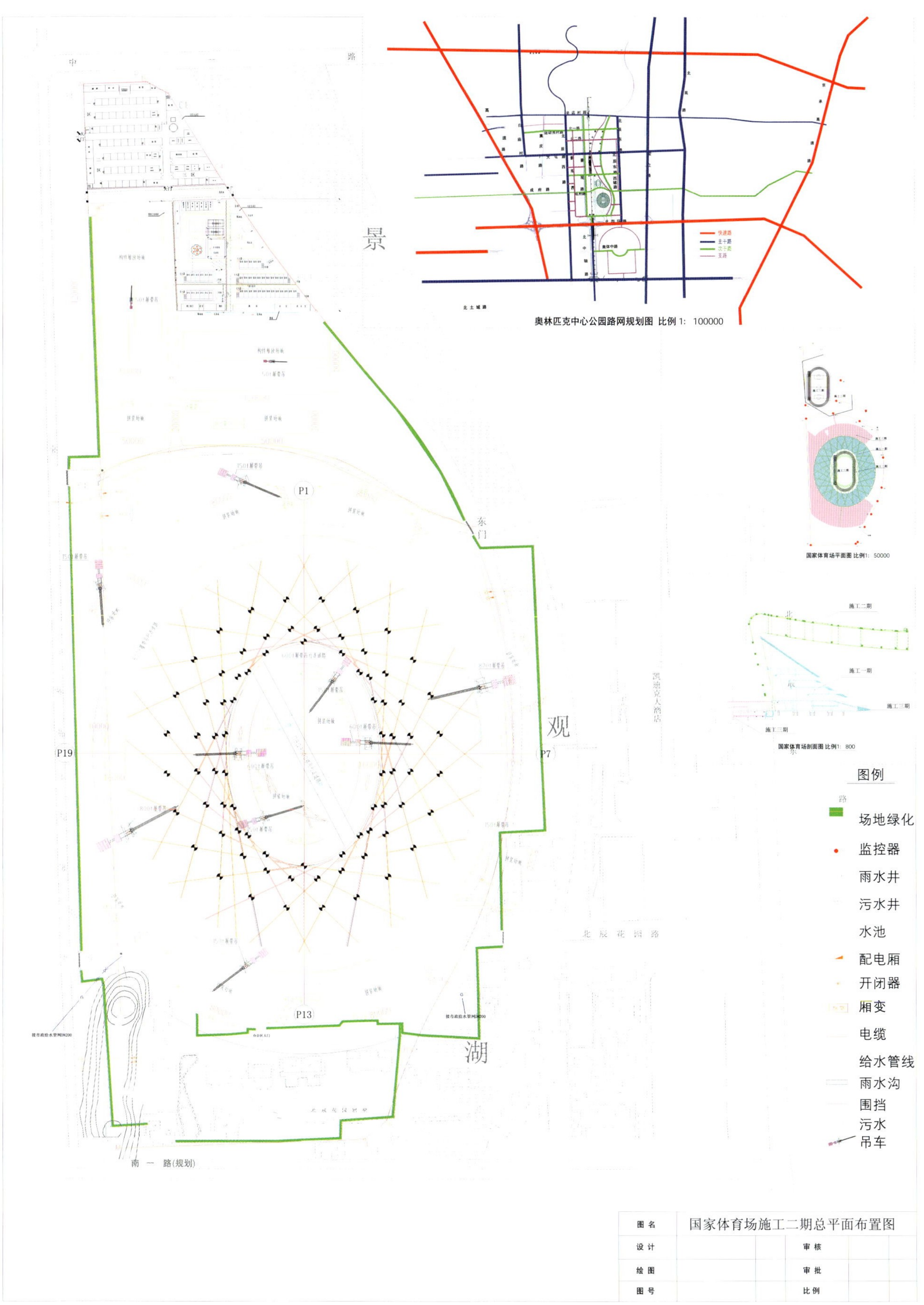

图 2-8 施工总平面布置图（二）

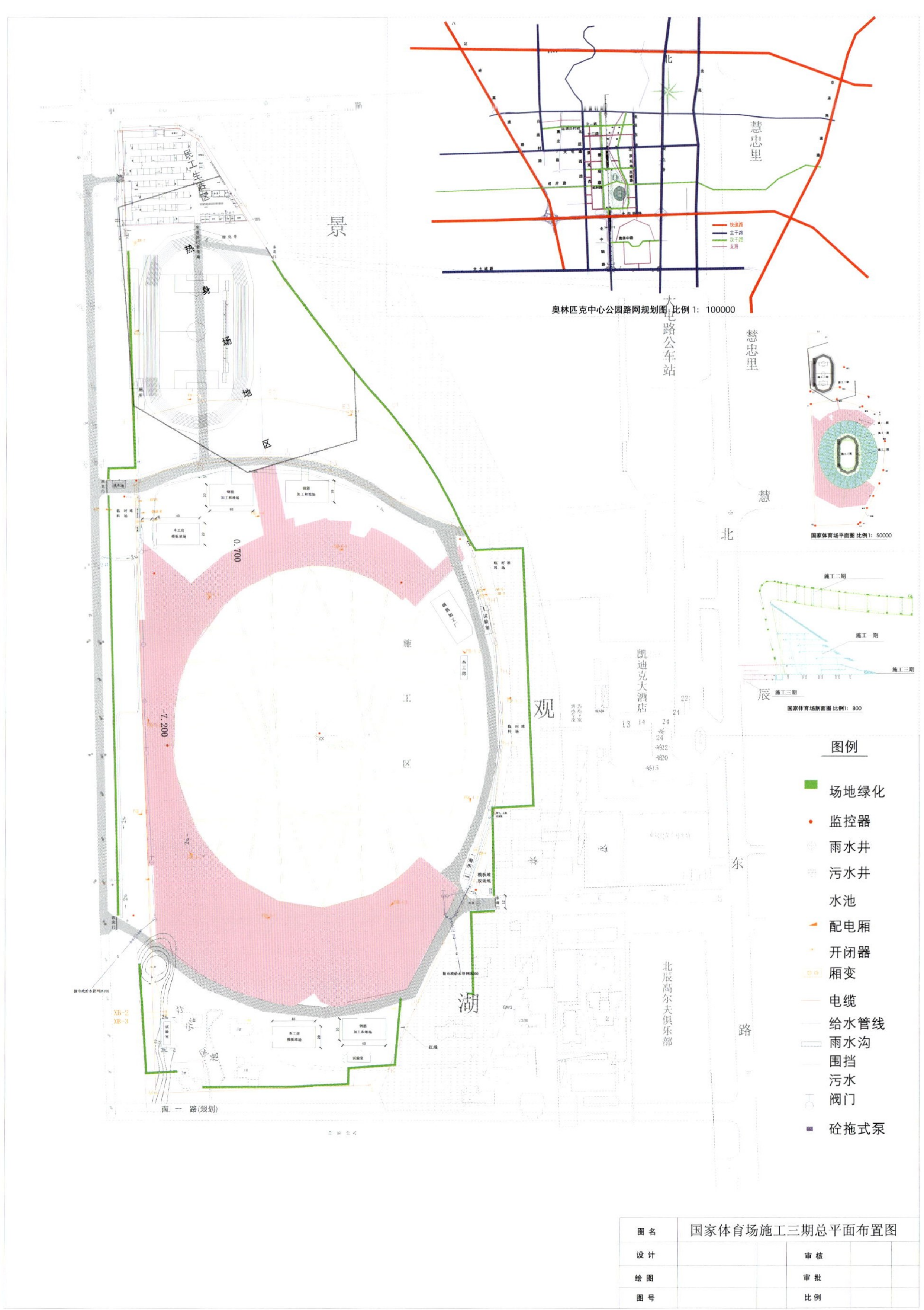

图 2-9　施工总平面布置图（三）

第三章　混凝土结构工程关键施工技术

第一节　试桩及桩基施工技术

1. 工程概述

1.1 基础工程设计概况

国家体育场基础形式为筏板—桩基组合式基础，筏基埋深 -1.66m，工程现场地面标高为 + 2m。屋盖巨型钢桁架结构均由环形布置在看台外部的 24 根组合柱支撑，组合柱柱间距约 35m。每根组合柱承担的竖向荷载设计值（达 40000 ~ 50000kN）及水平荷载设计值（达 20000kN）均由组合柱承台下群桩基础承担。桩顶埋深在现场地面以下 10 ~ 13m，属于深基础桩。看台区由一系列辐射状布置的框架柱列以及 12 个核心筒支撑，柱及核心筒底承受的竖向抗压荷载设计值（约为 4000 ~ 20000kN）均由其底部承台下单桩、双桩以及群桩基础承担（图 3-1）。桩顶标高为 -2.5 ~ -10m，桩距 4 ~ 10m。设计采用的地下水抗浮水位为 43.0m，基座部分由于抗浮的要求，基桩设计为抗拔桩。本工程桩基设计采用钻孔灌注桩，桩身混凝土强度等级为 C40，桩径为 800mm、1000mm 和 1200mm，根据桩的受力情况分为抗压桩、抗拔桩、抗水平力桩三类。除 A 轴环线上工程桩外，其他部位均为桩底、桩侧后压浆桩。桩端持力层为⑨层卵石、圆砾层，桩端进入持力层不小于 1m，桩长约 31 ~ 37m。桩钢筋笼主筋采用 HRB400，直径为Φ18 ~ Φ28，接长采用直螺纹连接。图 3-2 为钢结构组合柱底部 P22 承台下群桩的分布状况，桩顶标高为 -11m。

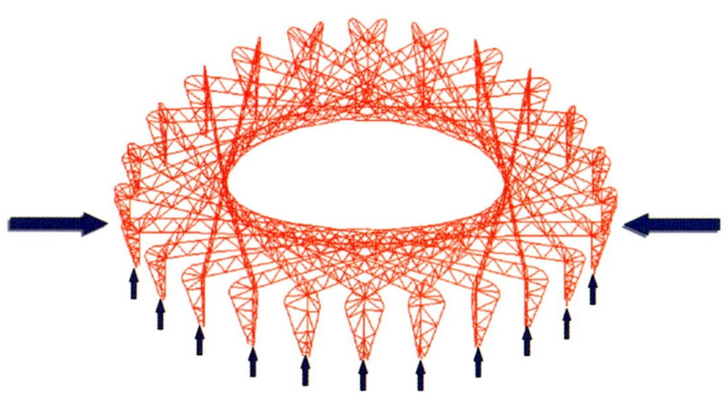

图 3-1　钢结构柱下承台桩受力示意

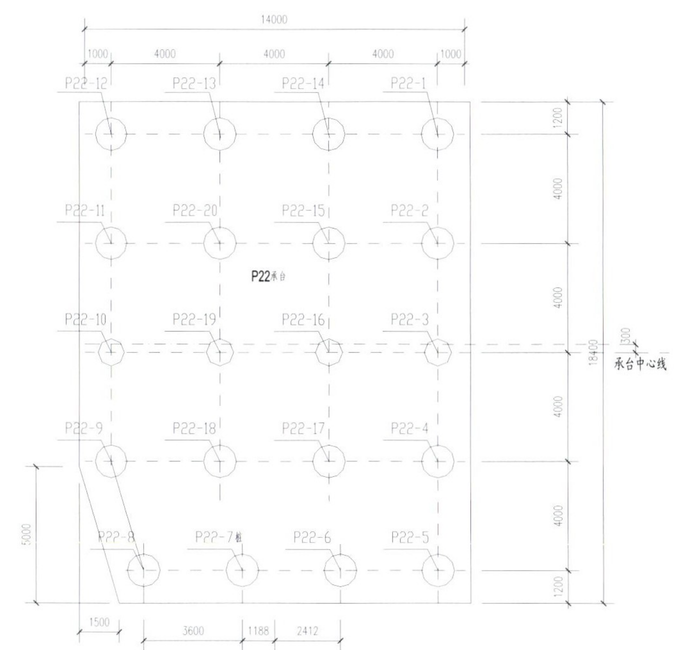

图 3-2　P22 承台桩基布置图

1.2 工程地质水文地质条件

1.2.1 工程地质概况

拟建场区地面以下 72m 深度范围内的地层划分为人工堆积层及第四纪沉积层两大类，并按地层岩性及其物理力学性质指标进一步划分为 11 个大层及亚层，揭露深度范围内土层从上至下分别为：人工堆积层、第四纪沉积层。

1.2.2 水文地质概况

根据水文勘查报告，场地内 60m 范围内分布有五层地下水。各层地下水类型及实测水位见表 3-1：

地下水情况一览表　　　　**表 3-1**

层号	地下水类型	水位埋深 (m)	水位标高 (m)
1	台地潜水	4.79 ~ 8.33	37.86 ~ 40.63
2	层间水	10.54 ~ 11.65	34.54 ~ 35.01
3	潜水	28.28 ~ 30.20	15.21 ~ 17.48
4	第 1 承压水	30.15 ~ 33.06	12.12 ~ 15.20
5	第 2 承压水	32.40 ~ 34.28	11.96 ~ 12.93

2. 桩基础工程特点、难点

（1）工程建筑结构体系复杂，桩基承受抗压、水平、抗拔荷载极大，桩身质量标准要求高；结构对差异沉降敏感，基础地基土质情况复杂，因此施工前必须通过试桩进行试验研究解决下述问题，才能取得基本设计参数和施工参数，确保桩基工程质量和降低桩基沉降量；

1）应采用何种成桩工艺以确保施工质量；

2）从桩基的受力类型上，可分为抗压桩、抗浮桩、抗水平承载桩，由于桩设计承载力大，各类型桩的承载能力是否可达到设计要求，承载特性指标均需要验证；设计考虑抗水平力桩充分利用桩顶承台侧面的承载力能力，因此对于桩土共同作用效果应进行验证，为设计提供依据；

3）工程桩设计采用后压浆施工工艺，该施工技术针对本场地是否可有效提高基桩承载力和减少沉降变形需进行验证；

（2）工程桩规格类型多、桩顶标高变化大，桩顶标高低（大部分桩成孔在现场地面下 4m 以上），且由于采用的后压浆施工工艺的要求，钢筋笼底部伸入孔底要求严格（图 3-3），则钢筋笼顶及桩顶标高控制需进行专项技术研究；局部工程桩顶埋深超过 10m，导致空钻很长，由于现行国家规范中对直径不大于 1m 的桩不进行桩位空钻长度修正，因此桩位控制难度极大，需对深基础桩成桩工艺进行专门技术研究，确保施工过程中措施可靠；

（3）设计要求桩身主筋保护层厚度为 70mm，桩底沉渣厚度应小于 100mm，桩身混凝土超灌高度应不小于 1 倍桩径，桩基混凝土浇筑的充盈系数应大于 1.0；鉴于本工程水文地质条件的复杂性等特点，对桩施工过程中的工程桩质量控制需进行专项技术研究；

（4）本工程桩身混凝土强度为桩身设计的主要控制指标，设计对桩身混凝土强度施工质量要求严格；本工程桩身混凝土强度等级设计值为 C40，如此高的桩身混凝土强度等级在水下灌注混凝土成桩工艺中是很少见的。因此对于桩身混凝土施工质量控制应采取专项技术研究。

3. 关键施工技术

3.1 试桩工程技术

3.1.1 试桩目的

鉴于本工程构造复杂、承载力大、工程水文地质状况复杂等特点，正式工程桩施工前，根据初步拟定施工工艺及基桩设计参数，在工程现场模拟工程桩的实际施工，采用原位试桩，并按设计要求进行检验，确定最终的工程桩设计参数和施工工艺，是本工程采用的一个重要环节。试桩过程中通过几种方案的同条件对比，采用多种测试手段得到设计需要的设计参数，从而实现对设计方案的进一步优化，同时确定桩基施工工艺的控制参数和成桩工艺，见图 3-4。

3.1.2 试桩项目目标

（1）确定和检验工艺参数

1）确定和检验桩基成孔施工流程和工艺，包括桩基成孔工艺、桩位的控制、桩身垂直度的控制、护壁泥浆的浓度、钢筋笼的放置、混凝土的浇筑等。为工程桩成孔的施工流程和工艺参数提供依据。

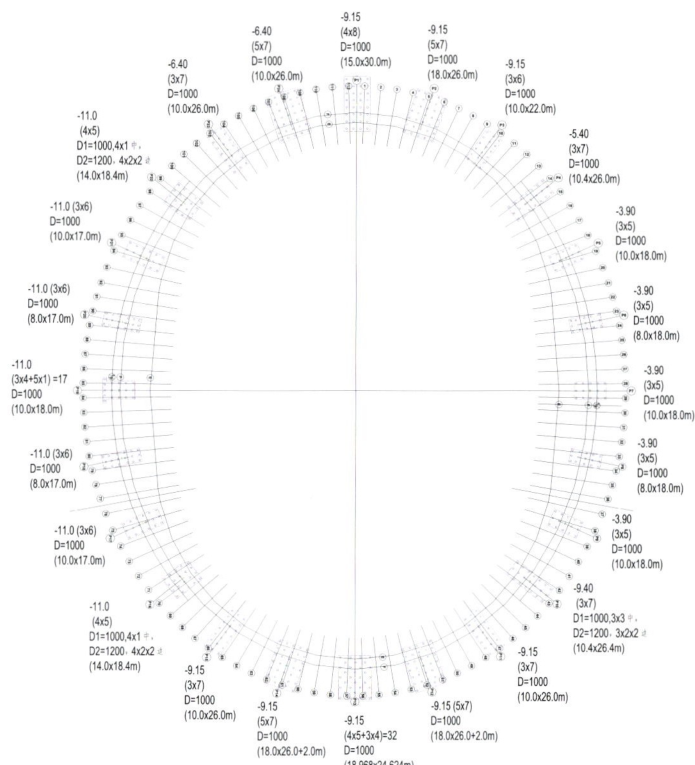

图 3-3　钢结构柱承台下基础桩布置

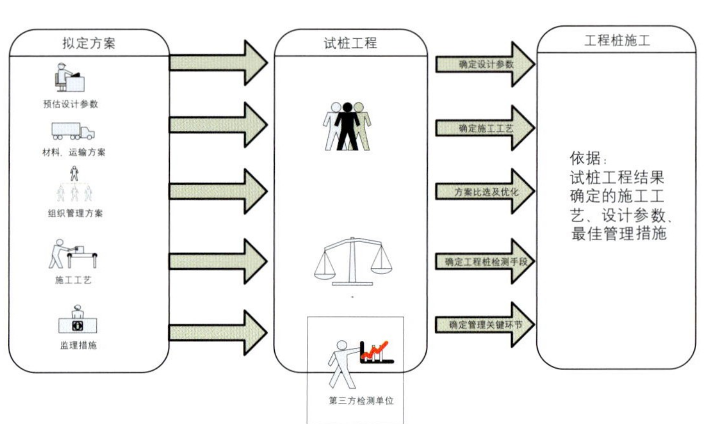

图 3-4　试桩工程的纽带作用

2）确定后压浆工艺流程和参数，经试桩检验后作为工程桩施工参数。

（2）取得基桩设计参数

1）确定单桩极限抗压、抗拔承载力，作为确定工程桩单桩承载力设计值的依据。

2）通过桩身内力和变形测试，确定桩抗压和抗拔侧阻力及桩端阻力，为不同桩长的单桩承载力的确定提供依据。确定桩身在水平荷载作用下内力分布状况，为水平桩的桩身设计提供依据。

3）确定在桩顶为固接和自由状态下的单桩水平承载力临界值和单桩水平承载力极限值，作为确定工程桩单桩水平承载力特征值的依据。

4）确定地基土水平抗力系数的比例系数 m 值，为采用 m 法进行桩基设计提供依据。

5）确定后压浆技术对单桩抗压抗拔承载力的提高幅度，为后压浆工艺提供依据。

6）测试桩承台侧土体的水平抗力。

7）验证水平荷载作用下的桩土共同工作效应和群桩效应。

3.1.3 试桩内容及方法

（1）试验内容项目设置

根据试桩的测试目的和设计要求，本工程共确定了 24 根试桩。施工工艺采用旋挖钻机成孔灌注桩，桩身混凝土强度等级 C40。

各种桩型均采用桩身内部预埋钢筋应变计的方法测试桩身内力，对于设计桩顶标高与试验标高不一致的情况结合采用变形观测杆的方法进行变形和内力测试。其中：

1）抗压试桩共 9 根。桩长 35m，分为 Φ1000（后压浆）、Φ800（后压浆）和 Φ800（不压浆）3 种试桩类型（表 3-2）。

2）抗拔试桩共 5 根。桩长 35m，分为 Φ1000（后压浆）、Φ800（后压浆）2 种试桩类型（表 3-2）。

3）水平试桩共 10 根。桩长 20 ~ 25m，分为 Φ800（不压浆）自由单桩、Φ1000（后压浆）自由单桩、Φ1200（后压浆）自由单桩、Φ1000（后压浆）桩顶固接群桩 4 种试桩类型（表 3-3）。

抗压抗拔试桩参数表 表 3-2

桩型	抗压试验桩			抗拔试验桩	
桩径 (mm)	Φ1000	Φ800	Φ800	Φ800	Φ1000
桩长 (m)	35.0	35.0	35.0	35.0	35.0
桩顶标高 (m)	-2.000	-2.000	-2.000	-2.000	-2.000
主筋规格	16ϕ18	12ϕ18	12ϕ18	22ϕ32	26ϕ32
混凝土强度等级	C40	C40	C40	C40	C40
后压浆与否	是	是	否	是	是
试桩数量（根）	3	3	3	3	2
桩身应变测试数量（根）	2	2	1	2	1
试验预估最大加载 (kN)	20150	15600	9100	7000	8300

水平试桩参数表 表 3-3

桩型	桩顶自由水平试桩			桩顶固接水平试桩（有承台）
桩径 (mm)	Φ1000	Φ800	Φ1200	Φ1000
试桩数量	2	2	2	4
桩长 (m)	23.0	20.0	25.0	25.0
桩顶标高 (m)	-2.500	-1.000	-2.500	-2.500
主筋规格	22ϕ32 11ϕ32	16ϕ32 8ϕ32	28ϕ32 14ϕ32	28ϕ32 14ϕ32
混凝土强度等级	C40	C40	C40	C40
桩侧后压浆与否	是	否	是	是
桩身应变测试数量（根）	1	1	1	2
预估试验最大加载 (kN)	2210	1300	3120	4160

（2）试验方法的选用

1）抗压承载力试桩

①单桩抗压静载试验：采用慢速维持荷载法，检测单桩抗压承载力极限值。

②桩身内力测试。与静载试验同步进行，测试桩身应变，确定桩身侧阻力分布特性、桩端阻力值。

③桩身完整性检测。采用低应变法。

2）抗拔试桩

①单桩抗拔静载试验：采用慢速维持荷载法，检测单桩抗拔承载力极限值。

②桩身内力测试。与静载试验同步进行，测试桩身应变，确定桩身侧阻力分布特性。

③桩身完整性检测。采用低应变法。

3）水平试桩

①自由单桩水平静载试验：采用单循环慢速维持荷载法，检测自由单桩水平承载力极限值、单桩水平承载力临界值、确定地基土水平抗力系数的比例系数 m 值。

②双桩带承台桩顶固接水平静载试验：采用单循环慢速维持荷载法，检测带承台桩顶固接情况下的单桩水平承载力极限值、单桩水平承载力临界值、确定地基土水平抗力系数的比例系数 m 值。

③承台侧土体水平抗力静载试验：与双桩带承台桩顶固接水平静载试验同步进行，检测承台侧土体的水平抗力。

④桩身内力测试。与静载试验同步进行，测试桩身应变，确定桩身在水平荷载作用下内力分布状况。

⑤桩身完整性检测。采用低应变法。

（3）试桩区位置的选择

试桩区域的选择原则为充分考虑对工程桩的设计与施工的指导意义，同时试桩也不至影响将来正式工桩程施工。

1）抗压、抗拔试桩区

试验区选定于东侧看台外侧，相对应的地质钻孔为 93# 钻孔（孔口标高 46.05），见图 3-5。如此选定是基于：

① 93# 钻孔位置第⑨层卵石较薄且第⑩层黏性土下卧层较厚，选定该处施打试桩，其测试结果为较不利情况，用于其他区域时则偏于安全。

② 试验区不占用结构施工用地，不影响正式工程的施工。待试验结束将桩头剔除，试验区则不妨碍它用。

2）水平试桩区

试验区选在场区北侧，相对应的地质钻孔为 116# 钻孔

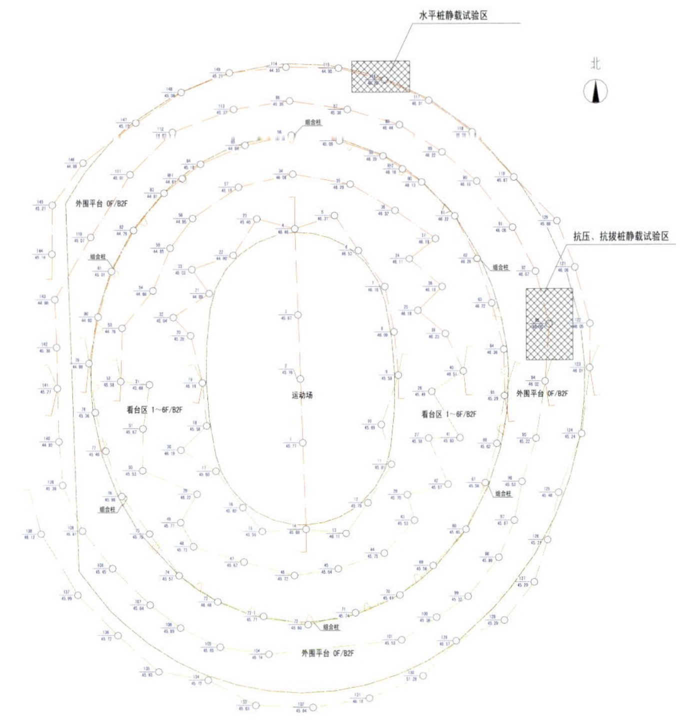

图 3-5　试验区位置
（抗压抗拔区 93 #钻孔附近，水平试桩 116 #钻孔附近）

（孔口标高 45.20m）。见图 3-5。

① 试桩拟布置在钢屋盖组合柱柱底水平力较大、桩承台较浅的场地北侧，以最大程度模拟基桩的水平实际受力状态。

② 试验区应不占用结构施工用地，试验区不妨碍它用。

（4）试桩布置及锚桩设计

1）抗压抗拔区试桩及锚桩的平面布置设计

根据规范及设计要求，试验桩和锚桩中心距均应大于等于 4 倍桩径。本着节约的原则，为试验桩提供反力的锚桩或支墩桩在布置时考虑重复搭接使用。对后压浆抗压桩：采用 4 根抗拔锚桩提供反力，正方形布置，锚桩间距 6.0 ~ 6.5m，其中心位置布置试验桩，试锚桩间距大于或等于 4 倍桩径。对非后压浆抗压桩：采用 2 根抗拔锚桩提供反力，锚桩间距 8.0m，其中心位置布置试验桩。试锚桩间距大于或等于 4 倍桩径。对后压浆抗拔桩：采用 2 根支墩桩提供反力，支墩桩间距 7.5 ~ 9.0m，试桩布置在两支墩桩正中，试锚桩间距大于 4 倍桩径。

试验桩 14 根，锚桩及支墩桩共布置 17 根，见图 3-6。

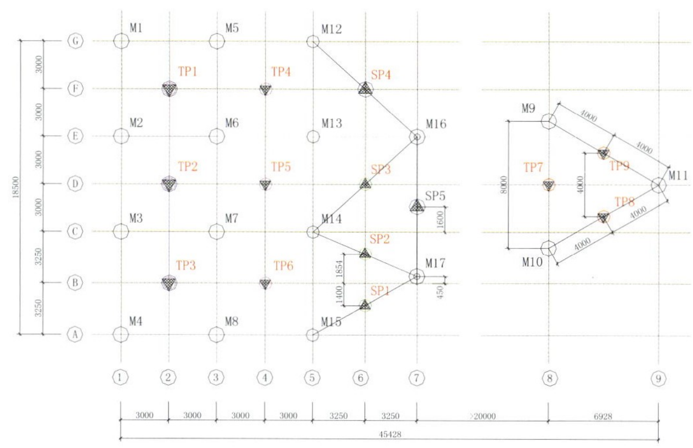

图 3-6　抗压抗拔试验试桩及锚桩布置图

2）锚桩设计

① Φ1000mm 后压浆抗压试桩：采用 4 根锚桩，桩径 Φ1000mm，桩长 35m，不做后压浆处理。钢筋笼主筋采用 Ⅲ 级钢，上半截为 20 Φ 32，下半截减至 10 Φ 32。桩身混凝土强度等级 C40。

② Φ800mm 后压浆抗压试桩：锚桩按最大加载 15600kN 设计，采用 4 根锚桩，2 根搭接相邻 Φ1000mm 试桩的锚桩，另 2 根锚桩桩长 32m，桩径 Φ800mm，不做后压浆处理。钢筋笼主筋采用 Ⅱ 级钢，上半截主筋为 20 Φ 32，下半截减至 10 Φ 32。桩身混凝土强度等级 C40。

③ Φ800mm 非后压浆抗压桩：锚桩按最大加载 9100kN 设计，采用 2 根锚桩，桩径 Φ1000mm，桩长 35m，不做后压浆处理。钢筋笼主筋主筋采用 Ⅲ 级钢，上半截为 20 Φ 32，下半截减至 10 Φ 32。桩身混凝土强度等级 C40。

④ Φ1000mm 和 Φ800mm 后压浆抗拔桩：利用 2 根支墩桩或利用一根支墩桩、一根 Φ800 抗压桩的锚桩提供支墩反力，支墩桩桩长 21m，主筋采用 Ⅱ 级钢 16 Φ 18。桩身混凝土强度等级 C40。两根支墩桩按最大提供 9750kN 设计。

3）水平试桩区试桩平面布置设计

水平试验桩布置本着下列原则：

① 根据规范及设计要求，试验桩中心距均应大于等于 4 倍桩径。

② 受挤压的地基土应力作用范围不重叠，即作用范围"应力泡"不搭接。

③ 试验桩上覆土不影响水平桩试验结果。

④ 试验区位置不宜太大，以免影响结构施工。

根据以上原则，对顶试验桩分为四组，即自由单桩 Φ800 两桩一组、自由单桩 Φ1000 两桩一组、自由单桩

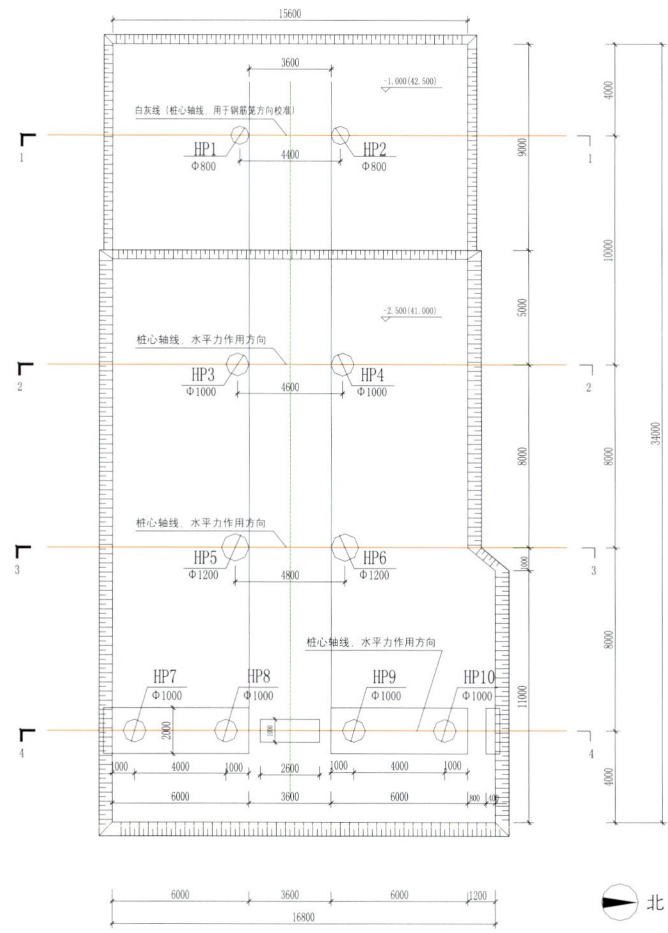

图 3-7　水平试桩平面布置图

Φ1200 两桩一组、带承台双桩 Φ1000 四桩一组。相互对顶试验桩中心距均大于 4 倍桩径，各组试验桩距为 8.0m。上覆土开挖至设计桩顶标高，图 3-7、图 3-8。

（5）桩身应变测试设计

1）抗压抗拔区试桩桩身应变测试

通过对抗压抗拔试桩的桩身应变测试，可以取得桩侧阻力的分布情况，进而为设计提供桩长设计依据。

① 测试内容

根据设计文件要求，Φ1000 后压浆抗压桩测试 2 根、Φ800 后压浆抗压桩测试 2 根、Φ800 非后压浆抗压桩测试 1 根、Φ1000 后压浆抗拔桩测试 1 根、Φ800 后压浆抗拔桩测试 2 根，共计 8 根。

② 测试断面布置

根据地层岩性分布，测试断面原则上布置于各大层土交界处。当两层土岩性和侧阻力相近时，可合并为一层布置。当一大层厚度较大时，中间位置宜布置测试断面。

测试断面越多则测试精度越高，但考虑预埋应变计费用的

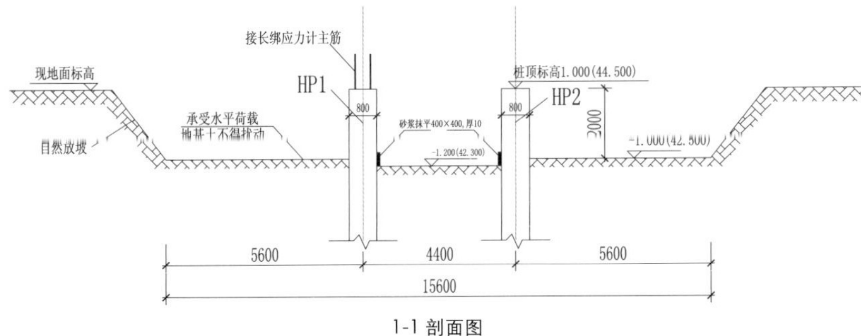

1-1 剖面图

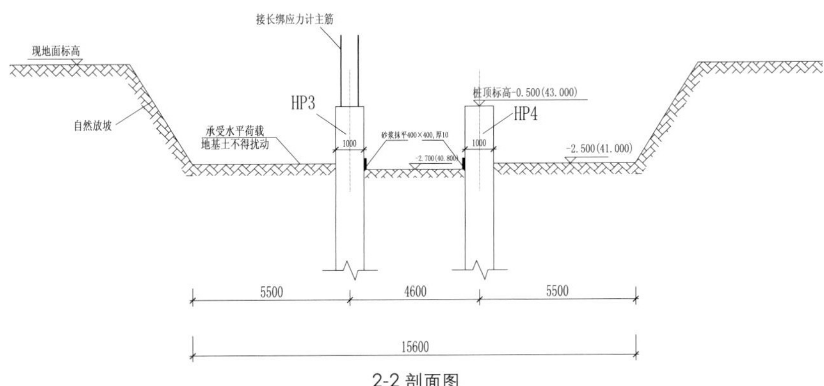

2-2 剖面图

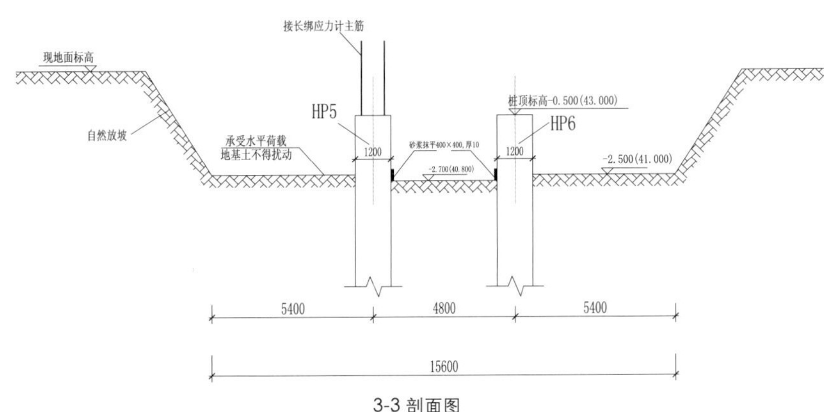

3-3 剖面图

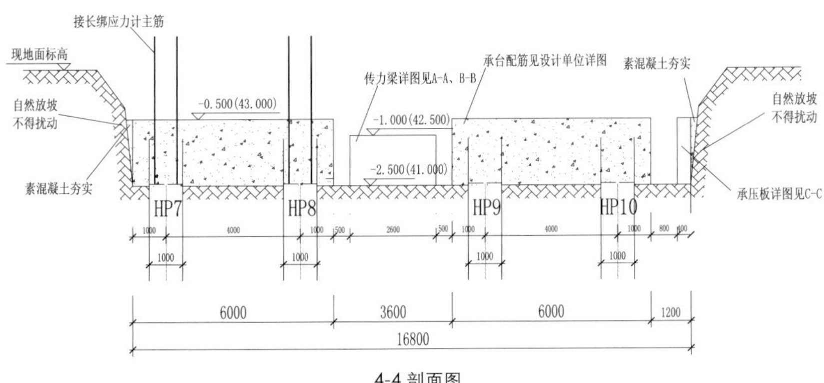

4-4 剖面图

图 3-8　水平试桩区剖面图

限制，因此根据上述原则，对 Φ1000、Φ800 后压浆抗压桩和 Φ800 非后压浆抗压桩各选一根布置 10 个断面，其余各布置 7 个断面。对 3 根抗拔试选 1 根布置 10 个断面，其余桩各布置 8 个断面。

每个断面对称主筋布置 2 只应变计。其中最上端断面布置在桩顶下 1.0m 处，该断面布置 4 只应变计，作为标定断面。

③ 抗拔桩 -7.5m 处变形测试

抗拔桩桩顶设计标高在 -7.5m，但试验在 -2.0m 处进行。为准确确定设计标高断面上拔荷载与变形的关系，除应通过桩身内力测试确定该断面处上拔荷载外，还应确定该断面的实际变形。因此，在该断面随钢筋笼预埋变形测试杆。变形测试杆底端处在 -7.5m 处，上端高出桩顶 200mm，并绑扎焊接在主筋上。变形测试杆外管采用直径 1 寸的镀锌铁管，内杆采用 Φ20 圆钢。内杆下端弯起与外管焊接相连。为消除内杆与外管的摩擦，内杆全长应涂抹黄油。变形测试杆上下端及中间连接头均应严格密封。待浇灌混凝土后，试验开始前，掏开上端外管，测试内杆随各级荷载下的上拔变形值。

钢筋应变设计位置见图 3-9。

2）水平试桩桩身应变测试

① 测试数量

根据设计文件要求，Φ1000 后压浆桩测试 1 根、Φ800 非后压浆桩测试 1 根、Φ1200 后压浆抗压桩测试 1 根、带承台 Φ1000 后压浆桩测试 2 根，共计 5 根。

② 测试断面布置

测试断面越多则测试精度越高，但考虑预埋应变计费用的限制，因此：

A.Φ800 试验桩 H1 布置 15 个断面，设计桩顶标高下 10m 范围每 1.0m 布置一测试断面，主筋减半段每 2.0m 布置一测试断面。

B.Φ1000 试验桩 H3、H7、H8 布置 17 个断面，设计桩顶标高下 12m 范围每 1.0m 布置一测试断面，主筋减半段每 2.0m 布置一测试断面。

C.Φ1200 试验桩 H5 布置 19 个断面，设计桩顶标高下 14m 范围每 1.0m 布置一测试断面，主筋减半段每 2.0m 布置一测试断面。

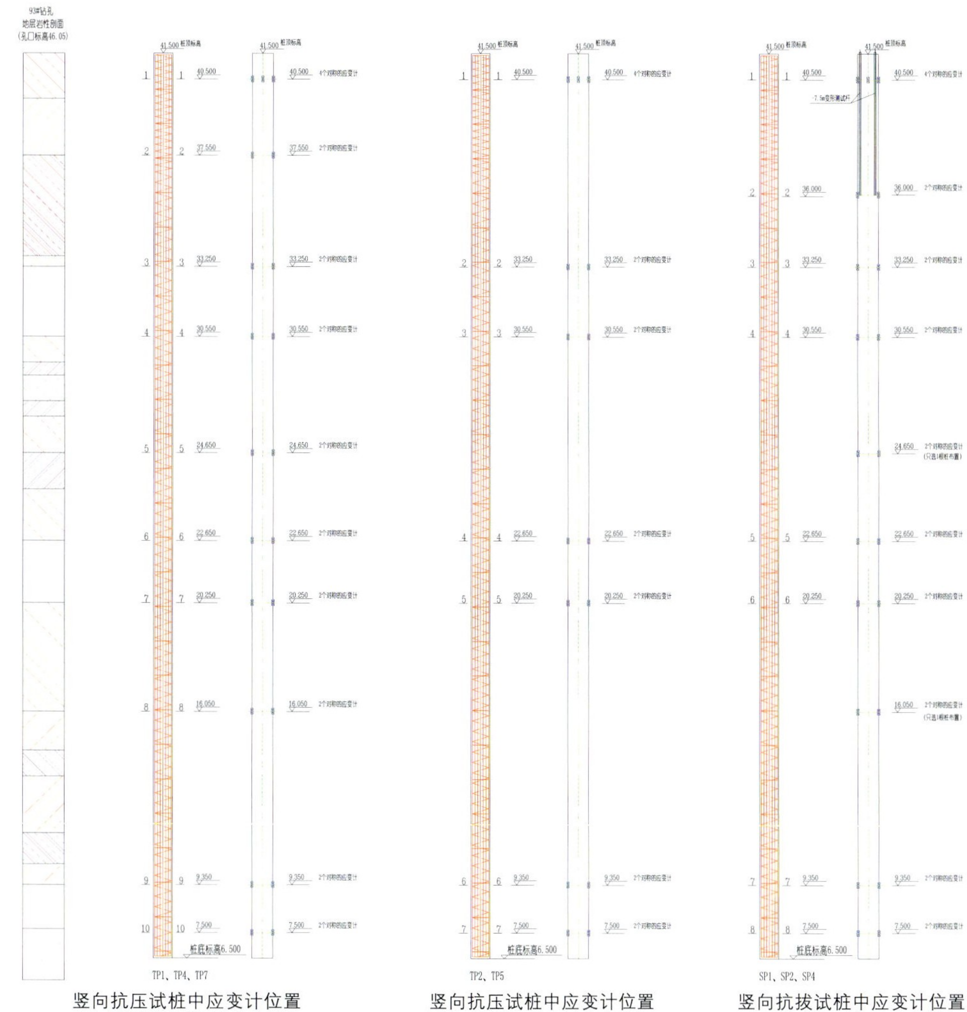

图 3-9　抗压抗拔试桩桩身内力测试设计

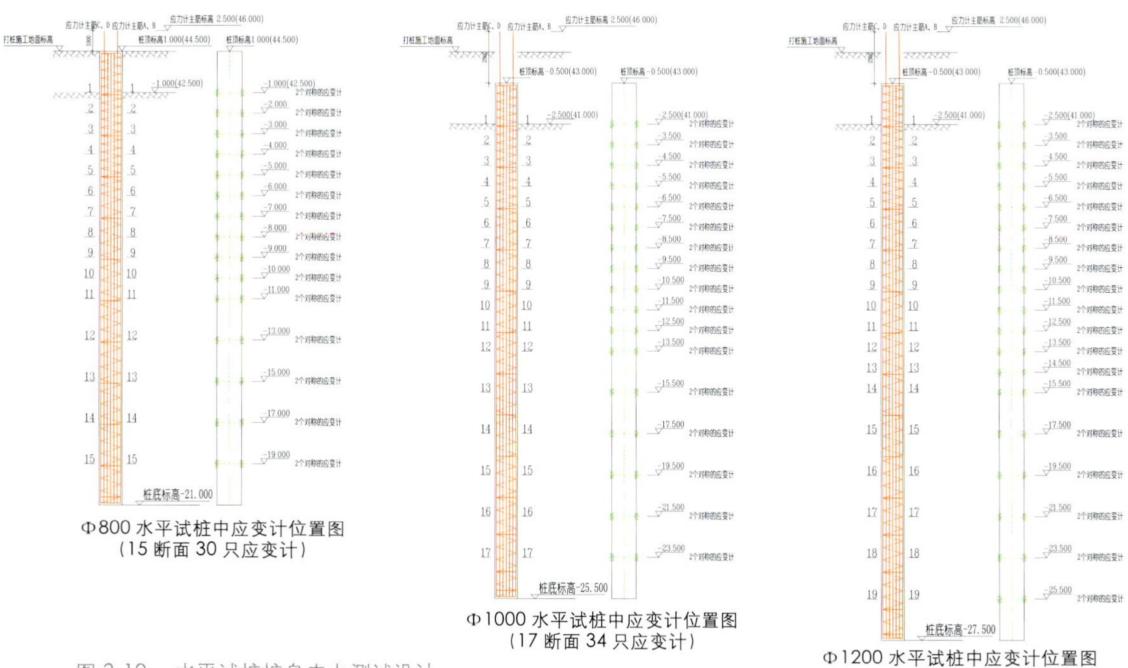

图 3-10　水平试桩桩身内力测试设计

每个断面对称主筋布置 2 只应变计，其中最上端断面布置在设计桩顶标高处。

为准确测定桩身内力，施工时对试验桩成孔直径进行测试。

钢筋应变计布置位置见图 3-10。

（6）试验装置设备与测试仪器

1）反力装置

抗压抗拔静载试验按《建筑基桩检测技术规范》JGJ106-2003 执行（图 3-11~ 图 3-13）。静载试验由全自动静载荷试验仪作为中央控制处理系统，通过精密油压传感器实时采集系统当前的加载值，通过高压油泵站控制并联的 500 吨分离式油压千斤顶的荷载输出值，通过置于试验桩顶的精密位移传感器测量桩顶处在当前荷载值作用下的沉降量并自动进行加载、判稳、维持、数据采集记录等工作。

精密位移传感器架设在基准梁上，正交对称放置于桩头侧面。

反力装置及测试设备包括：

①反力梁系统：主钢梁、次钢梁一套。反力钢梁总重约 100 吨，系统总加载能力达 4000 吨。

②锚拉连接系统：锚盘、锚具、连接高强钢筋及附件一套。用于锚桩与反力梁系统的连接。

③加荷系统：由多个并联的 500 吨分离式油压千斤顶与高压油泵站组成。

④基准系统：基准梁及托架一套。

最大加载 28000kN 设备安装，见图 3-11。

2）加荷系统（图 3-14~ 图 3-16）

抗压静载试验加荷系统 如图3-12所示。实际配置为：4～8 个并联 QF 分离式 500 吨千斤顶，BZ 型 63MPa 高压油泵站 1 台，精密油压表 1 只，油路分配器 2 只，油管等附件若干。

水平静载试验加荷装置包括：由 1 个或多个并联 QF 型 320/500 吨分离式油压千斤顶与高压油泵组成。

3）测试系统（图 3-17、图 3-18）

3.1.4 试桩工程研究成果对工程桩设计、施工及检测的指导意义

（1）确定了桩基设计参数

1）通过静载试验，确定了各桩型的单桩抗压、单桩抗拔、单桩水平承载力。

Φ1000mm 钻孔灌注桩（后压浆）单桩竖向抗压极限承载力 21840kN。

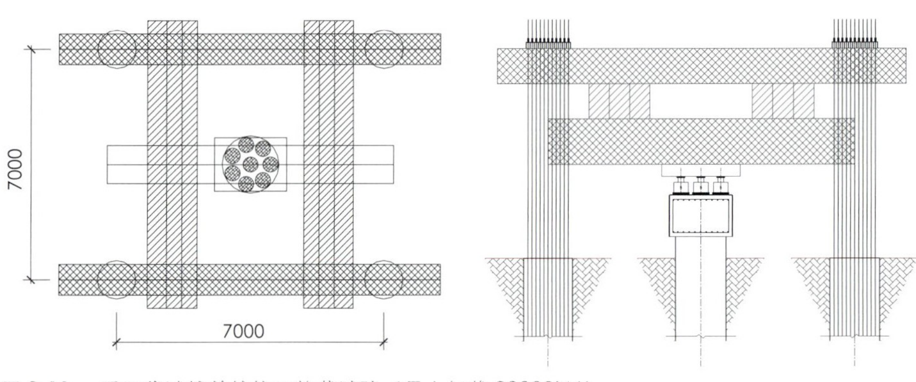

图 3-11　后压浆试桩单桩抗压静载试验（最大加载 28000kN）

图 3-12　非后压浆试桩单桩抗压静载试验（最大加载 15400kN）

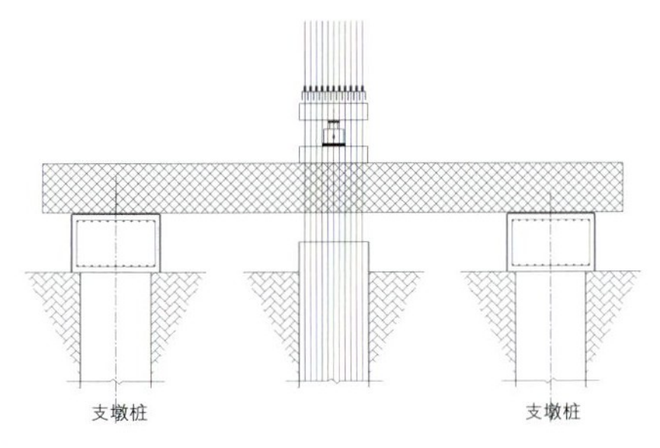

图 3-13　单桩抗拔静载试验（最大加载 8500kN）

图 3-14　加荷系统（多个并联千斤顶、高压油泵站及油路分配器）

图 3-15　自由单桩水平静载试验

图 3-16　承台桩顶固接 4 桩水平静载试验

图 3-17　桩顶变形测试及桩身应变测试系统

图 3-18　现场试验全自动测试系统

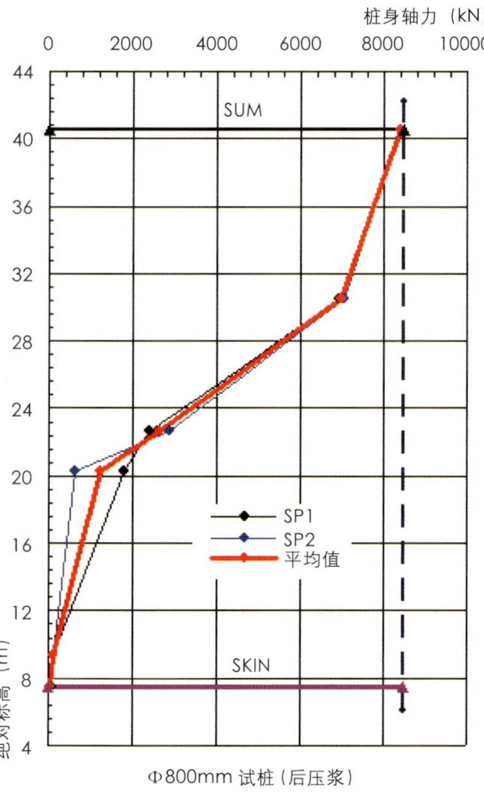

SP4 在 8500kN 荷载下轴力曲线

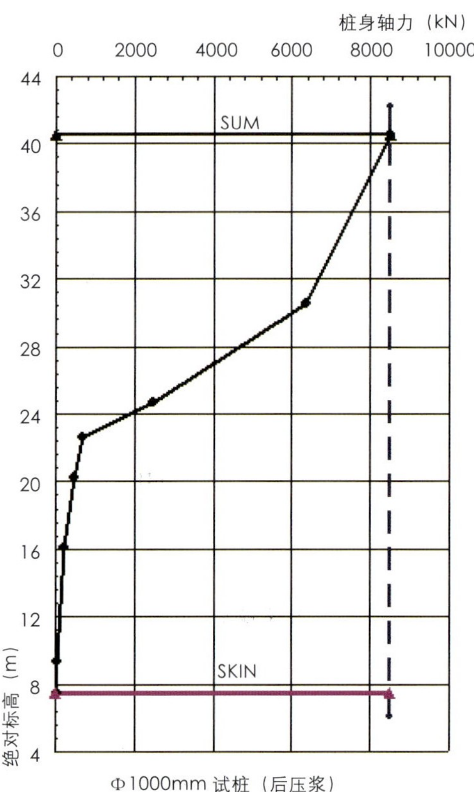

图 3-19　抗压抗拔试桩桩身内力测试曲线

Φ800mm 钻孔灌注桩（后压浆）单桩竖向抗压极限承载力 14400kN。

Φ800mm 钻孔灌注桩单桩竖向抗压极限承载力 10000kN。

Φ1000mm 钻孔灌注桩（后压浆）单桩竖向抗拔极限承载力 7500kN。

Φ800mm 钻孔灌注桩（后压浆）单桩竖向抗拔极限承载力 6300kN。

2）通过桩身内力和变形测试（图 3-19），确定了桩的承载特性，取得了试桩侧阻力及桩端阻力分布情况，为不同桩长的单桩承载力的确定提供依据。

Φ1000mm 后压浆抗压桩在极限荷载时，桩侧承担的竖向荷载值约占 87% ~ 93%，桩端约占 7% ~ 13%。试验桩以侧阻力承担荷载为主，属端承摩擦桩。

Φ800mm 抗压试验桩在极限荷载时，桩侧承担的竖向荷载值约占 97% ~ 98%，桩端约占 2% ~ 3%。试验桩以侧阻力承担荷载为主，属摩擦桩。

Φ800mm 不压浆抗压桩在极限荷载时，桩侧承担的竖向荷载值约占 94%，桩端约占 6%。试验桩以侧阻力承担荷载为主，属摩擦桩。

Φ1000mm 后压浆抗拔试验桩从桩身内力分布情况看，桩侧提供的竖向抗拔力主要集中在上部 2/3 段。

Φ800mm 后压浆抗拔试验桩从桩身内力分布情况看，桩侧提供的竖向抗拔力主要集中在上部 2/3 段。

3）通过静载试验确定了单桩水平承载力临界值、极限值，确定地基土水平抗力系数的比例系数 m 值，为采用 m 法进行桩基设计提供依据（图 3-20、图 3-21）。

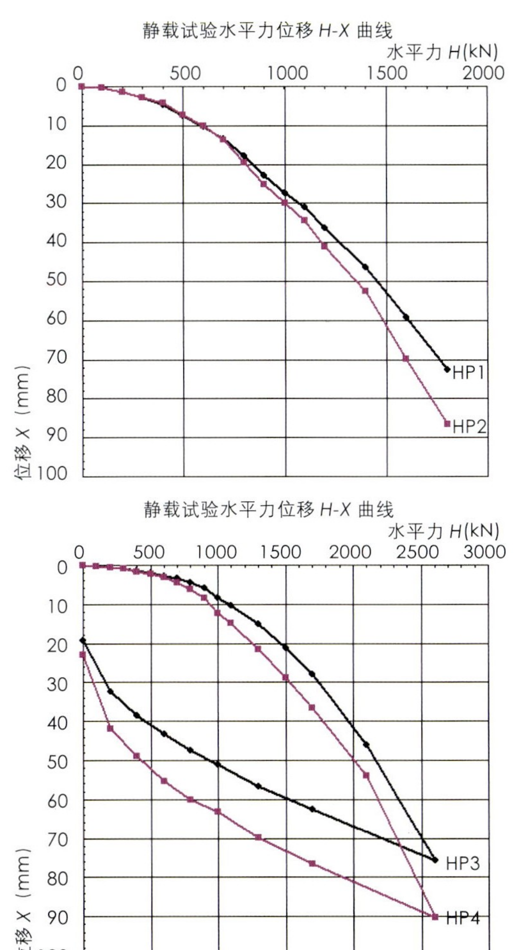

图 3-20　水平试桩静载试验水平力位移 H-X 曲线

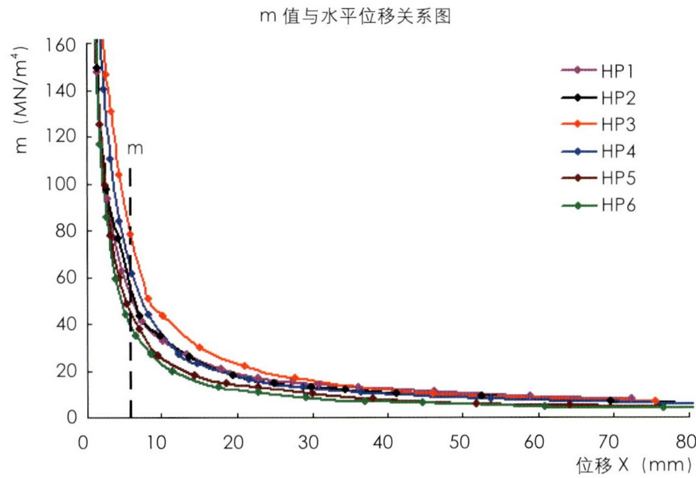

图 3-21　水平试桩 m 值与水平位移关系曲线汇总

Φ800mm 钻孔灌注桩单桩水平极限承载力 1200kN，临界荷载 300kN。

Φ1000mm 钻孔灌注桩（后压浆）单桩水平极限承载力 1700kN，临界荷载 700kN。

Φ1200mm 钻孔灌注桩（后压浆）单桩水平极限承载力 2000kN，临界荷载 700kN。

Φ1000mm 桩顶固接（有承台侧向土水平抗力）单桩水平极限承载力 3600kN。

在临界荷载下实测的 m 值的平均值为 $92MN/m^4$，水平位移为 6mm 时对应的 m 值的平均值为 $53MN/m^4$。考虑到本工程试验桩配筋率较高且水平荷载为长期荷载，按规范要求乘以 0.4 的折减系数后为 $37MN/m^4$ 和 $21MN/m^4$。

4）通过桩身内力测试确定桩身在水平荷载作用下内力分布状况，确定了最大弯矩点、零弯矩点的位置，为水平桩的桩身设计提供依据（图 3-22、图 3-23）。

Φ800mm 钻孔灌注桩最大弯矩点位于标高 38.50m 处，即水平受力点下 3.50m；第一弯矩零点位于标高 35.00m 处，第二反弯零点位于标高 28.00m 处。

Φ1000mm 钻孔灌注桩（后压浆）最大弯矩点位于标高 39.00m 处，即水平受力点下 2.00m。第一弯矩零点位于标高 33.00m 处，第二反弯零点位于标高 30.00m 处。

Φ1200mm 钻孔灌注桩（后压浆）最大弯矩点位于标高 37.00m 处，即水平受力点下 4.00m。第一弯矩零点位于标高 32.00m 处，第二反弯零点位于标高 28.00m 处。

Φ1000mm（桩顶固接）桩身最大弯矩点位于标高 37.00m 处，即水平受力点下 4.00m。第一弯矩零点位于标高 39.00m 处，第二弯矩零点位于标高 37.80m 处。

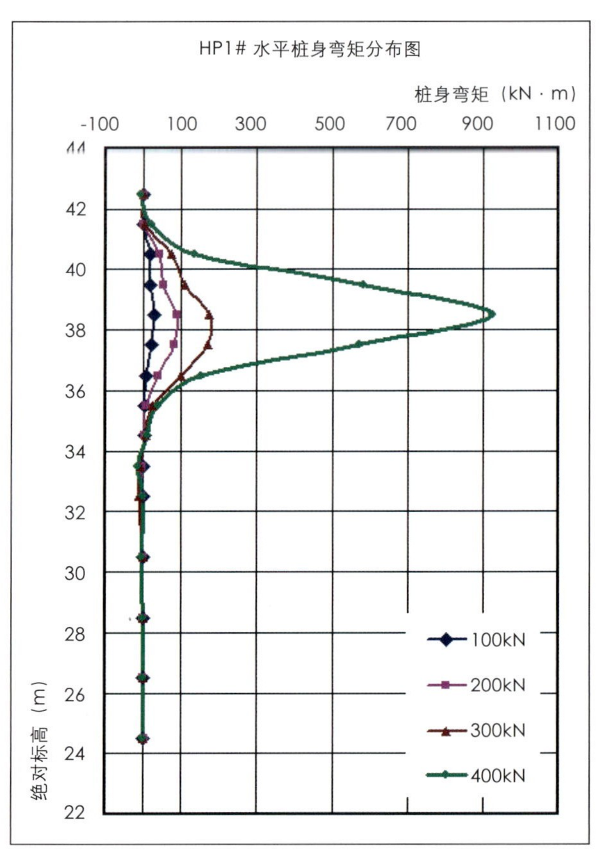

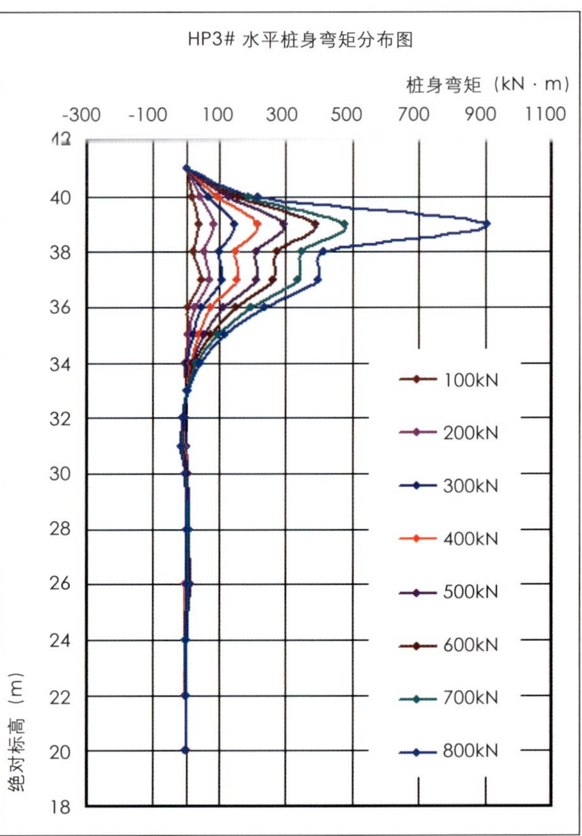

Φ800、1000 试桩（后压浆）

图 3-22　自由单桩水平试桩桩身弯矩分布图

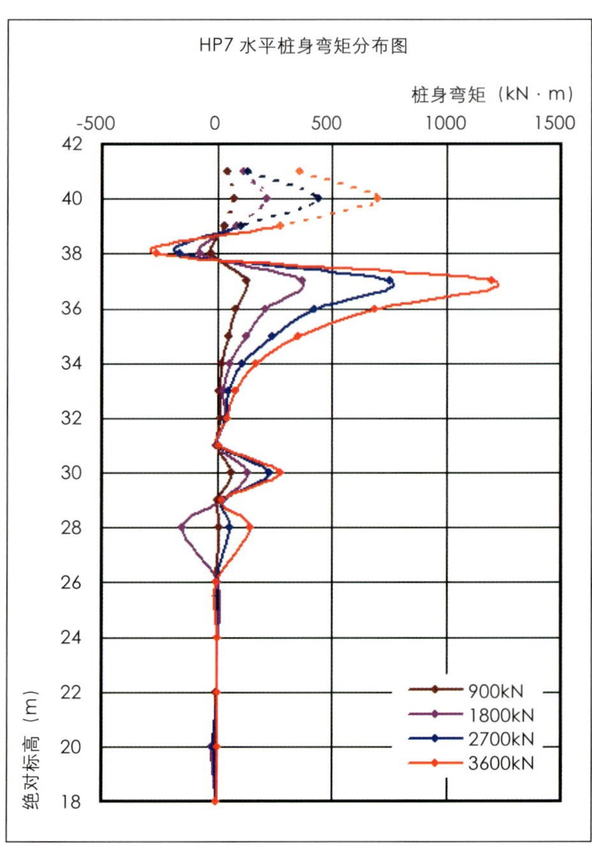

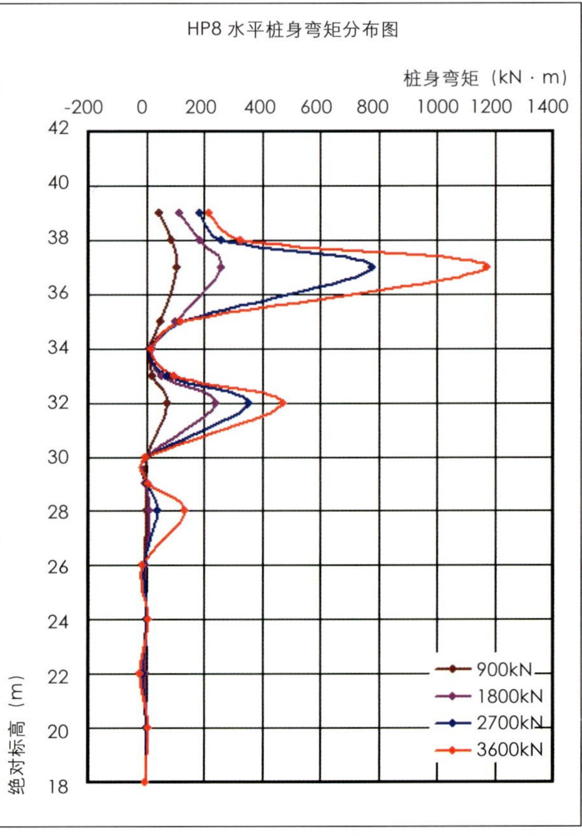

图 3-23　桩顶固接水平试桩桩身弯矩分布图

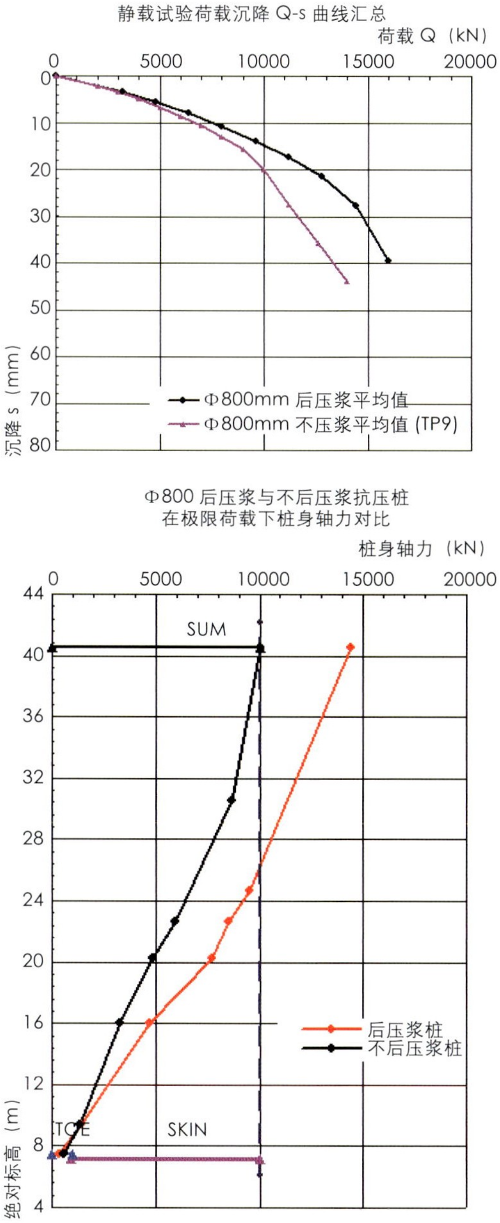

静载试验荷载沉降 Q-s 曲线汇总

荷载 Q（kN）

沉降 s（mm）

Φ800mm 后压浆平均值

Φ800mm 不压浆平均值 (TP9)

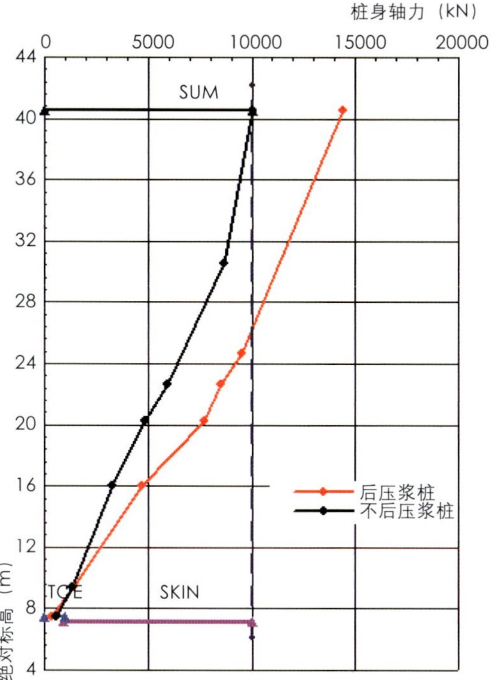

图 3-24　Φ800mm 后压浆与不后压浆试验桩对比

（2）确定了施工工艺参数

通过试桩工程确定了工程桩的施工工艺及各项施工参数。确定了采用旋挖钻机成孔的施工工艺；在对工程水文地质情况进一步了解的基础上初步确定桩长为 31 ～ 37m 之间；经试桩确定了护壁泥浆的主要技术指标；确定了后压浆的技术指标和施工参数。由于桩身混凝土强度为本工程主要设计控制指标，且混凝土强度较一般工程的桩基础要高，因此如何确保工程桩身混凝土至关重要。试桩工程的成功验证了采取的一系列混凝土浇筑技术措施，为正式工程桩施工总结了成套施工工艺。

（3）获得了后压浆效果以及桩土共同作用效应的第一手资料

1）对后压浆效果进行了验证。对于后压浆工艺的效果一般工程做的较少，对于此方面的对比资料几乎没有。本工程选取了 Φ800mm 钻孔灌注桩进行后压浆及非后压浆的同条件对比试验。通过成桩后的压力测试以及摩阻力测试，获得了压力值、沉降值等第一手资料（图 3-24）。

Φ800mm 钻孔灌注桩（后压浆）单桩竖向抗压极限承载力 14400kN。

Φ800mm 钻孔灌注桩单桩竖向抗压极限承载力 10000kN。

由于桩较长，极限承载力受桩身材料强度控制，桩端承载能力未能充分发挥。本次试验揭示桩侧承载力提高幅度，极限承载能力总体提高幅度不低于 44%。

2）测试桩承台侧土体的水平抗力，验证了水平荷载作用下的桩土共同工作效应和群桩效应。

在进行桩顶固接（带承台）水平静载试验时，同时在北侧承台进行了原状土水平抗力静载试验（图 3-25~ 图 3-27）。试验中保持了桩、承台与承台侧面土体的变形协调。荷载板面积与承台侧面积相同，即 $2m \times 2m=4m^2$。

按水平位移不大于 40mm 取值，承台侧面原状土水平抗力特征值为 900kN，即 225kPa；极限荷载取值为 1800kN。

桩土承台体系在扣除土的水平抗力之后，按水平变形 40mm 取值，两桩带承台固接体系的水平极限承载力为 5400kN，其中单桩水平极限承载力为 2700kN。这与 HP3-HP4 自由单桩的水平静载试验结果（单桩水平极限荷载为 1700kN）相比，单桩水平极限荷载提高了 59%。

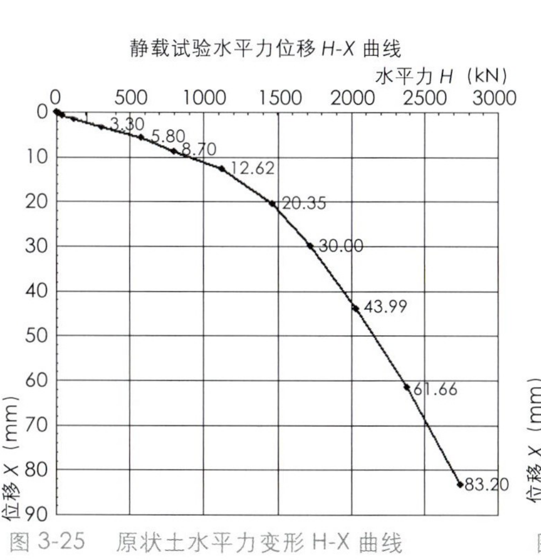

图 3-25　原状土水平力变形 H-X 曲线

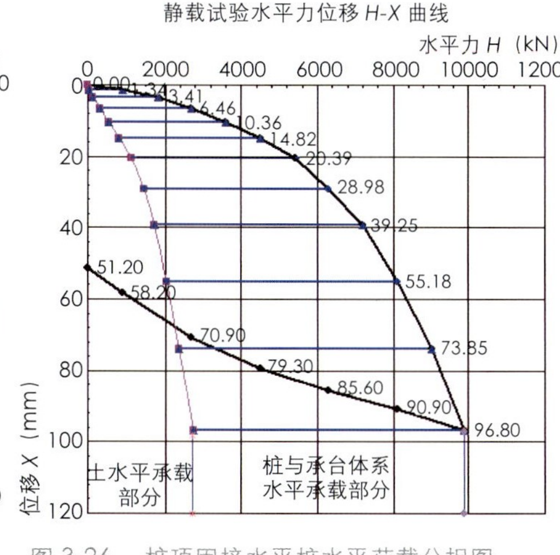

图 3-26　桩顶固接水平桩水平荷载分担图

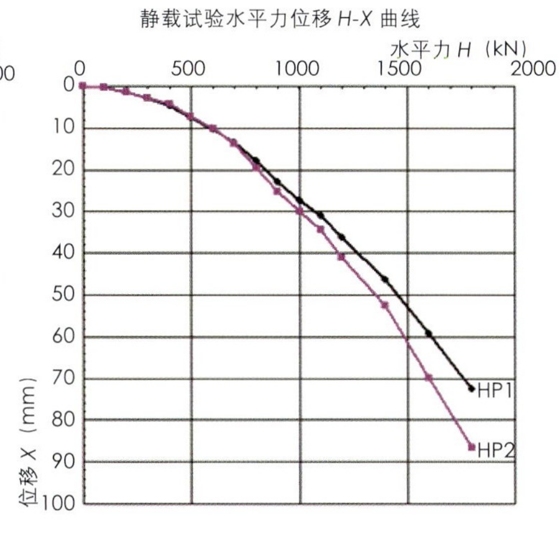

静载试验水平力位移 H-X 曲线

水平力 H（kN）

位移 X（mm）

HP1

HP2

图 3-27　水平试桩静载试验水平力位移 H-X 曲线汇总

3.2 桩身混凝土质量控制

国家体育场工程桩基混凝土设计强度等级为C40，高于通常混凝土灌注桩设计强度等级，同时桩基承载力受桩身混凝土强度控制，因此确保桩身混凝土质量对于保证工程质量具有重要的意义，均采用商品混凝土。

桩基混凝土质量主要包括混凝土抗压强度和耐久性以及桩身完整性两个方面的控制。本工程主要采取了以下方法和措施对其进行管理和控制，并取得了良好的效果。

3.2.1 混凝土强度和耐久性控制

（1）原材料质量控制

为了保证混凝土质量的稳定性，要求使用具有良好信誉的大型生产企业的产品，确定的厂家为兴法拉法基、北京京都和太行山，规格型号为P.O42.5。通过试验和检测报告可以看出，这三种水泥各项性能指标稳定，碱含量均小于0.6%，为低碱水泥，符合本工程耐久性能的要求。所使用粗骨料最大粒径不大于25mm，细骨料采用中砂，并且均为低碱活性骨料。为了改善混凝土拌合物性能，满足水下灌注桩的施工要求，在桩基混凝土中掺加了高效减水剂（一等品），同时掺加了一级粉煤灰。

（2）配合比

基础桩混凝土设计强度等级为C40，水胶比不大于0.50；胶结材料450kg/m^{3}左右；坍落度180～220mm，扩散度为34～45cm，混凝土初凝时间为6～8h。混凝土的含碱量不超过3kg/m^3。配制的混凝土具有良好的流动性，满足水下混凝土灌注要求。

（3）混凝土拌合物性能的控制

为了保证混凝土拌合物性能良好，要求施工单位在浇筑前对每车混凝土坍落度及和易性、黏聚性及保水性等进行测量，不符合规定的严禁使用。同时严格监督，禁止施工人员擅自改变坍落度，对因现场协调不利原因造成坍落度损失过大的混凝土，严禁使用。

通过各项管理措施的落实，混凝土拌合物性能良好，坍落度控制在180～220mm，和易性、黏聚性和保水性良好。整个桩基混凝土施工过程中，所使用的混凝土拌合物性能始终处于良好的状态。

（4）混凝土抗压强度控制

根据GB50202-2002建筑地基基础工程施工质量验收规范，每根工程桩混凝土方量不超过50m^3，留置1组标准养护28d抗压试件。

由于本工程桩基混凝土由三家供应单位提供，而现场取样、制作混凝土试件的试验员有10多名，如何增强混凝土抗压强度试件的代表性，降低强度的离散性，也成为保证混凝土质量的一个重要环节。

为了达到此目标，总承包部在各施工阶段对混凝土强度进行分析，运用科学的统计分析手段，寻找存在的问题，加强对混凝土供应单位和施工单位的监督和管理，针对材料、生产、运输和灌注各阶段制定质量控制措施，并对现场试验员进行培训和考核及施工过程中的检查管理，规范混凝土试件取样、制作和养护过程。通过以上质量管理措施，加大混凝土质量的管理力度。

3.2.2 桩身完整性的控制

为了保证桩身的完整性，在施工过程中必须要避免夹渣、坍孔、堵管、断桩等情况的发生，为此本工程在严格执行施工方案的同时，制定了相应的预防措施及特殊情况的处理预案。

（1）沉渣厚度控制

沉渣厚度直接影响桩基的承载力和桩身混凝土质量，因此，施工过程中的沉渣厚度控制非常重要。

为了防止孔底沉渣过厚，在施工过程中采取了以下措施：

1）钻孔过程中散落在地面的土随时清走，避免落入孔中。

2）成孔后现场安排专人看护，严禁桩基机械以外的车辆、机械在附近行走。

3）在吊装钢筋笼和浇筑混凝土前，分别进行沉渣厚度的测定。

4）当发现沉渣厚度超过要求时，用钻机进行空钻清土，停止转动后提钻杆将渣土清出，同时采用泥浆置换法将孔底沉渣清理干净，不断用抽浆泵抽出泥浆，利用泥浆在流动时所具有的动能冲击桩孔底部的沉渣，使沉渣中的岩粒、砂砾等处于悬浮状态，再利用泥浆胶体的黏聚力使悬浮的沉渣随着泥浆的循环流动被带出桩孔，从而将孔底沉渣清理干净。

（2）混凝土浇筑过程中堵管的预防

1）严格检查现场混凝土的拌合物性能。

2）保证导管清理干净，且长度计算精确，防止因为导管内壁粗糙或长度不准确引起混凝土下放困难。

3）加强护壁泥浆的控制和测定。

4）保证混凝土浇筑的连续性，这是预防堵管的关键环节。从工作准备、钻孔、工序检验、钢筋笼下放、混凝土浇筑等各环节均需衔接紧凑。

由于供应单位距离较远、桩基混凝土施工前准备及施工过程中影响因素较多，施工协调比较困难，如何保证混凝土到场及浇筑时的拌合物性能，是影响桩身混凝土质量的一个关键因素。因此，要求施工单位与混凝土供应单位作好施工协调工作，减少路途和到场等候时间，避免灌注过程中堵管、坍孔等现象的发生，保证施工过程的连续性。

表 3-4 是本工程桩基混凝土浇筑过程的几个重要的时间数据，可以看出混凝土供应单位和施工单位充分保证了混凝土浇筑的连续性。

桩基混凝土浇筑过程的时间数据　　表 3-4

路途时间平均值	等待时间平均值	浇筑时间平均值	从出机到完成浇筑时间平均值	相邻两车浇筑时间间隔平均值
35min	20min	18min	1h3min	15min

5）施工中若出现堵管现象，首先换用大灰斗增加混凝土压力，适当提升导管，使混凝土顺利下放。若不能解决，则暂停浇筑，由现场施工经验丰富的专业人员在规范要求范围内将导管上下窜动，同时用起吊设备吊起一节 3m 长的钢轨（下端焊接 4 根长 30cm，直径为 16mm 的钢筋），将导管内堵塞的混凝土冲开。

当以上方法均不能解决堵管问题时，换用备用导管。使用抽浆泵将备用管内的浮浆和泥浆抽出，然后继续浇筑混凝土。

（3）桩孔坍塌或缩径的预防措施

1）严格控制护壁泥浆的技术指标。

护壁泥浆采用钠化膨润土和自来水混合而成。合适的泥浆性能指标对防止桩孔的坍孔、缩径具有重要的意义。因此对护壁泥浆的配置和使用进行了严格的控制。

• 通过试配，选择最佳的泥浆配比。

• 加强泥浆性能指标的测试。要求至少在开孔前、钻孔过程中、钻孔结束后各测一次，取样位置在距孔底以上 500mm 处。

• 保证再生泥浆的性能指标满足施工要求。现场设回收泥浆池，经泥浆净化器净化后，输送回储存罐内，进一步处理（加入适量纯碱和 CMC 改善泥浆性能），经测试合格后重复使用。

2）在回填土较深的位置，采用足够长的护筒进行保护。

3）保证泥浆面位置在护筒内，施工期间泥浆面应保持高出地下水位 1.0m 以上，在受水位涨落影响时，泥浆面应保持高出最高水位 1.5m。防止由于泥浆面的上下浮动造成孔壁坍塌。

3.2.3 桩基混凝土质量的评价

由于在施工过程中严格执行标准规程和施工方案，各相关方的组织和协调科学有力，国家体育场工程桩基混凝土质量符合设计要求，并且达到优良的质量水平。

（1）混凝土抗压强度和实体状况

1）混凝土抗压强度

通过采取一系列的质量控制措施，本工程桩基混凝土抗压强度符合设计要求，呈正态分布，并且随着施工过程中的管理和控制，各施工阶段的质量指标逐步趋于稳定、合理，各施工队伍的质量情况也较均匀、稳定。

总体数据见表 3-5。

混凝土抗压强度数据　　表 3-5

试件组数	平均值（MPa）	平均值达到设计强度百分数 %	标准差（MPa）	最小值（MPa）	盘内变异系数 %	达到设计强度组数百分率 P%	备注
1869	54.5	136	4.6	40.6	4.5	100	

各施工队伍分阶段混凝土抗压强度统计结果见图 3-28。

从标准差分布图可以看出，在第一阶段各施工队伍的混凝土抗压强度标准差都在一般水平的下限附近，说明混凝土生产或施工过程中稳定性较差，混凝土质量离散性较大。针对此问题，工程总承包部分阶段组织混凝土供应单位和施工队伍共同针对原材料的选用、生产、运输及现场浇筑等各个环节进行质量分析，并进行整改，制定了科学的混凝土质量管理体系。在后面的施工阶段中，混凝土抗压强度标准差逐渐降低，趋近优良管理水平。总体标准差为集中搅拌混凝土的施工现场一般水平（≤ 5.5MPa），相对本工程规模超大、多家混凝土供应单位和施工队伍同时施工的现状，已经达到较高的质量控制水平。

从混凝土强度平均值分布图（图 3-29）和 P 值分布图（图 3-30）上可以看出，各施工队伍的统计值在各阶段均处于强度控制上限附近，且所有强度代表值均高于设计值，说明各生产单位所采用的设计标准差与施工过程的质量控制水平相符，较好地保证了混凝土实体的质量，满足设计要求。

盘内变异系数分布图（图 3-31）显示，经过各阶段的质量管理和整改，各施工队伍及工程整体的混凝土抗压强度盘内变异系数逐渐趋于合理和稳定，表明现场混凝土试件的取样、制作和养护等过程标准、规范，试验人员的业务素质相对较高，所制作混凝土试件强度客观地反映了混凝土实体的质量水平。

2）桩身混凝土实体状况

本工程桩基实际超灌高度均超过一倍桩径，在凿除桩头的过程中，可以看出桩身混凝土均匀密实，满足设计要求，符合本工程桩基耐久性能的要求。

（2）桩身完整性

1）沉渣厚度的控制

通过各种预控措施的落实，本工程桩孔沉渣厚度控制情况良好，混凝土浇筑前测得数据在 10 ~ 100mm 范围内，平均值为 50mm。

2）混凝土充盈系数

统计结果表明，本工程桩基混凝土充盈系数范围为 1.01~1.18，平均值 1.10，说明没有坍孔和缩径情况，满足规范和设计要求。

3.3 深基础桩施工技术研究

3.3.1 深基础桩特点描述

国家体育场工程深基础桩主要指桩顶埋深超过 10m 的工程桩，包括西侧环墙及人防底板、西侧钢结构组合柱下基础桩，桩径 1000mm，为单桩、群桩等形式。针对深基础桩工程特点，施工中需重点解决在空钻长度大的前提下，确保桩身垂直度偏差及定位偏差满足设计标准及规范要求，确保工程桩满足要求。鉴于深基础桩桩顶埋深大的特点，真正的桩位是在现场地面以下 13m 处，在深基础桩采用旋挖钻机成孔、泥浆护壁、水下灌注混凝土、桩侧桩底后压浆施工工艺情况下，工程桩位置的偏移受如下诸因素的组合作用：

（1）钻机开钻标高处桩位的放样偏差，规范规定的控制范围为 10~20mm；

（2）护筒埋设偏差，规范规定护筒中心与桩位中心偏差不大于 50mm；护筒内径应大于钻头 100mm；

（3）钻机就位钻进偏差，按目前国内同等施工工艺的控制水平，一般控制在 20mm 以内；

（4）空钻长度引起的桩位偏差，按规范规定的垂直度 L/100 控制，对于空钻长度为 13m 的桩由空钻引起的桩顶位置偏差达 130mm；

在上述桩位偏差组合作用情况下，尤其是空钻长度引起的桩位偏差很难控制在现行规范强制性条文规定之内（表 3-6）。

桩位允许偏差值 **表 3-6**

序号	桩径	垂直度允许偏差 %	桩位允许偏差 (mm)	
			群桩基础的边桩	群桩基础的中间桩
1	D ≤ 1000mm	小于 1	D/6，且不大于 100	D/4，且不大于 150
2	D>1000mm	小于 1	100 + 0.01H	150 + 0.01H

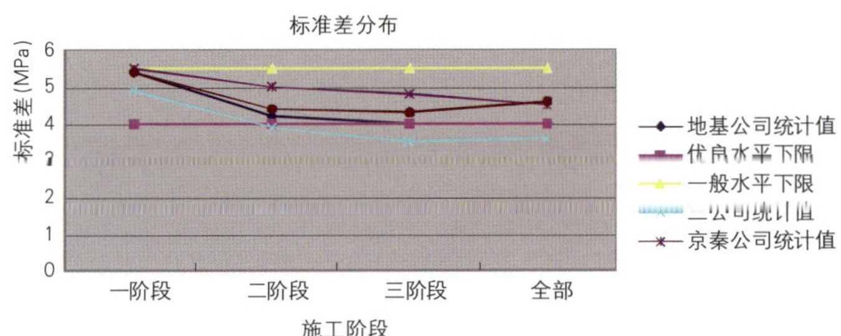

图 3-28 各施工队伍分阶段混凝土抗压强度统计结果

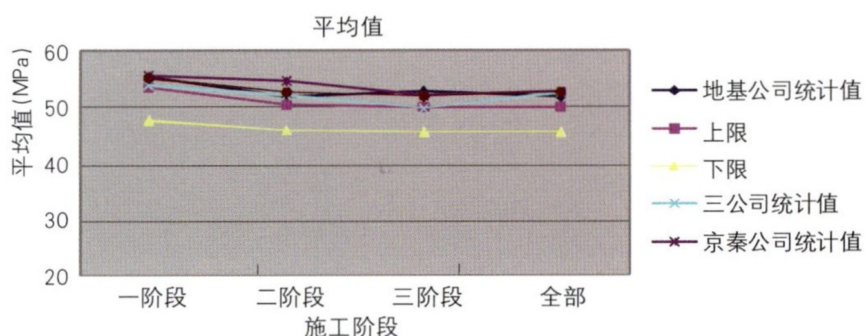

图 3-29 混凝土强度平均值分布图

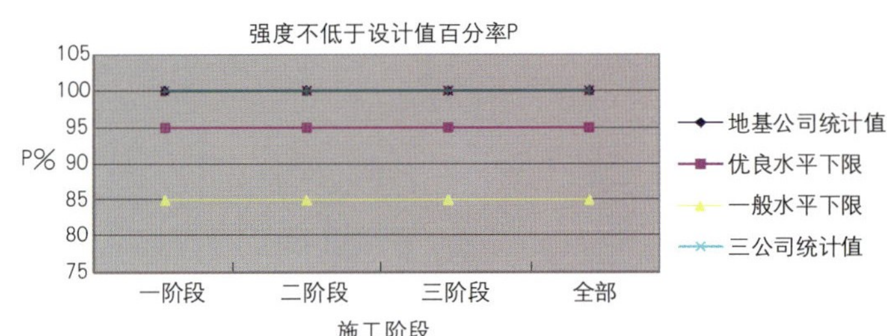

图 3-30 混凝土强度 P 值分布图

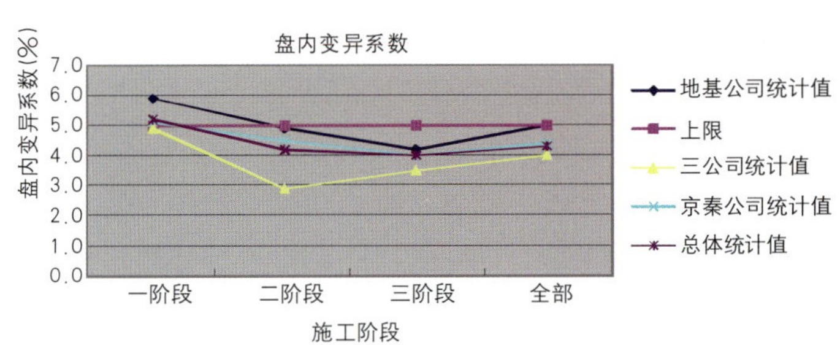

图 3-31 盘内变异系数分布图

3.3.2 深基础桩施工方法分析

针对制约桩位的各种不利因素，常规的施工方法为最大限度降低空钻长度，即开挖土方至一定高度，减少空钻长度，进而消除主要由空钻长度过大引起的桩位偏差。其优点是可以有效保证桩位的准确性，但其缺点也是很明显的，表现在以下几个方面：

（1）由于承台范围较小，泥浆池应设在坑外，钢筋吊装及混凝土浇筑机械均无法进入基底作业；由于基坑较深，在基坑上口无法吊装钢筋笼就位，泥浆的置换难度较大；机械运行坡道将很长。

（2）易对底板基底土造成扰动：鉴于深基础桩内侧为体育场看台结构底板且相距很近（不足 4m），底板埋深为 -1.66m，若采用开挖一定深度后进行成桩施工，势必扰动看台底板下的持力层土质，为设计所禁止的，且也有悖于桩承台周边土体应保持为原状土体的设计要求。因此此种方案不符合本工程实际情况。

（3）由于处于雨季施工，坑底防汛难度较大。

3.3.3 深基础桩施工关键技术研究

鉴于土方开挖后成桩的诸多不利因素，基于当前国内旋挖钻机成孔的施工工艺水平，唯有针对影响桩位偏移的诸因素考虑，从工程桩施工技术措施上进行改进。

（1）减少空钻长度：由于基底标高为 -1.66，现场地面标高约为＋2.00mm，若开挖土方至基底后成桩，则可适当减少空钻长度，减少因空钻过长引起的系统偏差，且在此标高进行成桩作业不会扰动底板下基底土。

（2）测量定位及钻机站位控制：通过上述开挖一定深度进行成桩后虽然减少了一定的空钻长度，但空钻长度仍有约 9.5m，还需要对桩位控制措施进行研究。常规的桩位测量定位方式为将设计桩位中心采用木桩等固定于场地上用于钻机对位，此种方法定位精度较差。为了消除定位误差，采取浇筑 C25、200mm 厚商品混凝土垫层措施对深基础桩施工场地进行硬化，并保持场地平整。硬化时预留出基础桩位，这样桩位放线确保准确无误，定位精度可达结构施工的精度要求（误差仅为 5mm）。由于钻机作业场地进行了硬化，钻机对位的精度也得到了很好的控制，最大限度地消除了由于钻机站位原因带来的系统误差（图 3-32）。

（3）钻机钻杆垂直度控制：由于真正的桩位在作业面以下约 9m，仅仅对钻机对位精度、放线精度进行有效控制仍然无法保证真正的桩位偏差，钻杆垂直度起到了决定性作用。旋挖钻机的钻杆垂直度一般采用自带的控制系统装置进行控制。考虑到钻机自身的系统误差，经研究决定现场采用两台经纬仪在与钻杆连线互成 90° 方位测斜、检测控制垂直度，孔斜采用孔规进行测量，保证了桩垂直度 ≤ 1/150 桩长。

（4）改进钻机钻进工况控制：旋挖钻机即使具有较好的自控性能，其在作业过程中的姿态、工况也是有变化的。尤其是对位精度以及钻杆垂直度的变化会不断发生，从而导致桩位的偏差。对于钻机施钻过程中工况的控制除了在施工过程中采用测量手段及时调整钻杆姿态外，考虑到护筒对钻头的行进起到很重要的导向和限位作用，则加大护筒刚度、采用加长护筒、减小护筒内径会起到很好控制钻机工作工况的作用，提高钻机对位精度及钻杆垂直度。经多次试验，护筒采用 10mm 厚钢板制作，护筒长度 4~6m，护筒内径大于钻头直径不超过 50mm。护筒顶部高出地面 100mm，固定牢固。护筒中心与桩位中心的偏差控制在 10mm 以内。护筒就位后测定护筒垂直度，偏移时进行调整，以确保筒底桩位偏差不大于 5mm（图 3-33）。

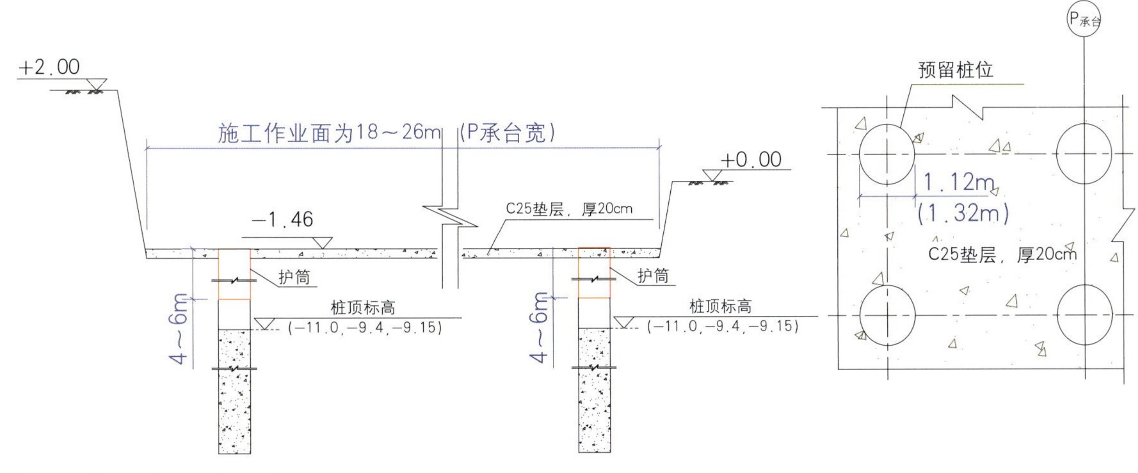

图 3-32　钻机施工站位图

3.3.4 成孔工艺检验

鉴于工程的重要性、深基础桩施工控制的复杂性，为确保上述技术的可行性、可靠性，在正式工程桩大面积展开施工前，选 2 根试桩进行工艺检验，采用超声波检测桩成孔垂直度以确定桩顶偏位，通过检测桩位偏差检验钻机成桩工艺（图 3-34）。

3.4 灌注桩后压浆技术研究

3.4.1 基础桩后压浆工艺原理

灌注桩桩底、桩侧后压浆是桩基改良技术，通过压浆，使桩周及桩底松软土体得到有效加强，从而大幅度提高灌注桩的桩侧阻力和桩端阻力，提高灌注桩的承载性能。其作用机理是在桩体形成后，由桩端和桩侧的预埋管压入水泥浆，通过浆液的渗扩、挤密和劈裂压密等方式，消除泥皮和桩底沉渣的固有缺陷，改善桩土界面，使桩周一定范围内的土体得到加固，土体强度增加，增大桩侧摩阻力和端承力，从而提高桩的极限承载力和减少沉降量（视不同桩长、不同土质，其承载力可提高 40%~120%，减小沉降量 30% 左右）。

3.4.2 基础桩后压浆参数设计

工程施工前通过试桩进行了全面的灌注桩压浆工艺、试验和压浆桩各项性能的全面试桩测试工作。试桩结果表明按后压浆工艺实施的基础桩各项技术指标满足结构设计要求。根据结构设计要求和场地具体地质条件，参照试桩压浆已有参数，制定工程桩压浆技术指标为：后压浆质量控制采用注浆量和注浆压力双控方法，以水泥注入量控制为主，泵送终止压力控制为辅。水泥压入量及泵送终止压力见表 3-7~ 表 3-9。

抗压桩水泥压入量及泵送终止压力　　表 3-7

桩径 mm	轴线	桩端压浆		桩侧压浆	
		水泥压入量	终止泵送压力	水泥压入量	终止泵送压力
800	A	/	/	600～800kg/层×1层	≮ 1.0MPa
800	B 轴	1400kg/ 桩	≮ 2.0MPa	/	/
800	C 轴以后	1400kg/ 桩	≮ 2.0MPa	400kg/ 层 ×2 层	≮ 1.0MPa
1000	C 轴以后	1800kg/ 桩	≮ 2.0MPa	400kg/ 层 ×2 层	≮ 1.0MPa

图 3-33　桩基旋挖钻机成孔工艺

图 3-34　超声波检测成孔

抗拔桩水泥压入量及泵送终止压力　　　　表 3-8

桩型	桩径 mm	桩端压浆		桩侧压浆	
		水泥压入量	终止泵送压力	水泥压入量	终止泵送压力
ZH3b/ZH3c/ZH4 ZH5/ZH5a/ZH6/ZH6a	1000	800kg/ 桩	≮ 2.0MPa	800kg/ 层 ×2 层	≮ 1.5MPa

抗水平力桩水泥压入量及泵送终止压力　　　　表 3-9

桩号	桩径 mm	桩端压浆		桩侧压浆	
		水泥压入量	终止泵送压力	水泥压入量	终止泵送压力
P1 ～ P24	1000	600kg/ 桩	≮ 2.0MPa	600kg/ 层 ×2 层	≮ 1.5MPa
	1200	600kg/ 桩	≮ 2.0MPa	600 ～ 800kg/ 层 ×2 层	≮ 1.5MPa

3.4.3 灌注桩后压浆施工技术

（1）后压浆施工工艺流程图（图 3-35）

（2）压浆管设置

1）压浆管采用国标低压流体输送用焊接管。桩端压浆导管公称口径 ϕ25（1″），桩侧压浆导管公称口径 ϕ20（3/4″），压浆管壁厚 2.75mm；

2）压浆导管上端设管螺纹、管箍及丝堵；桩端压浆导管下端设 G1″ 螺纹及用以旋接桩端压浆阀的管箍；桩侧压浆导管下端设 G3/4″ 螺纹及用以插接桩侧压浆阀的三通；

3）压浆管与钢筋笼固定牢固，桩端压浆管固定于加劲箍内侧；桩侧压浆导管固定于螺旋箍筋外侧，钢筋笼最下一道加筋箍距纵筋底部 400mm；桩端压浆导管下端口距钢筋笼底端 400mm（与钢筋笼最下一道加劲箍位置相同）。钢筋笼起吊后入孔前旋接桩端压浆阀，钢筋笼入孔过程中插接桩侧压浆阀，钢筋笼最后就位前旋接桩空孔段压浆导管；

4）压浆导管的上端低于桩施工作业地坪下 200mm，对于深基础桩超长空孔部分设一道可沿压浆导管滑动的稳定约束环，该环最终固定于空孔压浆导管套管焊接的结合部（图 3-36）。

（3）压浆设备及材料技术指标

1）压浆泵额定压力不小于 8MPa，额定流量不小于 50L/min，功率 18kW；

2）水泥浆液的输浆管采用高压流体泵送软管，额定压力不小于 8MPa；

3）压浆所用水泥采用 P.O 32.5 低碱水泥，注浆水灰比为 0.60 ～ 0.75。

（4）后压浆实施及控制措施

1）后压浆起始作业时间于基础桩混凝土浇筑 2 天以后进行，具体时间视基桩施工状态进行调整，且不超过成桩后 30 天；

2）水泥浆压入量达到设计值的 70%，泵送压力超过 6.0MPa 停止压浆；

3）水泥压入量达到设计值的 70%，泵送压力未达到预定压力的 70% 时，调小水灰比，继续压浆至满足预定压力；

4）当水泥浆从桩侧溢出，调小水灰比，改间歇压浆至水泥量满足预定值；

5）桩侧压浆量未达到设计标准，按其不足量的 1.2 倍由桩端压浆补入。

为保证灌注桩后压浆的质量，后压浆桩钢筋笼应沉放到底，禁止悬吊，在此前提下钻孔深度的微小差异和孔底沉渣厚度的不尽一致，都将造成桩钢筋笼标高误差超出规范允许的范围（总体上多为负偏差），为从根本上避免这一不利因素出现，在大量实际测量的基础上将钢筋笼自底部延长 30cm（这和一定厚度的孔底沉渣和扰动土是相适应的），从而保证钢筋笼笼顶标高从总体上处于正偏差的有利态势，见图 3-37~ 图 3-39。

3.5 工程桩检测

工程桩的检测是对国家体育场桩基工程的一个重要验收环节，同时也是对试桩阶段确定的设计参数及关键施工技术的总体检验，是桩基工程综合技术研究的一个组成部分。根据规范要求，国家体育场工程桩检测截至 2005 年 6 月，1/F 轴内看台部分基桩和钢结构承台桩共 1896 根已施工完成。工程桩的检测由冶金工业工程质量监督总站检测中心承

图 3-35　后压浆工艺流程图

担，并随施工进展同步展开，现场检测工作于 2004 年 5 月 26 日开始，2005 年 5 月 11 日完成。检测总体结论如下：

（1）根据单桩竖向抗压静载试验结果，受检的 Φ800mm 工程桩单桩竖向极限抗压承载力取值 10080kN，不低于设计单桩承载力特征值（4978kN）的 2 倍；受检的 Φ1000mm 工程桩单桩极限抗压承载力取值 15752kN，不低于设计单桩承载力特征值（7778kN）的 2 倍。据此，本工程受检的 Φ800mm 和 Φ1000mm 工程桩单桩竖向抗压承载力特征值满足设计要求。

（2）根据单桩水平静载试验结果，受检的 4 根 Φ1000mm 工程桩单桩水平极限承载力取值 1500kN，单桩水平承载力临界值平均取值 675kN，不低于设计要求的 1500kN 和 600kN。据此，本工程受检的承受水平荷载的 Φ1000mm 工程桩单桩水平承载力满足设计要求。

（3）声波透射法桩身完整性检测结果：Ⅰ类桩 74 根，Ⅱ类桩 3 根；低应变法桩身完整性检测结果：Ⅰ类桩 797 根，Ⅱ类桩 23 根。

3.5.1 工程桩承载力检测结果

抗压工程桩检测结果表明，桩的承载特性与试桩测试结果基本相同。在相同的荷载作用下，工程桩的桩顶变形与试桩桩顶变形趋势非常一致，且沉降量较小。表明工程桩保持了与试桩基本相同的承压工作特性（图 3-40）。

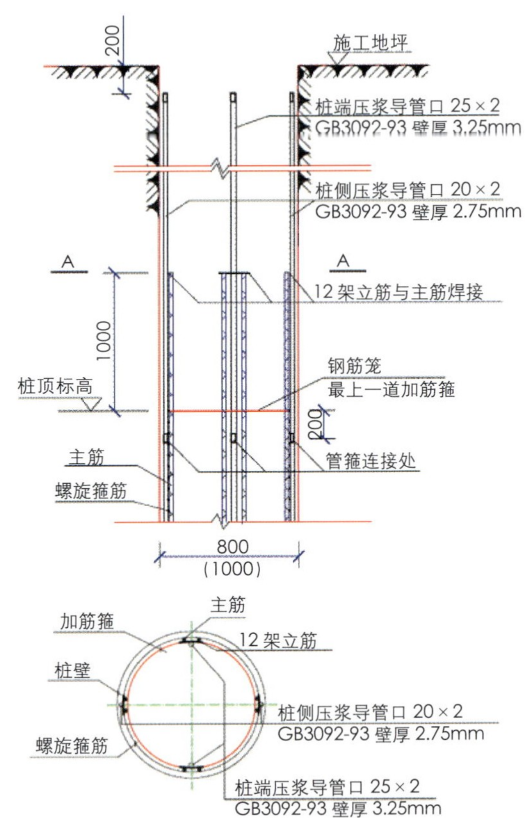

说明：
1. 桩端压浆导管位于两主筋中间，空孔部分按图示尺寸焊接或绑扎：长 150mm、12 架立筋于两主筋（在内侧）上，用 12 #铅丝绑扎固定管箍连接处压浆导管；
2. 桩侧压浆导管位于螺旋箍筋外侧两主筋中间，空孔部分按图示尺寸焊接或绑扎：长 150mm、12 架立筋于两主筋（在外侧）上，用以绑扎固定管箍连接处压浆导管；
3. 压浆导管连接完成后与钢筋笼焊接的架立筋用 12# 铅丝十字绑扎固定；
4. 空孔部分压浆导管结合处采用管箍螺纹连接，接合处位于钢筋笼最上边一道加筋箍以下 200mm 处。

图 3-36　空孔处压浆管设置图

图 3-37　桩端压浆管设置

图 3-38　桩侧压浆管设置

图 3-39　桩侧后压浆效果图

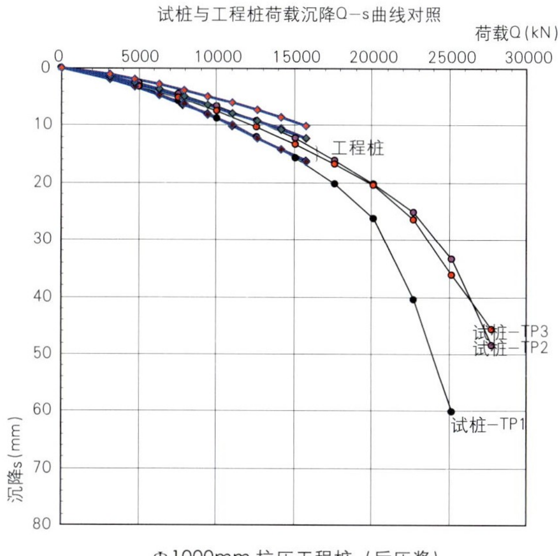

Φ1000mm 抗压工程桩（后压浆）

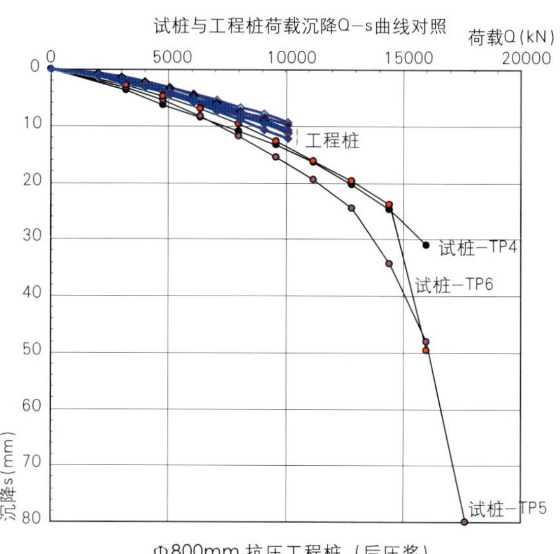

Φ800mm 抗压工程桩（后压浆）

图 3-40　抗压试桩与工程桩测试结果的对比曲线

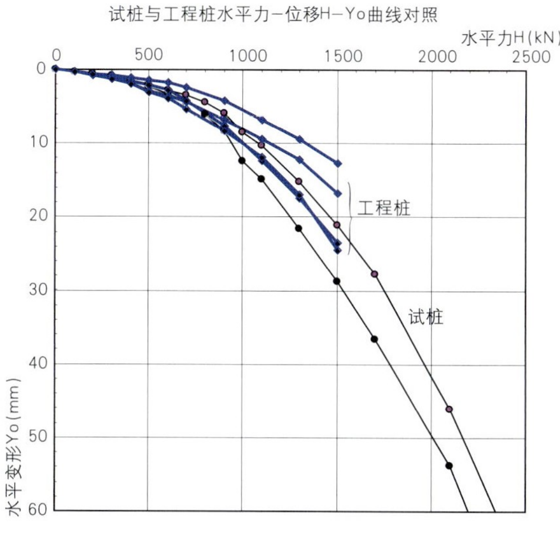

图 3-41　水平试桩与工程桩测试结果的对比曲线

工程桩水平承载力检测结果也同样表明，工程桩保持了与试桩基本相同的水平承载特性。在相同水平力作用下，工程桩水平变形较试桩小（图 3-41）。

3.5.2 工程桩的桩身完整性检测结果

依据设计要求，桩身完整性检测采用低应变法和声波透射法两种方法结合进行。声波透射法测试数量及位置由设计方指定。低应变法测试数量为：一柱一桩的检测 100%；多桩承台，每承台不少于 1 根；总测试数量不少于总桩数的 25%。两种方法检测数量总和不少于总桩数的 30%。

基础桩施工总桩数为 1896 根，低应变法测试完成 820 根（含静载试验用的 16 根锚桩），声波透射法测试完成 77 根，表 3-10。

桩身完整性检测结果汇总表　　　　表 3-10

总桩数（根）	检测方法	检测数（根）	抽检率	桩身质量完整（Ⅰ类桩）		桩身质量基本完整（Ⅱ类桩）	
				数量	比例	数量	比例
1896	声波透射法	77	4%	74	96%	3	4%
	低应变法	820	43%	797	97%	23	3%

3.5.3 深基础桩桩位偏差校核

土方开挖后经对深基础桩桩位进行逐一检查校核，桩位偏差均小于 100mm。

4. 小结

国家体育场桩基础工程作为国家体育场工程的第一个里程碑计划，于 2004 年底之前提前完成，为第二个里程碑—主体结构工程施工的顺利展开创造了良好的条件。针对体育场桩基础工程设计标准高、施工难度极大的特点而采取的一系列技术攻关，有效解决了技术难题，获得了后压浆效果的第一手资料。尤其是针对抗水平力桩所做的单桩测试和桩顶固结群桩桩土共同作用承载的测试，填补了该类试验数据的空白。针对比较少见的高强度等级桩身混凝土施工以及深基础桩施工所采取的施工技术，很好解决了工程难题，经过对工程桩检测以及桩位的测定，全部达到设计和规范要求，桩基础工程顺利通过四方验收。

第二节　混凝土结构耐久性施工技术

1. 概述

国家体育场基础形式采用钻孔灌注桩基础，混凝土结构柱下为双桩承台，核心筒下为多桩承台，24 个钢结构主桁架柱下为超厚超大的群桩承台，所有承台均通过厚度为500mm～1800mm厚的基础底板连成整体，见图3-42。

混凝土结构最高为51.1m，混凝土碗状看台分上、中、下三层，看台下楼层为5～7层钢筋混凝土框架—剪力墙结构，框架结构体系由混凝土梁板、斜柱、核心筒及外围剪力墙组成，层高4.2～6.8m。各楼层结构平面通过变形缝划分为6个区域，每个区域形成各独立的框架—剪力墙结构体系，各楼层结构径向、环向设有后浇带，后浇带间距约30～40m。混凝土强度等级为C40、C50，基础底板及外墙为C40（S8）抗渗混凝土，见表3-11。

2. 工程特点难点

（1）体育场基础底板约为950m×74m片筏基础，整个底板约为400m×300m，不设伸缩缝，属于大面积及超长结构，钢结构组合柱下桩承台最厚达10.1m，属超厚混凝土结构工程。超长超厚构件抗裂问题严峻，保证混凝土耐久性能满足要求难度大，见图3-43。

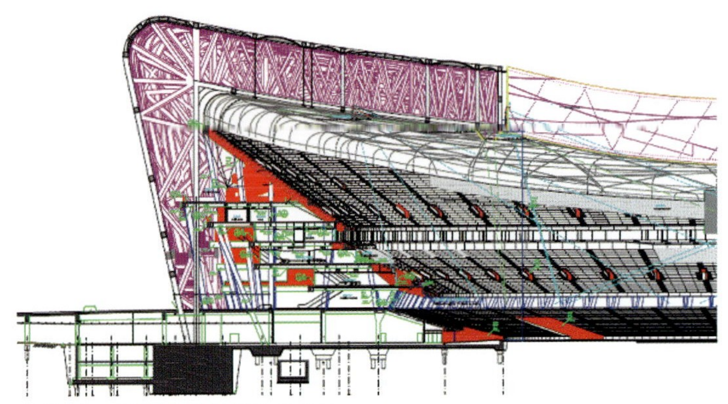

图3-42 混凝土结构剖面示意图

混凝土强度等级 **表3-11**

	部位	强度等级
混凝土强度等级	桩承台，基础底板	C40 补偿收缩混凝土，抗渗等级P8
	地下室外墙	C40 补偿收缩混凝土，抗渗等级P8，掺加聚丙烯纤维
	核心筒墙体	C50（三层以下），其他为C45
	梁、板、楼梯	C40
	框架柱、预制看台板	C45\ C50
	后浇带	C45 微膨胀防水混凝土，抗渗等级P8

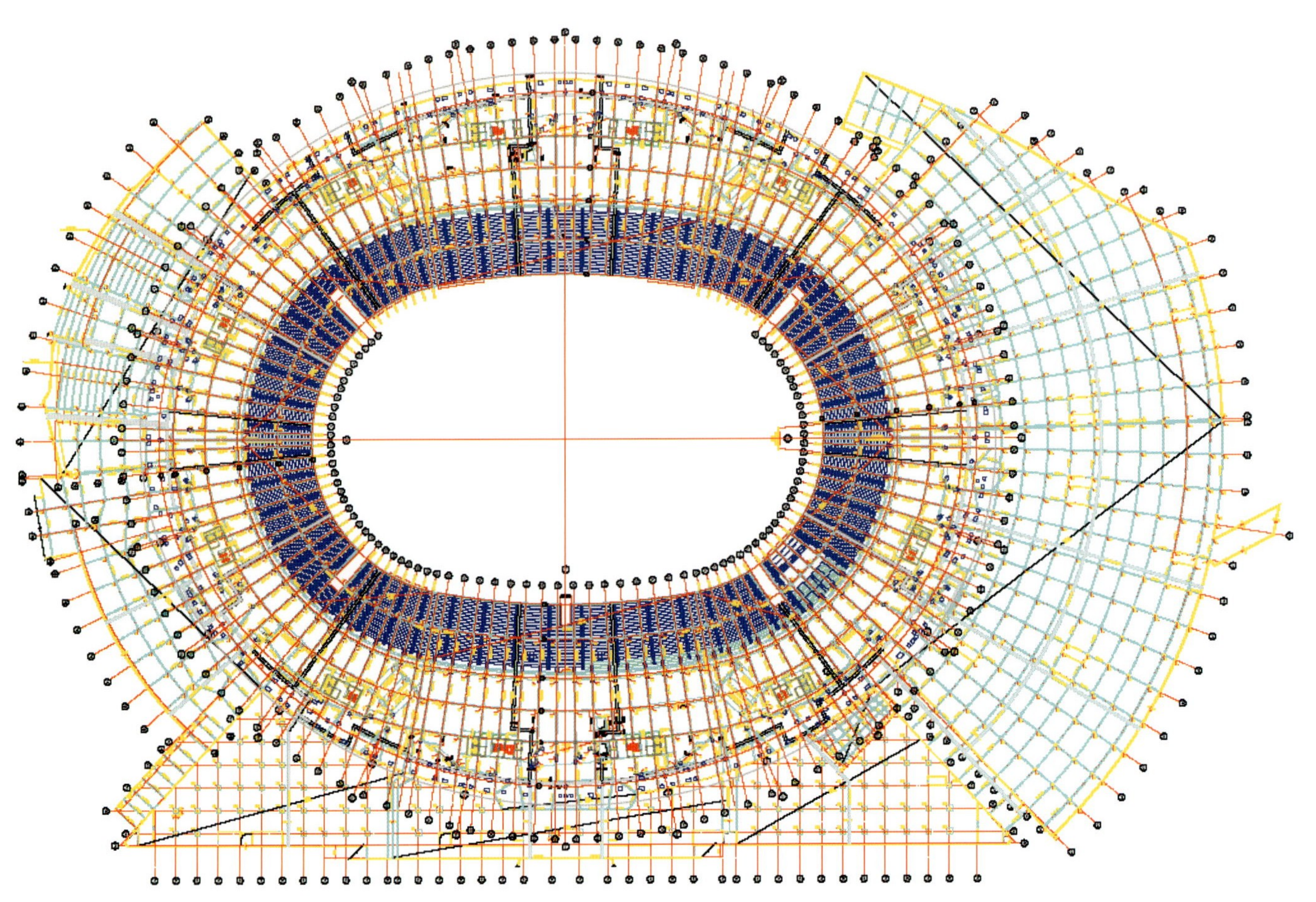

图3-43 体育场基础底板平面图

图 3-44　混凝土斜柱

图 3-45　异形结构构件

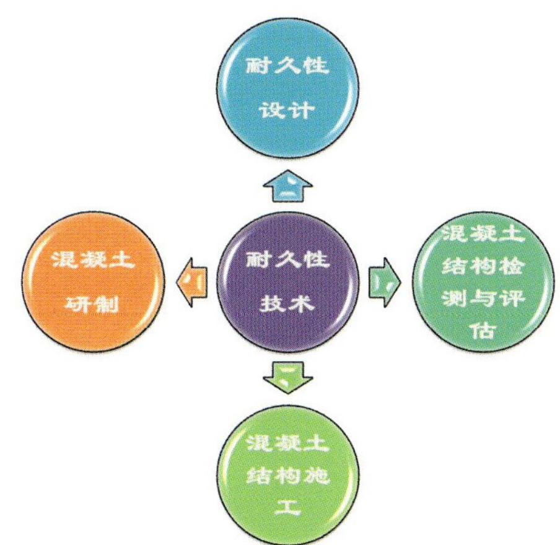

图 3-46　耐久性技术研究思路

（2）工程地上混凝土结构复杂，构件种类多，存在大量单斜柱，斜扭柱、超高斜柱等异形构件，角度变化大，柱断面尺寸为 1m，斜柱钢筋保护层、混凝土密实度指标控制难度大，见图 3-44。

（3）结构设计使用年限为 100 年，耐久性指标要求高。

综上所述，国家体育场混凝土结构构造极其复杂；存在大量的异形构件、超长构件、超厚构件（图 3-45）；建筑物等级高、耐久性标准要求很高；使复杂的混凝土结构质量满足耐久性要求，并最终确保结构安全带来前所未有的极大的技术挑战；必须从结构设计要求、原材料技术指标控制、施工过程控制以及必要的试验检测手段等诸方面进行深入研究，以确保耐久性指标的实现。

3. 主要技术思路

混凝土结构耐久性受外部环境条件和混凝土自身内在因素影响，是二者共同作用的结果。混凝土内在结构主要受结构设计构造、混凝土原材料的选择及配制以及现场施工工艺优化等方面综合影响。根据国家体育场工程所处的环境，以及国家体育场混凝土工程结构特点，混凝土碱集料反应、碳化、钢筋锈蚀、冻融等现象是最可能导致混凝土耐久性降低的原因。结合当前国内外耐久性研究水平、国内建筑行业以及建材行业技术发展水平，国家体育场混凝土结构耐久性课题主要从耐久性设计、高性能混凝土研制、混凝土结构施工以及混凝土结构检测评估四方面开展研究工作（图 3-46）。即：

（1）通过进行耐久性专项设计，提高混凝土结构的抗裂性能及结构的耐久性能，并重点研究解决超长混凝土结构的裂缝控制问题；通过高性能混凝土研究，控制混凝土原材料有关技术指标和优化配合比，保证混凝土材料自身化学稳定性，增强混凝土的体积稳定性，提高混凝土耐久性指标。

（2）通过优化施工方案，提高混凝土结构自身的整体品质，提高混凝土结构材料的均质性，改善混凝土内部孔结构，通过对施工过程中混凝土温度应力的控制，避免超长结构和大体积混凝土有害裂缝的产生，增强混凝土抗渗和抗裂性能，达到限制耐久性损伤发生的条件的目的。

（3）通过混凝土结构耐久性检测与评估，对已完工一年的混凝土结构耐久性相关指标进行现场实体检测，结合室内试验结果，对影响耐久性的碱集料反应、碳化等进行评估，在此基础上对国家体育场混凝土进行耐久性寿命预测，同时从耐久性角度对工程运营使用期间的维护保养提出建议。

4. 主要技术方案

4.1 混凝土结构耐久性设计技术

国家体育场混凝土结构耐久性设计研究主要基于收集、掌握已有研究成果的基础之上，结合国家体育场混凝土结构的特点，提出一整套全面、有效、技术上可行、经济上合理的混凝土结构耐久性设计要求及技术措施，并最终在工程实践中得到落实。这将是全面系统的混凝土结构耐久性设计在国内大型民用建筑中应用的首个实例。

4.1.1 主要设计内容

（1）针对不同部位、不同构件，结合环境分类及环境作用等级，采取有针对性的提高混凝土耐久性的措施；

（2）综合提出混凝土组分控制要求、施工阶段及检测维护要求，形成完整的设计文件指导后续阶段工作，全面保证混凝土结构的耐久性；

（3）研究温度应力的设计工况及相应定量的温度荷载，研究各项计算参数的合理取值，摸索建立完整的定量计算超长混凝土结构温度应力和混凝土收缩应力的方法；

（4）综合研究超长混凝土结构的裂缝控制问题。

4.1.2 耐久性设计内容

（1）确定耐久性设计使用年限：国家体育场的耐久性设计使用年限为 100 年，其中的混凝土部分无论整体还是局部构件，耐久性设计使用年限均为 100 年，不考虑正常使用条件下更换局部构件的情况。

（2）环境分类及环境作用等级：国家体育场混凝土结构所处的环境分类为一般环境等级，主要的环境危害是由于碳化引起的钢筋锈蚀。具体的环境分类及环境作用等级见表 3-12：

环境分类及环境作用等级　　表 3-12

序号	环境类别	环境作用等级	作用程度	结构部位
Ⅰ-A 级	Ⅰ类	A 级	可忽略	三、四层及地下室
Ⅰ-B 级	Ⅰ类	B 级	轻度	一、二、五、六、七层及预制看台、基础底板、外墙等
Ⅰ-C 级	Ⅰ类	C 级	中度	基座顶板
Ⅱ-C 级	Ⅱ类	C 级	中度	摄影沟及下层预制看台前端

（3）混凝土设计及混凝土组分设计

混凝土设计主要包括：混凝土的强度等级、水胶比、胶凝材料的最大与最小用量、混凝土中有害物质总量控制、混凝土特殊性能等。混凝土组分设计包括：水泥、粉煤灰、细骨料、粗骨料、外加剂、拌制水、纤维等的控制指标。

（4）钢筋保护层厚度确定（表 3-13）：

（5）对混凝土原材料及配置指标的确定

①混凝土强度等级：主要受力构件混凝土强度等级不小于 C40，预制混凝土构件的混凝土强度等级为 C50。

②水灰（胶）比：水灰（胶）比应控制在 0.42 以下，但不宜过小。

钢筋保护层厚度确定　　表 3-13

	构件				
钢筋保护层厚度	楼板	负一夹层、零层、零层夹层、一层、四层、五层为 20，二层、三层、六层、七层为 30			
	预制看台	25			
	剪力墙	20			
	梁	35			
	柱	40			
	地下室外墙	外侧	35（40）	内侧	25
	基础底板	底面	55	顶面	25
	一般桩承台	底面	70	侧面	35
	钢结构组合柱桩承台	底面	100	侧面	35
	桩身	70			

③水泥用量（含掺合料）：最小胶凝材料用量不得小于 320kg/m^3。混凝土的胶凝材料总量不宜高于 450kg/m^3。

④避免使用碱活性骨料，当使用碱活性骨料时，混凝土各组分（含外加剂）中的含碱量小于 3kg/m^3。

⑤混凝土各组分（含外加剂）中的氯离子含量小于胶凝材料重量的 0.06%。

⑥混凝土特殊性能要求：基础底板、桩承台采用补偿收缩混凝土，抗渗等级 S8 级；地下室外墙采用补偿收缩混凝土，抗渗等级 S8 级，掺加聚丙烯纤维；基础底板、承台、地下室外墙可采用 60 天的混凝土强度等级；人防顶板采用防水混凝土，抗渗等级 S8 级；预制混凝土构件掺加聚丙烯纤维。

⑦针对混凝土各组分材料提出控制指标，并根据现有技术条件及市场情况，在混凝土配制单位专门研究的基础上，经设计确认，允许适当调整。

4.1.3 国家体育场超长混凝土结构的裂缝控制研究（图 3-47）

内容主要包括两部分：

（1）超长混凝土结构设计的理论研究：包括超长混凝土结构的概念分析、超长混凝土结构内力的定量计算方法、超长混凝土楼板裂缝控制措施。

（2）超长混凝土结构裂缝控制研究成果在国家体育场混凝土结构中的应用。通过建立数学模型进行相关计算研究。

1）超长混凝土结构的概念分析

通过研究，主要成果是推导出以下四个公式：

竖向构件剪力：

$$V_{i温} = \frac{F}{1+B_i\xi} = \frac{\alpha_c \cdot \Delta T \cdot EA}{1+B_i\xi}$$

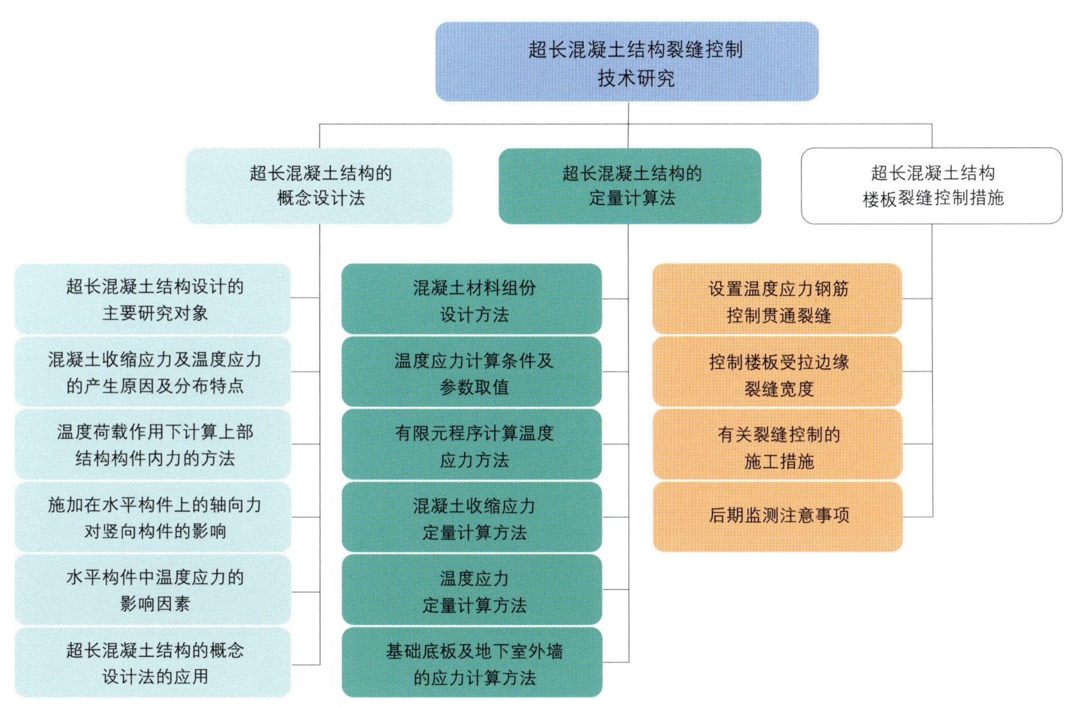

图 3-47　超长混凝土结构的裂缝控制研究思路

水平构件轴力：

$$N_{i温}=\sum_{i=1}^{i}V_{i温}=\left(\frac{1}{1+B_1\xi}+\frac{1}{1+B_2\xi}+\wedge+\frac{1}{1+B_i\xi}\right)\cdot\alpha_c\cdot\Delta T\cdot EA$$

水平构件正应力：

$$\sigma_{i温}=\frac{N_{i温}}{A}=\left(\frac{1}{1+B_1\xi}+\frac{1}{1+B_2\xi}+\wedge+\frac{1}{1+B_i\xi}\right)\cdot\alpha_c\cdot\Delta T\cdot E$$

水平构件被约束变形对应的应变：

$$\varepsilon_{i约束}=\left(\frac{1}{1+B_1\xi}+\frac{1}{1+B_2\xi}+\wedge+\frac{1}{1+B_i\xi}\right)\cdot\alpha_c\cdot\Delta T$$

其中参数 $\xi=EA/KL$，即水平构件轴向线刚度与竖向构件抗侧移刚度的比值。B_i 为对应于各竖向构件的影响系数，其与 ξ 有关。

分析上面推导出的公式，可以得出如下结论：

①温度应力与线膨胀系数、温差值呈线性关系。

②构件内力与 ξ（水平构件轴向线刚度与竖向构件抗侧移刚度的比值）及跨数密切相关，水平构件中的轴向应力与单纯的结构总长度无明确关系。

③水平构件中间跨应力大于边跨应力，竖向构件边跨内力大于中间跨内力。

④通过分析 $\xi=EA/KL$，当竖向构件抗侧移刚度增大时，ξ 值减小，水平构件温度应力增大；当水平构件轴向线刚度增大时，ξ 值增大，水平构件温度应力减小。其物理意义在于，竖向刚度加大对水平构件变形的约束加大；水平轴向刚度加大则受到的约束就相对减小。ξ 反映了竖向构件对水平构件的约束能力。

2）超长混凝土结构内力的定量计算方法

内容包括温度应力计算条件及参数取值、混凝土收缩应力定量计算方法、温度应力定量计算方法、基础底板及地下室外墙的应力计算方法等四部分。

①温度应力计算条件及参数取值

A. 温度应力设计工况及环境温度取值

设计超长混凝土结构时考虑四种工况：正常使用情况下分夏、冬两季两种情况。夏季：室外空气温度取 30 年一遇最高日平均温度。表面日照温度取日照时段内太阳辐射照度平均值对应温度，区分屋面和墙面两种情况。室内空气温度取空调设计温度。冬季：室外空气温度取 30 年一遇最低日平均温度。室内空气温度取采暖设计温度。

特殊使用情况下分夏、冬两季两种工况。室内空气温度同室外空气温度，取 30 年一遇最高（低）日平均温度。夏季日照温度同正常使用情况。温度荷载取值如下：

a. 夏季室外空气日平均温度：取 30 年一遇最高日平均温度为 33.2℃

b. 夏季正常使用地上部分室内日平均温度：取空调设计温度为 26℃

c. 夏季特殊使用地上部分室内日平均温度：同室外空气温度

d. 夏季地下室日平均温度：取设计温度为 25℃

e. 冬季室外空气日平均温度：取 30 年一遇最低日平均温度为 -15.9℃

f. 冬季正常使用地上部分室内日平均温度：取采暖设计温度为 18℃

g. 冬季特殊使用地上部分室内日平均温度：同室外空气温度

h. 冬季正常使用地下室日平均温度：取设计温度为 5℃

i. 冬季特殊使用地下室日平均温度：取设计温度为 -5℃

j. 地下室底板日平均温度变化范围：5~15℃

k. 地下室外墙日平均温度变化范围：0~20℃

l. 后浇带浇筑后 24 小时平均气温：应满足 10℃ ±5℃

B. 结构初始温度确定：计算上部整体结构时，取后浇带浇筑后 24 小时的平均环境温度作为初始温度；计算上部结构对地下室底板及外墙的影响时，取地下室的估算平均温度。

C. 各构件节点温差确定：对于正常及特殊使用状态应考虑面层、抹灰及保温层的隔热作用，根据材料厚度及导热系数求得热阻，再根据热传导公式得到混凝土表面温度（表 3-14）。总计算温度表达式：$t_{ck}=(1+a)\cdot(t_{shrink}+t_{-t})$

混凝土表面温度　　　　表 3-14

t-t_1（天）	0	0.25	0.5	0.75	1	3	10	20	40	∞
$H(t)$	1	0.667	0.626	0.617	0.611	0.57	0.462	0.347	0.306	0.283

D. 荷载组合分项系数及组合值系数

参照设计规范（GBJ135-90），温度荷载效应考虑为可变荷载效应，分项系数取 1.0。组合系数分不同情况取值：温度荷载为第一可变荷载时取值 1.0；为第二可变荷载时取值 0.6，准永久值取 0。正常使用下的抗裂验算采用荷载标准组合。

E. 应力松弛系数：由于混凝土收缩应力、温度应力是一个长期的作用过程，混凝土的徐变特性对于收缩应力及温度应力均有明显的有利影响，计算中应考虑相应的应力松弛系数。依据相关文献，应力松弛系数可参考下述描述选用：

温度应力计算时取 0.3~0.4，混凝土收缩应力计算时取 0.3。

②混凝土收缩应力定量计算方法

A．收缩量的计算方法：影响混凝土收缩量的因素很多，如水泥种类、水泥标号、水泥细度、骨料的物理性质、水灰比、养护条件、外加剂性质等等很多因素都会对其产生影响。根据文献，在标准状态下混凝土的最终收缩量（极限收缩）为 $\varepsilon_y^0(\infty)=3.24\times10^{-4}$。对于其他特定状态，则分别针对各个影响因素，根据特定状态与标准状态的差别，通过修正系数来调整。

B．考虑后浇带影响后收缩量的计算

C．收缩应力的程序计算方法：将收缩产生的变形量（应变）除以材料线膨胀系数，转换为可引起同样变形的当量温差值，并将其作为附加荷载作用到整个结构之上，利用有限元程序计算得到收缩应力。

③温度应力定量计算方法

A．混凝土温度下降阶段：混凝土温度下降主要存在于以下三个阶段：i 入仓后一天左右可达到最高温度，经过 20 天左右可降至周围气温；ii 其后至浇筑后浇带之前，环境温度可能的下降；iii 将浇筑后浇带时的气温作为初始温度，在使用阶段可能出现温度降低。第一、第二阶段的温度应力较小。

B．第三阶段的温度应力

冬季环境温度最低，且室内未使用采暖设备时，混凝土构件将达到最低温度。此时可以假定整个结构各处温度相同，且与室外最低气温一致。在计算时取 30 年一遇最低日平均温度作为最低环境温度。初始温度为后浇带浇筑后 24 小时的平均气温。将温度差作为温度荷载输入软件计算可以得到水平构件的最大拉应力。

C．水平构件总的轴向应力及总有效温度荷载：考虑应力松弛折减后，将收缩应力与温度应力相叠加，得到混凝土楼板中总的最大轴向拉应力。

由于前面提到的在混凝土温度降低的前两个阶段中温度应力的数值较小，且难于直接计算，另外在配合比设计以及施工阶段中有许多因素都难以在计算阶段中控制，同时也为了具有一定的安全储备，故而在设计中可考虑适当的放大系数。水平构件中总的轴向应力可表述为：$\sigma_{ck}=(1+\alpha)\cdot(\sigma_{shrink}+\sigma_{-t})$。

④地下室底板及外墙在温度及收缩变形下的应力计算方法

文献中对于地基上长墙及地基板的温度正应力及剪应力已有相关论述，但是其主要针对大体积设备基础、水池、隧道等，与民用建筑中的地下室情况有所不同。本课题结合民用建筑中实际情况，对地基上长墙及地基板的温度正应力及剪应力的计算方法进行了若干修正。

（3）超长混凝土结构裂缝控制综合措施

①设置温度应力钢筋控制楼板贯通裂缝

在超长结构设计时，控制混凝土楼板贯通裂缝主要有以下两种方法。A. 在楼板中布置保证一定的配筋率的间距较密的普通温度应力钢筋。B. 在楼板中设置预应力钢筋。

②预应力钢筋的张拉顺序

一般张拉顺序应遵循：从中间向两侧、先在大刚度构件两侧张拉、大刚度构件位于张拉段中部等原则，尽量减小竖向构件对预压力的影响。

③控制楼板受拉边缘裂缝宽度

④地下室底板及外墙受到较大约束时，在其上采用预应力技术的效果较差，希望通过施加预应力来抵消轴向拉应力是十分困难的，在处理超长地下室轴向力的问题时通常是仅采用非预应力钢筋。主要是采用增大地下室底板及外墙的普通钢筋配筋率，使得裂缝以细而密形式出现，然后采取堵漏措施进行弥补。

4.1.4 研究成果在国家体育场混凝土结构中的应用

（1）结构设计温度及温度应力取值的确定

①冬季室外空气日平均温度：-15.9℃（取 30 年一遇最低日平均温度）；

②冬季使用地上部分室内日平均温度：同室外空气温度；

③后浇带浇筑后 24 小时平均气温：10±5℃；

④混凝土当量温差：16.2℃；

⑤混凝土收缩应力的松弛系数均取为 0.3；

⑥温度应力的松弛系数均取为 0.4。

（2）温度钢筋的设置

①利用有限元程序的温度应力定量计算结果，在温度应力较大处设置预应力钢筋，控制水平构件中的贯通裂缝。

②考虑温度工况组合，进行竖向构件配筋设计。

③通过采取布置细而密的非预应力通长钢筋，限制楼板表面收缩裂缝及温度裂缝。

④梁、板的配筋设计不单满足承载力要求，同时满足裂缝控制要求。

（3）钢筋保护层厚度要求（表 3-15）

钢筋保护层厚度要求 **表 3-15**

保护层厚度(mm)	构件				
	楼板	零层、零层夹层、一层、四层、五层为 20 现浇看台板、二层、三层、六层、七层为 30			
	梁	35			
	柱	40			
	墙	20			
	基础底板	底面	55	顶面	25
	一般桩承台	底面	70	侧面	35
	地下室外墙	外侧	35	内侧	25
	钢结构组合柱桩承台	底面	100	侧面	35

（4）混凝土施工要求

①本工程为超长及大体积混凝土工程，施工单位应进行详细的施工组织设计，研究超长混凝土和大体积混凝土的施工措施，确保混凝土的施工质量。

②严格控制坍落度，一般入模坍落度不宜大于 180mm，且严禁在搅拌机以外二次加水搅拌。

③控制混凝土的早期强度，在不掺缓凝剂的情况下，12 小时抗压强度不大于 6MPa，24 小时抗压强度不大于 10MPa。

④采取有效养护措施，提高混凝土保温保湿的效果，满足养护的规定时间。

⑤在炎热气候下浇筑混凝土时，应避免模板和新浇混凝土受阳光直射，入模前的模板和钢筋温度不得超过 40℃。

⑥混凝土入模温度严格控制在 25℃以下且不高于气温，冬季不得低于 12℃。养护期间应采取有效的保温覆盖措施，混凝土降温速率小于 3℃ / 天。

⑦养护期间，混凝土内部最高温度不宜高于 70℃，并应采取措施使混凝土内部与表面温差小于 25℃，淋注于混凝土表面的养护水温度低于混凝土表面温度的差值不大于 15℃。

⑧模板采用散热较慢的木模或竹皮板。

4.1.5 小结

本课题的研究主要取得了以下的成果：

（1）在国内大型民用建筑中，首次进行了完整系统的耐久性设计，并在实践中得到应用和落实；

（2）形成了一套技术上可行，经济上相对合理的，全面系统的适用于使用年限要求达到 100 年的耐久性设计方法；

（3）提出将夏冬两季正常使用极限状态与特殊使用极限状态作为温度应力设计工况，完善各项计算参数的合理取值，建立了完整的定量计算超长混凝土结构温度应力和混凝土收缩应力的方法；

（4）完善了超长混凝土结构裂缝控制的综合措施，包括裂缝控制设计方法、混凝土材料组分控制、与裂缝控制有关的施工措施及后期监测等内容；

（5）建立了超长混凝土结构从概念设计、定量分析、到裂缝控制措施的成套实用方法。

4.2 高耐久性混凝土配制试验

4.2.1 引言

混凝土结构耐久性受外部环境条件和混凝土自身内在因素影响，是两者共同作用的结果。根据国家体育场工程所处的环境及结构特点，碱集料反应、碳化、钢筋锈蚀等现象是最可能导致混凝土结构长期失效的原因。因此，配制国家体

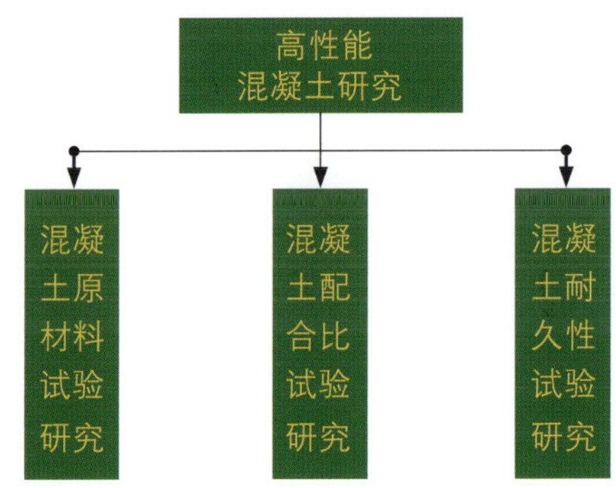

图 3-48　高性能混凝土研究路线

育场耐久性混凝土，除了保证混凝土能够满足施工浇筑和强度质量要求外，要达到长期耐久性目标，关键是要控制混凝土原材料质量，提高混凝土的均质性，增强硬化后混凝土的抗渗和抗裂性能。

4.2.2 混凝土配制技术路线（图 3-48）

（1）优化混凝土原材料品种及技术控制指标。

（2）通过掺加高效减水剂和优质掺合料，降低水胶比，提高混凝土密实度和抗渗性，同时减少混凝土自身收缩值。

（3）采取有效缓凝措施，控制混凝土早期水化放热和强度增长速度。

（4）通过适当引入化学预压应力和掺用纤维类抗裂材料，提高混凝土抗裂性。

4.2.3 试验方案

（1）根据国家体育场混凝土结构设计要求，结合国家体育场混凝土生产和施工实际条件， 初步优选原材料样品，对水泥、外加剂、膨胀剂、纤维等主要原材料，进行材料技术指标和混凝土性能比对试验。根据试验结果，确定国家体育场工程混凝土原材料品种和质量控制指标。

（2）针对国家体育场工程典型混凝土结构部位，以满足混凝土施工性、强度和提高耐久性为目标，进行混凝土配合比设计。通过试验结果对比，初步选定耐久性混凝土配合比。

（3）根据前面混凝土配比试验结果，选择六组有代表性的配合比，分别进行混凝土抗渗、抗冻、氯离子渗透、碳化和平板抗裂等性能对比试验，比较和验证混凝土的有关耐久性能，最后确定耐久性混凝土配合比及生产控制措施。

4.2.4 原材料选择试验

（1）选用涿州河砂，低碱活性。Ⅱ区中砂，含泥量 1.1%，细度模数 2.7。

（2）选用涿州产级配碎石，低碱活性，最大粒径 25mm，连续级配。空隙率为 38.5%。

（3）选用河北三和中和粉煤灰生产的Ⅰ级粉煤灰。需水比 93%，细度 7.2%，烧失量 1.3%，碱含量 0.66%。

（4）水泥

选择三种 P.O42.5 水泥进行了水泥和混凝土有关性能对比试验。综合对比试验结果情况，确定选用兴发拉发基 P.O42.5 水泥（表 3-16）。

（5）外加剂

对比试验了两种缓凝型高效减水剂，根据外加剂有关技术指标和与水泥的适应性试验结果，选用冶建特材公司生产的 JG-2 缓凝型高效减水剂（表 3-17）。

（6）微膨胀材料

同样对比试验了市场上常用的两种膨胀剂。确定选用天津豹鸣股份有限公司生产的 UEA 微膨胀剂。该种样品测试碱含量 0.48%，与其他材料有较好的适应性，混凝土和易性良好，混凝土试件水中 7 天转空气中 21 天限制膨胀率 -0.012%。其他主要技术性能指标都可以满足混凝土耐久性设计目标要求。

（7）聚丙烯纤维

对六个厂家的聚丙烯纤维产品进行了对比试验，主要检验纤维掺入混凝土后，对混凝土和易性、强度和抗渗性能的影响（表 3-18）。

兴发拉发基 P.O42.5 水泥样品有关物理化学性能测试结果　　　　**表 3-16**

水泥编号	初凝时间 (min)	终凝时间 (min)	比表面积 (m^2/kg)	C_3A 含量 (%)	水化热（7d） (kj/kg)	碱含量 (%)	抗压强度 (MPa)	
							3d	28d
C	145	210	350	6.9	286	0.51	33.4	58.1

JG-2 缓凝型高效减水剂样品主要技术指标测试结果　　　　**表 3-17**

外加剂型号	减水率 (%)	含气量 (%)	初凝时间差 (min)	28 天抗压强度比 (%)	28 天收缩率比 (%)	泌水率比 (%)	碱含量 (%)	氯离子含量 (%)
JG-2	23	2.1	+168	115	122	45	1.52	0.05

掺加纤维混凝土的抗渗试验结果（抗渗试验压力为 2.0MPa）　　表 3-18

试验编号	K-1	Y-1	Z-1	C-1	U-1	V-1
渗水高度比（%）	45	44	50	48	66	42

根据试验结果，混凝土掺加纤维丝后，其流动性比未掺加纤维丝的混凝土都有不同程度的下降，但混凝土均质性均有较大改善，无泌浆、沉底现象。单丝纤维在混凝土中分散较好，未出现结团现象。纤维丝长度越小，混凝土流动性越好，纤维在混凝土中的分散效果也最好。网状纤维分散性较差。纤维对混凝土强度影响很小，但掺加纤维丝后，混凝土的抗渗透性比基准混凝土有明显提高，多数试件的渗透高度比在 50% 以下。

经综合比较，选定采用中国纺织科学研究院研制生产的中纺凯泰牌束状单丝纤维（K-1 试件），直径 20（μm），长度 15（mm）掺量 0.9kg/m^3 。

（8）原材料选择试验结论

①配制高耐久性混凝土，各种原材料的技术指标必须符合耐久性设计要求，质量优质，且互相之间具有良好的适应性。

②原材料关键控制指标包括：

A. 水泥 C3A 含量小于 8%，比表面积不大于 350m^2/kg；

B. 粗细骨料属非碱活性或低碱活性，砂含泥量小于 1.5%，石子含泥量小于 0.7%，石子 5 ～ 25mm 连续级配，空隙率小于 40%；

C. 外加剂减水率大于 20%，可调凝结时间范围 2-6 小时，含气量不低于 2.0%；

D. 严格控制其他各类材料的碱含量和氯离子含量，使之符合相关要求。

4.2.5 混凝土配合比确定试验

在所试验的各不同混凝土配合比中，水泥、外加剂、粉煤灰、微膨胀剂、纤维等原材料都体现了较好的相互适应性，混凝土整体质量均匀稳定，没有出现泌水、离析、结团和假凝等现象。

试验结果表明，配制国家体育场结构混凝土（C40）时，为了满足工程混凝土施工和设计要求，有关混凝土的配比参数可分别在以下范围取值：水胶比 0.39 ～ 0.41，砂率 40% ～ 42%，JG-2 高效减水剂掺量 2.8%，最大粉煤灰掺量 138kg/m^3，微膨胀剂用量 26 ～ 35kg/m^3。

根据各混凝土结构部位不同特点，同时基于工程耐久性目标要求，国家体育场主要结构混凝土的配比初选如下（表 3-19）：

混凝土配合比初选结果　　表 3-19

配比编号	坍落度（mm）		扩展度（mm）		流出时间（s）	泌水率（%）	含气量（%）	初凝时间（h:min）
	出机	0.5h 后	出机	0.5h 后				
L-6	225	210	510	470	9	0.9	2.2	12:16
BT-3	0.39	39	267	164	682	1066	138	35
BT-7	0.39	39	276	164	682	1066	138	26
QT-2	0.40	0.42	317	168	738	1028	88	35

上部框架结构 C40 混凝土，　　L-6 编号配比。

基础底板 C40S8 混凝土，　　BT-3 编号配比。

钢结构基础承台 C40S8 大体积混凝土，　　BT-7 编号配比。

地下室外墙 C40S8 混凝土，　　QT-2 编号配比。

4.2.6 混凝土耐久性性能试验

根据前期混凝土配合比初选试验结果，选用六组各具代表性的配合比，分别进行混凝土和易性、凝结时间、水化热、强度、快速碳化、自由收缩、氯离子渗透、抗裂等有关耐久性性能试验。

表 3-20 是混凝土试验配合比。其中， X-1，X-3 及 X-6 配比分别对应前面初选的上部梁板结构，钢结构大体积承台和地下室外墙三个不同部位。X-2 号配比主要用于和 X-3 号对比，分析粉煤灰掺量变化对混凝土有关耐久性能的影响；X-5 号配比主要用于和 X-6 号配比对比，分析纤维和微型膨胀剂的掺入对混凝土有关性能的影响；X-4 号配比主要用于和 X-1 号配比对比，分析水泥用量变化对混凝土耐久性能的影响。

（1）混凝土拌合物物理性能及硬化后混凝土力学强度

根据六组配比混凝土拌合物的有关性能及标养抗压强度试验结果。六组配比相比，掺加纤维混凝土的出机坍落度及流动性有所降低，但匀质性及抗离析能力明显好于其他配合比。掺粉煤灰及膨胀剂混凝土的拌合物，出机时都具有良好的和易性。混凝土的凝结时间基本达到 12 小时以上，大掺量粉煤灰及加入纤维丝后，混凝土的凝结时间有所延长。

图 3-49 是 X-3、X-6 两组配比混凝土不同龄期水化热测试结果。根据混凝土水化热试验结果，混凝土在 1 天龄期即可以测得水化热值，前 3 天放热速度较快，14 天后基本趋于

混凝土试验配合比　　表 3-20

配比编号	水胶比	砂率(%)	每方混凝土材料用量（kg/m³）									氯离子含量(‰)
			水泥	水	砂	石	粉煤灰	膨胀剂	外加剂	纤维	碱含量	
X-1	0.41	41.5	332	167	741	1045	93	—	11.90	—	1.97	0.037
X-2	0.41	41.5	300	169	741	1045	91	35	11.93	—	2.04	0.041
X-3	0.39	39.0	276	164	682	1066	138	26	12.32	—	1.91	0.045
X-4	0.40	42.0	378	172	736	1025	72	—	12.56	—	2.19	0.034
X-5	0.40	41.5	352	169	729	1050	88	—	12.32	0.9	2.07	0.036
X-6	0.40	41.5	317	169	729	1050	88	35	12.32	0.9	2.13	0.040

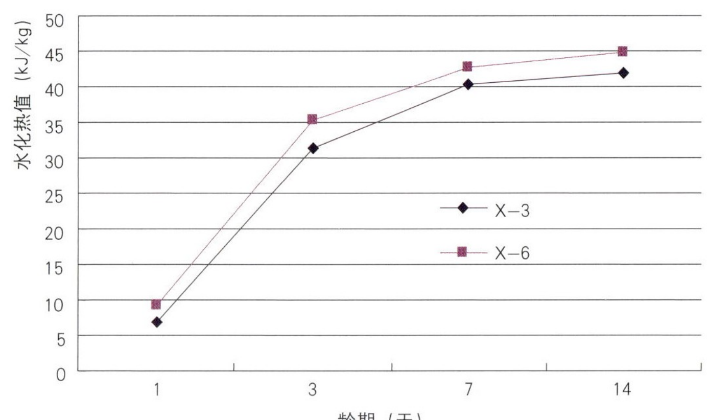

图 3-49　不同龄期水化热值

稳定。混凝土水化热值与混凝土水泥用量相关性较大，大掺量粉煤灰混凝土由于水泥用量较少，早期和 14 天龄期的水化热值都较低。

另外，根据试验结果，六组配比混凝土的 28 天强度都能满足设计要求。大掺量粉煤灰的混凝土早龄期强度发展较慢，但 60 天龄期强度与其他配比接近。掺加纤维丝混凝土的强度稍有降低，微膨胀剂的掺入对混凝土的强度影响不大。

（2）氯离子渗透

各配合比混凝土养护 30 天和 50 天龄期试件的氯离子渗透试验结果见图 3-50、图 3-51、表 3-21。

试验结果表明，六个不同配比中，X-2、X-3 以及 X-6 三个配比的混凝土电通量在 1500 C 以下，低于另外三个配比的混凝土。特别是纤维、膨胀剂双掺的 X-6 配比，库仑值最低，50 天龄期试件达到了 978(C)的低渗透值。另外，从上表 3-21 中试验数据还可以看出， 随混凝土试件的养护龄期增长，混凝土电通量下降明显，50 天龄期试件的库仑值比 30 天龄期试件降低了约 8% ~ 20%，由此可见混凝土后期养护对提高混凝土抗渗性的重要意义。

氯离子渗透试验结果　　表 3-21

配比编号		X-1	X-2	X-3	X-4	X-5	X-6
氯离子渗透值（C）	30 天龄期试件	1678	1387	1309	1538	1603	1149
	50 天龄期试件	1226	1126	1092	1148	1154	978

图 3-50　进行电通量测试的试件端面情况

图 3-51　电通量测试情况

图 3-52　混凝土试件碳化测试情况

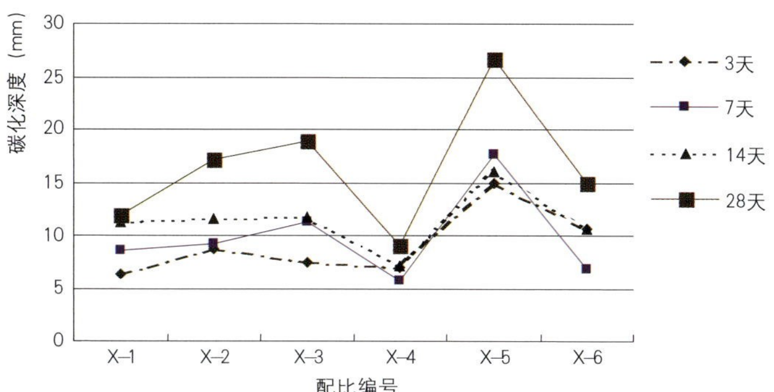

图 3-53　混凝土碳化试验结果

图 3-54　混凝土抗裂性能试验

1 天后（JBX1）

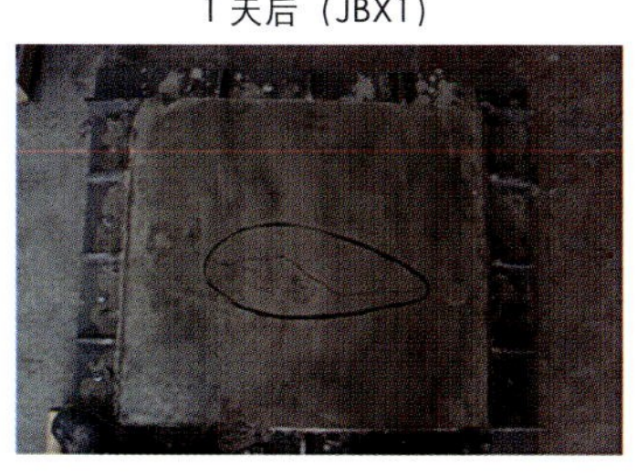

7 天后（JBX1）

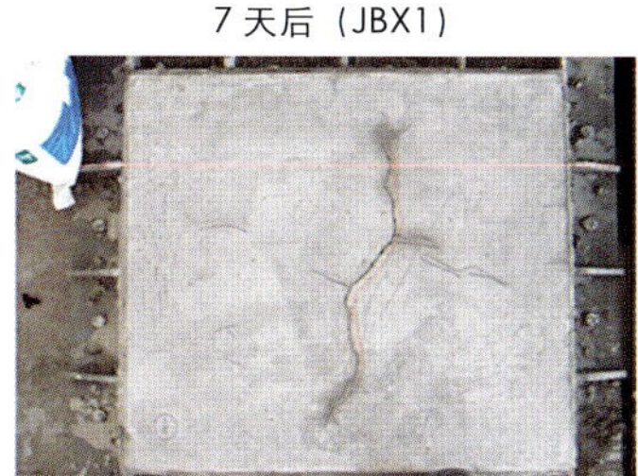

1 天后（JBX2）

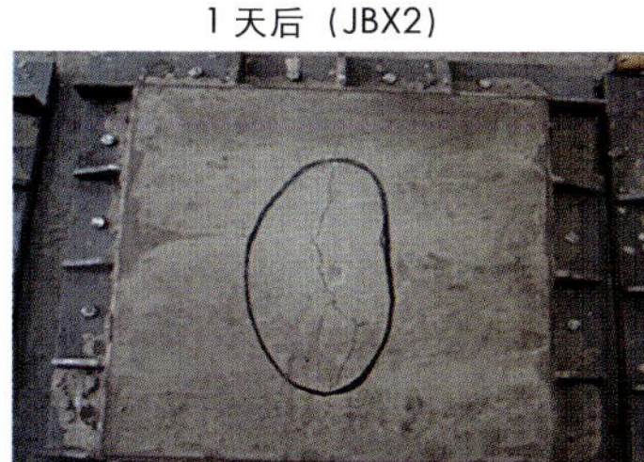

7 天后（JBX2）

图 3-55　平板裂缝情况

（3）混凝土碳化（图 3-52）

图 3-53 是有关混凝土试件碳化深度的对比分析图表。可以看出，X-4 号配比的各龄期碳化深度最小，而单掺纤维丝的 X-5 号配比混凝土碳化深度最大。前者主要与混凝土配比中水泥用量较高有关，由此说明，在其他条件相同情况下，混凝土中水泥用量对混凝土碳化有显著影响；水泥用量过低，将显著降低混凝土的抗碳化能力。后者可能与单掺加纤维混凝土试件中纤维丝和混凝土界面存在缺陷有关。

（4）混凝土自由收缩

根据混凝土试验结果，28 天龄期六个配比的收缩值差别不大，都在 0.35mm/m 左右范围。28 天龄期以后，纤维丝、膨胀剂双掺的 X-6 配比和大掺量粉煤灰的 X-3 号配比的收缩值基本趋于稳定状态，收缩值增加很小，到 180 天的收缩值基本在 0.40 ~ 0.42（mm/m）范围，比 28 天结果仅增加了 20% 左右。由此表明，大掺量粉煤灰对减少混凝土早期和后期收缩具有重要作用。另外，在混凝土中双掺纤维丝和微膨胀剂，也可以显著降低混凝土的自由收缩值，从而有利于减少混凝土结构的开裂。

（5）混凝土限制膨胀

根据对六个配比混凝土不同龄期限制膨胀率测试结果的对比分析，掺加膨胀剂的 X-2 号配比混凝土试件，水中养护时，膨胀值最大，14 天膨胀值最大达到 0.1846（mm/m）；转空气中养护后，收缩值最小，30 天龄期混凝土试件收缩值仅为 0.177（mm/m）。膨胀剂、纤维双掺的 X-6 号配比同样具有较好的膨胀和减缩效果，空气中养护 30 天龄期混凝土试件的最终收缩值为 0.195mm/m。由此可见，混凝土掺加膨胀剂后，在充分养护和限制约束条件下，可以有效发挥补偿收缩作用，减少混凝土的最终收缩值。另外，根据 X-3 号和 X-5 号配比混凝土试件的限制膨胀收缩试验结果，增大粉煤灰掺量和掺加纤维丝对抑制混凝土后期收缩有利。

（6）混凝土抗裂性能试验（图 3-54）

采用平板约束法进行混凝土抗裂性能试验。试验板长 600mm，宽 600mm，高 60mm，平板四周用二层 150mm 长的螺栓与模板锚固在一起，模拟实际工程结构中钢筋对混凝土的约束。混凝土板浇筑和抹面成型后，试板不做任何养护，随即在室内用风扇按同样风速吹混凝土表面，室内温度、湿度分别控制在 23 ~ 25℃、60% ~ 80%。分别在 3 天龄期和基本稳定后（7 天），对平板出现的裂缝进行观察统计（图 3-55）。

试验分两批进行，第一次平板约束抗裂试验裂缝统计结果见表 3-22。试验时，风扇均调为一档风速，并且采用相同的角度和距离吹拂平板表面。

综合抗裂试验结果，在平板约束试验条件下，掺加微膨胀剂有利于减小混凝土试板的裂缝宽度，而掺加纤维丝有利于控制混凝土裂缝的长度扩展，双掺微膨胀剂和纤维丝则可以避免混凝土出现裂缝。这说明了微膨胀剂补偿收缩和纤维

第一次平板约束抗裂试验裂缝统计结果　表 3-22

配比编号		X-1	X-2	X-3	X-4	X-5	X-6
出现开裂时间（h:min）		19:30	18:00	19:00	19:00	21:15	未裂
开裂稳定时间（天）		5	7	5	7	6	—
3天龄期	最大裂缝宽度（mm）	0.14	0.06	0.08	0.06	0.08	0
	最大裂缝长度（mm）	430	440	380	170	110	0
	裂缝数量（条）	7	4	7	1	2	0
	平均裂缝宽度（mm）	0.06	0.02	0.04	0.04	0.06	0
稳定后	最大裂缝宽度（mm）	0.15	0.06	0.08	0.06	0.1	0
	最大裂缝长度（mm）	430	440	380	175	150	0
	裂缝数量（条）	7	5	7	1	2	0
	平均裂缝宽度（mm）	0.07	0.02	0.04	0.04	0.07	0

抗裂对控制混凝土开裂的重要作用。

（7）耐久性试验结论

A. 试验的 6 个混凝土配比，其碱含量和氯离子含量较低，满足国家标准要求，不会因此发生碱集料反应破坏和钢筋锈蚀问题。

B. 混凝土中掺加适量微膨胀剂，利用其补偿收缩作用和钙矾石二次水化反应，可以增加混凝土基体的抗渗透能力和减少结构开裂。在适当施工养护条件下，微膨胀剂对混凝土其他耐久性能无不利影响。

C. 混凝土中掺加纤维丝可以较好地控制混凝土裂缝长度，对减少混凝土开裂有利。混凝土掺入纤维后，只要保证搅拌均匀和浇捣密实，则混凝土的各种耐久性指标基本不受损害，甚至部分性能还会有所改进。

D. 在混凝土中同时掺加适量微膨胀剂和聚丙烯纤维，即使在比较恶劣的风吹条件下，也可以较好地解决混凝土的开裂问题。而且，混凝土的抗水渗透、抗氯离子渗透能力以及抗碳化能力都有所提高，其他耐久性指标也能满足要求。

E. 通过增大粉煤灰掺量和降低水泥用量，不仅可以降低水化热，减少混凝土温度开裂，而且可以减少混凝土自由收缩和提高混凝土的抗氯离子和抗水渗透能力。但是，由于粉煤灰混凝土早期强度较低和抗失水能力较差，因此良好的保温保湿养护对提高大掺量粉煤灰混凝土的密实度和减少早期收缩裂缝尤其重要。

F. 大掺量粉煤灰混凝土的抗碳化能力相对较差，因此适合用于地下工程和大体积混凝土，不宜用于暴露在空气中的地上混凝土结构。

J. 降低混凝土用水量，控制水胶比，是配制高耐久性混凝土的必要条件。配制国家体育场上部梁板柱 C40 混凝土时，控制 P.O42.5 水泥用量在 330kg/m^3 以上和水胶比不大于 0.41，可使混凝土试件 28 天快速碳化深度小于 12mm，从而保证结构混凝土的抗碳化能力。

H.C40 强度等级的混凝土含气量控制在 2.0% 以上时，其抗冻融性可以满足冻融 200 次以上的耐久性要求。

I. 为了保证国家体育场混凝土结构工程耐久性能，在混凝土生产和施工时，还应保证充分搅拌和浇捣密实，严格控制混凝土入模温度和坍落度，同时控制混凝土的初凝时间在 12 小时以上，避免混凝土早期强度发展过快。

4.2.7 混凝土结构耐久性试验结论

配制国家体育场高耐久性混凝土，主要应符合以下要求：

（1）混凝土各种原材料技术指标必须符合耐久性设计要求，且相互之间具有良好的适应性。关键控制指标应包括：P.O42.5 水泥，碱含量小于 0.6%；非碱活性或低碱活性砂石，其中砂含泥量小于 2.0%，石子最大粒径 5~25mm，连续级配，空隙率小于 40%；缓凝型外加剂，减水率大于 20%，28 天收缩率比小于 125%。

（2）C40 以上等级混凝土，水胶比不应大于 0.41，砂率 40%~42%。地下结构可采用大掺量粉煤灰混凝土配比，上部结构混凝土中水泥用量则不可降低过多，以免影响混凝土的抗碳化能力。

（3）在地下墙体混凝土中同时掺加适量微膨胀剂和聚丙烯纤维，可以较好地解决混凝土的开裂问题。

（4）应采用缓凝和低收缩的高效减水剂，并适当结合其他缓凝措施，控制混凝土初凝时间至少在 12 小时以上，避免混凝土早期强度发展过快。

4.3 混凝土结构施工

4.3.1 主要技术路线

根据国家体育场工程特点，并结合当前国内外混凝土结构施工工艺的最新成果，国家体育场混凝土结构耐久性施工课题主要从钢筋绑扎工艺、模板体系的选择、混凝土浇筑以及养护过程中的信息化施工等方面进行研究。研究思路主要体现在如下几方面：

（1）通过对超长结构、大面积结构、超厚结构进行理论计算分析，找出薄弱环节，进行混凝土施工预控。

（2）混凝土结构施工过程中，通过对钢筋工程施工工艺、模板体系的选择、混凝土浇筑与养护期间的物理力学性能、混凝土施工工艺进行研究，以指导施工，控制混凝土耐久性指标。

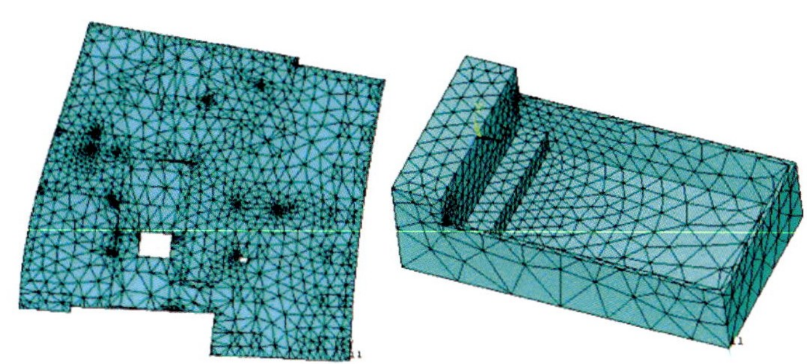

图 3-56　钢结构承台及基础底板有限原分析网格图

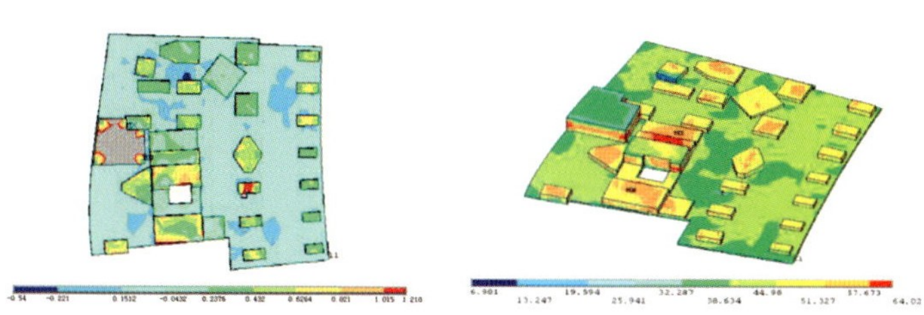

图 3-57　基础底板第七天温度计应力分布图

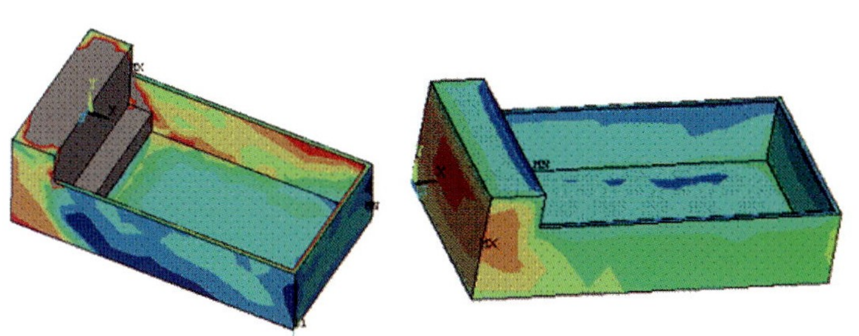

图 3-58　钢结构承台第七天温度及应力分布图

（3）对混凝土浇筑及养护期进行温度监测，实现信息化施工，及时有效地反映承台混凝土的温度梯度及其变化，优化养护条件，防止混凝土有害裂缝的产生。

4.3.2 主要技术方案

（1）混凝土结构裂缝控制

在体积或面积大、超长的混凝土结构施工中，影响结构耐久性主要因素为结构混凝土体内出现有害裂缝，裂缝产生除了受混凝土自身均质性影响之外，温度变化对结构的应力状态具有显著不可忽视的影响。为有效控制混凝土结构在施工期间产生有害裂缝，针对大体积混凝土及超长结构，根据拟定配合比以及浇筑顺序，选择具有代表性的 P15、P22 大承台以及基础底板大面积结构，进行液态模拟计算，采用有限元进行温度场及温度应力分析（图 3-56 ～图 3-58），找出薄弱环节，指导施工过程中采取有针对性的构造及施工措施。

①计算结果分析

A．基础底板内承台温度与其相连的混凝土底板之间的温度梯度较大，因此大承台表面及其与底板相连区域的温度应力比较大，可能超过混凝土的抗拉强度；底板转角处的应力基本上较同期的强度高，属于几何形态引起的应力集中问题，应力集中的部位基本在内角处（图 3-59）。

B．钢结构承台计算最高温度为 86℃，内外最大温差 46℃；最高温度出现在 3~7 天之间，表明在表面出现裂缝的可能性很大；最大应力出现在表面和角部，内部应力较小；根据计算表面和转角处应力大部分区域出现超过同期混凝土强度的情况，承台表面可能出现龟裂；混凝土内部拉应力基本小于同期强度，因此，在养护较好的条件下，出现通裂的可能性较小。根据混凝土龄期分析，应力最大出现时间在 7~21 天期间，随着混凝土抗拉强度随龄期的增长，环境温度和湿度变化不大的情况下，28 天后的最大应力基本小于同期抗拉强度。所以混凝土后期开裂的可能性不大。

②结构构造优化

A. 基础底板：调整底板全截面配筋率以及在大承台上表面和承台与底板连接区域增配温度筋；底板有孔洞、厚度有变化或内转角处减少折角，采取弧线过渡，进行构造筋加强，适当增配斜向钢筋或网片；

B. 钢结构柱承台：应力较大点位置基本在表面与内转角处，针对承台施工分 2 ～ 3 次浇筑的情况，第一次浇筑时，在厚侧壁表面与转角处增配温度筋，在施工停止面

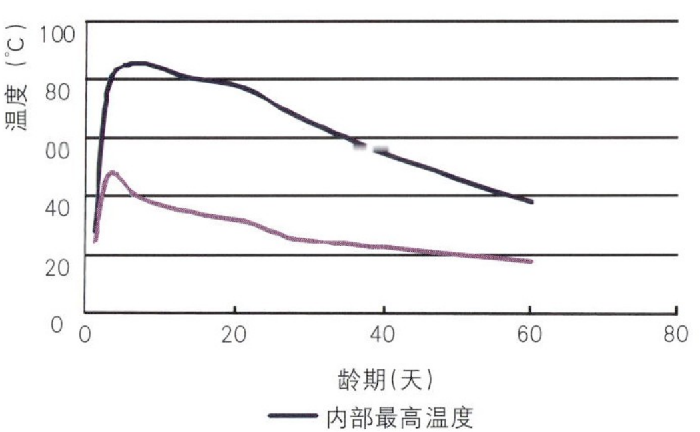

图 3-59　P15 承台第三次浇筑温度随龄期变化

图 3-61　模架设计

图 3-62　高流态混凝土泵送顶升

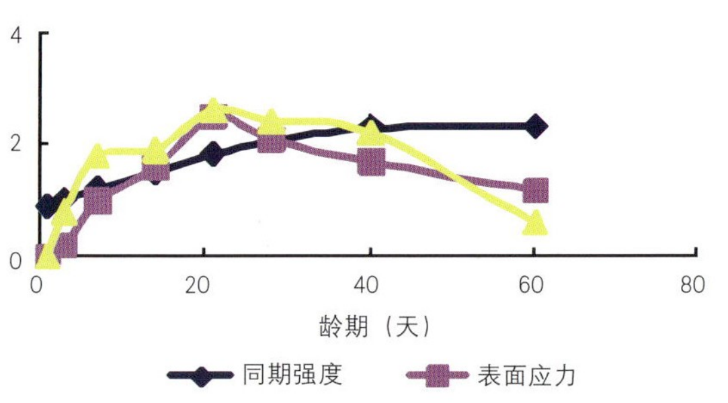

图 3-60　P15 承台第三次浇筑应力随龄期变化

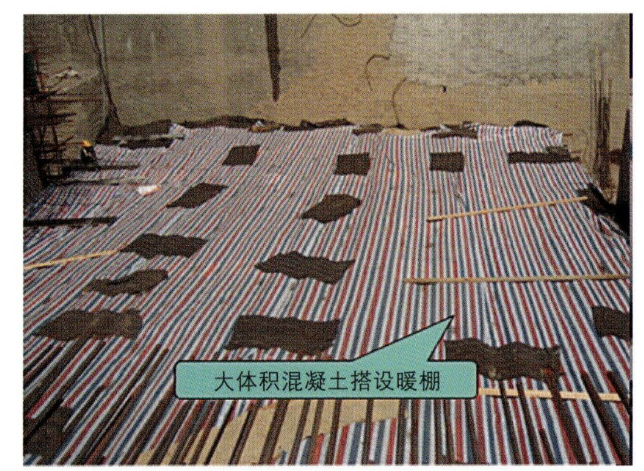

图 3-63　大体积混凝土温度监测和控制

增配剪力钢筋。第二次浇筑时，在新浇筑混凝土表面增配温度筋。

③混凝土浇筑工艺优化：控制混凝土入模坍落度，控制拌合物和易性、均质性；控制混凝土入模温度在 25℃以下；混凝土采用合理分层分块连续浇筑；大面积底板施工采用跳仓浇筑；混凝土浇筑后表面泌水及时排除，表面搓平、二次振捣，采用覆盖塑料布后再加盖保温材料的保温保湿的养护方法，缓慢降温；钢结构承台根据现场实际情况采取"暖棚"方法进行保温保湿养护。

（2）异形混凝土结构密实度和钢筋保护层控制

扭转角度对结构耐久性的影响体现在：保护层厚度极难控制（取决于钢筋定位、模架体系）以及混凝土密实度控制。

①模架设计（图 3-61）经多次做试验模板并进行计算分析、对比、研究，斜柱采用刚度大、支撑体系稳固且方向可调的钢木组合体系，面板采用覆膜优质木多层板，解决了斜度大、不规则柱的模板支设问题，确保钢筋保护层厚度及混凝土表面密实度。

②斜柱混凝土施工技术（图 3-62）：调整混凝土坍落度为高流态混凝土；预埋导管浇筑混凝土；采用小功率附着式平板振捣器在模外辅助振捣；混凝土采用缠绕塑料布、土工布保湿养护。超高柱采用泵送顶升浇筑方法，保证混凝土密实度。

（3）混凝土温度监测（图 3-63）

①监测方法和目的：采用铜电阻温度传感器选择先行施工、具有代表性的两个钢结构承台（P22 和 P13 承台）进行温度采集，指导后期同类结构施工，提高混凝土裂缝控制施工技术水平，其他部位使用电子测温计进行测温。根据各结构部位的特点、温度场和应力场计算结果，进行测温点的布置。根据检测数据，分析养护期间混凝土内温度梯度及其变化，及时采取有效的技术措施，防止混凝土体内有害裂缝产生。

②温度监测内容：养护过程中各测点处温度随时间的变化，养护期间混凝土结构内、外温差及其变化，混凝土体内外的降温速度，环境温度、湿度及其变化。

③温度监测结果和分析

A. 钢结构承台在混凝土养护期间内部最高温度为 60℃～70.0℃，测温结果与预控方案及计算数据一致性良好；混凝土养护期间最大温差为 25℃左右，钢结构承台与入模温度相比较，内部最大温升为 40℃左右。承台内部温度较高，

图 3-64　检测项目

图 3-65　混凝土强度检测

根据测试温度计算出混凝土浇筑期间应力与同期抗拉强度比较，应力小于抗拉强度。

B. 底板、环梁、大断面框架梁柱测温结果与预控方案中计算值相符性较好。

C. 所有结构没有出现有害裂缝。

（4）后浇带封闭

A. 根据对降温情况下整体底板应力计算结果分析，大应力区基本在直线与圆弧线连接区域的径向后浇带。通过优化分析，在进行后浇带封闭施工时，建议的封闭顺序为：沿环向先进行“大应力后浇带”封闭，再进行其他后浇带封闭施工；沿径向先封闭内侧区域后浇带，后封闭外侧区域后浇带。

B. 建议后浇带封闭时的环境温度为 10±5（℃）

4.4 国家体育场混凝土结构耐久性检测评估

4.4.1 总体思路

混凝土结构的耐久性评估与耐久性设计密切相关，因为设计从源头上规定了如何才能达到所要求的结构设计使用年限。目前各国的耐久性采用的基本还是基于经验的传统方法（将环境作用按其严重程度定性地划分成几个等级，在工程经验类比的基础上，对于环境作用下的混凝土构件，由规范直接规定混凝土材料的耐久性质量要求和构造要求等）。而定量计算方面，虽然一直在做大量研究，但环境作用下耐久性设计的定量计算方法尚未成熟到能在工程上普遍应用的程度。所以，对国家体育场混凝土结构，其耐久性检测评估的总体思路是：以设计为依据，对设计中提出的要求进行检验，同时考虑各种劣化机理可能对结构使用年限的影响，针对环境作用在合适的条件定量估算结构在某一方面的使用寿命，最终在经验的基础上综合进行评估。

4.4.2 主要研究内容

本次检测评估，从《混凝土结构设计规范》（GB50010-2002）中对建筑物 100 年耐久性的相关条文出发，并以中国土木学会标准《混凝土结构耐久性设计与施工指南》（CECS 01-2004）中的相关要求为依据，参考了《混凝土结构耐久性评定标准》相关条文对碳化寿命进行预测。主要检测部位及混凝土类型如表 3-23 所示。

主要检测部位及混凝土类型　　表 3-23

序号	检测部位	混凝土类型
1	基础底板	C40 s8
2	钢结构柱承台	
3	地下室外墙	C40 s8，加纤维
4	框架梁	C40
5	板	
6	框架柱	C45

检测项目见图 3-64。

（1）混凝土强度检测评估

对钢结构承台采用取芯法进行测试；对地下室外墙及上部框架结构采用回弹法对混凝土强度进行评定，同时也对部分构件取芯检测。结果：经检测所有构件强度均满足要求（图 3-65）。

（2）混凝土材料耐久性检测评估

对要求百年寿命的混凝土结构，其对混凝土最低强度等级、最大水胶比、最小胶凝材料用量及最大氯离子含量等均有要求。在施工过程中，混凝土供应商均采取了相应措施进行控制。本次对强度、氯离子含量进行了抽检，检测结果表明，地下室外墙、钢结构承台基础、看台框架结构三种混凝土的强度均满足原设计 C40 的要求；看台框架结构所取 9 个样品氯离子占胶凝材料重量比的平均值为 0.03%，完全达到低于 0.06% 的控制要求。

（3）耐久性构造措施检测评估

为保证钢筋混凝土结构的长期耐久性，在构造上需关注的有钢筋保护层厚度、构件裂缝宽度、构件形状、防排水措施等，本次检测了混凝土结构的钢筋配置情况、钢筋保护层厚度、构件外观损伤及裂缝情况（图 3-66）。对地下室外墙、钢结构承台、看台框架结构的检测表明，所检测区域内钢筋配置基本满足原设计要求；钢筋保护层厚度 90% 以上符合原设计和规范偏差要求。根据《混凝土结构工程施工质量验收规范》(GB 50204-2002)，可以认为钢筋保护层厚度检验结果合格，满足原设计要求。另一方面，现场检测发现虽有少量构件有收缩裂缝，但整体上看结构基本上未形成病害性裂缝，经适当处理后对耐久性影响不大。

（4）碱 - 骨料反应风险的检测评估

北京地区在公路、铁路、工业与民用建筑中均出现了因碱 - 骨料反应引起的病害，严重威胁工程的耐久性。在体育场建设中，施工时采取的措施主要是控制骨料的种类和单方混凝土含碱量。检测表明，本体育场看台框架结构混凝土所用骨料有一定的低碱活性（主要含低碱 - 硅活性矿物），但其混凝土中的单方含碱量基本控制在 3.0g/m^3 以下，且所处环境主要为室内环境，不会长期接触水；另外混凝土中还掺有 22% 左右的 I 级粉煤灰，对抑制碱 - 硅反应很有利。综合这些因素，可判断该体育场看台框架结构发生 ASR 的风险很低。

（5）碳化速度及表层渗透性检测

体育场看台工程所处环境基本按室内正常环境考虑，造成钢筋锈蚀、耐久性劣化的主要因素是混凝土碳化。在混凝土试配中，从材料角度对影响碳化的因素如水胶比、水泥用量、掺和料掺量、纤维掺量等进行了优化，并通过快速碳化试验优选了抗碳化性能较好的混凝土用于实际工程。

现场碳化深度检测表明，经过 1 年左右的龄期，不同部位混凝土构件碳化深度有所不同。地下室外墙碳化平均值约为 2.1mm；钢结构承台碳化深度平均值约为 0.9mm；看台柱子碳化平均值为 1.4mm，梁、板碳化深度平均值分别为 1.5mm 和 1.3mm。可见地下室外墙碳化速度较快，原因在于混凝土中掺入了一定量的纤维丝，混凝土内部界面总面积有所增大。看台框架结构与钢结构承台相比，其水胶比为 0.41，大于后者的 0.39，所以碳化深度相对较大一些（图 3-67）。

混凝土的渗透性与碳化速度密切相关。混凝土供应单位曾对所用混凝土进行了水压法、电通量法检测，优选了混凝土配合比。但由于施工等因素影响，现场混凝土表层的渗透性状况与试验室试件相比有一定区别，对既有结构混凝土的抗渗性能进行检测目前国内还没有标准方法，对现场施工混凝土表层渗透性的检测评估目前在国内尚无先例。本课题组专门针对这一问题，从英国引进了先进的表层渗透性现场检测仪：Autoclam，并在现场对施工完成后的混凝土进行了表层渗透性的专项检测评估，测试结果表明，看台柱子、梁板的表层混凝土的渗气性系数的平均值分别是 0.45、0.48，其抗渗性等级为二级："好"，对钢筋有良好的保护作用。

在现场检测的同时，本次也从混凝土结构中钻取了芯样，在实验室用快速法（NEL 法）测试了氯离子扩散系数。NEL 法测试表明，所取样品的氯离子扩散系数 DNEL 均低于 3×

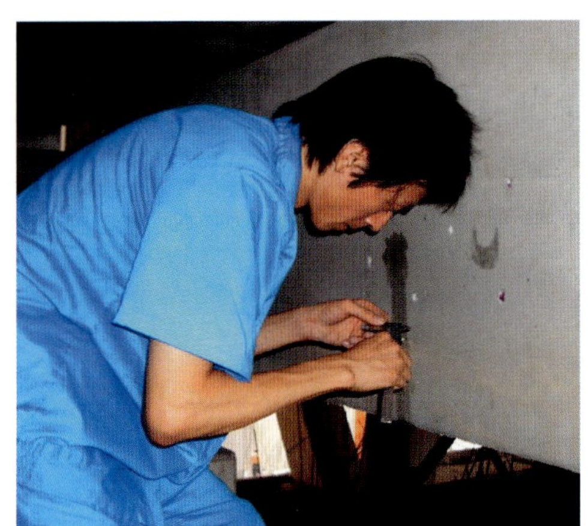

图 3-66　耐久性构造措施检测

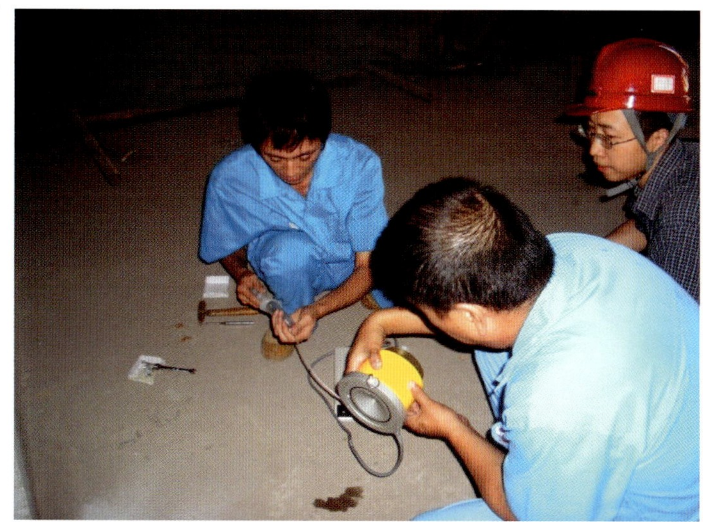

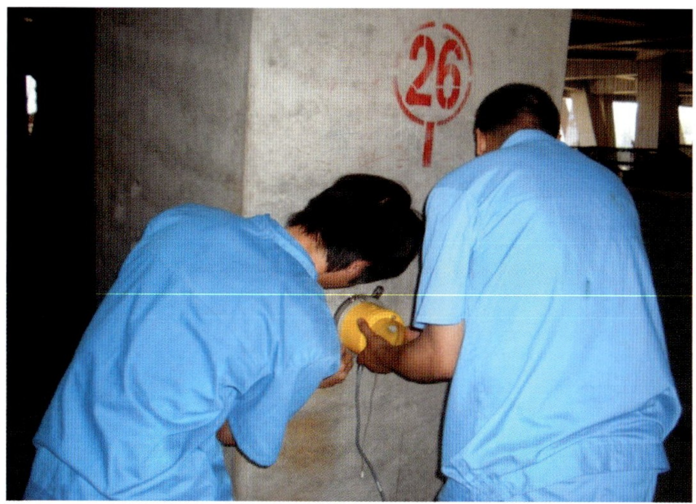

图 3-67　现场混凝土碳化深度检测

$10^{-8}cm^2/s$，满足高性能混凝土的要求。

(6) 结构耐久性寿命预测

本工程特点：主体结构刚建成约 1 年，还未处于最终服役状态，普通大气环境为主参考《混凝土结构耐久性评定标准》(以下简称标准) 的相关条文，结合体育场实际情况，采用耐久性极限状态进行结构寿命评估。极限状态的设定目前主要分为三类：①钢筋开始出现锈蚀；②钢筋保护层开裂；③混凝土表面出现可接受最大外观损伤。对本工程而言：梁、柱按第①类；板按第②类

计算模型

$$t_i=15.2 \cdot K_k \cdot K_c \cdot K_m$$

t_i—结构建成至钢筋开始锈蚀的时间 (a)；

$K_k \cdot K_c \cdot K_m$—分别为碳化速度、保护层厚度、局部环境对钢筋开始锈蚀时间的影响系数，分别由碳化系数 k、保护层厚度 c 及局部环境系数 m 决定。

估算结果：柱子及梁 >100 年，板 >100 年。

4.4.3 结构检测及寿命评估结论

(1) 国家体育场的混凝土结构在国内的民用建筑领域首次全面应用《混凝土结构耐久性设计与施工指南》，现场检测表明，结构地下室外墙、钢结构承台、看台框架结构使用的混凝土材料，其强度全部满足设计要求，混凝土中的氯离子含量、碱含量均满足 100 年耐久性混凝土的要求；

(2) 混凝土结构的表层透气性系数在 0.50 以下，取芯检测的 DNEL 低于 $3 \times 10^{-8}cm^2/s$，满足高性能混凝土的要求，对钢筋有良好的保护作用。按普通大气环境下的钢筋锈蚀耐久性评定，体育场看台的混凝土框架结构寿命可以达到 100 年以上。

(3) 建议建立定期检测制度，对混凝土构件的碳化深度等指标进行跟踪检测，以掌握结构老化进程，制定对应的耐久性维护策略。

5. 耐久性技术结论及应用效果

(1) 在大型民用建筑工程中首次全面、系统地进行混凝土结构耐久性设计、施工与评价。

(2) 提出温度应力设计工况及相应定量的温度荷载，完善各项计算参数的合理取值，建立完整的定量计算超长混凝土结构温度应力和混凝土收缩应力的方法。提出定量计算超长混凝土楼板拉应力 (包括温度应力和混凝土收缩应力) 的方法，及定量计算法中各项计算参数的合理取值。

(3) 在民用建筑工程中，主要依据混凝土高耐久性目标要求，进行原材料品种选择和控制各种原材料的有关技术指标，并进行混凝土配合比优化设计和性能检测试验。

(4) 混凝土配合比设计和应用时，采用了“双抗”原理，把混凝土抗裂和抗渗透作为提高耐久性的主要技术路线。在经济合理的条件下，利用市场上普通混凝土原材料，成功配制出用于国家体育场工程的混凝土。

(5) 通过对底板等大体积混凝土结构在混凝土浇筑和养护期间的温度和应力进行计算分析，并根据计算结果对设计构造及施工方案进行优化。

(6) 采用 Autoclam 自动渗透仪现场检测结构混凝土的渗气性，并综合混凝土结构实体检测结果及使用环境对结构耐久性寿命进行预测。

6. 耐久性成果应用情况和前景分析

(1) 国家体育场采用了世界上独一无二的结构复杂形式，耐久性要求高，设计、其施工难度非常大，通过本课题研究成果的应用，预先解决了设计和施工中的关键技术难题，实

现技术问题前移化解决，由此大大加快了施工进度，保证了工程质量，进而节约降低综合成本造价，其经济效益、社会效益十分重大。

（2）国家体育场结构设计、施工在很大程度上已经超出了现有国家标准（规范）的范围，通过本课题的一系列技术研究和实施，为今后类似的大型工程施工管理、质量控制和结构安全保障等方面提供了可借鉴经验，为国家有关标准规范的修订提供技术参考。

（3）2007 年 6 月 1 日，北京市建设委员会组织专家对“国家体育场工程混凝土结构耐久性（100 年）关键技术研究”项目进行了成果鉴定，鉴定结果为：该项目研究成果达到国际先进水平，在同类工程中具有重要的推广应用价值。

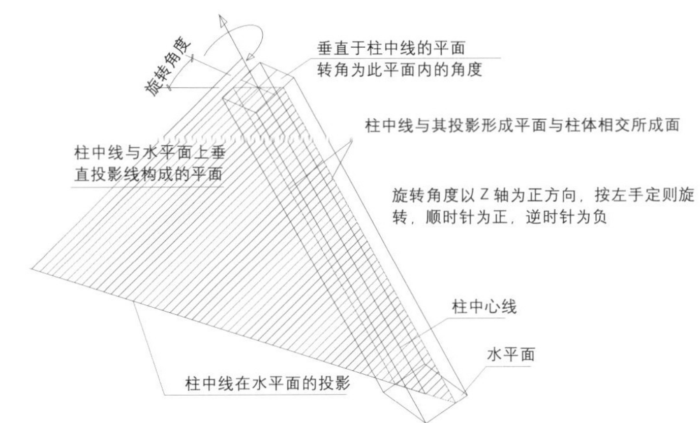

图 3-68　混凝土斜（扭）柱示意

图 3-69　混凝土斜（扭）柱图

第三节　异形混凝土结构施工技术

1. 概述

国家体育场主体结构属于典型框架结构体系，由外围混凝土基座结构和内部混凝土碗状看台两部分组成，其中看台结构分成看台结构体系和楼盖框架结构体系。楼盖框架结构由混凝土梁板、斜柱、核心筒及外围剪力墙组成。国家体育场钢结构与钢筋混凝土看台的上部结构完全脱开，互不牵连，基础则坐在同一相连的基础底板之上。

1.1 斜柱工程概况

为与“鸟巢”的不规则钢结构相辉映，国家体育场混凝土看台结构设计采用了多种异形构件，其中以斜柱最具代表性，共计 112 根，尺寸均为 1m × 1m，混凝土强度等级 C45，外刷与钢结构同样颜色的涂料。

（1）按照旋转角度，分为单斜柱和双斜柱。

双斜柱的形成：直柱的双向中心线，首先平行于结构的径向轴线和环向轴线交点处环向轴线的切线，柱中心线倾斜，与楼层的投影线形成平面角度 α，柱身跟随倾斜，柱身绕柱中心线旋转一定角度 β，形成所谓的双斜柱，若旋转角度为 0，则为单斜柱（图 3-68）。倾斜角度 α 从 88° ~ 62°，共 70 种倾斜角度；旋转角度 β 从 0° ~ 76°，共 36 种旋转角度。在非对称区域柱的旋转角度和倾斜角度均互不相同。斜（扭）柱倾斜角度从 59° ~ 89° 不等，共 70 种，旋转角度从 1° ~ 89° 不等，共 36 种。

（2）按照与楼层相交的关系，分为单层斜柱和跨层斜柱。按层间进行分割统计共有 1360 根斜柱，斜柱分为单层斜（扭）柱、跨两层斜（扭）柱、跨三层斜（扭）柱，跨四层斜（扭）柱和顶层外排柱。最大斜长约 21m（图 3-69）。

1.2 看台梁工程概况

国家体育场看台部分由固定观众席支撑在混凝土看台斜梁上（图 3-70），中下层各由 112 道斜梁支撑，上层由 68 道斜梁支撑；临时观众席由钢梁支撑，整体成“碗状”。

下层看台斜梁在 A ~ B 轴间的截面尺寸为 500 × 1000mm，在 B ~ C 轴间的截面尺寸为 500 × 1100mm；中层看台斜梁为鱼腹型锯齿梁，下端悬挑部分的截面尺寸为 1000 × 333 ~ 2278mm，中间段截面尺寸为 1000 × 2106 ~ 1068mm，上段截面尺寸为 1000 × 1000mm。上层看台斜梁截面尺寸为 1000 × 1200mm，上层看台斜梁倾角一致，梁顶标高由东西两区（44.859m）递减至南北两区（25.3m）。

图 3-70　看台斜梁

2. 工程特点难点

（1）为实现“鸟巢”独特的建筑效果，国家体育场工程由外至内无不体现出 “杂乱无章”的设计构思：外部为大量空间弯扭构件有序编织而成的“鸟巢”状造型，其内部则为大量双向倾斜的超高斜柱、大跨度斜梁、马鞍形曲线梁以及众多不规则边梁组成的空间异形混凝土框架结构。造型如此独特的混凝土结构构造，尤其是多角度双向倾斜超高斜柱模架施工技术国内外尚无先例。

（2）工程结构复杂，构件种类多，断面变化大，预制看台板多达 1264 种，14726 块；现浇梁断面多达 29 种，工程存在大量斜柱，斜柱分单斜和斜扭柱两类，倾斜角度各异，加之在 50 多 m 高上层看台顶部为马鞍形环梁等构件，造型独特，其施工技术无先例可借鉴，无论施工技术、施工质量、施工安全均存在大量的难题有待解决。

（3）国家体育场结构柱的混凝土质量要求高，达到清水饰面混凝土效果，直接刷涂料。斜柱倾斜角、自转角、柱高度变化多，模架设计及施工与普通直柱相比有很大的差异，难度加大。混凝土施工必须整体进行，浇筑一次成型，混凝土振捣、浇筑难度大。

（4）看台梁与各层楼板和斜柱均有连接，斜梁的施工制约着水平楼板的施工，也就影响整个工程的进度。看台斜梁和水平梁的节点极其复杂，施工有很大的难度。模架设计必须重点考虑如何解决模板和支撑的滑移问题。看台斜梁表面刷涂料，对混凝土表观质量要求高。

（5）施工控制测量要求高：工程除一般体育场有的斜梁、环梁外，框架柱网分东西、南北两个不同半径布置，另外，为获得“鸟巢”编织的视觉效果，设计了大量的斜柱，从而对平面及空间测量定位提出了很高的要求。

3. 技术研究思路

国家体育场混凝土结构设计以异形为主，有斜柱、Y 形柱、斜梁、鱼腹式看台梁、环梁、以及高大空间楼盖结构等，如何解决这些异形结构的施工技术，是工程顺利进行的关键。针对上述关键技术难点，国家体育场工程混凝土异形结构施工课题主要从现有技术改造、多种工艺结合、引入科学模型计算、加强实体试验测试以及工程合理组织等方面进行研究。研究的主要思路有：

（1）通过超高斜柱方案比选、实体试验确定方案的可行性，对比不同方案之间的安全、质量和可操作性；最终确定经济、合理的方案。

（2）对一般高度斜柱的模架设计，通过对现有模板技术进行改造达到各项要求。

（3）建立支撑体系的计算模型，将塔架、挑架、满堂红脚手架等不同支撑形式的设计进行统筹考虑，形成支撑布置施工图，直接用于支撑体系。

（4）针对混凝土宏观质量要求高，采取高流态混凝土、体外振捣、混凝土顶升等工艺和材料保证技术措施，确保混凝土的成型质量。

4. 主要技术方案

4.1 斜柱施工技术研究与应用

4.1.1 斜柱测量技术理论分析及现场测量技术

（1）斜柱理论分析

通过分析，明确斜柱测量的内业工作是迅速准确地提供任一个斜柱任一条楞在任意标高上点的坐标值。要满足这一数据需求，必须建立斜柱四楞边的空间直线方程式，通过求解楞边直线方程式与任意标高平面方程式组成的方程组得到所求点的坐标值。数学模型建立第一种方法：设斜柱的倾角为 α、自转角度为 β。垂直于该斜柱的中心轴线的剖切面是一正四边形平面，各角点必然外接于一圆，设圆的半径为 $R=\sqrt{2}/2$倍边长。根据圆水平投影为椭圆理论，无论如何旋转四个角点始终落于椭圆上。椭圆的长、短半轴依柱倾斜角度而变且可知，长轴 $a=R/\sin\alpha$，短轴 $b=R$。图 3-71 为柱直立、倾斜、旋转角点相对位置关系示意。

依椭圆的参数方程得出角点坐标计算方程：

$$\begin{cases} x=(R/\sin\alpha)\cos(45^\circ+\beta) \\ y=R\sin(45^\circ+\beta) \end{cases}$$

数学模型建立第二种方法：利用坐标变换原理，可以将椭圆上点 A′、B′、C′、D′、在图 3-71 平面坐标系下的坐标转化为施工坐标系下的坐标，然后采用点斜式求解斜柱各楞边的空间直线方程式。

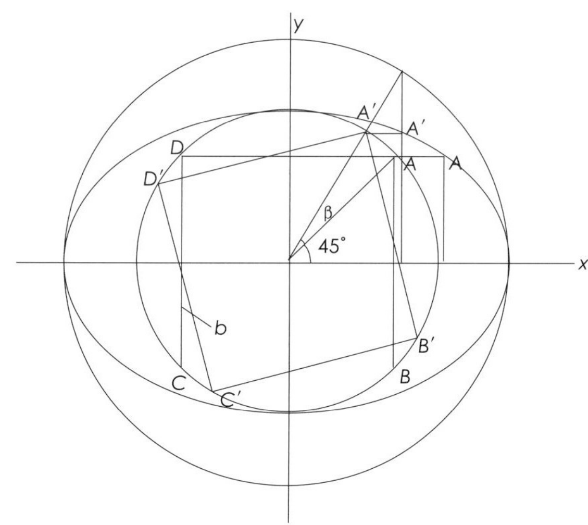

图 3-71　柱直立、倾斜、旋转角点相对位置关系示意

1）体育场斜柱几何变换方式

在体育场的施工坐标系下，任一棵斜柱所在的设计位置都可以由一个处于初始状态的直柱（初始状态的直柱：底面中心在坐标原点、各边被坐标轴垂直平分的直柱）经过以下变换得到（图 3-72~ 图 3-75）：

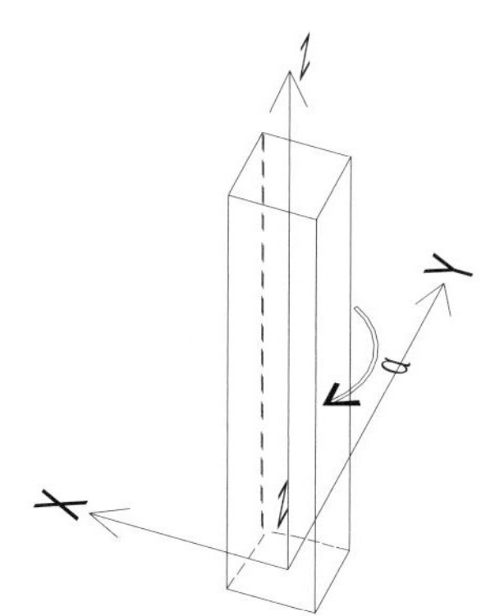
图 3-72　绕 Z 轴旋转设计给定的自转角度 α

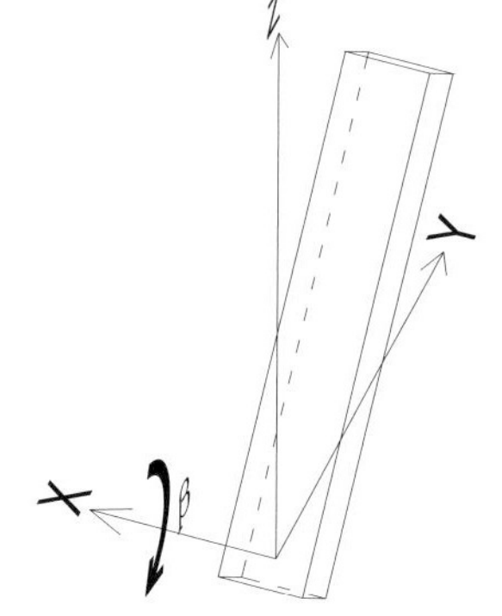
图 3-73　绕 X 轴（或 Y 轴）旋转角度 β

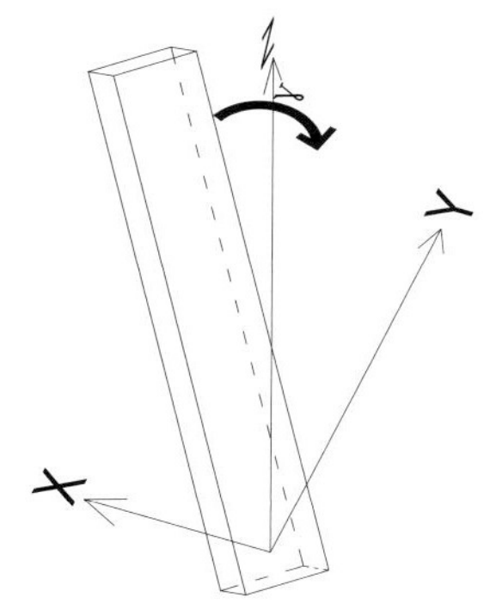
图 3-74　绕 Z 轴旋转角度 γ

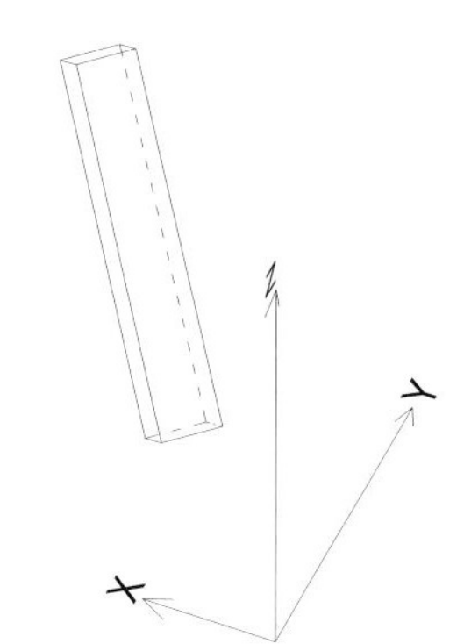
图 3-75　把旋转后的柱子由原点平移到设计给定的该斜柱在 N 层楼层上底面的中心坐标点处

2）坐标变换原理：

三维平移变换：

$$\begin{pmatrix} x' \\ y' \\ z' \\ 1 \end{pmatrix} = \begin{pmatrix} 1 & 0 & 0 & t_x \\ 0 & 1 & 0 & t_y \\ 0 & 0 & 1 & t_z \\ 0 & 0 & 0 & 1 \end{pmatrix} \begin{pmatrix} x \\ y \\ z \\ 1 \end{pmatrix} = \begin{pmatrix} x+t_x \\ y+t_y \\ z+t_z \\ 1 \end{pmatrix} = T(t_x\ t_y\ t_z) \begin{pmatrix} x \\ y \\ z \\ 1 \end{pmatrix}$$

绕 X 轴旋转变换：

$$\begin{pmatrix} x' \\ y' \\ z' \\ 1 \end{pmatrix} = \begin{pmatrix} 1 & 0 & 0 & 0 \\ 0 & \cos\alpha & -\sin\alpha & 0 \\ 0 & \sin\alpha & \cos\alpha & 0 \\ 0 & 0 & 0 & 1 \end{pmatrix} \begin{pmatrix} x \\ y \\ z \\ 1 \end{pmatrix} = R_x(\alpha) \begin{pmatrix} x \\ y \\ z \\ 1 \end{pmatrix}$$

绕 Y 轴旋转变换：

$$\begin{pmatrix} x' \\ y' \\ z' \\ 1 \end{pmatrix} = \begin{pmatrix} \cos\beta & 0 & \sin\beta & 0 \\ 0 & 1 & 0 & 0 \\ -\sin\beta & 0 & \cos\beta & 0 \\ 0 & 0 & 0 & 1 \end{pmatrix} \begin{pmatrix} x \\ y \\ z \\ 1 \end{pmatrix} = R_y(\beta) \begin{pmatrix} x \\ y \\ z \\ 1 \end{pmatrix}$$

绕 Z 轴旋转变换：

$$\begin{pmatrix} x' \\ y' \\ z' \\ 1 \end{pmatrix} = \begin{pmatrix} \cos\gamma & -\sin\gamma & 0 & 0 \\ \sin\gamma & \cos\gamma & 0 & 0 \\ 0 & 0 & 1 & 0 \\ 0 & 0 & 0 & 1 \end{pmatrix} \begin{pmatrix} x \\ y \\ z \\ 1 \end{pmatrix} = R_z(\gamma) \begin{pmatrix} x \\ y \\ z \\ 1 \end{pmatrix}$$

综合变换如下：

$$\begin{pmatrix} x' \\ y' \\ z' \\ 1 \end{pmatrix} = R_x(\alpha) R_y(\beta) R_z(\gamma) T(t_x\ t_y\ t_z) \begin{pmatrix} x \\ y \\ z \\ 1 \end{pmatrix}$$

3）求解各斜柱楞边的空间直线方程式：采用点斜式求解。

（2）现场放线及控制方法

1）控制点精度分析：根据规范要求，本工程斜（扭）柱的结构角点测量误差为 5mm。在首级控制网的基础上沿基坑外围布设了足够数量的次级控制点，在建筑物内布置了内控点并逐层向上投测， 根据误差传播定律计算得出，使用基坑外侧次级控制点和建筑物内控点及内控点的加密点作为测站放样双斜柱的控制点都能满足精度要求。

2）双斜柱插筋定位（图 3-76 ）

① 双斜柱插筋定位流程：内业数据提供→下部控制面放样→钢筋架子搭设→上部控制面放样→监理验收两控制面→斜扭柱插筋→检核两控制面是否有位移→底板混凝土浇筑；

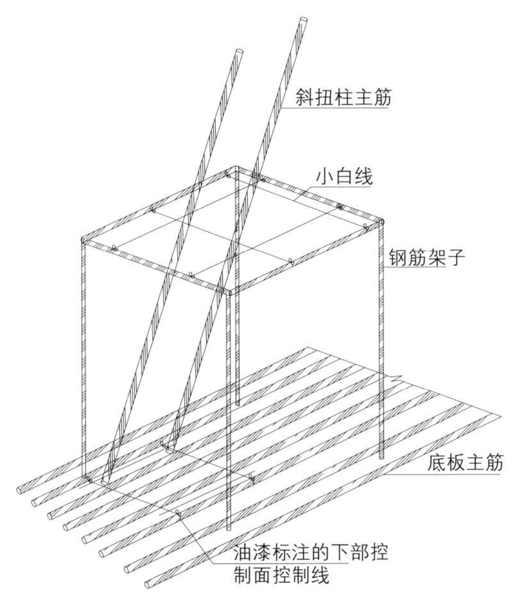

图 3-76　双斜柱插筋定位

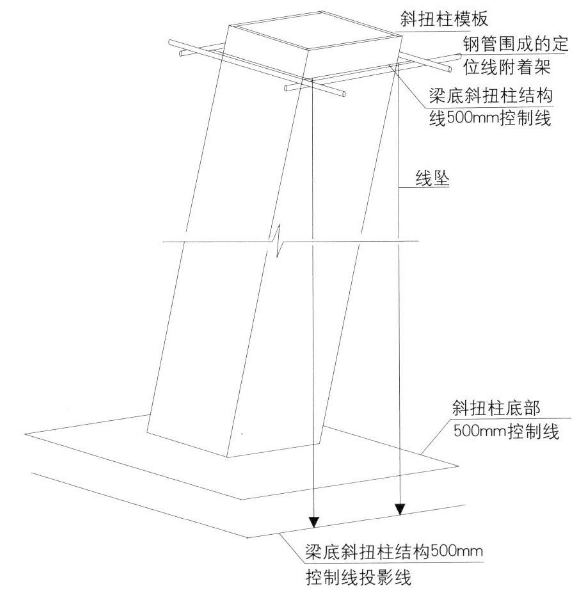

图 3-77　双斜柱模板定位

②内业数据列出了各斜柱高差在一米内各结构边的偏移尺寸；

③下部控制面放样：底板及梁钢筋绑扎完毕后在钢筋面上放样双斜柱结构线，并引测到旁边的梁主筋上；

④钢筋架子搭设：在钢筋表面上挂出的结构线四周1.5m范围内用钢筋焊结架子，架子由四根竖向钢筋和高出钢筋表面1m的四根横向钢筋构成，横向钢筋标高用水准仪精确控制。

⑤上部控制面放样：根据钢筋表面挂出的四条结构线和《斜（扭）柱偏移参数统计表》，在钢筋表面上引测出斜（扭）柱在高出底板钢筋面1m平面上的结构线投影线，用线坠将投影线起吊到高出底板钢筋面1m平面上；

⑥ 应注意的事项：控制面由绑扎在梁或底板主筋上的钢筋架和挂在钢筋架上的小白线围成。钢筋架要有足够的稳定性，小白线的交点为定位点，预先已经放样并标定在底板钢筋上，插筋施工过程中随时吊线调整控制面的位置。

3）双斜柱模板定位（图 3-77）

① 双斜柱模板定位流程：内业数据提供→双斜柱在楼板上的500mm控制线放样→监理验收500mm控制线→双斜柱梁底结构500mm控制线在楼板上的投影线放样→模板吊装时斜扭柱模板下口精确就位，上部初步就位→现场实测模板四楞长度→ 内业提供模板上口角点空间坐标→双斜柱模板上口精确就位→监理验收模板上口结构线→混凝土浇筑及模板拆除后双斜柱上口结构点成果观测；

② 内部数据提供：《双斜柱偏移参数统计表》、《双斜柱在底板上的结构500mm控制线点坐标表》、《双斜柱模板上口角点空间坐标表》；

③双斜柱梁底结构500mm控制线在楼板上的投影线放样：根据楼面上放样的四条结构500mm控制线、《双斜柱偏移参数统计表》、双斜柱梁底标高，在楼板上引测双斜柱梁底结构500mm控制线的投影线；

④双斜柱模板下口精确就位，上口初步就位：模板吊装到位后，根据楼板上的结构500mm线精确定位模板下口。综合运用水准仪和钢尺在双斜柱梁底标高位置定位四根水平向钢管，水平向钢管围在双斜柱模板四周，且与模板的垂直距离约大于500mm，水平向钢管的顶边标高为双斜柱梁底标高，其附着的架子与模板的支撑架子是独立的，必须保证在整个双斜柱调整定位的过程中保持不动。然后用线坠将楼板上引测的双斜柱梁底结构500mm控制线的投影线起吊到水平向钢管围成的标高平面，木工在施工过程中通过反复调整双斜柱模板支撑体系，使双斜柱模板在梁底标高位置各边与控制线的距离都满足要求，此时模板初步就位；

⑤现场实测模板四楞长度：这步工作主要是为内业计算模板上口角点坐标提供条件，模板四楞长的丈量要求使用大钢尺，精确到1mm，各楞长必须按预先采用的统一编号排列，避免内外业的不交圈。模板楞长丈量完毕后及时报测量室获取模板上口角点坐标数据；

⑥双斜柱模板上口精确就位：放线工使用全站仪现场放

样双斜柱模板上口任意三个角点，轻微调整模板使模板上口精确就位；

⑦应注意的事项：由于模板的就位调整时间很长，该部分工作分为两步完成，以节省全站仪的使用时间。首先是粗调，根据双斜柱底部楼板上的投影线，采用吊线坠的方式将模板上口逐步调整到位，然后使用全站仪放样结构点，并调整模板上口精确就位。

斜柱定位见图 3-78。

图 3-78　斜柱定位

(3) 测量技术总结

1) 本工程双斜柱的定位数据计算均由软件完成，提高了工作效率和计算的准确性；

2) 双斜柱插筋采用两面挂线控制，实际施工完毕后钢筋保护层厚度误差都在 10mm 范围内；

3) 双斜柱模板的就位分粗调和精调两步，粗调采用吊线坠的方式，已经把误差控制在了 30mm 范围内，缩短了精调时使用全站仪的时间，提高了工作效率；

4) 模板调整完成后及时拧紧和加固支撑，避免模板由于自重导致移位。根据模板拆除后的实际观测统计，所有斜（扭）柱的顶端结构点位误差均在 10mm 以内，满足精度要求。

4.1.2 普通斜柱施工技术

普通斜柱施工方案的确定主要从以下几个方面考虑：

双斜柱倾斜、旋转角度繁多，构件数量多，模板加工精度要求高，周转次数多。

钢筋、模板空间测量定位操作复杂、精度要求高（误差）。

主体跨度大、截面大，要求混凝土施工不得进行分节浇筑，必须整体进行混凝土浇筑一次成型。

有 1/4 为外边斜柱，即柱投影在楼层板外侧。

混凝土表观质量标准高，为达到清水饰面混凝土效果，直接刷保护剂或涂料。

(1) 斜柱模架设计

普通斜柱是指单层斜柱和跨两层的斜柱，这部分柱的长度在 6 ~ 12m，采用现有模架技术，经过设计和技术改造能够满足施工的需要。工程采用了木工字梁斜柱模板体系和钢框木面板斜柱模板体系两种模板体系，以钢框木面板斜柱模板体系为例说明。

1) 模板设计

模板采用钢框木面板体系。面板采用 18mm 维萨板，100×60mm 和 40×80mm 方钢作为背楞，面板和背楞采用钢制自攻螺钉背面背钉。各侧模板的连接采用专用柱模锁具，在相互垂直的模板节点上为边框的刚性连接，以加强模板的整体性。考虑提高柱模的周转使用率，体系由“下异形板 + 中标准板 + 上异形板”组成，为增加整体刚度，每面增加通长背楞 2 道 100×60mm 方钢，配置中按照装配式的配置原则，使标准板可以充分周转利用。见图 3-79 模板装配三维图，图 3-80 模板节点图。

采用有限元分析程序 ANSYS 对模板受力分析，最大应力值 σ_{max}=105N/mm^2<205N/mm^2。考虑锁具铰接，最大变形值为 σ_{max}=-1.99mm。见图 3-81。

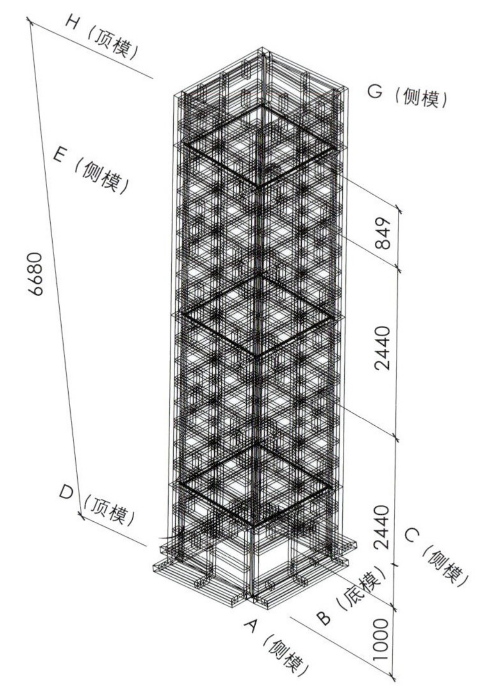

图 3-79　模板装配三维图

图 3-80　模板节点图

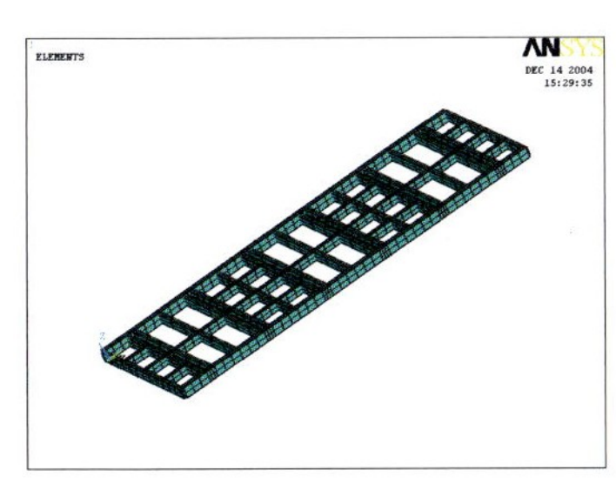

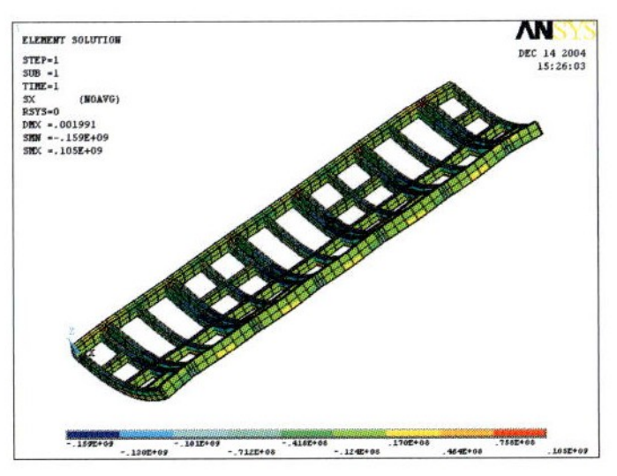

图 3-81　有限元分析

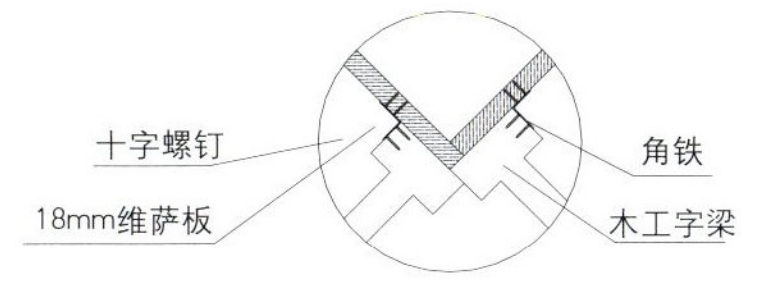

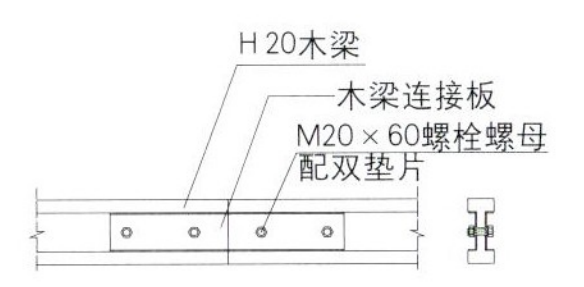

图 3-82　面板与背楞连接节点

2）配板规则

为便于模板周转，沿模板高度方向按下端非标准板＋标准板＋上端非标准板设计，标准板 1000×1000 柱子之间相互周转，两端异形板每层可周转使用。

3）节点设计

18mm 厚 Wisa 板之间通过硅胶来密封板缝，面板与木工字梁之间采用 L30×30×2 角钢和 ϕ4 木螺丝背面连接，间距为 300mm，面板的每个角各安装一个角铁，见图 3-82 面板与背楞连接节点；木工字梁采用对接形式接长。

木工字梁与 12# 双槽钢柱箍采用专用卡具连接，间距 900mm，木工字梁与柱箍卡具节点（图 3-83）。柱箍槽钢一端采用 ϕ20 销子通过直角芯带连接、另一端则采用 D20 斜拉杆斜拉；阳角处模板通过 45 度的斜拉杆连接，有效保证角部不开模、不漏浆。

4）支架设计

单层斜柱采用三角可调钢管支架体系，三角可调钢管支架体系主要利用可调角度的支撑杆与斜柱双通长背楞相连接，来实现对柱体的加固，支撑杆件与预埋于楼板上的连接件销接。支撑杆件 1、2 直径 60mm，支撑杆件 3 直径 75mm。见图 3-84~ 图 3-86 支撑图。

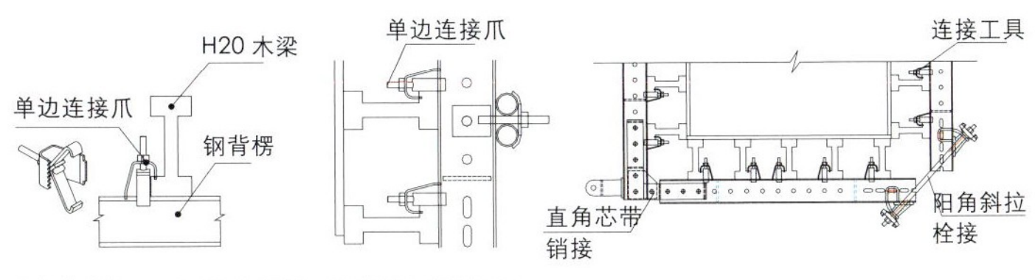

图 3-83　木工字梁与槽钢柱箍节点

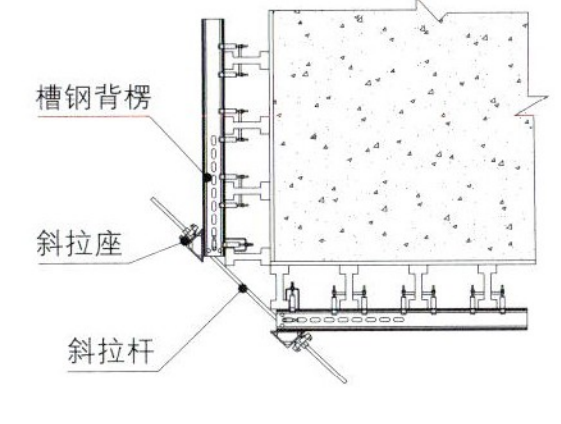

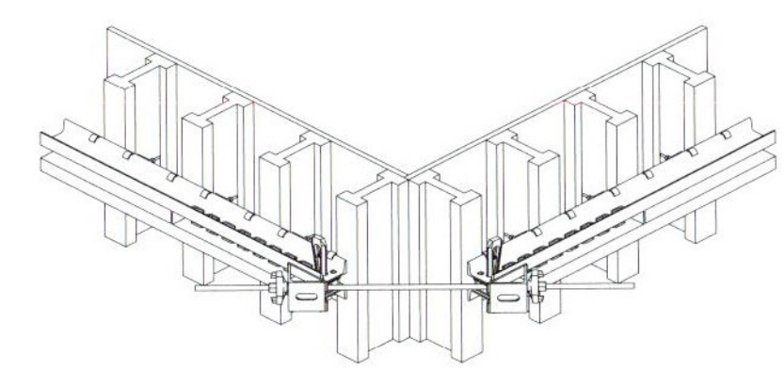

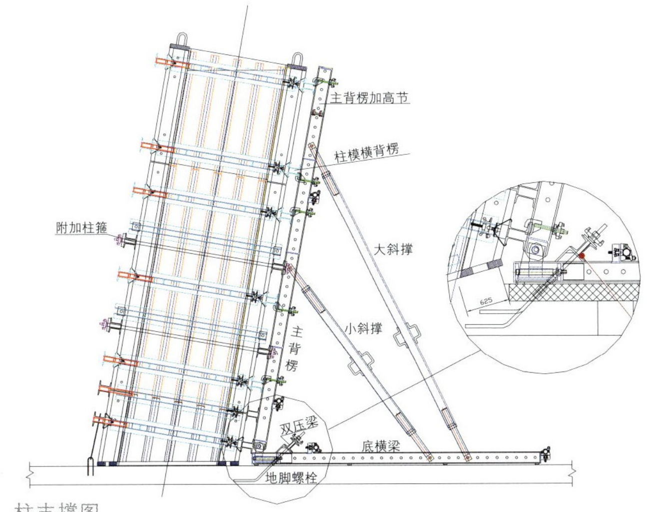

图 3-84　柱支撑图

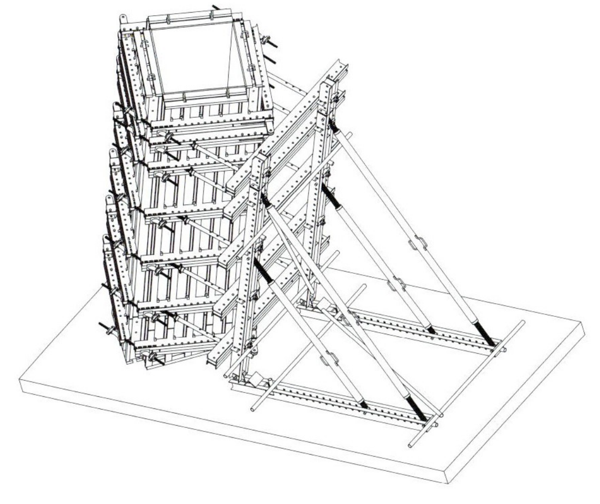

图 3-85 斜柱模板拼接

图 3-86 斜柱采用钢木组合模板及独立支撑架体系

(2) 斜柱混凝土配制及浇筑

1) 本工程斜（扭）柱倾斜旋转角度变化频繁，给混凝土的浇筑带来以下问题：

①柱内 52 根Φ32 配筋的整体斜（扭），使普通插入式振捣难以实现；

②普通混凝土骨料粒径较大，在浇筑过程中易出现离析，影响混凝土浇筑成型质量；

2) 为此，工程中采用高流态混凝土，坍落度控制在 240 ~ 260mm。为更好的保证斜（扭）柱混凝土的密实及成型效果，倾角小于 79° 的斜（扭）柱，采用 0.75kW 附着式振捣器贴着模板背楞进行模外振捣；倾角大于 79° 的斜（扭）柱，采用插入式振捣棒结合皮锤敲击模板的方式进行振捣（图 3-87）。混凝土浇筑采用加长串筒方式实施。

3) 混凝土浇筑到顶部时，放置经冲洗过的石子，石子粒径为 5 ~ 25mm，掺量控制在 30cm 高度混凝土重量的 1/4，防止顶部石子下沉造成柱头强度不足；顶部混凝土正常振捣后，暂停两分钟，再进行补振，赶出微小气泡，保证混凝土密实及表观质量。

4) 楼层板混凝土施工时，在柱根部 20cm 宽的范围内，采取有效措施控制混凝土面的标高和平整度，为模板底部定型异形板的定位提供了良好的基面；同时，有效防止了柱根部漏浆、出台等质量通病，解决了混凝土柱烂根问题。控制混凝土浇筑厚度和分层厚度。采用先包无纺布，再覆盖塑料布、柱顶放置打眼水桶持续淋水的方法，对混凝土进行养护。

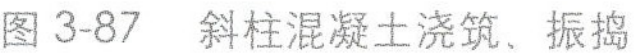
图 3-87 斜柱混凝土浇筑、振捣

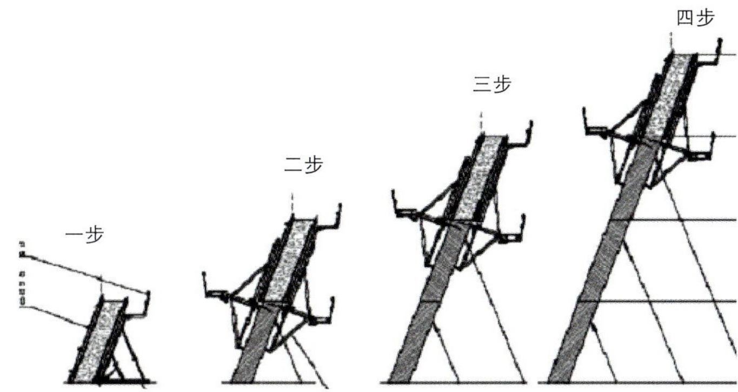

图 3-88　国外某知名模板公司的挂架模板体系

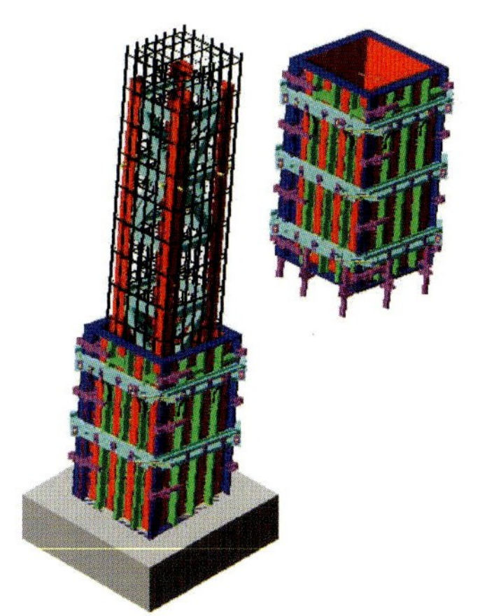

图 3-89　劲性构架支撑爬模体系

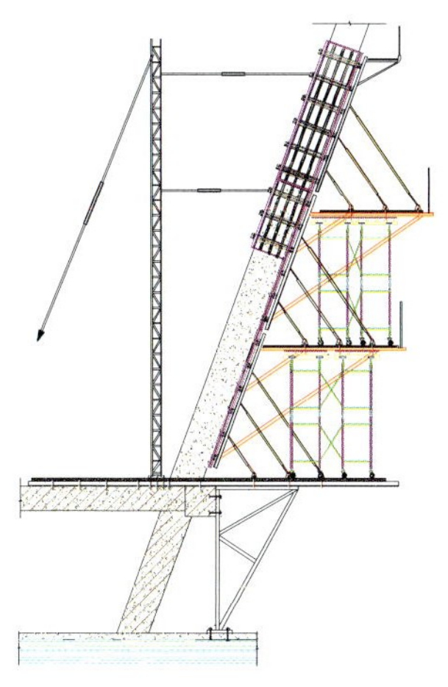
图 3-90　桅杆式支撑模板体系

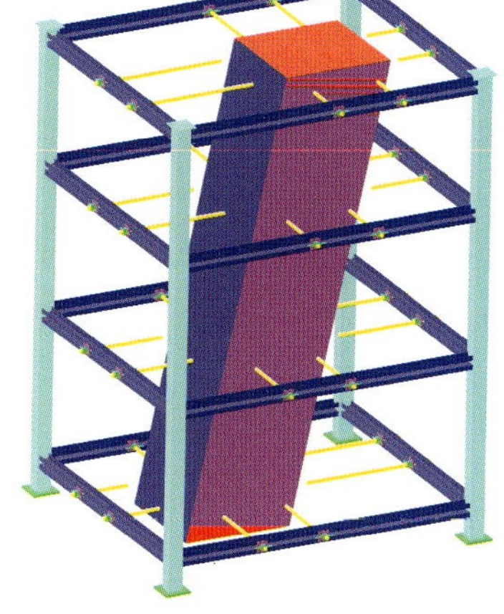
图 3-91　框式支撑模板体系

4.2 超高混凝土斜柱施工技术

工程的标准层层高 4.8、4.2m，跨两层柱柱长在 10m 以内，跨三层和跨四层则在 14m 以上。跨三、四层以上斜柱的各项技术参数均超出常规混凝土柱的施工技术要求，因而采用普通模架体系无法解决国家体育场超高混凝土斜柱的施工难题，超高混凝土斜柱是该工程异形结构的典型代表，也是土建施工阶段的最为困难的施工技术问题。

4.2.1 方案比选与确定

由于跨三层、跨四层斜柱柱体最高为 18.65m，最长 21m，倾斜旋转角度各异。施工技术难度极大。国内外针对类似工程主要有以下几种施工经验：挂架模板体系、劲性构架支撑爬模体系、桅杆式支撑法、框式支撑模板体系（图 3-88~图 3-91）。

通过对上述各模板方案比较分析，都具有不可回避的缺点，且这些方案均采用分段施工，钢筋绑扎、模板支设、混凝土浇筑工序交叉，对于一根 18m 高斜柱分三段施工约需 24 天才能完成。另外也曾考虑将跨三层和跨四层斜扭柱改为预制混凝土柱，但节点设计复杂，吊装风险大，对裂缝控制难度也大。考虑到国家体育场工程的紧迫性、特殊性，以上方案均不能满足本工程对技术、质量、进度以及造价方面的要求。

综合分析以上各种因素，提出将跨三层（含）以上斜柱，顶层外排斜柱共 124 根，采用矩形钢管永久模板混凝土斜扭柱，简称钢模柱。采用 10 ～ 14mm 厚的钢板组拼成矩形钢管，作为斜柱的永久模板而本身并不参与结构受力。这样使钢模柱技术相对可靠、能够有效减少工程质量缺陷，保证结构安全，大大降低了跨层斜柱的技术风险和安全风险。

4.2.2 施工方案研究

针对钢模柱的施工，主要有三种施工方法：整体吊装一次泵送顶升浇筑法，分节套装分节常规浇筑法和分节套装一次常规浇筑法。为了保证工程顺利进行在施工中依照试验柱——大面积柱施工的原则，在现场采用套装常规浇筑法、整体吊装泵送顶升浇筑法。

（1）钢模柱吊装方案比较

1）整体吊装就位（图 3-92）

方案一为“整体吊装法”，即柱 2.2m 以上矩形钢管构件与钢筋笼工厂组装成型，现场一次吊装就位，钢筋笼与下部预留钢筋进行冷挤压对位连接，最后进行下部 2.2m 钢板封板。

①优点：钢模柱与钢筋笼在加工厂即已固定好，不会由于套装发生偏离或移动。矩形钢管整体吊装，不出现分节焊缝，施工进度快，整体表观效果好。钢筋绑扎在加工厂，减少现场绑扎量，加快施工进度。

②缺点：钢筋笼需拉到矩形钢管加工厂进行固定，增加了运输和钢筋二次加工费用。钢管与钢筋笼整体进行吊装，吊装需采用大吨位吊车，本工程柱体需采用 250 吨汽车吊。钢筋笼与下部钢筋采用冷挤压对位连接，绑扎精度要求高，且钢筋需编号。钢模柱吊装临时就位困难，2.2m 以下部分钢管需在上下钢筋笼对位连接完毕后进行封板，增大了钢板

图 3-92　整体吊装图

图 3-93　分节套装图

加工难度及增加现场焊接量。

2）分节套装就位法（图 3-93）

方案二为“分节吊装法”，即“钢筋分段在现场绑扎，钢模柱钢管在工厂分节加工，现场分段顺钢筋笼套入”。A 区零层 XKZ8-1 柱即采用此法进行。

①优点：钢筋现场绑扎，不必拉到加工厂二次组装，减少费用。钢管分节加工套装，不必采用大吨位吊车，可采用现场塔吊以及小吨位吊车进行吊装。钢筋现场绑扎减少难度较大的钢筋对位连接。

②缺点：钢筋绑扎需分段绑扎，上节钢筋与下节钢筋笼连接在高空进行作业，须搭设专门操作平台。钢管分节套装增加高空作业，增加现场焊接量，也须搭设专门操作平台。分节套装节点部位易发生不顺直，偏差错台现象。分节套装工序较多，影响施工速度。

（2）混凝土浇筑方案确定

对于钢管柱混凝土浇筑常用的方法有常规浇筑法以及泵送顶升法。由于本工程钢管柱不同于普通意义的钢管柱，为斜长柱且柱内钢筋密集，因此混凝土无论是由上往下常规浇筑，还是由根部泵送顶升浇筑，受密集钢筋的影响均很大，且混凝土密实度无法保证，现场通过试验柱确定浇筑工艺。

1）泵送顶升法

方案一为泵送顶升法，即将混凝土泵送管焊接在柱根部的预留洞口，用混凝土泵车直接泵送混凝土一次达到设计标高的一种施工方法。试验柱混凝土泵送顶升自开始浇筑到完成总用时 6min，说明顶升工艺可行。

①优点：泵送顶升混凝土施工可减少高空作业，操作更为简便安全；施工速度快，混凝土的密实度容易保证；无需振捣，节省人力、物力，有效缩短施工周期；在柱体调整就位后即可进行梁板模板及钢筋的施工，有效缩短工序衔接时间。

②缺点：在泵送过程中如何消除泵管对柱体所造成的冲击力，保证架体安全、斜柱精度应采取保证措施。钢模柱体内部密集钢筋对顶升过程中的阻碍尚无借鉴数据，需要在施工过程中进行试验和数据采集。泵送工艺、协调指挥以及止回装置有效对成型混凝土质量至关重要，直接影响斜柱施工成功与否。

2）常规方法

方案二为常规浇筑法

混凝土自上而下一次浇筑到顶，斜柱倾斜角度大，一次浇筑高度达 21m，振捣棒无法深入振捣，很难保证混凝土密实。A 区零层 XKZ8-1 柱即采用此法进行。

3）施工方案的初步确定

经过现场实体试验柱的工艺检验，结合上述分析的优缺点，初步得出如下意见：

钢模柱的吊装：采用分节套装法；对于跨三层（垂直高度 13.5m）

分为两节，跨四层（垂直高度 18.65m）分为三节，钢筋现场分节绑扎，矩形钢管分节加工，现场分节套装。

混凝土施工：对于跨三层钢模柱，采用泵送顶升施工为主；对于跨四层钢模柱由于超高，采取中下节采用泵送顶升工艺，最上节采用常规浇筑方法；对于顶层外排钢模柱，由于其绝对位置较高（在标高 29.5m 以上），考虑到泵送压力损失，且柱体高度不大，因而采用自上而下的常规混凝土浇筑方法。

4.2.3 关键施工技术

总体施工程序（图 3-94）

（1）钢模板柱箍设计

考虑现场浇筑速度，高流态混凝土、底部顶升混凝土以及倾倒混凝土时都会在空钢管侧壁内产生动压力和静水压力，从而可能引起钢管局部应力集中或局部屈曲现象。因此对于钢模柱的柱箍设计必须慎重对待。为了很好的检验泵送顶升工艺对钢模柱侧壁压力的影响，我们在进行 XKZ69-2 试验柱施工时，在钢模柱内埋置压力传感器（图 3-95）以检验泵送顶升混凝土对侧壁所产生的压力。

图 3-95　XKZ69-2 试验柱中压力传感器

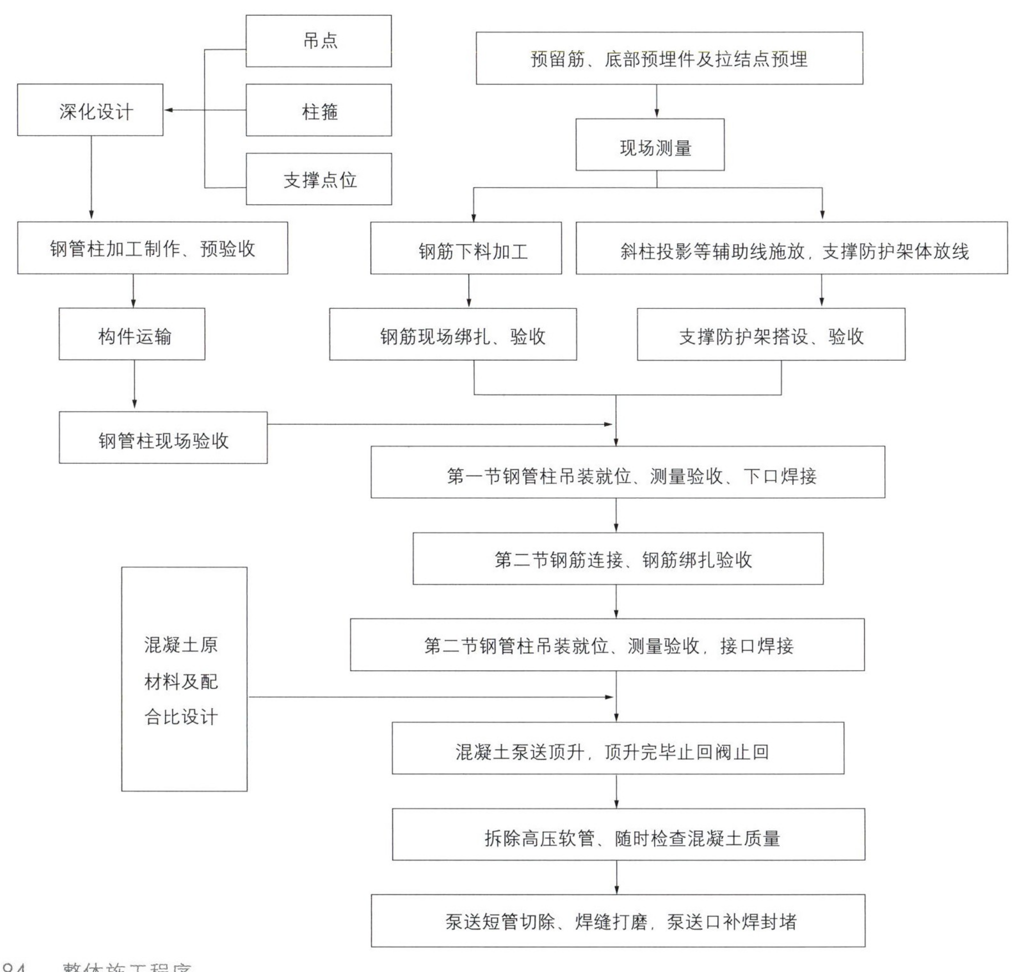

图 3-94　整体施工程序

1）柱箍选择（图 3-96）

依照设计图纸，设计推荐采用双 12 槽钢。基于此柱箍采用图 3-96 的形式，双 12 槽钢，通过 Φ22 的对拉螺栓进行拉结。柱箍只作为混凝土浇筑时，控制钢板模板变形的作用，不与模板焊接，吊点和其他加劲设置不与柱箍连接。

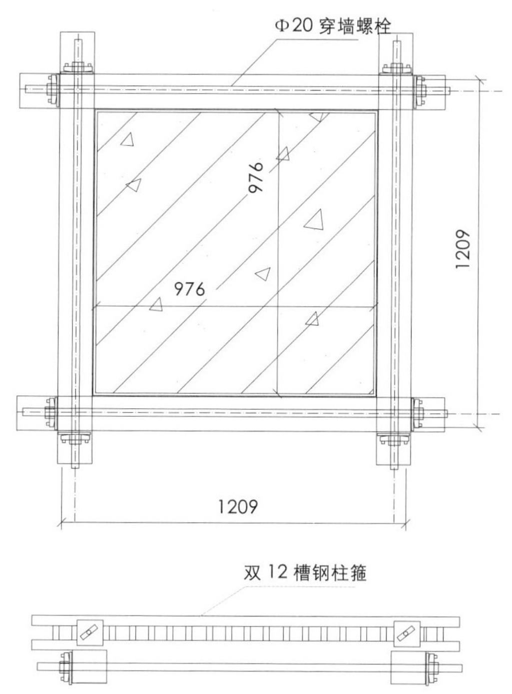

图 3-96 柱箍连接示意图

2）试验柱检验情况（图 3-97）

①测点布置

测点布置选择压力较大的位置，测点布置选择 3 个截面，其中 1-1、2-2 及 3-3 截面各布置 3 个压力传感器，测点选择在两个受压侧，和泵送口所对面，泵送口设置在一受压侧。

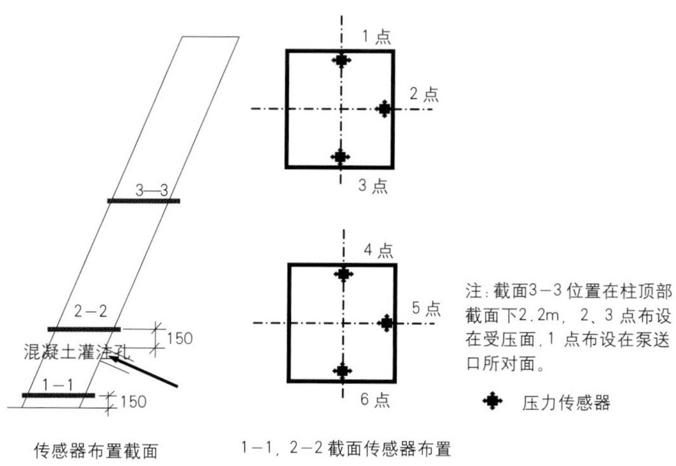

图 3-97 测试传感器布置示意图

②测试数据（表 3-24）

测试数据 **表 3-24**

传感器编号		最大动态压力（MPa）	静态压力（MPa）
1-1 截面（0.15m）1	1	0.1884	0.16
	2	0.1831	
	3	0.1905	
2-2 截面（1.7m）	4	0.1746	0.12
	5	0.1948	
	6	0.2040	
3-3 截面（4.4m）	7	0.0513	0.053
	8	0.0569	
	9	0.0596	

注：为传感器距柱底高度。

③压力曲线（图 3-98）

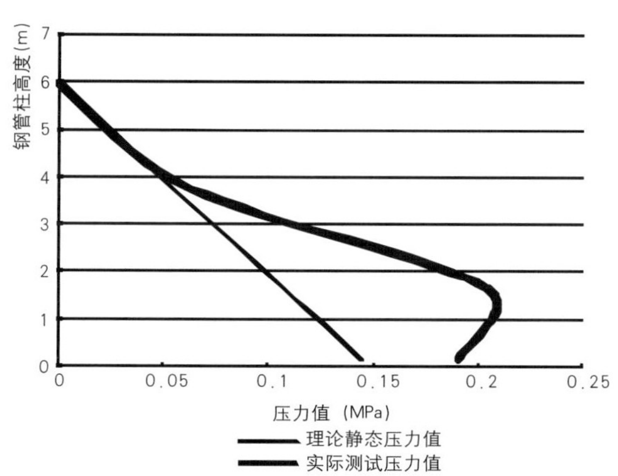

图 3-98 最大侧压力与静态压力随柱高度变化图

④试验分析

A. 为了测试斜扭柱各面所受的压力，在第一次测试中分别在钢管斜扭柱的两个受压面和泵送口对面设置压力传感器，从测试结果来看，混凝土受压面要比非受压面的侧壁压力大，在泵送口处，泵送口所在面和所对面要比其他两面要大。

B. 钢管侧壁压力实测值均比理论计算值 $F_1=\gamma_c H$ 要大，尤其在 1.5m 处泵送口处，侧壁压力最大。说明顶升泵送力在此处影响最大，沿高度向上，影响基本呈线性减少。

3）模板荷载计算

表中压力的理论值按照《建筑工程大模板技术规程》（JGJ74-2003）附录 B，模板荷载及荷载效应组合 B.0.2 规定，可按下列二式计算，并取其最小值：

$F_1=0.22\gamma_c t_0\beta_1\beta_2V^{1/2}$ $F_1=\gamma_c H$

但由于采用泵送顶升施工时，14m 高柱用时仅 20min，而 F_1 为常规自上而下浇筑的经验公式，因此在此不适用。因此初步考虑压力理论值按 $F_1=\gamma_c H$ 计算。

$$F_1=\gamma_c H=25\times13.25=331.25\text{kN/ m}^2$$

由于采用顶升混凝土方式浇筑，地泵工作时产生泵送压力。

喷射混凝土出口压力 p=9MPa（考虑泵管压力损失后），泵送管管径 d=125mm，按照球体压力扩散。D—混凝土扩散度，取 650mm，坍落度 240 ~ 260mm

喷射混凝土时产生的荷载标准值 $F_2=\dfrac{p\pi d^2}{\pi D^2}$

$F_2=83.2\text{kN/m}^2$.

对模板的荷载组合设计值 F=1.2F1+F2=1.2x331.25+83.2=480.7（kN/m^2）

4）柱箍设计及构造

①基于以上试验结论以及模板荷载计算值进行柱箍设计。验算参数：按 XKZ57-1 柱，柱模板截面宽度 1000mm，面板 Q235 钢板，厚度 12mm，长度 14.22m，垂直高度 13.25m。

②经过验算：3m 以下柱箍双 [12 槽钢间距 300mm，3m 以上、6m 以下双 [12 槽钢间距 400mm，6m 以上双 [12 槽钢间距 500mm。

③经过试验得出越往上泵送影响力越小，对于该柱其影响高度为 6m，因此对于柱高 3m 至 6m 段荷载 F2 应取其 1/2。6m 以上该值取 0。其他柱箍及面板计算同前。

（2）支撑架体系设计计算

钢模柱的精度是否能保证，与支撑架的搭设有很密切的关系。本支撑体系采用碗扣式脚手架支撑体系。沿着斜柱的轴线在水平面上的投影方向搭设。荷载通过横杆传递给予其连接的两榀立杆上。在支撑体系的设计中，为保证架体的整体稳定性，在可能的情况下，柱身与楼板及周边柱子之间设置刚性拉接。

1）支撑架设计

钢模柱施工支撑体系采用碗扣式脚手架搭设施工，钢模柱支撑架架体与楼板及环梁支撑体系连为一体，另外位于柱体下部承重部分架体要求设置剪刀撑，以加强整体稳定性。

立杆间距在柱投影范围内为 3 跨 600mm×600mm（主受力架体），投影面高度方向立杆起始位置距柱底面 600mm，投影面宽度方向立杆起始位置距小投影面外轮廓边 50mm，3 跨 600mm 的主受力架体依次向大投影面方向排布；主受力架体两侧均搭设 2 跨 900mm 宽架体；柱顶投影面以外分别搭设 600mm、900mm 宽的两跨碗扣脚手架。

钢模柱支撑脚手架横杆步距为 600mm。

所有立杆下垫 50mm 厚木板，临边柱立杆入 P 承台时，立杆下垫钢底座；所有下落架子必须与下层楼板模板支撑体系连接成整体。

施工顺序为：架体搭设——钢模柱吊装——钢丝绳调节——刚性连接——架体顶托调节——钢模柱节点连接。

2）支撑体系计算架设

基本计算条件：连续浇筑，考虑 14mm 厚钢管与支撑架一体的受力计算体系，每榀框架不考虑支座变形。

结点处理：未打混凝土之前斜钢模柱铰接，打混凝土之后斜钢模柱固接；顶托斜钢模柱的结点按照铰支点处理；碗扣架横向连接杆两端按照铰支点处理；立杆下端落地点按照铰支点处理。

施工要求：方钢管的支座位置要求达到固接水平，顶托与方钢管的连接位置达到铰接水平。立杆端部需要处理，方钢管悬臂时立杆底部剪力较大；落地部位尽量减少沉降变形。

整体稳定性计算是参考扣件钢管脚手架的规范完成的，必须按照规范中的要求增加整体脚手架的连墙措施。

并非所有的 48mm 钢管受压构件强度应力计算在平面内、平面外满足要求，实际上在钢管顶端以下的受压钢管强度非常大，达到了两倍的强度设计值要求，所以必须采取控制办法，从已经浇筑完成的楼板拉两道以上的水平拉接。

选择 6×37+1 公称抗拉强度 1400MPa，K=5.0 的直径 19.5mm 钢丝绳，其容许拉力为 32.4kN，可以有效解决强度不足的问题。

脚手架支撑体系在斜柱吊装前施工，搭设边界要放线。脚手架与钢管箱模之间通过可调节 U 托进行支撑，在脚手架的底部和顶部加设千斤顶进行调节（图 3-99）。

（3）钢模柱吊装施工工艺

钢模柱均在塔吊的吊装覆盖范围内，考虑、钢筋笼一次绑扎高度，塔吊的施吊能力以及安全吊运高度，在深化设计时确定矩形钢模柱的分节不超过 8m，最重不超过 4t。

1）塔吊参数（表 3-25）

塔吊（K40/21）进行吊装，具体参数见表 3-25。

塔吊技术参数 表 3-25

臂杆	距离塔吊距离（m）	18.4	41.9	46.9
70m	最大吊重（t）	16	6.8	5.8

对处于塔吊盲区的钢模柱，采用临时租赁 120t 吊进行吊运。

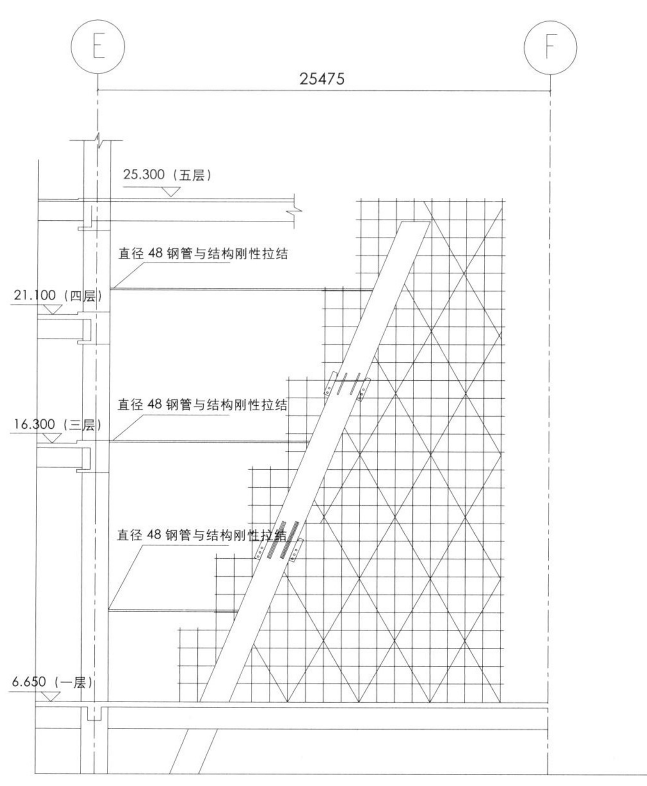

图 3-99　支撑架搭设示意图

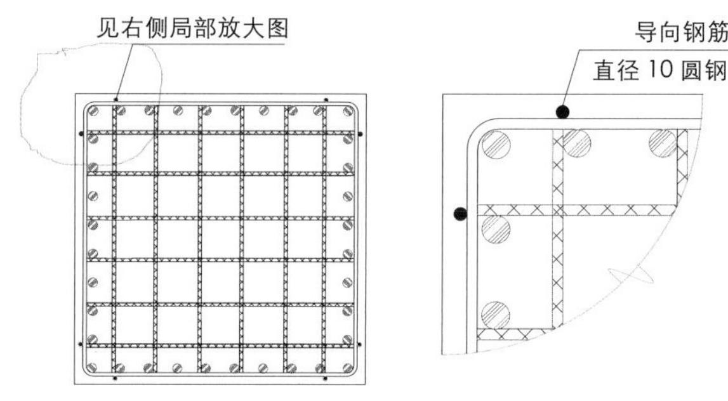

图 3-100　导向钢筋布置示意图

对矩形钢模柱起吊采用四点起吊法，在下侧两吊点各加两个导链分别调节矩形钢模柱起吊和就位时的倾斜角度及旋转角度，矩形钢模柱的对接口处每面焊接两个临时连接耳板以便矩形钢模柱的连接定位。

2）分节吊装控制

吊装前搭设支撑脚手架做为钢模柱的受力支撑体系，通过脚手架将矩形钢模柱倾斜所产生的水平推力传递到楼板和框架柱或梁上。

①第一节矩形钢模柱吊装

第一节钢管安装前要将埋件顶端和本节矩形钢模柱底面的渣土和浮锈清除干净。对"◇"形埋件进行复测，确保埋件的扭曲度和平整度满足规范要求。

起吊前，栓好缆风绳和安全绳，以便空中定位和就位后临时定位调节，确保吊装过程的安全。就位前，预先在钢筋笼四边各焊 2 根 Φ10 的导向钢筋（图 3-100）作为导轨，绑扎导向钢筋的火烧丝接头应朝里侧，使钢管能沿着导向钢筋下滑而不致卡住箍筋。

在钢模柱支撑架搭设时，沿柱高在两受压面每面布置 4 道支撑，每道支撑由双钢管组成。初步就位后按照设计要求加设柱箍，并通过可调支撑与支撑架体系进行连接加固。在矩形钢模柱顶的背向拉设两根缆风绳，各用一个 3t 导链与预埋地锚连接，调节缆风绳使钢管的倾斜角度和旋转角度达到设计要求，同时调节可调支撑加以支撑固定。在调节时，用全站仪测量预先标注在钢管顶端的测点确保定位的准确。在钢管的位置、标高、倾斜度、旋转角度检验合格后，将钢管的底端与预埋板进行焊接。焊接完毕后在矩形钢模柱上面柱箍上拴缆风绳和混凝土柱连接。

②第二节矩形钢模柱吊装

吊装前，第一节矩形钢模柱顶面和第二节矩形钢模柱底面浮锈要清除干净。第一节矩形钢模柱顶部连接板作为第二节钢组柱安装的导向板，安装方法同第一节矩形钢模柱，在调节时用钢楔配合缆风绳调节矩形钢模柱倾斜度和柱面连接处的平整。钢管上端的定位测量与第一节钢管相同。

（4）混凝土泵送顶升施工

1）泵送顶升施工工艺概述

将混凝土泵送短管焊接在钢模柱根部以上 1.5m 处的预留竖向椭圆洞口，利用混凝土输送泵的压力将混凝土通过混凝土输送管及钢模柱下部接口的连接管顶入柱内直至达到设计标高，在钢模柱下口连接管与混凝土输送管间设置止回阀，防止混凝土倒流。

2）施工准备

①材料准备：混凝土原材料的性能是顶升能否成功的关键，且是保障混凝土密实度的关键因素。在混凝土选择上，通过多次试验，选用微膨胀高流态混凝土，坍落度为 240 ~ 260mm，扩展度为 500 ~ 700mm，混凝土粗骨料粒径在 5 ~ 20mm 之间，细骨料为中砂。

②机具准备：移动式 HBT80C 型混凝土托式泵和配套高压泵送管，3m 高压软管，止回阀，插入式振捣器等。

③混凝土泵车的位置：尽量靠近工作面，减少泵管压力损失。

3）施工工艺（图 3-101）

①混凝土浇灌口预先在加工厂切割好（切割的圆洞板要保留，混凝土达到强度后补焊洞口），浇灌口一般留设在钢模柱受压面上 1.5m 左右高处位置，同时考虑现场地泵、泵管接设部位。钢模柱安装完毕，焊接连接管。连接管与钢模柱间夹角 45° ~ 60°，伸入管内 20 ~ 30cm，焊接牢固可靠，泵送短管和柱体的焊接由专业电焊工焊接。

②混凝土泵送管的布设：泵送管布设的原则是尽量减少弯头，布置时兼顾整个流水段的混凝土浇筑；泵送管必须架立在可靠的支撑架上，在泵车前端做加固措施。

③高压软管的安装：高压软管内径同泵送管，均为 125mm，与混凝土输送管采用高压卡具连接。混凝土在浇筑之前将高压软管和柱体断开，将润管用的清水和砂浆全部清出拖式泵管道之后再将高压软管和柱体连接牢靠。采用可弯曲的高压软管，一方面有利于连接管与钢模柱的连接，可缓冲泵送时泵管对钢模柱及其支撑架的冲击，以保证双斜箱模的定位，另一方面大大加快了连管速度，提高施工效率。

④混凝土泵送顶升：泵送顶升前的各项准备验收工作完成之后使用清水和砂浆进行润管，润管完成后将软管和泵送管连接进行混凝土顶升，顶升至设计标高 20cm 处停泵 5min，继续泵送直至达到设计标高，打入止回阀进行止回顶升完毕。

⑤混凝土浇筑完成后的后期处理：混凝土顶升完成 12 小时后将止回管拆除清理干净周转使用，48 小时后将连接短管切除、泵送口补焊，焊缝打磨，刷防锈底漆，局部清理。

4.2.4 试验及检测

（1）试验柱参数（图 3-102）

采用 14.2m 长的 XKZ57-1 跨三层单斜柱，该柱截面尺寸 1000×1000mm，倾角：68.797，斜长 14.3m，垂直高度按 13.4m，配筋主筋：36 根直径 32 钢筋；箍筋：直径 12@100/200，钢板厚 12mm。测点布置选择在受压侧压力较大位置布设压力传感器，根据现场情况，泵送口设置在受压侧 1.5m 高处。测点布置选择 5 个高度截面。

（2）测试数据（表 3-26）

测试数据　　表 3-26

传感器编号		最大动态压力（MPa）	理论静态压力（MPa）
1-1 截面（0.5m）	1	0.4845	0.3275
2-2 截面（1.7m）	2	0.4954	0.2975
3-3 截面（6.1m）	3	0.2345	0.1875
4-4 截面（7.6m）	4	0.1389	0.1500
5-5 截面（9.2m）	5	0.0762	0.1100

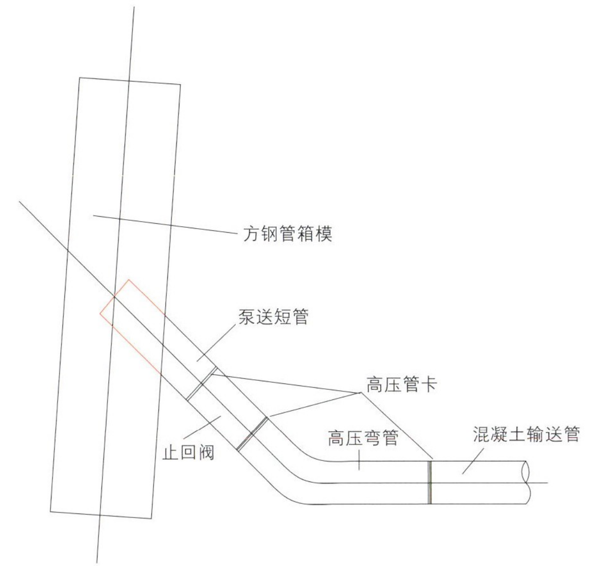

图 3-101　连接管、止回管、高压软管的连接

图 3-102　现场测试数据采集

（3）测试结果分析

1）由表 3-26 中可看出钢管侧壁最大压力为 0.4954MPa。这与施工前计算所得的 480.7（kN/m^2）（见 3.1.3）相比，要大出 0.0147MPa，说明原计算公式还有待改讲。

2）根据单层钢模斜扭柱和跨三层钢模斜扭柱进行试验所得数据推导出管壁最大侧压力的经验公式

$F_{动态\max}=F_1+\beta H_1 F_2$，其中

β 为高度修正系数取 0.21，单位 1/m；H_1 为泵送口以上柱体高度。

$F_1=\gamma_c H_1$，$F_2=\dfrac{p\pi d^2}{\pi D^2}$ 为混凝土球形扩散力，由于泵管已连接，泵车已固定，因此对单个柱为一定值（喷射混凝土出口压力 p，考虑泵管压力损失后，可由地泵输出压力减去泵管压力损失求得），泵送管管径 d=125mm，按照球体压力扩散。D—混凝土扩散度，取 650mm（坍落度 240 ~ 260mm）。

$F_{动态\max}=F_1+\beta H_1 F_2=331.25+0.21\times 11.75\times 83.2=536.55\ km/m^2$

由上可看出经验公式所得数据要与实际相符，因此在大面积施工时可按照此经验公式去计算复核。

3）通过跨三层柱的施工实践，采用泵送顶升工艺施工总有效用时 20min，证明跨三层柱采用泵送顶升工艺是可行的，通过施工实践，支撑架能够满足变形控制，另外注意的是支撑架与已有楼板、柱体的刚性拉接非常必要，并且支撑架应设置剪刀撑。

4.2.5　质量验收标准制定

（1）制定企业标准

为加强国家体育场矩形钢管永久模板混凝土工程的质量管理、统一工程施工质量的验收，保证工程质量，参引相关规范、标准 [CECS159 ：2004《矩形钢管混凝土结构技术规程》；GB50205-2001《钢结构工程施工质量验收规范》；GB50204-2002《混凝土结构工程施工质量验收规范》；DBJ/T01-69-2003《建筑结构长城杯工程质量评审标准》、DBJ01-82-2004《混凝土结构工程施工质量验收规程》和设计要求，特制定"国家体育场矩形钢管永久模板混凝土柱施工质量验收标准"作为矩形钢管柱验收的依据。

（2）矩形钢管质量检测和验收标准

1）矩形钢管构件组装允许偏差（表 3-27）

2）焊缝质量允许偏差（表 3-28）

3）矩形钢模柱安装允许偏差（表 3-29）

（3）混凝土质量检测和验收标准

矩形钢管构件组装允许偏差　　表 3-27

序号	项目		允许偏差（mm）	检测方法	图例
1	箱形截面高度 h		±3.0	用钢尺检查	
2	箱形截面宽度 b		±3.0	用钢尺检查	
3	箱形柱身板垂直度		h（b）/150，且不应大于 5.0	用直角尺和钢尺检查	
4	接口错边		2.0	用焊缝量规检查	
5	柱箍间距		20	用钢尺检查	
6	板局部平整度	t<14	5.0	用直尺和塞尺检查	
		t ≥ 14	4.0		

焊缝质量允许偏差　　表 3-28

序号	检测项目	三级焊缝
1	未焊满	≤ 0.2 + 0.04t，且≤ 2mm，每 100mm
2	根部收缩	≤ 0.2 + 0.04t，且≤ 2mm，长度不限
3	咬边	≤ 0.1t，且≤ 1mm，长度不限
4	裂纹	允许存在个别长度≤ 5mm 的弧坑裂纹
5	电弧擦伤	允许存在个别电弧擦伤
6	接头不良	缺口深度 0.1t，且≤ 1mm，每 1000mm 长度焊缝内不得超过一处
7	表面夹渣	深≤ 0.2t，长≤ 0.5t，且≤ 20mm
8	表面气孔	每 50mm 焊缝长度内允许直径≤ 0.4t，且≤ 3mm 的气孔 2 个。孔距≥ 6 倍孔径
9	焊脚尺寸 h_f	h_f ≤ 6mm 时，允许偏差 0 ~ 1.5mm；h_f>6mm 时，允许偏差 0 ~ 3.0mm；资料全数检查，同类焊缝抽查 10%，且不应少于 3 条。检查方法：用焊缝量规抽查测量

矩形钢模柱安装允许偏差　　表 3-29

序号	项　目	允许偏差（mm）	检测方法
1	轴线位置	5.0	全站仪、钢尺检查
2	垂直度（斜柱高度 ＞5m）	8	全站仪、经纬仪或吊线、钢尺检查
3	标高	±5	水准仪或拉线、钢尺检查

矩形钢管混凝土结构内混凝土的浇筑质量，采用敲击钢管法以及超声波法来检查其密实度。

4.2.6 施工控制

（1）矩形钢管加工

1）在钢模柱所在楼板施工时预留"◇"形埋件（见图 3-103）。在深化设计时柱身长度根据现场埋件的实测标高进行调整。

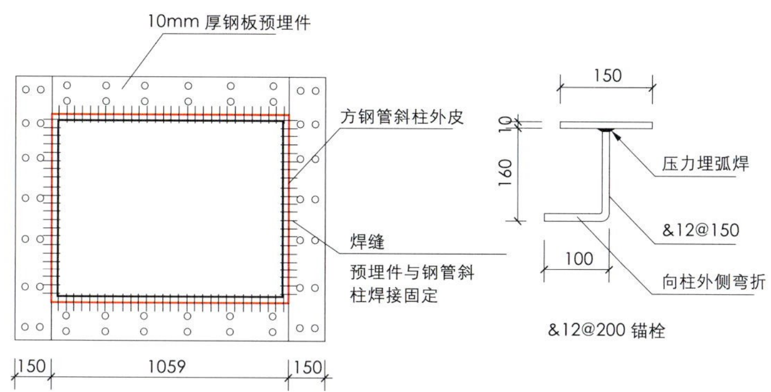

图 3-103　钢模柱埋件做法

2）溢浆孔的设置。距离柱底部 100mm，在非受压面相交楞处两侧间隔布置 Φ10 的圆孔作为溢浆孔，溢浆孔间距 1500mm。

3）为了减少钢管焊接完成四楞边角的打磨工作量，钢管四块板之间的坡口焊缝采用内坡口进行焊接，在保证焊接质量的同时使箱体的表观质量更加美观。

（2）钢筋绑扎

1）由于混凝土采用泵管顶升施工，对于下部泵管连接处预先调整钢筋位置保证 150mm 净距以利于泵送管插入。

2）考虑钢管分节吊装，因此钢筋在下料时须充分考虑各钢管的分节长度，以方便钢管套入施工。

（3）钢管现场安装及定位（图 3-104、图 3-105）

1）为保证上下节钢管对接顺直，矩形钢管上下节出厂前必须预拼装。

2）对于矩形钢管现场焊接，钢管箱模上下端采取坡口融透焊，下部与钢埋件采用贴角围焊。

3）上下节钢管的焊接必须是在下节钢管位置精确就位后进行，两段钢管柱焊接过程中沿楞长方向拉通线控制，使两段钢管柱焊接后保持平直。

图 3-104　斜柱梁底结构控制线起吊

图 3-105　斜柱梁底结构精确定位

4）内业人员根据模板底部的楼面标高和现场实测矩形钢管四楞长度，计算模板上口四角点理论坐标，将数据交测量工现场放样定位。

5）混凝土浇筑完后及时观测、记录柱上口混凝土角点坐标，将观测结果与理论数值对比，评价混凝土浇筑过程中模板的稳固性和获得一个模板位置的有意回偏值，及时将经验回偏值应用在新的钢模柱定位，以保证斜扭柱成形位置的尽量准确。

（4）泵送顶升施工

1）混凝土泵送管的布设：泵送管布设的原则是尽量减少弯头，布置时兼顾整个流水段的混凝土浇筑；泵送管必须架立在可靠的支撑架上，在泵车前端做加固措施。

2）严格控制混凝土质量，保证混凝土坍落度和扩展度以及防止混凝土出现离析现象。

3）在混凝土施工时，准备相应的施工措施以防泵送顶升出现意外情况时改用自上而下浇筑的施工方法进行施工。

4.2.7 总结

（1）缩短工期，提高工效：在工期紧张的情况下，如果跨层混凝土斜扭柱采用普通模板分段进行施工，以 18.6m 高柱为例，考虑钢筋绑扎、模板支设、混凝土浇筑工序交叉，以及复杂的测量定位和混凝土养护等因素，浇筑完这根柱子约需要 24 天左右，在这期间柱顶上部结构无法施工。而采用钢模柱方案，同样高柱施工约需 8 天，同时在柱体调整就位后即可进行顶部梁板模板及钢筋的施工，有效缩短工序衔接时间，大大加快施工进度。

图 3-106　跨层混凝土斜扭柱施工完成效果图

图 3-107　斜梁钢筋

(2) 降低安全和质量风险：矩形钢管永久箱模钢筋混凝土柱技术相对可靠、能够有效减少工程质量缺陷，而采用泵送顶升施工工艺保证了工程的质量，大大加快施工的进度，保证结构安全，大大降低了跨层斜柱的技术风险和安全风险。矩形方钢管内配有密集钢筋笼的混凝土柱采用泵送顶升浇筑工艺在国内建筑领域尚属首次应用，该成果目前已获国家发明专利。在混凝土泵送顶升过程中对管壁侧压力的试验分析、最大顶升高度试验分析填补国内该项施工工艺空白，为今后类似工程提供宝贵的借鉴经验。钢模柱效果图见图 3-106。

(3) 2006 年 3 月 3 日，北京市科学技术委员会组织同行专家对“国家体育场工程矩形钢管永久模板混凝土斜扭柱施工技术与应用研究”项目进行成果鉴定，鉴定结论为：该成果填补了国内外该类施工技术的空白，达到国际领先水平。

4.3 看台梁施工技术研究与应用

4.3.1 斜梁工程概述

国家体育场看台部分由固定观众席和临时观众席组成，共分三层。固定坐席支撑在混凝土看台斜梁上，中下层各由 112 道斜梁支撑，上层由 68 道斜梁支撑；临时观众席由钢梁支撑，整体成“碗状”。

下层看台斜梁在 A ~ B 轴间的截面尺寸为 500×1000(mm)，在 B ~ C 轴间的截面尺寸为 500×1100 (mm)；

中层看台斜梁为鱼腹型锯齿梁，下端悬挑部分的截面尺寸为 1000 × 333 ~ 2278 (mm)，中间段截面尺寸为 1000 × 1068 ~ 2106 (mm)，上段截面尺寸为 1000 × 1000 (mm)。

上层看台斜梁截面尺寸为 1000 × 1200 (mm)，上层看台斜梁倾角一致，梁顶标高由东西两区 (44.859m) 递减至南北两区 (25.3m)，呈碗状 (图 3-107)。

4.3.2 技术方案

(1) 施工缝划分

综合考虑中层看台斜梁的施工难度大、施工工期紧以及大体量梁施工技术的安全性难于保证等特点，经与设计沟通，对看台斜梁留置随层施工缝、板间施工缝以及张拉端施工缝。随层施工缝是把看台斜梁随层分开浇筑而留设的水平施工缝，板间施工缝是把斜梁与其余构件脱开施工而留设的竖向施工缝，张拉端施工缝是为配合预应力施工而留设的垂直于梁截面的施工缝。

(2) 模板设计

1) 中层看台斜梁的悬挑长度为 7.7m、截面尺寸大、倾斜角度最大为 38 度，模架设计上必须重点考虑如何解决模板和支撑的滑移问题。其中斜向构件的垂直传力是模板设计的关键，支撑根部的稳定性是解决滑移的重点。

2) 看台斜梁的上下端分别拉接各道环梁，对节点处的建筑效果要求高，预制看台板直接安装在斜看台梁台阶上，对台阶的标高、与侧面的夹角尺寸要求精度高；

针对以上特点，对中层看台斜梁模板体系进行分析计算采用定型钢木模板体系。其中面板为 18mm 厚国产多层板，主背楞为双 12 槽钢，次主背楞为 200 × 80 × 20 × 18 (mm) 木工梁，次背楞为 65 × 95 (mm) 工程木。

(3) 模架体系设计

1) 支撑

采用 Φ48 × 3.5mm 钢管，支撑体系跨距、排距、步距均为 600mm，扫地杆平行斜板距离不大于 300mm。钢管下部铺设 200 × 50mm 通长木板，木板端部设置钢筋地锚，每根钢管根部用钢钉和木楔子塞紧防止钢管的滑动；梁主受

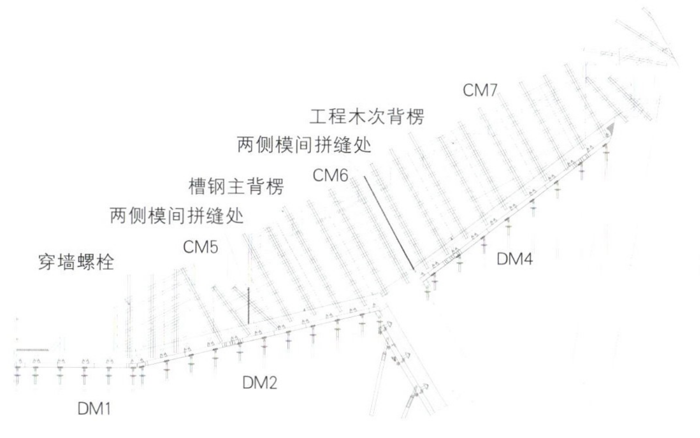

图 3-108　中层看台斜梁模板体系图

图 3-109　斜梁底模板

力架两侧设置 45 度剪刀撑；架体外侧设置两道斜剖撑及扫地杆对架体形成三角式加固；内部架子的纵向横杆与已经成型的结构柱抱扣，其中包括底部的扫地杆和最上一道的水平杆不少于 4 道；内柱支撑不得拆除。见图 3-108 中层看台斜梁模板体系图。

2）模板

底模：由主背楞、次主背楞、次背楞及面板组成。主背楞为双 12 槽钢 @600mm，局部遇柱处间距为 1000mm；通长槽钢主背楞之间用标准芯带和异形芯带连接；主背楞与钢管架间用可调支撑头及穿孔连接板销接。

次主背楞采用 200×80×20×18（mm）的木工字梁（截面惯性矩 $I=46.1\times10^6mm^4$），间距 600mm，长度为 1.4m，垂直于梁截面，与主槽钢背楞利用特殊连接爪扣接。槽钢与木工字梁间采用连接件连接。次背楞采用 65×95（mm），工程木间距为 250mm。次主背楞间用钉子从侧面入钉固定，控制模板下滑。面板为 18mm 厚国产多层板。图 3-109 为看台斜梁支撑图。

侧模：次背楞为 95×65mm 的工程木间距为 250mm；侧模板主背楞为双 12 槽钢间距为 600mm，局部在工程木的接头处加密为 300mm 间距。采用 Φ20mm 对拉螺栓拉结，对拉螺栓顺梁方向间距为 600mm，共设置三排，其中上下排均在梁截面尺寸外拉结，中间穿墙螺栓设置 PVC 套管。对脱二层和连二层板的中层看台梁侧面模板分别配置，依据流水段进行周转使用。所有侧面模板均根据模板加工图在后台裁割拼装，整体吊装至作业面安装。

踏步侧模和堵头模板：踏步侧模散拼。看台斜梁台阶的标高主要依据对踏步侧模的高度控制实现，测量在每一段斜梁上测放三个标高控制点，通过拉细线和吊线锤来下返每一个台阶的标高。中层看台斜梁混凝土浇筑过程中对端头的冲击力约为 $35kN/m^2$，对踏步端头处模板进行加固。

4.3.3 质量控制要点

中层看台斜梁截面形式复杂、梁台阶尺寸各不相同，各段倾斜角度不同，在每一变化处均需测量进行放线，严格控制标高及平面位置。脚手架支撑体系严格依据方案搭设，重点控制剪刀撑、扫地杆以及与内部结构的拉结。绑扎钢筋过程中要采取必要的抗滑移措施，预留出钢筋滑移量；连接预制看台与现浇梁的高强螺栓埋件形式复杂，安装精度高，合理安排与钢筋绑扎的施工顺序。严格控制混凝土浇筑速度，浇筑顺序为从两侧环梁开始，从低到高。

4.3.4 小结

这种定型钢木模板体系在国家体育场工程中的应用，很好地解决了大型悬挑斜梁的施工问题、保证了施工的精度和构件成型质量。施工中未出现模板和钢筋的滑移现象。

对于体形复杂、悬挑较大的倾斜构件在模板的选型及深化设计上尤为重要。侧模板后台组装后整体吊装至现场拼装的操作方式，即保证了安装质量又为合理组织流水、缩短工期创造了条件。

5. 关键施工技术总结（图 3–110、图 3–111）

（1）通过对国家体育场工程异形混凝土结构进行技术攻关，很好地解决了国家体育场工程混凝土结构施工的关键技术难题，仅用 6 个月完成了 20 万 m^2 的异形框架结构的施工，于 2005 年底完成了四方验收，并获得了长城杯金杯，保证工程质量和工程进度，确保了耐久性指标的实现。

（2）通过技术攻关，成功解决了木工字梁等模架体系在复杂斜柱等异形结构应用难题，推动我国建筑模板及土建施工行业的发展；验证了混凝土泵送顶升工艺在配置密集钢筋钢模柱施工的可行性，为超高超长构件施工提供新思路，通

图 3-110　施工过程图片

图 3-111　混凝土结构完工图片

过压力测试研究提出最大泵送高度经验计算理论，为类似工程施工及有关规范标准的修订提供有益的参考；通过建立CAD三维模型、PKPM模拟架体搭设等先进技术，为超高复杂架体设计开拓了全新的工作思路。

（3）通过技术研究，形成了一系列专利、工法和技术标准，其成果在大型体育场馆建设及其他大型工程建设中有广阔的推广应用前景。

（4）研究成果的成功应用，为类似工程施工提供了可借鉴经验，试验数据及研究成果对有关规范标准的修订提供有益的参考，有些研究方法和实施历程为大型公建工程开展科技工作提供了方法论，为推动我国建筑施工技术的发展起到不可估量的作用。

第四节　异形结构高大空间架体施工技术

1．工程综述

1.1 工程概况

国家体育场建筑造型呈椭圆的马鞍形，外壳由钢结构有序编织成“鸟巢”状独特的建筑造型，内部为不规则混凝土框架剪力墙结构，钢结构与混凝土结构地下基础连为一体，地上部分完全独立。看台结构地下一层为0层，地上1~7层，标高分别为[-1.0m]、[6.65m]、[11.5m]、[16.3m]、[21.1m]、[25.3m]、[29.5m]、[32.6m]，顶部为空间环梁，最高点标高45.302m。

根据《国家体育场施工组织总设计》规划，国家体育场分为三期施工：第一阶段为基础与混凝土看台结构施工；第二阶段为钢结构施工及装修、水电安装施工；第三阶段为地下车库、装饰工程及体育场地施工。

1.2 架体特点与施工难点

1.2.1 架体综合性高

该架体应用于混凝土施工阶段，主要为边缘梁、边缘板、边斜柱以及顶部环梁的支撑，同时兼作安全防护架（包括局部马道），不同功能架体相互连接以及位置的重合导致架体受力关系复杂，难以明晰架体的受力状况。

1.2.2 架体生根基础标高变化多

受到钢结构施工进度制约，基础底板（-1.0m）外侧按施工需要留设了一道环向施工缝，钢结构组合柱基础承台（P承台）、组合柱间的基础环梁、次结构承台后施工。边缘结构的支撑架体恰好生根于以上几个部位，由此造成架体生根位置标高极其错落（包括-1.0m基础底板、-2.33m环梁、-4.5~8.75mP承台等）。

1.2.3 工序交叉复杂影响架体施工

（1）施工总规划安排混凝土看台结构施工先于钢结构施工，但在混凝土结构施工完成之前，钢结构主受力柱的柱脚P承台插入施工。看台边缘结构支撑架体的使用时间恰恰包含了交叉施工阶段，架体的搭设与钢结构承台的施工相互影响。

（2）环向E~F轴存在大量跨层斜（扭）柱，除跨两层柱外，对于跨三、四层柱及顶部外边柱采用矩形钢管作永久模板（称之为钢管柱）。此类柱施工进度严重制约上部结构施工，同时此类柱或为单向倾斜或为斜扭柱，支撑架体一方面要解决抵抗水平力保证稳定安全，另一方面要合理布置以解决与上部边缘结构支撑共用的矛盾。

（3）混凝土边缘结构不规则，里出外进的情况很多，而且剪力墙距离结构边缘较远，架体水平拉结点难以设置，因此必须将外架与内部结构支架连成整体，以增强架体的稳定性。内部架体的拆除将导致架体的受力形态发生变化。

1.2.4 混凝土结构外边缘不规则

为与“鸟巢”状钢结构建筑造型相配合，各层楼板边缘被设计成不规则的折线形。除了7层楼板完全投影在6层内以外，其余各层楼板投影相互不包络，里出外进的部位很多，上层楼板凸出下层楼板最远达7.8m。

顶部空间环梁为高度变化的双向弯曲梁，大部分环梁水平投影落在6层楼板范围之内，局部环梁水平投影落在6层及其下各层楼板范围外，最远伸出6层楼板2.1m。

1.2.5 边缘结构体量大、位置高

看台结构各层外边梁截面尺寸为600（900、1000）×1200mm；顶部空间环梁主截面尺寸为1200×1200mm，变化高度最大为415mm。局部边梁和顶环梁的支撑架体须落在P承台（-4.5m）、F轴基础环梁（-2.3m）和基础底板（-1m）上，架体最大高度达45m，落地支撑、悬挑架选择直接影响投入，且安全风险较大。

1.2.6 超高架体设计缺乏理论支持

国内承重高支撑架计算理论并不完善，且局限于扣件式钢管支撑架。对于碗扣式脚手架只能依据单元和多元试验结果，并参照扣件式钢管支撑架的计算理论进行设计验算。

2．外架体系确定

2.1 确定原则

2.1.1 安全与受力分区明晰原则

架体设计与施工时应保证使用的安全性，做到支撑体系的受力分区明晰。架体设计和施工时为了增强架体的稳定性，要充分考虑体系的整体性，将边梁支撑和防护架体与其他结构的架体结成一体，在施工过程中严格区分各部位的架体，按照部位进行架体设计搭设，防止因局部架体出现问题而导致整体失效。

2.1.2 混凝土结构施工优先原则

处理钢结构与混凝土结构关系时，首先满足混凝土结构施工，然后以时间点耦合原则解决钢结构施工。

2.1.3 钢管柱优先施工原则

边梁板支撑和防护架体与跨层斜（扭）柱支撑架体位置重合，应遵循优先保证斜（扭）柱施工的原则。当斜（扭）柱施工滞后时，外架在一定范围内为斜柱模板安装就位预留一定空间，且架体采取可靠拉结措施，确保安全、稳定。

2.1.4 经济实用原则

架体在满足施工安全和质量要求的前提下，应充分考虑方案的经济性，最大程度降低施工成本。

2.1.5 质量可控原则

采用悬挑架体时，不仅要保证悬挑构件的强度，而且要采用必要的构造措施控制悬挑支撑架体的变形，以保证施工质量。

2.2 架体类型选择

在材料选择上确定了 Φ48mm 扣件式和碗扣式脚手架，为了增强对规范、设计方法的理解和认识，联合中国建筑科学研究院 PKPM 工程部，采用了自主设计，建研院计算复核、建立计算机模型的工作方式，对边梁板的支撑体系进行模拟搭设和验算，成功解决了超高架体设计理论支持不足的难点。

研究过程中，针对边缘结构不规则以及体量大、位置高的特点，将具体情况细划分类，然后针对不同情况采用合理的结构类型：

（1）各层楼板叠加边线最外侧的操作、防护架，采用单钢管小悬挑架。

（2）边梁板水平投影凸出下层楼板小于 1.2m 的部位，采用单钢管大悬挑架。

（3）边梁板水平投影凸出下层楼板大于 1.2m 而小于 2m 的部位，支撑类型为双钢管大悬挑架。

（4）顶部环梁水平投影凸出 6 层楼板的部位，采用双 I22a 工字钢悬挑架。

（5）边梁板水平投影凸出下层楼板超过 2m，且架体高度超过 30m 部位，采用小间距塔架。

（6）临边单层斜柱，采用刚性斜拉体系。

各个特殊部位的架体设计完成之后，根据各个楼层的具体情况进行了综合布排，在以上各种特殊架体以及常规架之间采用合理的连接方式，以解决架体综合性高、架体生根基础标高变化多、工序交叉复杂影响架体施工等难点。

3. 各类架体设计

3.1 单钢管小悬挑防护架

3.1.1 架体设计

单钢管小悬挑架主要用于防护操作架，采用扣件式钢管架搭设（图 3-112）。

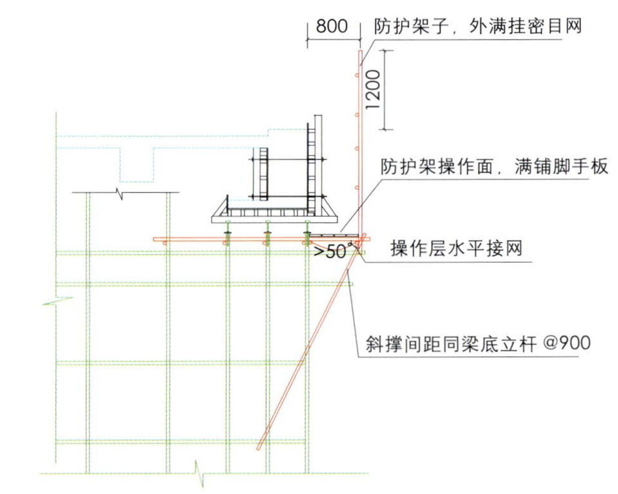

图 3-112　单钢管小悬挑防护架体图

3.1.2 分析论证

单钢管小悬挑架为防护架所受的荷载作用包括：脚手板均布荷载、护栏均布荷载、安全网集中荷载、施工人员均布活荷载。最不利荷载情况即为上述荷载组合作用下悬挑0.8m。体系中 A、B、C 三支座简化为铰接柱，受力杆件 1、2、3，杆 1 和杆 2 为连续杆件，杆件 3 为二力杆，杆 2 与杆 3 之间的节点为铰接（图 3-113）。

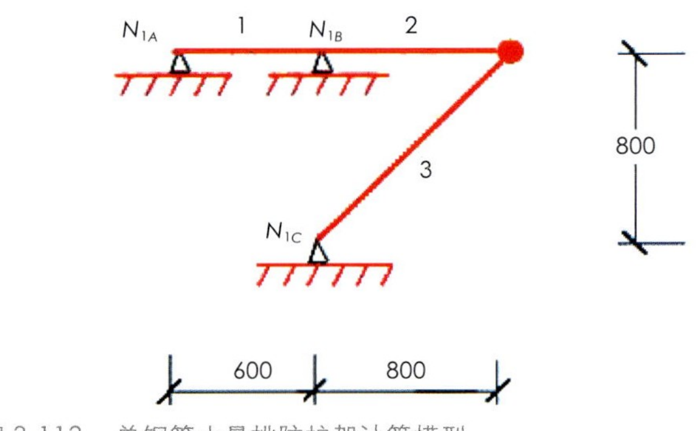

图 3-113　单钢管小悬挑防护架计算模型

主要验算内容包括3支座反力、杆件的轴力、剪力和弯矩，结论见表 3-30：

杆件内力　　表 3-30

杆件	M	N	V	M	N	V
杆 1	0.00	-0.01	-0.23	-0.15	0.01	0.26
杆 2	0.15	-1.09	1.43	0.00	1.09	1.07
杆 3	0.00	1.57	0.02	0.00	-1.53	0.02

支座反力：

N_{1A}=0.23kN　N_{1B}=-1.69kN　N_{1C}=-1.12kN

杆件和扣件的承载能力满足规范要求！

3.2 单钢管大悬挑架

3.2.1 架体设计

单钢管大悬挑架应用于水平投影凸出下层楼板小于1.2m 的边梁板支撑。采用扣件式脚手架搭设，架体构造如下：在楼板上预埋 U 型地锚，横向挑出单钢管，间距 900mm；在下层边梁支撑架上搭设双钢管斜撑，与横向挑杆构成一个三角撑，作为承重构件，悬挑架的立杆与三角撑锁紧，杆件之间采用双扣件连接。悬挑承重架的最不利情况为悬挑 1.2m，支撑最大构件为 600×1200mm 梁（图 3-114）。

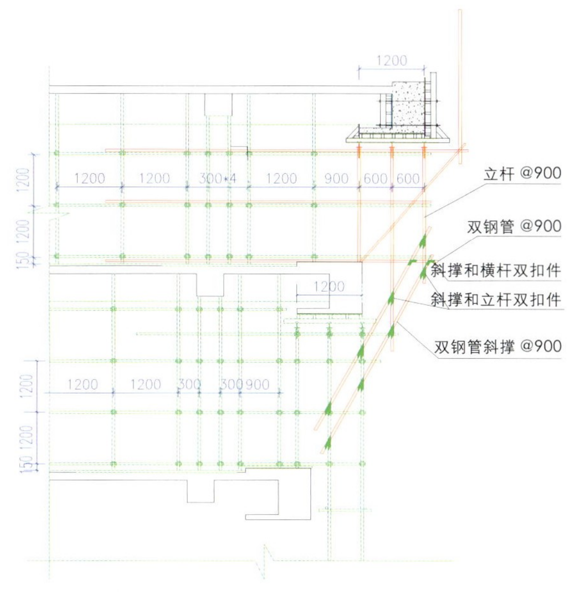

图 3-114　单钢管大悬挑架体图

3.2.2 分析论证

单钢管大悬挑架作为支撑架，最不利荷载情况悬挑1.2m，支撑构件主截面尺寸为 600×1200mm。体系中各支座简化为铰接，受力杆杆件 1~5，杆 1、2、4 为两跨连续杆件，杆 3 为三跨连续杆件，杆 5 为二力杆件（图 3-115）。

主要验算内容包括各杆件的轴力、剪力和节点变形，结论如下：

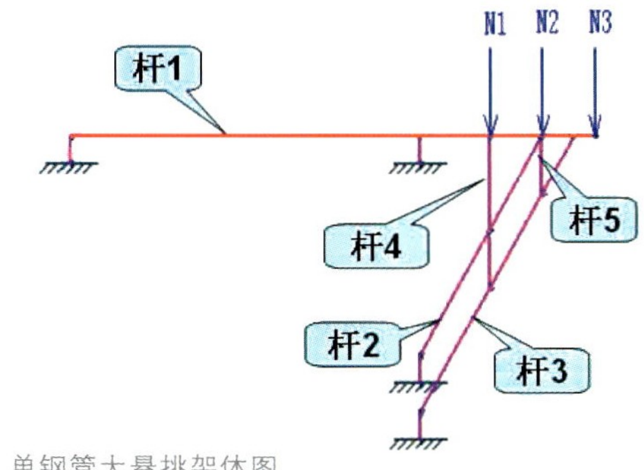

图 3-115　单钢管大悬挑架体图

杆件和扣件的承载能力、变形　　表 3-31

	位置	数值	备注
最大轴力	杆 2	5.2kN	
最大剪力	杆 1	1.2	
最大变形	杆 1	1.5mm	N_3 点

杆件和扣件的承载能力、变形满足规范及工程要求！

3.3 双钢管大悬挑架

3.3.1 架体设计

双钢管大悬挑架应用于水平投影凸出下层楼板介于1.2~2.0m 之间的边梁板支撑。采用扣件式脚手架搭设，架体构造如下：在楼板上预埋 U 型地锚，横向挑出双钢管，间距 900mm；在下层边梁支撑架上搭设双钢管斜撑，与横向挑杆构成一个三角撑，作为承重构件，悬挑架的立杆与三角撑用双扣件锁紧。悬挑承重架的最不利情况为悬挑 2m，支撑最大构件为 900×1200mm 梁（图 3-116）。

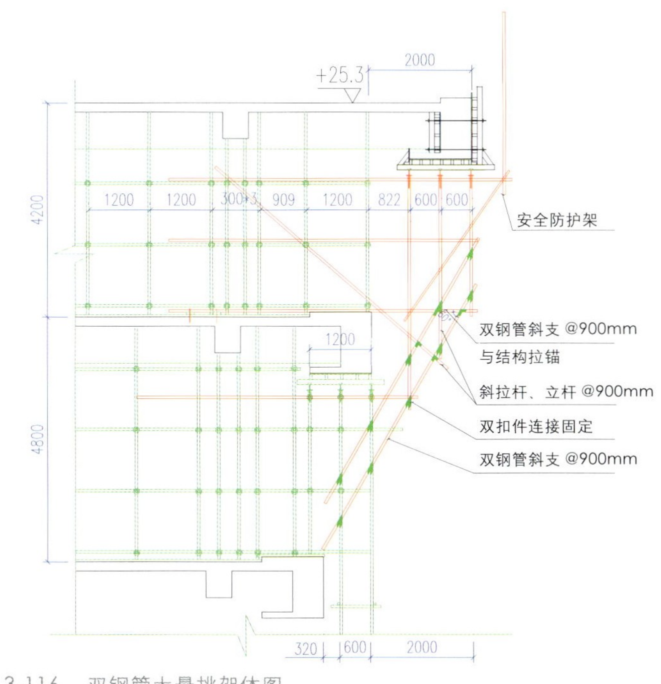

图 3-116　双钢管大悬挑架体图

3.3.2 分析论证

双钢管大悬挑架作为支撑架，最不利荷载情况悬挑 2.0m，支撑构件主截面尺寸为 900×1200mm。体系中各支座简化为铰接，主受力杆杆件 1~5，杆 1、2、4 为两跨连续杆件，杆 3 为三跨连续杆件，杆 5 为二力杆件（图 3-117）。

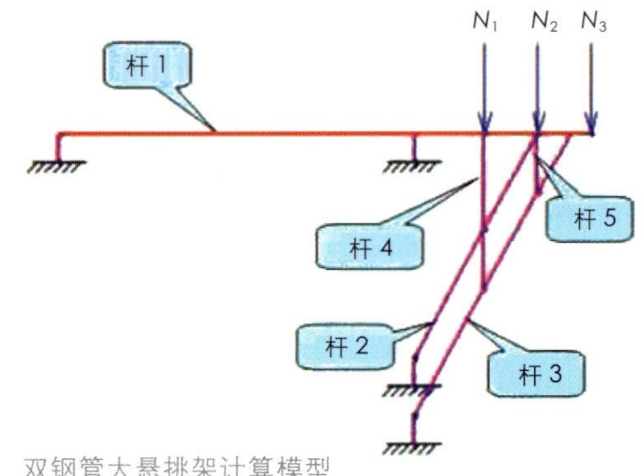

图 3-117　双钢管大悬挑架计算模型

主要验算内容包括各杆件的轴力、剪力和节点变形，见图 3-118、图 3-119。

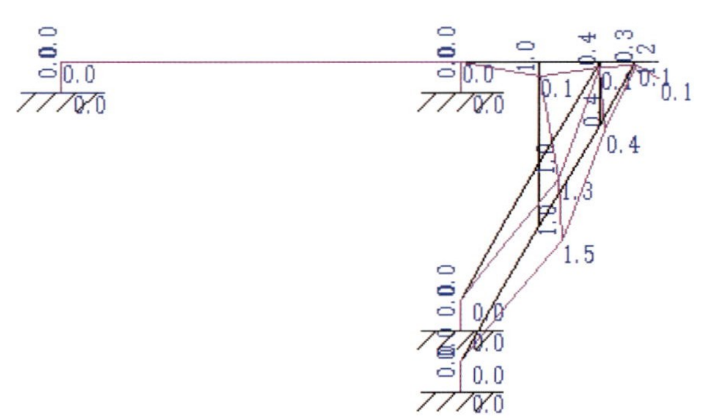

图 3-118　节点变形图

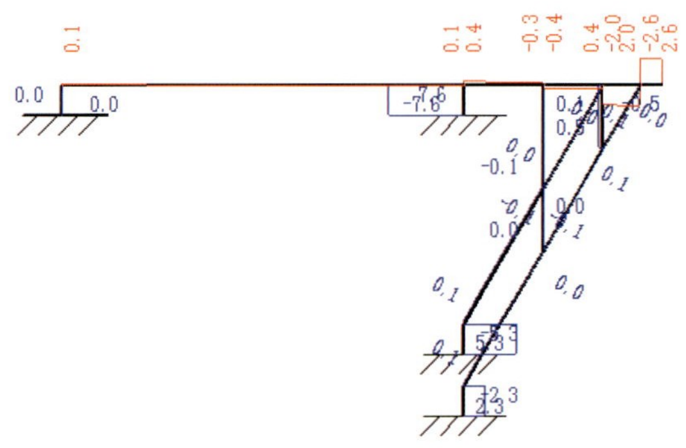

图 3-119　剪力图

由变形图、轴力图和剪力图可以得出结论，见表 3-32。

（1）杆 2 的轴向力 10.7kN，大于规范要求的 8.0kN 扣件抗滑力，需要增加一个防滑卡件。

杆件最大承载力、变形　　表 3-32

	位置	数值	备注
最大轴力	杆 2	10.7kN	
最大剪力	杆 1	2.6N/mm^2	
最大变形	杆 1	10mm	N_3 点

（2）各杆件剪应力在允许范围之内。

（3）杆 1 的 N_3 点变形为 10mm，虽然满足钢管正常使用极限状态要求，但其变形会导致梁下沉。因此设置了斜拉杆和水平加强杆以减小变形；并且采用预先起拱的办法来减小架体变形的影响。

3.4 双工字钢悬挑架（图 3-120）

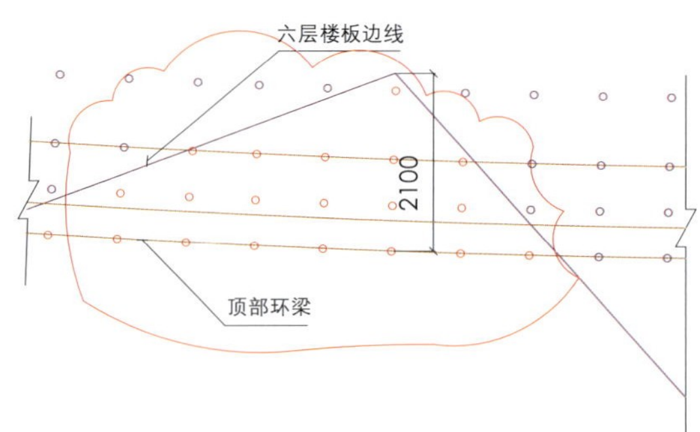

图 3-120　双工字钢悬挑架

3.4.1 架体设计

双工字钢悬挑架，应用于八层顶部环梁支撑。钢管脚手架生根于 I22a 双工字钢上，工字钢与六层楼板通过预埋 Φ20 圆钢 U 形环固定，圆钢锚固长度不小于 45d。工字钢悬挑长度为 2.1m，U 形环锚固点至楼板外边缘距离为 3.3m，双工字钢中心间距为 600mm。工字钢之间通过钢管横向连成整体，在轴线处工字钢的末端用双钢管斜拉至看台斜梁上，看台边梁的支撑立杆立在悬挑工字钢上（图 3-121）。为防止立杆滑移，在工字钢端头焊接 100mm 高短钢筋支座（直径为 25mm），立杆最下端套在钢筋支座上。

3.4.2 分析论证

（1）工字钢变形及承载能力验算

双工字钢悬挑的最不利情况为悬挑 2.1m，支撑构件主截面尺寸为 900×1200mm。架体做如下假定：上面的扣件式支架固接形成整体，底部通过铰接与水平悬挑工字钢连接，斜拉钢管采用两端铰接条件。计算采用 0.6m 悬挑工字钢距离为计算一榀单元，包括有两道斜拉钢管和没有斜拉钢管整

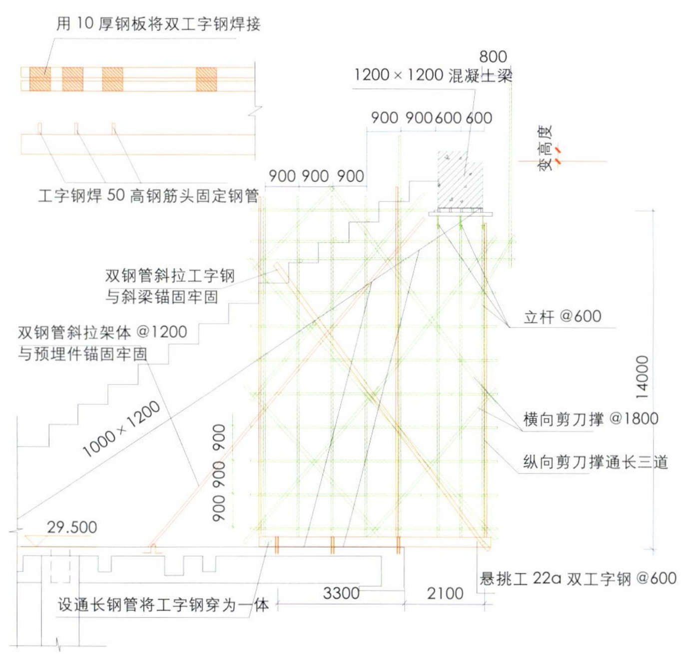

图 3-121　双工字钢类悬挑架体图

体变形的计算。工字钢与楼板之间的连接方式假定为铰接。

如计算简图 3-122，支座（A、B）与杆件（普 I22a 工字钢）之间为铰接，杆件两跨连续梁。杆件的荷载分为两部分，一部分为环梁施工的荷载作用，另一部分为防护架的荷载作用。经过计算荷载为：N_1=2.58kN　N_2=10.47kN　N_3=3.99kN

经计算分析，结果见表 3-33。

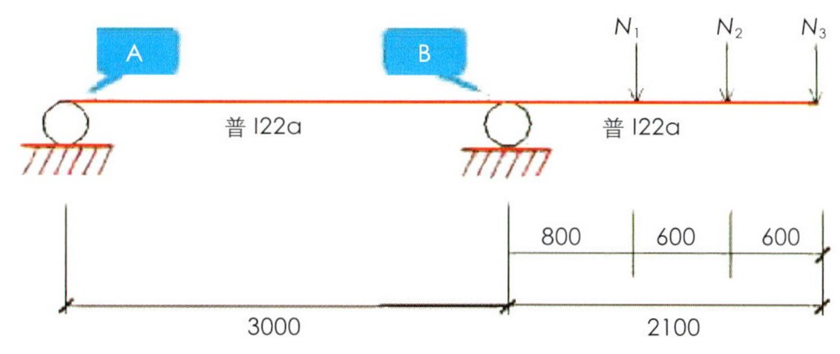

图 3-122　双工字钢悬挑计算模型

杆件最大受力及变形　　　　表 3-33

	位置	数值	备注
最大压力	支座 B	33.2	满足要求
最大拉力	支座 A	10.5kN	满足要求
最大变形	N_3 处	15.6mm	满足要求
拉应力比		0.75	满足要求
剪应力比		0.19	满足要求

（2）悬挑工字钢及上部扣件整体架拉结验算

计算假定：上面的扣件架通过固接形成整体，底部铰接与水平悬挑工字钢连接，斜拉钢管采用两端铰接条件。计算采用 0.6m 悬挑工字钢距离为计算一榀单元，包括有两道斜拉钢管和没有斜拉钢管整体变形的计算。

计算结果无斜拉钢管整架体右上角水平最大变形 6.2mm，竖向变形 18.4mm；有两道斜拉钢管架体变形右上角水平最大变形 5.0mm，竖向变形 6.0mm。

结论：双工字钢悬挑架设计满足规范要求。为防止架体产生侧向外滑动，应增加斜向拉结，并且在工字钢悬挑端设置抗滑移支座。模板支架应尽量利用柱或板进行拉结以防止架体产生侧向外滑动，增加斜向拉结从构造讲是完全必要的。

3.5 小间距塔架

3.5.1 架体设计

小间距塔架搭设以 2.4m 碗扣立杆为主，立杆间距为 300×300mm，步距为 1200mm。应用于四、五、六层边梁支撑生根于 P 承台（-4.5m）、F 轴环梁（-2.3m）和基础底板（-1m）的部位。

小塔架相邻立杆的节点错开 900mm。塔架与里侧的楼板支撑架、结构柱或结构预埋短钢管进行拉结，以增强架体稳定性。水平拉结随塔架的分组设置，竖向间距不大于 9.5m，每个拉结点不少于两根钢管。标高 6.650m 以下架体拉结间距应加密，水平和竖向间距均不超过 2m。塔架的四边立面满设剪刀撑，使塔架形成一个稳定的整体，剪刀撑随楼层搭设。搭设过程中随层校核调整垂直度（图 3-123、图 3-124）。

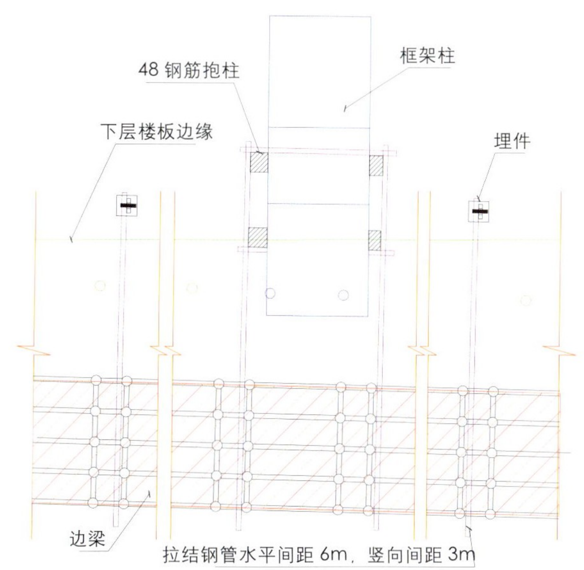

图 3-123　小间距塔架平面设计图

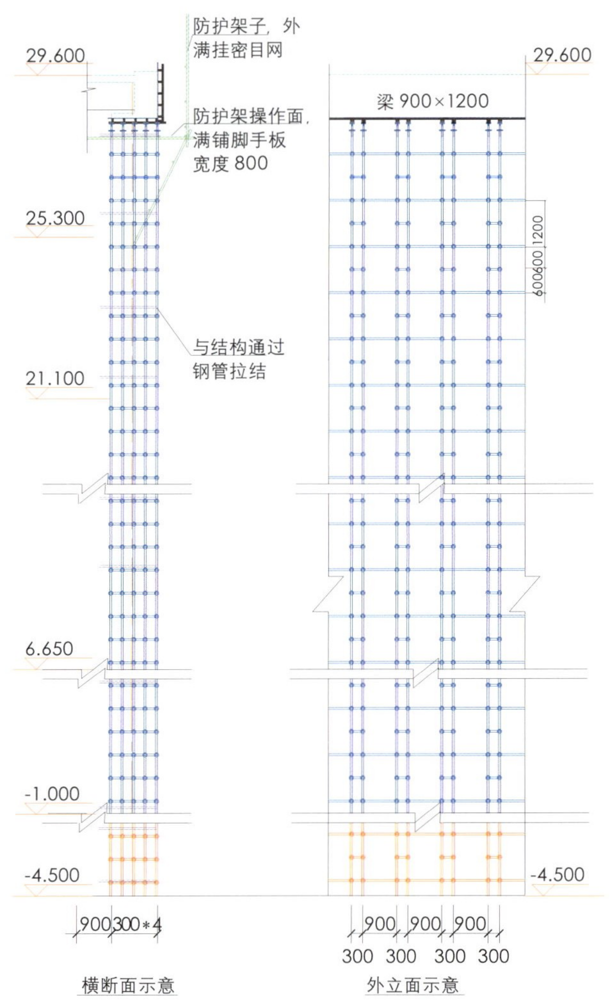

图 3-124　小间距塔架立面设计图

3.5.2 分析论证

碗扣架的整体稳定计算并没有相应的国家规范作为计算依据，计算存在很大的不确定性，本部分对 34m 高度的塔架提供了两种计算方法。

（1）计算方法一

参照扣件钢管脚手架国家规范，施工要求增加水平连墙杆，按照三步三跨来考虑。

不考虑风荷载　　　　考虑风荷载

$$\sigma = \frac{N}{\phi A} \leqslant [f] \qquad \sigma = \frac{N}{\phi A} + \frac{M}{W} \leqslant [f]$$

结论：不考虑风荷载 σ=16540/0.722/489=46.8N/mm²，满足要求！

考虑风荷载 σ=16540/0.722/489+35000/5080=53.7N/mm²，满足要求！

（2）计算方法二

根据碗扣脚手架承重实验，上端自由、下端固定的 300mm 长宽 5m 高的碗扣塔架，整体失稳时平均每根立柱的临界荷载为 60kN。本设计单根立柱的承重荷载为 16.5kN，因而 60/16.5=3.64，所以，国家体育场施工支撑塔架应每隔一定距离增加水平拉结点，其间距应为 $5\times\sqrt{3.64}$ =9.5m。另外，塔架施工时严格控制立杆的垂直度，保证受力为轴心受压。

3.6 刚性斜拉体系

3.6.1 架体设计

临边斜柱所在层层高最高为 4.8m，倾角最大为 60°，柱体一次施工的长度不超过 5m，由于混凝土浇筑时产生较大水平荷载，不能利用外架作为支撑，因此采用刚性斜拉体系作为边斜柱模板的受力体系。

斜柱柱模背楞和柱箍组合成为稳定的整体，柱浇筑混凝土时，混凝土的内力全部可以由柱模板柱箍抵消，柱支撑只起稳定柱体的作用。支撑方法为：通过双钢管拉住模板柱箍和预埋件，使模板的支撑变为反拉，从而替代斜柱模板倾斜边的支撑。斜柱的拉杆每边设置四道，双钢管拉杆与预埋件和柱箍连接牢固。

具体做法为柱高 1/2 和 3/4 处分别设一道专用柱箍，用 2⊏12 槽钢代替柱体倾斜面的柱箍；在 2⊏12 槽钢两端各用两根 Φ50 的钢管（壁厚 >4mm）45° 角斜拉，钢管与楼板上的埋件牢固（或内部框架柱）锚接。楼板预埋件用双 Φ20 圆钢制作 U 形环。U 形环锚在楼板下铁。四组斜拉杆之间设两道压杆，以保证斜杆的稳定性。

3.6.2 分析论证

按照最不利 60 度角，5.4m 斜长计算，两道斜拉钢管分别位于 0.75L 和 0.5L，即 4.0m 和 2.7m 位置，每道斜拉钢管通过 2⊏12 槽钢水平拉结，考虑木方与龙骨宽度，大约为距离 1.4m 的简支梁。杆 1、杆 2、杆 3 为模板背面的通长槽钢，支座 1 为柱根，支座 2、3 为斜拉点（表 3-34）。

支座反力与拉杆拉力　　　　表 3-34

	支点 1	支点 2	支点 3
支座反力	9.6kN	15.3kN	19.9kN
拉杆及地锚拉力	9.6kN	21.6kN	28.2kN

结论：该体系满足规范要求，施工中应加强对钢管与柱箍拉结点的设计，并由专业厂家进行加工，保证有足够的强度。

4. 楼层架体综合布排及构造设置

由于边缘结构极不规则，因此在施工过程中，往往一个

图 3-125　外围护架实体

楼层的边缘支撑架体就涉及几种类型的支撑和防护方式，各种架体的连接、布排非常重要。为了方便在绘图中描述，将悬挑架分为 A、B、C、D 四类，分别对应单钢管小悬挑架体（A 类）、单钢管大悬挑架体（B 类）、双钢管大悬挑架体（C 类）和双工字钢悬挑架（D 类），图 3-125。

4.1 一层边缘结构架体综合布排

一层架体主要布置范围在环向轴 E 轴以外，用于支撑一层楼板外施工缝以内的悬挑梁板部分。该层支撑突出的难点是架体生根基础标高变化多及与钢结构交叉施工。架体主要生根于零层底板（-1.000m）、基础环梁（-2.3m）、P 承台第二次浇筑施工停止线上（-4.5m）。

一层层高相对较低，支撑形式为落地架体，采用碗扣式脚手架搭设，局部使用扣件式钢管架。板底架体立杆间距 1200×1200mm，步距为 1200mm。边梁支撑架体立杆间距 600×900mm，步距 1200mm。外防护架采用单钢管小悬挑架，纵横双方向每 5 排立杆设双杆通长剪刀撑，剪刀撑角度 45°。

局部架体生根于次结构环梁和 P 承台第二次浇筑施工停止线上（标高 -4.5m）。由于钢结构施工进度影响，此部分架体须浇筑在 P 承台和环梁内，杆下须采用钢制底座。

4.2 二至三层边缘结构架体综合布排

二至三层楼板支撑架体施工的主要难点和特点除生根基础变化多、与钢结构施工工序交叉以外，突出特点是架体位置与钢管柱支撑以及上层楼板凸出下层楼板（凸出长度 <1.2m ）。

综合考虑安全、质量、经济、进度等因素，支撑架采用两种体系：对于直接落在一层和二层楼板的部位采用落地脚手架，搭设方法同一层结构支撑；上层结构边凸出下层结构边悬挑长度小于 1.2m 时，单钢管大悬挑架体。综合考虑上层架体支撑问题以及悬挑支撑架的应用，二、三层防护架体采用落地架。对于钢管柱支撑与边缘结构支撑架体冲突位置按照设计原则 3 进行处理。

4.3 四至六层边缘结构架体综合布排

四至六层楼板支撑架体生根于零层底板（-1.000m）、基础环梁（-2.3m）、P 承台（-4.5m、）或下层楼板；并且楼板里出外进的情况很多，最远可达到 7.2m。如采用落地架，架体最高为 34m，加之边梁主截面尺寸为 600×1200mm，常规搭设方法难以满足要求。

综合考虑安全、质量、经济进度等因素，并经过 PKPM 软件模拟搭设和结构验算，确定了以下三种搭设方法：楼板局部投影比四层（五层）楼板投影外出 2m 以内，边梁支撑采用双钢管大悬挑架支撑。局部凸出下层结构大于 2m，采用落地架，立杆落在底板（或 P 承台）时，由于架体超高，此部分边梁板支撑采用小间距塔架。其他情况采用碗扣架支撑体系，搭设方法同二至三层架体。四至六层防护架体针对不同情况采用不同的形式：对于挑架支撑部分，采用挑架本身的防护架；其他部位采用单钢管小悬挑架体与落地防护架共同作为防护架。

4.4 八层顶部环梁架体综合布排

顶部环梁水平投影大部分落在六层楼板（29.5m）范围内，最大高差 15.802m，对于此部分环梁支撑架体直接生根在六层楼板上。局部环梁投影凸出六层楼板，最大距离达 2.1m，采用双 I22a 工字钢悬挑架。

顶环梁落地架体采用扣件式钢管架，架体最高 14m，立杆间距 600×600mm，步距 1200mm。外扩 900mm 防护架。架体纵横方向均设置剪刀撑。架体与已完混凝土结构有效拉结，拉结点水平间距不大于 4m，竖向间距不大于 3m，遇有钢管柱和上层看台斜梁部分，环梁外边线外保证有三排立杆。对于凸出六层楼板的位置采用双工字钢大悬挑架作为支撑（图 3-126）。

5. 架体计算机模拟论证

体育场结构形式复杂，各种构件的支撑相互交叉，节点关系复杂，架体的受力区划分不明显。为了使方案更加合理，使用 PKPM 软件模拟施工现场情况，找出关键难点部位，重点对其研究。通过在模拟架体搭设过程中发生的问题，及时制定出应对方案，不断对方案进行细化，使每个关键点都在

图 3-126　顶部环梁架体

方案控制范围之内（图 3-127、图 3-128）。

6. 实施效果

国家体育场工程边梁板支撑和防护体系共使用脚手架 3000 余吨，经过对脚手架形式的优化设计，现场脚手架工程能很好地随同结构同步流水施工，使钢筋、模板、混凝土各后续分项工程得以顺利进行，有效保证了工程质量，加快了工程进度，确保了施工安全，为国家体育场看台混凝土结构顺利封顶创造了有利条件。见图 3-129。

设计中应用了小间距塔架、悬挑防护架体、三类悬挑支撑架体以及边斜柱刚性拉结等施工方法，不仅减少了周转材料的投入，降低了成本，而且为类似工程脚手架施工提供了

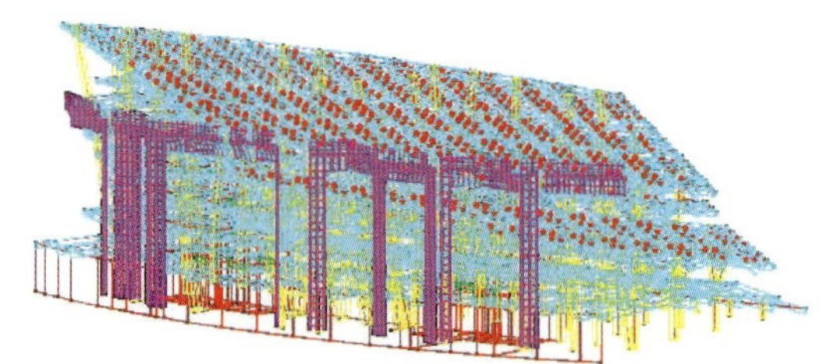
图 3-127　六层架体模拟搭设

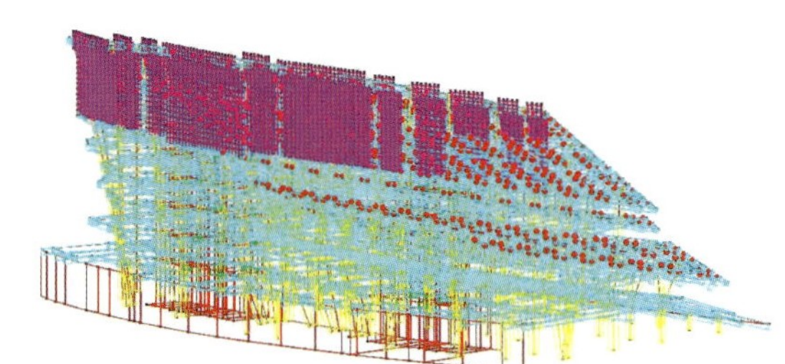
图 3-128　顶环梁架体模拟搭设

图 3-129　架体搭设后总体效果

宝贵的借鉴经验。特别是在小间距塔架的设计中，塔架采用碗扣式脚手架搭设，而目前国内脚手架规范中尚无碗扣式脚手架的计算依据。此次小间距塔架设计借鉴了扣件式脚手架的计算方法，并根据碗扣式脚手架承重实验的结论，对架体进行计算和论证。经过现场实际应用，该架体设计满足施工技术及构造要求，验证了该套计算方法的可行性，为类似支撑体系设计提供理论依据和实践经验。

在整个架体设计过程中，课题组针对工程结构复杂、构件形式多样等特点，明确了施工中的关键难点。采用楼层边线叠加、建立 CAD 三维模型、PKPM 模拟实际施工情况搭设架体、全站仪定时监测等先进技术和工作方法，对架体进行设计、论证、施工、监测，开拓了全新的工作思路。

综上所述，此套悬挑与落地相结合、碗扣式与钢管扣件共用的高大空间综合支撑架体施工技术，能紧扣国家体育场工程的设计特点和结构施工工艺要求，设计原则全面，针对性强，技术可行，经济实用，符合科技奥运、绿色奥运的理念，为此类高大空间综合支撑架体施工积累了宝贵经验。

第五节　预制清水混凝土看台施工技术

1. 概述

国家体育场看台结构分为上、中、下三层，最宽处 97 排，预制混凝土构件有看台板、踏步和楼梯三类，预制混凝土构件为清水表面。构件总数量约 15106 块，构件型号 1264 种。其中看台板合计 10153 块，踏步 4872 块，楼梯 81 个。合计上层看台板为 2982 块、中层为 3283 块、下层看台板 3888 块。

看台板形式主要有 L 型、U 型、L + U 型和一字型，下层看台板最重 18t、板的最大宽度为 1.25m，最大长度为 11.3m，最大高度为 0.74m；中层看台板最重 11.3t、板的最大宽度为 1.25m，最大长度为 6.676m，最大高度为 0.74m；上层看台板最大重量为 12.0t、板的最大宽度为 2.125m，最大长度为 8.284m，最大高度为 1.058m。

2. 看台板加工安装特点难点（表 3–35）

看台板加工安装特点、难点　　表 3-35

序号	特点类别	基本特点
1	工程量	看台板型号为 1264 种，总数量达 7485 块
2	产品形状	1. 典型板 3113 块，异形板 1676 块，尤其是 U 型类板外形复杂。 2. 板高度、长度和角度都在变化
3	产品质量	1. 一般结构性能满足要求。 2. 结构耐久性要求高。 3. 外观质量要求为清水混凝土表面。 4. 外形尺寸精度要求高
4	吊装过程	上中下层看台板部分竖向重叠，吊装就位困难。 吊装空间受钢结构框架影响和限制，并同时与次结构安装交叉进行，吊装难度大和效率低。 机具投入型号、数量多，施工组织要求高
5	安装质量	看台板与现浇梁连接构造复杂。 看台板安装精度高
6	成品保护	清水混凝土看台板的成品保护。 次结构安装作业时需要构件安装后采取相关保护措施
7	偏差应对	现浇结构存在尺寸偏差的不确定性，从工程总体考虑，需要对板进行重复设计和加工来应对和消减偏差
8	施工工期	现场各工序交叉施工使得板安装工期不定和计划随变，而总工期控制致使板加工和安装的绝对工期减少并非常紧张

3. 看台板加工制作技术

3.1 清水混凝土看台板质量验收标准制定

根据设计要求，看台板成品质量要求为预制清水钢筋混凝土构件，以实现北京市建筑工程结构"长城杯"、中国建筑工程"鲁班奖"为目标值的质量目标设计。鉴于针对清水看台板国家并没有制订专项验收规范或标准，因此针对本工程的预制清水看台板的加工，制订专项验收标准。

3.2 清水混凝土看台板预制工艺设计

3.2.1 工艺设计

全部看台构件分为看台板、踏步和楼梯三种，主体部分是看台板中的 L、U 等形状构件，不仅数量众多而且所有外露面均要求清水混凝土效果，这部分构件的预制决定了工艺控制的难度。在综合多种因素后，确定本批看台板的生产组织方法为台座法生产工艺。在看台板浇筑成型方式上不再采用传统的平打方式，而是采取立打或是反打成型方式。立打或反打方式成型的看台板出模后增加翻转工艺，使之平面放置并码放、储存和运输出厂。

由于构件外观颜色的差异化质量与蒸汽养护均匀性控制息息相关，因此采取地下式蒸汽养护浅池，即：模具在浅池内固定，用车辆运输混凝土到浅池边，吊车将混凝土运送到模位，随后即可开始浇筑。每完成一池，盖上池盖通汽养护。这种以蒸汽养护浅池为工艺的流程设计为高质量要求、大批量预制构件的生产提供了便利和保证。

3.2.2 工艺流程确定

根据看台板的结构形式、质量标准，结合紧张的工期情况，看台板采取立打和反打成型方式，钢模板整体成型，浅

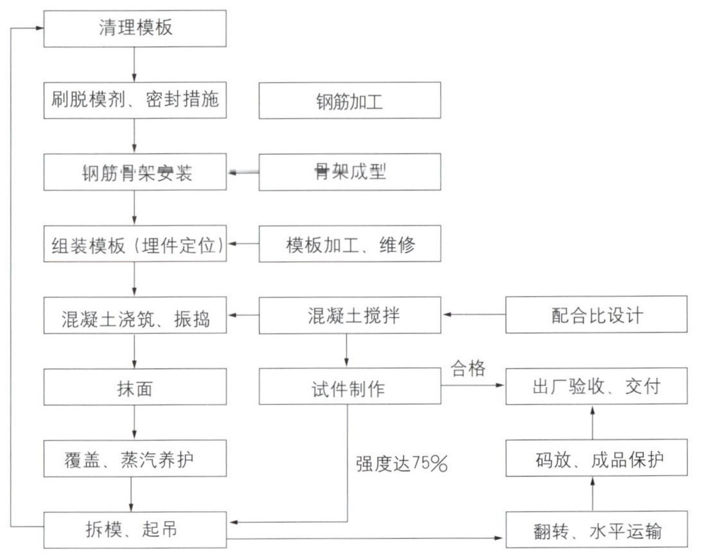

图 3-130　预制看台板施工工艺流程图

池式带模低温蒸汽养护以及通过翻转后正面码放储存的生产工艺组织生产加工。生产工艺流程见图 3-130：

3.3 清水混凝土看台板高精度模板技术

3.3.1 模板体系设计方案

（1）构件模板体系设计遵循以下基本原则：

1）保证工程结构和构件各部分形状、尺寸和相互位置的正确。

2）要有足够的强度、刚度和稳定性，并能可靠地承受新浇筑混凝土的自重荷载和侧压力以及在施工中所产生的其他荷载。

3）构造简单拆装方便，便于钢筋绑扎与安装，有利于混凝土浇筑及养护。

4）模板的接缝严密和不漏浆。

（2）针对具体构件形式，模板体系的设计应在基本原则的指导下，从以下方面入手考虑：

1）模板体系的工艺要求，即分为平打、立打还是反打。

2）从模板性能上要求采用何种材料，如木模、钢模还是玻璃钢模板等等。

3）确定模板的结构组装形式，如梆板和底板的关系（梆包底或底包梆）、连接及支拆关系（活动部分和固定部分）。

4）能方便地实现模板的改造并保证改造后的模板使用效果不受影响。

（3）看台板模板体系设计

1）模板设计形式：对 L 形板采用立打设计，即把板立起来背面朝上放置；对 U 形板则采用反打设计，即把板倒过来底面朝上放置；可以使预制看台板的大部分外露面与模板接触，只留下一个需要抹面的成型面，提高了工作效率，最大限度地保证混凝土的外观效果。

2）模板构造形式为组合式钢模板，连接组装体系由连接螺栓、螺母和拉杆组成；面板采用 5mm 热轧原平板，框架采用 20# 槽钢，纵肋和横肋采用 8# 槽钢，立柱采用 8# 槽钢，穿拉杆槽钢采用 6.3# 槽钢，这样构造能保证模板的强度和刚度要求。

3）看台板模板则采用一侧梆板与固定底模制作成整体成为死梆，另一侧梆板可拆开成为活动梆板形式，活动梆板与底模连接靠底模的顶紧丝杆来固定。

4）改动时避免用气焊及电焊操作，防止模板变形；采用机加工打孔的方式来完成改动；充分使用螺栓、螺杆等连接件进行长度、宽度、模板严密程度的调节。

5）模板细部构造处理：各个成型面间尺寸为 10mm × 10mm × 45° 的倒角采用钢板折弯、拼焊板条和贴倒角板条等方法来成型；模板设计中考虑采用机打孔、螺栓固定方式保证预埋件的安放及预留孔洞位置精确度在误差 2mm 以内；在模板上固定胶条成型滴水槽。

3.3.2 典型看台板模板设计实例

（1）构件倒角成型

使用 10mm 厚的钢板用铣床加工成带倒角的板条，采用镶贴的方法成型倒角（图 3-131、图 3-132）。

图 3-131　钢板贴条倒角（一）　图 3-132　钢板贴条倒角（二）

（2）U 形板模板的设计（图 3-134~ 图 3-138）

反打成型方式：采用反打的形式（图 3-133）。

栏板处脱模方法说明：利用钢板的弹性来脱模，具体方法是：在栏板处面板向下折弯处留一条长度为 30mm 的缝，同时使 U 形板底模骨架与栏板面板骨架预留一个豁口，通过栏板处调节丝杆向后拽栏板面板骨架的力来实现栏杆面板往里收，最后再采用吊车吊出构件。

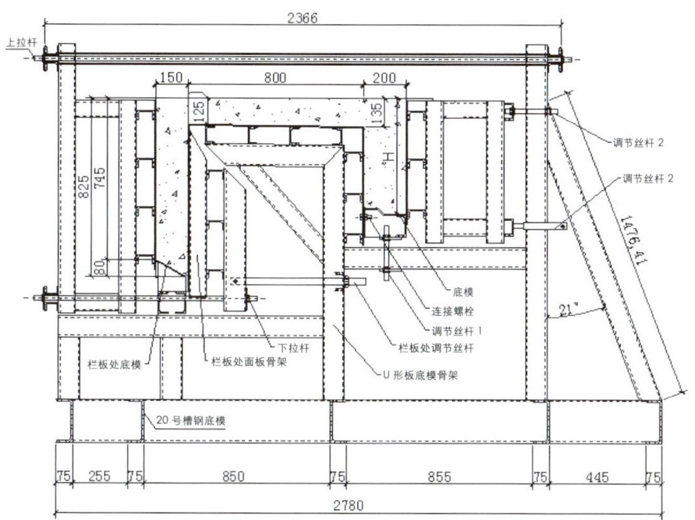

图 3-133　反打成型工艺 - U 形板栏板处断面图

图 3-136　U 形板模板栏板部位

图 3-134　U 形板模板

图 3-137　U 形板成品（一）

图 3-135　U 形板模板栏板部位

图 3-138　U 形板成品（二）

（3）下层第一步板的模板设计

下层第一步板实际上是 U 形板的一种，施工中同样采用反打成型工艺（图 3-139、图 3-140）。

（4）模板预埋件（孔洞）的处理

看台板安装用的预埋件或孔洞位置精度要求非常高，在模板设计和施工中采用在活动梆板上打孔、用螺栓固定的方式。

1）预埋件（见图 3-141）

2）灌浆孔（见图 3-142、图 3-143）

3）吊环安放（见图 3-144、图 3-145）

4）滴水槽（见图 3-146、图 3-147）

图 3-139　下层第一步板生产

图 3-140　下层第一步板成品

图 3-141　预埋件

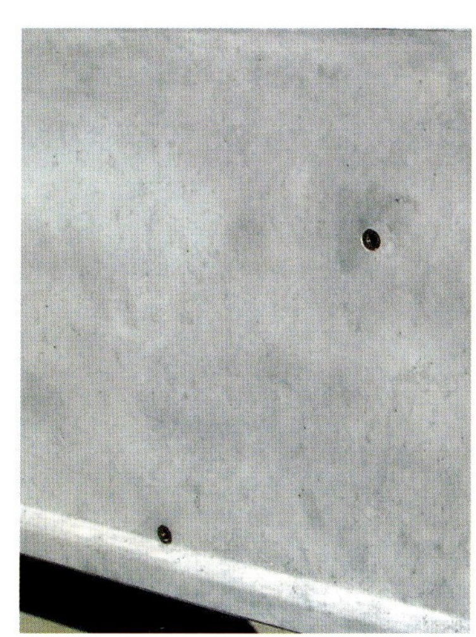

图 3-142　灌浆孔（一）

图 3-143　灌浆孔（二）

图 3-144　吊环安放

图 3-145　吊环拆模后

图 3-146　滴水槽制造

图 3-147　滴水槽成型

3.3.3 看台板模板配置方案

构件模板的合理配置需要对全部构件的型号、细部特征、数量甚至工期计划进行整体把握，策划出经济和科学的看台板生产顺序，达到尽量增加模板的改造次数，减少新模板的投入的目的。

（1）在将构件按照外形特点进行系统的分类后，按以下原则和方法对模板进行分类配置。

1）尽量考虑模板的重复利用以及改造性。

2）结合混凝土的施工工艺，使其有利于混凝土的成型及外观质量的保证。

3）同类模板相互改动时，按尺寸最大的配模，即配长度和宽度均为最大值的模板。

4）对称结构的左右板，原则上使用一套模板，端头模板（堵头）配左右两套。

5）为了有效的管理，按照有无踏步孔分别配模。

6）洞口板、伸缩缝板等此类短板，虽然断面形状同标准板，由于其长度较短、数量较多、而且预埋件比较特殊，因此单独配置模板。

7）L 形标准板由于数量比较多，按长轴与短轴单独配置模板。

8）上、中、下三层看台板，以每层的构件作为一个配模单元，进行顺序生产及模板配置。

（2）根据每层构件的分区图，统计出各种类型构件的数量，同时考虑工期及模板改动的周期，进行模板配套数量的测算。

1）标准板（L 形板）模板配置（图 3-148、图 3-149）。

图 3-148　堵头调节丝杆示意图

图 3-149　立梆调节丝杆示意图

L 形板的特点是断面形状为 L 形，在分区图中分为长轴和短轴板，长轴与短轴板板端的角度不同，所以模板堵头的倾斜角度不同。施工中为了方便施工，L 形板按长轴、短轴板分别配置，同时为了避免模板的无谓改动，有踏步孔的模板和无踏步孔的模板单独配置，即无踏步孔的模板专门生产无踏步孔的板，有踏步孔的模板专门生产有踏步孔的板。

标准板（L 形板）共同的特点是随着型号的变化（编号增加），板的长度（L）在变长，板的高度（H）也在变高，MJ1 的位置距板端的距离 240mm 不变化，但是它随着板长变化，中心距也在变化。

在实际中模板分段配置，通过分段配置，使所有的 L 形板都可以被覆盖到，同时在生产中通过模板堵头前后挪动来实现构件的长短变化；通过连接螺丝松开后，调节丝杆的作用来调整小立梆的前后挪动及垂直度来实现宽度 H 的变化以及在活动梆板上打孔来实现预埋件位置的变化。此类构件的数量大约为 875 块，计配置 13 套模板。

2）U 形板的模板配置

U 形板（见图 3-150）除具有与 L 形板共同的特点（分长轴、短轴、有踏步、无踏步、长度变化、高度变化）之外，显著区别是中间部位伸出栏板。

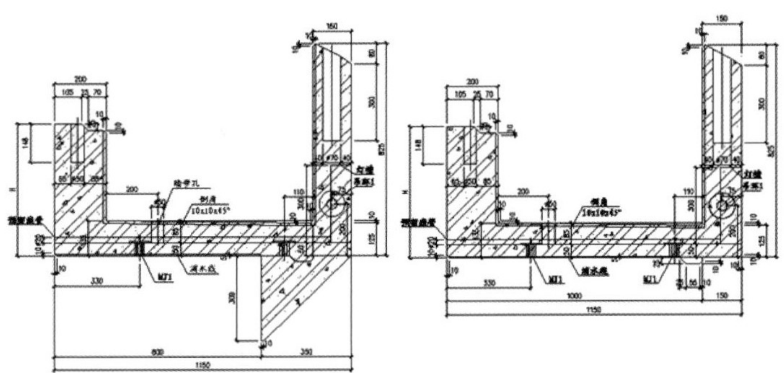

图 3-150　U 形板的断面示意图（左图为底部带三角，右图为底部不带三角）

该种 U 形构件仅上层就达 7 种类型，共计 36 块板。如果仅按构件类型来配模板，就需要配置 7 套模板，每块模板生产的数量只有几块，这无形中要增加很多成本。经过从模板设计方面加大力度，使得仅用了 2 套模板就生产完了上层的全部 U 形板。

3.4 清水混凝土看台板混凝土施工技术

3.4.1 C50 纤维混凝土原材料选择

鉴于看台板设计强度等级为 C50，因此宜选用 42.5 等级的水泥。为了更好控制水泥混合材料的品质，选用混合材掺量相对较少的普通硅酸盐水泥。根据试验确定使用 P.O42.5 水泥，该水泥与外加剂的适应性好、构件成品颜色亮白，稳定地使用该种水泥可以减少混凝土的外观色差。为了更好地控制水泥用量和水化温度、改善混凝土和易性和保证混凝土耐久性，选用高品质的 I 级粉煤灰以便保证混凝土性能的稳定。经试验粉煤灰的掺量宜为 10% ～ 20%。为了改善混凝土基体界面和提高抗塑性收缩开裂能力，采取试验多种纤维掺入混凝土中对比其对拌合物和硬化混凝土的影响和使用效果的方式，来确定纤维种类。

3.4.2 配合比设计与确定

（1）混凝土坍落度确定

看台板属于较小型薄壁构件，混凝土坍落度不宜太大，尽可能采取较低坍落度，因为较大的坍落度容易导致混凝土拌合物浇捣时上下分层、表层砂浆层过厚和砂率过大，进而导致产生裂缝和其他外观缺陷；另外也会使收水抹面时间和预养护时间相应延长，降低生产效率。但同时混凝土坍落度不宜太小，如果坍落度太小，混凝土粘性太大，加之掺有纤维，即使施行强力振捣也难保有好的气泡效果和表观质量。通过模仿看台板施工工艺，试制了多块看台板，对比看台板试验品的成品质量和施工情况，确定了适宜的坍落度为 100 ～ 120mm。

（2）混凝土配合比设计

在确定混凝土坍落度为 100 ～ 120mm 前提下，经对选用的掺合料、外加剂、水泥、纤维等经多次试验，确定 C50 纤维混凝土配合比如表 3-36。

C50 纤维混凝土配合比　　表 3-36

水胶比	砂率	水泥	水	砂	石	粉煤灰	ACE68	纤维
0.35	37%	366	158	678	1155	91	2.97	0.6
		1	0.43	1.85	3.16	0.25	0.0081	0.0016

（3）混凝土耐久性措施

为了使钢筋混凝土的耐久性满足设计要求，采取以下措施控制结构的耐久性：

1）加强钢筋原材料、半成品及骨架覆盖保护，防止钢筋发生锈蚀。

2）采用足够刚度的混凝土保护层垫块，确保混凝土保护层达到设计要求的 25mm。

3）采用低碱水泥、控制外加剂的碱含量、使用低碱活性骨料或碱活性骨料、掺用矿物掺合料等控制混凝土单方碱含量不高于 3kg；控制混凝土中氯离子含量不高于 0.06%；提高混凝土密实度，使其抗渗等级达到 P10 要求。

（4）混凝土浇筑振捣

根据看台板异形、薄壁构件等结构特点和工艺要求，采用 30mm 小直径振动棒人工振捣和模板附着式振捣器相结合的密实成型方式。浇筑混凝土时，按照“一个坡度、薄层浇筑、顺序推进”的原则，每层浇筑厚度控制不超过振捣器作用半径的 1.5 倍，结合实际一般分层厚度为 30 ～ 50cm。振动棒与侧模留 5 ～ 10cm 距离，在振捣上层混凝土时插入下层混凝土 5 ～ 10cm 以保证混凝土振捣连续和充分。振捣棒水平移动距离不超过 40cm；振捣棒快插慢拔，总时间控制为 15 ～ 30s，以观测混凝土表面呈水平，不再显著下沉和泛气泡为度。混凝土布料采取从一边下料持续推向另一边的方式，边振捣边布料直至放满振平为止，混凝土浇筑保持连续性。

（5）成型抹面

振捣完毕后及时开始收面工作，采用三次抹压成型工艺确保表面质量。先用塑料抹子拍打出浆进行粗抹，待混凝土初凝时进行第二次抹平，最后终凝前用铁抹子进行第三次压光。为防止表面水分蒸发过快产生塑性收缩裂缝，采用塑料薄膜进行及时覆盖。压面时以模板四周为参照，刮出边缘，将面层的小凹坑、气泡眼、砂眼等压平抹光使混凝土的面层与低部密实结合一致，同时消除混凝土塑性裂缝，最后的效果是达到表面光滑、平整无任何痕迹。

（6）蒸汽养护

养护方式为带模常压蒸汽湿热养护，看台板在浅池中生产和蒸养，蒸养管线的布置有利于浅池内的蒸汽上下和左右循环流动从而确保养护温度的均匀一致，严格地控制升温速率和恒温温度可有效减小混凝土收缩引起的弹性拉应力。具体的养护制度见图 3-151：

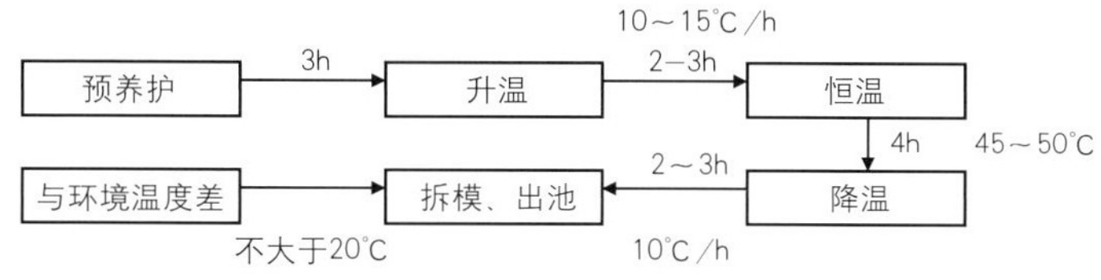

图 3-151　养护制度流程图

混凝土收面后用干净的帆布对其进行覆盖，经计算本批看台板的预养护时间不得少于 3 小时，以 15°C/h 慢速均匀升温避免塑性收缩的过于集中，恒温温度不超过 50°C，在板端头和板中将分别设置测温探头控制各路气源，来保证板体混凝土强度均匀增长；降温速度不超过 10°C/h，同时将看台板出池时的表面温度与环境温度之差控制在 20℃之内，减少了出现温差裂纹的可能。

3.4.3 脱模剂的配制与施工

涂刷脱模剂前先将模板清理干净，用棉纱或其他布料蘸脱模剂均匀刷到模板上，再用干棉纱擦第二遍直到模板表面无多余的脱模剂为止，直到擦完后的模板表面效果为散发光亮为止。

3.5 看台板起吊、翻转设计

立打和反打成型工艺必然涉及看台板的起吊和翻转方法，有别于平打工艺。这两种成型方式的看台板都在成型面上设置 2 ～ 4 个临时吊环，用于其出池时使用，待翻转成正面水平放置后再将其切除。

3.5.1 利用翻转架实现翻转

对于看台板的翻转，设计制作了翻转架，实现立打看台板（标准板）的翻转，其翻转过程示意见图 3-152。

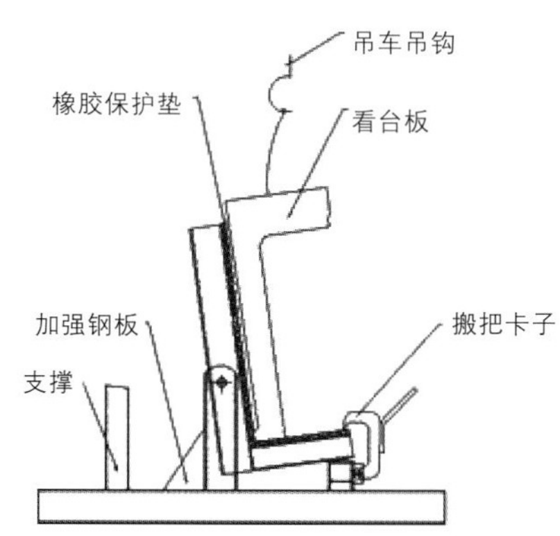

图 3-152　看台板出模后放在翻转架上示意图

3.5.2 立打成型看台板的翻转

立打成型看台板只需要向后翻转 90° 即可成正面水平状，由于其构件呈 L 状，形状较简单，利用通长方木和吊车行走之间的配合来实现翻转（图 3-153）。

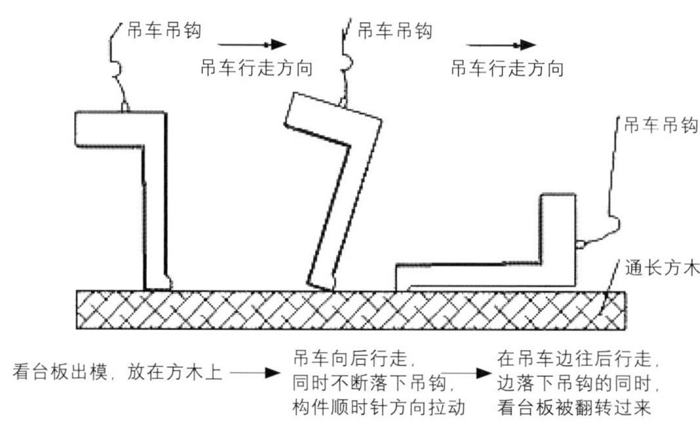

图 3-153　立打成型看台板翻转示意图

3.5.3 反打成型看台板的翻转（图 3-154 ～图 3-158）

在看台板生产中，有部分 U 形板（异形构件）的生产采用反打成型工艺，该部分 U 形板涉及的翻转与立打板不同，因为其出模状态与立打成型板不同，看台板需要向后翻转 180 度才能成正面水平状。经过试验，采用橡胶轮胎成功地实现了翻转。

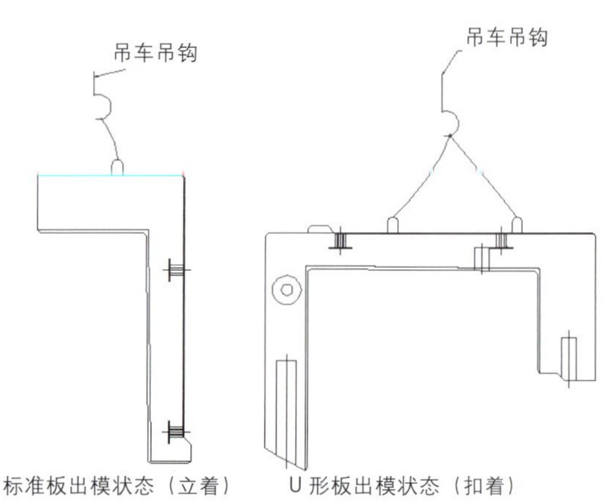

图 3-154　标准板与 U 形板出模状态差异示意图

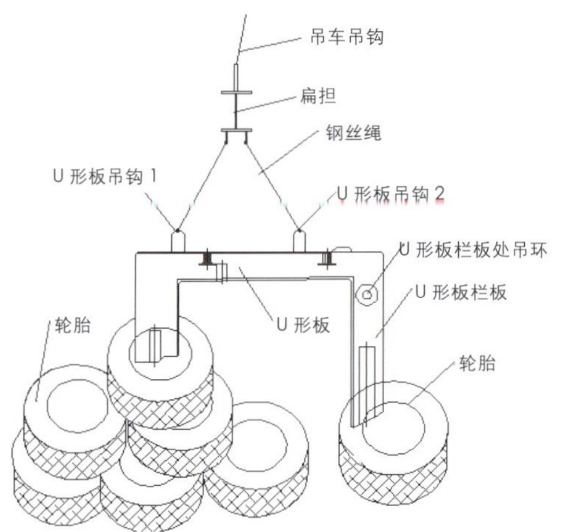

图 3-155　U 形板出模后，用吊车吊至摆好的轮胎上

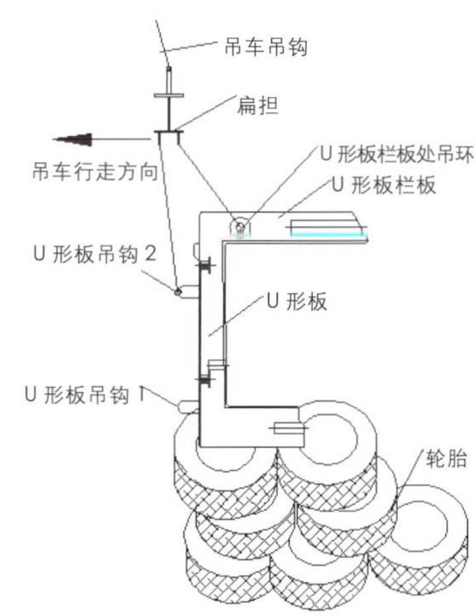

图 3-156　吊车行走，使得 U 形板呈直立状态

4. 预制看台板安装施工技术

4.1 看台板安装条件与要求

4.1.1 现实条件

整个看台板的安装是在钢结构主框架安装后进行，空间上保护好这些钢结构主框架及其下面的钢支撑的安全非常重要，另外安装还需要与其他钢结构次结构安装交叉作业。

4.1.2 质量要求

确保看台板安装后整体为清水混凝土外观效果；安装施工主要尺寸偏差要求：接缝宽度 ±5mm、相邻接缝高差 ±0.4mm、接缝直线度 5mm、看台标高 ±5mm、每层累计偏差 ±20mm，看台板中心与轴线距离 ±5mm。

4.1.3 工期要求

绝对工期 165 天，从 2006 年 7 月 20 日进入现场进行施工准备，2006 年 8 月 16 日开始进行吊装，2007 年 1 月 30 日完成全部吊装任务。

4.1.4 其他要求

安装全过程进行有效成品保护；为了确保安装顺利，需要与土建单位协调与合作，有条件地消减土建结构存在的少量偏差。

4.2 安装顺序的制定和安装难点

安装顺序的制定既要考虑看台板固有的设计安装结构形式，又要依据国家体育场工程各个工序的施工整体进度的控制和安排，同时考虑安装处于的现实条件和困难，从全局出发，在计划工期内完成安装任务。

4.2.1 基本顺序

看台板分为上中下三层，整体设计是“上压下”的形式，

图 3-157　看台板养护池

图 3-158　看台板成型效果

因此层与层之间宏观安装顺序要按照上层、中层、下层的次序进行。另外，每层看台板的搁置形式为上一块看台板放在下一块看台板的梁上，因此下部的看台板就依次成为上部看台板的"基础"，这就决定了看台板的吊装顺序必须是从下而上。

4.2.2 上层看台安装顺序

由于钢结构主框架及其钢支撑的存在和限制，致使上层后几圈看台板与其上面的钢结构主框架之间的净空间太小，看台板只能用吊车在外围吊装，即上层看台板分场内和场外两阶段进行安装。而场内和场外安装的看台板分界点的确定主要由钢结构主框架及其钢支撑的位置和空间距离、场内外看台板的重量以及设备的吊装能力，并遵从尽量从场内吊装的原则决定；分界点所处部位看台板设计成特殊的插口型板。安装顺序为：先在体育场钢结构外部进行上层看台板后几排的吊装，待钢结构卸载及钢支撑拆除后再进入场地内吊装上层看台板剩余部分。场内外各采用两台吊车分别顺时针方向进行吊装。

4.2.3 中层看台安装顺序

中层看台板安装在结合钢结构次结构吊装顺序基础上与之交叉开展，采用两台吊车分别逆时针方向吊装。中层和上层交叉时，中层转为下层施工，待交叉过后再转入中层继续施工，但是中层被上层重叠覆盖部分看台板要先于该部分上层看台板安装。

4.2.4 下层看台安装顺序

下层看台板安装以两台吊车分别顺时针方向吊装。同理，下层被中层重叠覆盖部分看台板要先于该部分中层看台板安装。

4.2.5 安装难点部位

上层看台板场外安装部分由于吊装时需要选择现有钢结构空档下板并且就位时看不见看台板，为安装难点之一。其次，中层和下层被重叠覆盖的部分不仅安装时受到其上面土建看台结构的影响，而且在空间有限的情况下需要采取特殊的就位措施，此为难点之二。最后，上层和中层第一排板由于板的重心偏离支撑梁之外成为悬挑结构，就位和固定被视为难点之三。

4.3 设备、器具选择

4.3.1 根据现场和上层看台板的情况：上层看台板最重12.96吨，吊装半径44m；构件最远60m时构件最重5.81吨。因此选用大型吊装机械为：日本神钢CKE2500型250吨履带起重机一台和利勃海尔LR1280型履带吊起重机一台，两吊车回转半径44m时可吊装13.4吨；吊车回转半径60m时可吊装6.6t，且72.5m杆长在吊装最上层看台板时吊杆距上部钢结构安全距离大于1m，下面吊装距离大于8m，对吊装安全提供绝对的保障。

4.3.2 中层和下层看台板最重12.96t，吊装半径24m；构件最远46m，构件重5.81t。因此吊装选用抚顺KH700-2150履带起重机二台，其性能为：回转半径24m，可吊装19.5t；回转半径46m，则可吊装7.1t，完全满足要求。

4.3.3 在看台板装卸和倒运方面，另外采用50T履带吊和12m挂车各一台。

4.4 看台板安装就位方法

4.4.1 起吊方法

起吊过程需要保证吊具与看台板的连接牢固可靠和看台板的平衡及运行平稳，根据看台板上设计的吊环的位置和数量，通过一对钢丝绳、辅助铁扁担和倒链的连接平衡作用来实现（图3-160）。

(1) 典型看台板起吊方法

先用一对Φ30mm的钢丝绳主扣点，然后用5t倒链在构件中间前点进行找平衡，起吊方法见图3-159。

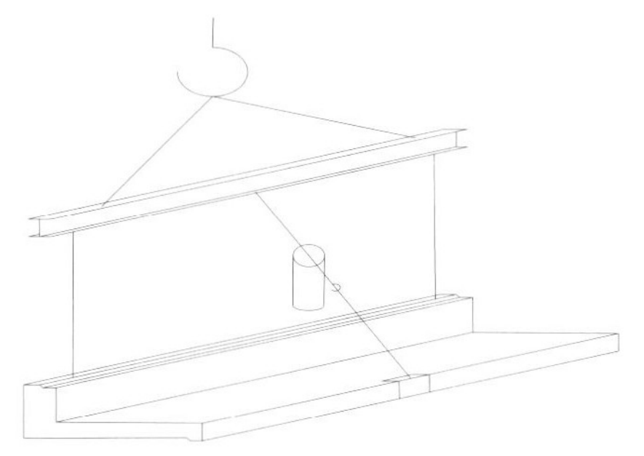

图3-159　看台板起吊方法

(2) 中、上层首排悬挑看台板的起吊方法

因为首排看台板为悬挑结构、重量大，所以在吊装过程中应谨慎处理，采用利勃海尔LR1280型280t液压履带式起重机直接吊装到位，起吊方法见图3-161：

(3) 其他看台板的起吊方法

出入口上方板、伸缩缝两端板、过渡区两端板、主席台区域板、楼梯、踏步及出入口前的短板也依据设计吊环的数量和位置，采用钢丝绳和铁扁担主吊、倒链平衡方法，使用履带起重机直接吊装（图3-162）。

4.4.2 难点部位看台板吊装就位方法

(1) 上层看台板场内、场外分装

上层看台板总共有40排，由于上面钢结构框架与看台板净空是变量和后面进深空间的影响，致使上层看台板后面几排看台板吊车置于场内无法进行安装，只能将吊车置于体

图 3-160-1　看台板高空吊装

图 3-162　看台板安装就位

图 3-160-2　标准看台板吊装

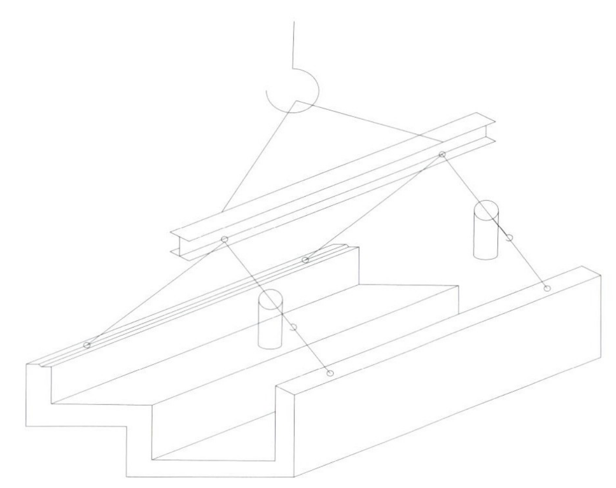
图 3-161　中、上层首排悬挑看台板起吊方法

育场外从钢结构上面实施吊装。在内、外吊装看台板的结合部（分界点）重新设计特殊板型（插口式板）以用于场内和场外板安装衔接形成上压下结构。场外吊装时吊车处于体育场外、看台板只能从钢结构上部经空隙落下就位，由于吊装过程中吊装人员视线受阻无法看到场内板下落情况致使就位复杂和困难。

外圈看台板吊装就位措施：在受到钢结构位置的安全距离的影响致使外圈看台板不能准确就位时，通过架设两根牵引绳以便掌握方向，在上方有梁时应用牵引绳辅助就位很好地解决了这一难题，具体方法如下：

若板重心偏移 200mm 以下，通过计算，横向牵引力小于 150kg，无须卷扬牵引，直接吊装就位。若牵引距离为 350mm 左右时，通过计算，横向牵引力约为 245kg，卷扬设计使用 500kg。在滑移过程中，钢丝绳主吊绳应保证距离主体钢结构的安全距离不小于 1m，以免摩擦钢结构梁，并用帆布裹包，防止万一对钢结构梁的摩擦。在水平移到钢梁处时，通过卷扬水平牵引 350mm 左右后，用 3 个 2t 倒链进行吊装就位。

（2）中层看台板重叠部位看台板吊装

中层看台板重叠部位为第 18 ～ 20 排，该部分看台板吊装位为施工难点，安装前不能先安装上层看台板。

（3）下层看台板重叠部位看台板吊装

下层看台板被中层重叠覆盖部分是第 19 ～ 31 排，这部分板因中层板和梁的影响无法直接吊装就位，采用平衡扁担法辅助完成了安装，具体方法设计为：

看台板进深最大 10m，构件最大为 3.5 吨，因此设计扁担进深 10m 最大起重量 4 吨。辅助勾头由吊车辅卷扬机控制，配重大于平衡所需配重，使扁担重心保持在主、辅勾头之间。通过对主、辅卷扬机的控制，同时调节主、辅勾头的升降，达到控制扁担的平衡。

（4）悬挑看台板吊装就位方法

悬挑板位置处于中、上层的头排，均为双层板，其重量为 11.3 吨，并且为悬挑重心，重心在支撑圈梁外 426mm 处。由于重心悬挑，安装就位采用一次就位、临时固定方法。

具体方法为：吊装前对基础严格处理找平、找正，并将胶垫按图纸和实际情况垫好。吊车未就位前，不得脱钩。构件找正时，用调节前方倒链的升降进行构件顶丝找正。对立面处的构件找正，采用在立面台阶处抹灰时，抹出一小台的办法，保证橡胶垫不往下掉，最后紧固高强螺栓。

（5）看台板吊装时布局控制

安装看台板吊装就位时所有吊车站位（内外）均为对应轴线站位，吊车外边距坑边控制为不小于 3m 的安全距离，对不能满足条件的基坑，则采取相应加固措施进行处理。构件码放保持在距离吊车 60m 内且距离吊车 30m 左右（尽量码放在一侧），以使吊装工作方便。

4.5 安装固定工艺实施

4.5.1 安装工艺流程（图 3-163）

4.5.2 施工准备及复检

看台板安装前，对土建结构的复核与检验，检查的主要项目有：主结构的坐标位置、几何尺寸、上平面、预留孔洞位置和深度等。确保安装前土建结构完全符合看台板安装质量要求。依照土建交接的基准点（线）对双向轴线、标高进行放线复查，校对尺寸偏差范围，确保看台板安装前整个体育场基准线整体交圈并做好记录。

4.5.3 测量抄平及放线

看台板的定位放线是确定看台板平面位置的关键点，根据施工场地的实际情况，考虑桩位的长期稳定，对每区看台板测量设十字形主轴线，作为定位放线的依据。 对看台板环向位置，通过对每块看台板两侧轴线坐标的定位，得到看台板径向中心线，并以此作为看台板径向定位的依据。

4.5.4 结构基层处理

当土建结构在复检时发现尺寸偏差超出范围时，对不合格基础进行偏差纠正处理，严格要求处理结果处于以下范围内：标高 + 0.00mm ～ -3.00mm；平整度不超过 0.4mm。并在安装方案实施中根据结构偏差情况进行消减，确保安装施工的顺利进行和质量。

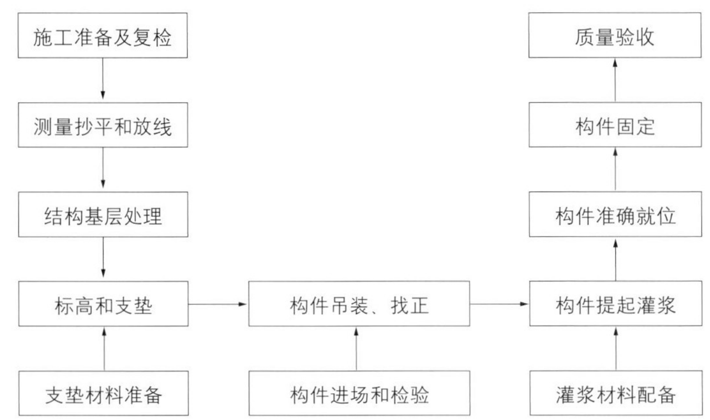

图 3-163　看台板安装工艺流程

4.5.5 标高支垫

通过对上道工序（结构基层处理）进行复测，并办理交接手续（合格后签认方可施工，不合格退回）。在复检合格后设一组专门人员根据轴线、标高进行垫胶皮垫。根据施工图纸标高对支座处垫胶垫，每块构件四角各一块（在支垫标高时，准备 1mm ～ 3mm 的零星钢板垫片，钢板尺寸约为 120mm × 120mm，表面刷防锈漆）。安装过程中均有测量人员始终监控，要求公差在标高 + 0.00mm ～ -1.00mm；平整度不超过 0.4mm 内。

4.5.6 看台板灌浆、就位和固定（图 3-164）

用 M20 砂浆提前进行找平抹面，M20 砂浆搅拌质量符合规范规定，以保证吊装看台板时对砂浆找平层的强度需要，找平层确保多次压实、抹光。在进行看台板固定安装前，尤其是安装第一块板时，需要提前进行弹线定位，构件安装时测量分组配合进行。

连接销定位前将预留孔洞内的杂物、污水清理干净，并用压缩空气吹扫。连接销严格按施工方案规定的方法、程序定位，确保其位置准确，偏差合乎图纸要求。C80 灌浆料搅拌配合比、浇筑、养护，严格执行其“使用说明书”的规定。安装时一组配合对 GJZ 橡胶支座进行安装找正，另一组在吊装过程中随时吊装、随时测量，确保构件安装控制在验收规范内方可灌浆。橡胶垫板安放要保证自然、平整，无强力拉拽的现象。看台板安装过程见图 3-165 ～图 3-169。

5．实施效果（图 3—165）

（1）国家体育场工程预制清水看台板构件种类繁多，且现浇结构存在尺寸偏差的不确定性，通过精密的深化设计，采用高精度的模板制作工艺，严格的混凝土原材料配比，以及复杂的安装技术，很好的保证了预制清水混凝土看台板的成型质量，达到了建筑师预想的效果。预制清水看台板的成

图 3-164　看台板安装固定

图 3-165　安装成型效果

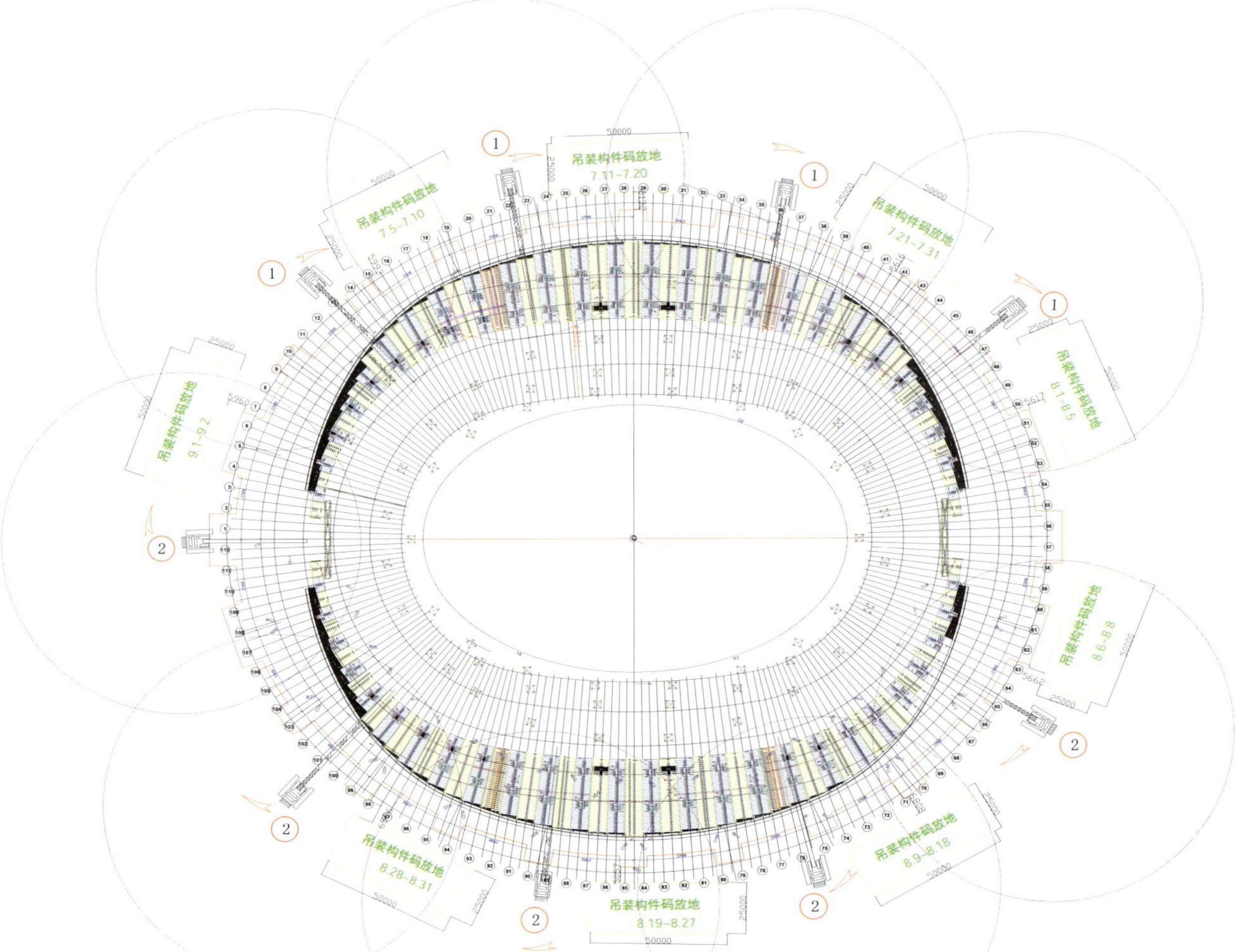

① 日本神钢 CKE2500 型 250 吨起重机

② 利勃海尔 LR1280 型履带起重机

③ 主体结构基坑外边线

图 3-166　上层看台板外侧吊装布局示意图

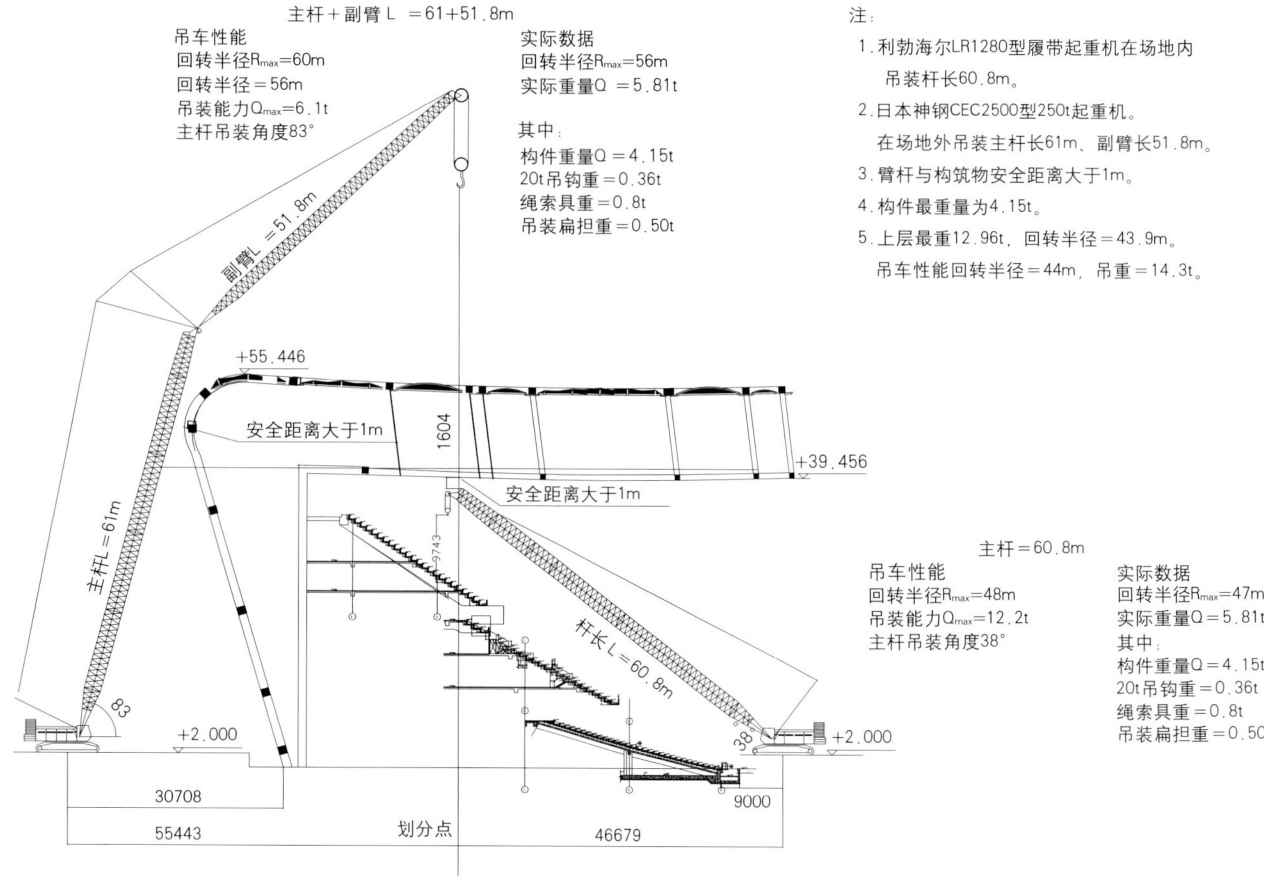

图 3-167 上层看台板场外吊装示意图

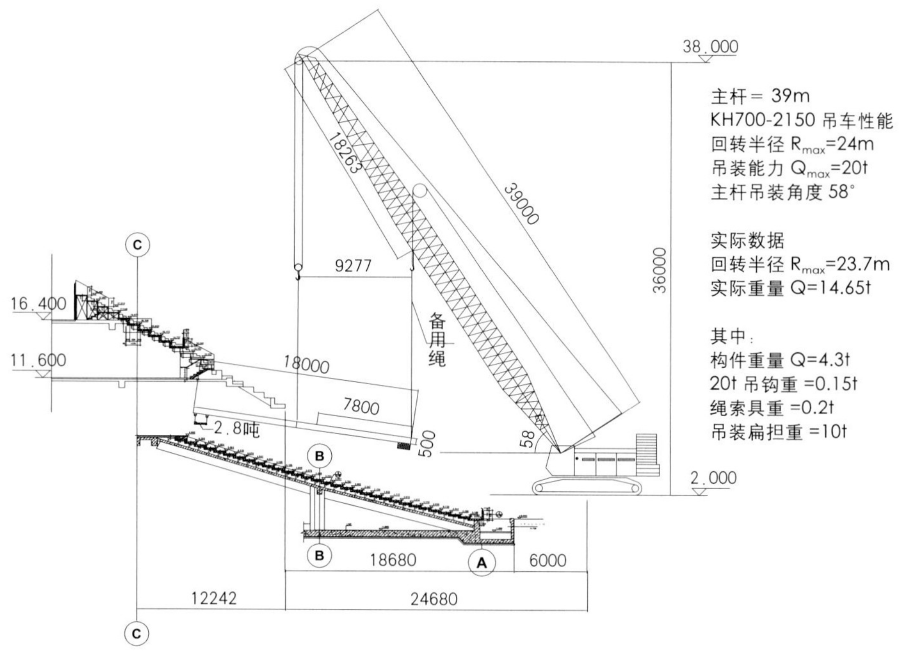

图 3-168 下层被中层重叠覆盖部位看台板吊装就位示意图

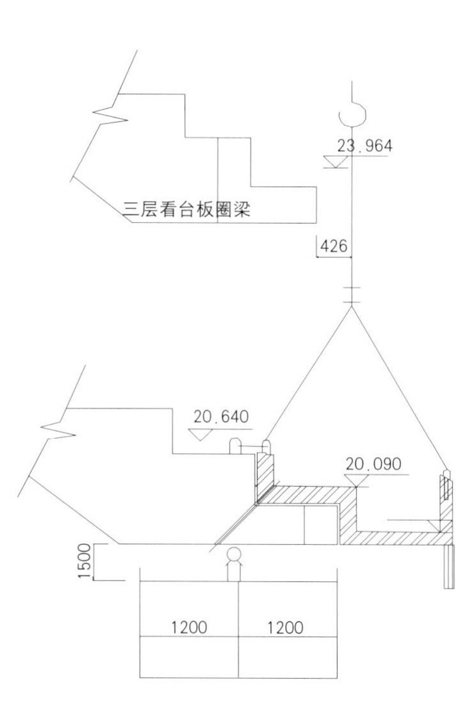

图 3-169 悬挑看台板吊装示意图

套制作安装技术在国家体育场工程中的成功应用，明确了预制清水混凝土在大型公用建筑设施中的成型效果标准。该施工技术制作精密、安装简捷、经济安全的优点在国家体育场结构工程中起到了关键作用。

（2）通过技术攻关，从预制清水构件的工艺设计、模板制作、构件成型、混凝土养护、预制构件的吊装研制出成套工艺，实现了真正严格意义的清水混凝土，获得了非常必要的施工试验和数据采集，数据分析结论对类似工程施工有很高的参考价值。预制清水构件的吊装工艺在大型体育场馆建筑中具有借鉴意义。

第六节　现浇清水混凝土结构施工技术

1．概述

1.1 结构概况

国家体育场工程看台板为预制清水混凝土看台板，与其连接部位比如通道、栏板、部分楼梯等部位为严格意义上的现浇清水混凝土结构，清水混凝土构件种类多、工程量相对较少，结构形式复杂，受现场施工条件限制，施工难度较大。

现浇清水混凝土结构范围为：主体各层看台内侧在视觉范围内的现浇混凝土结构外露部位，包括主席台、中层看台变形缝处栏板（除南北向两条变形缝外）、中层和上层看台入口侧墙板、上层看台无障碍座席区、上层看台顶部异形区、一至二层集散厅无抹灰面层的现浇混凝土楼梯均为清水混凝土结构。

1.2 结构特点及施工难点

国家体育场清水混凝土结构构件种类多、数量少，不易组织大规模施工，具体体现如下几点：

（1）国家体育场清水混凝土构件种类多、数量少，变化多样，现浇清水混凝土构件与预制清水看台板色泽一致，接缝顺直，对现场清水构件的测量定位和成型质量要求高。

（2）由于施工工期的影响，现浇清水混凝土结构是在看台主体结构施工现场狭小，塔吊在主体结构封顶之后已经拆除的情况下施工，汽车吊不能解决垂直运输问题，结构内部核心筒升降机仅能到达四层（21.100m），混凝土和模板的垂直运输是一大难题，如何解决现场的垂直运输是施工方案成败的关键。

（3）和钢结构施工存在交叉作业，现浇清水混凝土构件的成品保护需要重点考虑。

（4）顶环梁位置的现浇清水混凝土看台板变化复杂且为高空作业，局部伸出结构外边线，支撑脚手架难度大，构件构造复杂。

（5）清水混凝土楼梯施工中，踏步和踢面要求做出阴阳角，阴阳角的施工质量不易得到保证。

2．方案比较与确定

针对设计单位提出的清水饰面混凝土成型效果要求，进行了不同清水饰面混凝土构件施工方法的深化。为检验选定的施工方法实际效果是否满足需要，并筛选出最佳的施工工艺，在正式施工前进行了模拟实际情况的场外清水混凝土样板段施工。样板段施工包括 1：1 通道侧墙一片、1：4 楼梯一部及 15m^2 现浇混凝土平板。通过以上构件的试验性施工，分别检验现浇混凝土构件立面清水饰面施工效果及不同面积的清水饰面平板施工效果。

2.1 清水混凝土试验目的

根据国家体育场清水混凝土结构的特殊性，为了更好地指导施工，确定试验目的如下：

（1）检验混凝土原材料的各项性能指标及不同构件的混凝土配合比；

（2）检验通道侧墙及楼梯的模板体系、支撑体系的合理性和可操作性；

（3）检验混凝土倒角、对拉螺栓孔等部位的节点做法；

（4）检验楼梯及现浇平板的混凝土振捣及压面工艺；

（5）检验混凝土的施工工艺。

2.2 试验构件概况

2.2.1 清水混凝土通道侧墙

国家体育场清水混凝土通道侧墙位于中层观众看台及上层观众看台出入口部位。因通道侧墙外侧直接与体育场预制清水饰面看台板相接，因此设计要求通道侧墙须达到清水饰面要求。根据设计要求的外观效果，通道侧墙成型后须达到混凝土色泽均匀一致，呈与预制看台板相同的青白色，杜绝蜂窝麻面，基本消除表面气泡，且成型后的墙体边角部位统一做成 10×10（mm）的混凝土倒角。

2.2.2 清水混凝土平板

清水混凝土平板位于体育场三层与观众餐厅相接的楼面，要求板面达到清水饰面标准。三层清水饰面楼板共有四处，其中位于东西两侧、对称布置的与观众餐厅相接的楼板，为超长清水混凝土平板，单块长度达到 111m，宽度 4.9m，面积达到 544m^2，混凝土强度等级为 C40，板面为清水饰面混凝土。设计要求该清水饰面平板成型后表面平整光滑，色泽均匀一致，混凝土表面无施工接缝，因此各块清水饰面平板须一次连续完成浇筑，对混凝土的压面及防裂提出了很高的要求。

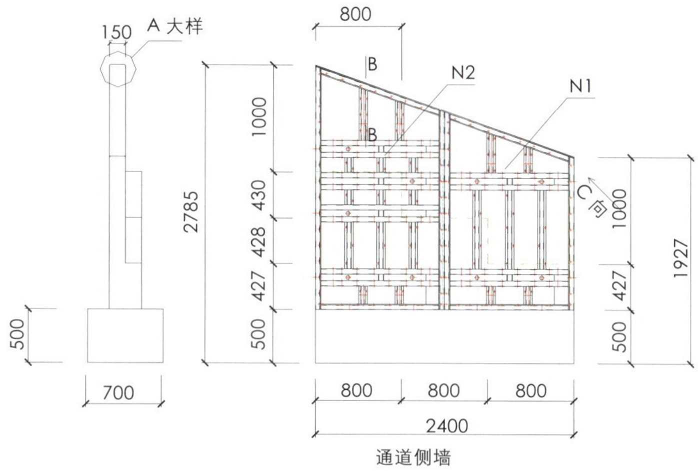

图 3-170　通道侧墙模板

2.2.3 清水楼梯

国家体育场清水饰面混凝土楼梯为一层观众集散大厅至二层的观众通行楼梯及五层观众集散大厅至上层观众看台出入口的楼梯。清水混凝土楼梯踏步顶面及侧面均为清水饰面混凝土要求，且为避免人员长期通行破坏混凝土边角效果，踏步平面边缘部位为 10×10mm 混凝土倒角。

2.3 第一次清水混凝土样板段施工

2.3.1 施工工艺

针对设计要求的清水饰面混凝土成型效果，结合以往工程施工经验，选定通道侧墙、楼梯及平板的施工工艺如下：

（1）通道侧墙

通道侧墙模板采用定型模板（图 3-170）。墙体侧模板采用无背楞钢框木胶合板，面板采用 18mm 厚 WISA 板，竖肋采用 100mm 高“几”字形肋，横肋采用成对 100×50×3mm 的方钢管，并兼作模板背楞。模板竖边框采用“R”形边框，用边框连接夹具进行连接。

由于通道侧墙顶部及两侧均有 10×10mm 的倒角，倒角采用 1mm 厚钢板兼当模板边框，并在钢板边倒 45°角，用 L50×5mm 角钢与多层板连接在一起。

墙体加固采用三接头式对拉螺栓，两侧采用可拆卸的钢堵头，施工前涂脱模剂，混凝土成型后用专用工具拆除堵头，可有效保证混凝土螺栓孔的外观质量。对拉螺栓在墙体上设置两排，每排 3 个。脱模剂使用植物油脱模剂。

为达到通道侧墙顶部斜面的清水效果，在上部用钢板作盖板。为便于现场浇筑和成型，将盖板分成 3 段，并预留 φ28mm 透气孔及观察孔，以方便施工时观察和透气使用。

混凝土强度等级 C45，坍落度 160 ~ 180mm。通道侧墙厚度 150mm、300mm，混凝土浇筑过程中使用 30 振捣棒进行混凝土振捣。

（2）楼梯

楼梯模板采用定型钢模板（图 3-171）。楼梯踏步梯面采用 1mm 厚钢板作面板，横肋采用 100mm 高“几”字形肋，并配置通长方钢管龙骨。楼梯侧模采用 1mm 厚钢板作面板，上口采用钩头螺栓与踏步背楞拧紧，下口采用对拉螺栓固定。楼梯底模采用 18mm 厚优质国产多层板作面板，主次背楞采用 50×100mm 方木，下部采用钢管、木方支撑。为满足清水混凝土踏步面的找平、提浆工艺要求，梯面板及休息平台侧板上口和混凝土面平齐。楼梯踏步的阴阳角倒角采用踏步面面板在边角部位倒 45 度角。脱模剂使用植物油脱模剂。

楼梯混凝土强度等级为 C40，坍落度为 170 ~ 190mm。混凝土浇筑过程中使用 30 振捣棒进行混凝土振捣。楼梯踏步及休息平台压面采用人工抹压。

（3）平板（图 3-172）

平板施工采用机械混凝土振捣梁作为混凝土振捣工具，机械镘作为混凝土压面工具。为配合混凝土振捣梁的施工需要，平板边模采用顶部与板面同高度的槽钢作为边模，并兼作混凝土振捣梁运行的导轨。平板施工时，完成混凝土浇筑后（图 3-173），先使用振捣梁进行振捣、提浆（图 3-174），待混凝土终凝前使用机械镘进行收面压光（图 3-175）。

平板的混凝土强度等级为 C40，坍落度为 80mm ~ 100mm。

2.3.2 第一次清水混凝土样板段试验成果总结

清水混凝土样板段施工完成后，结合设计要求的混凝土成型效果对样板段施工成果进行了总结，对样板施工中发现的不足之处进行了分析：

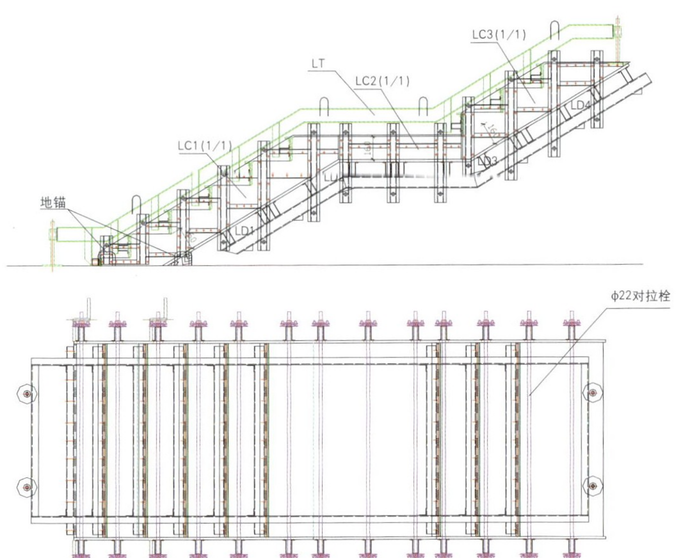

清水楼梯

图 3-173　清水平板混凝土浇筑

图 3-171　楼梯定型模板

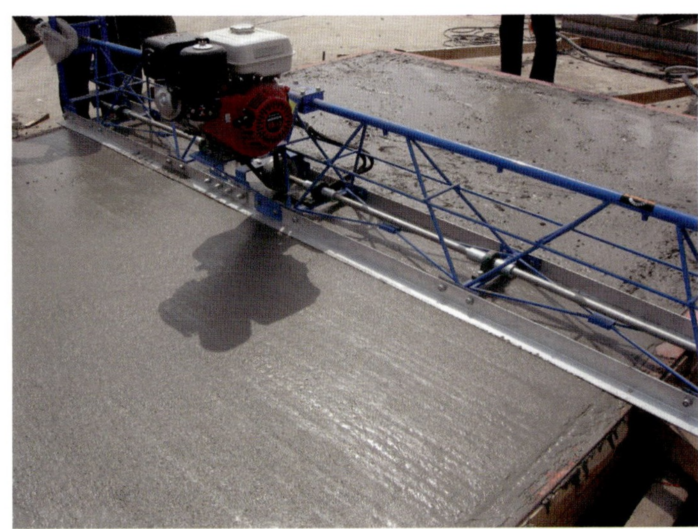
图 3-174　振捣梁振捣

图 3-172　清水平板钢筋

图 3-175　机械镘收面

（1）通道侧墙

定型钢框木模板成型的混凝土外观质量总体较好，但施工过程中发现定型模板较为笨重，不利于现场安装及拆除。为方便人工安装模板，且配合通道侧墙的外观尺寸，需要将模板划分为多块进行现场拼装，人为增加了模板拼缝，且拼缝部位的模板错台不易控制。

定型钢框木模板费用较高，现场使用灵活性差。经过统计，不同尺寸的通道侧墙共有 14 种类型，每种类型数量相差较大，部分类型墙体模板需配置多套以满足施工需要，而周转次数仅为 1 ～ 2 次，造成模板浪费较大。

采用钢板加工 10×10mm 的混凝土倒角模板，成型质量不易控制，造成成型的混凝土倒角不顺直，且因拼缝不严密，造成混凝土在边角部位的漏浆问题明显。

（2）楼梯

定型楼梯钢模板重量大，不利于现场安装及拆除。在垂直运输覆盖范围以外的区域，楼梯模板难以人工搬运。

经统计，体育场内清水楼梯共 36 部，外形尺寸共划分为 18 种形式。如采用定型钢模板进行施工，共需加工模板 18 套，每套模板仅能周转使用 2 次，模板浪费明显。

楼梯踏步段混凝土浇筑顺序为从下向上浇筑，在进行上一踏步混凝土振捣时，下一踏步面未初凝的混凝土上浮明显，不利于混凝土踏步面的外观质量控制。

（3）平板

采用机械混凝土振捣梁作为混凝土振捣工具较为笨重，不利于在狭窄部位搬运及安装，对混凝土的振捣效果不明显，且施工过程中振捣梁运行需设置专门的轨道，每一区域的施工范围受振捣梁尺寸影响。

振捣梁进行混凝土振捣后，机械镘进行混凝土压面时机难以掌握，过早使用易破坏板面混凝土，使用时间过晚则达不到混凝土压面的效果。

为减少混凝土表面气泡产生的气孔，混凝土坍落度选择的较小，无法满足混凝土泵送的要求，不利于施工作业面的混凝土输送。

2.4 第二次清水混凝土样板段施工

2.4.1 施工工艺

针对第一次清水混凝土样板段施工过程中暴露出来的问题，制定了有针对性地解决措施，改进了施工工艺，并进行了第二次清水混凝土样板段施工，以检验改进后的施工工艺是否满足现场清水混凝土的施工要求。改进后的施工工艺如下：

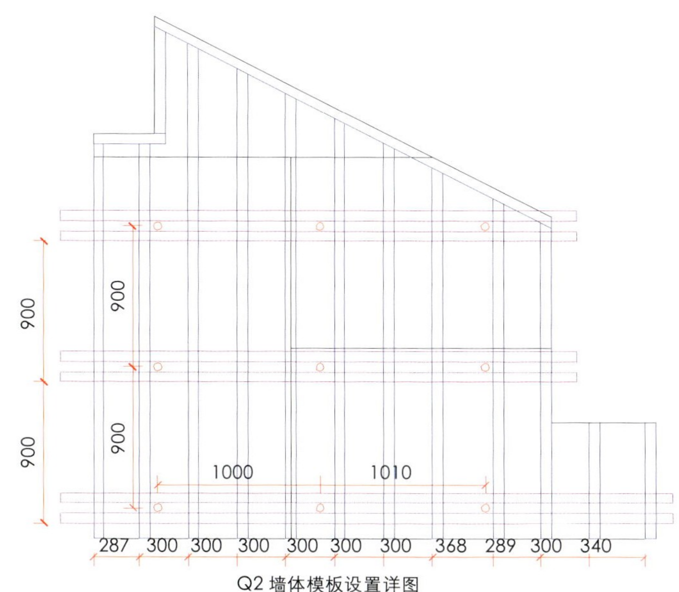

Q2 墙体模板设置详图

图 3-176　清水混凝土试验墙体改进后模板体系

（1）通道侧墙（图 3-176）

将通道侧墙的定型钢框模板体系修改为散拼木模板体系，使用 18mm 厚 WISA 板作为混凝土面板，65×95mm

工程木作为模板龙骨。经现场检验，工程木龙骨尺寸一致，强度远高于普通方木，完全满足施工需要。为减小面板与龙骨间的连接螺丝钉对混凝土面的不利影响，散拼木模板体系的面板与龙骨连接一律采用背面上钉。散拼木模板体系不但重量轻，易于现场加工及安装，而且体系灵活，易于根据不同构件的尺寸进行调整。

为减少模板拼缝及控制截面尺寸，通道侧墙每一侧面的模板均采用整张模板，减少了模板拼缝。同时增加对拉螺栓的数量为 3 排，每排 3 个，并进行统一布置，布置在模板受力较大，易发生胀膜的部位，而且墙体成型后混凝土外观效果一致。

针对钢板倒角成型效果不理想的问题，并结合模板体系修改为散拼体系的情况，将倒角钢模板改为使用 10mm 厚硬质 PVC 板加工倒角，并使用自攻螺丝固定在模板侧面，混凝土墙体成型后倒角效果顺直，达到设计要求。

（2）楼梯

楼梯的定型钢模板修改为散拼木模板（图 3-177），利于现场加工及安装，且体系灵活多变，如楼梯踏步模板、侧模板的加工较费时、费工的模板均可周转使用。利用硬质 PVC 板加工踏步阴阳倒角模板，踏步成型后外观效果较好。

针对混凝土浇筑过程中振捣部位以下踏步混凝土上浮的问题，在楼梯模板体系中增加了踏步水平面的活动盖板，在混凝土振捣过程中解决了混凝土的上浮问题。混凝土浇筑完成之后、初凝之前，摘掉盖板进行人工压面，保证了混凝土成型的外观效果。

（3）平板

针对平板施工过程中混凝土振捣梁操作不便、效果不明显的情况，在平板施工过程中，取消机械混凝土振捣梁作为混凝土振捣工具。在混凝土浇筑完成后先使用混凝土振捣棒对混凝土进行振捣密实，再使用加装收面圆盘的机械镘进行混凝土压面。机械镘加装圆盘后，在混凝土开始初凝时即可开始压面，一直持续至混凝土终凝为止。

为解决混凝土的现场泵送问题，将混凝土坍落度调整为 160 ～ 180mm，满足混凝土泵送的要求。

2.4.2 调整工艺情况

经过上述改进，试验墙体经工程设计人员以及现场技术人员考察之后确定了国家体育场工程清水混凝土构件模板体系，即：采用 18mm 厚进口 WISA 板（面板）+10mm 厚高强 PVC 板（倒角），95 × 47 工程木做背楞，使用三接头对拉螺栓和乳化石蜡作脱模剂的模板体系。

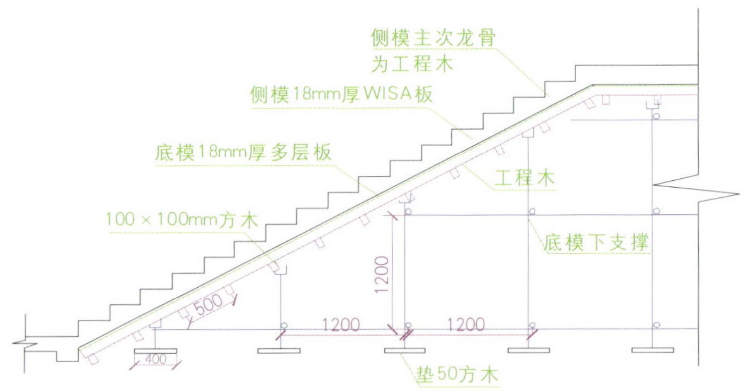

图 3-177　清水混凝土试验楼梯改进后模板体系

样板段施工调整施工工艺情况　　表 3-37

调整内容	调整后效果
改定型钢框模板为散拼体系	楼梯从根本上解决了垂直运输的问题，可以在现场进行拼装。施工中清水侧墙有 14 种类型、清水楼梯有 18 种类型，散拼模板周转灵活，降低施工成本
使用 95 × 65 的工程木取代方钢作模板体系的背楞	工程木在保证受力及面板平整的前提下，减轻了材料的重量，方便运输，且提高了材料的周转次数，降低了成本
使用 10mm 厚的优质 PVC 板经水砂纸打磨成型后作倒角，使用自攻螺丝固定在模板上	克服了钢倒角模板的漏浆问题，且加工方便简单，浇筑完成倒角的成型效果满足清水混凝土的要求
将墙体顶部盖板和踏步顶板以及楼梯踏步面作成活动式盖板，盖板同样使用 18mm 厚 Wisa 板	混凝土浇筑过程中，变截面处便于振捣，混凝土终凝前将顶板盖板取下，以便进行及时的压光收面工作
平板侧模板改钢模为 18mm 厚 Wisa 木模板，后加 95 × 65 的工程木作为龙骨	方便运输，可在现场拼装，拼装灵活，便于现场实施，且易于控制轴线处夹角
将平板混凝土坍落度调整为 160 ～ 180mm	施工时可以进行泵送，且易于把握收面时机，成型的混凝土效果好
看台板混凝土浇筑过程中，不使用振捣梁，使用振捣棒进行振捣	混凝土振捣效率高，且细部振捣到位。对于混凝土的压光收面时机便于把握
收面过程中根据时间的不同机械镘使用圆平面、及刀立面分别进行混凝土收面压光，人工配合机械镘进行边角处压光	避免平板边角处的收面压光工作，不同时间机械镘使用圆平面、及刀立面分别进行压光，混凝土表面更加平整、光亮

图 3-178　清水混凝土构件模板体系中工程木的使用

图 3-179　倒角刨成 45°

图 3-180　模板倒角水砂纸打磨光滑

3．清水混凝土构件模板体系方案确定

在确定清水混凝土构件模板后，随之而来的问题是该种体系仍面临施工材料的周转、施工物资的周转、施工人员的变化对清水混凝土构件的成型质量造成影响、与钢结构存在交叉作用以及雨期施工等问题。

针对清水混凝土构件的施工特点、难点，经过与设计以及各方面人员的讨论，制定出以下施工方案：在清水混凝土构件所在位置进行模板的拼装，从而解决垂直运输和交叉作业的问题；由项目部管理人员和施工人员组成专项的清水混凝土专题施工小组，固定人员，并将人员名单报项目部备案，对清水混凝土构件的施工进行过程控制；在满足清水混凝土构件成型质量的前提下，并经清水混凝土施工专题小组人员允许后方可进行模板体系的材料周转。

3.1 清水混凝土构件模板体系方案特点

3.1.1 使用 95×47 工程木作模板体系背楞

整个国家体育场工程的清水混凝土构件全部使用 95×47 工程木作模板体系次背楞（图 3-178），此方法具有以下优点：

（1）工程木比一般工程模板所用的方木刚度大，能够充分保证清水混凝土构件的成型效果。

（2）工程木在施工过程中可周转使用，最大限度地降低了施工成本。

（3）由于没有垂直运输设备，使用工程木方便施工，可以提高施工效率。

3.1.2 使用 10mm 厚高强 PVC 板作模板体系倒角

根据工程实际情况及图纸要求，在体育场内侧视觉范围内小于 90° 角均需进行倒角，通道墙体需要倒角的共有 4 条竖向边楞、2 条斜向边楞和第一步台阶的横向边楞。边楞倒角采用高级塑料板手工刨成 45° 倒角，通过自攻丝和玻璃胶将其和模板固定，在施工过程中采取措施保证墙体内侧角部的连接紧密，保证倒角顺直。清水混凝土构件的倒角成型效果是整个模板体系的关键，使用 10mm 厚高强 PVC 板作模板体系倒角（图 3-179~ 图 3-182）具有以下特点：

（1）高强 PVC 板不吸水，在混凝土浇筑之后不会变形，能够保证倒角的成型质量。

（2）高强 PVC 板在加工及使用过程中操作方便，不易折断。

（3）高强 PVC 板作倒角并使用自攻螺丝固定，在施工过程中倒角的位置不会产生变形。

图 3-181　模板竖向倒角

图 3-182　模板顶部倒角

图 3-183　模板体系中的三接头对拉螺栓

3.1.3 使用三接头对拉螺栓作穿墙螺栓

为保证试验墙体的表观质量，避免墙体梯子筋或顶模棍露出混凝土表面，试验墙体取消梯子筋、顶模棍和塑料垫块，使用穿墙螺栓（图 3-183）加强混凝土结构截面的控制，保证穿墙螺栓的布置合理及有规律，墙体模板拆除后将穿墙螺栓堵头取掉，使用墙体混凝土进行封闭。

3.1.4 使用乳化石蜡作模板体系的脱模剂

由于国家体育场看台板全部为清水混凝土预制构件，模板体系的脱模剂选用建研院的清水混凝土专用脱模剂和乳化石蜡脱模剂，并加强混凝土在浇筑之后的养护措施，可以保证现浇清水混凝土构件与预制看台板的颜色基本一致。

3.2 清水混凝土楼梯模板体系的特点

清水混凝土楼梯模板采用活动式全封闭楼梯踏步，楼梯踢面和踏步在混凝土浇筑之前同时将其使用 18mm 厚 WISA 板进行封闭，混凝土终凝后将踏步盖板取下，使用铁抹子压光。

安装梯段板下支撑，支撑立杆间距 1200×1200mm，步距 1200mm。要求立杆下铺设工程木，长 400mm。方木要求铺设方向一致，顺着楼梯前进方向，在立杆上依次安放可调顶托、龙骨，铺设底模时拉十字线，通过可调顶托调整板顶标高。

清水混凝土楼梯在施工过程中的一个需要重视问题是由于混凝土浇筑过程中产生的压力会使模板体系上浮，对清水楼梯踏步面的标高产生影响。经过清水混凝土专项小组讨论，决定使用 ф48 钢管对楼梯模板进行回顶。另外，在混凝土浇筑过程中，由项目部测量人员对楼梯踏步的标高进行逐步的复核，以防止楼梯踏步在施工过程中上浮。

3.3 清水混凝土构件中混凝土施工的特点

3.3.1 清水混凝土的配合比

在材料和浇筑方法允许的条件下，应采用尽可能低的坍落度和水灰比，但根据现场实际要求，坍落度一般控制在 160±10mm 。同时控制混凝土含气量不超过 1.7%，初凝时间 6～8h 。

3.3.2 清水混凝土原材料的控制措施

水泥：首选硅酸盐水泥，要求确定生产厂商、定强度等级、定批号，同一单位工程最好能做到采用同一批水泥。

粗骨料（碎石）：选用强度高、5～31.5mm 粒径、连续级配好、同颜色、含泥量小于 1.0% 和不带杂物的碎石，要求定产地、确定规格、确定颜色。

细骨料（砂子）：选用中粗砂，细度模数 2.5 以上，含泥量小于 2%，不得含有杂物，要求确定产地、确定砂子细度模数、确定颜色。

粉煤灰：掺入粉煤灰可改善混凝土的流动性和后期强度，宜选用细度按《粉煤灰混凝土应用技术规范》（GBJ 146—90）规定Ⅱ级粉煤灰以上的产品，要求定供应厂商、确定细度，且不得含有任何杂物。

外加剂。采用高效减水剂，要求确定厂商、确定品牌、确定掺量。对首批进场的原材料经监理取样复试合格后，应立即进行"封样"，以后进场的每批来料均与"封样"进行对比，发现有明显色差的不得使用。清水混凝土生产过程中，一定要严格按试验确定的配合比投料，不得带任何随意性，并严格控制水灰比和搅拌时间，随气候变化随时抽验砂子、碎石的含水率，及时调整用水量。

要求混凝土供应单位固定清水混凝土的配合比，混凝土的外观颜色经过设计确认方可进行施工。

混凝土配合比确定后要求搅拌站将水泥的品种、水泥的强度等级及粗细骨料的产地进行固定，防止混凝土的颜色发生色差，影响混凝土的观感质量。

3.3.3 混凝土浇筑施工

混凝土施工要分层浇筑，采用Φ30振捣棒浇筑时的厚度为300mm。现场制作数根混凝土浇筑厚度控制杆，在50×25×5000（mm）木条上刷黄油漆，正面自下而上每300mm用红油漆标上刻度，刻度字体要大而醒目，随时探测、调整混凝土浇筑厚度。浇筑混凝土时用手电筒照明读取厚度控制杆上数据，从而控制浇筑厚度。

混凝土采用30mm振捣棒，振捣时要快插慢拔，上层要插入下层≥50mm，在振捣棒上作红漆刻度线来控制。振捣棒移动间距≤400mm，振捣时间一般为15~30s，并且通过观察混凝土表面是否泛出浆、是否有显著下沉、是否还出现气泡来确定，且隔20~30min后应进行第二次复振。

混凝土应严格掌握浇筑速度，控制混凝土的有效压头高度，墙体下料位置应在墙体实体处。浇筑墙体混凝土应连续进行，间隔时间不大于2h。混凝土倾落高度不得大于2m。混凝土同一厚度时浇筑高度也要一致。

根据现场施工经验，混凝土顶部因为振捣原因，粗骨料过少，为了保证混凝土结构的强度及表观质量，混凝土浇筑过程中要准备部分石子（该石子为通车混凝土的粗骨料），混凝土浇筑振捣完成后，在墙体顶部10cm范围内进行二次填充石子，填充完成注意进行振捣。

3.3.4 混凝土压光收面

临时看台平板混凝土的浇筑方法应由一端开始，用"赶浆法"，不断延伸，连续向前进行，平板收面工作由专业收面机械镘进行，不得由人工来完成收面，收面时由专业操作人员操作机械镘完成施工。通道墙体及楼梯台阶顶面由高级抹灰工在混凝土初凝和混凝土终凝后进行二次压光收面，保证墙顶及台阶顶面混凝土压光。压光完成后要使用干净的塑料薄膜进行覆盖保护，混凝土浇筑完成后委派专人24h对混凝土进行成品保护。

3.3.5 混凝土养护

墙体、栏板侧模拆除后，立即采用无纺布进行覆盖，然后用塑料薄膜进行包裹密封，严禁使用矿棉被及麻袋片对清水混凝土构件进行覆盖。设专人喷水保湿养护，经常检查养护情况，养护时间不少于7d。

4. 施工工艺

4.1 施工总体程序

为了保证清水混凝土结构的施工质量，对每一道施工工序均要进行检查验收，确保合格后进行下一步施工工序：

检校结构位置线（结构施工插筋不合格部位，进行植筋处理）、保证混凝土结构位置→结构钢筋除锈整理→绑扎钢筋→钢筋隐蔽验收→对模板基底使用1cm厚砂浆进行找平，保证混凝土结构根部的平整→模板拼缝设计、穿墙螺栓设计、背楞设计，模板组拼→对组拼的模板进行验收→模板涂刷脱模剂→模板安装，对模板安装过程进行旁站，确保模板的节点按照方案设计进行施工→模板加固→模板验收，保证模板的垂直度、细部尺寸→混凝土浇筑→混凝土初凝后进行结构顶面和台阶踏步的压光、收面→混凝土终凝后对上述部位进行二次压光→混凝土养护→混凝土浇筑完成24小时后拆模，检查清水混凝土的表观质量，对倒角等部位进行修补处理→将墙体的穿墙螺栓及套管取出，使用混凝土原浆将孔洞进行封堵。

4.2 清水混凝土通道侧墙施工

4.2.1 优选施工工艺

根据设计要求的现浇清水混凝土墙体成型后须与相邻部位的预制清水饰面混凝土看台板颜色一致的要求，在施工过程中，统一现浇清水混凝土构件与预制清水混凝土构件的原材料及混凝土配合比。通过对混凝土原材料各项性能指标的控制及对混凝土配合比的统一，保证现场浇筑的清水混凝土与构件厂预制的清水混凝土构件色泽均匀一致。

对现浇清水混凝土通道侧墙的施工工艺，通过3次在场外进行1：1模型试验，最终选定使用18mm厚WISA牌清水混凝土模板作为模板面板，工程木作为模板次龙骨，双10

号槽钢作为模板主龙骨的模板体系。为杜绝成型混凝土表面因钉子帽留下的凹坑，要求所有模板面板与龙骨的连接一律采用背面上钉。墙体倒角使用 10mm 厚的白色硬质 PVC 板加工倒角条，安装在模板的相应部位。

4.2.2 钢筋施工

因清水混凝土通道侧墙外观效果要求高，为避免成型后的混凝土表面保护层垫块产生外露，钢筋施工中钢筋外侧不绑扎保护层垫块，通过加密使用三接头对拉螺栓保证钢筋保护层位置。

4.2.3 模板施工

根据现场实际条件及清水混凝土构件情况，模板体系采用散拼散支体系（图 3-184~ 图 3-186）。通道墙体面板采用 18mm 厚 WISA 板，背楞采用 65×95mm 的工程木。由于清水混凝土的质量要求，墙体顶模棍、梯子筋不能露出模板表面，因此取消顶模棍、梯子筋，采用定型三接头穿墙对拉螺栓进行代替，螺栓规格为 φ16。支撑体系采用方钢进行加固。区别于一般墙体，设计对清水侧墙的边角处有特殊的倒角要求，倒角部位采用白色硬质 PVC 板刨制成 45 度角。

模板板面之间采用硬拼缝，模板拼缝处采用手工推刨进行刨平试拼，确保拼缝没有间隙，拼缝使用玻璃胶进行封闭。由于模板拼缝处为模板板面的薄弱点，为保证混凝土浇筑时模板拼缝处受力强度均匀、不漏浆，缝隙处板面平整，模板体系横向接缝处均设有次背楞进行压缝，而模板竖向拼缝处的背侧加设一通长 50mm 宽的 18mm 厚 WISA 板条。板条使用自攻螺丝与两面板固定。板条与工程木背楞相遇处，在工程木背楞上开槽，槽体整齐平整，且大小适合，以保证板条与背楞接触牢固。模板拼缝设计原则：尽量使用整板，减少切割，避免小板条的出现，使拼缝规则、整洁、自然。为保证浇筑完混凝土表面平整光亮，侧墙模板均采用背面入钉的方式，使用合页以及 13mm、15mm 长的自攻螺丝，加固面板与背楞，面板正面没有钉痕。

区别于一般墙体，清水侧墙的顶部为斜面直接外露在外部环境下，且具有清水墙体的质量要求。墙体台阶处为侧墙变截面的位置，有 90° 的直角。以上两部位在混凝土浇筑过程中，存在不易振捣的问题，混凝土成型质量很难保证。为避免产生混凝土气泡，达到清水混凝土要求，墙体台阶及顶盖模板设置为活动盖板。在混凝土浇筑过程中，将盖板开启，及时进行混凝土振捣。混凝土浇筑结束后将盖板封闭，在盖板封闭时，设钢管以加固此部位，当混凝土具备收面条件时，将盖板开启进行收面工作，收面结束后再将盖板封闭。

图 3-184　节点设计详图

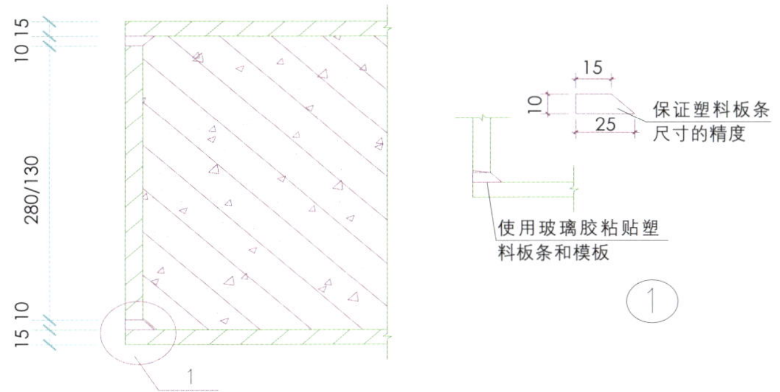

图 3-185　墙体倒角详图

图 3-186　墙体倒角模板效果图

根据工程情况及设计图纸要求，通道侧墙边楞处需做出45°倒角。考虑到此倒角质量要求严格，在其他的工程中没有此类的要求，边楞倒角采用10mm厚的高级塑料板手工刨成45°倒角，通过自攻丝和玻璃胶将其和模板边沿进行固定，在施工过程中尽量减少高级塑料板条的接缝位置，以使墙体内侧角部的连接紧密，保证倒角顺直。

侧墙模板使用乳胶石蜡脱模剂，经前期多次试验比较，此脱模剂效果显著，对混凝土表面成型效果没有影响。

4.2.4 混凝土施工

浇筑墙体混凝土前，先浇筑5～10cm同配合比碱石子砂浆，而后再进行混凝土的浇筑。在浇筑过程中严格控制分层厚度，每层浇筑厚度为400～500mm，振捣棒振捣时上层要插入下层≥50mm，每点振捣时间一般为20～30s，并且通过观察混凝土表面是否泛出浆、是否有显著下沉、是否还出现气泡，振捣过程中使用橡皮锤敲打模板背面以驱赶气泡。

墙体浇筑过程中，随着浇筑层数分层进行振捣，每层振捣需伸入下层50mm，避免分缝，在墙体混凝土浇筑至墙顶时，因顶部为斜面，下灰厚度要略微加大，以避免由于混凝土从斜面滑落而造成的混凝土缺失不足。

由于清水墙面的感观要求，整个墙面的混凝土颜色要均匀，考虑到墙体浇筑到顶面时，由于混凝土中粗骨料自身的下沉，以及浇筑工程中的受力，墙体顶部的混凝土中粗骨料较下部墙体含量低，水泥浆含量较多，致使墙体上下强度、色泽不一致。因此在浇筑至墙体顶面时，从顶面向墙体中加少量粗骨料，而后再进行二次振捣。所加粗骨料要求与混凝土中的粗骨料一致，且经过提前水洗晾干。

由于清水侧墙的顶面为斜面，在浇筑、振捣过程中会发生混凝土向下流坠的现象。因此在施工过程中需及时补充混凝土并振捣，且将侧墙上部顶面盖板加工成三部分，随着浇筑振捣的进行，及时进行压盖，防止混凝土上返、流坠。

墙体顶部斜面在混凝土浇筑完成后将盖板盖严，混凝土初凝前进行混凝土第一次收面，混凝土终凝前，使用铁抹子进行混凝土表面的压光，压光结束后及时恢复混凝土盖板。

墙体终凝前，对混凝土墙顶斜面进行人工抹平收面，收面完毕后加盖木质盖板。

混凝土强度达到1.2MPa后方可拆模，模板拆除完毕对混凝土进行双层养护，拆模后立即向墙体上洒水，而后在混凝土表面首先覆盖一层无纺布，再覆盖一层塑料布，以起到保持混凝土表面湿度的作用。保湿养护14天。

4.3 清水混凝土平板施工

4.3.1 优化设计

原设计中该部位清水混凝土平板为整体平板，无任何防裂保证措施。针对现场单次混凝土浇筑长度达到111m，浇筑面积达到544m^{2}这一实际情况，根据以往施工经验分析，极易产生混凝土裂缝。因此，除在施工中采取合理选择混凝土配合比、优化混凝土施工及养护工艺以外，还向设计单位建议增加了沿轴线方向的防裂装饰缝，缝宽度6mm，深度15mm，缝内嵌填建筑胶。这样，将一次浇筑的清水平板表面沿长度方向分隔为长度6m左右的区块，有效缓解了因混凝土收缩产生的拉力造成平板表面裂缝的可能。

4.3.2 优选施工工艺

传统的清水饰面混凝土构件多为柱、墙等竖向结构，平板板面要求达到清水饰面标准的相对较少，缺乏可借鉴的成熟的施工工艺。为确保现场实际施工中一次达到清水饰面标准，在现场施工前，安排在场外多次模拟现场情况进行清水混凝土平板施工工艺的试验。在模拟试验过程中，不但检验并确定了混凝土拌合物原材料及混凝土配合比的各项技术参数，而且针对现场一次浇筑面积大、压面标准要求高、传统人工压面无法满足高标准及整齐划一要求的实际情况，选择机械进行混凝土压面并配合专业混凝土压面工人进行边角节点部位处理的施工方法满足清水饰面平板的施工要求。模拟试验表明，采用混凝土压面机进行大面积的混凝土平板压面工作，可以很好的保证混凝土的压面质量，成型混凝土面清水饰面效果均匀一致，有效克服了人工收面质量不稳定及整体效果不一致的问题。经过综合比较分析，最后选定混凝土机械镘作为清水饰面混凝土平板的压面机械。

4.3.3 钢筋施工工艺

施工的清水混凝土平板配筋为螺纹钢Φ12@150双排双向，混凝土保护层厚度为30mm，有清水混凝土饰面要求的部分为标高16.385～16.400m部分的板面，因平板前端为悬挑板，且清水板面有混凝土开缝要求，施工过程中严格控制上铁保护层的厚度不小于30mm。上铁钢筋保护层厚度通过钢筋马凳进行控制。

4.3.4 模板施工工艺

清水混凝土平板底模采用优质国产多层板，模板拼缝采用硬拼缝，模板拼装过程中注意控制板缝宽度，避免因板缝漏浆影响混凝土施工质量。平板支撑体系采用碗扣架，立杆间距1200×1200mm，水平杆步距为1200mm，立杆下部设置木板，上部设置可调顶托。施工过程中注意严格控制支撑架体的牢固性，避免因支撑体系沉降影响混凝土板面标高。

清水饰面混凝土平板的板面施工完成后不再进行任何装饰处理，完成后的混凝土板面标高即为装饰标高，因此施工过程中必须严格控制混凝土板面标高。为给混凝土浇筑及压面工序提供标高依据，在模板施工阶段即设置标高控制点，标高控制点应牢固可靠，不易受周边施工干扰。根据现场情况，在清水平板周边已施工完毕的楼板上间隔 6m 设置钢筋棍，抄出清水平板的 50cm 控制线，混凝土施工过程中拉线控制标高。

4.3.5 混凝土施工工艺

（1）混凝土输送及浇筑

混凝土采用预拌商品混凝土，现场混凝土垂直输送采用混凝土泵车直接泵送至作业面。单块清水饰面混凝土平板为狭长形，混凝土浇筑沿短边“之”字形布料，由平板一端向另一端推进，禁止集中在同一处连续布料，以保证混凝土拌合物均匀一致连续分布。为避免浇筑的混凝土产生离析，混凝土浇筑时自由倾落高度不得大于 2m。

浇筑平板时，混凝土虚铺厚度略大于板面标高 5 ~ 8mm，随混凝土浇筑使用插入式振捣棒及平板振捣器对混凝土进行振捣，振捣过程要及时均匀，确保平板下部混凝土充分密实，并将混凝土内部的气泡驱赶出来。

（2）混凝土压面

混凝土浇筑及振捣完成后，首先由人工使用铝合金刮杠进行混凝土表面刮平，刮平的混凝土面应比设计标高面略高 2 ~ 3mm。

在混凝土面层开始初凝时，即开始进行混凝土面的机械压面工作，时间一般为混凝土浇筑完成后 4 ~ 6 小时。机械镘收面时，首先在机械镘上加装圆盘进行慢磨作业，均匀的去除混凝土表面的浮浆层。在混凝土的初凝阶段，应操作机械镘在混凝土面纵横交错行进作业，对混凝土进行充分的提浆及压面。随着混凝土的硬化，待达到用手使劲下压混凝土面无明显变化时，卸下圆盘，利用机械镘的磨光叶片对混凝土进行压面及磨光处理，叶片的运转速度和镘磨角度变化视混凝土地面硬化情况而作出调整，混凝土硬化时间越长，叶片的运转速度应当越快，叶片角度应当越大，直至表面收光为止。边角等机械难以操作的区域可辅助用手工镘完成。机械镘压面应当自混凝土初凝时开始，连续施工至混凝土达到终凝，通常应当进行到混凝土浇筑完成后 12 ~ 14 小时。

在混凝土平板压面收光完成后 3 天左右完成防裂缝的切割（图 3-187）。进行切缝处理后，应当对防裂缝先采用泡沫条填缝，再采用专用建筑嵌缝胶进行灌缝，以防止污物填充缝隙。

图 3-187　机械镘收面及混凝土开缝

（3）混凝土养护

平板混凝土压面完成后 6 ~ 8 小时内进行混凝土的养护，具体养护时间可根据气温及混凝土硬化情况适当调整。混凝土养护采用喷水养护并辅助进行保湿覆盖的措施。喷水量以保持混凝土面持续湿润为宜，但应注意避免混凝土平板顶面产生积水。保湿覆盖采用覆盖塑料布的措施，为避免塑料布与湿润的混凝土面直接接触在板面上产生水纹，可将塑料布固定在板面上方 100 ~ 150mm 的位置，形成一个保温保湿的塑料棚，对混凝土进行养护。混凝土连续养护时间不得少于 7 天。

4.4 清水混凝土楼梯施工

4.4.1 钢筋施工

楼梯钢筋绑扎前先修整预留筋，将楼板内预留的楼梯钢筋调整顺直，用钢丝刷将钢筋表面砂浆清理干净。钢筋绑扎时绑扎丝朝向向内。楼梯下铁筋保护层厚度为 20mm，采用混凝土垫块保证。保护层垫块沿楼梯下铁间距 500mm 布置，横向布置三道以保证钢筋的保护层厚度准确。

4.4.2 模板施工

安装梯段板下支撑使用碗扣架搭设，支撑立杆间距 900×900（mm），步距 1200mm。立杆下铺设 50×100（mm）方木，长度 400mm，方木要求铺设方向一致。楼梯底模下沿每道主龙骨方向设两根斜撑。顺着楼梯前进方向，在立杆上依次安放可调顶托、龙骨，铺设底模时拉十字线，通过可调顶托调整板顶标高，详见图 3-188。

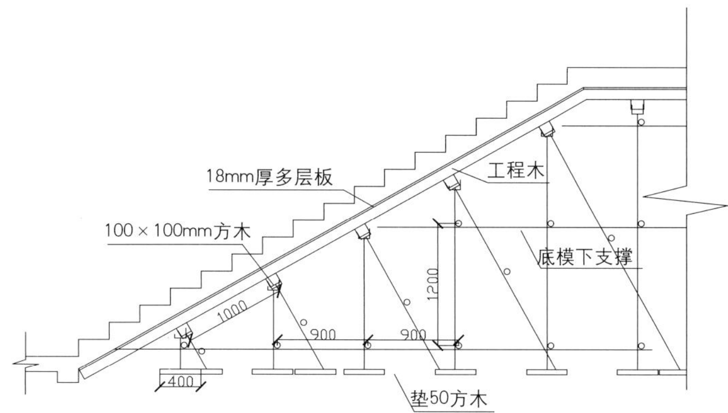

图 3-188　可调顶托调整板顶标高

考虑清水楼梯的各部位混凝土质量要求以及施工中楼梯的受力情况，清水楼梯底模使用 18mm 厚优质国产多层板，楼梯侧模及台阶模板使用 18mm 厚 WISA 板，模板主次背楞以工程木及普通方木配合使用，踏步阳角采用高级 PVC 板条，阴角采用 WISA 板刨成 45° 倒角。

WISA 模板必须使用高速电锯进行切割，模板之间采用硬拼缝，拼缝处使用玻璃胶进行封闭，以保证模板拼缝平整、不漏浆，拼缝处不粘贴海绵条，且尽量使用整板，减少模板拼缝。

清水楼梯一次性浇筑且长度较大，使用一般施工方法，容易造成在浇筑上部台阶混凝土时从下部已浇筑台阶处向上返灰，且每个台阶踏步上都有阴阳倒角，清水混凝土的质量要求不易控制。因此区别于一般楼梯施工方法，清水楼梯每个台阶均设置立模及压盖板。

每片立模的两边与楼梯侧模，使用角钢及自攻螺丝进行连接，压盖板也与两边侧模相连接。立模与压盖板之间同样相连接，以加固整个模板体系的整体稳定性。

每步台阶均有 45° 阴阳倒角（图 3-189），且要求一次浇筑成型，不允许后期进行修补。因此，将每步台阶的阴阳角

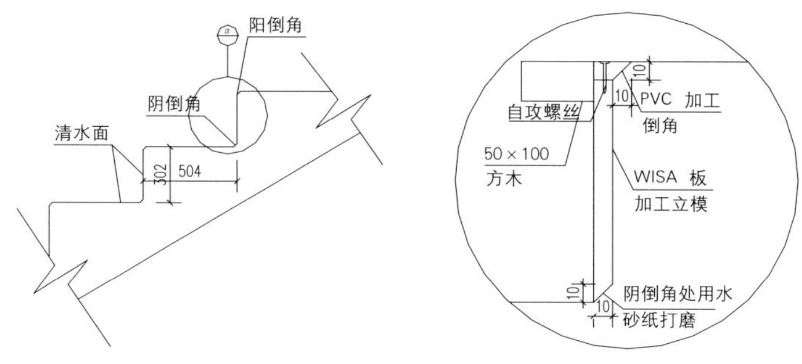

图 3-189　倒角节点详图

全部设置在台阶立模上，踏步阳倒角采用 10mm 厚白色高强塑料板加工，阴角部位则在立模 WISA 板上，手刨刨成 45 度角并用水砂纸打磨光滑，通过角钢、自攻丝和玻璃胶将其和踏步压盖模板固定，在施工过程中尽量使用整条塑料板条，避免板条的相接，保证倒角顺直。

由于混凝土的本身流动性以及在浇筑过程中产生的侧压力，容易造成模板的位置移动，因此在楼梯踏步上设置一整体的架体，每步台阶的压盖及立面模板均由此架体支顶约束。

4.4.3 混凝土施工

区别于一般楼梯的施工方法，清水楼梯的每个台阶踏步上均设有封闭的模板，混凝土浇筑过程中，必须将楼梯压盖板开启，以便有下灰点进行混凝土浇筑。在浇筑过程中，每三步台阶开启最上一个踏步的压盖板，随着浇筑的进行，振捣及时到位，且随浇筑随开启，当此三步浇筑完成后，将盖板再次覆盖上进行加固。

浇筑过程中对混凝土进行及时均匀的振捣，对于楼梯倒角、阴角等处不便振捣的部位，要加大此位置相邻部位边缘处的振捣频率，以将此处气泡驱赶出混凝土。

清水楼梯浇筑完成后各个盖板均盖严，混凝土初凝前进行混凝土第一次收面，将要进行收面的踏步压盖板开启，收面结束后再将盖板覆盖好。混凝土终凝前，使用铁抹子进行混凝土表面的压光，压光结束后及时恢复混凝土盖板。

准备好足够的喷壶，混凝土终凝后开始用喷壶洒水，要求保持混凝土面始终保持湿润但不得有积水，混凝土表面不作任何覆盖。保湿养护进行 14 天。

在清水混凝土楼梯的部位用钢管支起架体，并用密目安全网做好封闭，禁止人员踩踏楼梯上下楼层，做好清水混凝土成品保护，保证楼梯不被破坏。

5. 质量控制标准

目前国内尚无统一的清水混凝土质量验收标准，在参考有关建筑混凝土的技术标准，经场外多次试制各种试验构件，

并经业主、设计、监理和施工单位多次讨论研究，在普通结构混凝土验收标准的基础上，制定了如下的质量标准：

5.1 钢筋工程质量标准（表 3-38）

钢筋工程质量标准　　表 3-38

项目		允许偏差	检验方法
受力钢筋	间距	±10	钢尺量两端、中间各一点、取最大值
	排距	±5	
	保护层厚度	＋5	钢尺检查
绑扎箍筋、横向钢筋间距		±15	钢尺量连续三档，取最大值
钢筋弯起点位置		±15	钢尺检查
预埋件	中心线位置	5	钢尺检查
	水平高差	+3，0	钢尺和塞尺检查

5.2 模板工程质量标准（表 3-39）

模板工程质量标准　　表 3-39

序号	检查项目	允许偏差	检查方法	检测工具
1	高度	±1mm	尺量（三点）	卷尺
2	宽度	−1mm	尺量（三点）	卷尺
3	板面平整度	1.5mm	靠尺、塞尺	靠尺、塞尺
4	对角线	1.5mm	尺量	卷尺
5	连接螺栓孔位	0.5mm	尺量	卡尺
6	拼板误差	±0.5mm	尺量	靠尺、塞尺
7	焊缝高度	(4~5) +1mm	尺量	焊脚检查尺

5.3 混凝土工程质量目标

颜色：清水饰面混凝土颜色基本一致，距离墙面 3m 肉眼看不到明显色差。

气泡：混凝土表面不得有明显的气泡。混凝土必须控制表面气泡数量和大小，混凝土浇筑完成后对表面存在的气泡进行修补。

裂缝：减少清水混凝土表面裂缝，不得出现宽度大于 0.2mm 或长 50mm 的裂缝。

光洁度：清水饰面混凝土成型后平整光滑、色泽均匀。

平整度：表面平整度达到高级抹灰标准，偏差不大于 2mm。

密实度：清水饰面混凝土应具有良好的密实度。

6. 应用效果和体会

国家体育场工程现浇清水混凝土构件种类多，且同一种类构件数量少，构件的表面平整度、光泽度和倒角的成型质量及顺直度是保证工程质量的关键。采用“WISA 板＋工程木＋高强 PVC 倒角”的施工工艺很好地保证了清水混凝土构件的成型质量，与预制清水混凝土构件浑然一体，达到了建筑师预想的效果（图 3-190~ 图 3-192）。“WISA 板＋工程木＋高强 PVC 倒角”的模板体系在国家体育场工程中的成功应用，明确了清水混凝土在大型公用建筑设施中的成型效果标准。该施工工艺操作简便、方便快捷、经济安全的优点在国家体育场结构工程中起到了关键作用。

图 3-190　清水混凝土通道侧墙实施效果

图 3-191　清水混凝土平板实施效果

图 3-192　清水混凝土楼梯实施效果

国家体育场工程清水混凝土构件模板体系的应用，保证了整个体育场混凝土成型效果的统一，满足了设计要求。但是，在施工过程中依然存在很多需要改进的地方，比如清水混凝土施工操作多依赖人工，施工机械化、标准化程度不高等问题。但是，随着与国际接轨的日益加速，随着绿色建筑日渐受到重视，在工业与民用建筑中，清水混凝土在我国的应用将会有一个较大的发展。

第四章 钢结构工程关键施工技术

国家体育场钢结构工程由24榀门式刚架围绕着体育场内部混凝土碗状看台区旋转而成，其中22榀拉通或基本拉通。大跨度钢结构全部采用由钢板焊接而成的箱形构件，交叉布置的主结构与屋面、立面的次结构一起编织成"鸟巢"的造型。所有钢结构构件形成结构及建筑外形。图4-1为钢结构工程鸟瞰图。

钢结构屋面呈双曲面马鞍形，最高点高度为68.5m，最低点高度为40.1m；平面投影呈椭圆形，长轴为332.3m、短轴为297.3m；屋盖中部的开口内环呈椭圆形，长轴为185.3m，短轴为127.5m；大跨度屋盖支撑在24根桁架柱之上，柱距为38.0m。

屋顶主结构均为箱型截面，上弦杆截面基本为1000mm×1000mm，下弦杆截面基本为800mm×800mm，腹杆截面基本为600mm×600mm，腹杆与上下弦杆相贯，屋顶桁架矢高12.0m。竖向由24根组合钢结构柱支撑，每根组合钢结构柱由两根1200mm×1200mm箱型外柱和一根菱形内柱组成，每个桁架柱下设有一个T型钢柱脚，荷载通过它传递至基础。立面次结构构件截面基本为箱形1200mm×1000mm，顶面次结构构件截面基本为箱形1000mm×1000mm。

设计总用钢量约42000吨。钢板的最大厚度110mm。当钢板厚度≤34mm时，采用Q345钢材；当钢板厚度≥36mm时，采用Q345GJ钢材；当钢板厚度为100mm

图4-1 钢结构工程

时，采用 Q345GJ 和 Q460 钢材；当板厚为 110mm 时，采用 Q460 钢材。具体板厚分布情况如图 4-2 所示。另外，桁架柱内柱由菱形截面向矩形截面转换处采用 GS-20Mn5V 级铸钢件（C19 桁架柱除外），铸钢件最厚达 140mm。

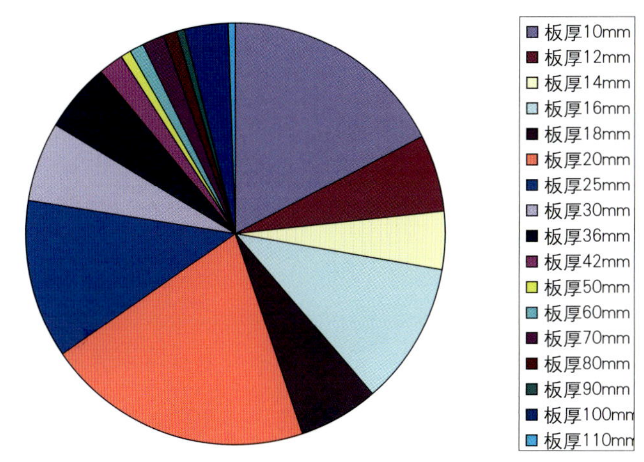

图 4-2　板厚分布图

设计对钢材的抗撕裂性能和冲击韧性作了明确要求。具体情况如表 4-1、表 4-2 所示。

抗撕裂性能要求　　**表 4-1**

钢板厚度 (mm)	T < 40	40 ≤ t ≤ 60	60 < t ≤ 90	t > 90
Z 向要求	—	Z15	Z25	Z35

冲击韧性要求　　**表 4-2**

钢板牌号	主结构	次结构
Q345、Q345GJ	D 级，−20℃时 Akv ≥ 34J	C 级，0℃时 Akv ≥ 34J
Q460	E 级，−40℃时 Akv ≥ 34J	—

另外，设计规定钢结构的合拢温度为 14±4℃，支撑塔架卸载按照“分阶段整体分级同步”原则进行。

鸟巢钢结构特殊的建筑造型、复杂的结构体系及超常规的设计要求，注定了其施工的复杂程度，从钢结构深化设计、加工制作、现场拼装及吊装、测量测控、焊接、到合拢及卸载施工等各个环节，国内外施工企业均无成熟的经验可借鉴。

为了保证鸟巢钢结构施工的顺利进行，北京城建集团国家体育场工程总承包部成立科技攻关组，在充分调研的基础上针对钢结构深化设计、加工制作、现场拼装及吊装、测量测控、焊接、到合拢及卸载施工共立项 8 项国家及北京市科技攻关项目，对鸟巢钢结构施工中的关键技术难题进行专题研究，研究成果经鉴定均达到国际先进或领先水平，很好的指导了鸟巢钢结构施工，为国家体育场工程按期竣工奠定了基础。同时，大幅度提升了我国钢结构施工技术水平，为钢结构施工相关标准、规范修订积累了资料，为今后类似工程施工提供可借鉴的经验。

第一节　总体安装方案

国家体育场钢结构为特大型大跨度空间结构，构件自重产生的内力所占比例较大，钢结构施工顺序对结构构件在重力荷载作用下的内力将产生明显影响。为了满足国家体育场工程总工期的要求，按照施工组织总设计的部署，看台混凝土结构先行施工，钢结构随后进行施工。因此确定钢结构总体安装方案，协调钢结构安装与混凝土结构施工的关系，对保证混凝土看台连续施工、钢结构的顺利安装、室内装修工程及机电设备工程及时插入以及外围基座尽早施工具有重大的意义。

大跨度钢结构常用的安装方案有整体提升、滑移、分段吊装高空组拼方法（简称散装法）和局部整体提升等方式。针对国家体育场钢结构工程及其与其他分部工程之间的时间和空间关系，在钢结构安装方案的选择过程中对比考虑了上述四种方式。由于采用整体提升方案时看台混凝土部分不能先期施工，因而室内装修工程、机电设备工程无法提前插入，导致在总体工期上受到限制；采用滑移方案时，受到施工场地的限制以及面临的巨大技术挑战等因素，因此主要进行了散装法和局部提升法的比选。

1. 局部提升方案分析

国家体育场钢结构在原设计情况（存在开合屋盖）下研究确定的安装方案为局部整体提升加散装方案，即屋盖内环部分采用地面拼装整体提升到位，外环和立面钢结构采用分段吊装高空组拼（即散装法）。

调整初步设计后，设计将原有的钢结构活动屋盖取消，钢结构固定屋盖的“内环桁架”开口加大，平均向外增加约 20m。该“内环桁架”因平面尺度很大、截面板厚较设计修改前有较大减少，同时存在较大的高差，整体刚度较差，已经没有真正意义上的“内环桁架”。主结构设计修改前后变化情况如图 4-3。同时，由于钢屋盖内边界在东西侧已经扩大到一层看台的边线、南北侧到跑道的外侧，如果采取该方案（即采取在地面进行“内环桁架”的整体拼装、提升的方案）将对混凝土看台施工产生巨大影响。

另外，为了验证局部提升方案的可行性，进行了三种工

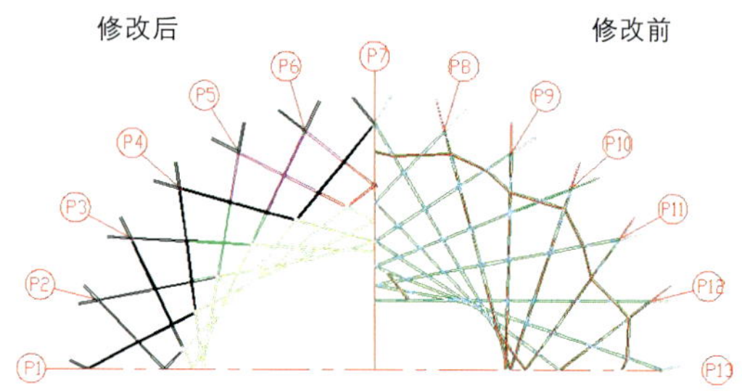

图 4-3 设计修改前后比较

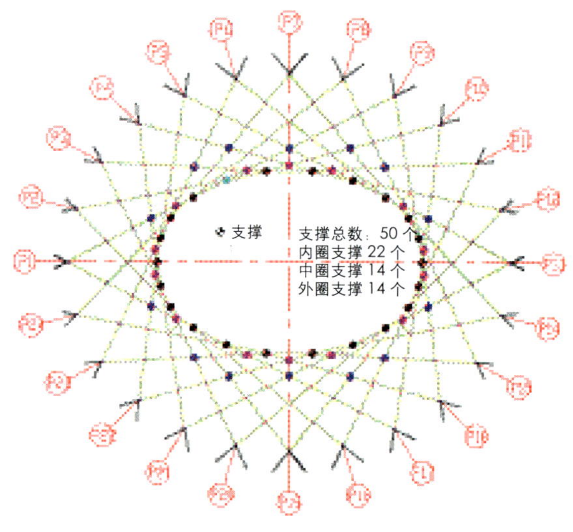

（a）散装方法一

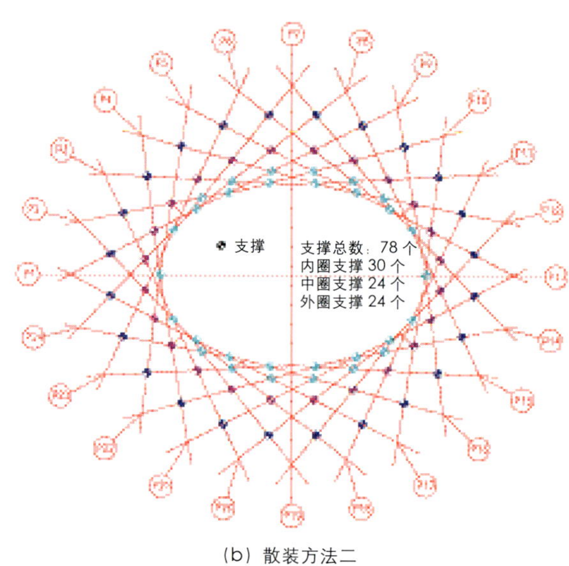

（b）散装方法二

图 4-4 支撑点布置图

况分析，即：一是内环局部提升部分整体提升工况分析，二是主桁架吊装工况分析，三是外圈主桁架吊装就位后工况分析。

根据分析结果知，内环整体提升及外圈主桁架吊装过程，各杆件变形均处于弹性变形范围内，其强度、刚度，稳定性均满足要求。但是，其内环整体提升块与外圈主桁架接口变形相对较大，约 50% 以上的接口错边超过《钢结构施工质量验收标准》（GB50205-2001）关于错边不大于 t/10 或 3mm 规定，对口错边问题很难解决。

综上所述，局部整体提升方案已不具有优势。因此，国家体育场钢结构安装工程不宜采用局部提升方案进行施工。

2. 高空散装方案分析

在进行"高空散装方案"分析时，根据工程特点分别进行了支撑点为 50 个（简称"散装方法一"）和支撑点为 78 个（简称"散装方法二"）两种安装方案的比较，支撑点布置如图 4-4。

散装方法一，总体上分为三个阶段五个区域：第一阶段安装 1、2 区域，即南北侧各 7 个立柱（含部分立面次结构）、部分内圈和主桁架；第二阶段安装 3 区域，即内环区域的剩余的主桁架，内环形成封闭区域；第三阶段安装 4、5 区域即东西侧各 5 个立柱（含部分立面次结构）和主桁架；主结构安装完成后进行肩部及顶面次结构安装；整体钢结构形成自承重体系后进行卸载工作，从而完成钢结构工程的施工。主结构安装顺序如图 4-5（a）。

散装方法二，总体上分为三个阶段八个区域：第一阶段安装 1、2 区域，即南北侧各 3 个立柱（含部分立面次结构）、部分内圈和主桁架；第二阶段安装 3、4 区域，即东西侧各 3 个立柱（含部分立面次结构）、部分内圈和主桁架；第三阶段安装 5、6、7、8 区域，即 4 个角区各 3 个立柱（含部分立面次结构）及剩余主桁架；主结构安装完成后进行肩部及顶面次结构安装；整体钢结构形成自承重体系后进行卸载工作，从而完成钢结构工程的施工。主结构安装顺序如图 4-5(b)。

这两种安装方法均为吊装时首先形成稳定单元，然后逐步分块、分区对称安装，其不同点为：

(1) 主桁架分段长度不同，方法一最大长度为 64m（从柱端至第三节点），方法二最大长度为 38.5m（第二至第四节点），对应的构件分段不同。

(2) 内环吊装分块不同，相应的高空组拼顺序不同、对混凝土施工的影响程度不同。

(3) 支撑点设置不同，方法一支撑数量 50 个，均在第三个节点以内，其中内圈 22 个、中圈 14 个、外圈 14 个；方

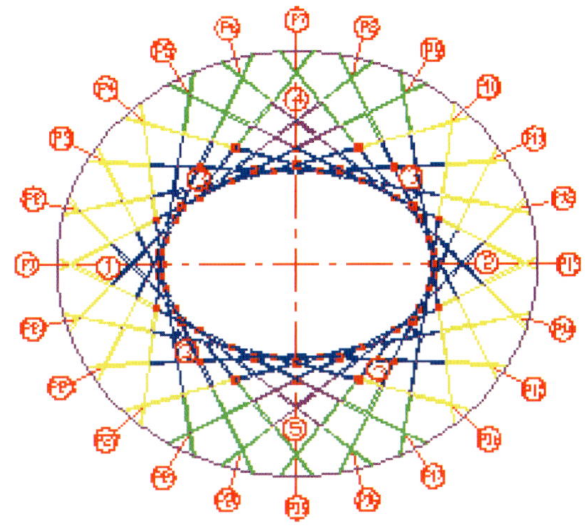

散装方法一（50 个支撑点）

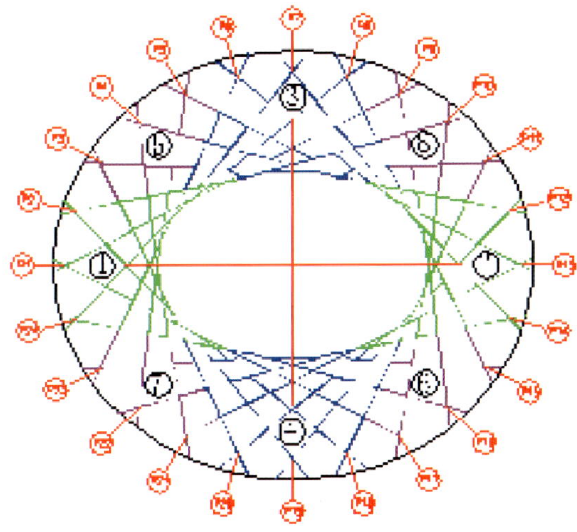

散装方法二（78 个支撑点）

图 4-5　主结构安装顺序

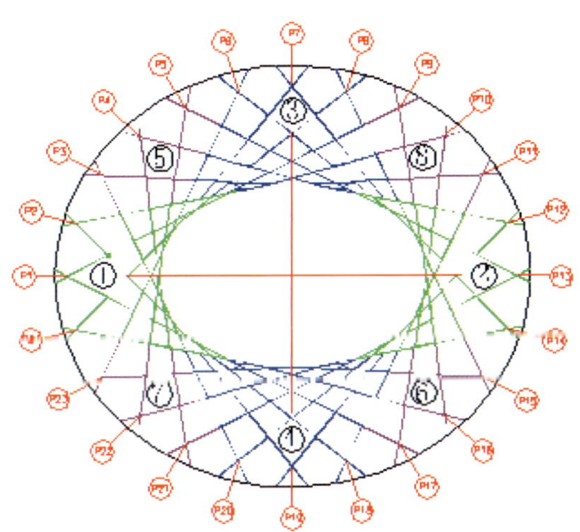

图 4-6　主结构安装顺序

法二支撑数量 78 个，其中内圈 30 个、中圈 24 个、外圈（第一节点处）24 个。

(4) 吊机选择不同，方法一外圈需要两台 1000t 履带吊、内圈需要两台 500t 履带吊，且工况不均衡；方法二外圈需要两台 800t 履带吊、内圈需要两台 600t 履带吊，工况基本均衡。

另外，根据工况分析结果知：

散装方法一，主桁架的最大吊装单元长 64m，其最大吊装变形为 5.9mm，发生悬臂端。该变形值超过《钢结构施工质量验收标准》（GB50205-2001）关于错边不大于 $t/10$ 或 3mm 规定，对口错边问题很难解决。

散装方法二，主桁架的最大吊装单元长 38.5m，其最大吊装变形为 2.5mm，发生悬臂端。在翻身、吊装整个过程中主桁架都不会产生永久变形，不会对结构产生不利影响；而且，对接口错边均满足《钢结构施工质量验收标准》（GB50205-2001）关于错边不大于 $t/10$ 或 3mm 规定。

3. 结论

由前面的分析结果知，如果采用“局部提升”方案，将会因接口错边问题给安装带来极大困难，不宜采用。而如果采用 78 个支撑点的“高空散装”方案，将会很好的解决高空对接口的错边问题，同时也不会影响到混凝土结构的施工，对总工期的保证非常有利。

因此，国家体育场钢结构工程最终选定 78 个支撑点的“高空散装”方案进行安装。即：主结构的安装顺序遵循对称同步、尽早形成安装区域局部稳定的原则。总体上分为三个阶段八个区域：第一阶段安装 1、2 区域，即南北侧各 3 根柱 (含部分立面次结构)、部分内圈和主桁架；第二阶段安装 3、4 区域，即东西侧各 3 根柱 (含部分立面次结构)、部分内圈和主桁架；第三阶段安装 5、6、7、8 区域，即 4 个角区各 3 根柱 (含部分立面次结构) 及剩余主桁架。

主体钢结构合拢后进行支撑卸载工作，卸载后进行肩部及顶面次结构安装，从而完成钢结构工程的施工。主结构安装顺序如图 4-6。

根据总体安装方案，主钢结构共分为 230 个吊装单元。其中，桁架柱 48 个吊装单元、主桁架 182 个吊装单元，如图 4-7 所示。

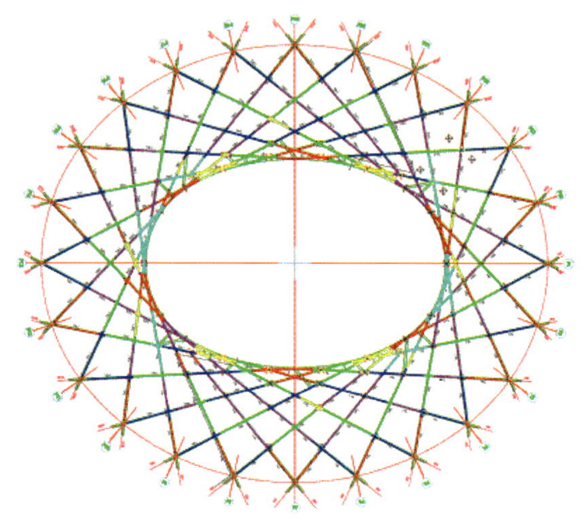
图 4-7　主结构吊装分段

第二节　箱型弯扭构件加工制作技术

1. 工程背景

为了编织“鸟巢”独特的建筑造型，肩部钢结构全部采用了弯扭构件，其断面基本为 1200mm×1200mm，材质涉及 Q345C、Q345D、Q345GJD，板厚涉及 10~60mm，总用钢量约 14000t，如图 4-8。

如此大截面、厚板箱型弯扭构件制作，国内外钢结构制作厂均无成熟的施工经验。而且，国内外绘图软件无一同时具备箱型空间弯扭构件三维建模及展平放样功能。兼之，本工程的弯扭构件形状复杂多变、设计单位只提供控制点空间坐标，无确定构形方程，且工期紧张。因此，如何制备满足设计要求的箱型弯扭构件成为“鸟巢”钢结构工程的关键。

为此，北京城建集团国家体育场工程总承包部成立课题组进行专题研究，研究开发出满足设计要求的箱型构件的三维建模及展平放样软件，并结合钢结构加工厂自身条件开发出满足需要的弯扭板件多点无模成形及三辊卷板成形综合技术，为箱形弯扭构件制作奠定了坚实的基础。

2. 箱型弯扭构件三维建模及壁板展平放样软件开发

在进行弯扭构件三维建模及壁板展平放样软件开发时，分别从箱型弯扭构件成形原理、软件架构分析、三维建模及展平放样软件开发等方面进行了研究。

软件的整体架构如图 4-9 所示。

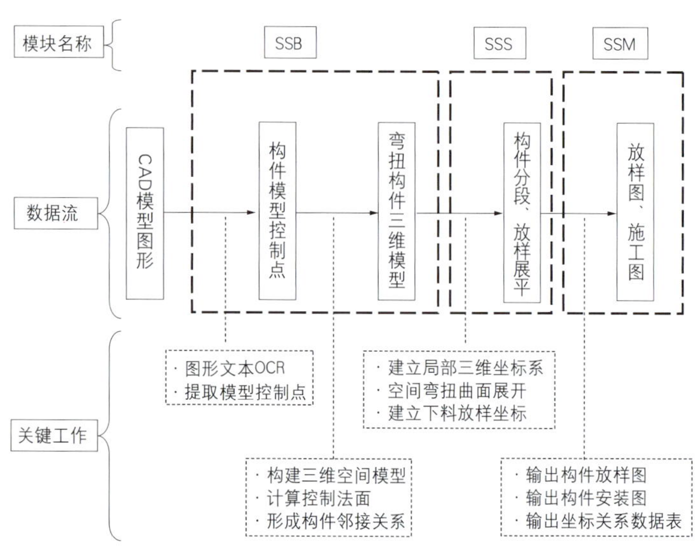

图 4-9　软件架构

图 4-8　鸟巢钢结构实景

在进行三维建模软件开发时，根据箱型弯扭构件的成型特征，采用三次 B 样条函数来拟合弯扭构件的四条棱线。三次 B 样条在一个片断上的 B 样条的表达式为：

$$S_i\ (t)\ =\sum_{k=0}^{3}=P_{i-3+k}b_{i-3+k,3}\ (t)\ ,t\in\ [0,1]$$

拟合形成的弯扭构件的四条棱线与设计值相比较，在 10m 长的曲线上，最大误差不到 0.2mm，可以认为完全吻合。图 4-10 为软件生成的某典型弯扭构件的三维建模图。

箱型弯扭构件壁板展平放样软件开发时，利用“单参数平面族包络曲面必可展的原理”和“可展面保角保长原理”在面积保持不变的前提下，对弯扭曲面沿短向进行划分，然后再对展开后的曲面进行拼装，最终得到原始弯扭曲面的展平放样。图 4-11 为弯扭构件展平放样控制对话框。

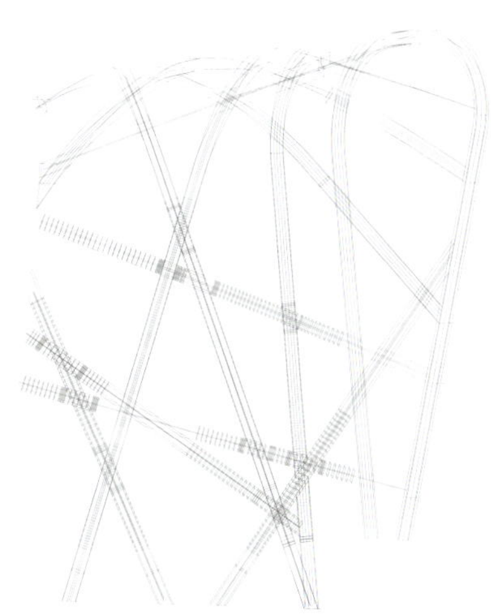

图 4-10　某三维建模图

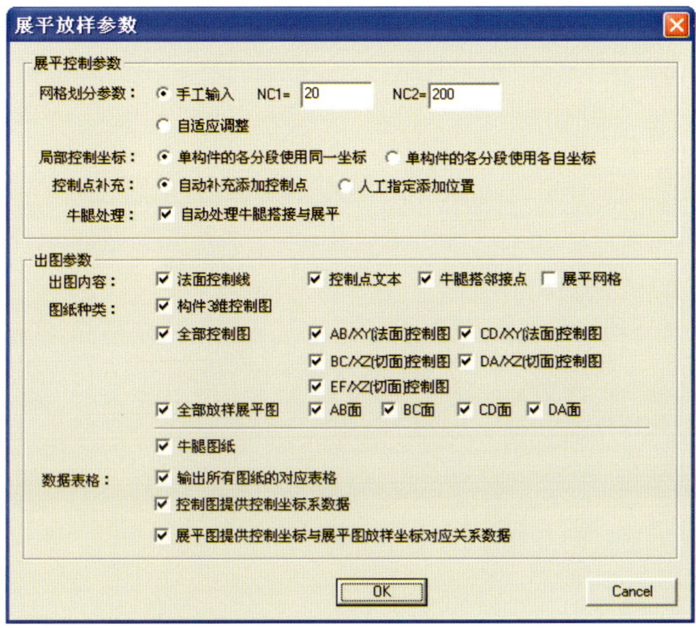

图 4-11　展平放样控制框图

3. 弯扭板件成形综合技术研究

弯扭板成形技术研究时，坚持两条腿走路：一方面进行弯扭板件无模成形技术研究，另一方面进行三辊卷板成形技术研究，确保国家体育场钢结构工程箱型弯扭构件加工制作零风险。

3.1 弯扭板件多点无模成形技术

研究时，根据国家体育场箱型弯扭构件加工需要，在浙江精工钢结构有限公司现有加工设备的基础上开发出大吨位、大厚板、异形件的多点无模成形设备，并开发出无模成形专用控制软件及无模成形工艺参数。

3.1.1 无模成形设备及专用软件开发

设备研发时，基于多点压制成形理论，采用无缺陷弹性垫技术，有效地抑制压痕、起皱等成形缺陷，提高成形件的表面质量；利用多点成形柔性化的特点，采用反复成形工艺方法，减小工件的回弹及材料内部的残余应力，实现板材小回弹或无回弹成形；采用分段成形技术，优化过渡区成形模型，进行大变形量、大尺寸零件的成形，实现小设备成形大工件，并使无模成形设备小型化；采用多道成形技术，对于变形量很大的制品，选取最佳路径多道成形，使成形过程中板材各部分变形尽量均匀，以消除起皱等成形缺陷，提高板材的成形能力；采用闭环成形技术，使自动控制技术与 CAM、CAD 结合起来，对成形后的工件进行三维测量，将测量的数据反馈到 CAD 系统，经过控制算法运算后，计算出基本体群形状的修正量，传递给控制系统再次成形，如此反复最终达到精确的目标形状。开发出 CAD 模型驱动的多点无模成形设备，主要包括多点成形 CAD/CAM 软件、控

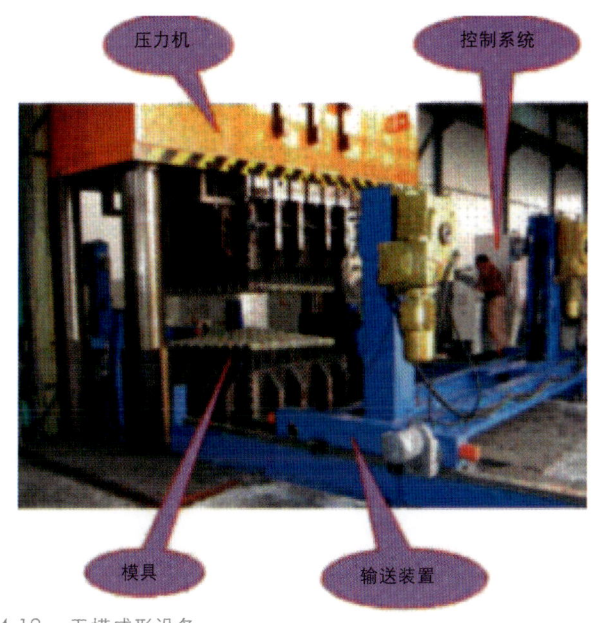

图 4-12　无模成形设备

图 4-13　基本群体

无模成形工艺参数　　表 4-3

序号	板厚 (mm)	参考系数 k	回弹系数 m	参考成形压力 P（MPa）
1	60	1.3~1.4	1.8	10~12
2	50	1.3~1.5	1.8	9~10
3	42	1.5~1.6	1.6	7~9
4	36	1.6~1.8	2.0	7~9
5	30	1.5~1.7	2.6	5~6
6	25	1.9~2.1	2.8	5~6
7	20	2.0~2.2	3.3	4~5
8	18	2.1~2.3	3.3	4~5
9	16	2.3~2.5	3.4	3~4
10	14	2.3~2.5	3.5	3~4
11	12	2.4~2.6	3.5	2~3
12	10	2.4~2.6	3.5	2~3

制系统、上下基本体群及成形压力机。图 4-12 为研究开发出的无模成形设备。

其中，上下基本体群是该设备的核心部分，其由 9×9×2 个基本体构成，每个基本体的横截面积为 150mm×150mm，一次成形面积 1350mm×1350mm。每个基本体均有一套数控驱动装置，其高度可由计算机任意控制。为保证基本体群与被压制成形件之间的良好接触，基本体端部设计成半球形，端部带有聚氨酯垫，抑制成形过程中压痕的产生。基本群体如图 4-13 所示。

专用软件系统原理如图 4-14 所示。其基本过程主要是通过对成形板件的各个空间点进行坐标采集，通过计算机技术对所采集的数据进行自动拟合，生成一定的电信号传输给冲头的控制系统实现调整每个冲头的空间位置。

3.1.2 弯扭板件无模成形工艺参数

要将平板压成弯扭状态必然对上下冲头中间部位的钢板施加足够的力使之产生塑性变形，从而使平板压成满足要求的弯扭板件。而在压制过程中如果施加力过大或不均匀，则会降低钢板的延性。因此，必须选择合理的工艺参数，确保钢板力学性能不降低的前提下获得满足设计要求的弯扭程度的板件。为此，按照国家体育场钢结构工程弯扭构件的厚板规格共进行了钢板厚度为 10mm、12mm、14mm、16mm、18mm、20mm、25mm、30mm、36mm、42mm、50mm 和 60mm 共计 12 组试验。依据试验结果，经回归分析、整理，最终获得满足国家体育场工程需要的弯扭板件的无模成形工艺参数，如表 4-3 所示。

另外，为了检查上下冲头加载过程中对钢板力学性能及表面硬度等的影响，进行了无模成形与折弯成形对比试验研究。试验结果表明，无模成型工艺压制的弯扭板件具有构件成型美观、工艺尺寸准确、应变分配合理、过渡均匀等优点，特别在塑性损失控制上具有明显优势。

3.2 三辊卷板成形技术

根据国家体育场工程箱型弯扭构件的特点，结合江苏沪宁钢机股份有限公司现有设备情况，研究开发了三辊卷板机卷制成型工艺及油压机整形、弯扭板件成形质量检查等箱型弯扭构件的制作工艺技术。图 4-15 为三辊卷板成形图片。

4. 弯扭构件制作技术

4.1 关键制作工艺

箱型弯扭构件的制作工艺如下：

（1）胎架设置：制作胎架时，必须保证模板上口线形与构件表面外形的一致性，并有效地增加构件焊接过程中抗焊接变形的临时刚度。图 4-16 为弯扭构件组装胎架图。

（2）弯扭构件组装步骤一：将成形加工好的箱体下翼缘板吊上组装胎架进行定位，箱体壁板应与胎架模板上口紧贴，其间隙应控制在 1mm 以内，然后与胎架固定。如图 4-17。

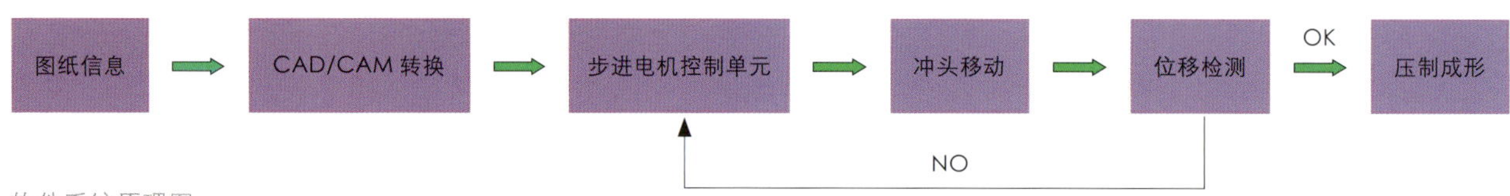

图 4-14　软件系统原理图

辊扎过程状态

辊扎结束状态

油压机整形状态

图 4-15　三辊卷板成形

图 4-16　弯扭构件组装胎架

图 4-17　组装步骤一

图 4-18　钢构件工厂加工

图 4-19　钢构件工厂组装

（3）弯扭构件组装步骤二：下翼缘板定位后，吊上箱体内部的加劲肋板和腹板，与下翼缘进行固定，加劲肋、腹板安装定位时必须正对下翼缘上的位置线，并检查与壁板的安装间隙，定位后提交检查员验收，验收合格后先进行箱体内部的焊接，焊接时先焊箱体加劲肋的立焊焊缝，后焊平焊焊缝，再焊壁板间的纵向焊缝。如图 4-18。

（4）弯扭构件组装步骤三：箱体内部焊接并检验合格后，进行封板（即装上翼缘板），封板同样必须保证与加劲肋的安装间隙，进行翻身后再焊，焊后校正测量。如图 4-19。

4.2 成形质量检查技术

4.2.1 检验标准

由于现行国家规范、标准及规程对弯扭构件验收均无相关规定，在充分调研基础上，制定出国家体育场钢结构工程弯扭构件的验收标准，并编入《国家体育场钢结构施工质量验收标准》(JQB-046-2005)。具体规定为：加工矫正后的弯扭构件边弧线光顺、无突变，弯曲矢高允许偏差不大于L/1000，且满足10mm。弯扭构件外形尺寸允许偏差详见表4-4。

弯扭构件外形尺寸的允许偏差（mm）　　表4-4

项目		允许偏差	图例
构件扭曲		5.0	
构件截面尺寸（b×h）	连接处（二端头）	±3.0	
	中间	±4.0	
二端面	平面度	2.0	
	四角垂直度	3.0	
	二对角线差	3.0	
	板件正截面直线度	b/300	
表面形状	四角弧度光顺、曲面平滑		

4.2.2 检查方法

为了检验弯扭板件及弯扭构件的成形质量，除采用传统的样箱法（图4-20）进行质量检查外，还将Metro In工业三维测量系统首次引入建筑钢结构加工质量检查过程中，开发出弯扭板件及箱型弯扭构件成形质量检查的三维坐标测量系统，该测量系统测量示意图如图4-21。

4.2.3 板件和构件质量结果

无模成形工艺和三辊卷板工艺成形的弯扭板件以及构件

图4-20　采用样箱进行弯扭板件质量检查

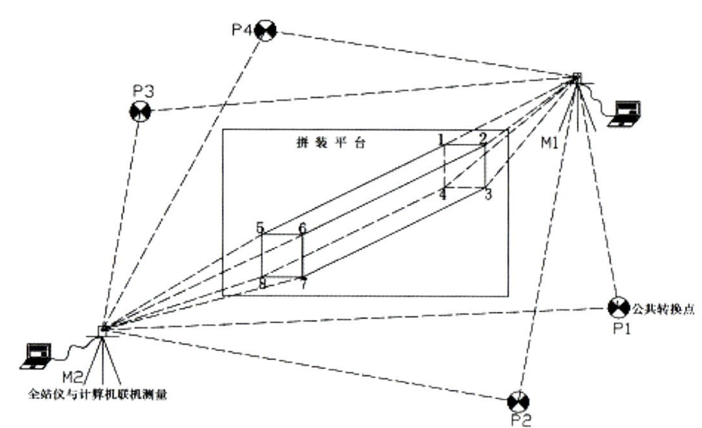

图4-21　三维测量系统进行构件测量示意图

实测数据与理论数据的最大误差为2mm，符合国家体育场钢结构验收标准关于弯扭构件外形尺寸的允许偏差5mm的要求。

5. 小结

利用本课题研究开发的箱型弯扭构件三维建模及展平放样软件，国家体育场工程箱型弯扭构件加工详图设计工作历时约5个月，出图约6000张，完全满足弯扭构件制作的精度和进度要求；利用本课题研究开发的弯扭板件的多点无模成型技术和三辊卷板成型技术，国家体育场钢结构工程弯扭构件的制作工作历时约4个月，加工总量约14000t，很好保证了工程的整体进度。

2007年2月1日，由北京市建设委员会主持召开了"国家体育场钢结构工程箱型弯扭构件及多向微扭节点制作技术及应用研究"科技成果鉴定会，鉴定结论：本研究项目在箱型弯扭构件及多向微扭节点的三维建模及展平放样软件开发、弯扭板件的多点无模成形及三辊卷板成形技术、弯扭构件及多向微扭节点加工制作工艺及其成品质量检查等方面进行了深入的研究，总结出成套箱型弯扭构件及多向微扭节点综合制作技术；研究成果已应用于国家体育场钢结构工程的弯扭构件及多向微扭节点制作施工中，符合设计要求和验收标准，满足了工程建设需要；本项目研究成果在建筑钢结构制作领域的推广应用具有重要意义，技术成果资料可供相关国家技术标准修订时参考；大断面复杂箱型弯扭构件及多向微扭节点首次大规模成功应用于建筑钢结构工程，在建筑钢结构制作领域填补了国内外空白，达到了国际领先水平。

在本课题研究成果基础上形成了国家级工法《箱型空间弯扭钢结构构件加工制作工法》和发明专利。

第三节　钢结构安装技术

1. 工程背景

国家体育场钢结构工程由 24 根桁架柱与 48 榀主桁架围绕着体育场内部碗状看台区旋转而成。这 24 根桁架柱和 48 榀主桁架作为编织“鸟巢”钢结构的“纲”形成国家体育场主钢结构，与次钢结构交织形成浑然天成的“鸟巢”建筑造型，总用钢量约 42000t。主钢结构构件体型大、单体重量重，构件翻身、吊装难度大；桁架柱最大外形尺寸达 25m×20m×68.5m，每延米最重达 10t，主桁架高度 12m，双榀贯通最大跨度约 260m，每延米重约 2~3t。次结构壁薄、断面尺寸大，且顶面及肩部次结构在主结构卸载后安装，如何保证对接口质量难度特别大。采取何种技术吊装完成如此体型庞大、对接口数量多、构件异形、构件翻身和吊装难度巨大的工程，国内外均无成功经验可借鉴。

2. 主次结构安装技术研究

2.1　工况分析

2.1.1 桁架柱安装

为了保证桁架柱的安装质量，根据其结构特点分别进行不采取稳固措施、加设临时支撑、加设临时支撑和水平拉杆三种工况分析，变形如图 4-22，分析结果如表 4-5。

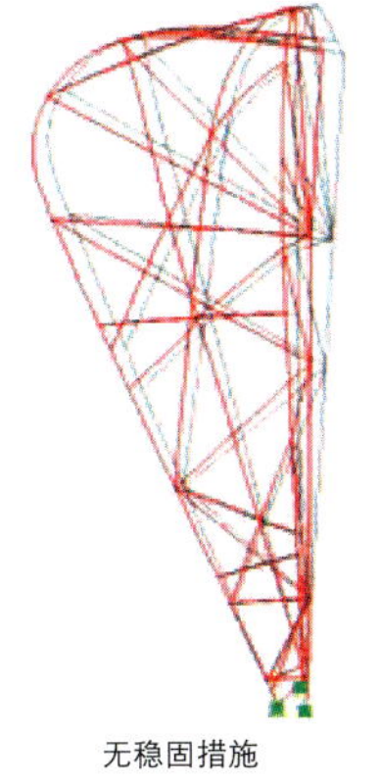
无稳固措施

加临时支撑

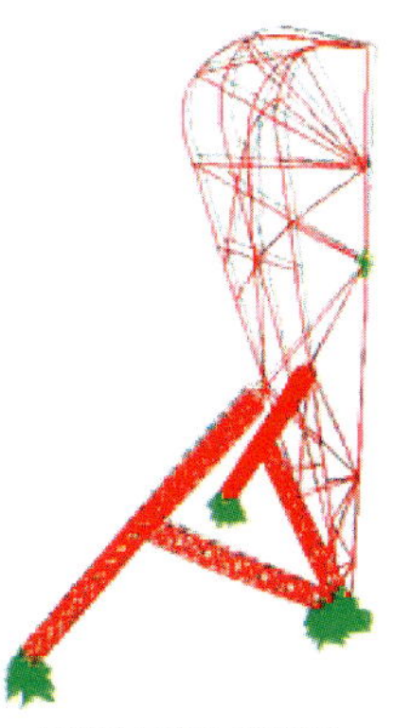
加临时支撑和水平拉杆

图 4-22　变形分析

主桁架翻身及吊起过程中最大应力及变形　　表 4-6

翻身角度	最大应力	最大变形
5°	13N/mm，发生在下弦中部	2.5mm，发生上弦端部
25°	12N/mm，发生在下弦中部	1.9mm，发生上弦端部
35°	13N/mm，发生在下弦中部	1.8mm，发生上弦端部
45°	13N/mm，发生在下弦中部	1.5mm，发生上弦端部
60°	12N/mm，发生在下弦中部	1.1mm，发生上弦端部
90°	9N/mm，发生在下弦中部	0.6mm，发生上弦端部

分析结果表明：桁架柱安装时需要在下柱安装完成后加设临时支撑，并在下柱上接口位置设置刚性水平拉杆。

2.1.2 主桁架安装

为了保证主桁架的安装质量，安装前对典型主桁架吊装单元分别对翻身和吊起状态进行了工况分析，图 4-23、图 4-24 为变形及应力图，计算结果如表 4-6 所示。

分析结果表明，在翻身吊装的过程中，其最大应力为 13N/mm^2，最大位移 为 2.5mm。因此在翻身、吊装整个过程中主桁架均只产生微小弹性变形，不会对结构产生不利影响。

2.1.3 次结构安装

为了保证次结构的安装质量，分别选择典型部位构件进行吊装方式和吊装顺序的工况分析。

吊装方式研究时，共选择了四类典型安装单元，分别考虑吊绳平行和吊绳交于一点两种吊装方法，工况计算表明：单个构件的吊装可以采用吊绳平行的扁担式吊装，也可以采用吊绳交于一点的吊装方式，两种方式下构件的变形和内力均满足施工精度的要求。综合考虑技术可靠性和经济性，推荐采用吊绳交于一点的吊装方式。

吊装顺序研究时，选取 3 个典型的次结构区格（如图 4-25）。其中，区格一、二分别按照分步吊装、整体吊装两种工况进行分析，其相应的竖向变形及应力分布如图 4-26 ~ 图 4-28。3 个典型区格的分析结果统计如表 4-7。

桁架柱工况分析结果（mm）　　表 4-5

工况	柱顶最大位移			柱顶与主桁架上弦接口变形			柱顶与主桁架下弦接口变形		
	ux	uy	uz	ux	uy	uz	ux	uy	uz
无稳固措施	-53	172	-61	-60	146	1	-47	116	1
加设临时支撑	-9	39	-7	-6	37	0	-5	28	0
加临时支撑和水平拉杆	-7	5	-3	-5	4	0	-4	2	0

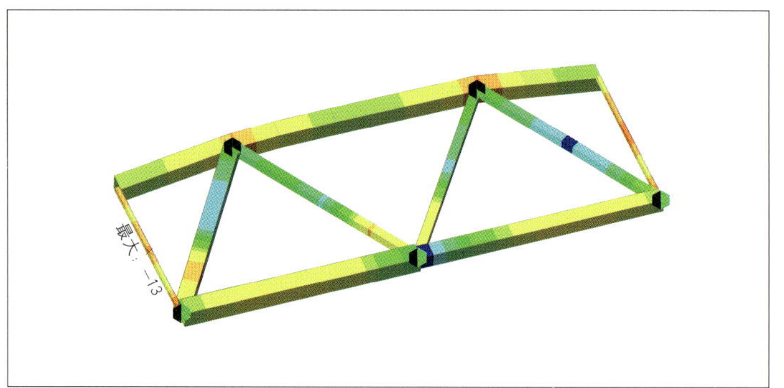

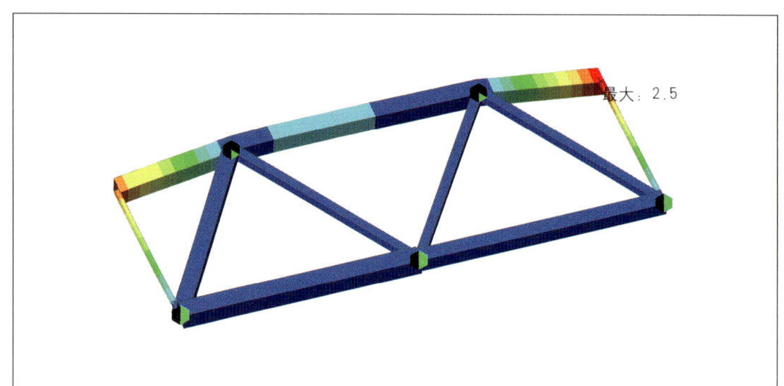

翻身 5°

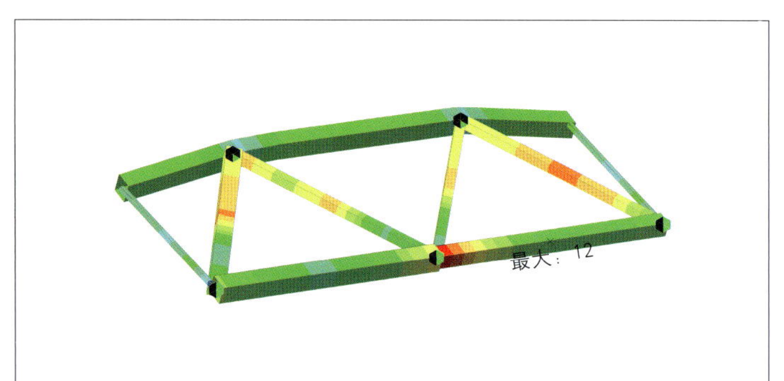

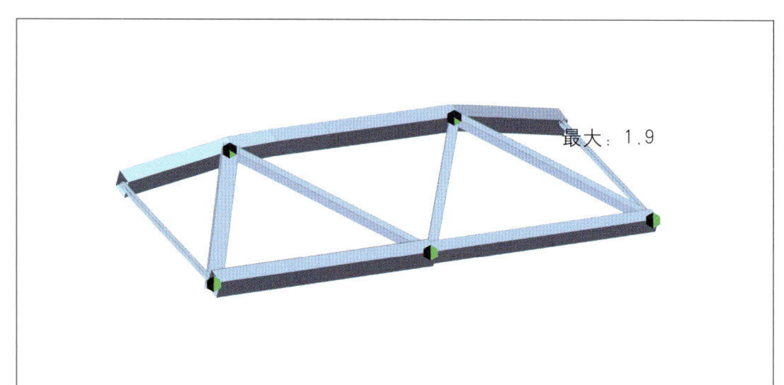

翻身 25°

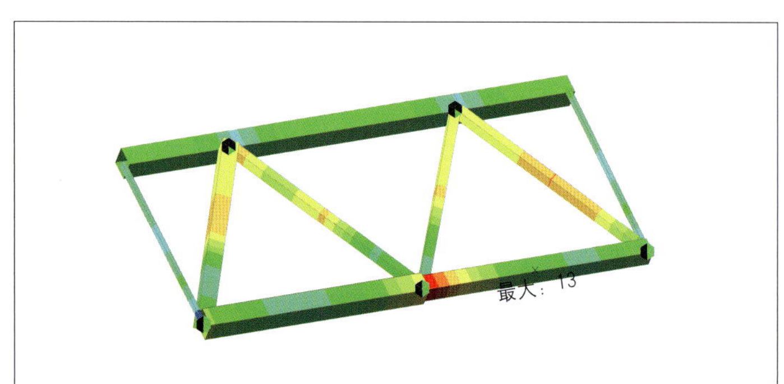

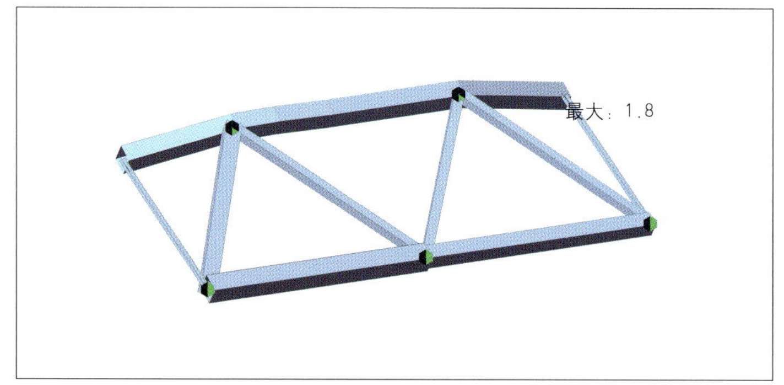

翻身 35°

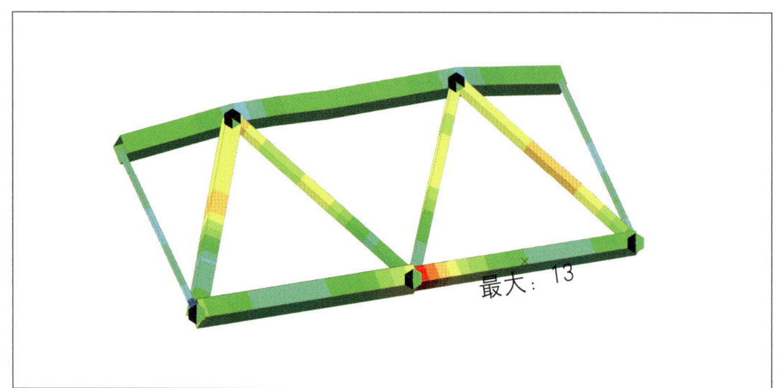

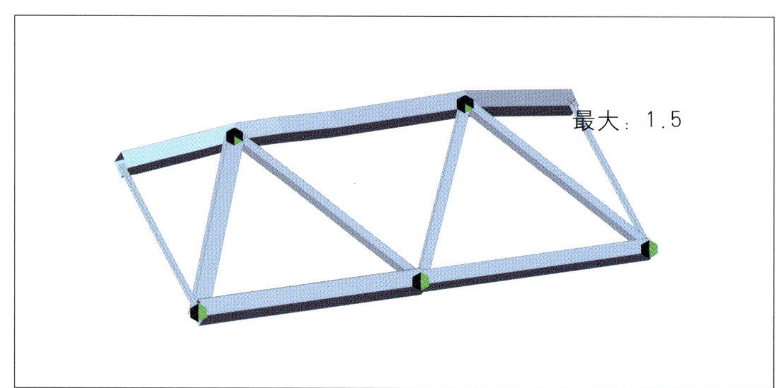

翻身 45°

图 4-23　桁架翻身吊装过程的应力和变形计算结果（一）

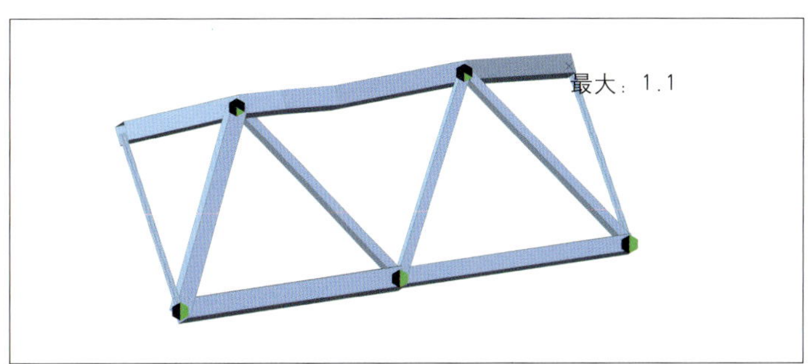

翻身 60°

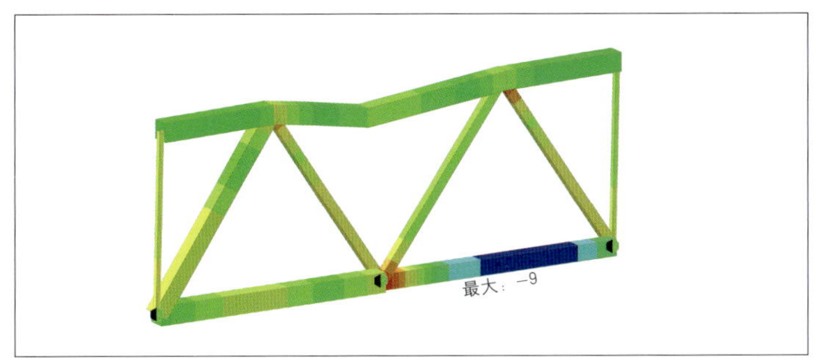

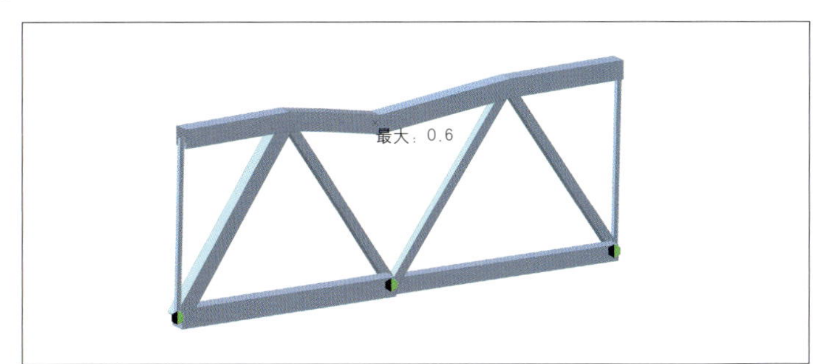

起板完成

图 4-24　桁架翻身吊装过程的应力和变形计算结果（二）

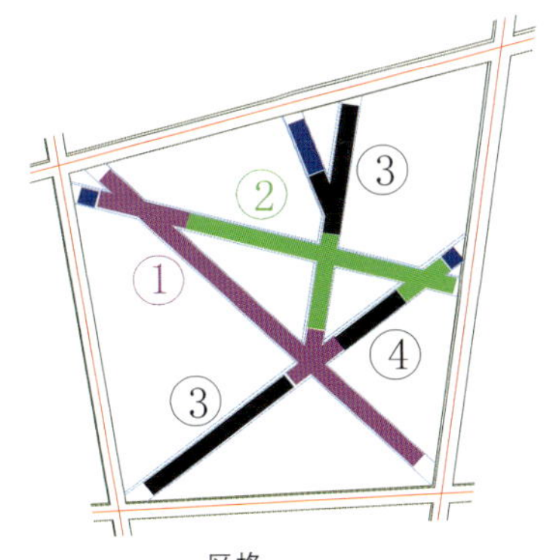

区格一

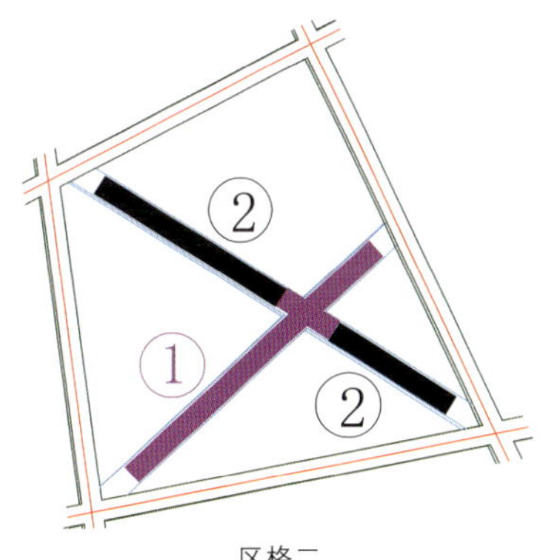

区格二

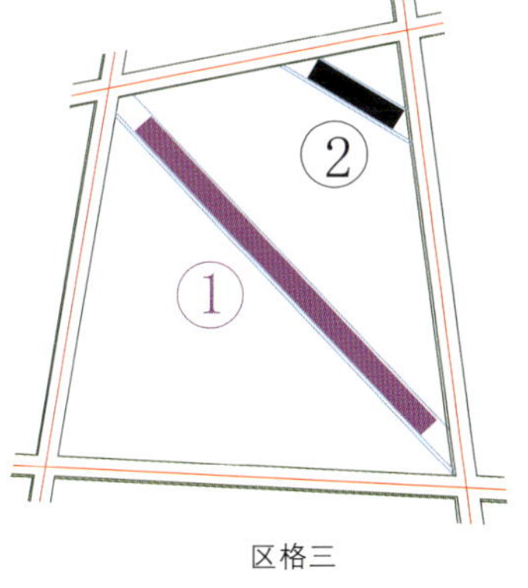

区格三

图 4-25　典型区格（①～④为安装顺序）

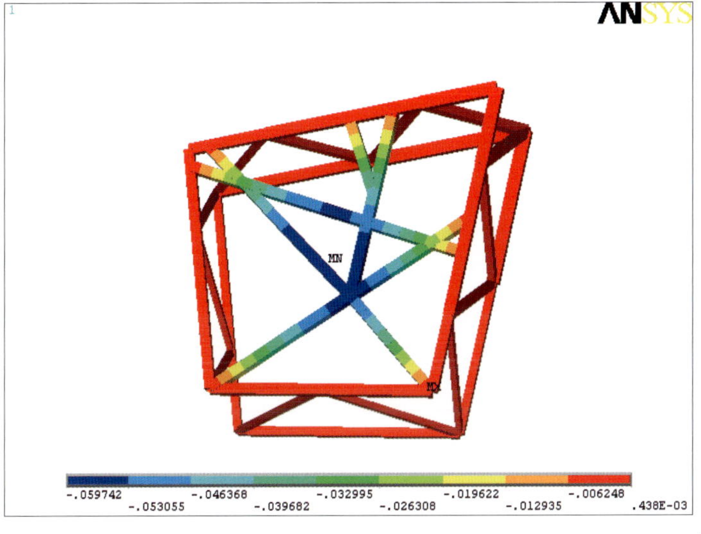

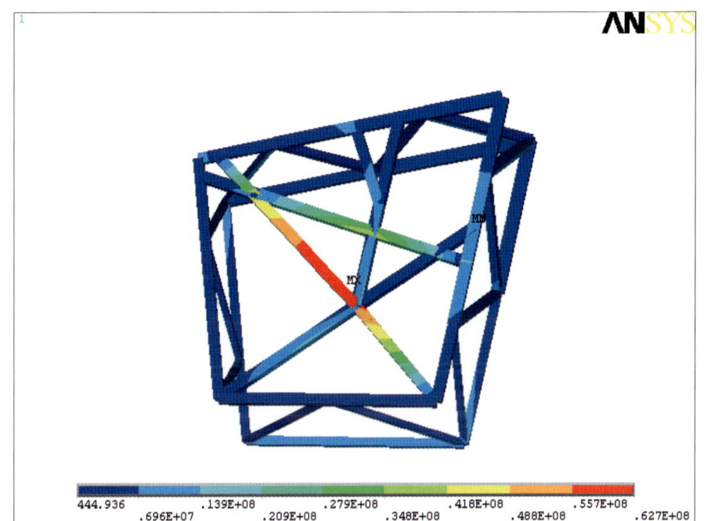

分步吊装

图 4-26　区格一竖向变形、等效应力分布（一）

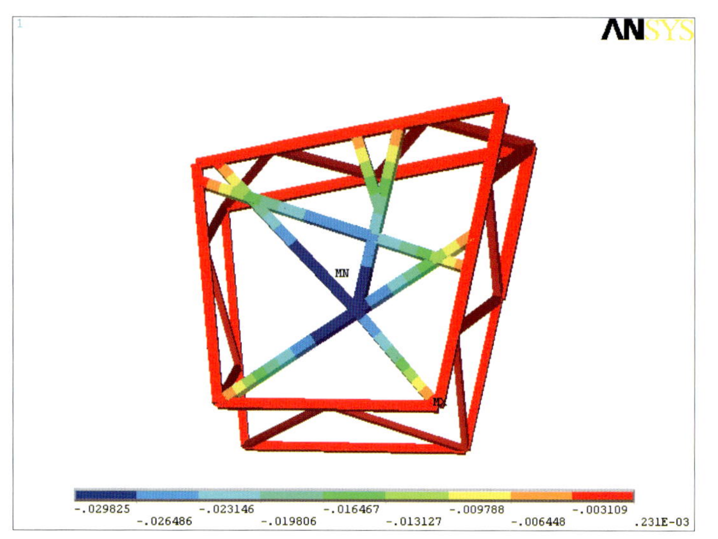

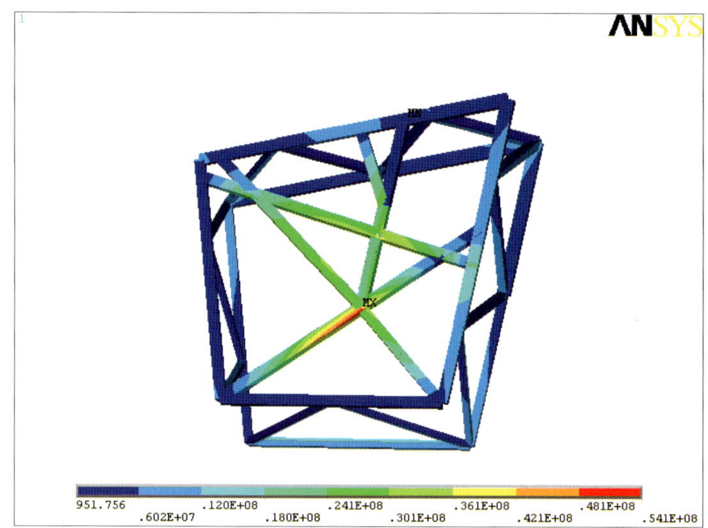

整体吊装

图 4-27 区格一竖向变形、等效应力分布（二）

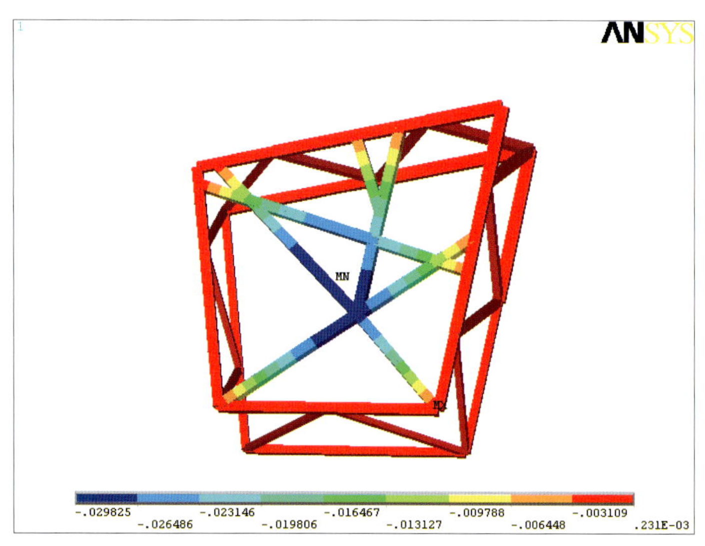

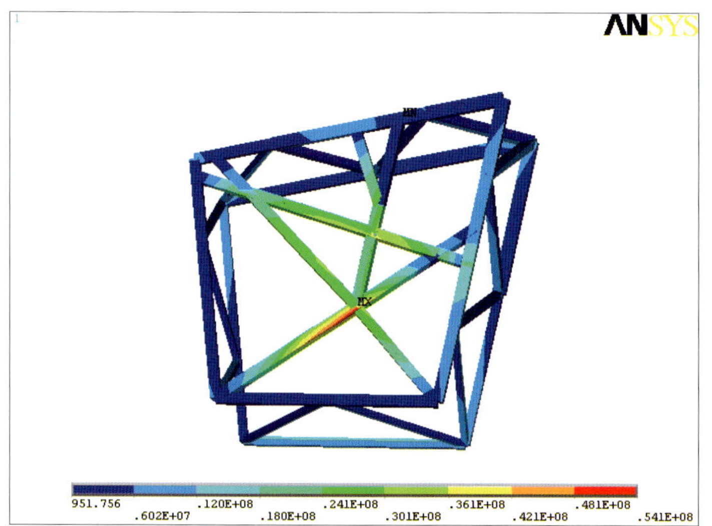

分步吊装

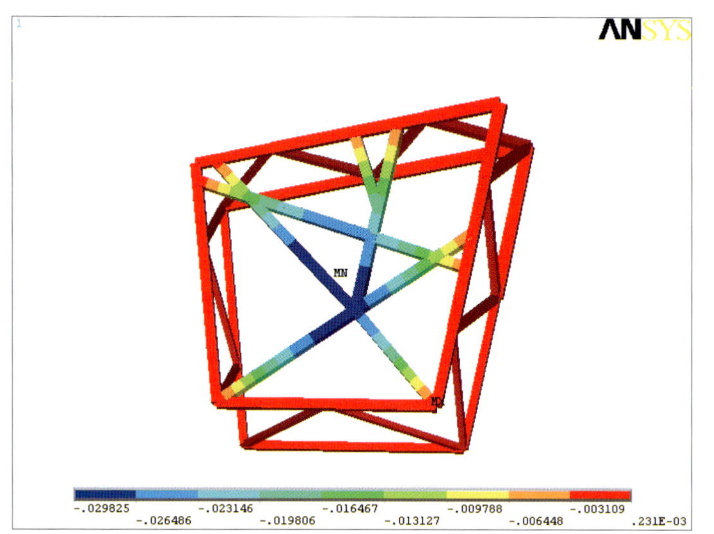

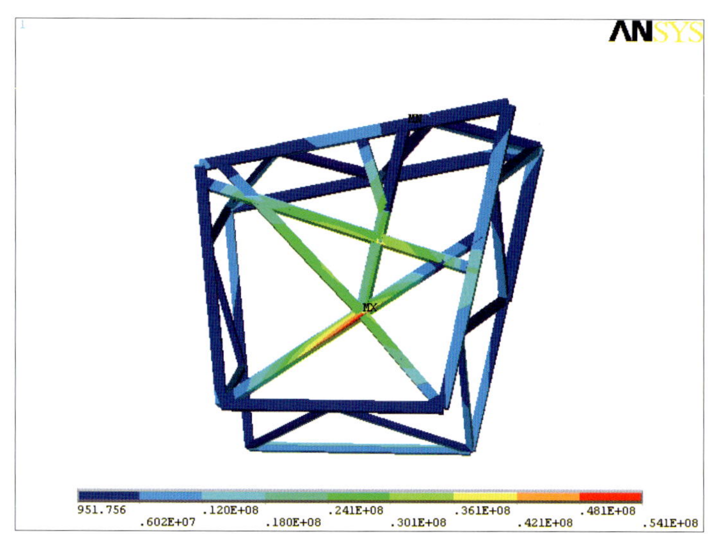

整体吊装

图 4-28 区格二竖向变形、等效应力分布

典型区格分析结果 表 4-7

分析工况		最大竖向变形 (mm)	最大应力 (MPa)	最大轴向位移 (mm)	最大侧向位移 (mm)	最大扭转角 (°)
区格一	分步吊装	59.7(1/525)	62.7	2.38	4.08	0.233
	整体吊装	29.8(1/1050)	54.1	1.61	3.54	0.084
区格二	分步吊装	10.8(1/1925)	25.3	0.47	1.03	0.047
	整体吊装	9.3(1/2235)	21.6	0.43	1.02	0.042
区格三		17.1(1/1505)	25.5	0.027	0	0

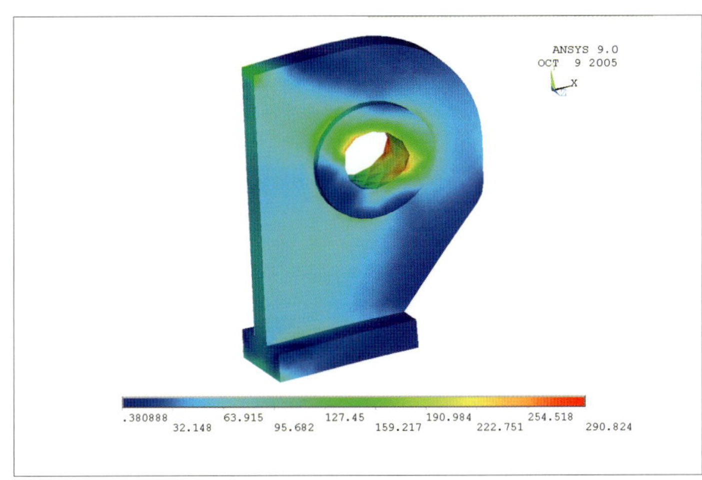

等效应力

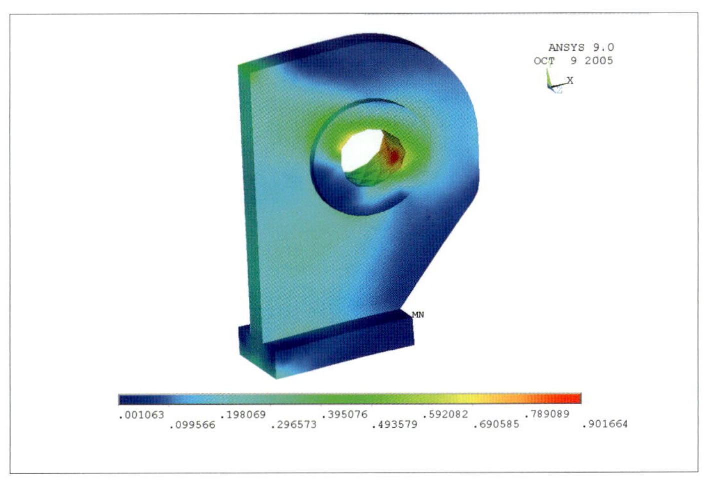

应力比

图 4-29 板式吊耳

从以上计算结果可以看出，次结构采用分步安装和整体安装的安装方法对接口偏差值的影响均很小，在安装施工中可以不考虑；同时次结构跨中挠度变形比较小，安装过程中可不进行预起拱，也不需要加装安装工装。

2.2 异形复杂结构吊装技术

2.2.1 异形复杂结构重心确定

桁架柱及主桁架吊装单元结构异形、形状复杂，确定吊装重心难度大。为了确定吊装单元重心，将结构的三维轴线模型导入计算机有限元分析软件中，定义结构所有杆件的各种材料属性，并对构件施加重力加速度，然后利用力矩平衡原理即可求得重心位置。

$\sum MY=(R1\times X1+R2\times X2+R3\times X3)+G\times Gx=0$

$\sum MX=(R1\times Y1+R2\times Y2+R3\times Y3)+G\times Gy=0$

$\sum MZ=(RZ1\times X1+RZ2\times X2+RZ3\times X3)+G\times Gz=0$

2.2.2 重型吊耳设计

为降低组装难度，桁架柱地面组拼时采用卧拼法进行拼装，其吊装前首先要进行构件翻身作业，这直接导致各吊点在构件翻身和吊装时的受力大，且需要考虑三向受力。

为满足国家体育场大型异形构件吊装需要，共研究总结出脱胎吊耳和翻身吊耳两种形式。其中，脱胎吊耳在脱胎过程中受力方向不改变，设计成板式吊耳，图 4-29 为其分析结果；翻身吊耳在翻身过程中受力方向不断在改变，设计成管式吊耳，并且吊耳的长度留有适当的余量可供多点周转使用，图 4-30 为其分析结果。

2.2.3 安装稳固措施

桁架柱头重脚轻、稳定性差，根据工况分析结果需要加设支撑和水平拉杆。实际施工时，在下柱安装完成后立即在下柱的上接口立即设置刚性水平拉杆，并在上柱安装就位后立即在柱顶拉设缆风，很好解决了桁架柱的稳固问题。如图 4-31 所示。

主桁架安装高度高、风载较大，在未形成分块稳定单元之前，主桁架分段安装单元的侧向稳定性较差，为保证主桁架的安装精确、保证施工过程的安全性，采取如下安装稳固措施：根据工程特点选择合理的安装顺序，先进行内环南北两个最大立体主桁架安装单元的吊装，然后按照确定的安装顺序进行其他相关联的主桁架安装单元的吊装，调整就位后立即进行相连对接接口的焊接，以保证主桁架的平面外稳定性，如图 4-32 所示。其中，南北两个最大立体主桁架安装单元吊装完成并调整就位后，立即采用刚性支撑进行加固，以保证其稳定性。

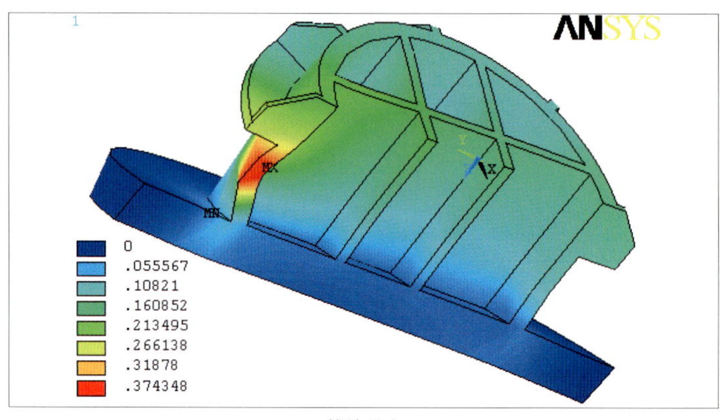

等效应力

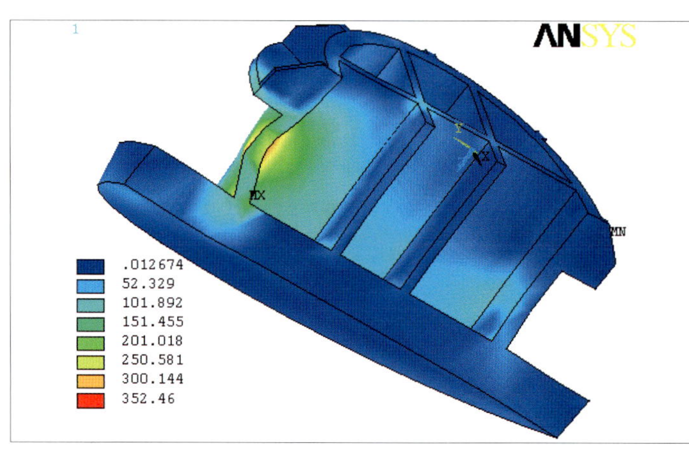

第一主应力

图 4-30　管式吊耳

图 4-31　桁架柱稳固措施

首个主桁架单元

其余主桁架单元

图 4-32　主桁架稳固措施

2.2.4 接口偏差调整措施研究

接口偏差调整研究主要区分两类：一是主结构连接接口，包括桁架柱与桁架柱、桁架柱与主桁架、主桁架与主桁架等三种连接部位接口，共 1440 个；二是次结构连接接口，包括顶面次结构与主桁架、立面及肩部次结构与桁架柱、次结构与次结构等三种部位接口，共 2560 个。接口主要难点为：构件对接接口多，最多有 26 个对接口与相邻构件连接；全部为箱形断面，构件安装方向性强；肩部及顶面次结构在卸载后安装，加工与安装的位形不一致；体形大、造型复杂，加工安装时间跨度长，各种误差累积及温度影响均体现在对接偏差上。

（1）主结构连接接口偏差

主要是由于拼装及安装过程中误差累积造成的，相对较小。结合以往工程经验，其偏差调整措施主要为：一是地面预组装，即整体或相邻吊装单元拼装完成后再分段吊装（图 4-33、图 4-34）；二是通过卡码临时固定，再用千斤顶微调。

桁架柱外柱水平

菱形内柱水平

图 4-33　桁架柱地面拼装

（2）次结构连接接口偏差

主要从接口变形工况分析、接口偏差调整措施、整体拼装及测量测控等方面进行了深入研究。

1）工况分析

为了研究卸载对次结构连接接口的具体影响，采用次结构与主结构的搭接模型，进行有限元分析。搭接模型为：将次结构与主结构连接处的节点 Z 向（竖向）自由度耦合，Z 向只承受压力，X、Y 向自由度释放。

计算结果表明，支撑卸载对次结构连接接口产生的最大轴向位移差为 11.38mm，最大侧向位移差为 18.06mm，最大竖向位移差为 3.87mm，最大轴向扭转角为 0.149°。

根据分析结果，次结构连接接口因支撑卸载及自重产生的偏差比较小，卸载前的位形可以作为构件加工制作依据；所产生的偏差可以通过采取合理接口形式解决，而不需采用后装段方式处理。

2）调整偏差接口形式对比

安装接口偏差主要有轴向变形、扭转变形、焊口错边及其组合等类型。针对这一现状，结合以往工程实践共对 8 种接口形式进行了分析比较，最终确定次结构安装接口采取两种形式来消纳偏差：一是上翼缘搭接方法；二是企型接口方法。如图 4-35。

（3）整体拼装

每个主结构区格内的次结构在地面进行整体拼装，以解决次结构与次结构之间的偏差问题（图 4-36）。

（4）测量测控

对卸载后次结构接口进行三维激光扫描，以获取实际安装位形来指导次结构地面拼装及高空安装，达到消纳安装偏差和误差积累之目的。

3. 吊装方案

3.1 吊装方法及吊机选择

根据吊装工况分析结果，结合吊机性能，并综合考虑技术可靠性及经济合理性等因素，国家体育场钢结构工程主次结构吊装方法及吊机选择如表 4-8。

3.2 安装流程

3.2.1 主钢结构安装

根据现场场地条件、吊机的搭配及施工任务的分工情况，整个钢结构系统的施工分成两大施工区域，两大施工区域“分区进行、对称安装”。如图 4-37 所示。

3.2.2 次结构安装

次结构吊装分立面次结构和顶面及肩部次结构两部分。

立体桁架拼装——立拼

平面桁架拼装——卧拼

图 4-34　主桁架地面拼装

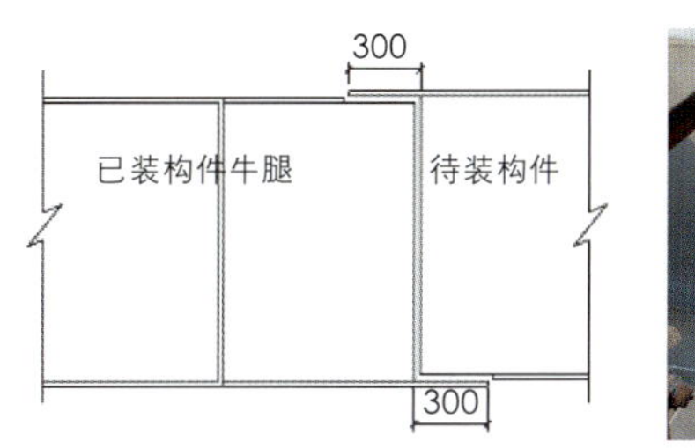

上翼缘板搭接

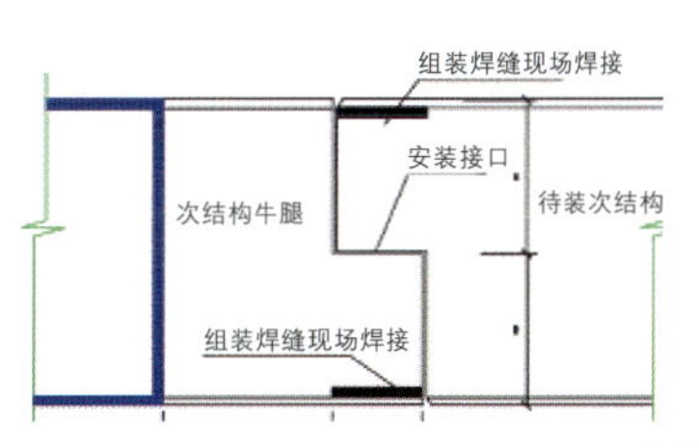

企型接口

图 4-35　次结构接口形式

立面次结构拼装

肩部次结构拼装

图 4-36　次结构地面拼装

吊装方法及吊机选择　　**表 4-8**

吊装部位	柱脚		桁架柱		立面次结构	主桁架		顶面及肩部次结构
	滑移	单机吊装	单机吊装	双机抬吊	单机吊装	单机吊装	三机抬吊	单机吊装
吊装方法	C13柱脚由于受场地限制采用由拼装位置直接滑移就位。	其余柱脚：南区采用600t履带吊单机吊装就位；北区采用500t履带吊单机吊装就位。	南区采用800t履带吊单机脱胎、翻身、直立吊装就位。	北区采用800t履带吊为主吊机、500t履带吊为辅助吊机双机脱胎、翻身、直立吊装就位。	均采用150t履带吊机吊装就位。	内圈采用600t履带吊、外圈采用800t履带吊吊装就位。其中北区采用单机脱胎、翻身。	南区外圈脱胎采用800t履带吊为主机、两台拼装用龙门吊辅助完成脱胎、翻身。	外圈采用300t履带吊、内圈采用150t履带吊吊装就位。
吊装设备	2台200t千斤顶及控制设备	1台600t和1台500t履带吊	1台800t履带吊	1台800t和1台500t履带吊	4台150t履带吊	2台600t和2台800t履带吊		4台300t和2台150t履带吊

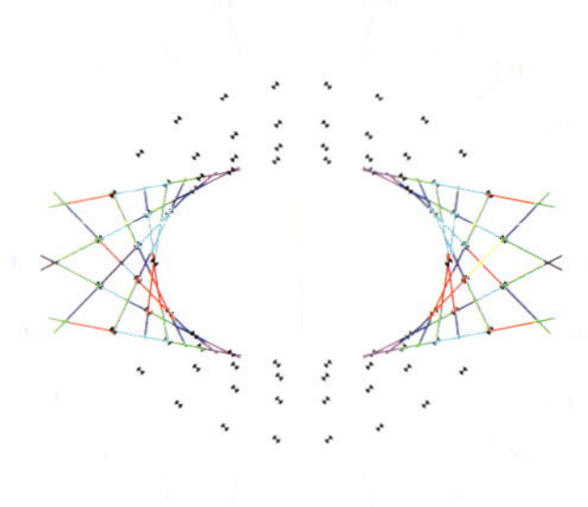

第一阶段

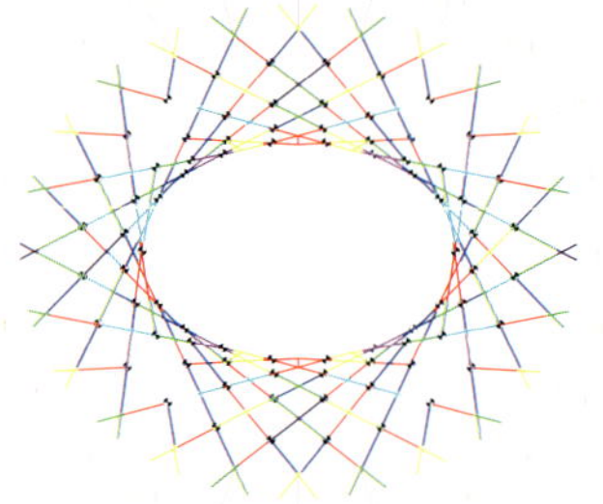

第二阶段

第三阶段

图 4-37　主结构安装流程图

立面次结构安装，随桁架柱安装分柱间逐步进行。安装时，按照“柱脚先装、联系钢柱的次结构整体吊装，其他次结构分段安装”的原则进行分段，按“从下向上，与钢柱先建立联系，由柱边向中间安装”的原则顺势向上进行安装，钢柱本身的次结构，在钢柱拼装时，与钢柱一起拼装然后分段吊装。典型立面次结构吊装分段及安装顺序如图 4-38。

顶面及肩部次结构的安装在支撑塔架卸载以后进行，安装时总体上遵循分区同步对称安装原则，即Ⅰ、Ⅱ两区域同步对称进行安装。根据顶面及肩部次结构的分布情况及结构受力情况，顶面及肩部次结构的安装共分为二个阶段：第一阶段安装肩部次结构和内圈顶面次结构，第二阶段安装中圈顶面次结构。肩部和中圈的安装均从南北方向向东西两侧推进，内圈顶面次结构的安装从安装分界线与肩部顺序相向推进。具体的安装顺序如图 4-39。

3.3 吊装工况

主、次结构吊装分场内吊装和场外吊装两部分。场内和场外吊装工况如图 4-40 所示。

3.4 吊装过程

图 4-41 ～图 4-44 为国家体育场钢结构工程吊装过程图片。

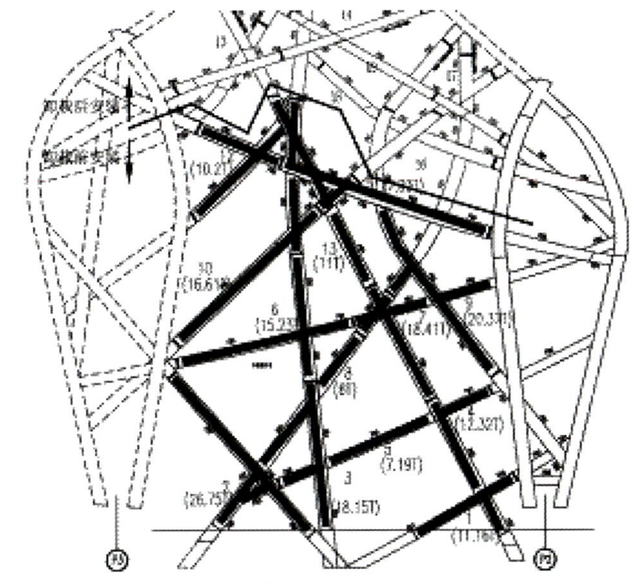

图 4-38　典型立面次结构安装顺序示意图

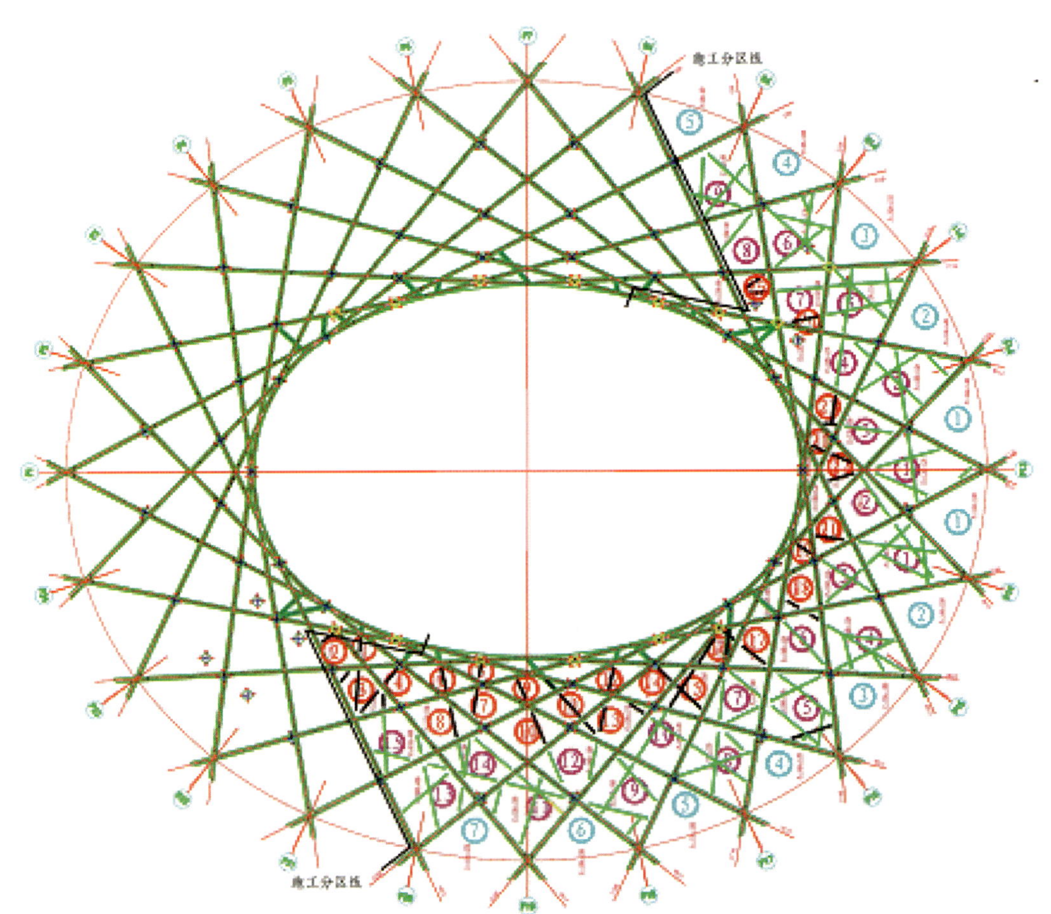

说明

1. 顶面及肩部次构件安装分两个区域按同步中心对称进行，图中只给出一个施工区域的具体顺序。
2. 每个施工区域顶面及肩部次结构安装分两个阶段进行：

第一阶段：安装肩部次结构和内圆顶面次结构，具体顺序如图所示：两台 300t 吊机在外圈自长轴分别向短轴方向推进，同时一台 150t 吊机在内圈自施工区域分界线与外圈 300t 吊机相向推进；

第二阶段：安装中圈顶面次结构：外圈两台 300t 吊机在外圈自长轴向短轴推进。

图 4-39　顶面及肩部次结构吊装顺序示意图

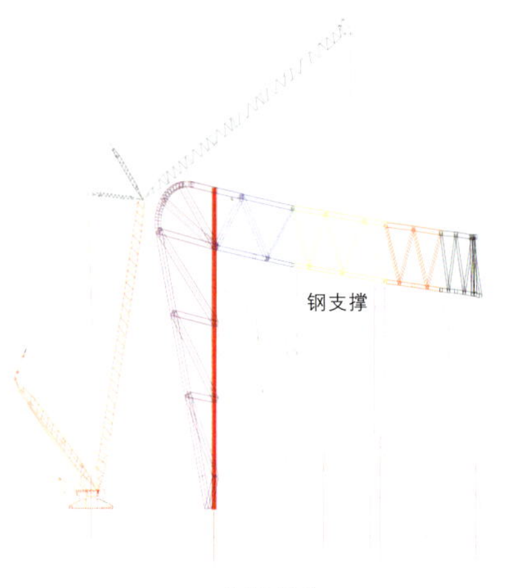

场外吊装

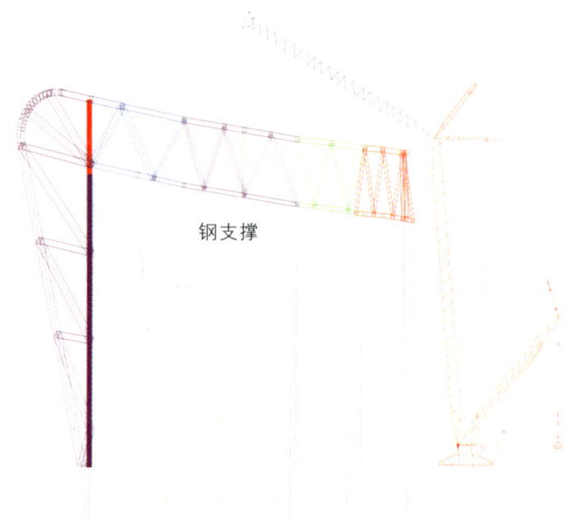

场内吊装

图 4-40　主结构吊装工况示意图

C13 柱脚滑移法安装

柱脚吊装

图 4-41　柱脚安装

桁架下柱脱胎

桁架柱下柱起扳

桁架上柱脱胎

桁架柱上柱起扳

双机抬吊（主吊机 800t，辅吊机 500t）

单机吊装

桁架柱脱胎及起扳

桁架柱下柱安装就位

桁架柱上柱安装就位

图 4-42　桁架柱安装

立体主桁架吊装就位

平面主桁架吊装就位

图 4-43　主桁架安装

次结构三点吊装

次结构四点吊装

图 4-44　次结构安装

4. 小结

国家体育场钢结构安装历时 13 个月，安装完成钢结构总重量约 42000t，4000 个现场安装对口，单月安装高峰量达到 8600t。焊接自检一次合格率 99.5% 以上，第三方检查合格率 100%。

2008 年 3 月 28 日，国家体育场工程通过了第五批全国建筑业新技术应用示范工程验收，评审意见认为该工程复杂异形钢结构综合安装技术达到了国际领先水平。

在研究成果基础上形成了北京市级工法《大型复杂形状钢构件单机吊装工法》及多项专利。

第四节　钢结构合拢技术

1. 工程背景

国家体育场钢结构工程由于结构跨度大、传力体系复杂，因此结构本身对温度变化敏感。为了保证工程在施工及使用过程中安全，设计对合拢温度作了明确要求。在经有关部门协调并经过国家气象、规划等部门的研究论证，结合北京市朝阳气象站 1959 年至 2005 年共 47 年气象资料，并考虑全球气温变化趋势，对原合拢温度 14±4℃（主结构）、14±

8℃（次结构）进行了调整，即主结构合拢温度为 19±4℃，次结构合拢温度为 19℃ -8℃ ~19℃ +4℃。因此，必须选择合适的合拢断面、合拢顺序、合拢方式、温度监测及合拢工艺，最大限度减少结构在安装以及使用过程中的温度变形和应力，确保钢结构安全。

2. 合拢断面选择和合拢顺序

2.1 合拢断面选择

本工程结构复杂，跨度较大，屋顶主桁架相互交错，合拢线的选择比较困难。在确定合拢线时，不但要考虑结构本身的受力和变形情况，同时还应考虑钢结构的整体安装顺序和主桁架的安装分段情况，尽量减少合拢点的数量，并确保施工过程的安全。同时顶面主结构是由 24 榀拉通或基本拉通的门式桁架编织而成，合拢断面的选择应尽量将 24 榀门式刚架断开。经过反复择优比选并通过设计复核，主桁架、立面结构及顶面次结构的合拢线确定如下：

主桁架沿屋盖环向设置四条合拢线，主桁架的合拢线充分利用钢结构的两条分区施工线，另增设两条合拢线，四条合拢线把 24 榀门式刚架断开，同时将整个钢结构分成基本均等的四部分；为保证整个结构的合拢，立面次结构在与主体钢结构合拢断面相应的位置设置四条合拢线；安装时，合拢线处所有钢结构杆件均断开，采用卡马临时搭接，并保证合拢口的伸缩自由。

按照合拢断面的选择，主桁架共有 96 个合拢口，立面次结构共有 28 个合拢口，主桁架下弦连系梁共有 4 个合拢口，总计 128 个合拢口。合拢口位置具体见图 4-45 和图 4-46。

2.2 合拢顺序

由于合拢口数量众多，如一次合拢，则需投入大量的人力和物力，且施工组织管理难度特别大，根据现场实际情况并结合设计提出"先行合拢构件需纳入后续合拢线合拢温度要求范围"的原则，为了防止采用全部合拢断面一次合拢可能产生的风险，本工程的合拢顺序为：

先进行主桁架的合拢，再进行立面结构的合拢；主桁架合拢时，先进行两大施工区域内部合拢线的合拢，再进行两大施工分区间合拢线的合拢；立面次结构一次同步合拢；同一合拢线的各合拢口同时、同步合拢。

3. 合拢方式和合拢口做法

3.1 钢结构温度变形的计算分析

由于钢结构施工持续时间长，主结构按照不同的分区进行施工，时间跨度长，每个分区的初始安装温度与最后合拢时的温度存在较大差异，温度作用对主结构能否顺利合拢有很大影响，依据确定的合拢断面位置，考虑各种温度变化情况，计算合拢断面处的杆件温度变形值，以确定合拢采用的具体合拢方式、合拢口预留间隙大小及合拢口做法。

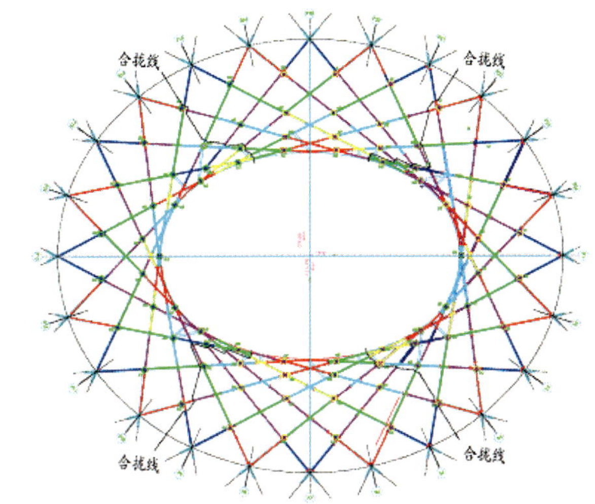

图 4-45　主桁架及连系梁合拢线示意图

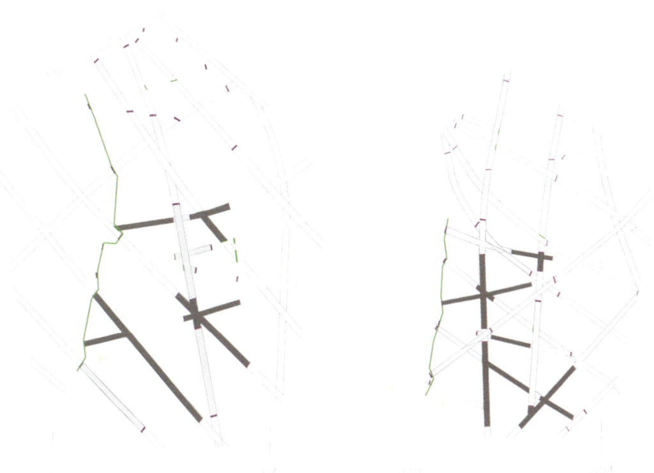
图 4-46　立面次结构合拢线示意图

为此，根据钢结构安装实际及计划时间和对应的实际及预计温度情况，构件安装的初始温度按照主结构的三个阶段八个区域，每个阶段构件的安装温度取施工期间的温度平均值，分别为 14.0℃，21.6℃，26.6℃，如图 4-47 所示；主结构合拢温度分别按 19℃、20℃、21℃、22℃考虑；施工期间最高温度分别按 38℃、39℃、40℃考虑，进行了温度变形模拟计算。计算模型如图 4-48，合拢断口如图 4-49，典型温度变形计算结果如图 4-50 所示。

通过计算，在温度 38℃时，由于温度影响，合拢口处相对变化沿轴向最大位移为 -32mm（合拢口间隙减小），变化超

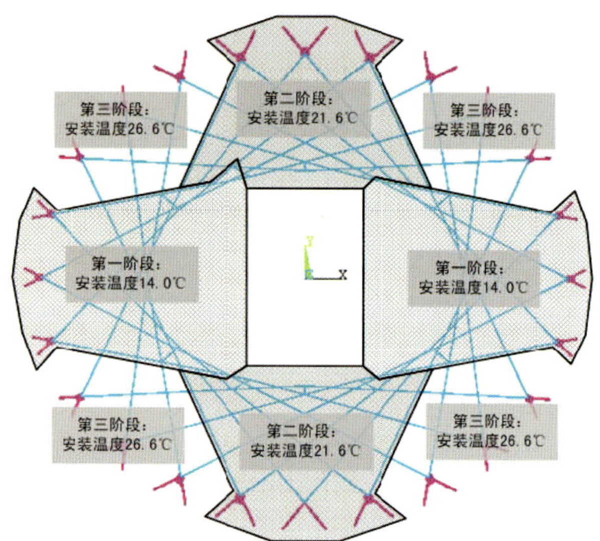

图 4-47　安装初始温度

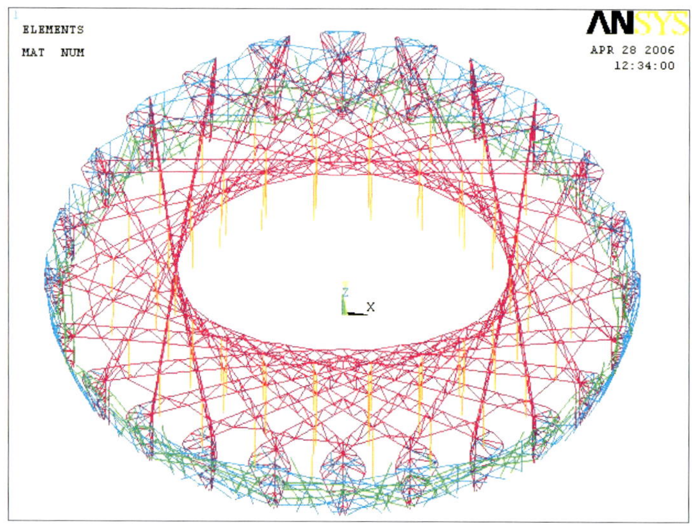

图 4-48　计算模型

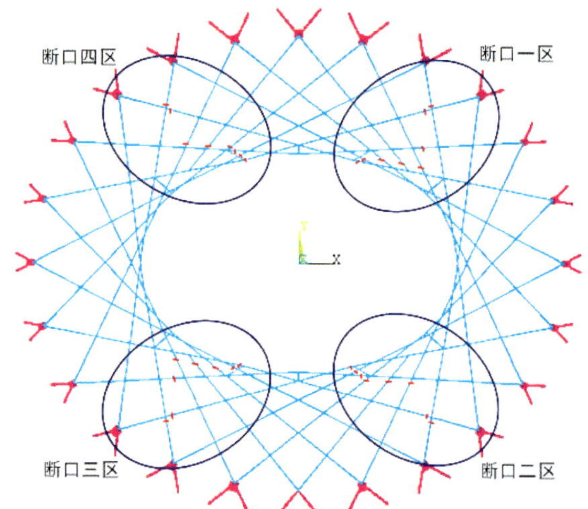

图 4-49　合拢断口

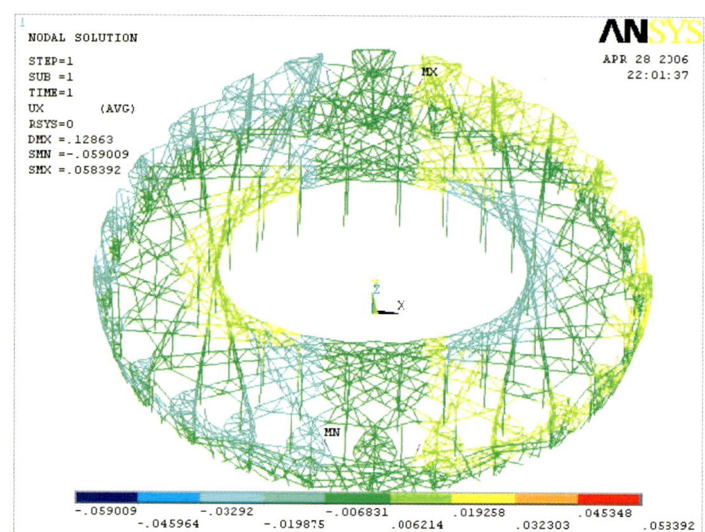

X 方向

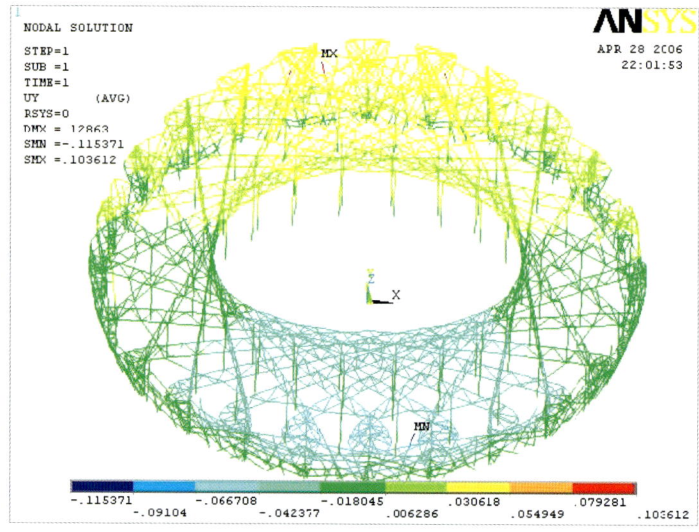

Y 方向

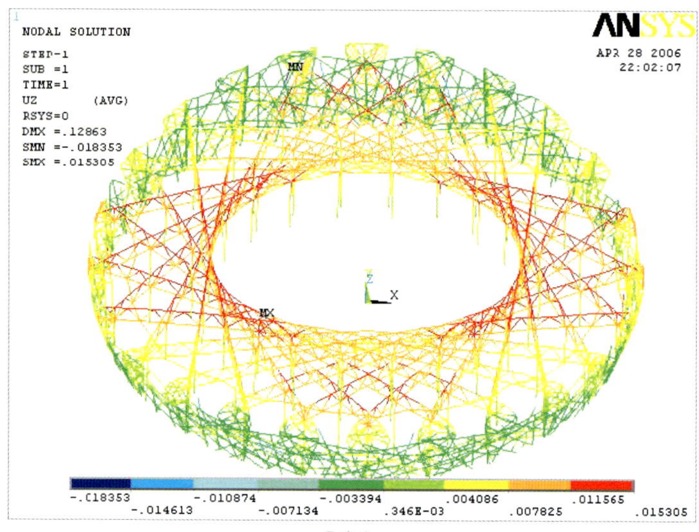

Z 方向

图 4-50　温度变形

过 -20mm 的合拢口数量约占 20%。当合拢温度为 22℃时，合拢口处相对变化沿轴向最大位移为 -14mm（合拢口间隙减小）。

3.2 确定合拢方式和合拢口做法

根据模拟温度变形计算分析结果，可以得知：合拢口间隙随着温度的变化是在不断地变化。在确定的初始安装温度下，如果温度上升至 38℃，有 20% 的合拢口间隙在温度作用下要减小超过 20mm，如果温度回落到合拢温度 22℃，合拢口间隙又将增加。鉴于间隙最大变化不超过 32mm，相对变化量较小，同时考虑到合拢断面多，因此决定合拢方式不采用后装段的方法，而采用预留焊缝间隙作为合拢口断口方式。考虑到其他因素的影响，最终决定间隙减小超过 20mm 的合拢断口，安装时合拢口间隙采用 30mm，而小于 20mm 的合拢断口，安装时合拢口间隙采用 20mm，这样，保证合拢口处构件随温度的变化自由伸缩，同时也能保证在合拢温度时，合拢口间隙小于 20mm，以符合焊接规程中焊缝间隙的要求。在正式合拢前一周的时间，按照相近合拢温度的条件下，对合拢口间隙变化规律进行观测并修口调整，以满足焊接要求。

按照预留焊缝间隙作为合拢方式，具体的合拢口做法采用卡马连接，卡马连接做法既要考虑合拢口构件安装时的安全和稳定，同时又要满足合拢口的伸缩。通过温度变形和应力计算以及安装工况分析，按照最不利受力组合，最终确定合拢卡马的做法如图 4-51 所示。

钢结构合拢首先通过卡马的焊接实现结构本体的合拢（卡马焊接过程，钢结构温度必须满足合拢温度要求），这样，大大减少合拢焊接工作量，缩短合拢焊接时间；然后进行钢结构合拢口对接主焊缝的焊接，此时的焊接已经几乎不受钢结构温度的影响，对接主焊缝焊接完毕后割除合拢卡马。

4. 合拢温度监测

关于合拢温度，设计要求本工程的合拢温度为 14±4℃。经有关部门协调和通过气象、规划等部门的大量研讨论证，根据北京市朝阳气象站 1959 年至 2005 年共 47 年气象资料，并结合全球气温变化趋势，设计对合拢温度作如下调整：

主结构合拢温度：19±4℃，相当于 15℃ ~23℃；

次结构合拢温度：19℃ -8℃ ~19℃ +4℃，相当于 11℃ ~ 23℃。

4.1 钢结构本体温度和气温的关系

测量钢结构各部位的本体温度及场区的大气温度、湿度，以判断钢结构本体温度的时间滞后效应，并由此建立钢结构本体温度与大气温度、湿度及天气预报之间的关系，通过天气预报资料和合拢温度确定初步的合拢时间，以便合拢实施的预测。通过不同阶段夜间人工和自动测量钢结构本体温度值与气温和场区温度的比较，可以得知，大体上，钢结构本体温度与气温（场区温度）变化存在明显滞后现象，一般晴天情况，变化滞后 2 ~ 3h，夜间最低温度在凌晨 2 时左右，可以持续到凌晨 5 时前，共约 3h；雨后钢结构温度变化下降幅度比气温快，尤其傍晚前后的下雨对钢结构温度的下降非常有利。

4.2 温度监测系统及测点布置

由于钢结构体量巨大，只有采用自动测温系统，才能及时准确地反映钢结构本体温度。通过反复优化比选，最终选定的电子自动温度测试系统包括三个子系统组成，即：传感器子系统、数据采集与传输子系统、数据管理与分析子系统。

监测系统包括硬件和软件两大部分，温度测试硬件的拓扑结构如图 4-52 所示。采集到的数据经过 A/D 转换，变成数字信号后直接传送给信号发射仪，通过无线传输发射给信号接收仪，并由与之相连的计算机接收，结果自动保存在程序的配置文件中。监测数据通过无线上网进行实时传输，测试数据可以及时传输到合拢实施指挥决策中心，为合拢决策实施提供依据。现场测温点如图 4-53 所示。

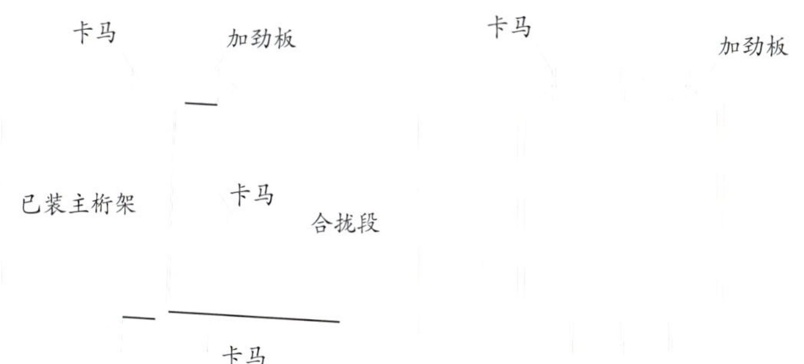

图 4-51　合拢卡马具体做法

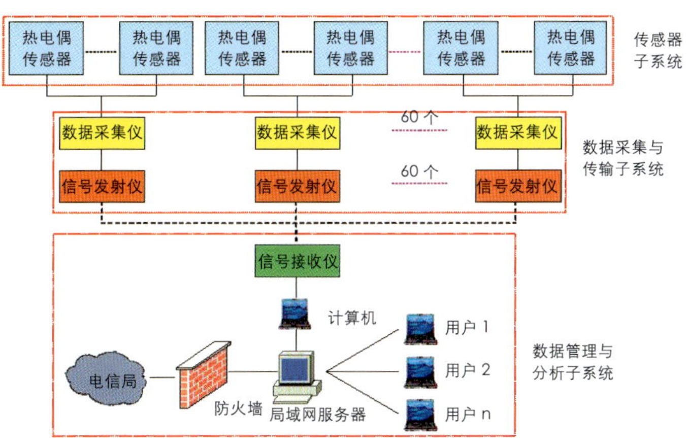

图 4-52　合拢温度测试系统的拓扑结构

图 4-53　现场测温点

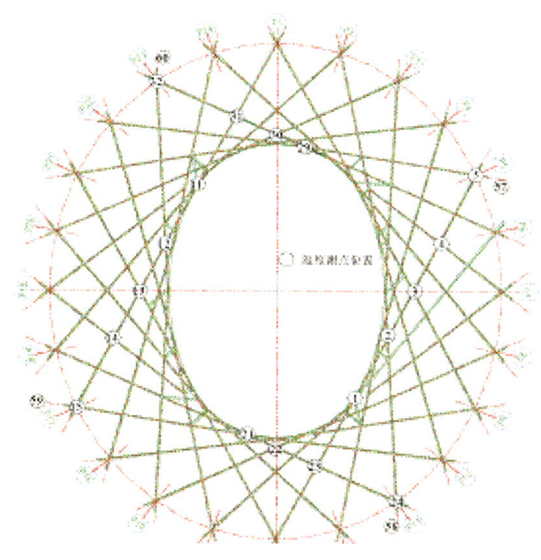

图 4-54　测点布置图

按照要求，合拢时钢结构本体温度是结构的整体温度，为确切掌握整个屋盖钢结构的温度场分布情况，测试点的布设尽量分布于整个屋盖区域。实际温度测点 60 个，其中：顶面 36 个，立面 24 个。测点具体布置见图 4-10。通过实际测试结果分析，表明在后半夜时段不受日照等影响下，上述 60 个测点的温度变化规律及离散幅度很小，因此可以认为 60 个测点的温度能够代表钢结构的整体温度。

4.3 合拢时温度监测

在前面研究成果的基础上，为了准确掌握气象资料，除了连续收集气象台一周、三天和当天天气预报外，还请气象部门在施工现场设立了气象观测站点，随时了解天气变化，为合拢施工准备和安排提供了依据。根据天气情况，按照三次合拢焊接的次序，分别在 2006 年 8 月 25 日夜间～ 26 日凌晨、8 月 28 日夜间～ 8 月 29 日凌晨和 8 月 30 夜间～ 31 日凌晨进行。三次温度测试曲线见图 4-55~ 图 4-57。三次合拢焊接时，平均值均小于 23℃，各点温度差变化小于平均温度 ±2℃的范围内，符合设计要求。

5. 合拢口安装工艺

由于本工程合拢口数量众多，且合拢段的安装随着工程的总体安装进程在不同时间里进行，合拢段的安装质量不仅影响结构安装过程中的安全，而且影响最终的合拢和结构的总体施工质量及结构使用过程中的安全，因此，必须采取合理的安装工艺措施，确保合拢段与相关构件的安装及结构的顺利合拢。具体工艺措施如下：

（1）为控制合拢时合拢口的间隙大小，减少合拢口的焊接量和焊接残余应力，确保合拢口的焊接质量，在进行合拢段的安装时，要尽量控制合拢段安装时合拢口的间隙大小，该间隙大小要考虑温度变形计算结果和焊接收缩变形。

（2）为确保合拢段施工过程中的安全，合拢段安装就位后，除设计要求的合拢口不进行焊接连接外，其他接口部位均需及时焊接完毕，以增强结构的整体稳定性。

（3）为确保合拢口在施工过程中因温度变化而自由伸缩，合拢口采用卡马搭接连接，卡马的大小和数量需根据该接口部位的受力计算确定。

卡马设置要求如下：

合拢口上翼缘设置三块卡马，其他边各设置两块卡马，为增加卡马侧向稳定性，上翼缘两边卡马增设规格为 100×100×10mm 的三角形劲板。除下翼缘的卡马焊接固定在已装主桁架牛腿上外，其他卡马均焊接固定在合拢段端口上。

图 4-58 为合拢卡马实物图片。

（4）为确保安全，合拢段安装就位后，非合拢口要及时进行焊接，待焊接完成 2/3 以上后吊机方可松钩，同时，合拢口卡马需按要求设置好。松钩时，速度要缓慢平稳，并注意观测合拢口的变化情况，如无异常，可继续松钩。当合拢段跨中安装连接侧向构件时，也应进行合拢口的观测。

（5）在整个安装过程中，要定时进行合拢口的跟踪检查工作，一是检查卡马的连接焊缝和变形情况，确保卡马的安

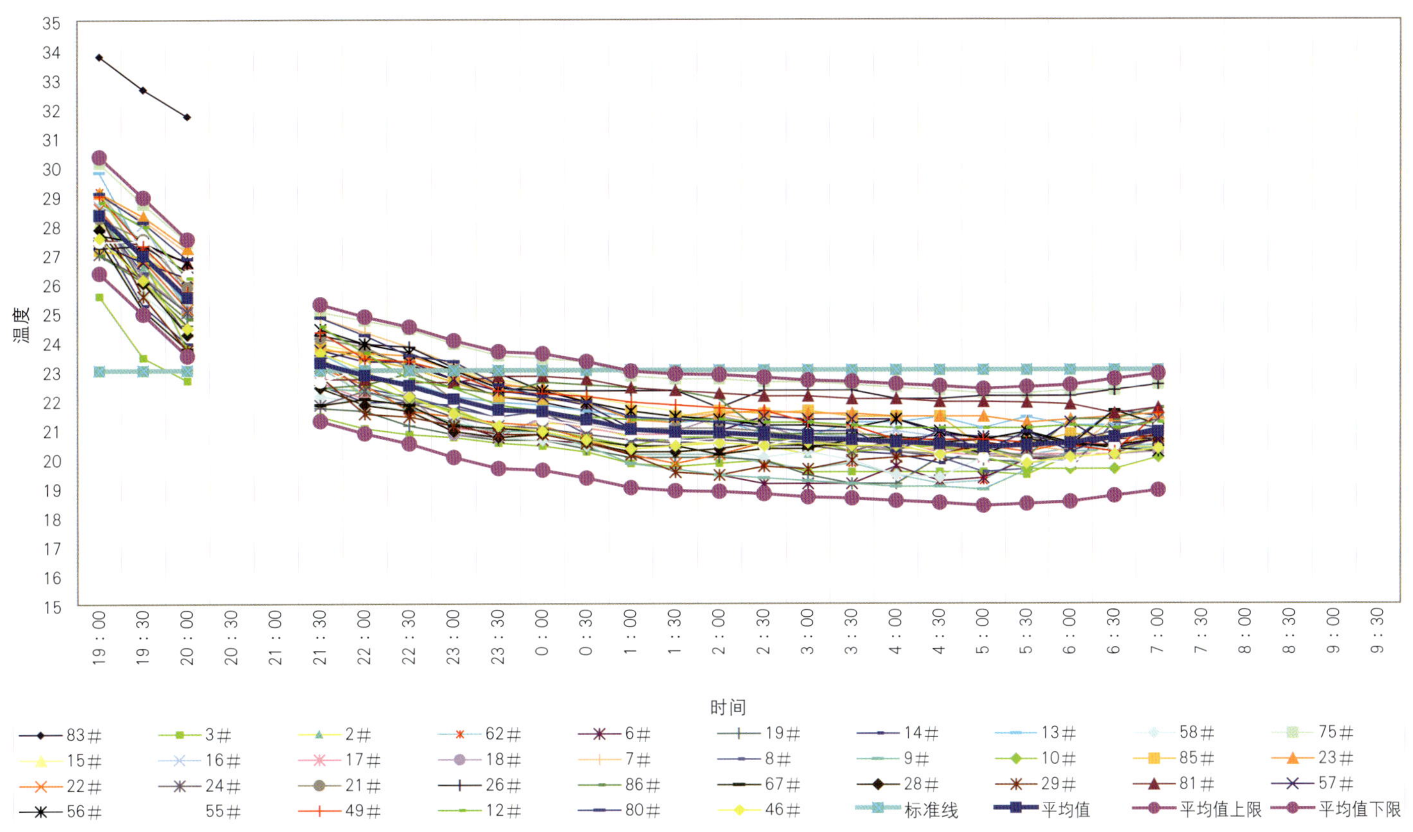

说明：本次卡马合拢时间为 23:45~2:00。

图 4-55　顶面第一次合拢结构温度曲线

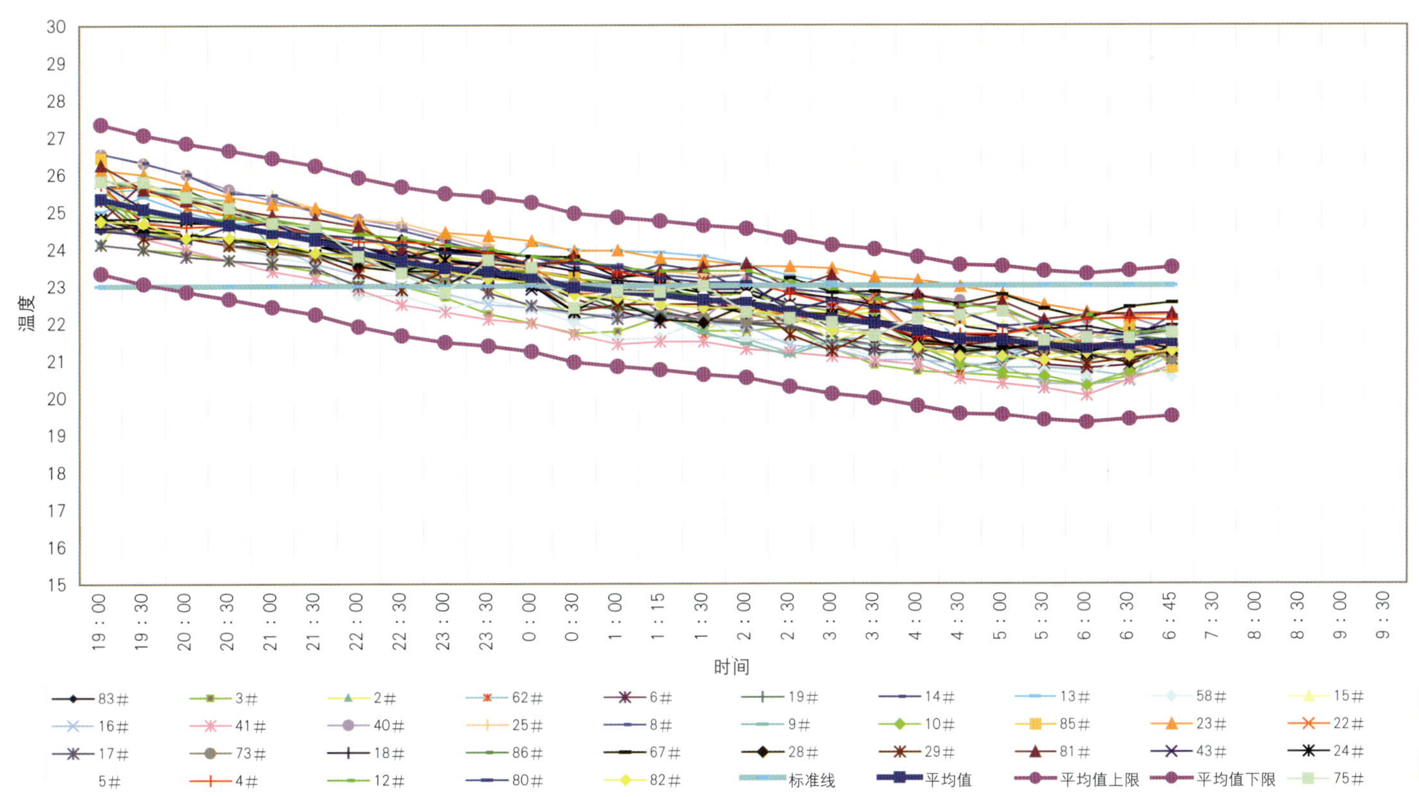

说明：本次卡马合拢时间为 1:40~3:30。

图 4-56　顶面第二次合拢结构温度曲线

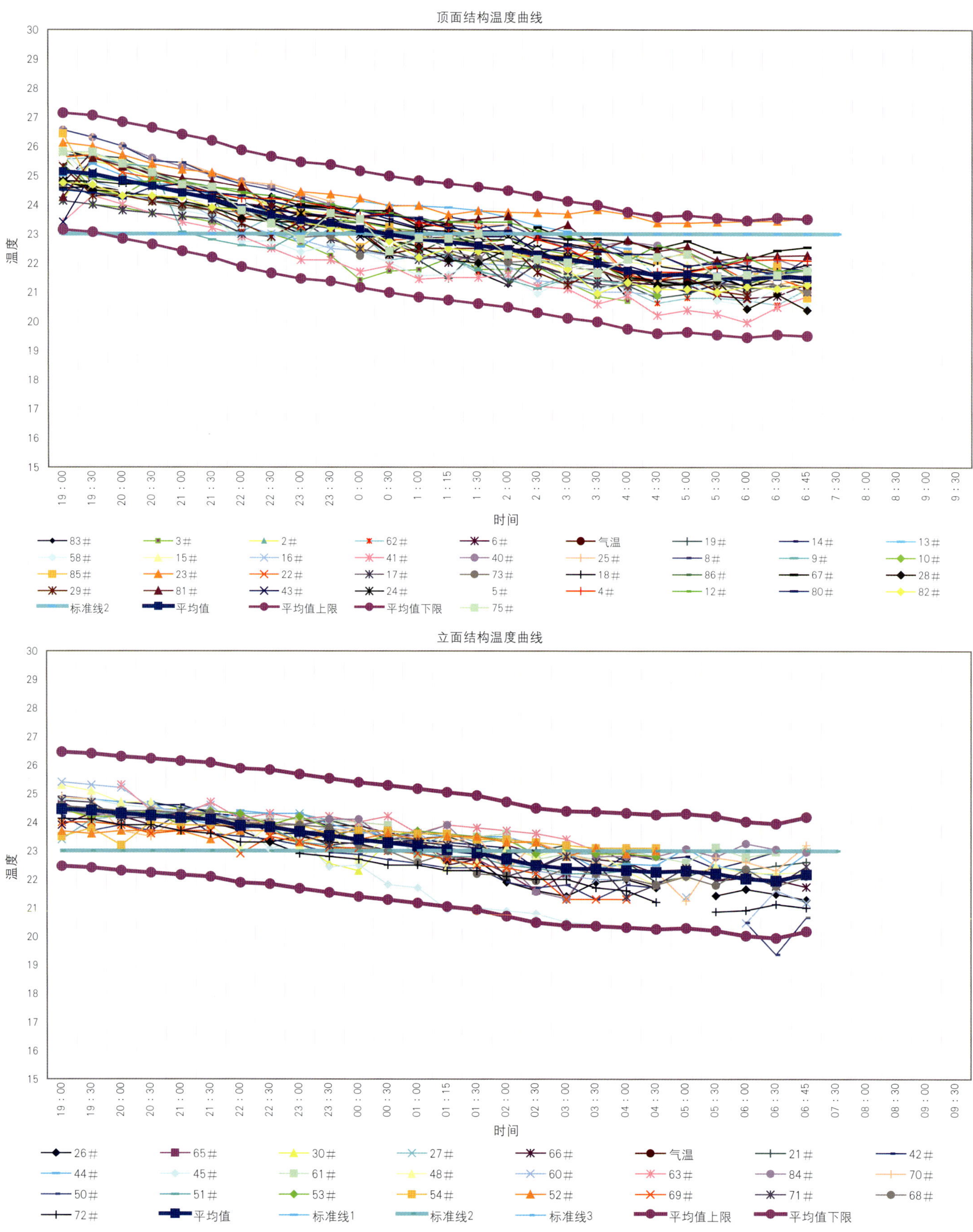

说明：本次卡马合拢时间为 2:00~2:40。

图 4-57　立面合拢时结构温度曲线

图 4-58　合拢卡马实物

全；二是检查合拢口的间隙情况。

6. 合拢口焊接

合拢卡马的焊接设备和人员配置安排在 2 小时内完成，整个合拢卡马焊接过程中，钢结构本体温度应该满足设计合拢温度要求。卡马焊接完毕后，随即进行合拢口结构对接焊缝的焊接，焊接过程中钢结构的本体温度尽可能处于设计要求的合拢温度范围内。

第一次合拢焊接所有卡马在 2 小时内焊接完毕，随即进行结构对接口焊接，共计 48 个对接焊口；第二次所有卡马在 2 小时内焊接完毕，随即进行结构对接口焊接，共计 48 个对接焊合；第三次所有卡马在 1 小时内焊接完毕，随即进行结构对接口焊接，共计 28 个对接焊口。图 4-59 为合拢焊接实景图。

钢结构对接主焊缝焊接完毕后方可割除卡马。卡马割除时的温度选择夜间接近设计要求的合拢温度，以避免卡马割除时，结构和卡马内部存在过大的温度应力。卡马割除顺序：先统一割其中一端，然后再割另一端；先割除上下翼缘板的卡马，再割除腹板上的卡马。

7. 小结

历经 2006 年 8 月 25~26 日、8 月 28~29 日、8 月 30~31 日三个夜晚，顺利完成国家体育场钢结构工程合拢工作。钢结构本体温度监测表明，整个合拢过程合拢温度完全符合设计关于合拢温度的有关要求；600 延米合拢焊缝自检探伤和第三方探伤以及政府主管部门抽检探伤一次合格率均 100%，所有合拢口焊缝质量满足规范和设计要求。

第五节　钢结构支撑体系卸载技术

图 4-59　合拢焊接实景

1. 工程背景

钢结构工程设计用钢量约 42000t，卸载吨位约 12000t，卸载总面积约 60000m^2，有 78 个卸载点、且单点卸载吨位大、最大点支撑力约 300t，卸载难度大。由于“鸟巢”钢结构屋盖面积大，支撑点分布广，而且卸载前钢结构重量大，卸载吨位大。如何在满足设计要求下，选择合理的卸载方式和步骤，既要保证在卸载过程中结构本体的安全又要保证支撑体系的安全，以实现支撑塔架的顺利卸载，是摆在国家体育场钢结构施工的关键技术难题之一。

2. 支撑卸载原则确定

根据 78 个支撑点布置：外圈 24 个支撑点为主桁架相交的第一个节点，中圈为主桁架相交的第三个节点，内圈为主桁架相交的五、七（六）个节点，比较均匀的分布在整个钢结构屋盖，同时由于屋盖尺度大，78 个支撑点分布范围较大，间距也较大，如图 4-60 所示。对于此类空间大跨度结构，最优的卸载方式应该为 78 个支撑整体同时同步卸载。但是考虑到如此重型的马鞍形钢屋盖结构（屋盖重量达 14000t），支撑反力大和各个支撑点的卸载变形量均有较大差异（最大支撑反力达 300t，最小不到 100t，卸载变形最大部位约 300mm，最小部位不到 100mm），要实现卸载点分布范围如此大，同时数量达 78 个之多的支撑整体同时同步卸载，不仅从卸载设备的具体选配、操作人员的控制管理，以及同步精度等各方面，实施难度巨大且存在较大风险。

结合 78 个支撑点可以分成外、中、内三圈的具体分布情况、钢结构屋盖的平面布置情况以及钢结构屋盖的受力和变形特点。通过计算分析表明，当采用分阶段整体分级同步卸载的方式进行卸载，和整体同步卸载相比钢结构本体的应力变化不大，因此，确定了“分阶段整体分级同步卸载”的卸载原则。即：不追求全部支撑点同时同步卸载，而通过采用每一圈支撑每一步同时同步卸载，从而实现全部支撑点分若干个阶段达到整体同步卸载，而在每个阶段卸载实施过程中不同圈支撑点并不是同步卸载。

同时由于各支撑点卸载反力和卸载变形均不相等，为了便于卸载操作的实施控制，同步的控制采用对卸载位移等比进行控制。即是每一圈支撑的每个支撑点每一步的卸载位移量等比，每一阶段所有支撑点的卸载位移量等比。卸载过程卸载反力作为卸载监控的重要参数。

3. 卸载具体方法和步骤

在确定了“分阶段整体分级同步卸载”的原则下，对卸载的具体步骤按两种工况进行了比对计算：

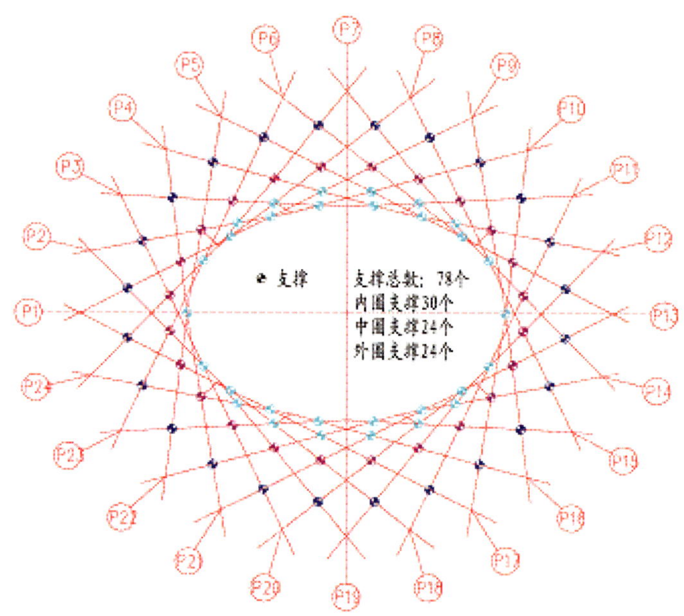

图 4-60　78 个支撑点布置图

工况 1：分成 9 个阶段共 33 个步骤，前 6 个阶段均为卸载总量的 10%，第 7、第 8 阶段为 15%，第 9 阶段为 10%；卸载顺序为由内圈向外圈。详见表 4-9。

工况 2：分成 7 个阶段，每个阶段 5 个步骤，共 35 个步骤，前 3 个阶段均为卸载总量的 10%，后 4 个阶段为 17.5%；卸载顺序为由外圈向内圈。详见表 4-10。

1）工况 1 计算结果

每卸载步外圈、中圈、内圈支撑反力以及支撑总反力变化如图 4-61 所示。

2）工况 2 计算结果

每卸载步外圈、中圈、内圈支撑反力和及支撑总反力变化如图 4-62 所示。

卸载工况 1　　表 4-9

<table>
<tr><th>卸载阶段</th><th>卸载步次</th><th>卸载支撑</th><th>每步卸载比例 (%)</th><th>卸载阶段</th><th>卸载步次</th><th>卸载支撑</th><th>每步卸载比例 (%)</th></tr>
<tr><td rowspan="5">第 1 阶段
卸载总量的 10%</td><td>1</td><td>内圈</td><td>5</td><td colspan="4">第 5、6 阶段　同第 4 阶段</td></tr>
<tr><td>2</td><td>中圈</td><td>5</td><td rowspan="3">第 7 阶段
卸载总量的 15%</td><td>25</td><td>内圈</td><td>15</td></tr>
<tr><td>3</td><td>内圈</td><td>5</td><td>26</td><td>中圈</td><td>15</td></tr>
<tr><td>4</td><td>中圈</td><td>5</td><td>27</td><td>外圈</td><td>15</td></tr>
<tr><td>5</td><td>外圈</td><td>10</td><td colspan="4">第 8 阶段　同第 7 阶段</td></tr>
<tr><td colspan="4">第 2、3 阶段 同第 1 阶段</td><td colspan="4">第 9 阶段　同第 4 阶段</td></tr>
<tr><td rowspan="3">第 4 阶段
卸载总量的 10%</td><td>16</td><td>内圈</td><td>10</td><td></td><td></td><td></td><td></td></tr>
<tr><td>17</td><td>中圈</td><td>10</td><td></td><td></td><td></td><td></td></tr>
<tr><td>18</td><td>外圈</td><td>10</td><td></td><td></td><td></td><td></td></tr>
</table>

卸载工况 2　　　　表 4-10

卸载阶段	卸载步次	卸载支撑	每步卸载比例 (%)	卸载阶段	卸载步次	卸载支撑	每步卸载比例 (%)
第 1 阶段 卸载总量的 10%	1	外圈	10	第 4 阶段 卸载总量的 17.5%	16	外圈	17.5
	2	中圈	5		17	中圈	8.75
	3	内圈	5		18	内圈	8.75
	4	中圈	5		19	中圈	8.75
	5	内圈	5		20	内圈	8.75
第 2、3 阶段 同第一阶段				第 5、6、7 阶段 同第 4 阶段			

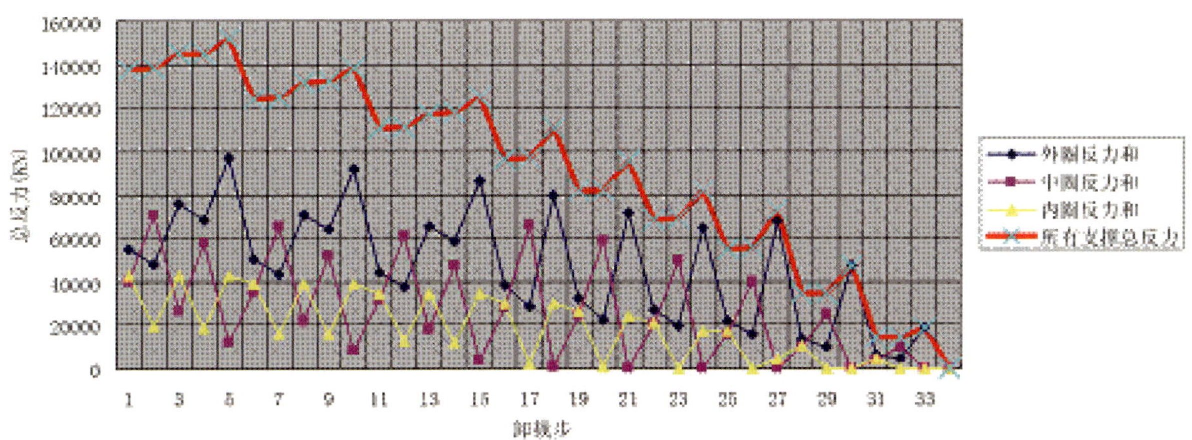

图 4-61　工况 1 支撑点反力以及总反力变化图

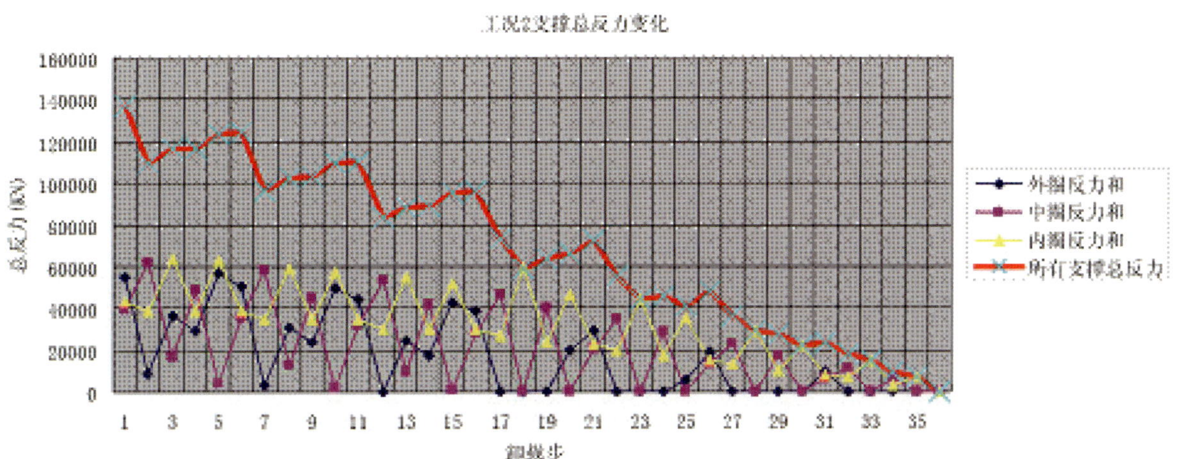

图 4-62　工况 2 支撑点反力及总反力变化图

3）两种卸载工况计算结果分析

通过以上两种卸载工况计算结果分析，得到以下主要结论：

a. 两种工况卸载过程中，构件内力相差不明显，均在结构允许的应力范围内。

b. 整个卸载过程中，工况 1 最大支撑反力为 4330KN，工况 2 为 3500KN。

c. 从总反力看，工况 1 在卸载过程中出现比初始反力大的现象，卸载前期支撑总反力的下降不明显，后期下降呈波浪状。工况 2 在整个卸载过程中总反力一直处于下降趋势，卸载前期下降幅度比工况 1 大，后期下降平稳。

4）卸载具体步骤确定

通过两种卸载工况的计算结果分析，不论是从卸载总反力，还是单个支撑点出现的最大反力值，以及反力变化的情况，可以看出采用工况 2 设定的卸载步骤明显优于工况 1。因此，卸载步骤最终确定为工况 2：7 个阶段（7 大步），每个阶段 5 小步，共计 35 小步。即：

整个卸载过程共分七大步、三十五小步。卸载时，第一、二、三大步卸载步骤为：先外圈卸载 10%、中圈 5%、内圈 5%，再中圈 5%，内圈 5%；前三大步完成后外、中、内三圈各卸载总位移量的 30%。第四、五、六、七大步卸载步骤为：每大步先外圈卸载剩余位移量的 1/4、中圈 1/8、内圈 1/8，再中圈 1/8，内圈 1/8；后四大步完成后外、中、内三圈各卸载总位移量 70%。最终支撑脱离顺序为外、中、内。

4. 支撑体系的选型及优化设计

通过对支撑塔架体系优化设计从施工组织设计阶段、资源准备阶段及施工阶段三个阶段的逐步深入工作，结合主结构安装分成三阶段八个区域的顺序，将整体支撑塔架分成四大块，长短轴各两个区块，这四个区块支撑塔架通过连系桁架独立连成整体，符合主桁架安装、形成自受力体系的过程，如图 4-63、图 4-64 所示。柱顶采用十字箱梁解决了大吨位卸载过程中单点局部受力问题，如图 4-65 所示。塔架柱肢的钢材为 Φ529×12 和 Φ609×12 的螺旋焊管，部分钢管为施工单位自用的施工措施用钢，部分在北京周边地区购买，基本解决了大量施工临时措施用钢的采购及回收再利用的问题。图 4-66 为支撑塔架实景。

支撑塔架的抗侧力体系研究了两种方式：一种在支撑塔架顶部设置双向缆风与混凝土看台结构拉结；另一种是支撑塔架穿看台楼板处与楼板连接。通过计算分析比较，最终择优采用了第一种方式（图 4-67）。

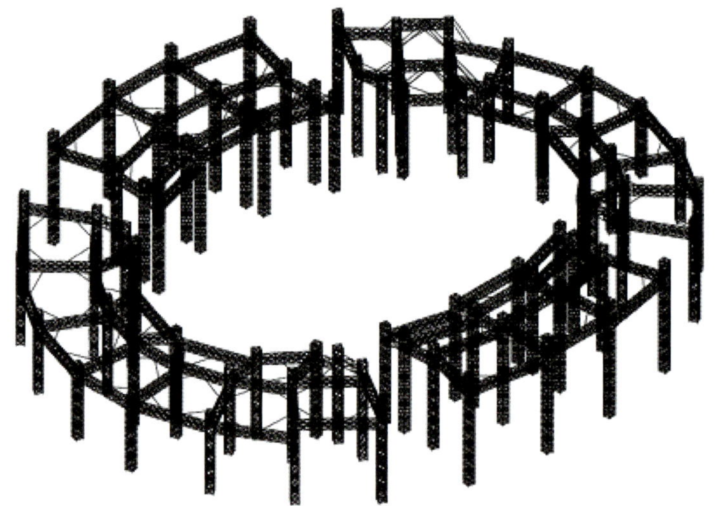

图 4-63　支撑塔架整体轴测图

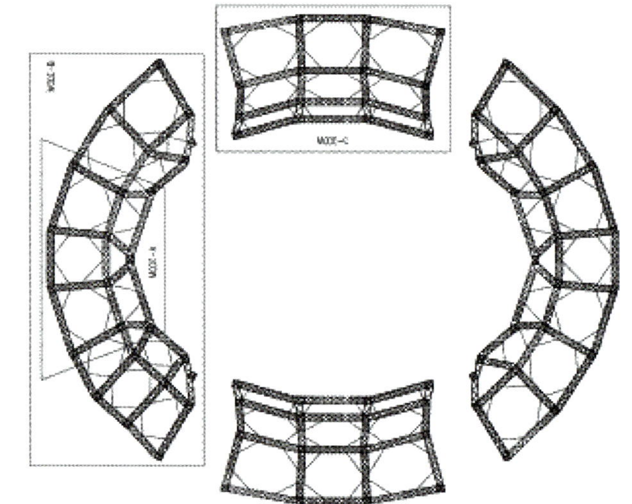

图 4-64　支撑平面布置图

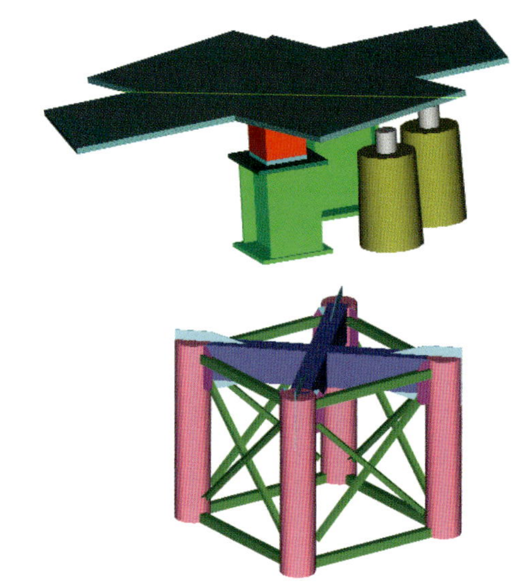

图 4-65　柱肢断面图

图 4-66　支撑塔架实景

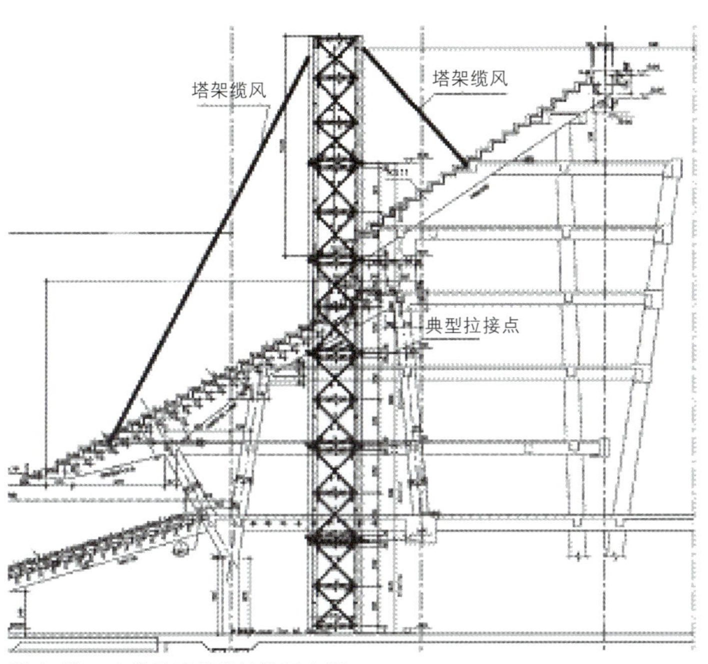

图 4-67　支撑塔架缆风拉设示意图

5. 卸载设备系统配置调试及适用性措施

5.1 卸载设备配置及调试

常用卸载设备包括：沙箱、液压千斤顶、螺旋千斤顶、气垫等，各有优缺点。结合本工程的技术特点和实际需求，择优选择了双作用液压千斤顶及计算机同步控制系统作为卸载的动力和控制设备，品牌为 ENERPAC。系统包括：液压千斤顶、控制阀组、平衡阀、电动泵、节流阀、压力、位移传感器和控制模块等组成。

设备出厂前在特制的试验装置上对整个系统进行了关键应用状况的模拟试验，以检验本系统能否满足卸载应用需求。模拟试验内容包括：最大承载力、泵顶阀等的协同工作性、多点同步性、控制系统等，涵盖了静载、动载和超载三种情况。如图时 4-68 所示。设备进场安装完成后，进行了设备和系统的联合调试。

图 4-68　卸载系统模拟试验

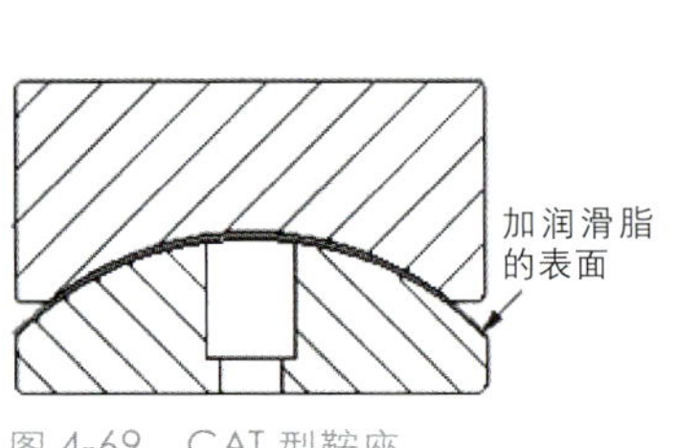

图 4-69　CAT 型鞍座

图 4-70　千斤顶垫板图

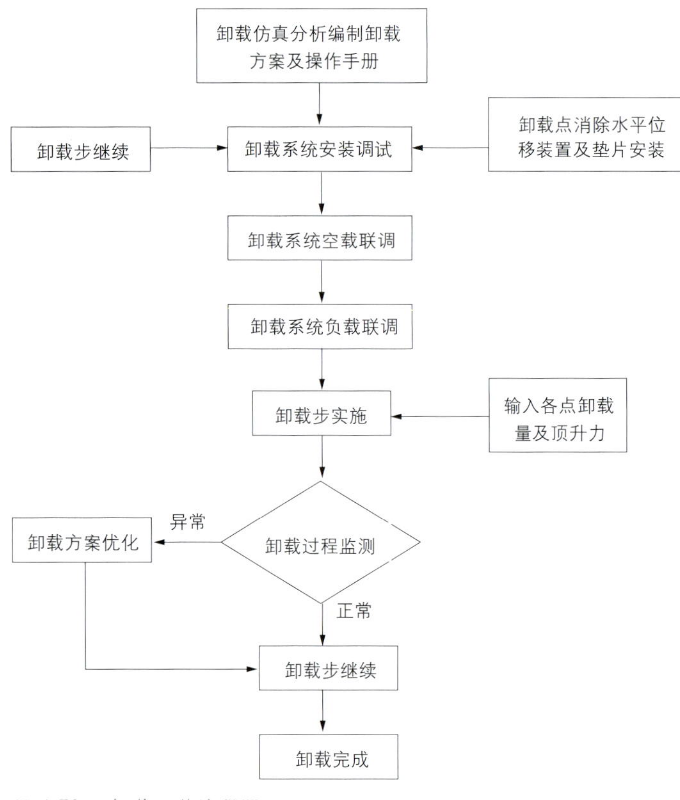

图 4-71　卸载工艺流程图

5.2 适用性措施

大开口马鞍形结构体系卸载时其卸载点的水平位移是相对较大的，根据卸载计算分析，外圈最大为 22mm，中圈最大 36mm，内圈最大为 57mm。该水平位移作用于液压千斤顶则表现较大的侧向力，其数值将超过液压千斤顶的抗侧向力的能力，使得千斤顶倾覆或破坏，导致卸载点的失效。因此，必须采取措施最大限度地消除卸载点水平位移带来的不利影响。根据计算分析，以及择优对比选择，最终采用了以下适用性措施：

（1）卸载点的水平位移是逐步累积的，为了消除每一小步水平位移的叠加，采用临时支撑点和卸载千斤顶交替作用。在每一小步卸载完成后，及时调整千斤顶的垂直度，当千斤顶再次顶起后，水平位移重新从 0 开始；

（2）在选择千斤顶的鞍座时采用 CAT 型可旋转的鞍座，可适用 ±5 度的倾角，如图 4-69 所示；

（3）在千斤顶的顶部设置滑移两块不锈钢板垫板，并在不锈钢板之间涂抹润滑油，减小摩擦系数，以减小作用在千斤顶上的水平力。如图 4-70 所示。

6. 卸载实施

卸载工艺流程如图 4-71。另外，为保证指令传递、信息反馈迅速、准确无误，建立了以总指挥为核心、以作业层为指令对象的组织机构，卸载指令及信息传递流程如图 4-72，计算机液压控制系统如图 4-73。

卸载前，应对卸载系统进行空载联调和负载联调试验，检验液压千斤顶卸载系统的可靠性，实现对卸载操作人员的演练，检验卸载方案和卸载组织管理的可行性、总结卸载组织管理过程中的不足之处，确保卸载过程的零风险。

卸载时，先将每一步的卸载量和计算顶升力要求输入系统，然后按照确定的卸载步骤操作，每一卸载步进行卸载结构和支撑系统的全面监测和信息处理，以确定所完成卸载步是否正常、是否进行下一步卸载。如所完成卸载步正常则按照既定程序进行下一步卸载，如所完成卸载步异常则进行卸载方案优化并按照优化卸载方案进行下一步卸载。

图 4-74 为卸载过程实景图片。

7. 卸载实时监测

支撑卸载是钢结构从支撑受力状态向自身受力状态的转变过程，为了及时准确掌握该过程的变化情况和比较实际转换结果与模拟计算的差别，对千斤顶反力、屋盖内环的变形、结构应力应变、支撑应力应变、结构温度等 5 项内容进行了实时监测，监测结果实时地与计算值进行对比分析，以保证整个卸载过程在掌控之中。

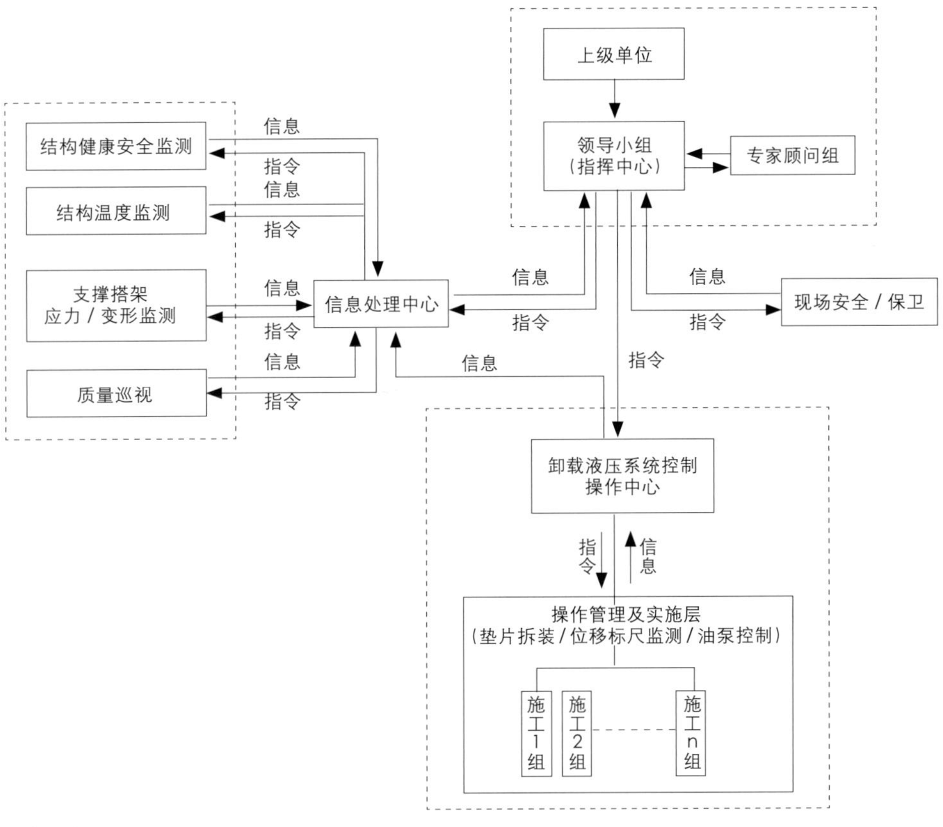

图 4-72　卸载指令及信息传递流程图

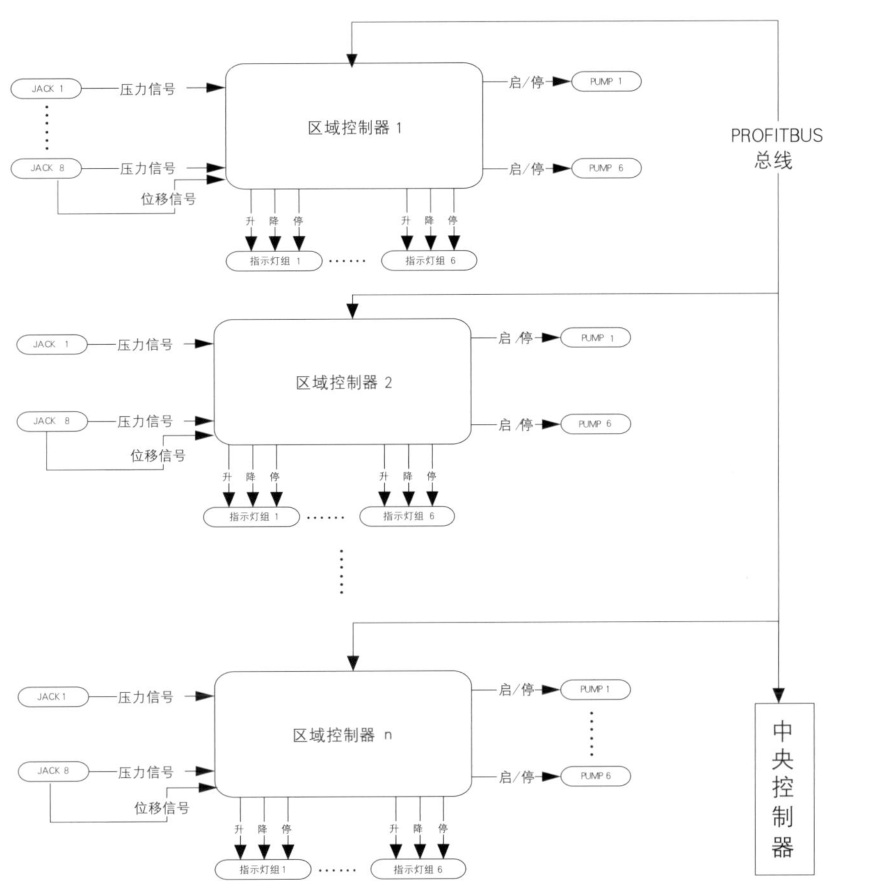

图 4-73　计算机液压控制系统图

区域控制系统

卸载指令及信息传递

卸载操作终端

图 4-74　卸载过程实景

7.1 千斤顶反力监测

在卸载过程中，千斤顶顶升反力的大小，可以初步反映支撑塔架受力和钢结构自身受力之间的转换关系，最终目的是实现支撑受力向钢结构自身受力的完全转移。顶升力的数据来自于控制中心，控制中心通过油泵上的压力传感器将每个千斤顶的顶升力进行记录并汇总。千斤顶反力实测值与模拟计算结果进行实时分析对比，实测值与计算值比较如图 4-75、图 4-76、图 4-77 所示。

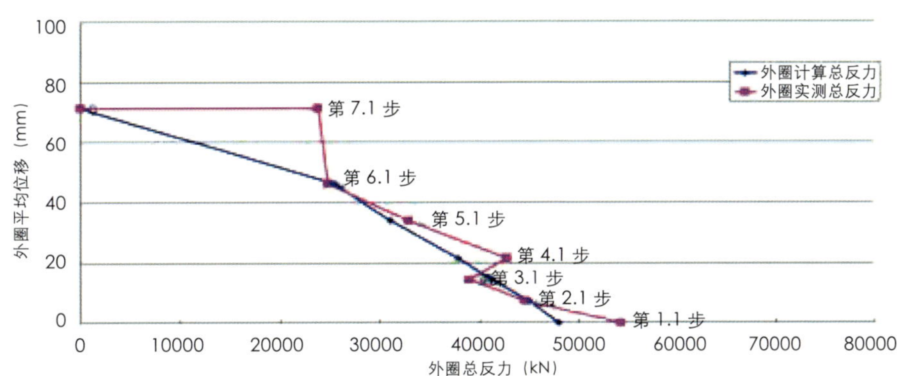

图 4-75 外圈实测与计算反力对比

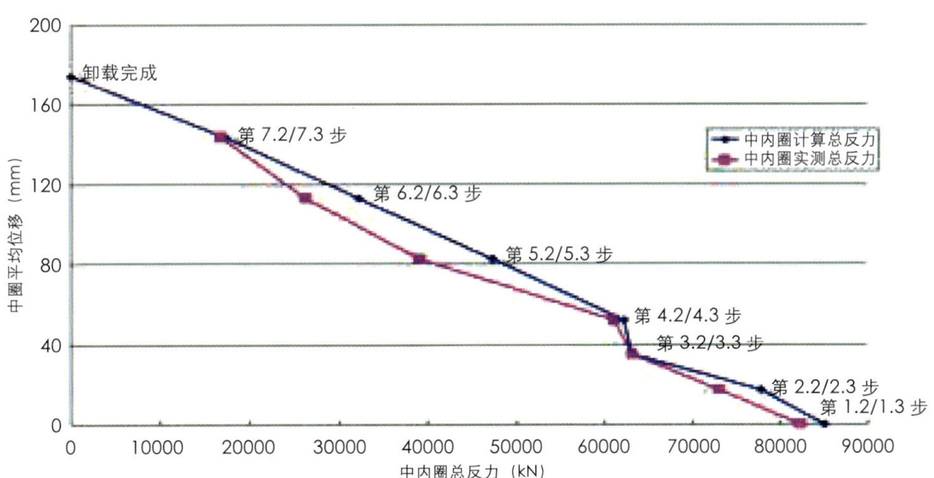

图 4-76 中内圈实测与计算反力对比（一）

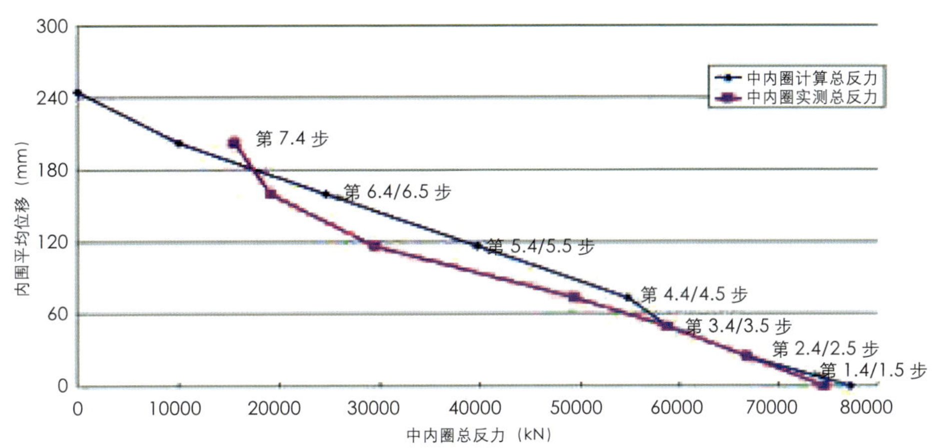

图 4-77 中内圈实测与计算反力对比（二）

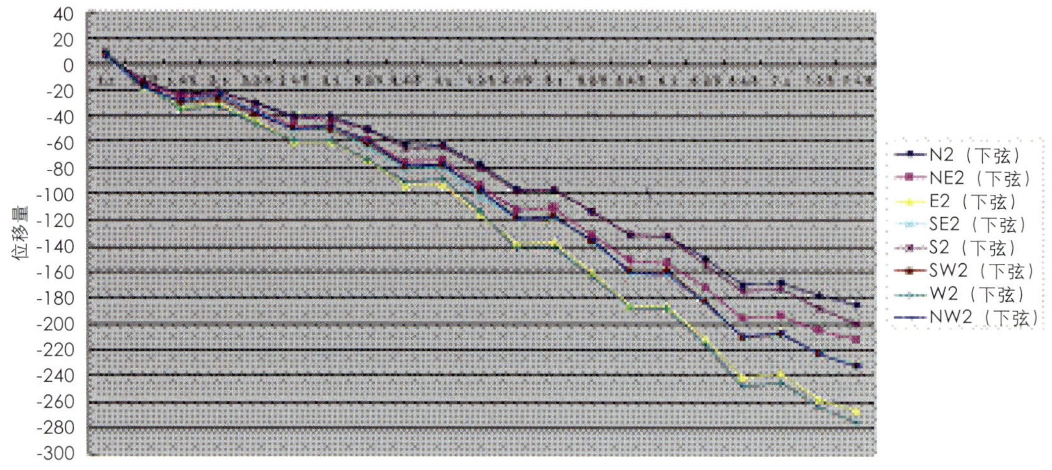

图 4-78　屋盖下弦变形图

7.2 屋盖变形监测

屋盖变形直接反映了卸载结果。卸载过程中对屋盖作跟踪变形监测，及时了解每一卸载步钢屋盖的变形情况。在屋盖内环东、南、西、北四个轴线方向及四个象限的 45 度方向，上、下弦各设置一点监测点，共计 16 个。测量设备采用三台 Leica 全站仪及配套觇牌进行测量和校核。屋盖下弦变形情况如图 4-78 所示。

7.3 结构本体应力应变监测

尽管进行了详细的模拟计算分析，但卸载过程仍可能存在很多不确定因素，因此，对结构本体应力应变进行全程监测，全面掌握卸载过程中的实际受力状态与计算值的符合情况，对于确保结构的安全性有重要意义。监测系统由传感器子系统、数据采集与传输子系统、数据管理与分析子系统等三个子系统组成。传感器采用振弦式数码应变计，传感器采集的信息经 AD 转换通过无线传输子系统，将数据传输给数据管理与分析子系统。监测选取了 4 榀主桁架和 2 个桁架柱作为代表，共计 232 个测点。实测值与计算值比较如图 4-79 所示。

7.4 支撑塔架应力监测

由于支撑塔架经历了较长时间的主体钢结构施工，使得临时塔架的实际受力状态和设计状态会有所不同。为了保证卸载的安全进行，应对支撑塔架在卸载过程中的应力情况进行实时监测。实时监测采用 DGK-4000 系列振弦测量设备。选择了 3 个最不利支撑塔架进行了应力实时监测，共计 12 个测点。典型监测点应力变化如图 4-80 所示。

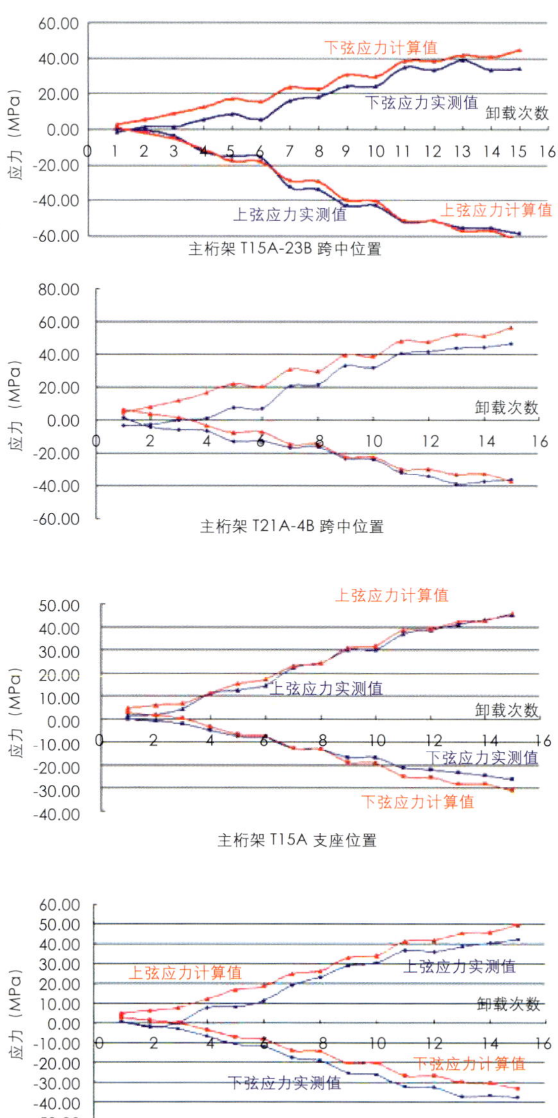

图 4-79　应力实测值与计算值比较

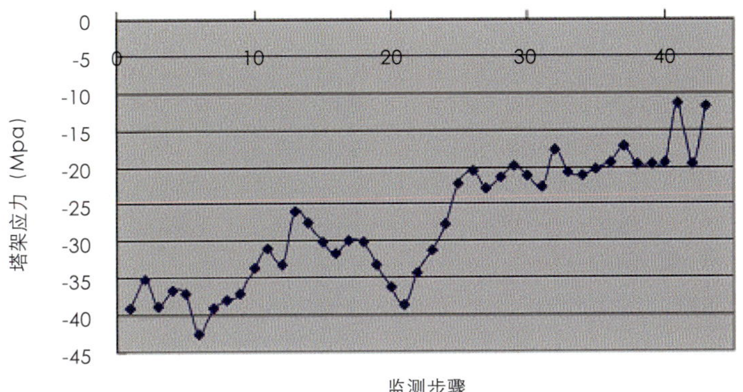

图 4-80 支撑塔架应力变化图

7.5 结构本体温度监测

由于卸载过程历时长（约 3 天半），要经历早晨低温和中午高温的变化，而且钢结构屋盖是温度敏感结构，所以在卸载过程中，除了受到自重、施工荷载外，还受温度应力的作用。对钢结构构件的实际温度状态和整体温度分布规律进行实时监测，以便更加科学、有效分析卸载时温度对结构本体应力的影响。温度监测点共计 60 个，其中顶面 36 个测点，立面 24 个测点。不同时间屋盖的温度变化如图 4-81 所示。

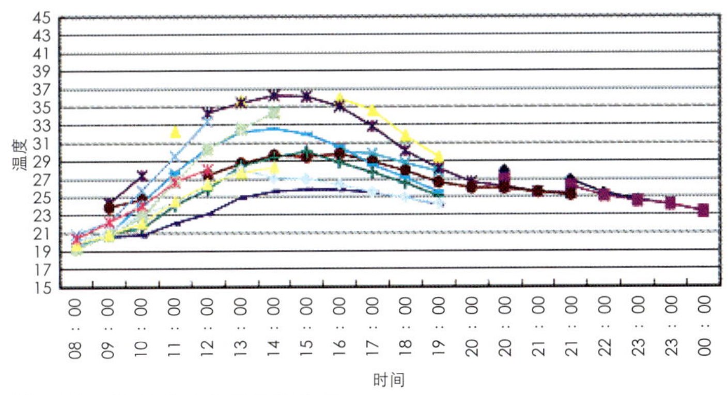

图 4-81 钢结构本体温度变化图

8. 小结

从 2006 年 9 月 13 日开始卸载到 9 月 17 日历时四天卸载完成，卸载过程按计划和方案顺利实施，卸载中各种监测数据表明卸载实施过程正常，结果满足结构设计要求和相关验收标准的要求。其中：实测卸载最大变形平均值 271mm 与计算值 286mm 相差 5%，卸载过程中主体钢结构的实测最大拉应力 68.0MPa、最大压应力 90.1MPa，与理论计算值吻合良好。

2006 年 10 月 1 日，胡锦涛总书记视察鸟巢工程时评价：鸟巢钢结构成功卸载，谱写了中国建筑史上光辉的一页。

2007 年 2 月 1 日，由北京市建设委员会主持召开了“国家体育场大跨度马鞍形钢结构支撑卸载技术研究及应用”科技成果鉴定会，鉴定结论：鸟巢卸载的成功对类似大跨度、复杂空间钢结构卸载施工技术具有借鉴意义，研究成果填补了国内外大跨度、复杂空间钢结构工程支撑卸载技术的空白，达到了国际先进水平。

在此研究成果基础上形成了国家级工法《大跨度马鞍形空间钢结构支撑卸载工法》及相关专利。

第六节 钢结构精密测量测控技术

1. 工程背景

国家体育场钢结构为大跨度空间马鞍形结构，钢构件形成的外表面是一个空间曲面，因此，存在大量的三维弯扭构件、且无固定的空间曲线函数可表示，构件位置只能采用构件棱线的三维坐标来定位。在施工测量测控方面主要面临着难题为：钢结构安装单元大，分段复杂，构件异形，尤其桁架柱体量大且构件扭曲，地面拼装精度控制要求高，拼装测量难度大；钢结构空中安装对接精度要求高，对安装测量提出了准确快速要求，同时钢结构安装呈阶段性，顶面及肩部次结构是在主结构卸载后进行安装，存在卸载前后位形变化的影响，以及钢结构安装过程导致结构位形的不断变化影响，也对安装测量测控提出了挑战。如果安装精度控制不够，必然会造成大量安装单元测量超出规范允许偏差的现象，直接影响到整个钢结构的建筑造型以及结构的安全性。因此如何在最终满足安装精度和结构安全的要求下，选择合理高效的测量测控手段是至关重要的。

面对上述难题，根据钢结构拼装、安装实际情况，在充分研究了现代测量测控技术的基础上，提出了以下总体思路：

1）应用全站仪、数字水准仪以及结合 GPS 控制测量手段等建立高精度三维工程控制网，应用实用的测量数据处理技术，提高工程控制测量的成果质量与作业效率，以保证拼装、高空安装施工定位控制依据的精度；

2）应用基于智能化全站仪及相关工业三维测量系统等集成式精密空间放样测设技术，以实现大型复杂工程设施快速、准确的空间放样测设。

3）应用三维激光扫描测量技术对钢结构构件拼装、安装的空间形态进行实时或准实时的精确检测和完整记录，以及监测数据的实时处理、智能化分析与可视化表现技术，为钢结构安装过程偏差消纳、卸载后顶面及肩部次结构拼装、安装施工提供依据，实现以设计为依据，以实际状况为目标，全面进行偏差的预控和提前消纳。

2. 建立高精度施工控制网

2.1 精密导线测量

控制测量是最基础的和最重要的施工测量工作。由于现场狭小、复杂测量控制点的密度、精度、位置和使用是否方便等都至关重要，是重点考虑的因素。如果测量控制点的密度低，数量少，就不能全面、精确地控制整个工程，还会因为控制点离构件定位点距离较远或需要进行加密控制点使定位误差较大；如果控制点密度过高，点数太多不仅增加了测量工作量还会造成控制网边长较短，形成短边控制长边这样不利的观测条件。同时控制点还必须避开电缆等地下管线、构件拼装作业区，又要尽量远离吊车等大型施工机械的运行路线。经过踏勘并结合施工场地布置图和国家体育场的结构形状，布设了以前期 4 个 GPS 点、体育场中心点作为已知点，由 12 个导线点（外围 8 个，内场所 4 个）组成的平面和高程钢结构施工控制网，如图 4-82 所示。

为了提高控制网精度，消除仪器和觇板的对中误差，导线点都采用强制对中点的方式设置。

导线网最短边长 40m，最长边长 205m，用徕卡 TCA2003 全站仪及其配套的光学觇牌进行观测，测量结束后，根据闭合差计算测角中误差为 ±1.8″，导线网内闭合环最大相对闭合差不超过 1/65000，满足三等导线网相对闭合差 1/55000 限差要求。导线网平差采用清华山维 EPSW95 平差软件进行平差。平差后控制点最大点位误差为 ±2.2mm，最大点间误差 ±1.5mm。

2.2 高程控制测量

首级高程控制网采用水准测量的方法布设，利用平面控制点 K_1 ~ K_{12} 作为高程控制网的水准点，组成水准网。首级高程控制网按二等水准测量精度要求进行观测，外业采用莱卡 NA2 自动安平精密水准仪及配套的三米铟瓦尺观测，其精度指标为每千米高差中误差小于 ±2mm，路线闭合差小于 ±4mm。平差后最大高程中误差 1.1mm，最大高差中误差 0.9mm。

2.3 GPS 控制测量

共有控制点 16 个，内部 5 个，外围 11 个，其中有 12 个设有观测墩，并且有强制对中装置，控制网如图 4-83 示意。

投入 3 台套 leica GPS1200 接收机，其仪器标称精度为：水平距离：±（3mm+0.5ppm × D），垂直距离：±(6mm+0.5ppm × D)，控制点精度如表 4-11。

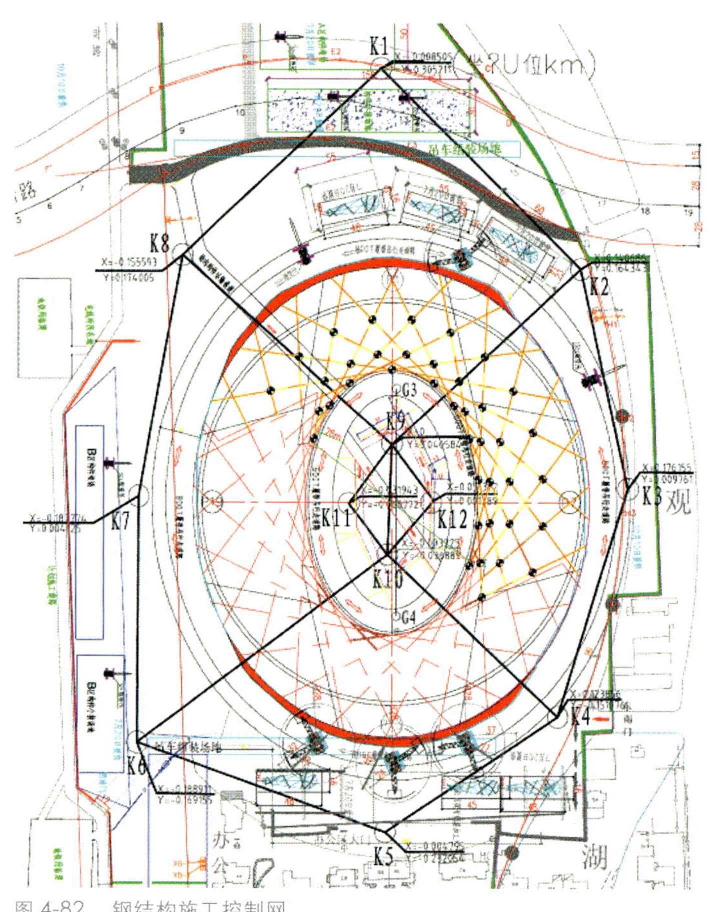

图 4-82　钢结构施工控制网

国家体育场 GPS 控制点精度　　　　**表 4-11**

点号	标准差 X	标准差 Y	标准差 Z	中误差
K1	0.0007	0.0011	0.0009	0.0016
K2	0.0008	0.0011	0.001	0.0017
K3	0.0013	0.0018	0.0015	0.0027
K4	0.0009	0.0011	0.0012	0.0019
K5	0.0000	0.0000	0.0000	0.0000
K6	0.0004	0.0007	0.0006	0.001
K7	0.0004	0.0008	0.0007	0.0011
K8	0.0004	0.0005	0.0007	0.001
K9	0.0007	0.0012	0.001	0.0017
K10	0.0008	0.0011	0.0011	0.0017
K11	0.0011	0.0013	0.0013	0.0021
K12	0.0007	0.0013	0.0011	0.0018
G1	0.0000	0.0000	0.0000	0.0000
G2	0.0005	0.0008	0.0007	0.0011
ZX	0.0006	0.0009	0.0009	0.0014
Z4	0.0006	0.0009	0.0008	0.0013

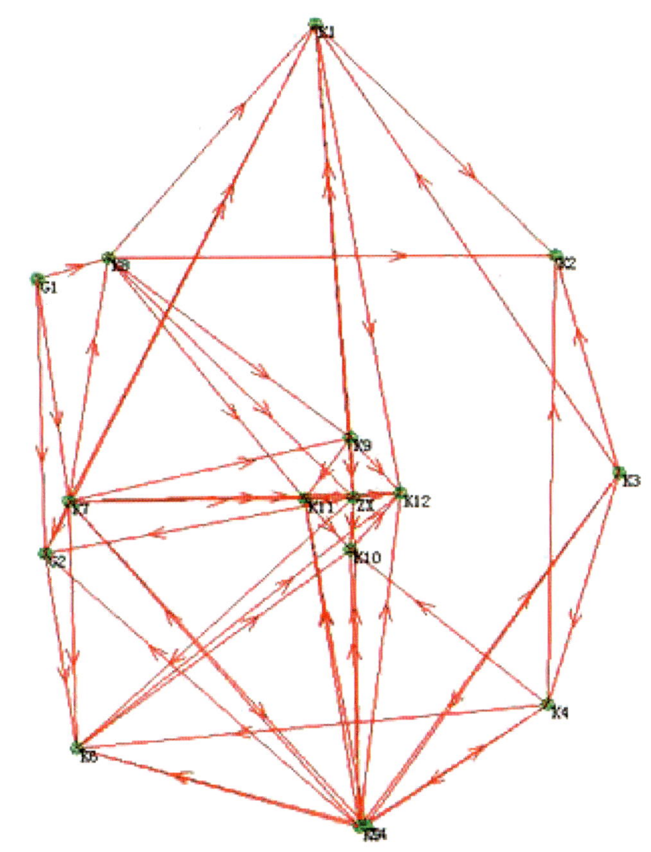

图 4-83 GPS 控制网示意

2.4 控制网每隔 3 个月复测一次，以保证其精度。

3. 拼装测量定位用 MetroIn 工业三维测量系统

桁架柱拼装测量是拼装的重点和难点，快速高效解决好桁架柱的拼装测量精度对总体工程的安装精度具有决定性作用。采用常规测量与 MetroIn 工业三维测量系统是相结合的方法，单个部件的就位采用 Leica TCA1800 全站仪测量，拼装单元的整体检测采用 MetroIn 工业三维测量系统，使拼装完成后的整体空间几何特性满足安装要求。

3.1 MetroIn 工业三维测量系统

MetroIn 工业三维测量系统是以两台以上电子经纬仪或单台全站仪为传感器而构成的空间三角交会法 / 极坐标法空间坐标测量系统。主要用来采集空间点（被测工件等）的三维坐标数据，并对测量数据进行管理及点、线、面的几何计算与分析，还具有数据的输入、输出和用户应用软件等功能。测量示意图如图 4-84 所示。

3.2 拼装测量控制点设置

为满足拼装测量要求，保证整体精度，在拼装平台左右两侧分别布设三个以上的测量控制点，形成一个闭合控制网。

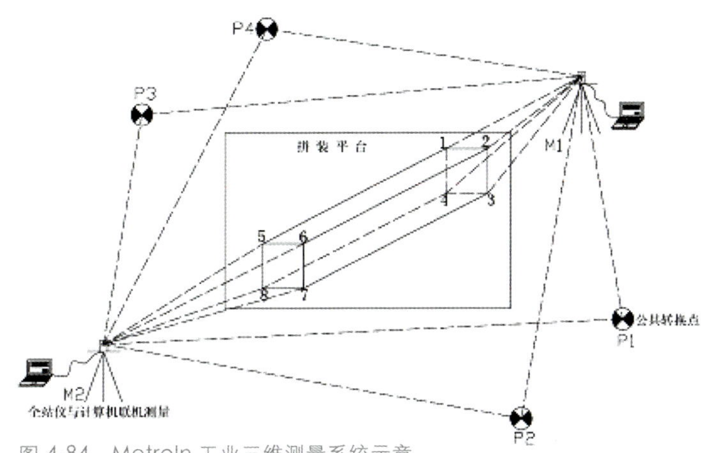

图 4-84 MetroIn 工业三维测量系统示意

用 Leica TCA1800 全站仪进行精密测量，并对点位进行调整，使其闭合差满足拼装精度要求。为确保各点之间的相对精度，每隔一周或控制点有变动可能时，都需对控制网进行复测，计算各点的位移量和各点的高程，根据测量数据对点位进行调整，使平面各点精度满足施工要求。控制点布置如图 4-85 所示。

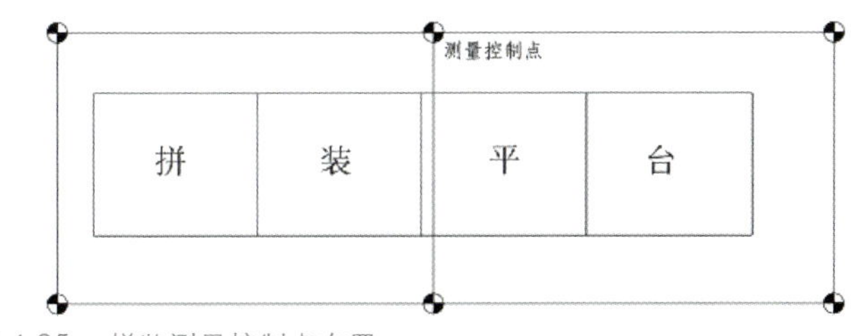

图 4-85 拼装测量控制点布置

3.3 拼装坐标的转换

施工图纸中构件的坐标是以国家体育场的中心为坐标原点，为高空的安装坐标，无法直接用于拼装，因此采用模型取点转换的方法。根据设计院提供的结构模型，结合现场拼装场地条件、胎架形式等具体要求，确定拼装的局部坐标系，典型如图 4-86 所示。

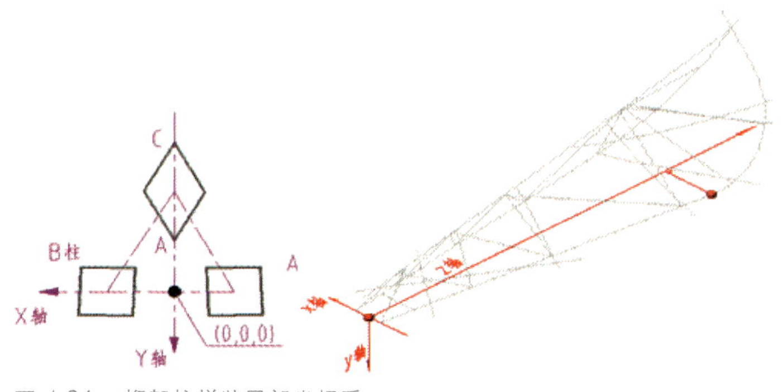

图 4-86 桁架柱拼装局部坐标系

图中：局部坐标系原点为 A 柱柱脚处的中点向内柱 CA 切面上投影的投影点；局部坐标系 z 轴正向为局部坐标系原点与 A 柱上部中心拐点向内柱 CA 切面投影点的连线方向；局部坐标系 YZ 坐标面位于内柱 CA 切面内。

根据上面取得的坐标原点，在 CAD 中读取各控制点（主要指对接端头棱角点、中点及胎架设置点）的相对坐标，以确定桁架柱的准确拼装位置。这种转换方法可根据拼装测量的相关要求建立坐标系，可任意取得重要的控制点坐标和胎架的坐标。

4. 三维激光扫描技术

三维激光扫描技术是利用三维激光扫描仪发出的激光作为光源，对三维目标按照一定的分辨率进行扫描，采用某种与物体表面发生相互作用的物理现象来获取其表面三维信息，采用原理主要有：基于脉冲飞行时间差测距的原理、基于相位差测距的原理、基于激光三角形的原理等三种。基于三种不同的原理的激光扫描仪的功能各有特点，可以适用于不同的作业目的。根据本工程的特点和扫描要求，选择使用的是 Leica HDS3000 三维激光扫描测量系统。其最大扫描距离为 150m，最小为 1m，扫描速度为 1800 点 /s，水平扫描范围为 360°，垂直为 270°，测距原理是脉冲飞行时间差测距，仪器扫描时安置在稳定的三脚架上，如图 4-87 所示。

图 4-87　三维激光扫描仪

配套的数据处理平台是图形工作站。数据处理软件包括 Cyclone、Imageware、Geomagic、Polyworks 逆向工程软件等。

4.1 已安装构件牛腿接口坐标测量

对已经安装构件的牛腿进行三维激光扫描，通过内业处理可以快速地获取已安装构件的牛腿的三维坐标值，这样，一方面可以实时检测构件的安装精度，更重要的一方面可以根据牛腿的实际坐标值，来指导牛腿间待装构件在地面的拼装，使得待装构件的地面拼装实时的适用实际安装位形，大大地减少了偏差的积累。

4.1.1 牛腿接口坐标的提取过程如图 4-88 所示。

4.1.2 典型桁架柱牛腿坐标测量

P7、P8 柱（典型柱）安装完成后，对 P7、P8 柱间的牛腿进行了三维激光扫描测量，整体特征点返回到云点如图 4-89 所示。各种拟合精度为：平面拟合精度：±2mm，直线拟合精度：±2mm，数据配准精度：±3mm。

得到 P7、P8 柱间牛腿各点的安装实际坐标后，该坐标值提供给 P7、P8 间立面次结构的地面拼装，立面次结构拼装在设计坐标的基础上，考虑三位激光扫描实测的安装坐标值，使得安装的偏差得到及时消纳，避免了安装偏差的累积。

4.2 卸载后主体结构位形测量

按照设计要求，顶面及肩部次结构是在主结构卸载完成后进行安装的，但是顶面及肩部次结构加工制作的位形依据仍然是卸载前的位形，这样导致了加工制作和实际安装位形的不一致，同时，由于主结构安装过程中，不可避免地存在偏差，以及钢结构自身受到温度等因素的影响，使得顶面及肩部次结构的安装面临着巨大的挑战。尽管在顶面及肩部次结构安装接口优化选择了合理的做法，但仍需对卸载前后钢结构的实际位形进行快速测量并对比分析，以得出位形差别，指导顶面及肩部次结构的地面拼装和高空安装。而利用三位激光扫描测量技术正好能在保证测量精度的前提下，快速高效的获得这一结果。

卸载后典型区块扫描云点图及其中某一区格相对位形变形情况如图 4-89 ～图 4-93 所示。

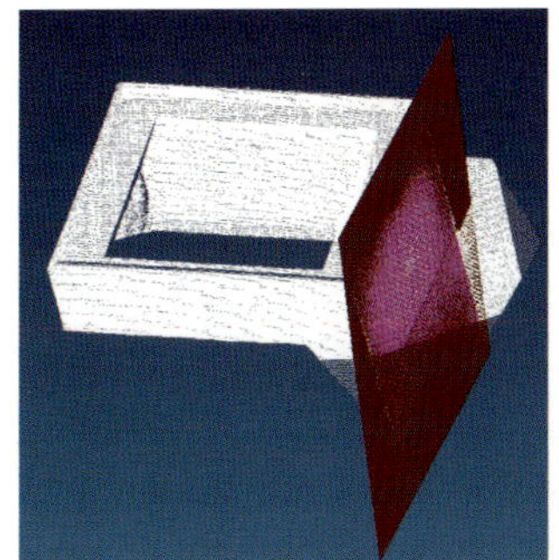

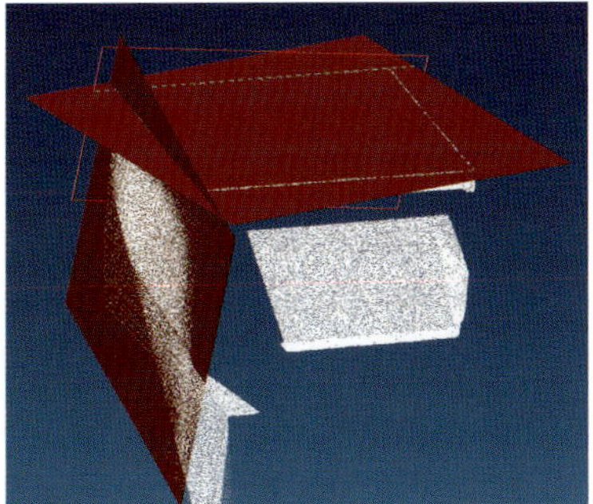

端口及平面点云提取

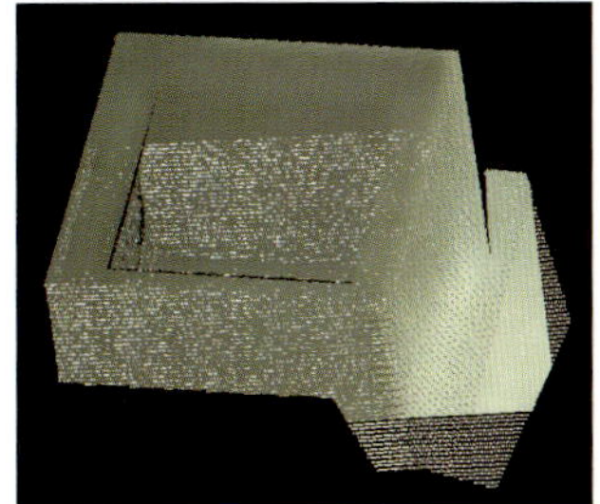

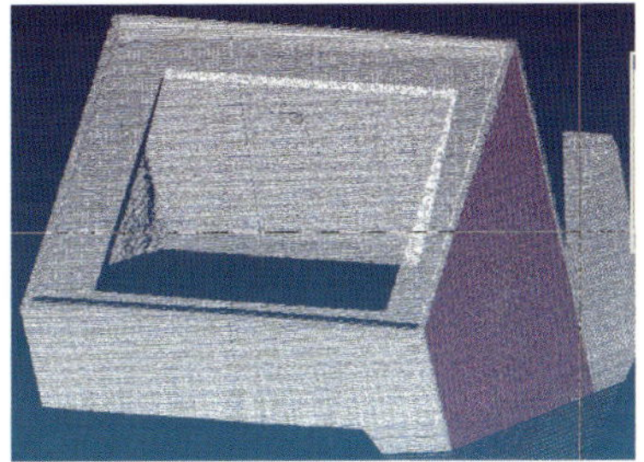

拟合平面及其交线

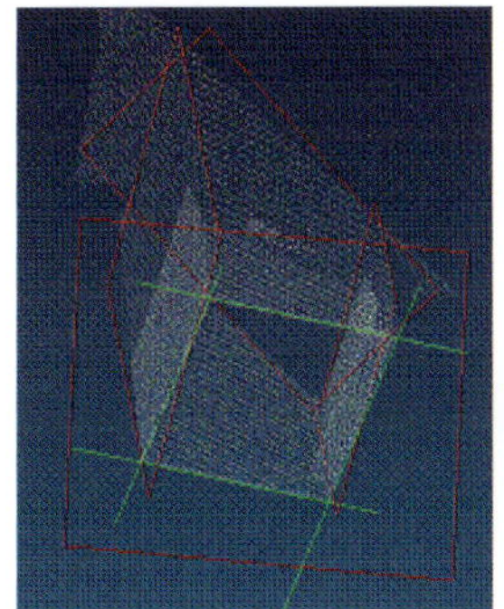

边界线提取剂线交点提取

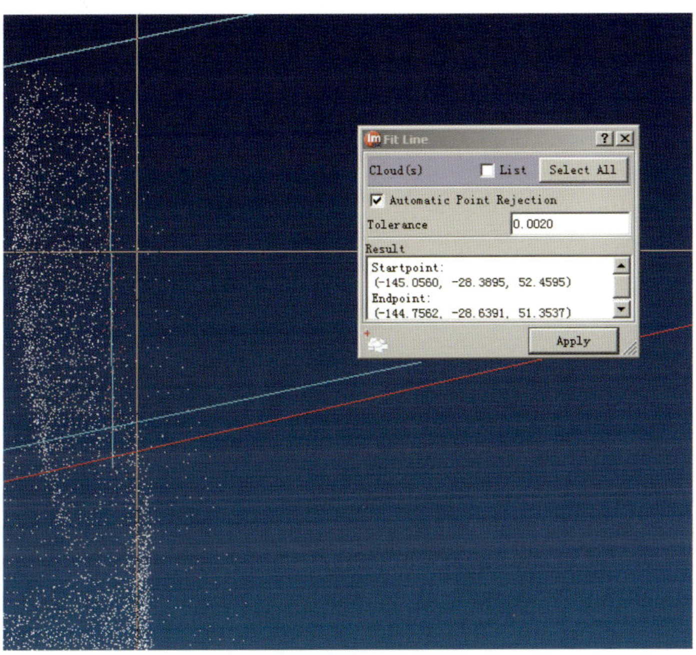

特征点坐标提取并返回云点

图 4-88　坐标提取过程示意图

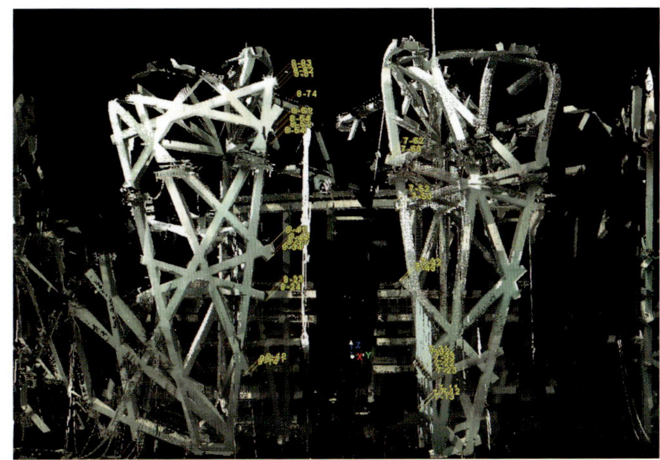

图 4-89　典型柱间牛腿三维激光扫描

图 4-90　P1-P2 轴间桁架扫描云点图

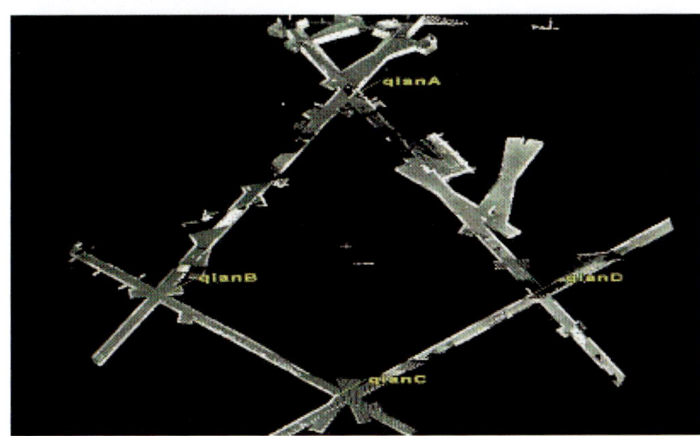

图 4-91　某区格 4 个特征点

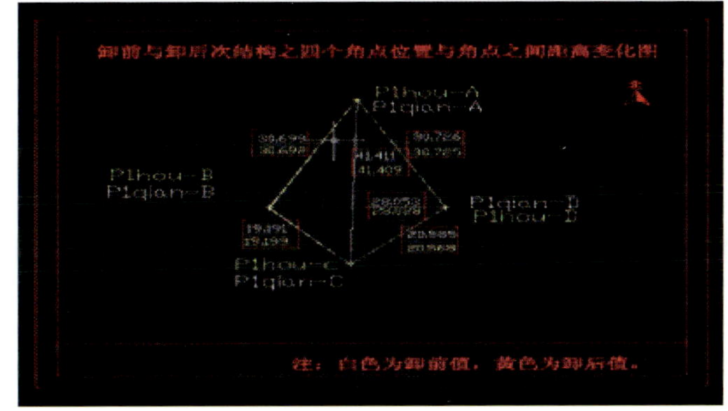

图 4-92　卸载前后相对位置变化

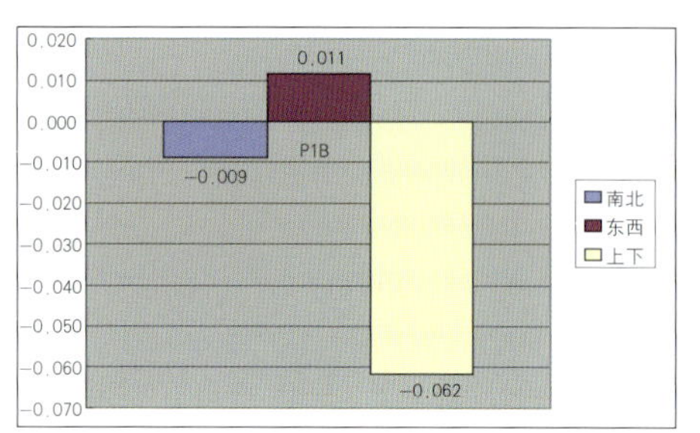

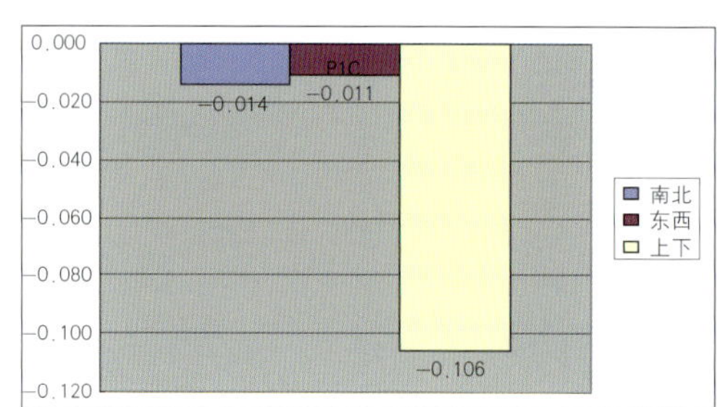

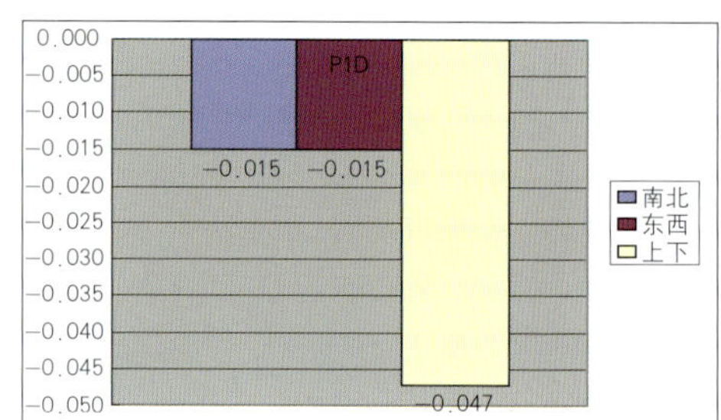

图 4-93　相对位形变化数值

5. 小结

通过钢结构测量测控技术的研究和实践，构件安装精度均控制在钢结构验收标准范围内，钢结构长轴方向 333m 外形尺寸偏差仅为 28mm，精度控制在 1/11000 以内；高程偏差最大为 15mm，精度控制在 1/4500 以内。

2007 年 12 月 18 日，北京市建设委员会主持召开了“国家体育场施工测量技术研究与实践”科技成果鉴定会，鉴定结论：该项工程举世瞩目，造型奇特新颖，结构复杂，施工难度极大，施工质量要求极高，工期紧。在无工程先例和经验可循的情况下，项目组研究和编制出一套先进实用的施工测量方案，严密的施工测量管理制度，采用先进设备精心施工并实施信息化测绘，全面高质量地完成施工测量任务，为工程施工质量和工期提供了有力的保证。成果具有先进性、创新性和实用性，具有显著的社会效益和经济效益，总体达到国际领先水平。

《国家体育场（鸟巢）精密施工测量技术研究与实施》获 2008 年度中国测绘学会测绘科技进步一等奖。

第七节　钢结构焊接技术

1. 工程背景

国家体育场工程为全焊接钢结构，总用钢量约 42000t，焊缝总长度约 30 万 m，焊缝折算总长度约 280 万 m。既有高强钢（Q460E-Z35）的焊接，又有铸钢件（GS-20Mn5V）的焊接。薄板焊接变形大，厚板焊接熔敷量大，温度控制和劳动强度要求高。板厚涉及 10~110mm 共 19 种规格，焊接位置涉及平焊、横焊、立焊和仰焊，且焊接工作跨整个冬季。42mm 以上的厚板焊接量约 4300t，冬季焊接施工量约 16000t，仰焊位焊接约占现场高空焊接量的 1/4。而且，本工程存在大量复杂的焊接节点，板件之间的相互约束显著，大量焊缝集中，焊接应力较大。特别是桁架柱柱脚结构复杂，内部劲板多数要求全焊透焊接，焊缝纵横交错，焊接操作空间狭窄，控制焊接应力和焊接变形难度很大。主结构不规则的走向很难排定焊接顺序和安装程序，次结构焊缝分布无规律、应力状态复杂，焊接应力控制难度特别大。

针对国家体育场工程焊接特点及难点，主要围绕厚板焊接技术、低温焊接技术、焊接残余应力控制及仰焊技术等方面进行了深入研究，研究成果成功指导了工程焊接施工。

2. 厚板焊接技术

在进行 Q460E-Z35 厚板焊接技术研究时，主要从 SH-CCT 曲线、热切割试验、热矫正试验、焊接冷裂纹试验研究及刚性焊接试验等方面进行了系统研究，完成相关试验 71 组，并进行了 23 项焊接工艺评定试验，总结出成套 Q460E-Z35 厚板焊接技术，见图 4-94。

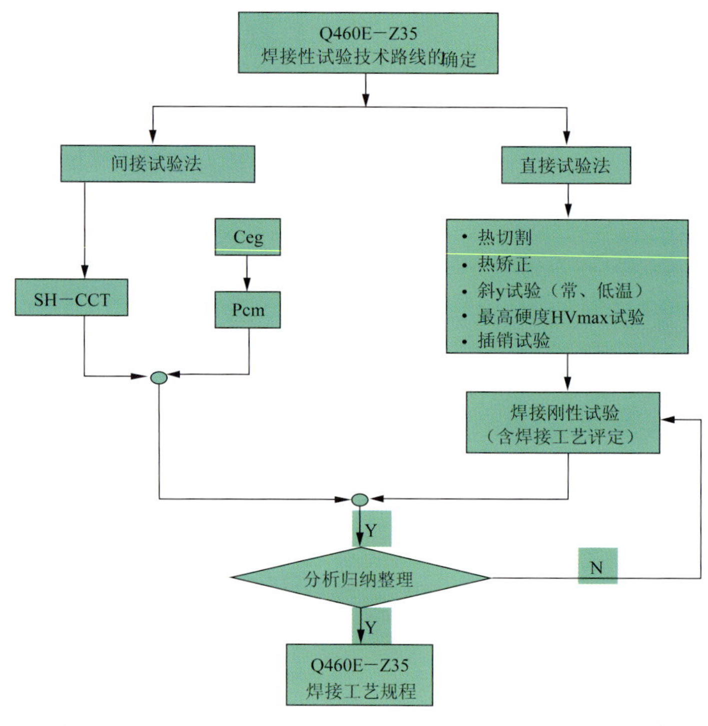

图 4-94　Q460E-Z35 焊接性试验研究流程图

在进行 Q345GJD、Q345、GS20Mn5V 钢厚板焊接技术研究时，分别根据焊接技术、焊接位置、材料规格以及异种钢材的组合进行焊接工艺评定 184 项。根据焊接评定试验结果，并结合国家体育场钢结构工程厚板焊接实践，总结出从焊前清理、坡口形状控制、预热后热温度到焊接操作手法等一套厚板焊接技术。

主要操作要点如下：

(1) 焊前清理：高强特厚板焊接，焊前应将钢板的热切割面用角向磨光机进行打磨处理，打磨厚度不小于 0.5mm，至露出原始金属光泽。

(2) 坡口形状控制：坡口角度 35°、间隙 8mm。

(3) 预热、层间及后热温度控制：预热温度不得低于 150℃，焊接返修处的预热温度应高于正常预热温度 50℃左右；层间温度控制同预热温度要求但不得高于 200℃；焊接完毕后，立即进行后热处理，后热温度 250 ~ 300℃，后热时间按每 25mm 板厚不小于 0.5h、且不小于 1h 确定；后热完成，岩棉被保温缓冷至环境温度。

(4) 预热区范围：预热时，应在焊缝两侧进行加热，加热宽度应各为焊件待焊处厚度的 1.5 倍以上，且不小于 100mm；焊接返修处的预热区域应适当加宽，以防止发生焊接裂纹。

(5) 加热方法：采用电加热的方法进行预热和后热处理，加热板设置在焊缝正反两面，预热温度达到设定值后，将焊缝正面的加热板拆除，焊缝背面的加热板作为伴随预热，焊后后热处理时再将正面加热板重新布置，并用岩棉被包裹严密。

(6) 焊接操作手法：焊接过程应严格执行多层多道、窄焊道薄焊层的焊接方法；在平、横、仰焊位禁止电弧摆动，立焊时严格控制焊枪摆动幅度；CO_2 焊控制在 20mm 范围内，手工电弧焊控制在 3*d*（*d* 为焊条直径）范围内，焊枪的倾角的限制为 ±30℃；单道焊缝厚度要求不大于 4mm，保证焊缝和热影响区的冷弯和冲击性能；采用 CO_2 气体保护焊时，焊枪杆伸长 20~30mm，焊枪倾角 ±30°。

3. 低温焊接技术

进行低温焊接试验研究时，按照板厚 20mm、60mm，材质 Q345D、Q345GJD，焊接材料有焊条、药芯焊丝、实芯焊丝，焊接位置涉及横、立、仰，试验温度 -10℃ ±5℃进行组合，共计进行了 14 项低温焊接试验。

另外，为了直接揭示低温焊接对焊接接头性能的影响，选择焊接质量最不稳定的立焊位置，采用药芯焊丝和实芯焊丝两种，对厚板和薄板进行不预热和预热两种工艺的对比试验。

根据试验研究成果，并结合低温焊接实践，总结出一套适用于环境温度在 -15℃以上的低温焊接技术。其关键技术为：

(1) 低温焊接前应加强焊工防护并对焊工进行低温焊接适应性训练，焊接过程中应保证焊接设备及气瓶等在正温环境下工作，以保证焊接工作的顺利进行；

(2) 加热方式的设定：$t \geqslant 40$mm，采用电加热；$t < 40$mm，采用火焰预热。

(3) 预热温度如表 4-12 所示。在拘束度大的情况下，预热温度应提高 15 ~ 30℃；异种钢焊接，预热温度应执行强度级别高的钢种的预热温度；不同板厚对接，预热温度应执行板厚较厚的钢板预热温度；对于箱形构件，预热时在正面加热，测温点设置在坡口底部垫板中心。

预热温度　　表 4-12

钢材牌号	接头最厚部件的厚度（mm）				
	$t \leqslant 25$	$25 < t \leqslant 40$	$40 < t \leqslant 60$	$60 < t \leqslant 80$	$t > 80$
Q345（GJ）	20~40℃	60~80℃	80~100℃	100~120℃	150℃

(4) 严格控制焊缝层间温度，层间温度要求不低于预热，且不高于 200℃。

(5) 后热制度：焊接工作结束后，应立即进行紧急后热或保温。当钢板厚度 $t < 40$mm，焊后立即采用岩棉包裹焊接接头，自然冷却；当钢板厚度 $t \geqslant 40$mm，应立即进行后热处理，后热温度 250 ~ 350℃，后热时间按每 25mm 板厚不小于 0.5h、且不小于 1h 确定，然后采用岩棉保温缓冷。

另外，对于 CO_2 气体保护焊通过加大保护气体流量也可以很好的增强抗风能力。具体的风速与保护气体流量对应关系如表 4-13 所示。

风速与保护气体流量对应　　表 4-13

风速	焊枪型号	保护气体气压	保护气体流量
≤ 2.0m/s	500A 或 350A	0.4MPa	25 ~ 50l/min
2.0 ~ 5.0m/s	500A 或 350A	0.5MPa	平、横焊 50 ~ 70l/min，立焊 60 ~ 70l/min
5.0 ~ 6.0m/s	500A 或 350A	0.5MPa	平、横焊 70 ~ 90l/min
≥ 6.0 ~ 8m/s	防风枪	0.5MPa	90 ~ 100l/min

4. 焊接变形及焊接应力控制技术

焊接变形及焊接残余应力控制技术研究时，主要通过控制合理的焊接顺序达到控制焊接变形及焊接残余应力的目的。主要针对柱脚拼装、主结构焊接及次结构焊接等关键部位对焊接顺序进行了研究。

4.1 柱脚拼装焊接变形的控制

桁架柱柱脚零部件多、焊缝交错、焊缝质量等级高，焊接位置困难，需通过焊接顺序确定组装顺序，以实现焊接变形和焊接残余应力控制。以某典型柱脚为例，其拼装顺序如下：

步骤一、二采取横拼的方式，变立焊缝为横焊缝，两侧焊缝对称施焊，预留焊接收缩量；步骤三首先在胎架上进行预拼，然后各自焊接，焊接时四周对称施焊，预留收缩量，焊接过程中四周焊接速度一致，在构件上口设置尺寸观测点，测量跟踪观测，发现位置偏移通过调整焊接速度来保证上口尺寸；通过步骤三的预拼和焊接观测，确保步骤四、五T形构件合拢尺寸的正确，步骤六完成散件的拼装焊接。如图4-95。

图4-96为柱脚组装、焊接实景图。

4.2 主桁架安装焊接变形及应力的控制

主桁架焊接的顺序：控制两点，确定方向，单杆双焊，双杆单焊，逐渐向合拢点逼近。

主要是控制起点和固定口，起点作为结构安全和稳定的必须控制点；固定口不能设置在构件重心或靠近重心和应力集中的地段。在各阶段内圈桁架吊装就位后，按照先焊接内圈后焊接桁架的焊接顺序，其余桁架接缝采取按区沿轴线方向的焊接顺序，由外向内逐一扩散同步焊接；各区之间的连

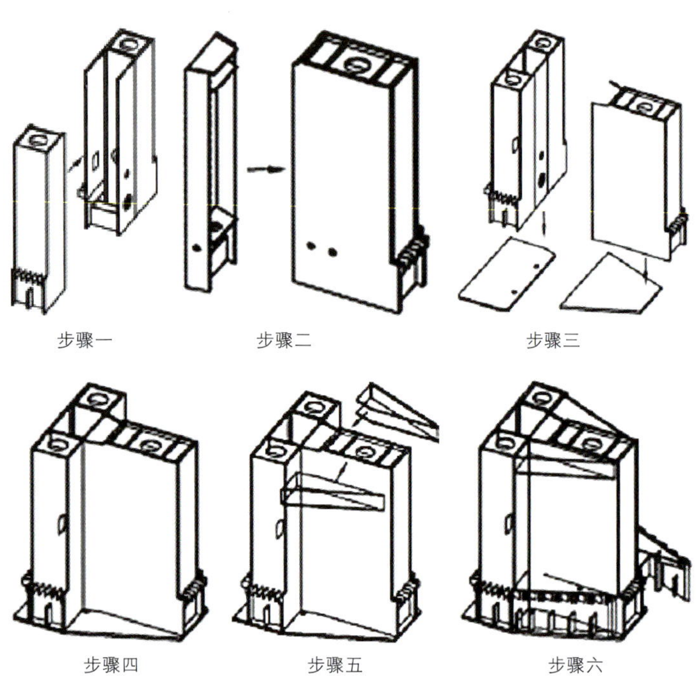

图4-95　某典型柱脚拼装顺序

焊接

组装

图4-96　柱脚组装焊接实景

接采用先封闭焊接内圈，后连接主桁架的焊接顺序。焊接顺序如图 4-97。

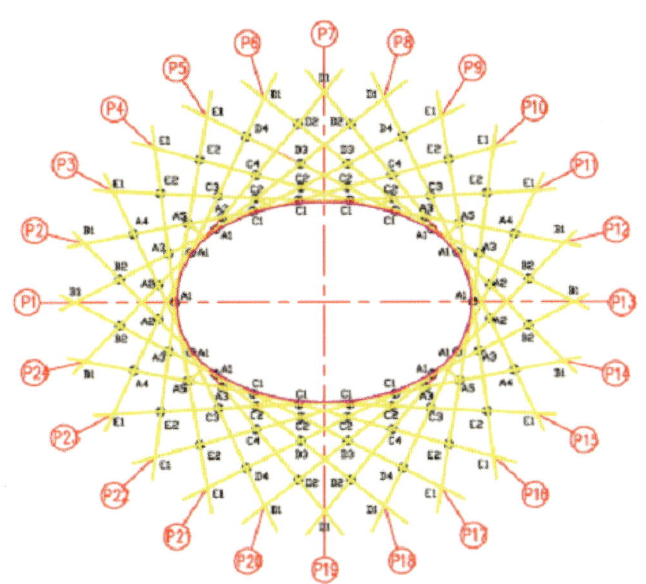

图 4-97　主桁架焊接顺序

第一阶段：A 为内圈节点，B 为外圈节点；由内向外的方向焊接标志及顺序为 A1、A2、A3、A4、A5；由外向内的方向焊接标志及顺序为 B1、B2。

第二阶段：C 为内圈节点，D 为外圈节点；由内向外的方向焊接标志及顺序为 C1、C2、C3、C4；由外向内的方向焊接标志及顺序为 D1、D2、D3、D4。

第三阶段：由内向外的方向焊接标志及顺序为 A、C、E；由外向内的方向焊接标志及顺序为 E1、E2。

典型部位焊接实景图如图 4-98。

图 4-98　典型部位焊接实景

4.3 次结构安装焊接变形及应力的控制

次结构确定焊接顺序的原则为：从下向上（立面次结构），以桁架柱（主结构）为中心对称施焊。

立面次结构焊接顺序：

立面次结构其结构分布无规律可言，焊接顺序只能原则控制，即：以立柱为中心对称施焊可获得均布应力，采用自由变形的方法可以最大限度地减少焊接应力。以某典型立面次结构为例，其焊接顺序为：总体为先焊横杆后焊竖杆，具体为 A → B → C → D → E → F，杆件 2 装上后可焊杆件 1 以下区域，杆件 3 装上后可焊杆件 2 以下区域，最后焊杆件 3 以上区域结构，如图 4-99。

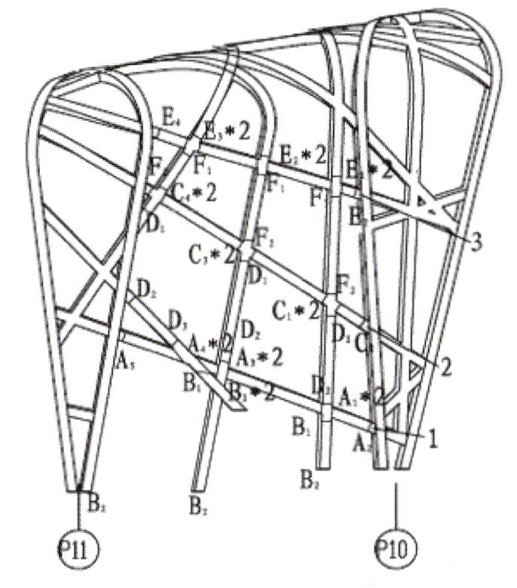

图 4-99　典型立面次结构焊接顺序

顶面次结构焊接顺序：

顶面次结构的焊接顺序以主桁架为主干对称焊接，每一焊接单元由外向内，由两端向中间焊接。以某典型顶面次结构为例，其焊接顺序为：以主桁架为主干对称焊接，总体为 A 焊口由内向外焊接、B 焊口由外向内焊接，如图 4-100。

图 4-101 为次结构焊接实景图。

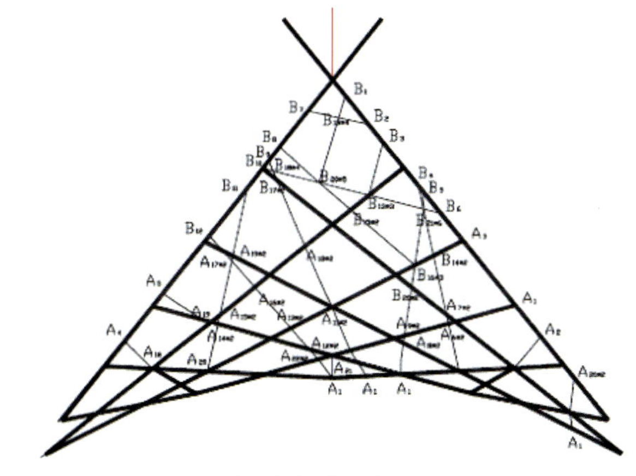

图 4-100　典型区块顶面次结构焊接顺序

图 4-101　次结构焊接实景

图 4-102　多杆件汇交节点

4.4 多杆件汇交节点焊接

在多杆件汇交节点制作研究时，如桁架柱的下柱顶节点多达 14 根杆件交汇到一起，按照惯例一般采用铸钢节点，鉴于本工程该节点体形达 10 多米、重量达 100 多吨，铸钢的浇筑运输都存在很大的难题，本课题最终采用了焊接来完成该类节点的制作。采用焊接完成多杆件汇交节点的制作其最大的难题是控制焊接残余应力及焊接变形、避免焊接裂纹。通过大量的试验选择合理的焊接工艺和焊接顺序，并在制作过程根据需要适当调整焊接工艺。另外，鉴于节点制作的复杂性，这些多点交汇的节点全部采用加工厂制作完成，确保焊接质量。图 4-102 为多杆件汇交实景。

5. 仰焊应用技术

在进行仰焊应用研究时，本课题主要采取两方面措施：一是通过焊接工艺评定试验制定出科学合理的焊接规范，仰焊试板的超声波探伤一次合格率为 100%，试件力学指标也好于立焊焊缝；二是在实际操作方面，通过对焊工进行强化培训，规范操作手法，强化体能训练，为大规模应用仰焊技术提供了技术支持。

图 4-103 为典型部位仰焊接实景图。

图 4-103　典型部位仰焊接实景

6. 小结

利用上述焊接技术的研究成果，国家体育场工程 42000t 钢结构、30 万 m 长焊缝成形良好，自检探伤一次合格率 99.5% 以上，第三方探伤合格率达到 100%，符合国家规范及设计文件的有关要求。特别是国内建筑钢结构领域首次批量生产和应用的 700t Q460E-Z35 100/110mm 高强钢厚板一次应用成功，自检和第三方探伤一次合格率 100%。

2006 年 1 月 23 日，由北京市科学技术委员会组织召开了"国家体育场钢结构工程 Q460E-Z35 厚板焊接技术及应用研究"科技成果鉴定会，鉴定结论：本研究项目采用多种试验方法评定 Q460E-Z35 厚板的焊接性和热加工性，用模拟实际刚性接头焊接试验方法进行接头力学性能试验，进行了大量实验研究和检测工作；研究成果已在国家体育场钢结构工程施工中成功应用，是 Q460E-Z35 级钢材首次应用于国内建筑钢结构工程；本项目研究成果在建筑结构用 Q460E-Z35（国产高性能大厚度低合金高强钢）焊接性及焊接工艺试验研究领域填补了国内空白，达到了国内外同类研究项目的先进水平；研究成果在重、大型焊接钢结构中的推广应用有重要意义，技术成果资料可供相关国家标准、规范及规程的修订参考。

该研究成果已为国家相关技术标准修订所采纳。在此基础上形成了国家级工法《Q460 高强钢厚板焊接工法》。

《国家体育场钢结构工程 Q460E-Z35 厚板焊接技术及应用研究》获 2006 年度北京市科学技术奖二等奖。

第八节　钢结构防腐涂装技术

1. 工程背景

为了突出 "鸟巢" 独特的建筑造型，整个钢结构工程全部暴露于大气环境中，整个"鸟巢"钢结构属于室外钢结构。为此，设计提出"鸟巢"钢结构 25 年的长效防腐要求，并对其在防护年限内其耐久性提出明确指标，具体为：使用 20 年后其光泽保持度＞ 70%、颜色变化最大值 $\Delta E \leqslant 3$，其锈蚀程度一般部位≤ 0.50%、焊接部位≤ 1.00%。在防护设计年限内，防腐涂装系统的太阳辐射吸收系数不大于 0.45，底漆的太阳辐射吸收系数不大于 0.60。底漆采用加速盐雾试验进行常规耐腐蚀性测试，5000 小时以上无明显物理变化；面漆在人工紫外线照射时间 6000h 后，光泽保持度：＞ 90%、颜色变化：$\Delta E \leqslant 1.0$，且无起泡、粉化现象等。

如此体量的室外钢结构、如此高的防腐要求将"鸟巢"钢结构的防腐难度推向巅峰，使其成为建筑钢结构史上防腐难度最大的钢结构工程。采取何种防腐配套体系、如何控制涂装施工质量成为国家体育场钢结构工程成败的关键之一。

2. 防腐配套体系

根据大气腐蚀环境的划分及防腐年限的划分的有关规定，"鸟巢"钢结构所处地区从大气腐蚀环境划分上应属于 C3 腐蚀等级，考虑到"鸟巢"钢结构工程的重要性，在进行防腐涂装系统设计时其所处大气腐蚀环境按 C4 腐蚀等级考虑。另外，"鸟巢"钢结构关于 25 年防腐年限的设计要求应属于防腐年限高的档。

根据大气腐蚀环境分析及试验结果，并综合考虑方案的经济性、涂料的技术可靠性等因素，"鸟巢"钢结构防腐配套体系如表 4-14。

"鸟巢"钢结构防腐配套体系　　表 4-14

序号	涂料类型	涂料名称	型号	涂装道数	干膜厚度(μm)
1	底漆	无机富锌底漆	ZB-06-8	1	75
2	封闭漆	环氧封闭漆	ZB-06-29	1	25
3	中间漆	环氧云铁中间漆	ZB-06-3	1	100
4	面漆	氟碳金属漆	ZB-04-603	1	25
5	清漆	常温固化型氟碳清漆	ZB-01-1	1	25
	合计			5	250

配套体系相关产品说明：

(1) 无机富锌底漆

无机富锌底漆是一种醇溶性的富锌底漆，它是采用正硅酸乙酯水解后产物制备的溶剂型富锌底漆。该涂料附着力强，快干，耐高温，耐化学介质腐蚀，施工简便，是重防腐的最佳配套底漆。产品由于含有大量锌粉 (80% 以上) 因此具有优异的阴极保护作用。

(2) 环氧封闭漆

采用高渗透性，低粘度的环氧清漆 (或微着色) 对无机富锌底漆进行封闭，可大大增加无机富锌底漆的致密性和机械强度，以及提高与后道涂层 (环氧云铁中间漆) 的层间结合力。

(3) 环氧云铁中间漆

环氧云铁中间漆是一种改进型的中间漆，这种涂料由于添加定量的漂浮型铝粉浆，在成膜时，由于云母氧化铁和铝粉比重的差异，致使铝粉向漆膜表面漂浮，而云母氧化铁沉积到漆膜下面，因此起到双层封闭效应，增加迷宫效应，又

涂装施工参数　表 4-15

序号	涂料名称	涂刷方法	膜厚（μm）		理论涂布率 (kg/m²)	经验涂覆率 (kg/m²)	最小涂装间隔（h）
			湿	干			
1	无机富锌底漆	高压无气喷涂	180	75	0.264	0.33	24
2	环氧封闭漆	普通有气喷涂	58	25	0.064	0.10	24
3	环氧云铁中间漆	高压无气喷涂	185	100	0.23	0.33	24
4	氟碳金属漆	普通有气喷涂	85	25	0.09	0.15	24
5	氟碳清漆	普通有气喷涂	58	25	0.07	0.10	—

因铝粉漂浮在膜表面，降低了云母氧化铁的色度，当在其上喷涂氟碳金属漆时，不会发生发花现象，确保施工质量。

(4) 三氟氟碳金属漆

三氟氟碳金属漆是采用氟含量≥ 20% 的 FEVE 氟碳树脂作成膜物质，选用进口经过包膜处理的铝粉做颜料，成膜后具有金属质感，大大提高了抗氧化性。

(5) 三氟氟碳清漆

为进一步提高漆膜的耐紫外线老化性能，用三氟氟碳清漆对整个表面进行封闭，进一步提高其防护寿命，确保整个配套涂层能达到场 25 年的防护寿命。

涂装施工时，各种涂料的涂装施工参数如表 4-15。

3. 涂装施工

“鸟巢”钢结构涂装施工时，严格从钢板表面处理、涂料配制、涂装工艺、漆膜修补工艺、质量控制等方面进行涂装施工。

另外，为了有效控制面漆涂装对周围环境、特别是对国家游泳中心膜结构的污染，针对工程实际情况，对涂装工艺进行了适当调整，具体调整如下：

（1）顶面钢结构面漆高空涂装时，对于安防系统以内主桁架上弦、位于 PTFE 膜结构第二个吊点以里的下弦部分及腹杆，安防系统以内的肩部次结构及顶面次结构等部位采用滚涂方式进行施工。

（2）在进行立面钢结构面漆涂装应采取高压空气喷涂方式进行喷涂；涂装时，应通过控制喷枪与构件表面的距离和加入 5%~10% 的慢干剂等措施提高控制漆雾扩散量来减少对周围环境的污染。

（3）立面钢结构面漆涂装时，充分利用风向来减少喷涂时产生的漆雾漂浮物对国家体育场周围环境的污染，比如当刮西北风时主要在西北部位进行面漆涂装；另外，当风力达到 4 级以上时，应停止立面面漆的喷涂工作。

具体涂装方法如下：

底漆涂装在加工厂采用高压无气喷涂方法进行施工，封闭漆涂装在拼装现场采用普通有所喷涂方法进行施工，中间漆在拼装现场采用高压无气喷涂方法进行施工，面漆涂装主要采用普通有所喷涂方法并辅助滚涂法或涂刷法对局部、边角及焊缝修补部位进行施工，罩面清漆涂装采用普通有气喷涂方法进行施工。

进行面漆和罩面青漆高空涂装时，主要采用电动吊篮和自控马蹄扣吊板两种操作平台。其中，电动吊篮主要用于立面结构大面积面漆和罩面青漆涂装施工，部分肩部次结构的面漆和罩面青漆涂装也采用电动吊篮的施工操作平台；而大多数的立面次结构安装对接口的基层处理及各道涂层的涂装采用自控马蹄扣吊板为操作平台并结合爬梯、脚手架进行施工。图 4-104 为电动吊篮示意图，图 4-105 为自控马蹄扣吊板（滑板）示意图。

防腐涂装质量检查见图 4-106。

4. 小结

“鸟巢”钢结构的涂装工作，伴随着钢结构的加工制作、安装过程分段进行涂装，历时约 2 年时间，涂装总面积约 17 万 m^2。自检及第三方检查结果表明：国家体育场钢结构涂装施工的质量完全满足设计文件及《国家体育场钢结构施工质量验收标准》的有关要求。

国家体育场（鸟巢）钢结构工程是鸟巢工程技术难度最大、科技含量最高、决定工程成败的关键。通过科技攻关和广大建设者的辛勤劳动，仅用 13 个月完成了 42000t 异形复杂钢结构的安装，工程质量优良。鸟巢钢结构工程被评为“中国建筑钢结构金奖”、“建国 60 周年钢结构金奖十大工程奖”。

鸟巢钢结构工程开创了大断面箱型空间弯扭钢构件在建筑钢结构中应用的先河，推动了我国建筑钢结构加工制作技

图 4-104　电动吊篮

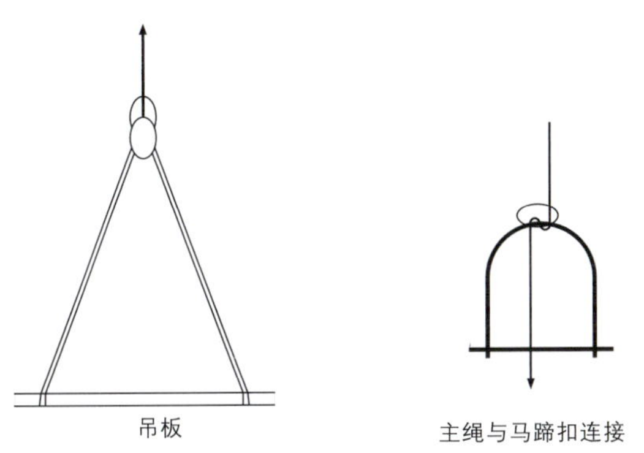

图 4-105　自控马蹄扣吊板

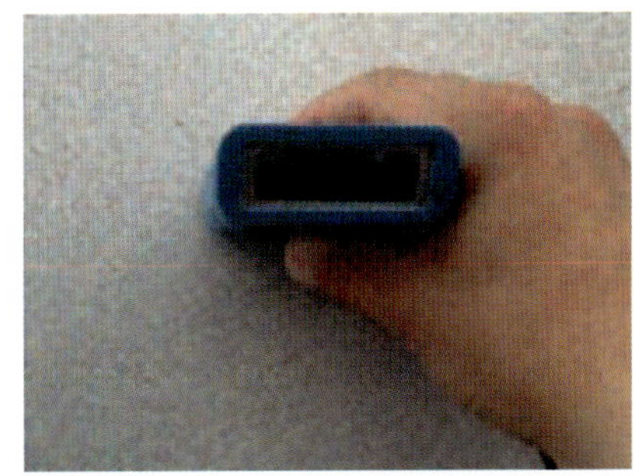
干膜厚度检查

涂层附着力检查

图 4-106　防腐涂装质量检查

术的进步。研究形成了包括综合安装技术及接口偏差控制技术、合拢施工技术及大面积自动测温技术、支撑卸载综合技术、测量测控技术、高强钢厚板焊接技术、低温焊接技术、仰焊技术及复杂结构焊接残余应力和焊接变形控制技术等异形复杂钢结构的成套综合施工技术，标志着我国建筑钢结构施工技术达到一个新的里程碑。

相关的研究成果不仅成功解决了国家体育场钢结构工程关键技术难题，降低了工程成本、保证了工程质量和工程的顺利进行，而且为今后类似的大型复杂钢结构工程施工技术、施工管理、质量控制和结构安全保障等提供了可借鉴的经验，为国家有关标准规范的修订提供参考。同时，通过工程实践培养出 1000 多名高水平的焊工、铆工及相关技术人员，为社会培养了一批高技能人才。

《国家体育场（鸟巢）特大型空间异形钢结构工程施工技术》获“建国 60 周年钢结构十大新技术奖”。《国家体育场钢结构工程关键施工技术研究与应用》获“2008 年度北京市科学技术奖一等奖”。

第五章 膜结构工程关键施工技术

第一节 ETFE 膜结构施工技术

1. 工程背景

国家体育场 ETFE（中文名为乙烯 - 四氟乙烯共聚物）膜结构，位于钢屋盖的上弦，以主桁架上弦和顶面次结构为边界构件，布置在较平坦的屋面及立面转角的局部区域；总共由约 880 个膜单元组成，总覆盖面积约 4.5 万 m^2。如图 5-1。

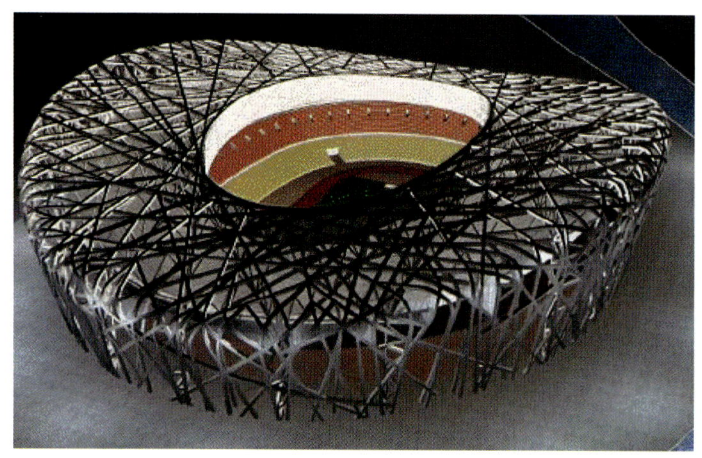
图 5-1 ETFE 膜结构效果图

ETFE 膜结构的主要作用是防风雨，保护观众和屋盖结构（包括其设备装置），免受雨、雪的影响。ETFE 膜上的雨、雪通过天沟和雨水斗进入水槽再经虹吸系统排出。

ETFE 膜材，厚度 250μm，透光率 90% 以上，防火等级 B1 级，使用寿命 25 年以上，膜材表面印刷金属银色圆点，具有高抗污、易清洗的特点，通常雨水即可清除主要污垢。

ETFE 膜结构为单层张拉膜结构体系，而且形状异形、受力复杂。该结构体系的膜结构，在国内属于首次使用，在国外只有汉诺威体育场用过且均为形状规则的平面受力的膜结构，国内外承包商均无成熟的施工经验可借鉴。而且，由于膜结构体系属于新型的结构体系和施工工艺，国内外均无施工质量验收标准可以引用。另外，设计院的膜结构施工图仅为建筑方案，对其施工质量均无明确要求。同时，根据原设计方案采用起拱的索膜结构体系，不能充分发挥 ETFE 膜材的性能，并且对排水、荷载分布存在一定的不利影响。

因此，如何对原设计方案进行优化，采取何种施工工艺在鸟巢复杂的钢结构屋盖上进行膜结构安装，如何保证膜结构安装过程中特别是肩部反弯部位的施工安全，以及如何对其施工质量进行验收等关键问题成为制约膜结构施工关键性技术难题。

为此，北京城建集团国家体育场工程总承包部成立课题组从设计方案优化、施工工艺、验收标准制定等对 ETFE 膜结构施工技术深入研究，总结出一套 ETFE 膜结构关键施工技术。另外，通过国际竞争性谈判优选了国内外专业承包商，很好地完成了国家体育场 ETFE 膜结构施工。

2. 总体方案优化设计

ETFE 膜结构原设计方案为起拱的脊谷式膜结构，如图 5-2 所示。其局限性主要：易造成局部膜表面平坦、应力分布不均匀，有可能产生排水不畅、甚至存在积水、积雪等现象；将会对国家体育场屋面的设计和施工甚至后期的使用带来巨大的隐患，隐患部位如图 5-3 所示。

通过对国家体育场钢结构（即膜结构的边界构件）特点分析知：

如果采用平坦的膜表面，沿局部的单元坡度布置，即采用单层张拉膜结构方案，将在屋顶任何部位保障至少 9.5% 的排水坡度；而且，由于所有坡度小于 15%，可以避免在屋顶任何部位由于雪的滑动而造成的不可预知的积雪荷载。

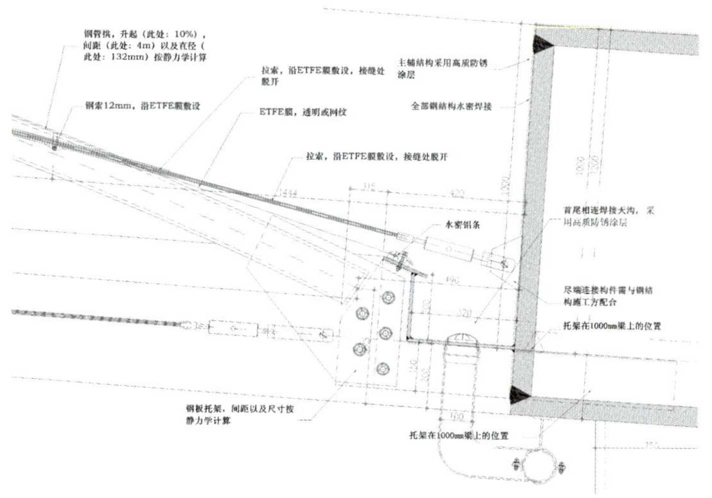

图 5-2 原设计方案

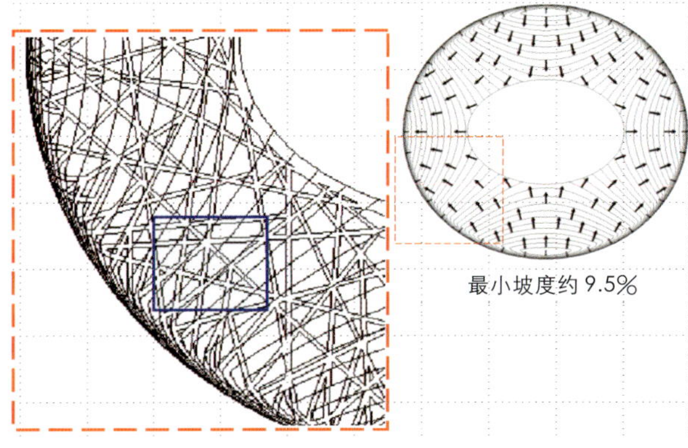

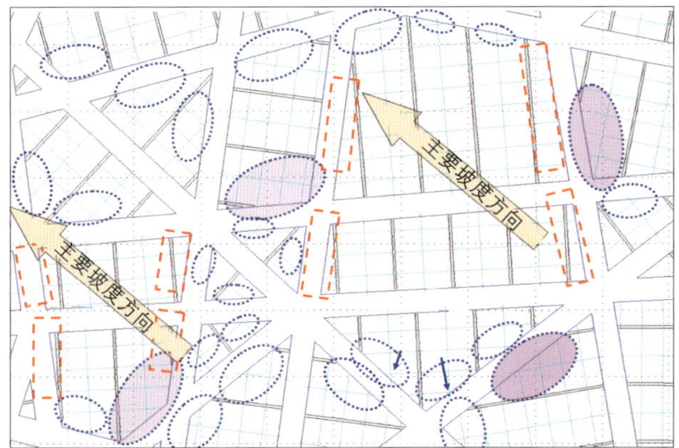

图 5-3　原设计方案隐患部位

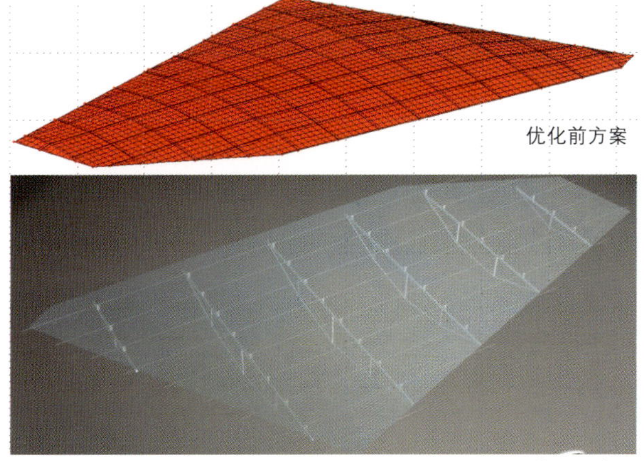

图 5-4　某典型单元优化前后对比

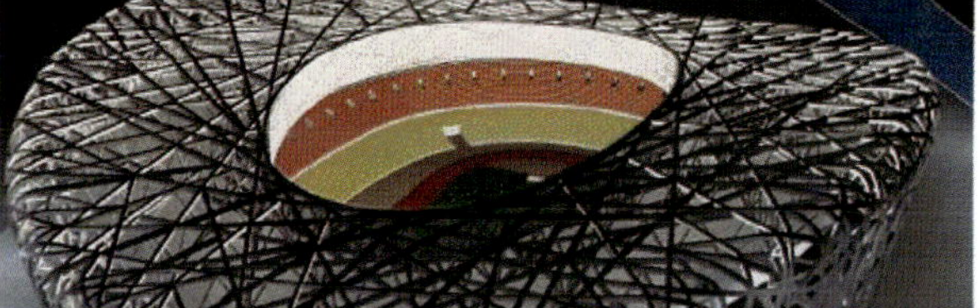

图 5-5　优化后整体建筑效果

相对于原设计方案，单层张拉膜方案其优势主要有：

•建筑效果更接近设计师的意思，图 5-4 为某典型单元优化前后建筑效果对比，图 5-5 为优化后整体建筑效果。

•用钢量节约 25%~30%，可以很好解决结构设计提出的不平衡力不大于 15kn/m 的难题。

•减少了安装工程量，降低了安装难度。

鉴于上述因素，经与原设计沟通最终采用优化后的单层张拉膜结构方案。该方案不仅很好解决了原方案不易解决的排水不畅、积雪、不平衡力过大等难题，而且可以有效降低工程造价和大幅度提高安装效率、缩短安装时间。

3. 节点优化设计

为了消纳膜区块边界构件（即钢结构）因卸载产生的较大变形，从梁与主钢结构连接节点、索与主钢结构连接节点和索夹连接节点可进行三向调整着手进行深入研究。在梁支座设计研究时，主要从可消纳三向变形的角度着手，通过大量的试验和分析研究工作，最终提出如图 5-6 所示的可调节梁支座节点。为了消纳由于主体钢结构偏差造成的索支座位置的偏差，通过大量的试验和分析研究工作，最终提出如图 5-7 所示的可调节索支座节点。为了实现索夹特殊的性能要求，通过大量的试验和分析研究工作，最终提出如图 5-8 所示的可调节索夹节点。

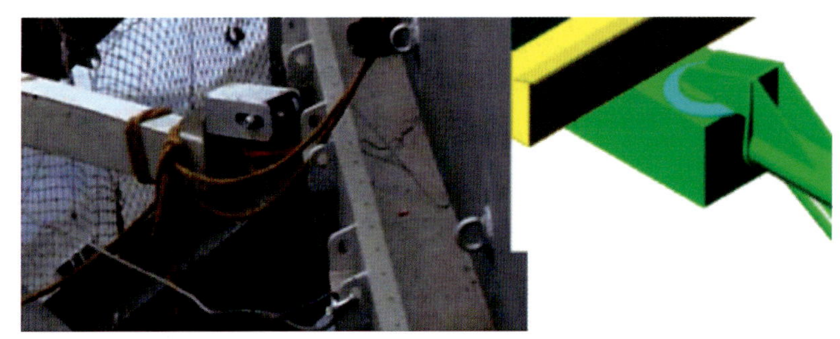

图 5-6　可调节梁支座节点

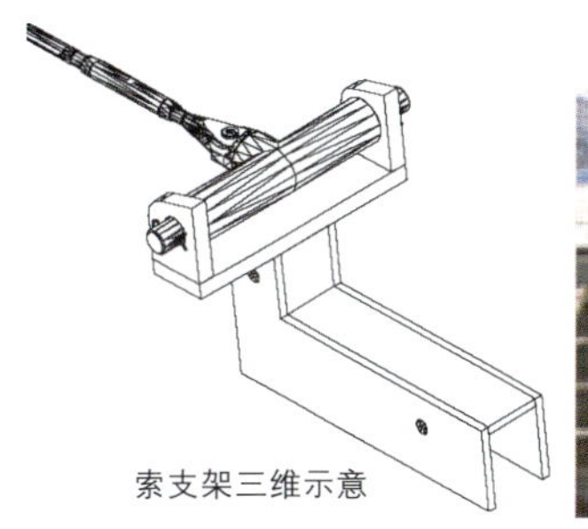

图 5-7　可调节索节点

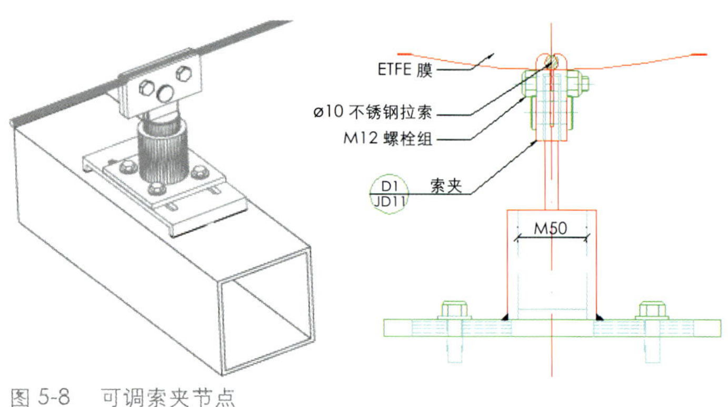

图 5-8　可调索夹节点

图 5-9　抱杆安装

4. 安装关键工艺

综合分析国家体育场膜结构工程的结构特点，整个工程可分为两类结构安装，即平屋面结构安装和肩部结构安装。其中，肩部钢梁和 ETFE 膜安装可以含盖平面膜结构的安装技术。因此，下面重点研究肩部膜结构安装关键工艺。

4.1 肩部钢梁安装

针对肩部施工区域施工人员无法站立、难以到达作业区域等难题，在充分调查研究的基础上提出采用安全带配合滑板，并采用“人盯人”的措施以保证施工人员的安全。同时，设立检查制度，包括施工过程检查以及每日安全设备检查，尤其对于安全绳以及滑板，发现磨损，立即更换。

针对肩部钢梁无法在国家体育场外侧采用吊车吊装就位的技术难题，经过充分的理论分析，最终提出采用抱杆的形式进行安装，抱杆安装见图 5-9。

4.2 肩部 ETFE 膜结构安装

只要解决上人和操作的问题，肩部的安装就可以解决。下面从人员就位、安全网铺设、膜片安装等方面介绍下肩部 ETFE 膜结构安装工艺。

（1）人员就位。

操作人员从马道上到钢结构表面的屋面部分，然后从屋面走到肩部附近，将生命绳和滑板固定在平屋面靠近肩部的主钢结构上，并下放到肩部的预定位置。人通过滑板下到要操作的区块。安全的保证是通过独立的安全绳和自锁器保证操作人员万一没有操作好导致下滑时起到止滑的作用。在人员到达预定位置后将安全网利用小绳下放到该位置，操作人员将安全网固定在要安装区块的天沟上，使该区块满布安全网，其他人员再操作时可以利用此安全网来操作。如图 5-10。

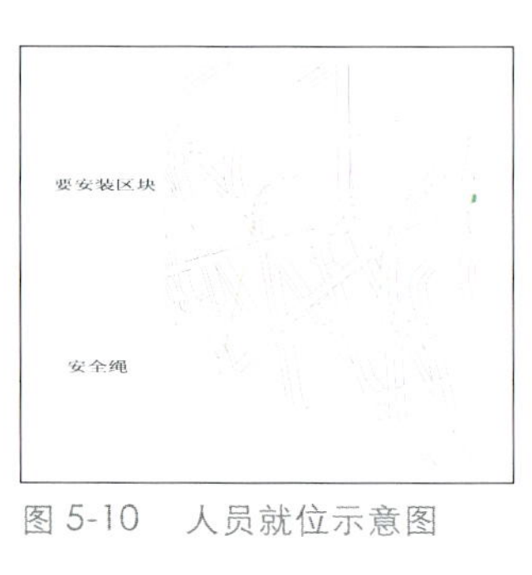

图 5-10　人员就位示意图

（2）安全网铺设。安全网是保证安装工人人身安全的重要手段。为了保证安装工作的顺利进行，采用双层安全网：第一层是操作安全网，施工人员在安装膜结构的过程中踩在该层网上进行施工；第二层是常规意义上的安全网，以防万一。

（3）铝型材定位。在膜单元各边天沟有孔连接板上，画出铝合金下料长度标识线。为了保证安装精度，采取以下三点措施：

1）在角点处铝合金下料长度均 500mm 且铝合金采用分体形式；

2）铝合金接口处要预留 3 ～ 6mm 间隙；

3）在天沟连接板对接处尽量断开铝合金。

量出标识线间的距离，在地面加工厂截取铝合金。对铝合金两端进行打磨致平滑，为了不损伤对接口处的膜材，此处索腔处要开一个弧形圆滑的锁口并打磨光滑。

（4）安装钢索，按照同一方向先固定，另一端不固定的原则。

（5）展开 ETFE 膜，把索穿过索袋，把膜铺在安全网上。

（6）张拉索至设计应力：用扭矩扳手紧固钢索的套管，用索应力测试仪的探头与钢索表面充分接触，待应力显示值达到设计应力数值时，停止索张拉，经旁站相关人员确认后把钢索固定在钢梁的索支座上。

（7）张拉膜和拆除安全网。

5. 实体模型试验

为了验证优化设计方案及可调节点的技术可行性，研究关键安装工艺的可操作性，同时为了便于培训操作工人，分别选取肩部、顶部两块典型区块制作 1:1 实体模型对设计和施工工艺进行验证工作，如图 5-11。试验结果证明优化设计方案、优化后可调节点、操作工艺等均达到预期效果。

6. 验收标准研究

为加强国家体育场 ETFE 膜结构工程的质量管理、统一 ETFE 膜结构工程施工质量的验收、保证膜结构工程质量，根据相关规范、规程、标准，并采用国内外最新的科研成果，总结制定出《国家体育场 ETFE 膜结构施工质量验收标准》。本标准，以《膜结构技术规程》CECS158 ： 2004 为基础，以设计要求为准则，参照现行有关规范、标准和规程，结合膜结构分包单位的施工经验进行编写。共分 7 章、7 个附录，编制过程中区分主控项目和一般项目；其中，主控项目 45 条，一般项目 26 条。

7. 施工过程图片

图 5-12 为某肩部典型板块 ETFE 膜结构施工过程图片。

8. 小结

利用 ETFE 膜结构的研究成果历时 8 个月安装完成 ETFE 膜结构约 4.5 万 m^2，自检和专检合格率均为 100%，很好保证了工程质量和进度，为国家体育场工程的顺利竣工打下坚实基础。

图 5-13 为安装完成后 ETFE 膜结构。

图 5-11　实体模型检验

图 5-13　ETFE 膜结构整体效果

支撑钢梁安装

安装支撑索

挂设施工安全网

绷紧膜单元

展开膜单元

安装完成

图 5-12　典型板块 ETFE 膜结构安装过程

第二节　PTFE 膜结构施工技术

1. 工程背景

国家体育场 PTFE（中文名聚四氟乙烯）膜结构位于屋盖下弦，由下弦声学吊顶吸音膜、看台肩部屏风膜、内环立面防水膜三部分组成，由 1068 个膜单元组成，总覆盖面积约 5.3 万 m^2。如图 5-14。

图 5-14　PTFE 膜结构效果图

PTFE 膜结构的主要作用是吸音和吊顶装饰作用，保证整个鸟巢看台空间的音响和装饰效果。PTFE 膜材，厚度 350μm，吸声率 70% 以上，透光率 30% 以上，防火等级 B1 级，使用寿命 25 年以上，具有高透光性、高强度、耐久性、防火性、耐腐蚀性、抗紫外线、自洁性等特点。

对于声学吊顶膜结构，设计提出明确要求：声学吊顶分块与屋面 ETFE 膜结构板块投影几何形状相同，板块之间保持 100mm 的间隔。要求 PTFE 膜的张力不在不同的板块之间传递，也不对主桁架下弦杆件传递膜的张力和撑杆的轴向力。此外，下弦声学吊顶还有 18 个需要为场地照明的灯光开口，其难度可想而知。图 5-15 为 PTFE 膜典型节点做法。

而且，PTFE 膜结构大量采用了非轴心对称的空心圆钢管的相贯焊接节点，这些相贯节点既承受轴向力又承受平面内和平面外的弯矩。而现行国内外《钢结构设计规范》关于相贯节点的承载力设计值计算公式均是基于轴心对称结构的，这给 PTFE 膜结构设计带来了巨大的困难。

对于看台屏风膜，主体钢结构和主体土建结构是完全脱离的两个独立的结构体系，而建筑师却要求看台屏风膜从下弦声学吊顶以光滑的曲面过渡到土建看台，不能有明显的分界。这就要求 PTFE 膜结构系统既要满足主体钢结构在各种荷载下（主要是温度荷载）的变形要求，又不能设置有明显的变形缝，而看台屏风膜的形状又是千差万别，毫无规律可循，其优化难度可想而知。图 5-16 为 PTFE 看台屏风膜的构造做法。

总之，PTFE 膜结构为具有较高声学要求的吸音膜，其形状异形、受力复杂，国内外承包商均无成熟的施工经验可借鉴。而且，由于膜结构体系属于较新的结构体系和施工工艺，国内外均无施工质量验收标准可以引用。另外，设计院的膜结构施工图仅为建筑方案，对其施工质量均无明确要求。

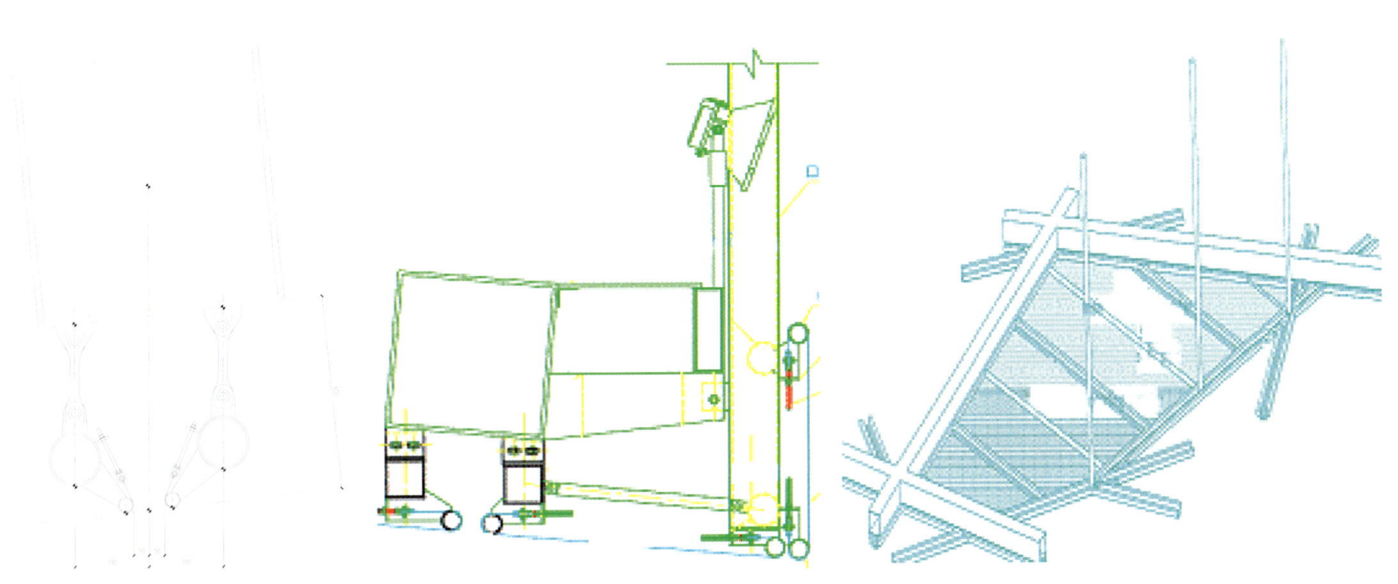

图 5-15　声学吊顶膜典型做法

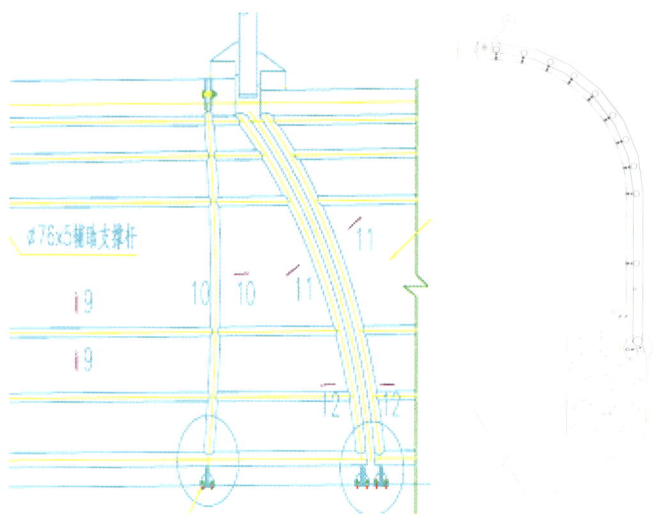

图 5-16　看台屏风膜典型做法

因此，如何对原设计方案进行优化，采取何种施工工艺才能保证 PTFE 膜结构施工的顺利进行，以及如何对其施工质量进行验收等成为制约膜结构施工关键性技术难题。

为此，北京城建集团国家体育场工程总承包部成立课题组从非轴心对称相贯节点力学性能研究、总体方案深化设计、施工工艺、验收标准制定等对 PTFE 膜结构施工技术深入研究，总结出一套 PTFE 膜结构关键施工技术。另外，通过国际竞争性谈判优选了国内外专业承包商，很好地完成了国家体育场 PTFE 膜结构施工。

2. 偏心相贯节点力学性能研究

在进行偏心相贯节点的承载力研究时，采用了有限元分析和模型试验相结合的方法。

有限元计算模型如图 5-17 所示，Von-mises 等效应力如图 5-18 所示，极限承载力见表 5-1。

ANSYS 有限元分析结果　　　　　　　　**表 5-1**

模型编号	主管 (mm)	支管 (mm)	主管长度 (mm)	支管长度 (mm)	极限承载力 F (KN)		
					(a)	(b)	(c)
1	Φ219×6	Φ168×6	876	840	32.0	38.0	47.5
2	Φ203×5	Φ140×5	812	700	16.0	19.0	29.0
3	Φ168×6	Φ114×5	672	570	23.0	28.0	28.5

试验结果如图 5-19 所示，极限承载力见表 5-2。

模型试验结果　　　　　　　　**表 5-2**

模型编号	主管 (mm)	支管 (mm)	主管长度 (mm)	支管长度 (mm)	极限承载力 F(kN)
1	Φ219×6	Φ168×6	876	840	52.0
2	Φ203×5	Φ140×5	812	700	42.0
3	Φ168×6	Φ114×5	672	570	41.5

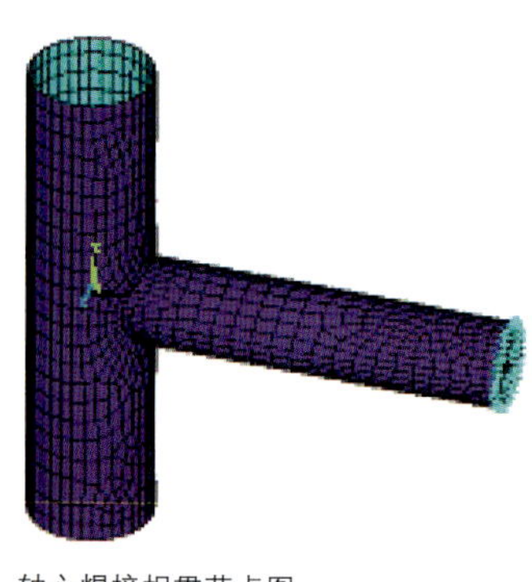

轴心焊接相贯节点图

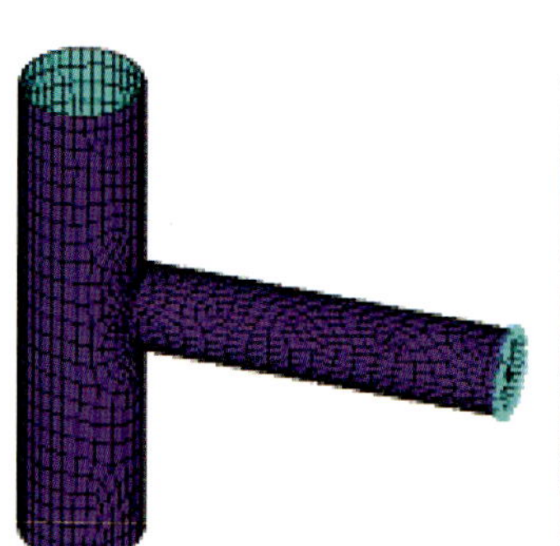

未加强偏心焊接相贯节点图

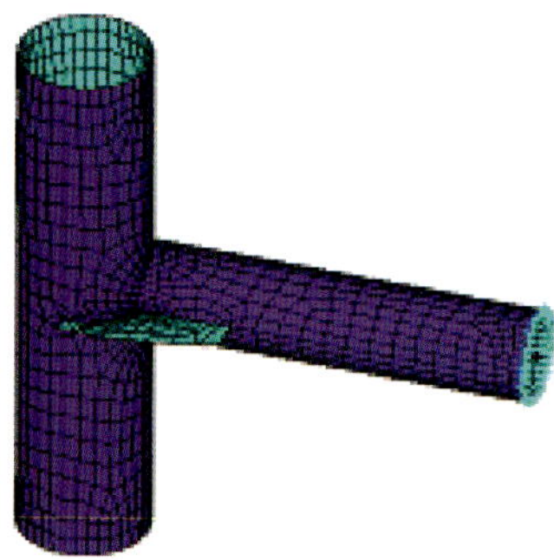

加劲板加强偏心焊接相贯节点

图 5-17　计算模型

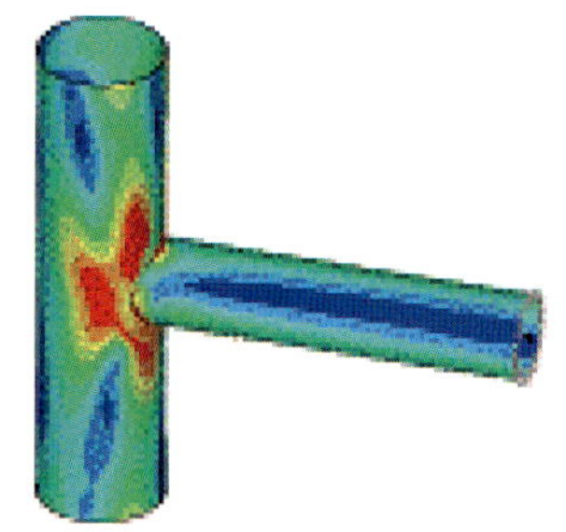

轴心焊接相贯节点图

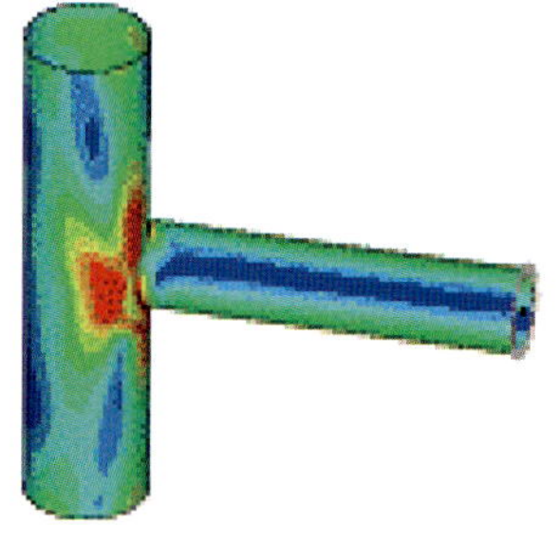

未加强偏心焊接相贯节点图

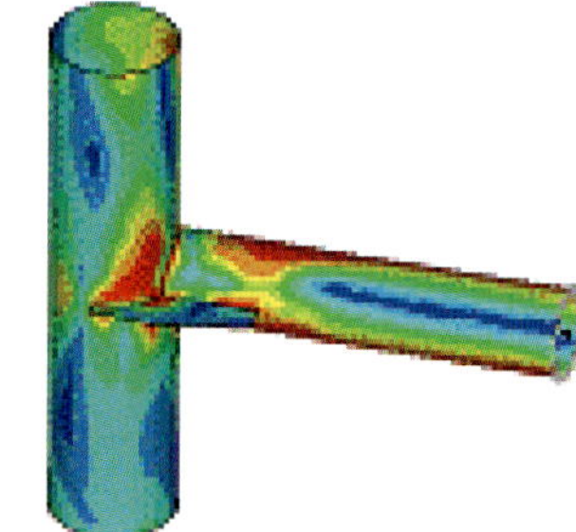

加劲板加强偏心焊接相贯节点

图 5-18　应力云图

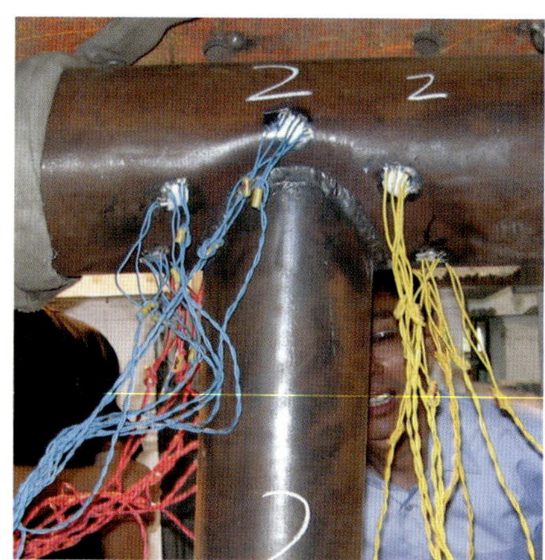

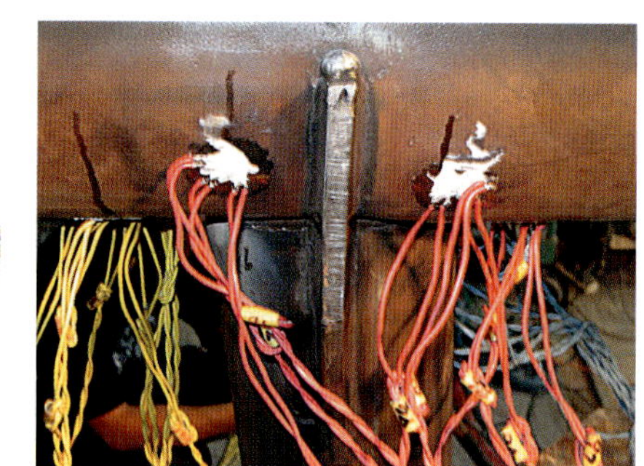

图 5-19　试验结果

从上述分析知，采用加劲板加强的偏心焊接相贯节点的极限承载力完全可以达到轴心焊接相贯节点的极限承载力水平，并有一定程度的提高。因此，采用加劲板加强的偏心焊接相贯节点可以按轴心对称节点进行计算。

3. 总体方案深化设计

根据 PTFE 膜结构的结构特点，按照部位从 P1、P3、P7 轴选取了三个典型板块分别从支座反力、膜材应力分布和板块间相对位移控制等方面进行了研究，根据研究结果以确定深化设计方案的可行性，如图 5-20。

图 5-21、图 5-22、图 5-23 为典型板块一、板块二、板块三膜材在不同荷载工况下的应力分布。

各区块支点反力、膜材力学性能和水平相对位移等均满足设计师的有关要求。因此，该深化设计方案可应用于国家体育场 PTFE 膜结构工程。

4. 安装关键工艺

PTFE 膜结构安装主要分膜附属钢结构安装和膜块安装。

4.1 膜附属钢结构安装

PTFE 膜附属钢结构安装，先在地面拼装成整体，然后采用吊车由体育场内环吊至周圈看台的操作平台上，最后再通过卷扬机在空中接力将膜附属钢结构拼装单元吊至安装位置。其主要安装步骤如图 5-24。

看台屏风膜附属钢结构采用散装法安装，其安装顺序为：边缘构件——撑杆——小撑杆。边缘构件和撑杆分段进场，在地面上接长后，整根吊装就位。边缘构件和撑杆组成一个框架受力体系后，再进行小撑杆的安装，小撑杆按照如图 5-25。其安装防护如图 5-26。

图 5-20　典型板块

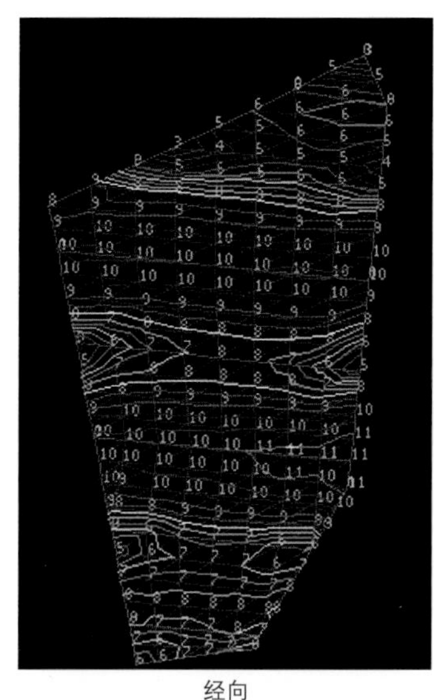
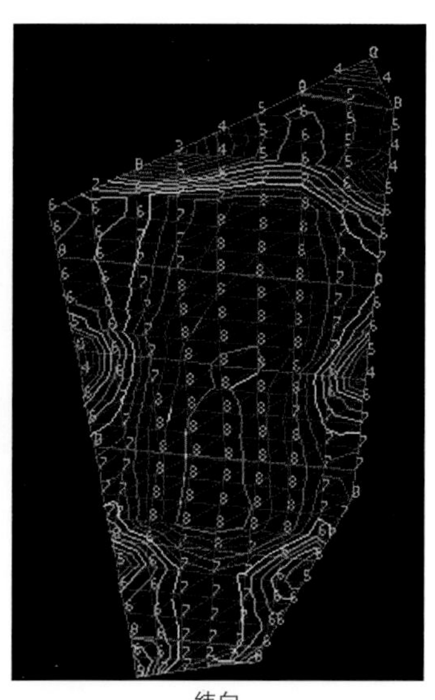

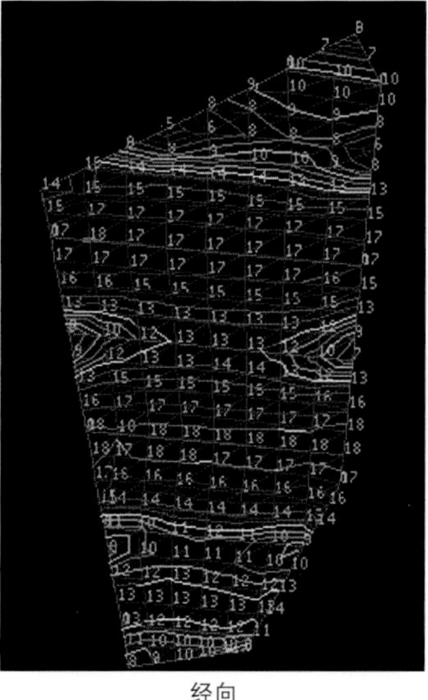
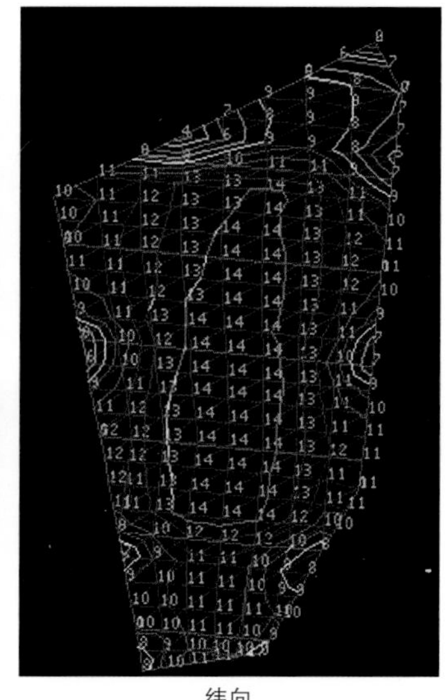

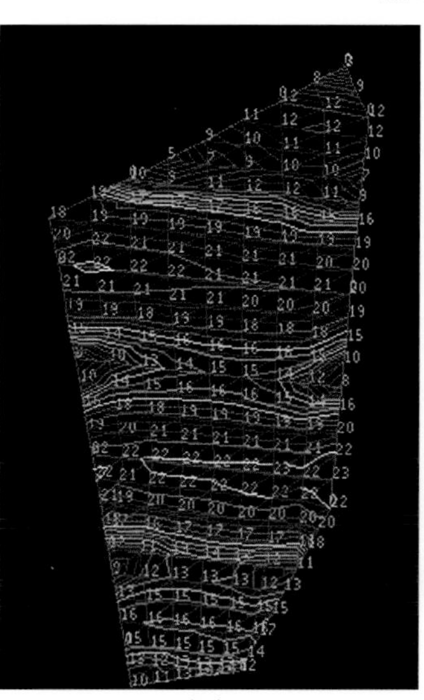
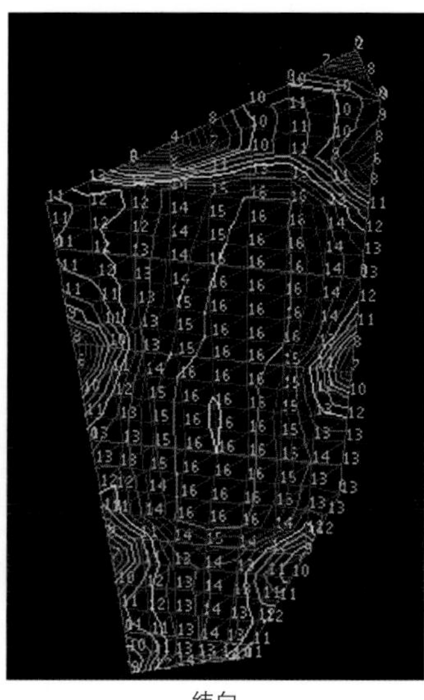

图 5-21　典型板块一膜材应力

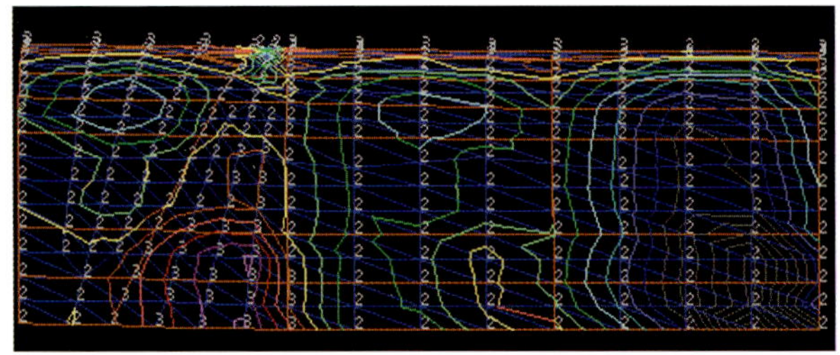

经向

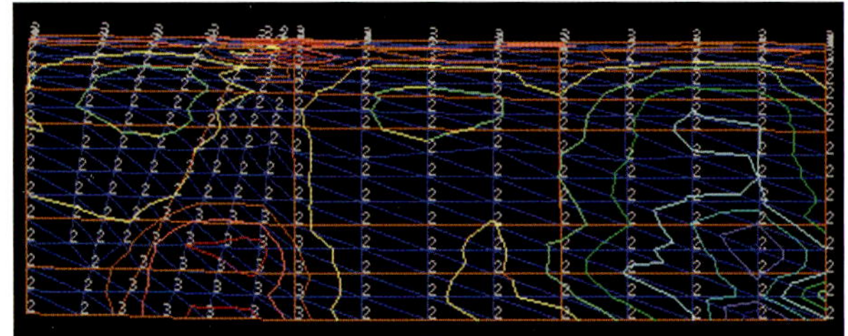

纬向
活荷载作用

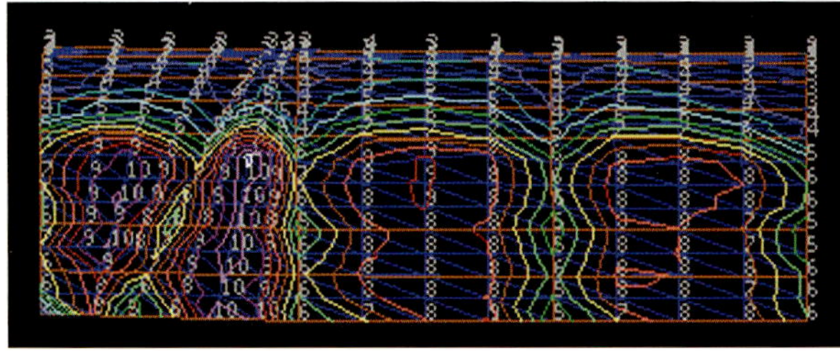

经向

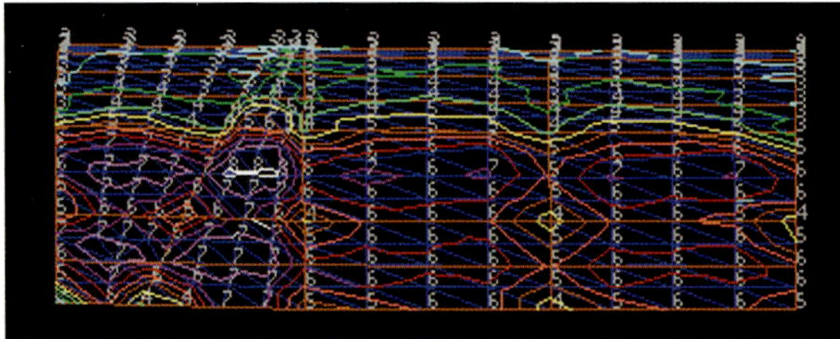

纬向
正风压作用

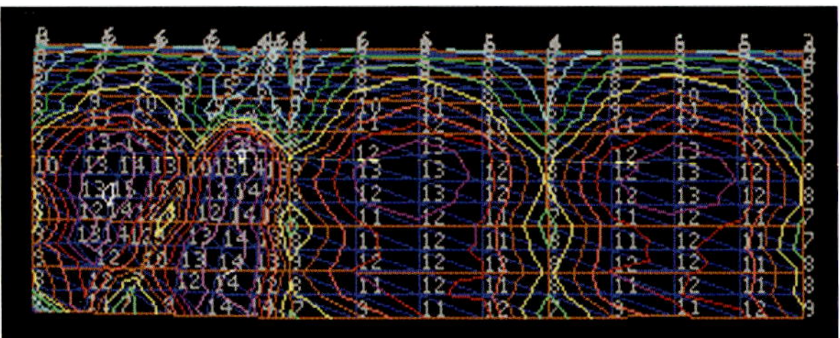

经向

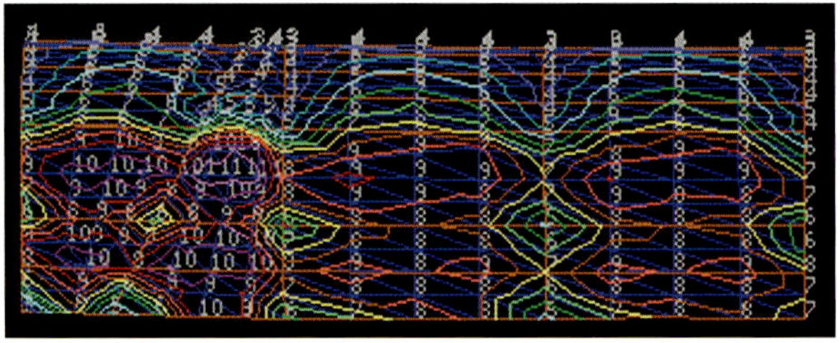

纬向
负风压作用

图 5-22 典型板块二膜材应力

4.2 膜块安装

膜单元安装采取流水作业，实行定岗、定责、定人、定责任制，每组完成各自固定安装内容。膜单元安装前，应在主钢构上下桁架支撑杆 1.2m 处铺设工作人员高空行走安全绳，在每个膜附属钢结构框架吊杆 1.2m 处铺设人员行走安全绳（Φ12mm 无油钢丝绳或 Φ20mm 尼龙绳）。并用竹梯沿膜单元膜附属钢结构框架四周铺设，将木板或竹梯搭设处捆扎。其安装的关键工艺如下：

4.2.1 地面展膜

膜单元成品在地面展开检查前，应清理清水混凝土看台杂物并铺设擦洗清洁的保护膜。然后将膜单元展开，展开的各边与上面的膜附属钢结构基本吻合；展开过程中，注意保护膜面，防止膜面污染；膜单元完全展开后，检查膜单元周边尺寸、搭接方面、开孔位置、热合缝是否符合设计要求，膜面有无破损，有无瑕疵，有无污染，并做好记录，全部合格进入预张拉工序。

4.2.2 膜单元预张拉

由于每个膜单元各边都有设计补偿值和热合收缩量，膜单元地面展开且检查合格后，用专用工装将膜单元周边尺寸进行预张拉。如图 5-27。

4.2.3 安装膜单元

沿膜单元附属钢结构框架四周每 5~7m 设一个提升吊点，吊点绳扣采用尼龙带，通过滑轮将绳放至地面，如图 5-28。

4.2.4 膜单元张拉

膜单元张拉关键点如下：

（1）预应力施加顺序：每个膜单元施加预应力时，应先边角，后中部。先短边，后长边对称张拉。

（2）控制方法：位移控制为主、力值控制为辅。

第一次位移量为设计位置量的 50%，第二次位移量为设计位置量的 30%，第三次位移量为设计位置量的 20%，位移允许偏差 ±10%；用专用测力仪对张拉完成的膜单元的有代表性的施力点进行力值抽检，力值允许偏差 ±10%。

5. 验收标准研究

为加强国家体育场 PTFE 膜结构工程的质量管理、统一 PTFE 膜结构工程施工质量的验收、保证膜结构工程质量，根据相关规范、规程、标准，并采用国内外最新的科研成果，总结制定出《国家体育场 PTFE 膜结构施工质量验收标准》。本标准，以《膜结构技术规程》CECS158 ：2004 为基础，以设计要求为准则，参照现行有关规范、标准和规程，结合膜结构分包单位的施工经验进行编写。共分 8 章、7 个附录，

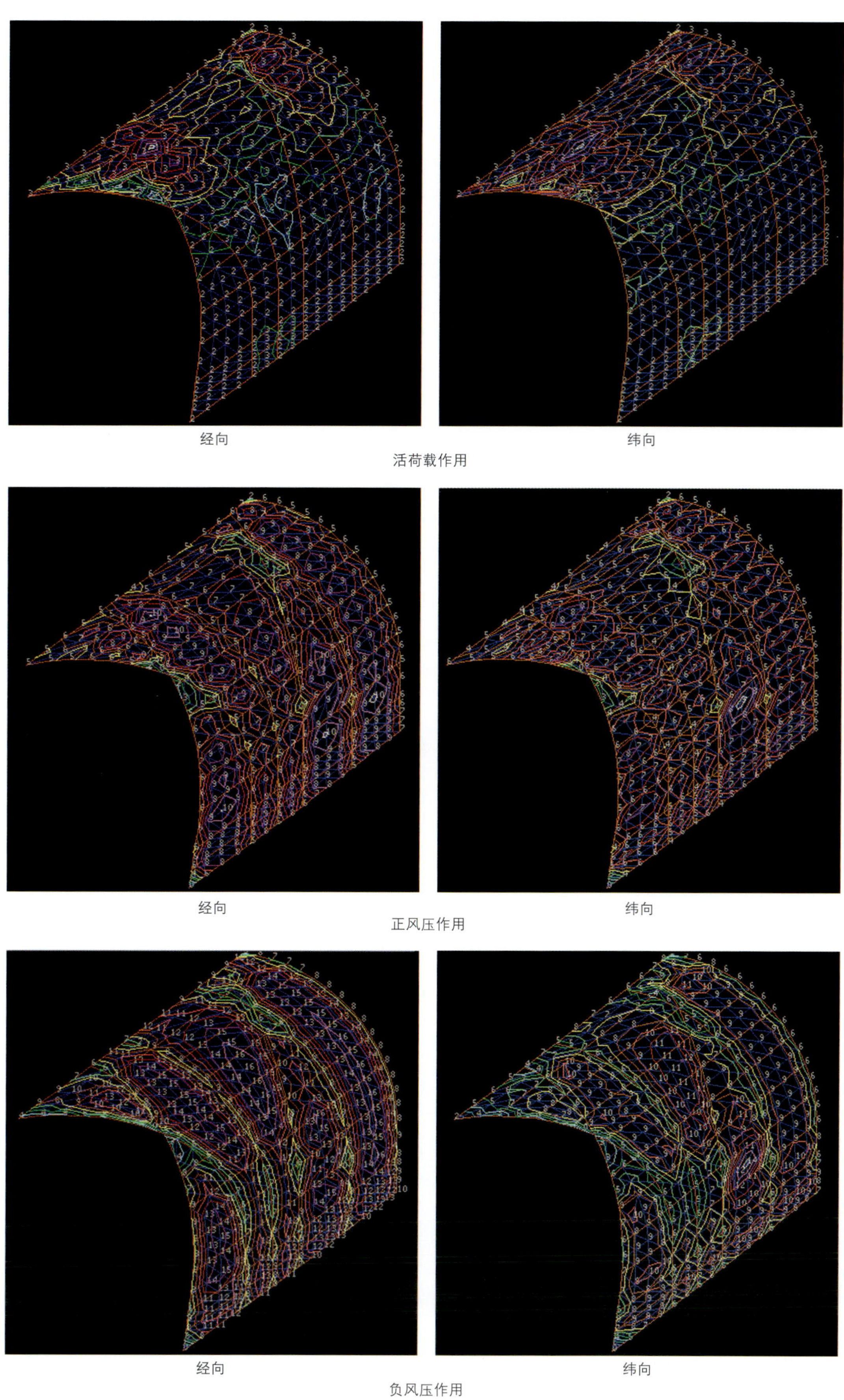

图 5-23　典型板块三膜材应力

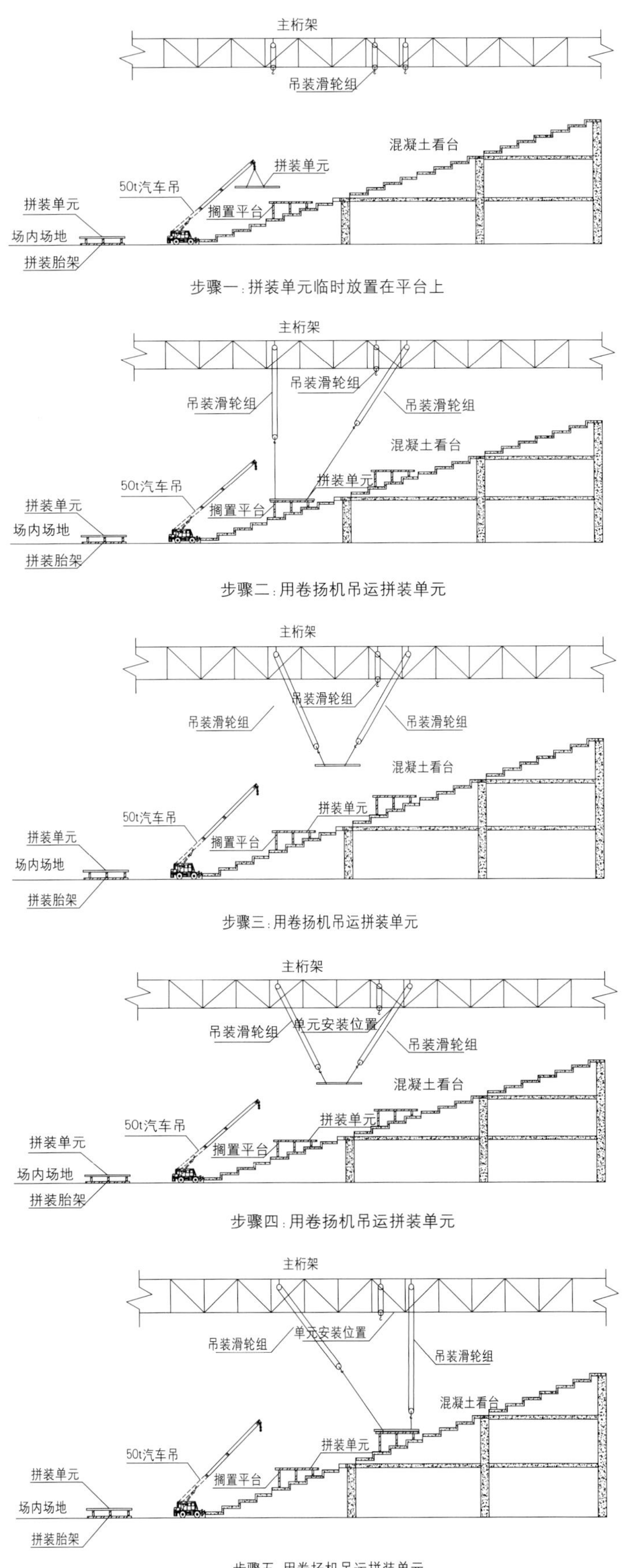

图 5-24 安装过程示意图

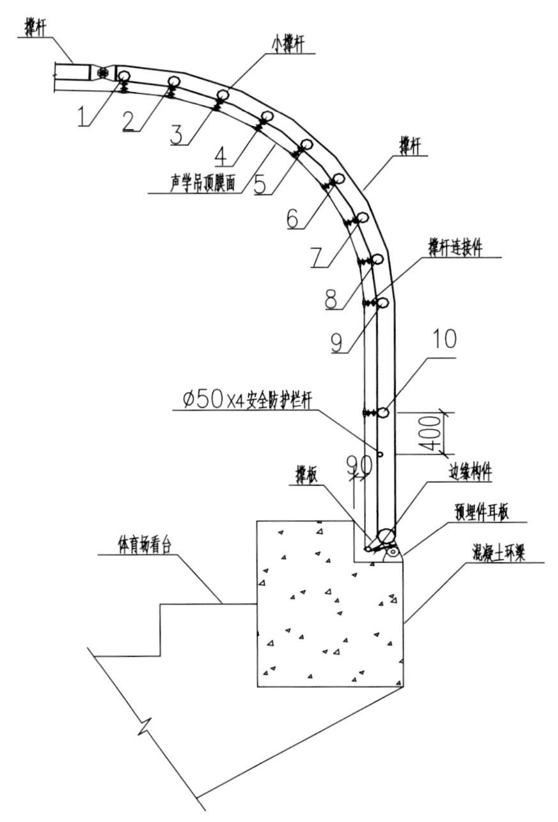

图 5-25 看台屏风膜附属钢结构安装顺序

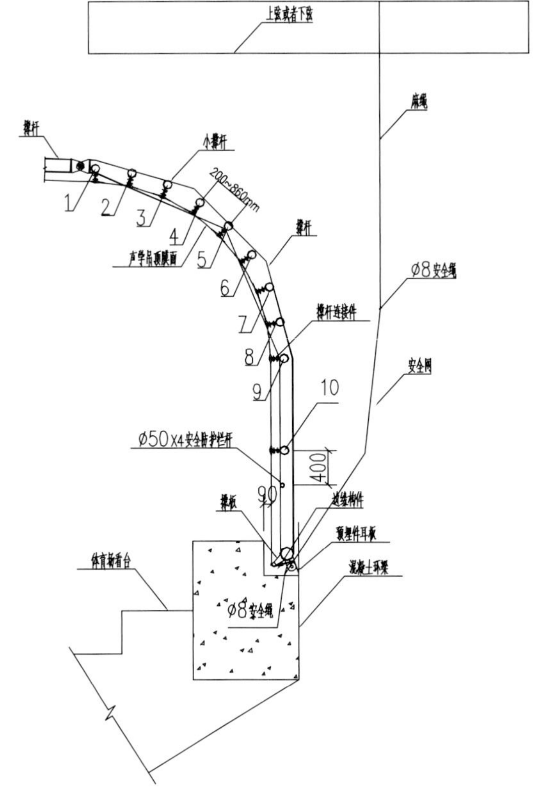

图 5-26 看台屏风膜附属钢结构安装安全防护

编制过程中区分主控项目和一般项目;其中,主控项目 46 条,一般项目 29 条。

本标准已于 2006 年 5 月通过北京市建委审查、鉴定及备案工作。

6. 施工过程图片

图 5-29 为某典型板块 PTFE 膜结构施工过程图片。

7. 小结

利用本课题的研究成果历时 8 个月安装完成 PTFE 膜结构约 5.3 万 m^2,自检和专检合格率均为 100%,很好保证了工程质量和进度,为国家体育场工程的顺利竣工打下坚实基础。

图 5-30 为 PTFE 膜结构安装完成图片。

2007 年 2 月 1 日,由北京市科学技术委员会组织召开了“国家体育场膜结构关键施工技术研究”科技成果鉴定会,鉴定结论:本课题的研究成果,一方面成功解决了国家体育场膜结构工程优化设计、现场安装、试验检验等关键技术难题,对国内外膜结构综合施工技术的提升具有重要意义;另一方面填补了该领域的国内外空白,对国家相关标准的修订和类似工程施工具有重要意义。

《国家体育场国家体育场膜结构、钢结构安装、火炬塔等关键施工技术研究》获 2007 年度中国施工企业管理协会科学技术特等奖。

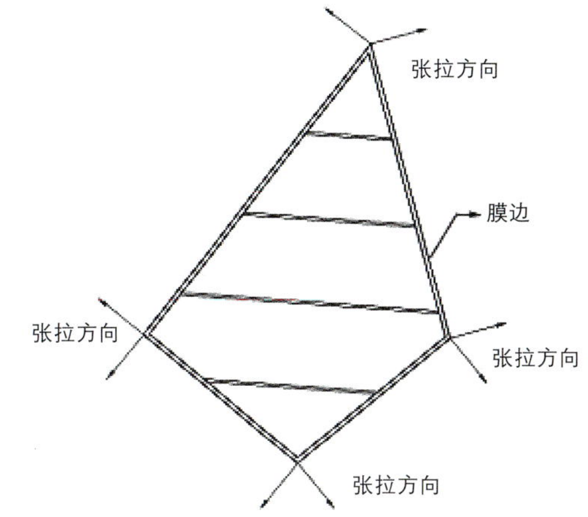

图 5-27 膜单元初拉张示意图

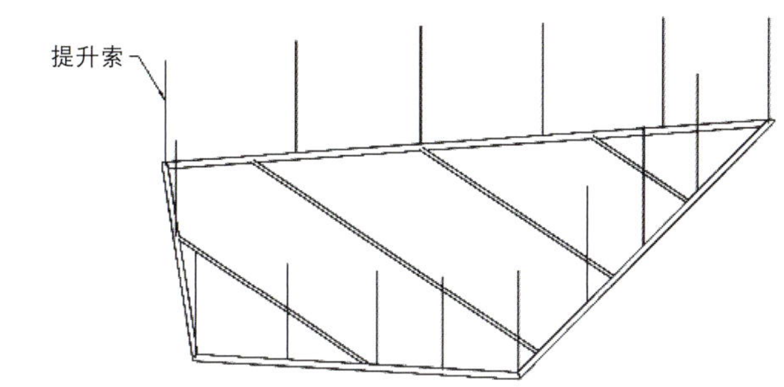

图 5-28 膜单元吊装示意图

绷膜边框地面拼装

吊车吊至提升位置

图 5-29 某典型板块施工过程(一)

卷扬机提升

提升就位

膜单元准备提升

膜单元提升

绷紧膜单元

安装完成

图 5-29　某典型板块施工过程（二）

吸音吊顶膜及立面防水膜

肩部屏风膜

图 5-30　PTFE 膜结构

第六章 装饰装修工程施工技术

第一节 轻钢龙骨外墙防裂及高光墙面漆施工技术

1．工程概况

国家体育场工程一、二、五、六、七层为集散大厅，用于观众由上、中、下三层碗状看台及时疏散至室外广场，以及环绕在建筑物外围的24个钢质大楼梯，属于开放式空间，层高分别为4.8m、4.2m两种。各层均匀布置12个相对独立的服务区，服务区主要包括楼电梯厅、餐饮服务点、卫生间以及管道间、强弱电间等功能用房，见图6-1~图6-3。

外墙由少量混凝土结构、砌块结构，以及大量的轻钢龙骨纤维增强水泥板组成。轻钢龙骨墙体为200mm、300mm厚两种，采用U100、U75轻钢龙骨骨架，面板采用外双层（12+8mm）、内单层（10mm）的构造形式（图6-4）。轻质墙体与混凝土或砌块墙，以及与门框均为平接方式（图6-5）。外墙面装饰采用反光率不小于30%的深红色高光墙面漆。内墙面采用高光滚涂式环氧墙面漆，考虑到便于清洁因素，设计师将卫生洁具设为挂墙式（图6-6）。

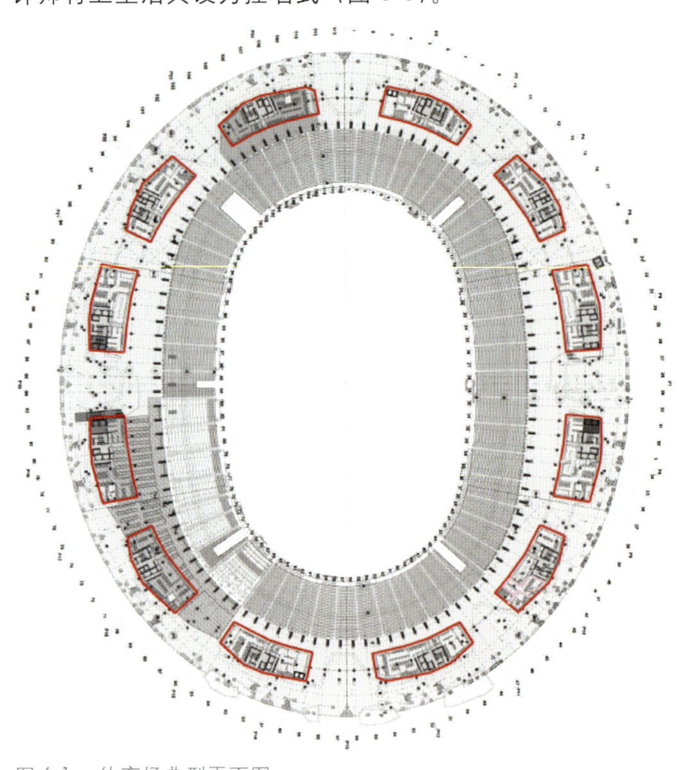

图6-1 体育场典型平面图

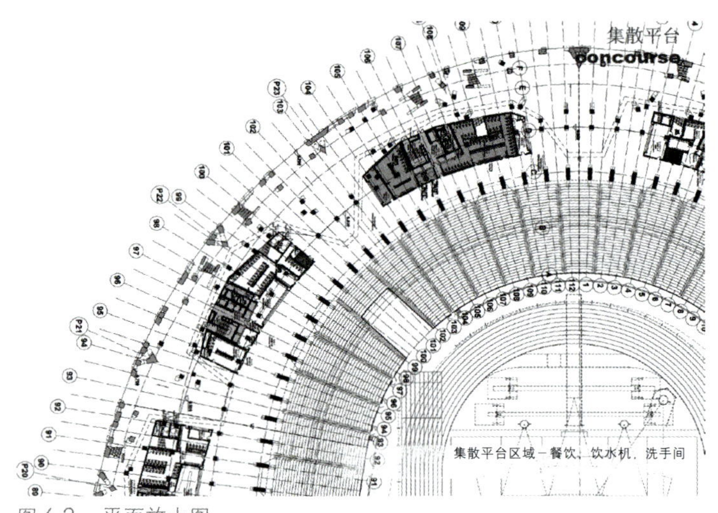

图6-2 平面放大图

图6-3 集散大厅建成后效果

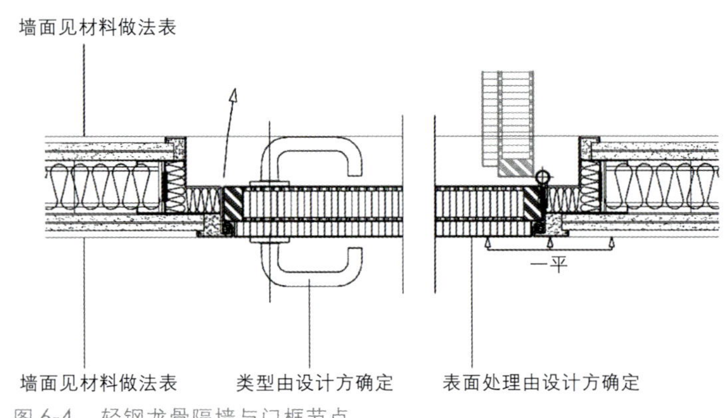

图6-4 轻钢龙骨隔墙与门框节点

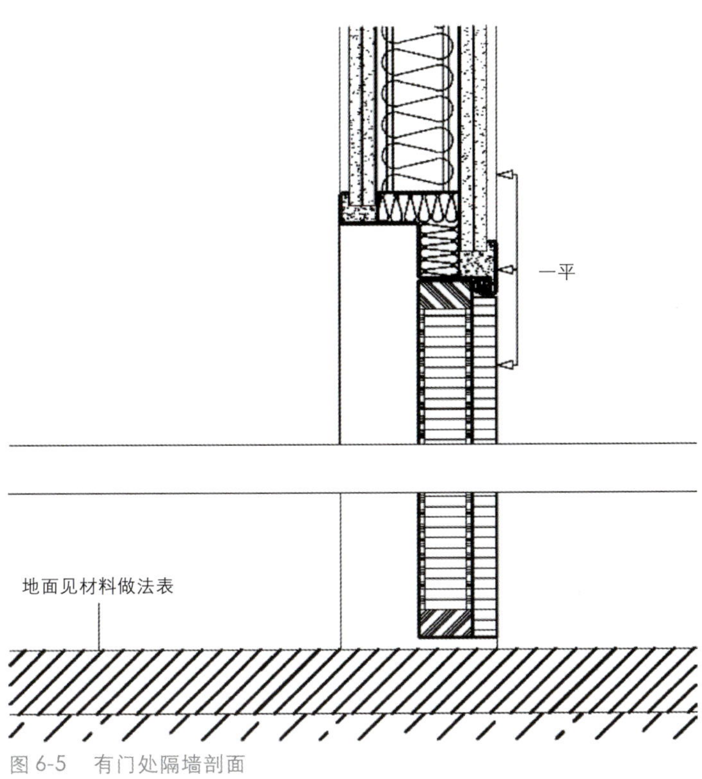

图 6-5　有门处隔墙剖面

图 6-6　卫生间挂墙式洁具

2. 工程特点难点

国家体育场工程为中瑞双方设计师共同的杰作，汲取了中外建筑理念之精华，尤其是在外轻质隔墙工程体系中得到了集中体现。轻质墙体外用，以及采用挂式洁具做法颠覆了国内常规的轻钢龙骨墙的使用方式，红色墙漆的采用充分体现了中国传统元素。

（1）本工程地面以上除三、四层外其余楼层外围不进行封闭，轻钢龙骨墙直接和外部大气相通作为外墙使用，受环境气候的影响，尤其是季节性气候变化对墙体影响非常大，墙体变形大，抗裂难度很大，且没有类似工程做法以供借鉴。

（2）由于楼层层高较高，最长一面墙长达 14m，且围绕服务区的墙体转弯较多，大部分为异形角，墙体刚度、整体性以及抗裂控制难度很大。

（3）由于轻质墙体与结构墙、墙体与门框采用平接连接方式，设计不允许设其他饰物，连接处不同材料收缩变化的差异，以及门边长期受力的影响，将导致接缝处开裂，此处构造需进行深化设计解决。

（4）由于大部分轻钢龙骨墙体为卫生间维护墙，且设计师追求洁具为墙体嵌入式及悬挑式安装风格，所以洁具安装后的牢固性，以及对隔墙整体性的影响需专题研究解决，最终确定轻质墙、支架体系，以解决墙体的整体刚度、抗裂问题。

（5）外墙面高光漆的采用客观上起到了对墙体基层缺陷的放大效果，因此对墙体基层质量要求很高，对墙体体系的刚度、抗变形能力要求很大。

综上因素，国家体育场轻质墙体系是一项复杂的系统工程，涉及到专业安装，门窗安装，轻质墙体龙骨、面板的体系配置，涂饰各层以及与基层的相容性等，均需要进行专项攻关、设计，尤其是墙体在风荷载作用下的变形情况、抗裂能力等均需做专项研究。

国家体育场轻钢龙骨外墙总计约 3 万 m^2，表面饰以红色高光漆，成为体育场一道亮丽的风景。鉴于轻质外墙主要位于集散厅，为大量观众、游人所接触部位，其质量效果也直接面对观众、游人乃至媒体的品评，关系到整个鸟巢工程的总体质量以及对外形象，因此通过解决国家体育场轻质墙体抗裂问题意义十分重大。

3. 解决思路

根据国家体育场工程所处的环境、功能需求，以及国家体育场轻钢龙骨轻质外墙特点，轻钢龙骨墙体的龙骨体系设计、面板排布及局部构造方式、挂式洁具体系设计、墙体面层抗裂措施等方面研究是解决轻质墙体裂缝的关键。

（1）轻质墙体系方面，通过对墙体主要材料的相关试验研究，以及对整个轻质墙体系进行受力测试，获得墙体龙骨的规格、间距等相关参数，选择材料规格、类型，确定龙骨的节点构造、连接方式，确定墙体面板的排列方式，解决墙体刚度、整体性、裂缝控制等问题。

（2）挂式洁具安装方面，通过对挂式洁具安装方式进行设计、相关试验，以及洁具与墙体之间的构造方式进行研究，解决洁具的承重、长期受疲劳荷载对墙体产生的影响。

（3）墙体面层方面，通过面板的细部构造方式优化，以及嵌缝材料的试验、墙面各涂层材料试验，达到优化墙面腻子、涂料层与基层的相溶性，增强墙面面层的抗裂能力。

4. 主要施工方案

4.1 轻质墙体系施工

4.1.1 轻质墙体系的确定

决定轻钢龙骨墙体系整体性、墙体刚度以及抗变形能力主要决定于两方面：即龙骨、面板材料的选择，以及龙骨间距、构造，面板的布排方式（图 6-7、图 6-8）。设计师已经给出了墙面宽度，面板材料采用 2+1 形式的 8~12mm 厚的无石棉纤维增强水泥板，采用 75~100 系列双排龙骨，间距不超过 600mm。这种构造形式是按照普通的室内隔墙设计的，对于开放式空间的外墙体的使用缺乏应用效果证明。针对这种情况成立研究小组，从原材料的选择、墙体构造设计及变形计算等进行研究。经考察、比选，选定欧朗板作为轻质墙面板，龙牌轻钢龙骨作为墙体龙骨。欧朗牌无石棉纤维增强水泥板的主要物理、力学性能指标见表 6-1。

图 6-7　隔墙轻钢龙骨施工

无石棉纤维增强水泥板的主要物理、力学性能指标　表 6-1

序号	项目	技术指标
1	密度（g/cm³）	1.2
2	抗折强度（MPa）	≥ 10
3	螺钉抗拔力（N/mm）	≥ 70
4	吸水率（%）	≤ 0.29
5	含水率（%）	≤ 10
6	湿胀率（%）	≤ 0.25

在确定墙体主材的基础上，参照设计做法要求，初步确定墙体构造为：墙厚 200mm，采用 75 系列双龙骨，龙骨间距 300mm，横向采用间距为 300mm 的加强带。墙体外侧采用 8+12mm 无石棉纤维增强水泥板，内侧为 10mm 厚无石棉纤维增强水泥板。为验证拟定的墙体构造的强度、稳定性、整体性以及抗变形能力，在建筑材料检验中心做 1 ：1 的墙体模拟抗风压试验。即按上述构造做法做一面 4800 × 6000（mm）的轻钢龙骨墙体，采用专用石膏嵌缝。墙体安装完毕静置一段时间后，做风荷载检验性试验。经对试验数据进行分析，采用这种构造形式的轻质墙体系可以满足外墙的风荷载要求。

鉴于面板的排布对轻质墙的整体刚度起到一定的作用，在现场实际施工前对外墙内外侧共 3 层纤维增强水泥板进行预排版设计，横缝、竖缝全部错缝排列（图 6-9）。为了消纳大面积面板的变形，以及面板材料与龙骨体系间的材料变形差异，面板间留 6mm 宽变形缝（图 6-10），对于长度超过 10m 的超长墙体，整个墙体龙骨及面板全部断开，并采用柔性材料嵌缝。对于墙体面板与混凝土墙面、砌块墙面等不同材料交界处，均采用留设 10mm 宽的明缝，内打弹性硅酮胶的方法解决。

图 6-8　隔墙龙骨

图 6-9　轻钢龙骨隔墙面板排布图

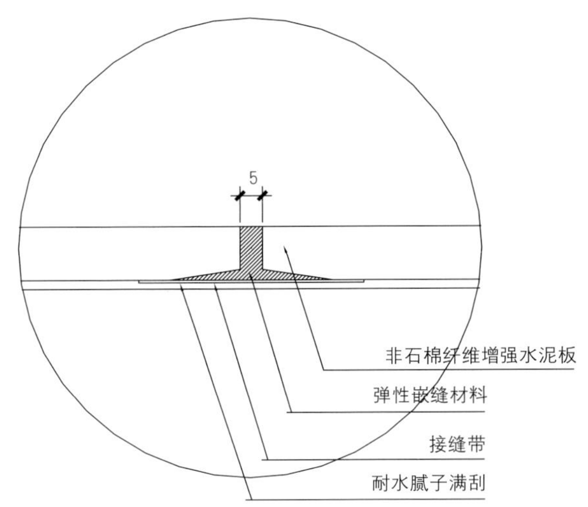

图 6-10　板缝处理节点

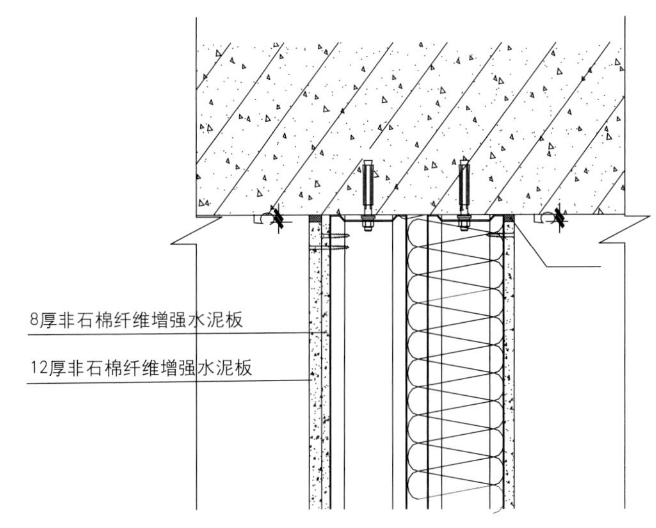

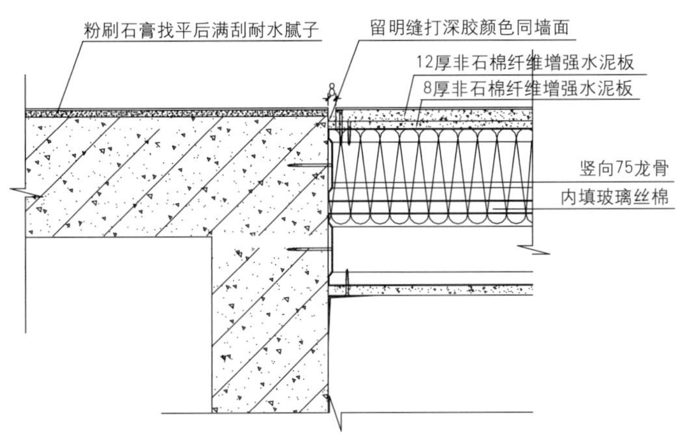

考虑到轻质墙体设门部位长期受疲劳荷载较大，由于设计要求门框与墙面外平齐，且不按照常规做法设贴脸，因此门框与墙体相交处的节点处理难度很大，将不可避免地出现裂缝。针对这种情况，联合门业生产厂家经现场做试验，优化门边节点，门两边采用型钢边框龙骨或轻钢加强龙骨内加方木加强，并对门框进行设计，厂家按照现场提供的节点做带双企口的异形门框以满足现场节点要求。通过采取上述改进性措施，使轻钢龙骨体系与门框脱开，墙体面板与门框间留 10mm 明缝，解决了门边轻质墙墙体开裂的难题（图 6-11）。

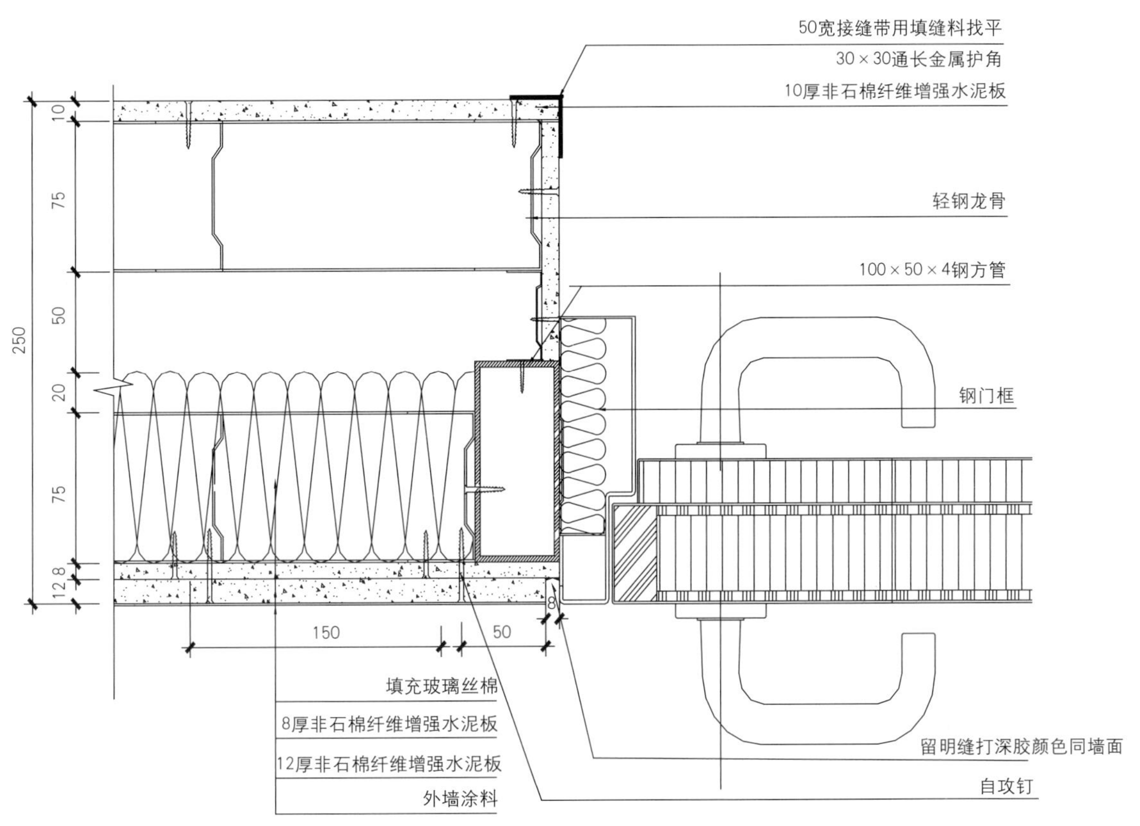

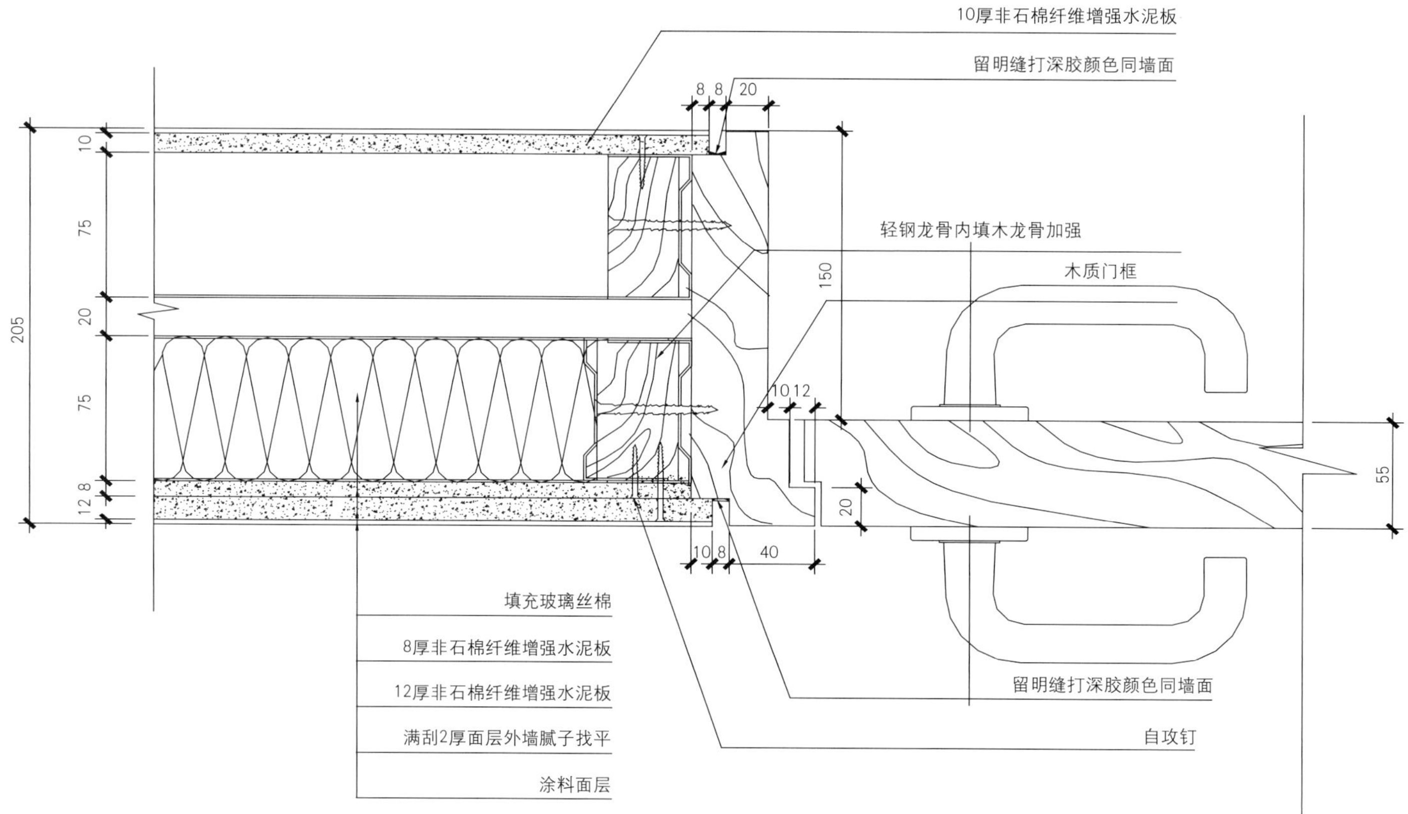

图 6-11　轻质隔墙与门边节点

4.1.2 施工要点

（1）施工程序（图 6-12）

（2）施工工艺

1）弹线、分档：因施工范围大，墙体位置复杂，图纸中对轻质墙体的定位不明确，这给墙体定位工作带来了一定的难度。依据平面控制网及高程控制网点对结构尺寸标高进行复核，在图纸及电子版图的基础上，量出轻质墙体尺寸，依据控制轴线及控制点进行轻质墙体的定位。根据现场 1m 控制线，在轻质墙体与上、下及两边基体的相接处，按龙骨的宽度放线，在顶楼板上弹出天龙骨位置线。弹线清楚、位置准确。

2）做地垄：地垄高 200mm，宽度为墙体宽度减去两边封板宽度，有防水要求的房间还要减去两边各 5mm 防水做法及保护层厚度。沿地垄中线打孔预埋 ϕ6 膨胀螺栓，间距 500mm，上焊 ϕ6 钢筋，高出地面 180mm。在大于 300 厚的墙体地垄要做双排钢筋，钢筋距地垄外皮间隔 100mm。钢筋上端做成弯钩，水平方向通长连接一道 ϕ6 钢筋，与立筋绑扎连接。沿弹线位置支模，C15 细石混凝土浇捣密实。浇筑地垄时将 ϕ8 膨胀螺栓按地龙骨位置沿直线预埋进地垄内，间距 500mm，距墙端 300mm。单道墙体小于 600mm 的也要安装两个螺栓。

3）沿墙、顶龙骨安装：按已放出的轻质墙体位置线，安装 75 顶龙骨和地龙骨，用 Φ10 膨胀螺栓固定，螺栓间距为 600mm，按门口位置线先行安装门洞口龙骨，在安装地龙骨前在有防水要求的地面要加做防水，根据设计要求先将地面防水层卷起 30cm 固定在地垄上，后再封水泥板。

4）固定边框龙骨：轻质墙体的门窗框边框安装并临时固定，在门窗框边安装 6# 槽钢作为门窗框边框，具体做法见图 6-13。

5）安装竖向横向龙骨：将竖向龙骨上下嵌入沿顶、地龙骨，中心间距 612mm，并躲开洁具钢架。靠墙或柱的竖向龙骨用射钉将其固定在墙柱上，钉距为 900mm。门框处用加强龙骨制作。每根竖向龙骨调整垂直后。与沿顶、地龙骨的连接点用拉锚钉固定牢固，每个连接点为 3 个拉锚钉成三角形布置，双面固定。在水平方向上每隔 1200mm 加横撑龙骨，与竖向龙骨用铆钉固定牢固。

6）水电管线及附墙设备安装：与机电安装公司配合预埋管道和附墙设备的安装，包括洁具支架的安装和固定。在封另一面基层板前进行，并采取局部加强措施，将管线固定牢固。水电专业在墙中铺设管线时，应避免切断横、竖向龙骨，

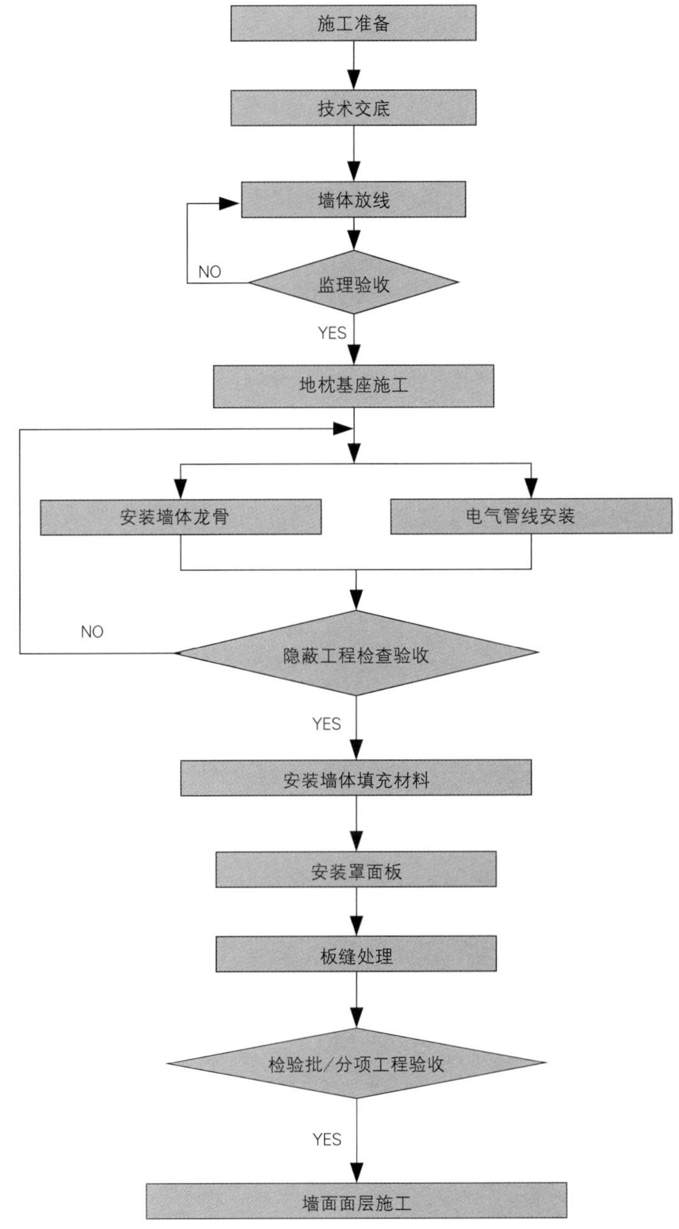

图 6-12　施工程序

同时避免在沿墙下端设置管线。

龙骨检查校正补强：安装罩面板前，检查隔断骨架的牢固程度，各种附墙设备、管道的安装是否符合设计要求。如有不牢固之处，应进行加固。

7）安装罩面板（非石棉纤维增强水泥板及石膏板）：在封板前，先检查门、窗框位置及加固是否符合设计及构造要求；龙骨间距是否符合基层板模数；水电设备调试后办理交接检，再报监理审核办理隐检手续后，才可封板。

先对基层板进行排板，尽量少裁板。根据龙骨间距在石膏板上弹好线，标出螺钉位置。石膏板竖向铺设，长边接缝应落在竖龙骨上，龙骨两侧的石膏板应错缝排列，接缝不得落在同一根龙骨上。石膏板用自攻螺丝固定。沿石膏板周边螺钉间距不应大于 200mm，中间部分螺钉间距不应大于 300mm，螺钉与板边缘的距离应为 15mm。安装石膏板时，应从板的中部向板的四边固定，用手电钻将螺钉钻入板内 2/3，剩余 1/3 手工拧入。钉头稍埋入板内，但不得损坏纸面。钉眼刷防锈漆 2 遍，用石膏腻子抹平。石膏板宜采用整板，如需对接时，中间留 6mm 缝。轻质墙体端部的石膏板与周围的墙或柱应留有 3mm 的槽口。施工时，先在槽口加注嵌缝膏，然后铺板，挤压嵌缝膏使其和邻近表层紧密接触。双层石膏板时，第二层板与第一层板固定方法相同，接缝应与第一层板错开且不落在同一龙骨上。

8）填充玻璃丝棉：与安装另一侧纸面石膏板同时进行，玻璃丝棉铺满铺平。卫生间外墙填充 100mm 玻璃丝棉并位于墙外侧。基座以下有防火要求的轻质墙填充 100mm 玻璃丝棉。四层包厢外墙填充 75mm 玻璃丝棉并位于墙外侧，内墙填充 100mm 玻璃丝棉。

细部处理：墙面的阳角做 50×50 金属护角，外粘贴两层玻璃纤维布，角两边第一层拐过 80mm，第二层拐过 120mm，表面用腻子刮平（图 6-14）。

9）允许偏差（表 6-2）

轻钢龙骨隔墙允许偏差表　　　　**表 6-2**

序号	项　目	允许偏差（mm）	检 查 方 法
1	表面平整	2	用 2m 直尺和塞尺检查
2	立面垂直	2	用 2m 垂直检测尺检查
3	墙角方正	1	用方尺检查
4	接缝高低	1	用直尺和塞尺检查

4.2 挂式洁具安装

由于卫生洁具经常使用且受力较大，对于轻钢龙骨外墙而言，其受力是相反方向的，且为局部反复受动荷载的作用。若坐便器固定在轻质墙体上，则必将改变墙体的受力状态，从而导致墙体局部失稳而破坏。国内洁具挂式安装形式多见于固定在混凝土或者经过局部加强的砌块墙上，对于轻质墙体上洁具的安装方式，及其与墙体之间的连接关系无可借鉴经验。

对于两种不同的受力体系，为避免应力的相互影响，经研究并结合国外经验，采取卫生洁具单独设计制作受力钢支架并固定于结构楼板上的方式，以保证洁具使用时的稳定性。钢支架位于墙体内，完全与墙体脱开，且以不影响封墙板为

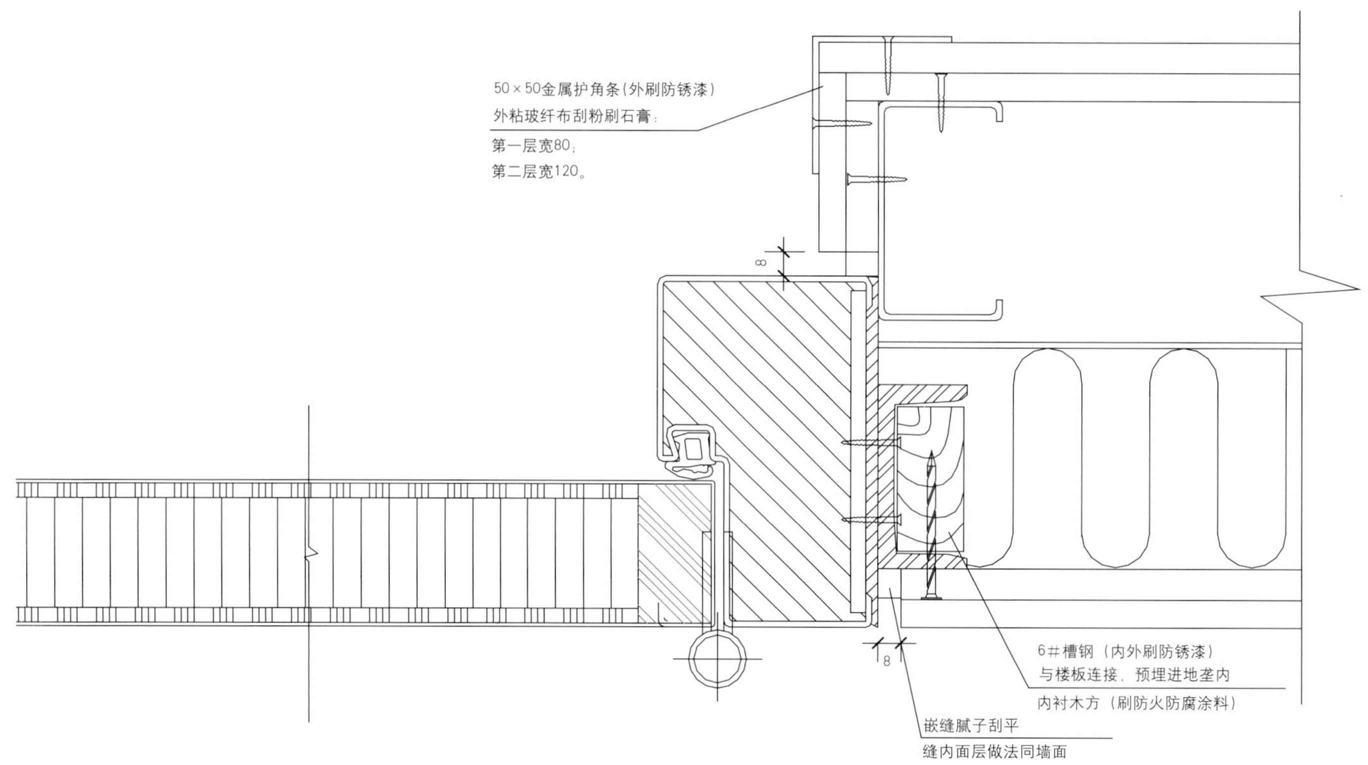

图 6-13　隔墙的门窗框边框安装

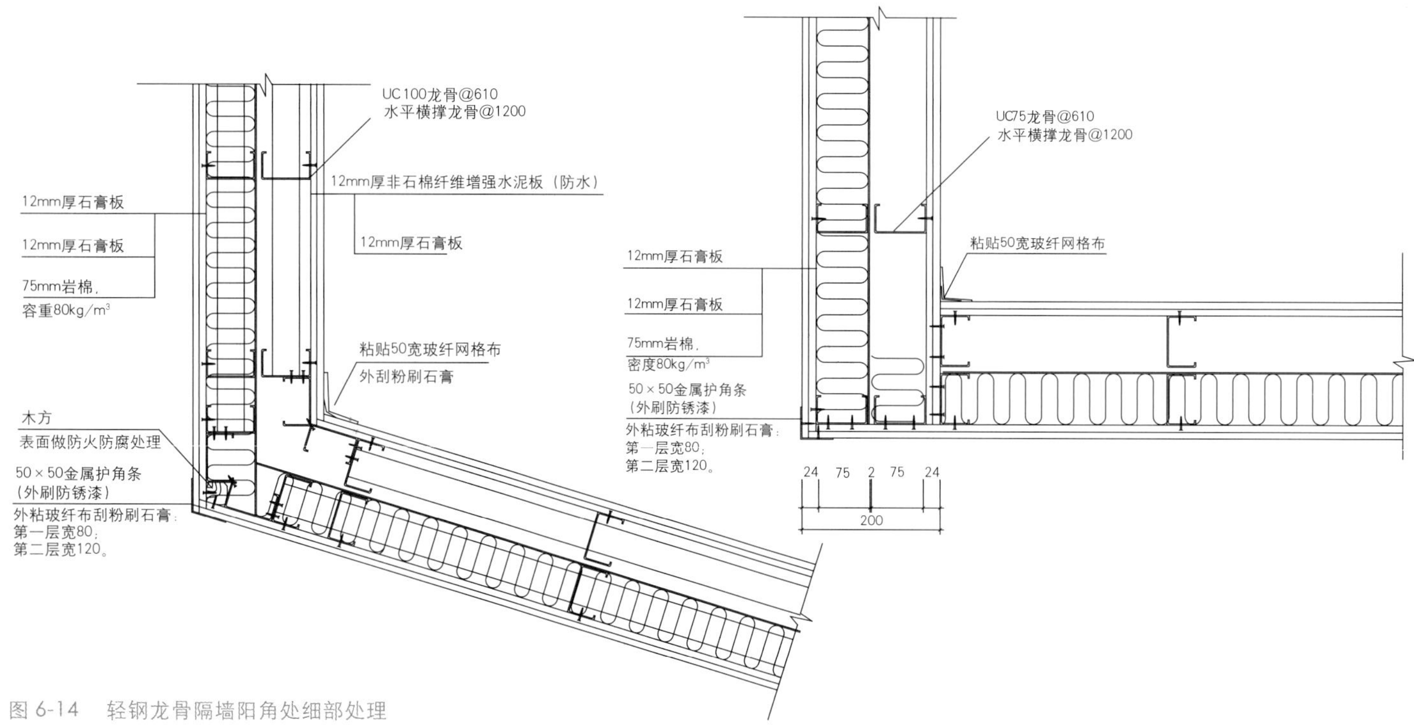

图 6-14　轻钢龙骨隔墙阳角处细部处理

准。洁具安装后在使用过程中要承受一定的压力，这就要求钢支架有较高的强度和抗扭性能。考虑到设计计算存在一定的偏差，现场制作了承重较大的挂式便器支架，并多次模拟受荷情况进行堆载试验，测出支架的挠度等变形量，指导调整钢架的选材，最终制作了符合要求的支架（图 6-15）。

4.3 墙体面层施工

4.3.1 面层材料做法确定

由于轻钢龙骨外墙受风荷载及其他外力的影响较大，且随冬、夏季节的变化温度应力较大且多变，因此外墙受力复杂。除了龙骨、面板本身组成的墙体骨架需具有良好的承受

图 6-15　卫生洁具安装支架

荷载能力，以及抗变形能力较强外，墙面涂饰材料性能、附着能力、抗裂性等指标均要求较高，尤其是面层材料较多，总体抗变形能力十分重要，需专题研究。

鉴于上述因素，且考虑到当前建材市场存在诸多不确定因素，课题组首先对涂料市场进行调研初步选定立邦、卡普内尔、大连振邦、深圳嘉达等国内外知名涂料厂家进行材料性能考核及技术实力考察，并进一步确定立邦、卡普内尔、大连振邦作为备选厂家，各家的涂料技术指标均达到或超过表 6-3。

材料性能　　　　**表 6-3**

项目	技术要求		国家标准要求 JG/T172-2005
技术标准	容器中状态		搅拌混合后无硬块；呈均匀状态
	施工性		施工无障碍
	涂膜外观		正常
	干燥时间（表干）		≤ 2h
	对比率（白色或浅色）		≥ 0.93
	低温稳定性		不变质
	耐碱性		48h 无异常
	耐水性		96h 无异常
	涂层耐温变性		5 次循环无异常
	耐洗刷性		≥ 2000 次
	耐沾污性（5 次循环）（白色或浅色）		＜ 30%
	拉伸强度（标准状态下）		≥ 1.0MPa
	断裂伸长率	标准状态	≥ 200%
		−10℃	≥ 40%
		热处理	≥ 100%
	耐人工老化性（400h）	粉化	≤ 1 级
		变色	≤ 2 级
		外观变化	无起泡、剥落、裂纹

为了进一步检验材料性能，也为了检验厂家处理问题的能力，以及确定最终的外墙涂料施工工艺，施工现场选取了 7 号核心筒三个楼层共计约 300m^2 的外墙，作为三个厂家组织做试验段的区域。墙体涂料施工完 2 个月后，课题组组织对三个样板区共计 12 个外墙面进行检查、比较、品评，主要针对抗裂性、附着力、抗老化、耐擦洗、表面光洁度等诸方面进行对比、分析、研究。最终选定了德国卡普内尔外墙漆作为体育场集散厅红色亮光涂料的供应商并组织施工。

4.3.2 施工工艺

（1）墙体基面处理：滚涂全能渗透型加固底漆 D7005M，涂刷要均匀，不准漏涂。板缝采用弹性腻子嵌缝（图 6-16）。

图 6-16　墙面基层处理

（2）墙面找平、附着层（图 6-17）：采用刮高强度填补料 CA100M 的方式，增强墙面基层与面层的附着力。填补料采用 6×6（mm）的齿状刮板上料并整理，保持刮板与墙面的角度一致，以保证均匀分布，且接缝处料不堆积。

（3）抗裂层施工（图 6-18）：整个墙面采用粘贴抗裂增强纤维布 AV-SP 的方式，达到增强墙面面层抗变形、抗裂的能力。在施工完 CA100 之后立即粘贴 AV-SP 纤维布。先用专用不锈钢贴板纵向压实。再用不锈钢刮板横向整理，并保持刮板与墙面角度一致，以达到大面积的平整效果。纤维布之间搭接 10cm，并裁缝处理，再用不锈钢贴板压实。干燥后用 120 号砂纸打磨，打掉突出、空鼓处。

（4）面层腻子施工（图 6-19）：该层腻子是体现墙面整体光洁度以及亮光效果的关键，采用专用光面腻子 CA700M 并采用不锈钢贴板上料，再用不锈钢刮板整理，且第一遍腻子横向整理，第二遍腻子纵向整理，干燥后用细打磨机配套

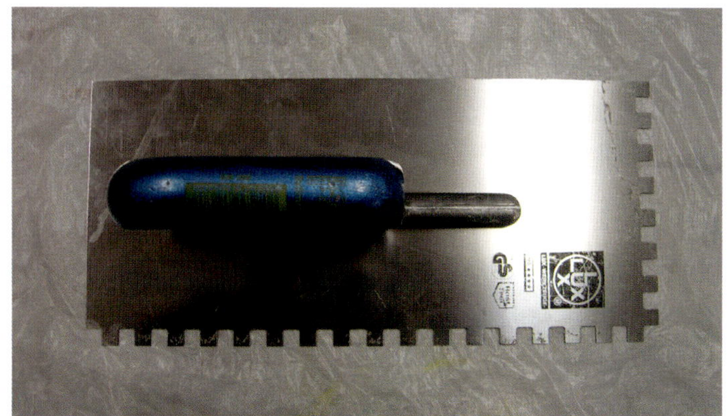

图 6-17　墙面找平

图 6-18　抗裂层施工

图 6-19　面层腻子施工

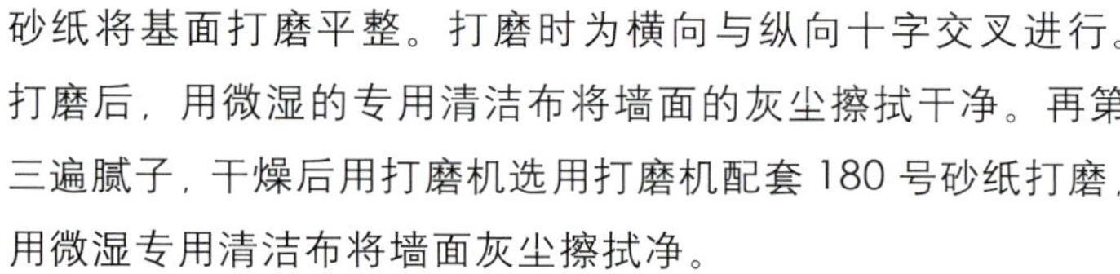

砂纸将基面打磨平整。打磨时为横向与纵向十字交叉进行。打磨后，用微湿的专用清洁布将墙面的灰尘擦拭干净。再第三遍腻子，干燥后用打磨机选用打磨机配套 180 号砂纸打磨，用微湿专用清洁布将墙面灰尘擦拭净。

（5）面漆底层涂料（图 6-20）：采用专用外墙漆 AB-8，两遍喷涂。

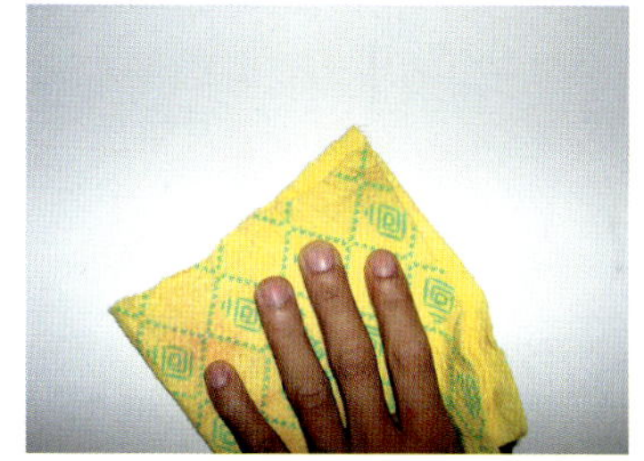

图 6-20　面漆底层涂料

喷涂第一遍干燥后用旧砂纸打磨，打磨后采用专用清洁布擦拭干净，再均匀喷涂第二遍，干燥后采用专用打磨布轻微打磨，除去表面的细微毛刺，然后用专用清洁布擦拭干净。

（6）罩面漆喷涂（图 6-21）：采用专用墙体罩面漆 PU-458，其主要性能是耐擦洗，耐候性优异。

图 6-21　罩面漆喷涂

采用 SATA 喷涂设备（图 6-22），连接好空压泵、油水分离器、料罐及喷枪。调节料罐压力到 1.5~1.8Bar，调节喷枪压力到 2.5~3Bar，然后进行喷涂。干燥后采用专用打磨布轻微打磨，然后用专用清洁布擦拭干净（图 6-23）。

5. 实施效果（图 6–24）

目前国内建筑业中对轻质墙体有广泛的应用，轻质墙体既能起到隔断空间的作用又能抵御风压的影响，墙体自重小，

图 6-22　喷涂设备

图 6-23　打磨清洁

图 6-24　完成后的装饰墙面

布置灵活，施工工期快等优点决定了其应用的前景。随着人对生活质量要求的提高，同层排水及洁具挂装必将成为今后公共建筑及名用建筑的首选。通过对本工程轻质墙体进行技术攻关，很好地解决了体育场大空间轻质外墙的抗裂问题，且表面效果良好，已经成为体育场一道亮丽的风景。该技术在国家体育场工程中的广泛应用，为其他类似工程提供了借鉴和参考，并可视为对现有图集的补充。

第二节　大变形量变形缝施工技术

1. 工程概况

1.1 变形缝概况

国家体育场的钢结构造型独特，体积巨大，就像一张大网罩在了体育场的上方，而支撑这个网的，正是那一根根穿过混凝土楼板扎根于地下的众多钢结构柱。在外界环境温度变化下，钢结构与混凝土结构所产生的温度变形相差很大，两者之间的安全距离设计要求在 270mm 以上，且变形缝上还要进行面层装饰以达到隐蔽的目的，而现场的基座顶板下方对地下车库和机房，因此变形缝上需即能满足基座广场供行人行走的功能，又要有很好的隐蔽效果，同时起到防水作用，保护地下建筑的各类机房。基座混凝土顶板与钢结构间的变形缝长度累计约有 5000m，如此多的变形缝防水施工，不能有丝毫的疏漏，要保证万无一失。

1.2 原防水构造简介

原设计方案中采用的 SBS 卷材外贴在钢柱上配合金属定型变形缝装置的防水措施，在实际使用中因为结构变形过大，而出现了不能满足结构相对变形，发生防水断裂导致渗漏的问题。

如图 6-25 所示，尽管定型装置可以解决钢结构和混凝土结构间水平方向的相对位移，但对发生垂直方向的位移却无能为力。而且粘在钢结构柱上的 SBS 防水卷材会因室外温度的变化以及钢结构自身的变形量大而开裂脱落，导致防水功能失效，造成渗漏影响使用。

为了解决这个严峻的问题，经过多次讨论研究，并采用各种不同材料进行了现场多次对比性试验，最终设计出了一种新型的柔性防水组合模式：即在原变形缝定型装置不变的情况下，将变形缝区域的防水从下向上设为“‘永不固化’橡化沥青防水材料 + 聚乙烯丙纶防水布 +SJK 聚脲涂膜”的三重设防的防水措施，见图 6-26。

2. 新型防水构造的工艺简介

2.1 现场准备

穿过楼板的所有立管、套管、电气管线均在穿楼板处剔凿出深 100mm 的坑，并填塞好“永不固化”材料并经监理单位验收，办理交接检后才可进行施工。

地面找平层已做完，表面应抹平压光、坚实平整，不起砂。

操作人员应经过专业培训、持上岗证，先做样板间，经检查验收合格后，方可全面施工。

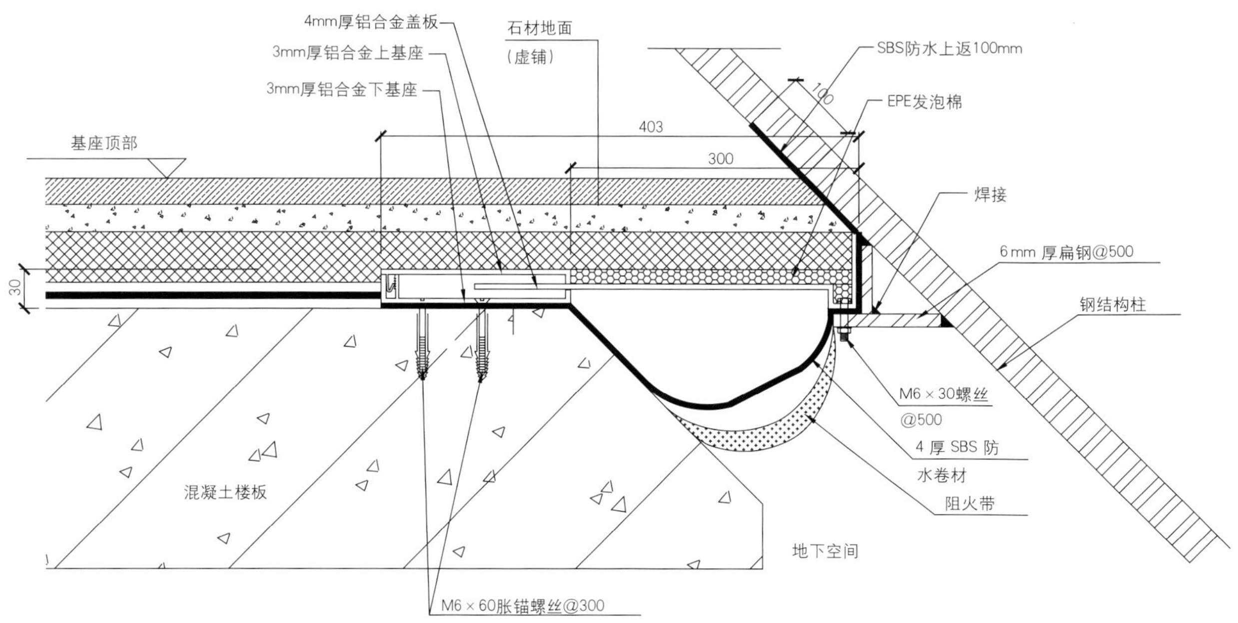

图 6-25　原变形缝定型装置构造

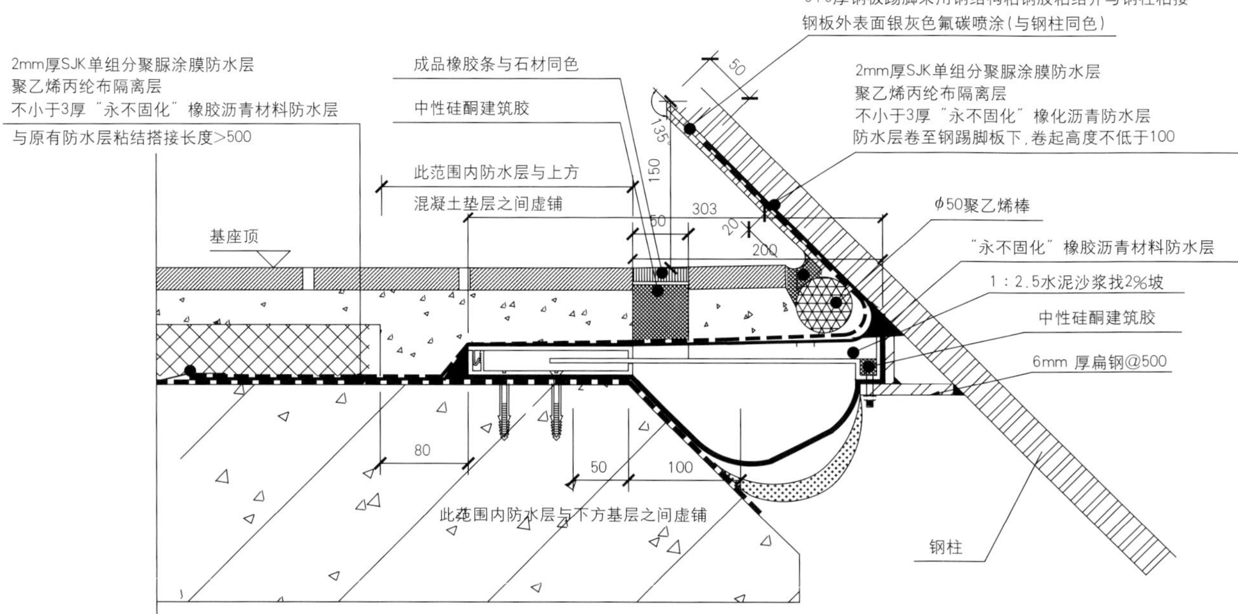

图 6-26　新型防水组合构造

2.2 材料准备

(1)"永不固化"橡化沥青防水材料：为一种近几年从韩国引进的新型柔性防水材料，具有在各种条件下始终保持柔性不固化的特性，且具有非常好的耐拉伸性和抗老化性，非常适于条件苛刻复杂的环境使用。本次采用的北京星瑞倍斯特公司产品，性能指标符合该企业标准要求。使用比例为每 5.5kg/m^2。

(2) SJK1208 单组分聚脲：是一种液体防水涂膜材料。固化后形成一种高强度高延伸率的弹性聚脲橡胶。其具有抵抗紫外线能力，对大多数基材（如混凝土、铝合金、PVC 塑料、石材等）具有良好粘附力。性能指标符合 Q/SJSJK004 标准。使用比例为 3.5kg/m^2。

(3) 隔离层：聚乙烯丙纶卷材或无纺布。隔离层的作用即是在各层防水材料间以及最后石材面层间形成可以相互滑移的界面，从而达到应对各种位移变形的条件。

2.3 施工工序

(1) 施工顺序：基层清理→做 1 ：2.5 砂浆找平层→做"永不固化"防水（不小于 3mm 厚）→一层聚乙烯丙纶布→

2mm 厚聚脲防水层→一层聚乙烯丙纶布→ 5mm 厚钢板踢脚→石材铺贴→清理、验收。

（2）基层清理：将钢结构柱脚立面清理干净，清除基面松动、不牢固的水泥块与浮灰。对凹凸不平处进行修补。

（3）砂浆找平层：用 1 ：2.5 的水泥砂浆将变形缝外边立面抹成圆弧角，便于防水施工。将钢柱钢板打磨好后先刷富锌环氧底漆防腐处理后，喷涂金属漆，颜色同主体钢结构。

将地面及变形缝基层清理干净，将变形缝的凹槽用砂浆填平，找 2% 的坡度。在变形缝外侧的台用砂浆抹出倒角，以便防水施工。

（4）“永不固化”防水：底层 3mm 厚“永不固化”橡化沥青防水，采用专用加热搅拌机（图 6-27）搅拌均匀后，挤压出料、人工进行刮涂法施工（图 6-28）。将原结构板 SBS 卷材从变形缝外 250mm 裁掉，并将第一道防水卷材掀起，用 3mm 厚不固化防水材料沿变形缝直接做到卷材底部不小于 50mm。在柱脚上返至地面以上 150mm。

（5）聚脲防水层：在“永不固化”防水上先作一层聚乙烯丙纶布隔离层，再涂刷 2mm 厚 SJK 聚脲防水涂料。从变形缝外边外铺与原 SBS 卷材搭接 250mm 宽度。在变形缝的缝内侧 100mm、缝外侧 50mm 上先铺一层聚乙烯丙纶布，再做聚脲防水，形成虚铺形式，以保证防水的变形量。

在变形缝接缝部位做 4mm 厚“永不固化”附加层贴丙纶布（图 6-29）。

（6）钢板踢脚：针对国家体育场的特殊性，在钢柱柱脚处加设钢板踢脚。采用 5mm 厚钢板用专用粘钢胶粘在钢柱上，从地面垂直高度 150mm，压住防水收头，作为泛水踢脚使用，防止防水开裂渗水。钢板外侧打磨好后先刷富锌环氧底漆防腐处理后，喷涂金属漆，颜色同主体钢结构。

（7）面层施工：在柱脚处用 φ50 聚乙烯棒塞好，虚铺一层聚乙烯丙纶布作为隔离层，然后进行面层的施工，并在柱脚处向四周进行 2% 的找坡。这样既满足了面层装饰的要求，又达到了防水的效果。

（8）细部构造：钢结构立柱与平面结合部位均用“永不固化”橡化沥青涂料嵌填。

混凝土顶板与变形缝金属盖板处新做防水层在转角部位增加“永不固化”橡化沥青的厚度，盖板接合缝处做防水加强处理（图 6-30）。

穿防水层管线的根部，如有套管，在套管内外均做防水密封处理；如护线管为不防水的螺纹管，对管内做防水密封处理。

变形缝外侧新做防水层宽度不小于 300mm。原卷材防水层压在新做的“永不固化”防水层上不小于 50mm，以防止今后在 SBS 内部发生窜水，影响变形缝防水（图 6-31）。

3. 新型防水构造的优势总结

首先，采用这种“‘永不固化’橡化沥青防水材料 + 聚乙烯丙纶防水布 +SJK 聚脲涂膜”（图 6-32）的防水组合，主

图 6-27　专用加热搅拌机

图 6-28　人工刮涂

图 6-29　铺好丙纶布隔离层

图 6-30　转角处的“永不固化”加强层

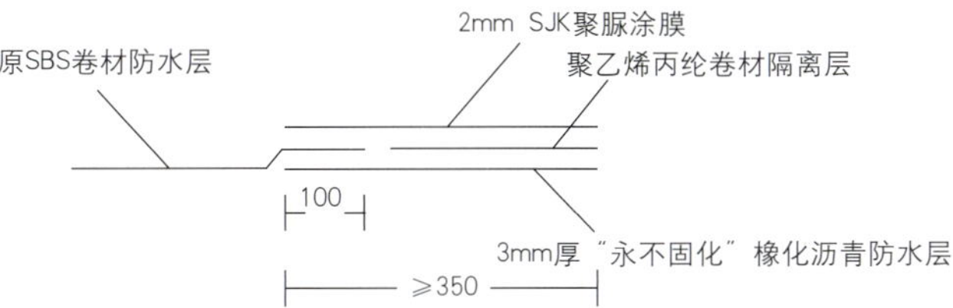

图 6-31　新旧防水搭接做法

➤ 工艺流程

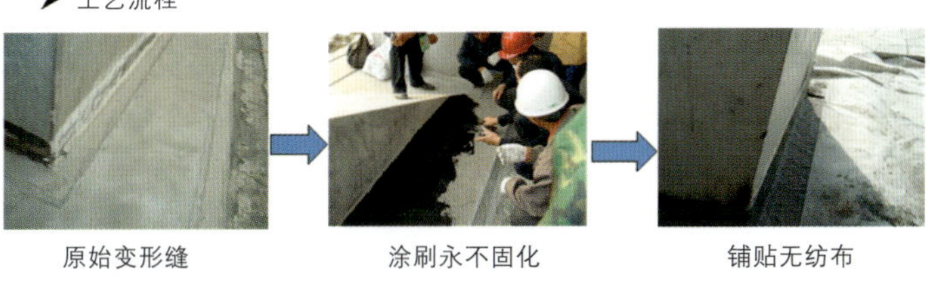

图 6-32　工艺流程

要优势是从多方面多角度的防止渗漏发生。处于最底层的第一道“永不固化”像化沥青防水层始终处于粘稠状态，较大的弹性能够有效地适应较大的结构变形而不断开，从而保持了防水层的整体性，而且此种材料有着施工便捷、不用间歇时间、一次成型、对阴阳角可直接封闭等优势都是其他防水材料所不能比拟，因此“永不固化”像化沥青在应对国家体育场钢结构大变形量的防水构造中起到了关键作用。

其次，作为上层的第二道SJK聚脲防水层，经过涂刷后可以在短时间内和基层材料严密结合，其中包括和原变形缝周围被破坏的SBS改性沥青防水卷材同样可以做到相融的结合，然后形成韧性非常高的弹性橡胶膜防水保护层，有效地防止了从与原防水搭接处窜水的情况发生。该材料对混凝土砂浆、大理石、陶瓷、铝合金、聚氨酯发泡剂、PVC等均有较好的粘附力，并具有优异的防水性能和耐磨性能，可供行人、车辆通行。利用其特性，将其用于变形缝防水构造上既可以防水又可以起到保护下层防水的作用，在其上可以继续进行各种面层装饰而不用担心被破坏，此乃一举多得。

综上所述，采用“‘永不固化’橡化沥青防水材料+聚乙烯丙纶防水布+SJK聚脲涂膜”的防水措施，具有很好的延展性和耐拉伸性以及很高的粘接性，可以很好地应用于现在大量的钢结构+混凝土结构组合型建筑的楼层变形缝中，取代地面明露式的变形缝装置，在保证防水的前提下实现地面变形缝的隐蔽式处理，使地面装饰形成统一的整体，更好地体现设计效果。

4. 实施效果

试验研究确定的可变形刚性定型装置加“永不固化”橡化沥青防水材料的刚柔结合的变形缝构造措施，既解决了大变形量和承受荷载的要求，又确保了防水无渗漏，从根本上解决了大变形量及渗漏的问题，历经风雨考验，尤其是在奥运会期间，确保了各个机房的正常运行，从经济上避免了防水工程的经常性返修和渗漏隐患，意义重大，为类似工程提供可借鉴的经验（图6-33）。

图6-33 完成后效果图

第三节 异形单元体金属格栅吊顶施工技术

1. 工程概述

国家体育场在装饰装修中，三层顶棚和四层走廊顶棚采用单体异形格栅进行大面积吊顶。由于体育场为椭圆形，使其内部空间也呈椭圆形，异形金属格栅为多边形个体，三层及四层吊顶面积为2.4万m^2。不同安装单位施工的位置的正确对接，大面积机电、通风的交叉施工均为吊顶提出很高的施工要求，在保证工期的前提下，如何快捷、迅速、准确的安装成为吊顶施工过程中的重点。

综上所述，如此大面积、不规则、并以坐标点作为吊顶施工在国内装饰装修施工中尚属首次，这就要求在施工前期的相关准备工作成为能否顺利完成安装的重点。

2. 深化设计

按照设计图纸的标注，吊顶模块单元组合的规律呈经纬向分布（非放射状）。因此，分网格线应按经纬方向相互垂直设置（图6-34）。

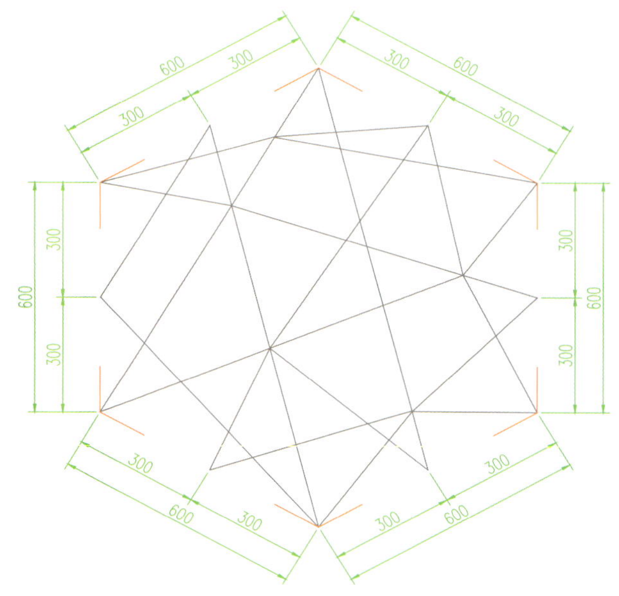

图6-34 异形单元体设计图

按国家体育场坐标体系，以圆心为圆点，P1轴方向为X轴正向，P7轴方向为Y轴正向，以每10个格栅基本单元体为一个基本网格设置格栅吊顶方格控制网，并按照需要设置坐标点（图6-35）。

3. 关键方法

3.1 控制线设置

（1）纬向控制线：沿P1-P13轴和P7-P19轴的中心线

在地面上施划纬向（东西向）基准线，后向两侧以 9000mm 的间距平行施划纬向主控制线。

（2）经向控制线：沿 P1-P13 轴和 P7-P19 轴的中心线在地面上施划经向基准线，（因在变形缝处，可在两侧施划两条辅助基准线）后向两侧以 10392mm 的间距平行施划经向主控制线。

（3）吊点控制线：在主控制线围成的方格内（以下简称作业块），在纬向以 900mm 的间距施划控制线，在经向以 1039mm 的间距施划吊点线，并在经向吊点线的中心施划辅助吊点线（图 6-36）。

（4）控制线引测：将主控制线引向周围的墙、柱面或边梁上。

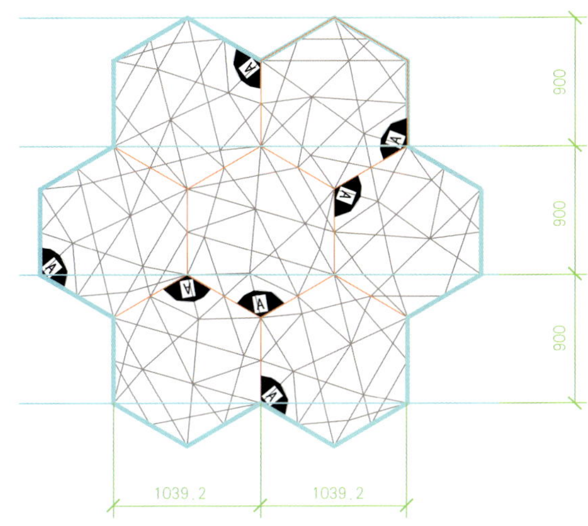

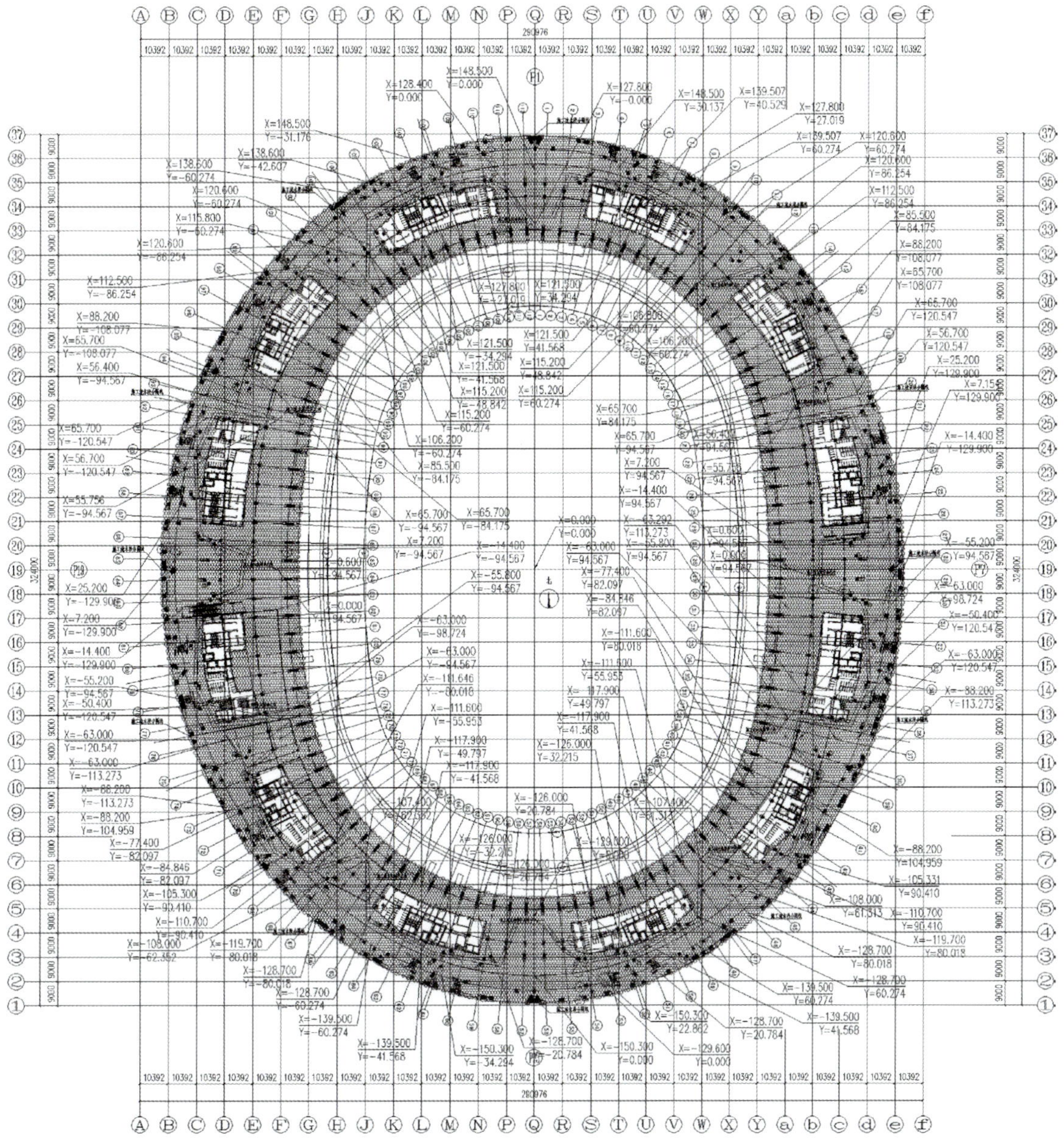

图 6-35 格栅吊顶方格控制网

图 6-36 单元体划分平面图

（5）控制线编号：给作业块中的控制线编号，从南端主控制线开始以 1，0，1，0……的顺序向北编号（图 6-37）。

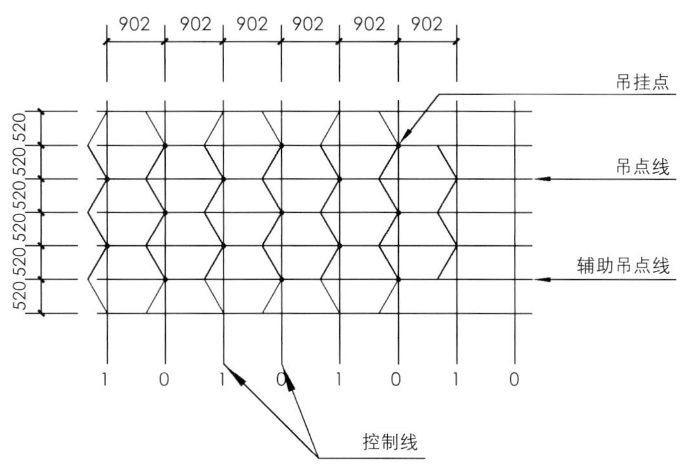

图 6-37 作业块中的控制线

（6）弹标高控制线：依据墙柱面 +1000mm 线确定吊顶标高位置。将确定好的吊顶标高位置线弹在墙、柱立面上。

3.2 划分流水段

根据劳动力组织的情况和距核心筒的位置，以若干作业块组成流水段。

3.3 确定基准单元模块位置

根据控制线确定基准单元的位置。在 1 号控制线的位置上，按吊点线布置吊点，在 0 号龙骨位置上按辅助吊点线布置吊点。基准单元模块应安装在作业块南端，两个并列吊点安装在 1 号控制线的吊点上，顶端吊点安装在 0 号控制线的吊点上，其他依次安装。

3.4 六边形基本单元组的加工

采用局部坡口氩弧焊方式，用氩弧焊机将铝板单体焊接为六边形基本单元体，为保证焊接的六边形基本单元组的外形尺寸的统一，需要投入大量的专用工装和特种模具，同时许多焊接点需要手工完成，确保六边形基本单元组的棱线分明，厚度尺寸误差控制在 ±0.25mm 以内，六边形基本单元组外形尺寸误差控制在 ±1.0mm 以内。

3.5 六边形基本单元组的表面处理

按设计图纸要求表面处理为金属阳极化，颜色为两种：金黄色和金属银色，基本单元组交叉点多，由于在进行阳极化的处理过程中，不可避免地在交叉点处出现色差现象，要想做到颜色一致比较困难，同时会增加制作成本。通过研究最后决定采用氟碳喷漆，可以保证颜色一致，提高加工速度，保证施工总体进度的正常进行。

3.6 调挂及调节

吊杆采用 Φ8 的黑色通丝亚光吊杆无龙骨方式，与专用调节器（图上为辅助结构）配合，可以调节吊顶高度，调节范围为：100mm 以内，单个吊杆可承受载荷为：1kN；此吊杆和调节器全部经过表面化学处理，颜色为黑色，同时起到防腐防锈作用（图 6-38）。

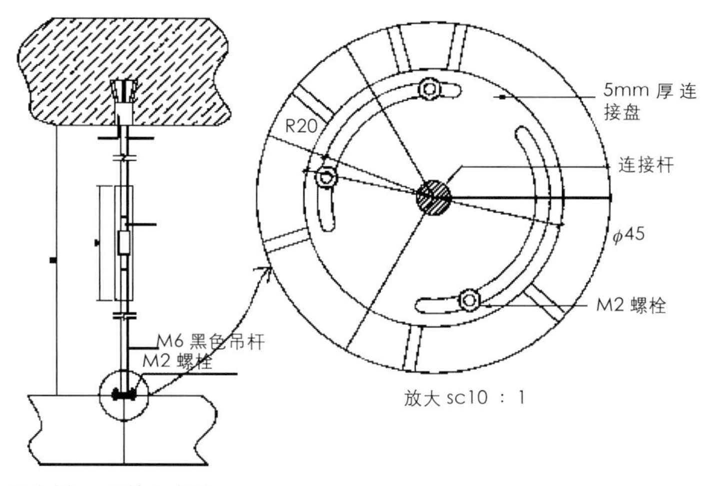

图 6-38 调挂示意图

3.7 不完整单元体安装

对于其他不完整的六边形基本单元体，采用在现场实际放线测量，按实际情况加工，吊挂点的位置也要按实际情况重新确定。

3.8 固定方式

为防止六边形基本单元体在悬挂后的晃动问题，设置连接角同时将吊顶的 ϕ8 通丝吊杆用螺栓连接，并在每一作业块中用角钢设置一斜向拉撑杆，相邻作业块的拉撑方向相互垂直（图 6-39）。

由于异形格栅单体六条边为不规则形状，在安装时距离墙面及柱面 10cm 距离，保证整体效果。

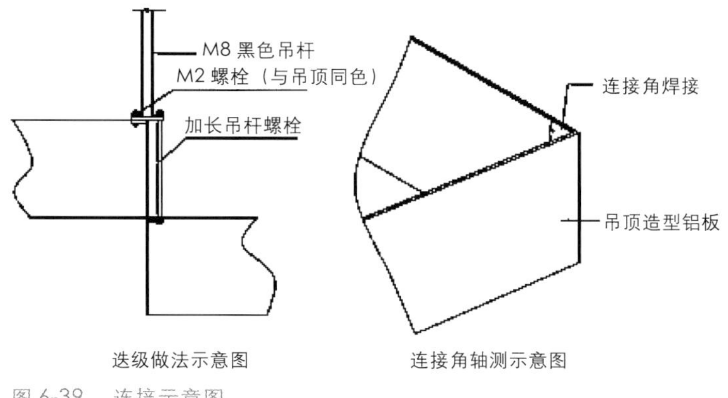

图 6-39 连接示意图

3.9 石膏板放置

四层金属格栅式吊顶上方加10mm厚纸面石膏板，与格栅固定，底板、板侧做黑色喷涂，并在灯孔处以异形格栅单体为单元的上方，不采用10mm厚纸面石膏板，而采用3mm压克力透光板，这样做的效果可以在发生火灾时烟雾不通过灯孔分流进入石膏板上方，使烟感及时发挥作用。

4. 成品效果（图6—40～图6—43）

在采用上述的施工做法，正确地完成控制点的测量后，使施工简单化、明了化，施工便捷，效果良好。

图6-40　格栅吊顶图（一）

图6-41　格栅吊顶图（二）

图6-42　格栅吊顶图（三）

图6-43　要员接待厅格栅吊顶

第四节　要员接待漆艺大厅施工技术

1. 概述

国家体育场要员接待厅为国家领导人和奥运会高级官员进出和活动的场所，其装饰效果不但要满足整个体育场的装饰理念，还要体现具有中国特色的装饰和传统工艺。因此设计选用历经数千年发展过程传统漆艺：厅内活动隔断表面为大漆装饰，大厅背景墙为大漆制作的喜鹊登枝的主题画，大门采用漆艺装饰（图6-44）。

2. 主要难点

在满足整个体育场装饰理念的同时，如何在短时间内提炼大量的精制大漆、克服木质底胎容易干燥开裂等缺陷是一项复杂的系统工程，涉及到大漆提炼，底胎、工艺的创新等，均需要进行专项攻关、设计，尤其是其质量效果也直接面临媒体乃至各国元首的品评，关系到整个鸟巢工程的总体质量以及对外形象，因此通过攻关解决国家体育场大漆应用的问题意义十分重大，需要做专项研究。

3. 解决思路

根据国家体育场要员厅所处的环境、功能需求，精制大漆的速成提炼、传统底胎的变革、装饰创意必须满足整个体育场的装饰理念，还要体现具有中国特色的装饰和传统工艺是解决的关键。

（1）精制大漆的速成提炼：通过对传统大漆提炼过程的相关试验研究，制造出专业的机器，解决精制漆提炼时间长，人工提炼精制漆质量参差不齐等问题；

（2）传统底胎的变革：由于北京环境干燥，传统的木质底胎在保养不善的情况下容易干燥，出现翘曲的现象。通过

图 6-44　要员接待厅漆艺装饰

对多种底胎进行试验，最终选用底板为高密度板材。

（3）装饰创意：通过大漆的独特魅力把古典与现代、冷峻与热烈、沉稳与活泼、豪华与朴实在整个建筑中进行有机地融合。

4. 主要施工技术

4.1 精制大漆的速成提炼

缩短精制大漆提炼时间主要决定于两方面：即原材料的选用、提炼工艺的选择。漆树上采割下来的原生漆不仅分子粗糙还有杂质，水分含量过高，黑度和透明度也不够。精制漆一般是过滤除渣，凉制炼熟，晒制脱水等过程。精制漆从生漆下盘到脱水终点，一个生漆分子要变成二至三万个与金、玉石分子结构一样细密的分子。按传统手工方法精制的漆质量很好，但人工制漆仍然存在质量偏差问题，而且工人劳累，费力费时。针对这种情况成立研究小组，经过研究试验研制了两台圆盘电动制漆机进行精制，节约了人力和时间，精制漆的质量比手工精制的在质量上得到了充分的保证。

4.2 传统底胎的变革

漆艺底胎乃漆艺之质，传统木质底胎对保养的要求极高，加上北京气候干燥，若保养不善，久之底胎容易开裂，容易出现翘曲等现象，经研究和多次对不同材质底胎的试验比较，在国内外毫无可借鉴经验的时候，选用底板为密度板材制作的主题漆画《喜鹊登枝》、主题屏风《盛世和谐》，以及选用金属底胎制作的锦漆镶嵌大漆门《百鸟迎春》，不仅解决传统底胎面易翘曲，更克服了屏风和锦漆镶嵌大漆门不能移动等缺陷，对整个要员厅的功能造成局限。

4.3 装饰创意的及实施技术研究

4.3.1 盛世和谐图

经创意研究，大厅两边采用吊挂移动式屏风，屏风饰面采用大漆壁画《盛世和谐图》墙体，由长 11.8m 的 56 面朱漆屏风组合而成，每面高 2.9m，宽 1.2m。大红、厚重的大漆屏风配以金色墙体使得整个贵宾厅有了祥和，肃穆的传统文化氛围。

屏风壁画采用我国濒临失传的堆漆工艺，采用的“雕漆效果”即无纹的空白处用细密的锦文，主要祥文用凸出的浮雕，但是无论是用漆盒炭灰堆还是漆泥堆，制作工艺十分耗时，纯用传统的技法是很难完成的。研究《髹饰录》上总结的传统装饰技法，结合当今诸多漆艺大师绝技，创新出：锦底采用明代“漆冻脱印”法，主文浮雕采用尚待木质浮雕法，再用法漆粘合，朱漆面采用现代喷涂法，选用银朱、灰粉等特殊材料，经历 80 多道工序，历时 9 个月完成。屏风面积较大，采用传统古老的雕漆工艺制作而成（用大漆堆厚雕刻），色彩为中国红（采用矿物质银朱红色加入大漆调制而成），雕漆式

图 6-45　大漆屏风制作过程中

图 6-46　大漆屏风制作成品及安装

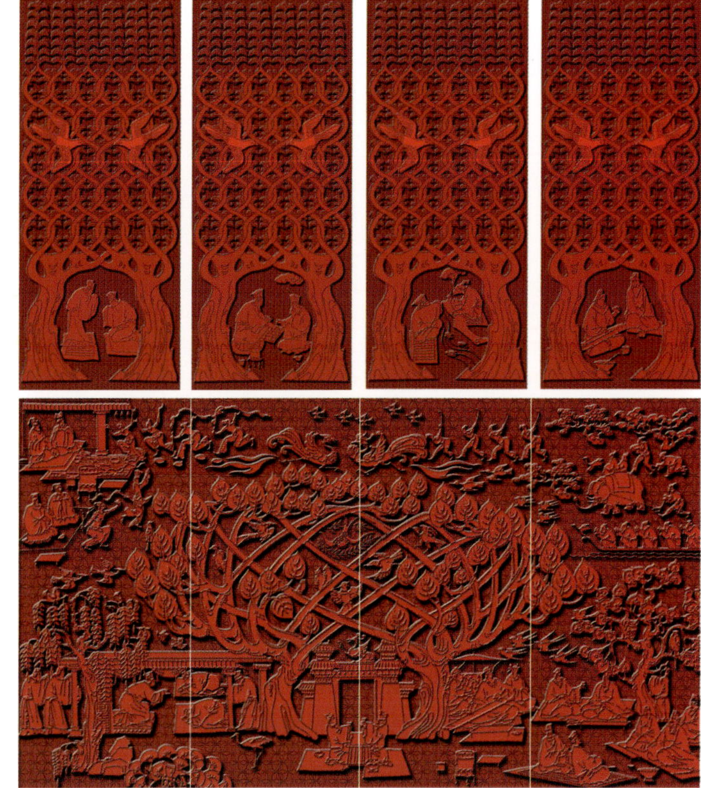
图 6-47　大漆屏风图案

隐起漆工艺不变形，色彩亮丽沉稳，经久不朽，象征盛世的永存（图 6-45~ 图 6-47）。

和墙体同高的屏风壁画两面分别雕刻了汉代连理树相交为主体构成的巨大画面，绵长蜿蜒的连理枝下，生动刻画了华夏始祖与先贤对人类文明的贡献，大漆屏风的主题画以和谐盛世为元素，以万鸟归巢、盛世民生为背景，构成一幅独特的人文景观，寓意神州开泰，华夏福祉，世界和平。

4.3.2 喜鹊登枝

喜鹊登枝则为大厅中心的漆画（图 6-49），是以中国非物质文化遗产——漆画工艺制作的喜鹊登梅图，画心 6.8m × 2.2m，约 15m^2，运用漆艺中的五朵锦花工艺（堆花、嵌花、描花、莳花、研花）等综合技法，采用天然漆、蛋壳、贝壳、金粉、银粉、金箔、银箔等特殊材料，经几十道工序精制而成，历时 7 个月完成。

喜鹊登枝是中国传统画，传统漆艺的酣畅运用不仅没有弱化中国画的水墨意境，而是更加完整地创造了中国花鸟画的意象，所不同的，只是色彩更艳丽，富丽堂皇经久不衰（图 6-48）。

4.3.3 百鸟迎春

百鸟迎春为 7 个大门上的壁画，构思创意为在“鸟巢”四周的百鸟飞翔图案的墙上，特设计与其相呼应的百鸟迎春

图 6-48　漆画制作过程中

图 6-49　大厅中心的漆画喜鹊登枝

图案的大门。造型采用较抽象的飞鸟图案，用磨漆画镶嵌形式制成门面。色彩以银、白、金三色为主，选用天然漆、纯金箔、蛋壳等材料，经多道工序，历时 4 个月。白色采用蛋壳镶嵌，以示自然的回归。百鸟群翔象征人类生机勃勃，欣欣向荣，美好盛世的景象。壁画金底象征金色大地，金色大地映衬下数万只银色的抽象飞鸟图案，因为采用了锦漆磨漆镶嵌工艺，其中的蛋壳镶嵌，贴金罩漆后的效果，犹如在千年的琥珀里育出新的生命体（图 6-50）。

图 6-50　大门上的壁画百鸟迎春

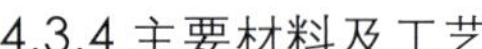

4.3.4 主要材料及工艺

（1）制作材料

1）雕漆：主要是天然中国漆和漆木板

2）磨漆画：天然中国漆、金箔、铝箔、蛋壳和漆木板

3）中堂漆画：由天然中国漆、金箔、铝箔和漆木板组成

（2）工艺特点

1）雕漆式隐起工艺：雕漆板木胎双面屏风屏心金属网格法漆加贴、底垸糙桼包用近 200 道朱漆料髹饰，平面以“万”字锦做地，造型古朴庄重，纹饰精美考究，色泽光润，形态典雅，并有防潮、抗热、耐酸碱、不变形、不变质的特点。

2）磨漆画：是我国古代漆艺传统在当代的一种新发展，突出工艺手段和物质材料的独特价值。它用银箔贴出飞鸟，用金箔、蛋壳贴出锦地，利用“变涂”、“泼漆”手法表现山川云气的变幻莫测之趣。利用独有的漆美之美，表现含蓄、深沉的高贵、典雅效果，利用漆的半透明性能与打磨技巧造成绰约朦胧之美，利用金箔、银箔、铝箔等材料造成富丽华贵的气派。

5. 效果总结

要员厅经过漆艺作品的装点，喜鹊登枝，合欢连理，天地和谐为创作元素，围绕鸟巢特定环境，将诸多创作元素加以综合，使整个壁画系列浑然一体，形成独特的“万鸟归巢和谐盛世”的巨型漆艺作品，体现了“鸟巢”的唯一性、国粹性、经典性、包容性、原创性、不可复制性。传统文化和现代体育精神得到了很好的融合，彰显了体育作为文化的一个传承。体育作为人类最初的狩猎活动的延续，也是传统文化的一个组成部分。

中华漆艺为“鸟巢”要员厅装饰艺术营造了一个得天独厚的境界。使驻足要员厅置身漆艺氛围的国家元首和世界名人，通过宛如穿越中华历史文化艺术长廊，情不自禁地感染着中国政府和人民对世界各国来宾朋友的深厚情谊。

第五节　贵宾接待厅装饰装修技术

1. 工程概述

国家体育场贵宾接待厅分为中方贵宾接待及国际贵宾接待两个厅。中方贵宾休息厅在国家体育场二层 89-91 轴 /D-E 轴间，外墙墙体采用轻钢龙骨非石棉纤维增强水泥板内填 100 厚玻璃丝棉保温轻质隔墙，墙面均采用烤漆型钢上挂金箔饰面成品 GRG 造型碟装饰，墙面局部装饰为硬包刺绣国画。休息厅顶棚为轻钢龙骨石膏板吊顶，型钢龙骨吊挂金箔饰面成品 GRG 造型碟。地面为手工羊毛地毯。卫生间墙面粘贴渐变马赛克，地面为机切乱形光面花岗岩（图 6-51）。

国际贵宾接待厅墙面装饰以金属板及体现中国古代至近现代体育健身题材的布艺绘画为装饰（图 6-52），顶棚为异形灯具与石膏板造型拼接而成的机切拼花造型。

2. 深化设计

装饰以安装为主。休息厅墙面、顶棚除采用常规的轻质隔墙和轻钢龙骨吊顶装修做法，外装饰面均采用碟形贴金箔的半成品吊挂式安装（图 6-53）。碟形盘挂、配件安装根据碟形盘间距要求在墙体及顶棚龙骨上钻定位挂销孔，穿入定位挂销。

碟形盘安装：按照碟形盘后的挂钩方向及施工安装顺序，把碟形盘分别挂在定位挂销上。墙面及顶棚碟形盘安装见图 6-54。

碟形盘在经过反复安装及强度测试，达到设计要求及施工规范要求后才进行现场安装，在安装过程中严格依据施工规范及设计图纸进行安装（图 6-55），并在安装过程中进行全程监控，以保障安装质量和安装进度。

图 6-51　中方贵宾接待厅墙面装饰

图 6-52　国际贵宾接待厅墙面装饰

图 6-53　顶和墙交接处造型碟未贴金箔前实物

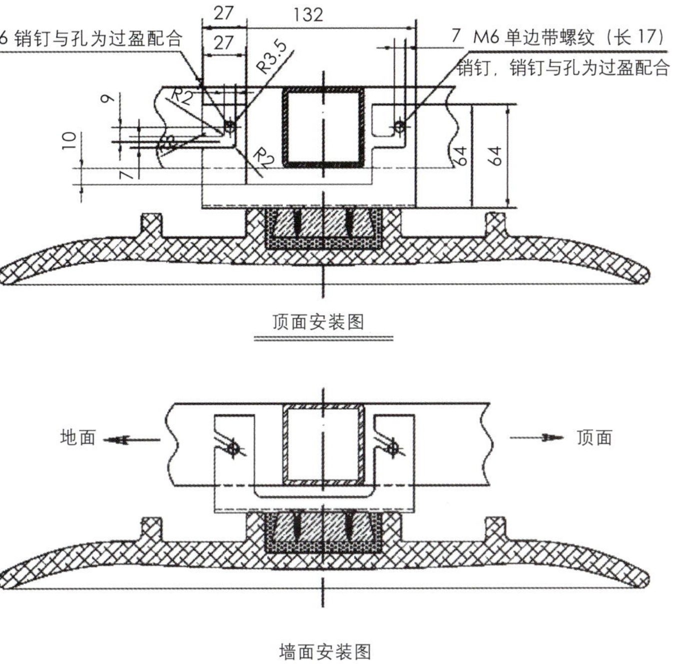

图 6-54　墙面造型碟及挂件

3. 关键施工方法

3.1 成品贴金箔木门安装

弹线定位：按设计标高结合室内标高控制线进行放线。在同一场所的门要拉通线或用水准仪进行检查，使门安装标高一致，本工程所有木门框尺寸均与墙厚，安装时门框应与墙面交圈。

固定门框连接件：在门框两侧固定连接件，在门框的高度方向每距离 500mm 固定一块（如果高度为 2.2m，则每侧安装 5 块，共 10 块）。

安装门框：将门框在轻质龙骨墙上初步固定后，先用斜楔木块将门框定位好，再对门框作垂直校准，使之垂直。

校准门框：在初步固定门框和检验偏差的基础上进行固定，需要注意的是：用水平仪磁力线坠确定好门框的水平、垂直度、对角线后，再进行固定。

安装门扇：按设计图纸确定门扇的开启方向、五金配件和安装位置，对于双开扇的门应按开启方向为右扇压左扇。检查门框与扇的尺寸是否吻合，框边角是否方正，有无窜角。如果门扇尺寸大于框口，则拆除门扇扇边实木收口条，刨去多余部分，再把收边条用胶水和气钉与门扇固定牢固（图 6-56）。

安装五金件：合页位置应在门扇上下两端扇高的 1/10 处，若安装三个合页时，第三个合页应距上面合页 360mm。将合页的三齿片固定在框上，二齿片固定在扇上，标牌统一向上。安装时应先拧紧一颗螺钉，检查框与扇表面平整、缝隙尺寸符合后，将螺钉全部拧上拧紧。木螺钉应钉入 1/3、拧入 2/3，木螺钉冒头与合页面平，十字上下垂直。安装开扇时应保证两扇宽度尺寸、对口缝的裁口深度一致。采用企口榫时，对口缝的裁口深度及裁口方向应满足装锁或其他五金件的要求。安装门锁距地高度为 900mm，闭门器安装在门口内侧。

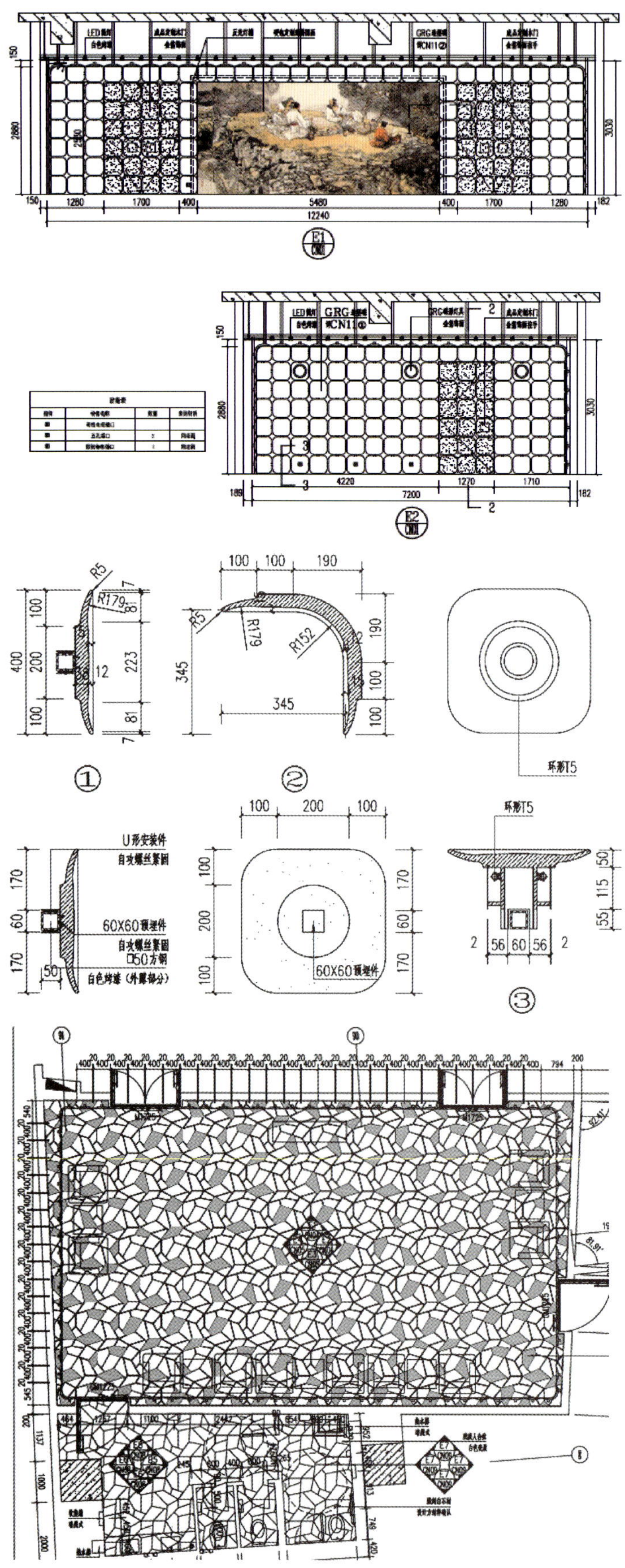

图 6-55　碟形盘深化设计图

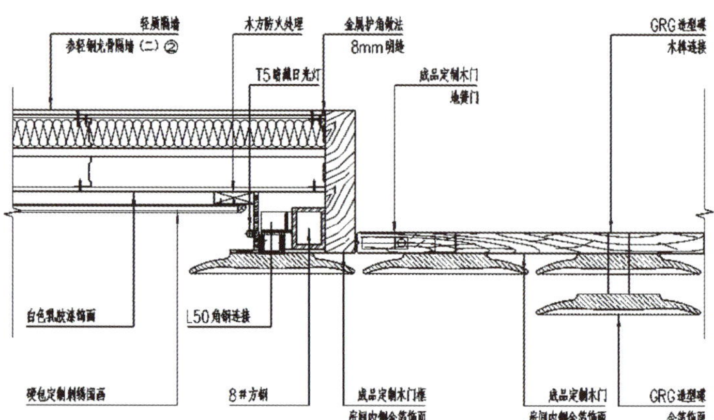

图 6-56　门口施工图

调试：在安装完门扇后应关上门扇，检查门扇与框的缝隙及其是否有倒翘、自由门等现象，若有问题应及时调校，直到合格为止。

3.2 碟形挂件安装

3.2.1 工艺流程（图 6-57）

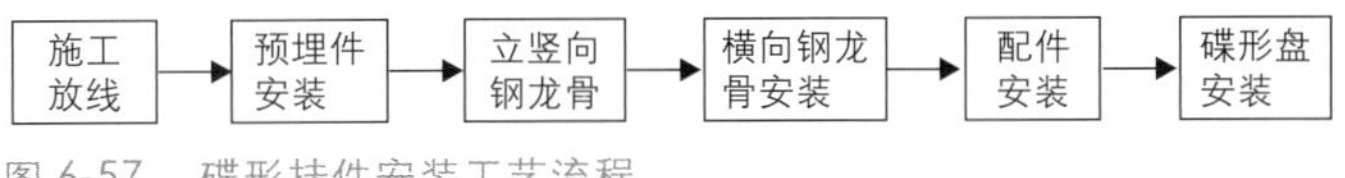

图 6-57　碟形挂件安装工艺流程

3.2.2 主要施工方法

施工放线：根据中方贵宾休息厅天花龙骨图的龙骨布排间距在地面上放出 420mm × 420mm 方格控制网，并延伸至地垄墙上及顶面结构板上，定出碟形盘墙体竖向及顶棚龙骨位置。

预埋件安装：方钢龙骨预埋件厚度为 5mm，100mm × 100mm 钢板钻两个 Φ12mm 圆孔，采用 Φ10 膨胀螺栓固定在结构板上。

墙体竖向钢龙骨：按照上下预埋板净空高度尺寸切割，根据地面方格网线定位立龙骨中心线位置，把立龙骨立在预埋板上，在立龙骨上下两端与预埋板点焊临时固定后再次校准龙骨位置，确认无误后进行焊接，焊接为三面围焊，焊缝高度为 5mm。

墙体横向钢龙骨安装：按中方贵宾休息厅立面龙骨图要求的间距，切割 50 方钢进行下料，水平钢龙骨与竖向贯通方钢龙骨焊接，要求三面围焊，焊缝高度 5mm，焊接后对焊缝进行打磨，保证竖向龙骨与水平龙骨面平整。

吊顶钢龙骨骨架安装：根据中方贵宾休息厅天花龙骨图的龙骨布排间距，在地面上放出 420mm × 420mm 方格控制网，并把网格线放在顶面结构板上，定出碟形盘顶棚吊挂龙骨及水平钢龙骨位置。把方钢龙骨预埋钢板钻两个 Φ12mm 圆孔，采用 Φ10 膨胀螺栓固定于结构板上形成吊挂架，根据网格线焊接水平龙骨架。

碟形盘挂配件安装：根据碟形盘间距要求在墙体及顶棚龙骨上钻定位挂销孔，穿入定位挂销。

3.3 金箔安装

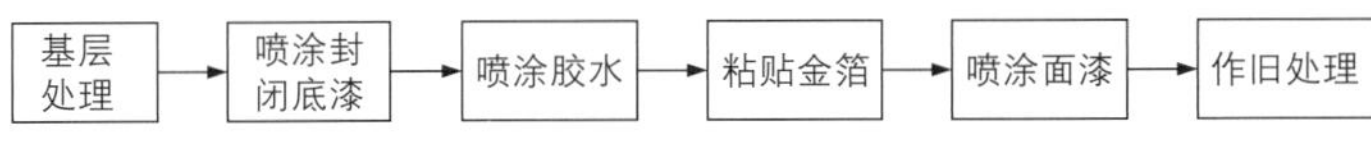

图 6-58　金箔安装工艺流程

3.3.1 工艺流程（图 6-58）

3.3.2 主要施工方法

基层处理：检查 GRG 碟形盘基层，其基层表面应光滑、平整、圆润、无砂孔。用羊毛刷清除碟形盘上的灰尘，必要时用 1000 号砂纸轻磨碟形盘表面的污垢和表面的沙粒等依附物。

喷涂封闭底漆：将清理后的碟形盘放置在无尘房间的工作平台上，喷涂封闭底漆，喷涂时应保证喷涂均匀，一般需要喷涂 2~3 次，当喷涂第二次或第三次时应在上次喷涂的底漆彻底干燥后进行。喷涂底漆自然阴干，一般需要 24 小时。

喷涂粘贴胶水：在碟形盘底漆阴干后，将金箔专用胶水调制成液体状，用气泵带动喷枪均匀喷涂专用胶水在碟形盘上，气泵压力控制为 6 个气压为宜，在喷涂时为了保证喷涂均匀一般喷涂 2~3 次为宜。喷涂后的碟形盘放置 2~3 个小时。

粘贴金箔：喷涂胶水的碟形盘放置 2~3 个小时后，碟形盘表面的胶水在沾手的状态下，开始金箔的粘贴。粘贴金箔时应两个人合作进行，一人把金箔连同毛边纸一起用手托起，把金箔一面粘贴在碟形盘表面，用嘴轻吹金箔表面，使金箔展平，一个人同时用纯棉布包裹棉花轻轻拍打已经贴上去的金箔，并用干羊毛刷来回轻扫金箔，使金箔和碟形盘紧密粘结在一起。

喷涂面漆：粘贴金箔的碟形盘静置阴干后，在表面均匀喷涂专用清油面漆，保护金箔饰面。

作旧处理：喷涂面漆后的碟形盘放置一周后，在碟形盘的清油面漆表面用软布轻擦作旧，使金箔表面色泽均匀一致。将成品的碟形盘放置养护一个月后，用棉布对每个碟形盘进行包装并在四周用聚苯板进行包装后方可运至现场安装。

4. 实施效果（图 6–59 ~图 6–64）

严格按照设计图纸和施工技术要求进行安装和施工，依据施工先后顺序的同时按照施工技术方案进行施工，保障了工程质量，提高了工程速度，按照设计的要求完成了施工工程。

图 6-59　卫生间马赛克安装

图 6-62　中方贵宾厅总体效果

图 6-60　中方贵宾厅墙顶装饰

图 6-63　国际贵宾厅墙地面装饰效果

图 6-61　中方贵宾厅墙面国画装饰

图 6-64　国际贵宾厅总体效果

第六节　玻璃幕墙工程施工技术

1. 工程概述

国家体育场玻璃幕墙均为层间玻璃幕墙，主要分布在三、四层内、外环。四层内环玻璃幕墙分布在看台板与包厢之间；三层内环玻璃幕墙位置在临时看台下端；三、四层外环玻璃幕墙分布在距外环梁边缘1200mm处。夹层、一层、二层有少量幕墙。幕墙多为折线，折点较多。三层外环为高4500mm的10+12＋10（mm）中空玻璃幕墙；四层外环为高3900mm的10+12＋10（mm）中空玻璃幕墙；三层内环为高3000mm的19+12+10（mm）中空玻璃幕墙；四层内环下部为高2700mm的10+12＋10（mm）中空玻璃幕墙，上部为高1200mm的3mm双面铝单板幕墙。

2. 深化设计

特殊部位玻璃安装：根据现场实际勘察，结合幕墙分格施工图纸的要求，异形玻璃的安装部位采用吊装车无法实施吊装安装，采取将玻璃运至距安装工作面1.5m处人工入槽，玻璃四周用弹性橡胶材料做好保护，使用玻璃吸盘和吊带人工平移至安装位置（图6-65）。

3. 关键方法

3.1 工艺流程（图6-66）

3.2 施工要点

3.2.1 幕墙放验线

根据《楼内平面控制点成果表》中提供的坐标点（X、Y）采用LEICA TCR402全站仪测量出玻璃幕墙平面分格每个转折点坐标（X、Y）。

根据《楼内标高控制点成果表》中结构+1.0m点/线为基准，采用WILD NA2水准仪根据玻璃幕墙施工图纸所标注的横料标高进行抄测。

3.2.2 预埋件修正及增加

根据幕墙分格位置，清理埋件，及时进行补充及纠偏处理。对于没有预埋件的部位应增加预埋板，顶部预埋板采用10mm厚250×300（mm）镀锌板，预埋板采用4个Φ16化学膨胀螺栓与结构主体固定。底部预埋板采用10mm厚200×270（mm）镀锌板，预埋板采用2个Φ12化学膨胀螺栓和2个Φ12膨胀螺栓与结构主体固定（图6-67）。

化学膨胀螺栓首先进行拉拔试验合格后，再进行大面积施工。

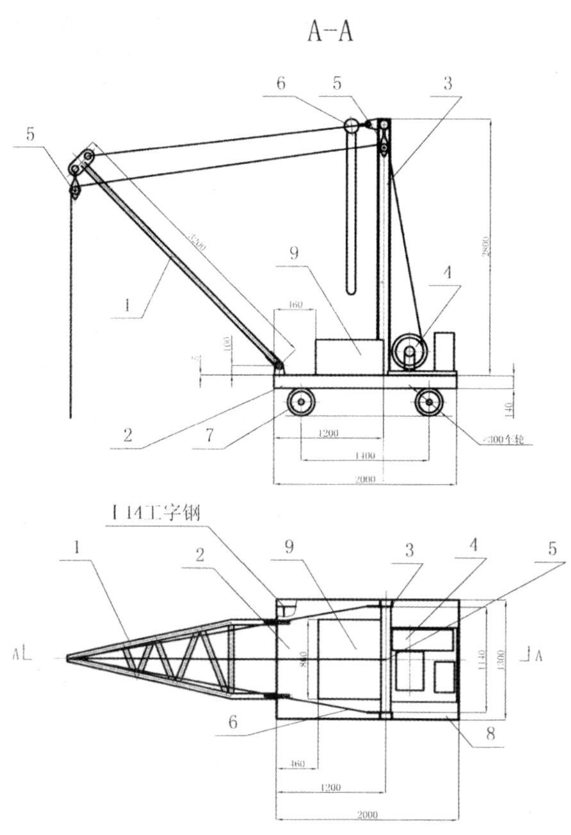

说明：

1. 本图为玻璃幕墙用移动式吊装小车。小车行走靠人力推动，起升机构利用一台0.5吨卷场机和2台1吨滑轮系统完成。变幅作业依靠2台1吨倒链进行。
2. 吊装小车扒杆由ø57×4无缝钢管焊接制成，顶部耳板及根部连接板为10mm厚钢板。销轴直径30mm。
3. 底盘由I14工字钢组成主框架，[10槽钢为辅助拉筋，上面铺设5mm钢板。
4. 门型框架为[14a槽钢立柱，上部用ø108×4钢管连接。
5. 门型框架上的滑轮用钢丝绳与钢管之间绑扎固定。
6. ø300车轮以及与底盘连接方式，待车轮购置后根据实际情况现场进行处理。
7. 所有焊缝均采用J422焊条手工焊接，焊缝厚度不得小于连接件的母材的最小厚度，且不得小于6mm。

9		25公斤配重块	块	32	
8		钢板δ＝5mm	m^2	2.6	
7		Φ300车轮	套	2	
6		1吨倒链	台	2	
5		1吨单轮滑车	台	2	
4		0.5吨卷扬机	台	1	
3	004	门型框架	件	1	
2	003	小车底盘	件	1	
1	002	扒杆	根	1	
序号	图号	名称	单位	数量	备注

批准		玻璃幕墙吊装小车总图	图号	001
审核			比例	
校对			材料	
设计			重量	
制图			日期	

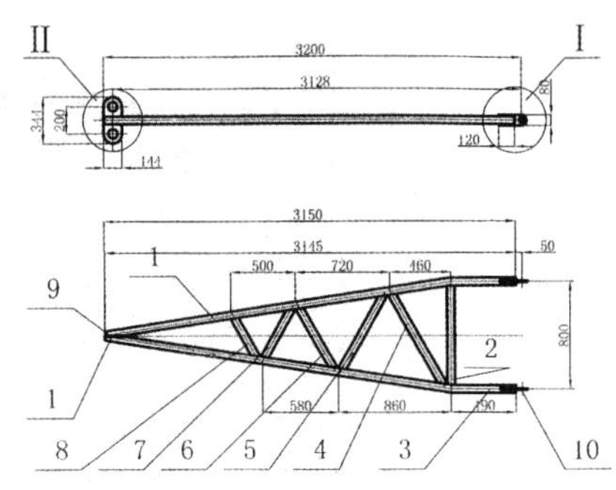

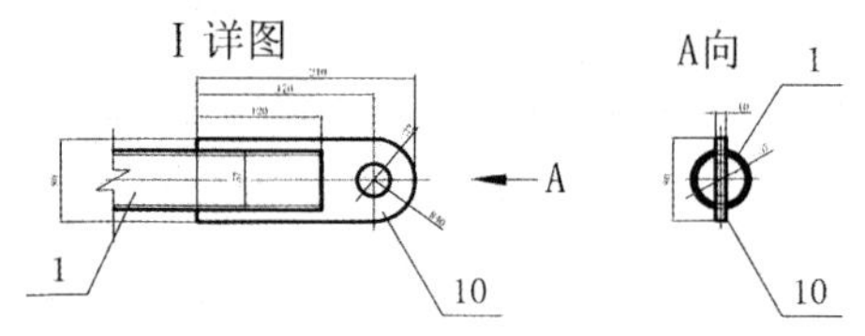

说明：

1. 扒杆中间连接杆的行位尺寸参考本图，施工中可根据实际情况进行调整。

2. 本结构均为焊接连接，所有焊缝均须满焊，采用J422焊条手工焊接，焊缝厚度6mm。

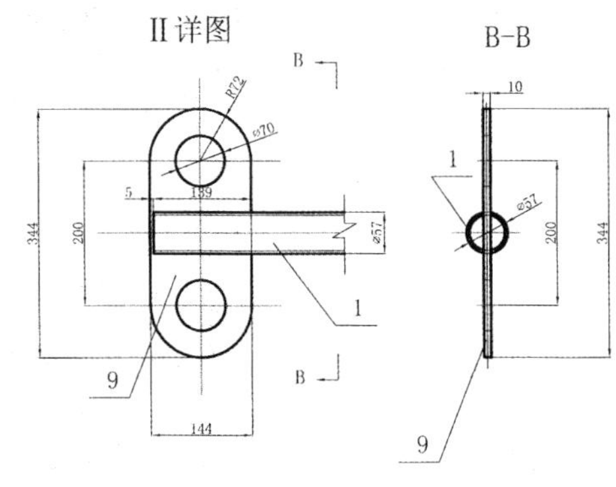

序号	名称	规格	单位	数量	备注
10	钢板	210×80×10	块	2	
9	钢板	344×144×10	块	1	
8	钢管	Φ57×4 L=350	根	1	
7	钢管	Φ57×4 L=420	根	1	
6	钢管	Φ57×4 L=520	根	1	
5	钢管	Φ57×4 L=670	根	1	
4	钢管	Φ57×4 L=800	根	1	
3	钢管	Φ57×4 L=490	根	2	
2	钢管	Φ57×4 L=800	根	1	
1	钢管	Φ57×4 L=2700	根	2	

批准		玻璃幕墙吊装小车扒杆制作图	图号	002
审核			比例	
校对			材料	
设计			重量	
制图			日期	

图 6-65 玻璃幕墙用移动式吊装小车

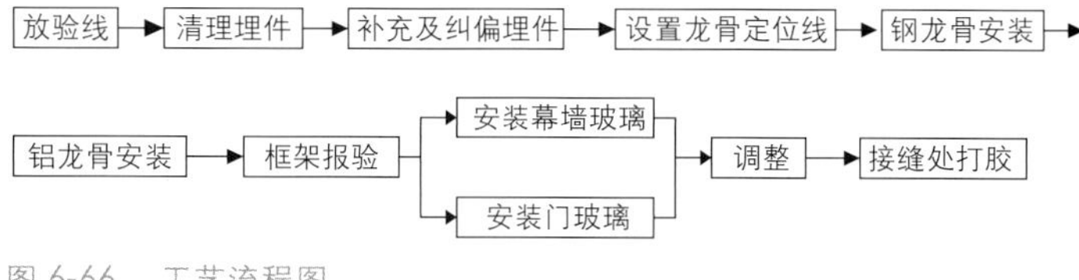

图 6-66 工艺流程图

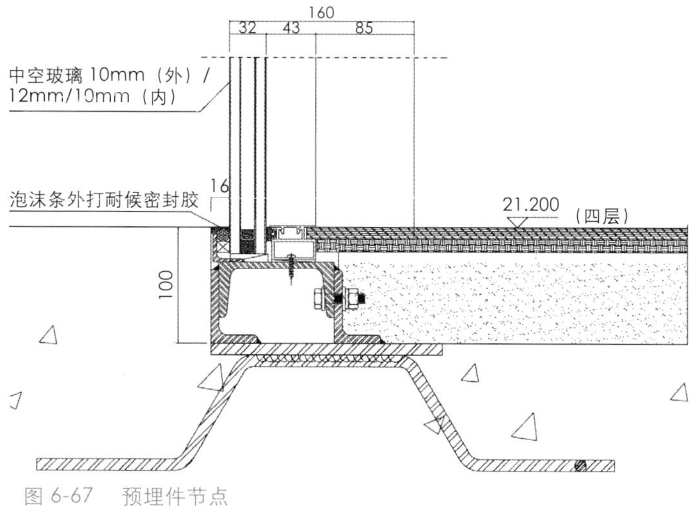

图 6-67 预埋件节点

3.2.3 钢龙骨安装

根据测量定位出主龙骨T型钢位置，T型钢上下两端与预埋件通过焊接实现固定，焊缝按设计要求进行，饱满、光滑、无气泡、夹渣，用线坠、经纬仪配合使用控制T型钢垂直度。T型钢与预埋件先点焊，确认分格尺寸符合设计图纸要求后再满焊，确保垂直与水平方向的准确。

T型钢上端与后置埋件的焊接为满焊，焊角高为∠8mm；下端通过铁座将T型钢定位，铁座与后置埋件满焊，焊角高为∠8mm。

防腐处理由专业氟碳喷涂专业处理（图 6-68）。

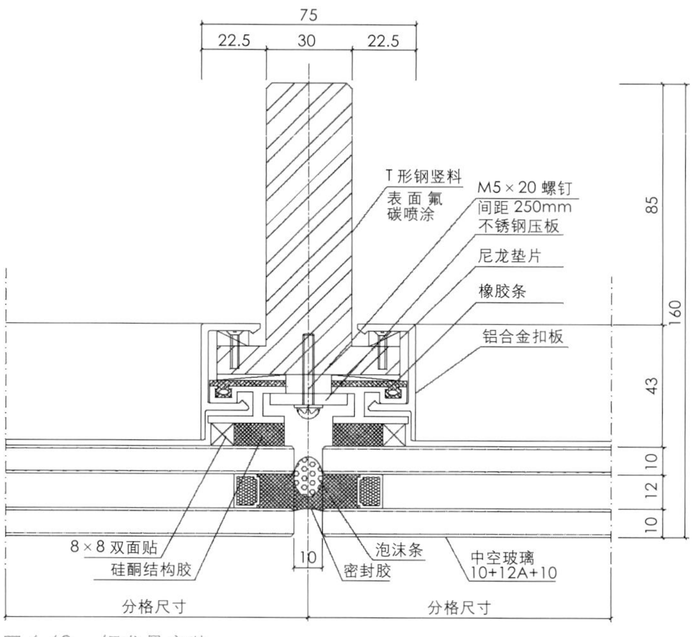

图 6-68 钢龙骨安装

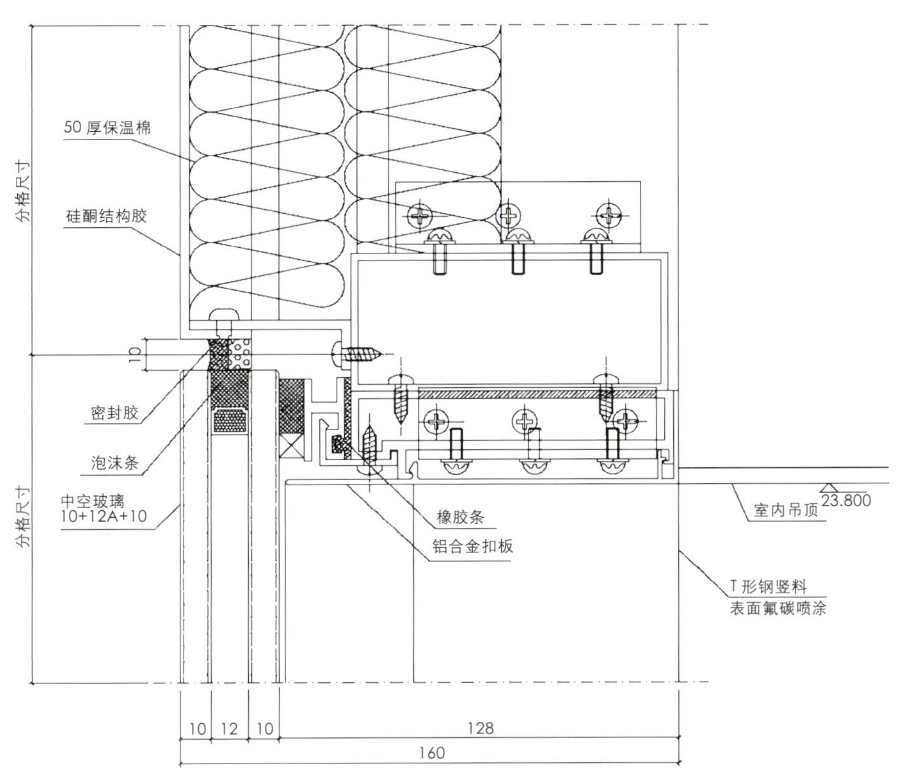

图 6-69　铝龙骨安装

图 6-70　现场安装图片

3.2.4 铝龙骨安装

横龙骨采用铝合金型材（GT05、GT10），通过角码用不锈钢螺钉与 T 型钢固定，安装时要垫好绝缘垫，防止电化腐蚀。横龙骨的水平度和垂直度用水平仪根据施工分格图的尺寸和室内标高 ±0.500 线控制（图 6-69、图 6-70）。

3.2.5 玻璃附框粘接

玻璃与附框粘接在加工厂打胶间进行，室内温度及湿度按规范要求进行控制。首先将玻璃四边与铝合金附框用丙酮清洗干净，然后用 8×8 双面不干胶条按设计要求位置将玻璃与附框粘接定位，压实无缝隙后再灌注双组分结构胶，灌注厚度、深度符合设计要求，注胶质量要求饱满、无气泡、光滑、均匀。最后将粘接好的成品放置在架子上，保证其固化期不少于 7 天后运往工地安装。

3.2.6 玻璃安装

框架整体或分段验收后，进行玻璃的安装；粘接完附框的玻璃进场后，用汽车吊将玻璃（玻璃用软吊带捆绑）吊至一层。 汽车吊站位根据现场钢结构造型空隙满足吊至一层平台的条件，根据现场实际情况选定汽车吊定点吊装位置。

（1）水平运输

玻璃通过水平运输车从堆放处运至与三、四层相对应的安装工作面下方，在三、四层施工位置放置专用吊装小车，用吊装小车将玻璃垂直吊至施工作业面。专用吊装小车每层放置四辆，这样可以多组同时安装，满足进度要求（图 6-71）。

图 6-71　玻璃安装的吊装

（2）玻璃安装

每两转折点之间玻璃入槽后进行横向移动，就位后将粘接完附框的玻璃紧靠横竖料，中间垫有弹性的三元乙丙胶条，与竖龙骨用压板通过不锈钢螺钉进行固定，与横龙骨通过铝合金型材（GT07）卡住后用不锈钢螺钉固定；安装时每转折点要预留两个分格的龙骨，以确保玻璃能够从一层吊至工作面后进行横向移动；玻璃要及时与龙骨进行固定，以确保安全性（图 6-72）。

图 6-72　玻璃安装及调整

（3）玻璃调整

玻璃安装就位后，要根据设计图纸的要求进行平整度及缝隙的调整，以达到设计要求。

3.2.7 打胶

玻璃调整固定后，所有玻璃与玻璃、玻璃与结构之间的接缝处边缘用丙酮清洗后，接缝处填充泡沫条（12×8、φ12），填充饱满灌注耐候胶，打胶时要做到填充均匀、表面平整，符合设计要求（图 6-73）。

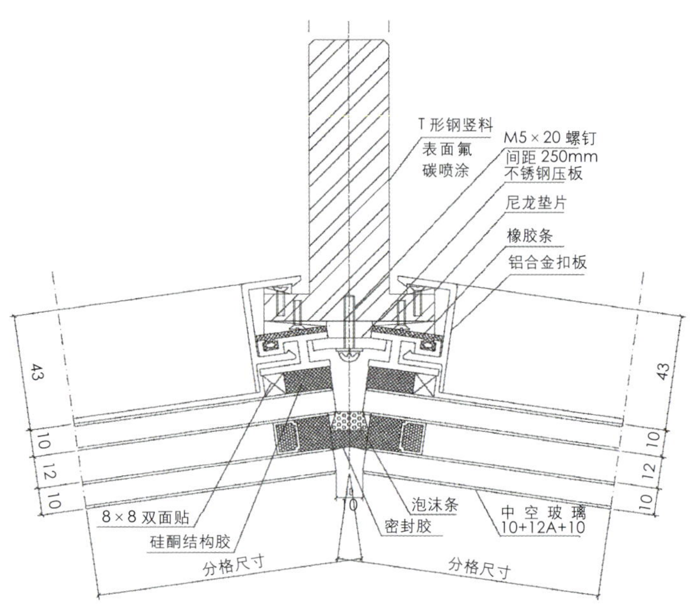

图 6-73　玻璃接缝处打胶

4. 实施效果

根据施工方案进行施工安装，保证了工程质量及进度。幕墙观感质量（图 6-74~ 图 6-76）

图 6-74　幕墙安装

图 6-75　安装完成

图 6-76　内环幕墙及严实门

明框幕墙框料横平竖直；单元式幕墙的单元接缝或隐框幕墙分格玻璃接缝横平竖直，缝宽应均匀，均符合设计要求；

铝合金材料未有脱膜现象；玻璃的品种、规格与色彩与设计相符，整幅幕墙玻璃的色泽均匀；并未有析碱、发霉和镀膜脱落等现象发生；

装饰压板表面平整，无肉眼可察觉的变形、波纹或局部压砸等缺陷；

幕墙的上下边及侧边封口、沉降缝、伸缩缝、防震缝的处理及防雷体系符合设计要求；

幕墙隐蔽节点的竖缝装修整齐美观；淋水试验时，幕墙无渗漏。框支承玻璃幕墙工程抽样检验符合下列要求：铝合金料及玻璃表面未有铝屑、毛刺、明显的电焊伤痕、油斑和其他污垢；幕墙玻璃安装牢固，橡胶条应镶嵌密实、密封条填充平整。

外环幕墙开灯效果见图 6-77。

图 6-77　外环幕墙开灯效果

第七章 机电安装工程施工技术

第一节 屋面虹吸排水技术

1. 工程概况

国家体育场的屋面由900多个模块组成。每个模块的雨水通过重力流系统汇集到120个积水槽中，水槽容积为5m×1m×0.45m，每个水槽安装2个虹吸雨水斗，水槽下游管道按照虹吸原理设计，所有水槽的雨水通过虹吸系统来排放。此项目雨水系统分为两大部分，水槽上游管线采用重力流设计，水槽下游管线采用虹吸原理设计。管材采用不锈钢管与HDPE管，管的连接形式采用氩弧焊和热熔焊接。管道的支架采用型钢支架，焊接方式采用电弧焊。

2. 工程特点、难点

2.1 深化设计难度大。该系统上游管线采用重力流设计，下游管线采用虹吸原理设计，结合点为120个积水槽，如何巧妙地结合，是设计的难点，特别是结合点积水槽的设计，其功能集汇水、消音、防溅、分流为一体。

2.2 施工难度大。该屋面排水系统以积水槽为结合点辐射成网格状，钢结构上下层屋面高度差为13m，造成安装脚手架搭设的困难，且屋面由900多个模块组成，施工部位工作面大，脚手架材料及安装材料上下料难度大，用人工搬运的材料多，需设定多个上料平台尚能完成。钢结构网架为不规则的异性结构，且屋面为膜结构，对操作人员要求素质高，稍有不慎既有滑落的危险。

2.3 协调难度大、工期紧。该系统的施工与钢结构紧密衔接，不合理组织施工将影响钢结构主体的施工，钢结构的安装及卸载时间已确定，如此庞大的工程要在确定的时间内完成时间非常紧迫。

3. 主要施工技术

3.1 施工工艺流程图

施工工艺流程见图7-1。

3.2 系统安装

3.2.1 雨水斗及安装

国家体育场雨水排水系统共用1022个重力雨水斗和240个虹吸雨水斗，其中重力雨水斗使用在钢制排水天沟内，

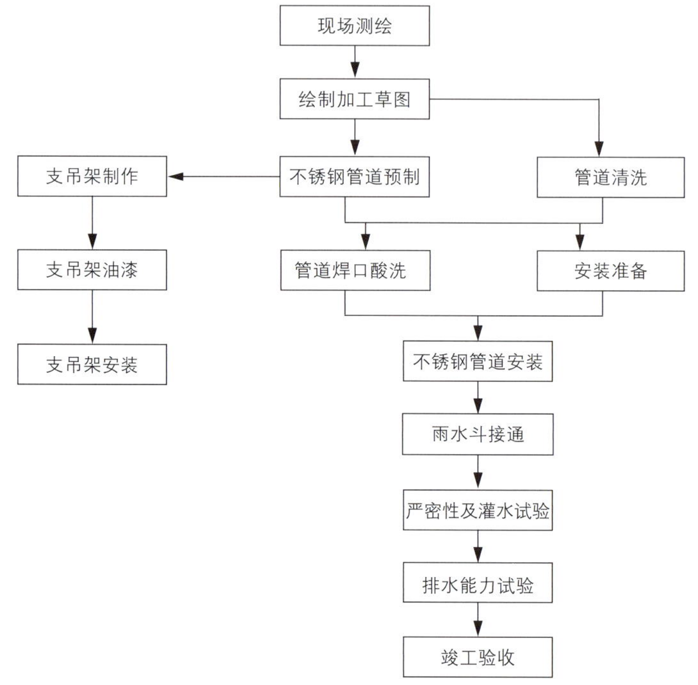

图7-1 施工工艺流程

为FF108G型重力雨水斗（改进87型重力雨水斗），虹吸雨水斗使用UV72型雨水斗，安装在积水槽内，安装时要注意定位在天沟中线，使雨水斗周围保证一定的进入面，并注意天沟与雨水斗的结合要安全可靠，防渗防漏。

（1）FF108G重力雨水斗（87改进型），见图7-2。

（2）UV72虹吸雨水斗组装见图7-3。

雨水斗在积水槽内的安装见图7-4。

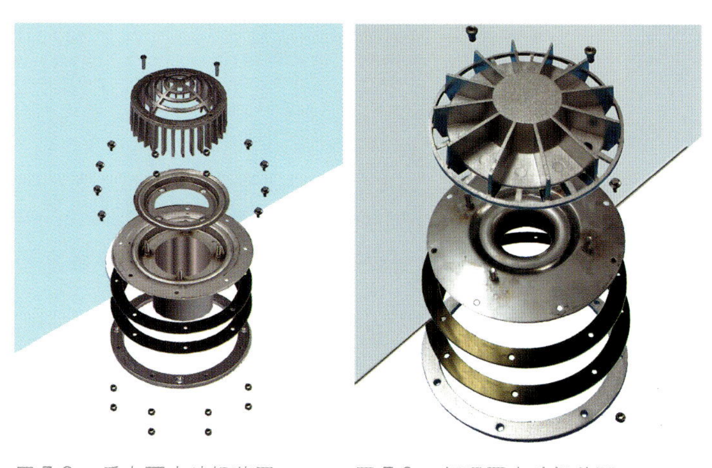

图7-2 重力雨水斗组装图　　图7-3 虹吸雨水斗组装图

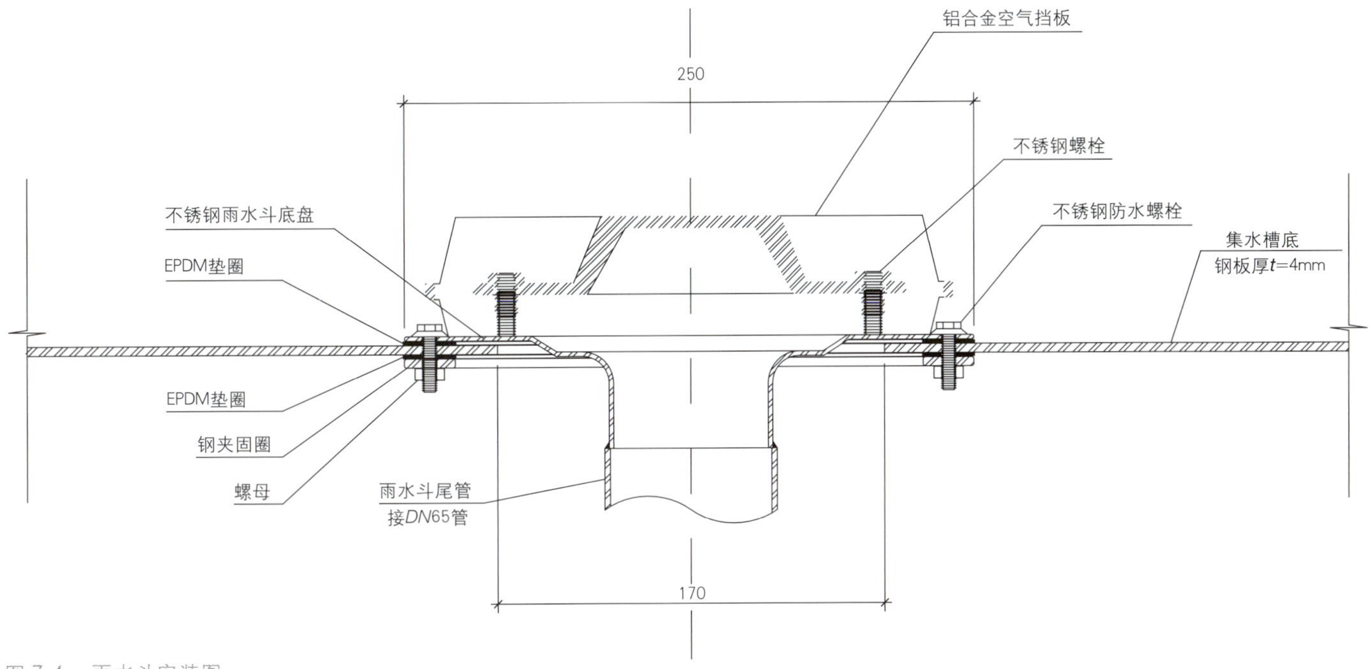

图 7-4　雨水斗安装图

(3) 电伴热融雪装置

雨水斗使用 220V 单相电源，功率为 10W 的发热环片，发热环片粘贴在雨水斗地盘底部，利用天沟底部材料与雨水斗底盘夹住。

3.2.2 干管安装

3.2.2.1 脚手架搭设与拆除

水平管道的安装采用外径 ϕ48mm，壁厚 3.5mm 的钢管搭制的倒挂式马道脚手架作为施工平台（见图 7-5）。立杆和大横杆的长度为 6m，小横杆 3m，槽钢长 2.3m，采用直角扣件、旋转扣件、对接扣件。

3.2.2.2 水平管道安装

工作流程：搭设钢结构梁下部的倒挂式马道操作架→操作架的验收→安装管道支架→安装管道→安装雨水斗→雨水斗与管道尾管的连接→管道灌水试验→操作架拆除。

水平管道的安装要求如下：

(1) 应符合《建筑给水排水及采暖工程施工质量及验收规范》GB50242-2002 要求，按照施工图对敷设的管道坐标、标高及预留管口尺寸进行核实。

(2) 国家体育场的重力排水系统的雨水管都敷设在梁下桁架腹杆的两侧，呈纵向排列，沿钢梁方向行走。因此，支吊架除了应有足够的强度以支撑管道或流体的运行重量，能承受高速水流的冲击力，还应有防晃抗振消减变形的措施。我们采用龙门吊架形式，雨水管纵向排列固定在吊架两侧。吊架制作使用角钢，顶部与钢结构的预留板焊接在一起。吊

图 7-5　雨水槽安装的倒挂式马道图

架使用 50×50×4 角钢制作，支架间距为 5.5m；支架间距可根据现场情况进行调整。管道使用圆钢制作的 U 型卡固定在吊架上，U 型卡应加套塑料管，防止于管道之间刚性接触。见图 7-6。

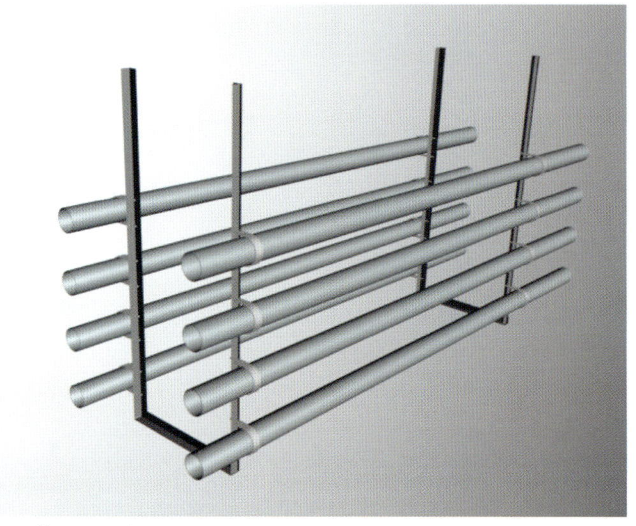

图 7-6　管道 U 型卡

（3）水平管道安装具体操作如下：

1）管道支吊架预制：按图纸要求及现场施工的具体情况进行下料，焊接成形。其材料必须符合图纸要求，验收合格；焊接质量必须满足《现场设备、工业管道焊接工程施工及验收规范》。之后用台钻打孔，刷防腐漆，在刷防腐漆之前，支架必须进行除锈、焊渣必须清理干净。

2）管道预制：管道预制必须在经过现场放线之后进行下料，保证预制的准确性。管道焊接需要一个焊接平台，保证焊接对口的准确性和管道的一致性，同时，焊接的环境要保持清洁。焊接之前必须打破口，焊接管口要清理干净，不得有毛刺或油渍。

3）管道的安装：在脚手架安装验收完毕后，人员通过南北两侧搭设的垂直马道爬到下梁，然后通过上梁和下梁间斜支撑上的爬梯通过马道预留人孔爬到马道里面。首先安装管道吊架，管道吊架与钢结构采用焊接的连接方式，焊接完成后开始管道的吊装和安装焊接工作，由于倒挂的马道的吊杆间距 1.5m，所以不便于将管道吊装到马道内，只有在顶层上下弦间在马道的端部搭设管道放料的平台，平台的架子的生根点固定在钢结构梁的下弦及钢结构的斜支撑上，完全用架管及卡子抱紧钢结构。见图 7-7。

图 7-7　管道安装平台

3.2.3 排水立管安装

工作流程：搭设脚手架→脚手架验收→焊接槽钢支架→管道安装→管道隐蔽试验→立柱封板

立管安装要求如下：

（1）与积水槽内雨水斗连接的虹吸雨水管道沿屋面围护结构梁下行走，向南北两侧汇集，进入外围框架 14 个指定位置的钢制立柱。

（2）将预制好的立管上半部拴牢，上拉下托将立管下部管口与下层管口对齐。

（3）立管对好口后，把甩口及立管检查口方向找正，上层的人用木楔将管临时卡牢、吊直、上好卡套。复查立管垂直度，将立管临时固定牢固。

（4）立管安装完毕后，并不先将立管与横管连接贯通，而是在拆除临时支架后，利用结构自身的沉降，调整后再将立管与横管连接，可有效防止结构变形将管道破坏。

3.2.4 积水槽制作与安装

工作流程：下料→点焊成型→水槽焊接→灌水试验→喷砂除锈→喷漆→积水槽吊装。

（1）采用厚度不低于 4mm 的钢板制造，内部使用 40×40×4 角钢制作框架结构，以保证积水槽在吊装过程中不扭曲变形破坏（图 7-8）。

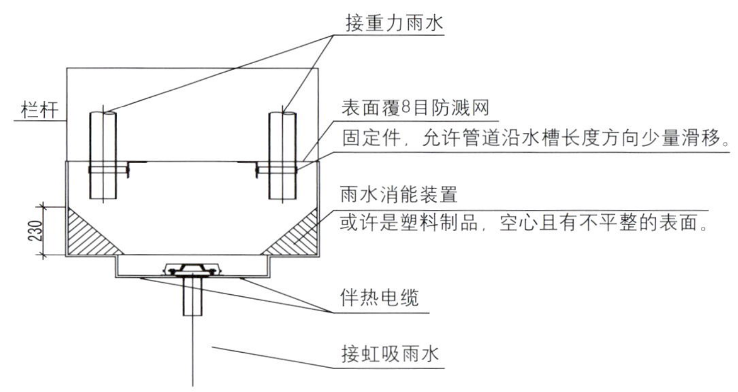

图 7-8　水槽构造图

（2）内外壁进行防腐涂装处理，采用高性能、长效的防腐涂料，在高温情况下不产生有毒物质。在工厂里完成基材表面处理和底漆涂装。

（3）积水槽吊装采用卷扬机进行一次吊装，将积水槽从地面提升到一定的位置。由于梁的结构很复杂，积水槽不能一次吊装到位，所以要用手拉葫芦进行二次吊装，调整位置、就位，最后进行找平找正、固定。水槽安装见图 7-9、图 7-10。

图 7-9　水槽安装过程图片

图 7-10　水槽安装完成图片

3.3 系统试验

按照 CECS183：2005 版《虹吸式屋面雨水排水系统技术规程》及 GB50242 – 2002 版《建筑给水排水及采暖工程施工质量验收规范》进行试验。当雨水斗全部完成后，做系统密封性能试验；当某个系统安装完成后，做系统灌水试验；当整个系统安装完成后，做系统排水能力试验。具体试验方法如下：

（1）系统密封性能试验方法：堵住所有雨水斗，向屋顶或天沟灌水。水位应淹没雨水斗，持续 1h 后，雨水斗周围屋面应无渗漏现象为合格。

（2）系统灌水试验方法：当某管路系统安装完成后，将排水口堵住，然后从上面管口向管内灌水，灌满水 15min 后，液面下降后，再灌满水观察 5min，检查此系统的每道焊口和连接点无漏水，检查液面无下降为合格。

（3）水槽上游系统排水能力试验方法：因屋面天沟都为坡天沟，没法在天沟内储水用容积增减法进行试验。只能通过模拟当地 100 年重现期暴雨强度雨量，用供水设备将设计用水量输送到某一屋面天沟内，观察雨水斗排水两分钟，如雨水斗处水位在天沟高度以内，则系统排水能力满足设计要求。

（4）水槽下游系统排水能力试验方法：上游排水系统是由三个或两积水槽通过管道连接构成，故先将系统的出口密封，然后往该系统所有积水槽灌水，持续加水（要求水深小于 0.4m，供水量应满足按设计排水量排放一分钟），打开排出口 5s 后，记录 30s 内积水槽水量变化量并计算：排水能力 = 水容积变化量 / 时间，通过计算可得出排水能力是否符合系统设计流量要求。

第二节　*DN*450 大直径空调水管道沟槽连接技术

1. 工程概况

1.1 国家体育场空调水系统构成

（1）采暖、空调热源

本工程采暖、空调一次热源采用城市热力管网提供的高温热水，从北辰东路新建的热力干管上引出支管。在本建筑 0 层东西两侧各设置 1 个热交换间，在每个热交换间内分别设置采暖热交换系统和空调热交换系统。每个热交换间设置两台采暖热交换器，三台空调热交换器。冬季变频运行。

（2）空调主导冷源

奥运赛时负荷要求设置双工况冷水主机组，赛后改造增加蓄冰系统，不增设主机，只增设蓄冰槽的溶液泵，降低赛后改造难度。根据本建筑的特性，满足体育场整体景观要求，并结合冷却塔在室外的位置，在体育场东侧距离 20~30m 处地下设置 2 个冷冻机房。冷冻机房的上部设置冷却塔。奥运赛时每个机房设计 2 台双工况电制冷冷水机组。

（3）地源热泵系统

配合空调主导冷源的设计及赛时满足部分负荷的调节特性要求，赛后作为冰蓄冷系统的基载主机，并充分利用可再生能源，符合绿色奥运的理念，在本工程使用地源热泵系统。利用足球场草坪下竖向深埋管，布置地下散热器，埋管深度为 70m，采用双 U 形管技术。空调地源热泵冷热源接入零层空调环形管网。

（4）空调冷冻水系统

冷冻水系统采用一次泵系统，采用压差旁通控制，实现变流量运行。由于制冷机房为 2 个，零层及以上空调区域的负荷不均衡，故在零层环形通道上空设计一个环形空调供回水管网。主导冷源及地源热泵冷热源均接入环形管网上，负荷侧的空调水管均从管网上接出至核心筒管井或零层空调机房。

1.2 空调水 *DN*450（Φ480×9）主干管布置

国家体育场工程属国内罕见的大型椭圆形公共建筑物，零层环形管廊是机电各专业主干管布线位置，空调水 Φ480×9 主干管就布置在环形管廊的上空，沿建筑物的形状呈不规则椭圆形闭合布置，连接东北、东南两处冷冻机房及西、南热交换站，将空调水送往各个使用区域，承担体育场主体构筑物内的所有盘管和空调机组的冷热负荷，属冷、热共用管道。φ480×9 管道采用沟槽连接方式，整个管道由 4 处 39°、4 处 22.5°、2 处 11.25°、34 处 7.5°、3 处 5° 弯头及若干直管段组成。供回水呈内外两环，全长 1600m。见图 7-11。

图 7-11　环廊大直径管道图片

2．空调 Φ480×9 主干管施工技术难点分析

2.1 冷热补偿问题

本工程空调管道成不规则闭合椭圆形分布，分内外环由 8 个大圆弧段，8 个短直线段，共 1600m 组成。由于管线形状的不规则性产生的冷热补偿无法计算和控制，夏冬两季管道介质温差大，温差变形难以建立真实的数学模型，集中补偿难以实现。

2.2 安装测量定位问题

国家体育场主体部分一次结构为对称椭圆形，相应部分空调水管道也呈椭圆形分布，管道空间安装，定位难度大。同时为实现挠性沟槽吸收膨胀和收缩的要求，接头处管端的预留间隙控制难度大，且施工高度高，管道直径大，不利于工人操作，也为施工带来一定的难度。

2.3 支架体系的构成问题

国家体育场零层环廊车道空调水主管道，按供回水分为内外环，内环为空调水供水管道，相当于分水器，外环为空调水回水管道，相当于集水器。内外环管道沿零层车道形成内外不规则的两个环形闭合椭圆，共分 8 个大圆弧段，8 个小直线段。正因为呈闭环椭圆，因此它的受力复杂，在运行工况和打压试验时对管道支架受力负荷设计要求高。

3．空调水零层车道主管道施工方案的选择

3.1 冷热补偿方案的选择

经对国内外热补偿产品性能的比较分析，依据国家体育场现场施工的实际情况，经对产品的性能、造价、工程的工期、现场的施工条件的综合考虑，最终采用美国唯特利公司生产的沟槽卡箍件，利用挠性接头可曲挠的特性来吸收管道热补偿，解决了闭环大管径空调水热补偿问题。

（1）维特利沟槽卡箍件热补偿性能

维特利采用柔性接头的补偿位移性，依据温度变化所引起的管道位移量确定柔性接头的数量，将不可预见的热集中补偿分散至可控的各点。从而最大限度满足管道的热补偿的要求。

（2）维特利沟槽卡箍件密封性能

选用高品质的橡胶密封圈，独特的自密封结构，使得管内压力越大，密封性越好。其 T 级丁氢橡胶密封垫适应温度在 +180 度至 -40 范围，满足系统介质温度变化的要求。

（3）维特利沟槽卡箍件安装施工性能

沟槽式管接头比法兰轻、紧固件数量少，作业方便，不需要特殊技巧，一般工人即可操作。可靠、科学、合理的设计为管路提供可靠持久的多重保证安装与拆卸简易，省工省时。

3.2 精确定位安装方案的选择

依据现场土建结构实际施工情况，及现场测量条件，采用径向、弧周向及高程控制的测量定位方法进行精确定位。考虑到本系统管路需利用挠性接头满足管道热膨胀，不能利用其来找弧，为满足弧度的需要，经布排整个管道由 5 种角度沟槽弯头，47 处折弯组合而成椭圆闭合。以 47 个折点定位，两定位点间为一施工段，避免误差的积累，实现了精确定位。

3.3 支架体系方案的选择

零层车道空调水管道成椭圆形闭环，管道口径大满水后自重大，且在环路上分支管道多，管道支架受力复杂，在管道试验和运行工况时对管道支架受力负荷设计要求高。因此我们选用了德国喜利得公司生产的成品支架，其性能好、强度高、对土建结构要求低，节省空间、安装适应性强，对复杂的受力体系易于补强加固。

4. 空调水主管道施工技术的实施

4.1 材料的选取

空调水主干管呈不规则椭圆闭环布置，采用沟槽连接。其夏季供水温度为 5℃，夏季回水温度为 13℃；冬季供水温度为 60℃，冬季回水温度为 50℃。管道系统的安装质量直接取决于沟槽连接件和管材的质量。因而对沟槽件的质量，特别是密封圈耐热性能要求较高。选用 Φ480×9 的无缝钢管，其壁厚满足沟槽连接要求，但其对管道椭圆度的精度要求大于国家生产管材时的精度要求，通过市场调研，从施工成本与技术可行性综合考虑，采用定性加工、热扩工艺，通过定径工序，降低椭圆度、外径误差，以达到唯特利沟槽件对钢管标准的要求。

4.2 施工部署

空调水 Φ480×9 主干管沿零层环形车道呈椭圆形闭合状布置，为满足弧度的需要，管线采用若干折线找弧。经布排后，整个管道由 4 处 39°、4 处 22.5°、2 处 11.25°、34 处 7.5°、3 处 5° 弯头及其间的直管段组合而成。

如此形状的沟槽式大口径管道安装，为施工带来困难，主要的问题如下：

（1）空调主管道的安装空间是有限的，但施工过程当中难免会存在误差，如何保证环形管线精确地闭合是一大问题。

（2）如何确保每个沟槽连接件处管道之间的间隙，以保证分散补偿的实现。

（3）众所周知，施工现场的大口径管道的下料切割工具一般采用电动自爬式锯管机，其切割一 Φ480×9 无缝钢管耗时 15~20min 左右，所需时间较长。并且本工程中切割数量约为 250 道，无法满足工期要求。如何在有限的工期内提高生产效率，顺利完成安装工作。

4.3 主要施工方法

4.3.1 管道安装

按照先装总管，后装分管的原则，在安装过程中，必须按管道标号安装，不可错乱，以免出现段与段之间连接困难和影响管路整体性能。

因管道 Φ480×9 管径较大，水冲洗时流速无法达到规范要求，故管道安装前，须清洁管道内壁，清除管端油渍、划痕和污垢，经现场负责人检查后方可安装。

管子的吊装采用在楼板底打膨胀螺栓作为吊点，利用导链将管子吊装到安装高度的方式。

检查管道末端：管道外表面从末端到沟槽经过除锈后，必须是光滑且无缺口的、无突出表面并且无滚槽痕迹，以确保垫圈的密封防漏。一切油渍油脂划痕和污垢都必须清除。

检查垫圈和用润滑剂：检查垫圈，确保其能够投入使用。在垫圈的边缘以及外表面薄薄的涂上一层润滑剂（使用洗涤灵为润滑剂）。

固定管道的末端：把两根管道的末端对齐并紧靠在一起。在两管末端的中间插入一个 2.3~2.4mm 金属片在管道外径三个同样的距离（每 120°）。然后把两管道末端靠近夹住金属片，金属片就是为提供适当的管道间隙（该管道间隙的控制是分散补偿能否实现的关键，当利用挠性沟槽式接头允许管道位移的特性，吸收管道的膨胀或收缩时，其管端须预留的吸收因温度变化引起的管道伸缩量的最小值，该值取决于两接头间管道的长度、管道的线膨胀系数及闭合温差）。

固定管道的长度：当管道末端固定以后，需固定管道的长度。把金属片两管道末端的中间移除。

放置垫圈：把垫圈滑到正确的位置。注意：如果垫圈是按照第三步的方法从里往外翻的，则把垫圈滚到正确的位置。务必确保垫圈放置在各管道沟槽的中间并且保证任何一根管道沟槽中的垫圈都没有一分的空隙。

安装卡箍片：将卡箍片卡在垫圈上。并将卡箍凸边送进沟槽内，用力压紧上下卡箍耳部，在卡箍螺孔位置，上螺栓并均匀轮换拧紧螺母，在拧螺母过程中用木榔头锤打卡箍，确保橡胶密封圈不会起皱，卡箍凸边需全圆周卡进沟槽内。注意在安装时，两根水管接头位置尽量安装在同一直线上。

4.3.2 管道支架体系设置

φ480 管道支吊架的设置原则是：在每个弯头的两端距接头 150~300mm 的位置设置固定支架，两个固定支架之间的每个管段上设导向支架，支架距接头不大于 200mm，间距不大于 3m。

（1）φ480 管道固定支架最大间距 39m，单根管固定点最大推力设计值为 18.8kN。

（2）每个导向支架仅考虑接头间距范围内产生的温差变形最大 6mm。固定支架及导向支架的形式图如图 7-12 所示。

支架现场安装前，委托中国建筑科学研究院结构实验室做了导向支架整体荷载试验，及固定支架抗推力整体试验，试验结果表明，整个支架体系有 2 倍以上的安全系数。管道安装效果见图 7-13。

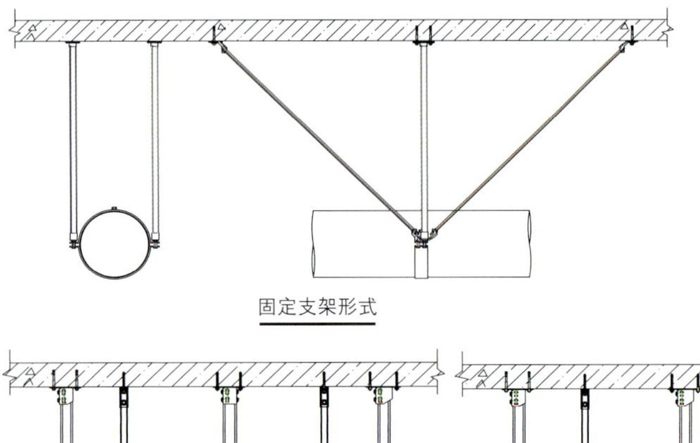

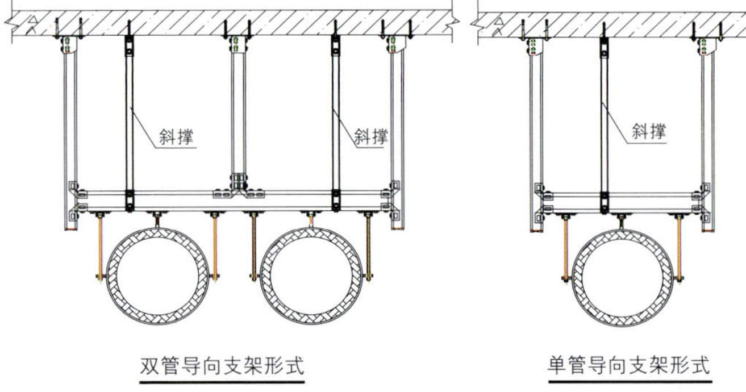

图 7-12　管道支架安装图

图 7-13　管道支架安装效果图

4.3.3 分段水压试验时的方案调整

2007 年 4 月 1 日，对已安装完成的部分管道分段试压，该管段包含有两端 2 个 39° 弯头，中间 1 个 7.5° 弯头及弯头间的直管段，在试验过程中设置在一端 39° 弯头处的固定支架一斜拉杆发生断裂。经分析：唯特利公司提供的固定支架最大推力值 18.8kN 是指管道闭合后因热胀冷缩挠性接头打开或闭合时产生的推力，并不是分段试验时管道末端产生的盲板力，故对支架体系进行方案调整。

加强方法为：拆下现有的斜拉组件，根据计算对于 11.25° 弯头将斜拉组件更换为[8 槽钢的刚性支撑；对于 22.5° 和 39° 弯头除转换为刚性支撑外，尚应加[8 槽钢竖向拉接。

4.3.4 闭环水压试验时的方案调整

（1）问题描述。对零层空调水主干管 480 管道内环进行了管道强度及严密性试验，共观察到 10 处支架明显变化。针对以上情况，决定对东西两侧相对直线段的管道弯头处加固后进行水压试验。对外环管道再次进行试验，试验工程中对前两次试验发生管道偏移的位置重点进行观察，最大发生的位移量约 30mm，当压力升至 1.2MPa 时，76 轴处原轴向加固的一根固定支架斜拉槽钢件顶部焊缝脱开，另一根固定支架根部膨胀螺栓被拉松动。

（2）支架体系调整方案。

1）管道的受力分析。针对闭环后管道水压试验出现的问题，考虑到整个管道属于闭合环网，所以管道在只受内静压的情况下，直线管道由于任何方向作用力都是均衡，其相互抵消，因此不会对管道产生某一方向的作用力。而由于弯头内外表面积有差值，在管道内静压（强）一致的情况下，由于作用的管道面积不同引起管内静压对弯头内外压力不同，导致弯头受到向外的力，如图 7-14 所示，将此力分配到弯头两端的固定支架上，由固定支架克服。

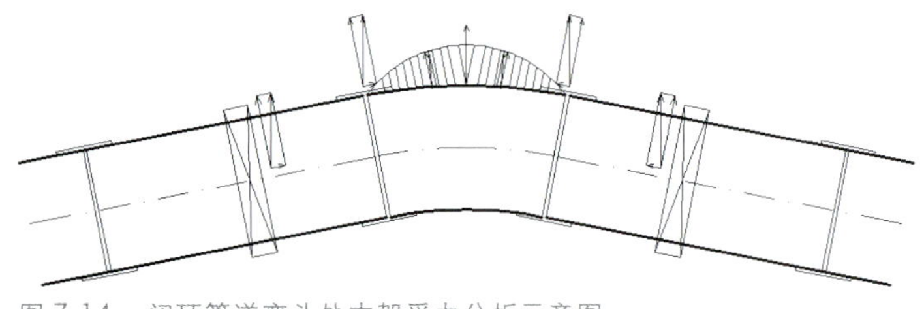

图 7-14　闭环管道弯头处支架受力分析示意图

2）方案调整。根据闭环水压试验时出现的问题及闭环管道受力分析模型的建立，提出两种解决问题的方案：

A. 完全利用挠性沟槽能够吸收膨胀、收缩和偏斜的特性，取消所有弯头位置的固定支架对管道的约束，所有支架采用吊架形式，让闭环管道在一定空间自由“漂浮”，即压力升高或热胀时闭环变大，压力降低或冷缩时闭环变小。但考虑到管道安装空间的限制，且不规则闭环可能产生的应力集中无法预料，该方案被否定。

B. 对现有方案进行优化调整：内外环 39°、22.5°、11.25° 弯头位置固定支架的调整，调整原则：限制弯头位置径向位移，放开轴向固定。即 39° 弯头位置的固定支架需拆除原加强时焊接的轴向双 10 号槽钢、竖向 8 号槽钢及斜拉的 M16 螺杆，在侧向设置斜拉组件，并加设柔性吊架。22.5° 弯头位置的固定支架需在侧向设置斜拉组件。11.25° 弯头位置 FP37、FP13 的固定支架需拆除原加强时焊接的轴向 8 号槽钢及斜拉的 M16 螺杆，在侧向设置斜拉组件，并加设柔性吊架。

侧向斜拉组件如图 7-15 所示。

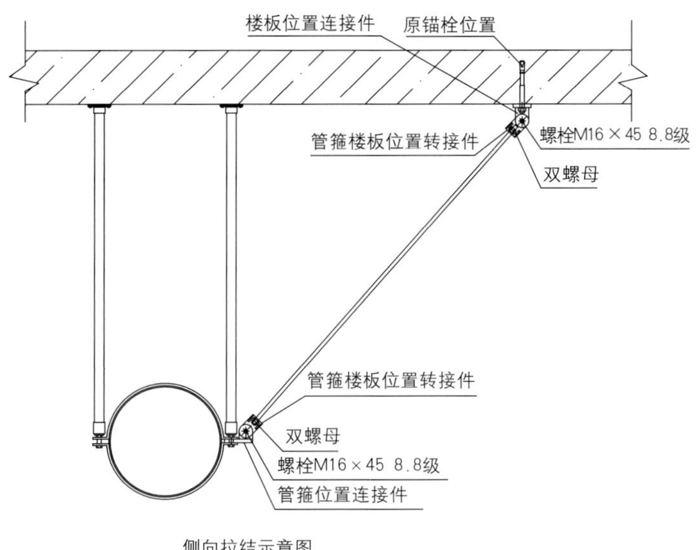

图 7-15 侧向拉结示意图

4.3.5 应力及变形计算分析和测试

应力及变形计算分析。由于在闭环水压试验中出现了不同程度的问题，且对于闭环管道支架受力的计算模型也不能确定，为了更好地对水压试验过程进行控制、观察和分析，对管道水压试验过程及今后使用过程中的四种工况进行了仿真计算和分析。计算分析采用了调整后的支撑条件和约束状况作为计算的边界条件，并采用了测试后卡箍实测摩擦系数和特性作为模型计算的参数。

共模拟管道四种工况下的计算分析，分别是：

1）0.9MPa 工作压力和 13℃温度下。根据空调水工作状况，空调水平时工作压力为 0.9MPa，本次模拟分析结合打压过程中 0.7 MPa → 0.9 MPa → 1.1 MPa → 1.35 MPa 的特点，对 0.9MPa 工作压力下的受力和变形进行了分析。

计算分析表明，管道和支杆应力基本可以满足原设计要求，卡箍变形和受力基本满足原设计要求。

2）管道应力和应变测试：

A. 在管道支架体系调整后，最终水压试验时，在试验过程中，对管道、弯头、卡箍的应变和变形、吊杆的应变进行测试。具体测试的内容为：

a. 应变测试：分别对空调水主管道、管道弯头、卡箍及吊杆的应变进行测试。

b. 位移测试：分别对空调水主管道直段及管道弯头的位移进行测试。

c. 偏转角及管道与卡箍摩擦测试：对 39°（FP23）弯头、管道连接卡箍的偏转角进行测试，对 FP23~FP24 间直段管道卡箍摩擦进行测试。

B. 测试结果总结：

a. 压力为 0.9MPa 时，39°（FP23）弯头纵向应力最大，为 128.5MPa，该位置处卡箍和主管道纵向应力也较大，分别为 96.6MPa 和 76.4MPa。吊杆最大应力 109.6MPa。压力为 1.35MPa 时，FP23（39°角）弯头纵向应力最大，为 237.5MPa，该位置处卡箍和主管道应力也较大，分别为 176.3MPa 和 138.0MPa。吊杆最大应力 165.8MPa。部分吊杆局部受压，处于弯曲受力状态。

b. 压力为 0.9MPa 时，最大位移为 23.9mm。压力为 1.35MPa 时，最大位移为 33.4mm。最大位移均出现在 39°（FP23）管道弯头处，均向外侧偏移。

c. 依据测试数据，经计算管道与卡箍平均摩擦系数为 53.0MPa/mm。

测试结果与计算分析基本吻合，表明该管道系统基本满足设计要求，支架体系稳定，实现了利用沟槽接头分散补偿的目的。

第三节 雨洪利用技术

1. 工程概况

国家体育场将雨水和洪水进行收集处理，更加体现了水资源综合利用的绿色环保意识、高科技意识和节俭办奥运的指导方针。本工程包括雨水收集、存贮和处理部分，包括屋面雨水排放系统、雨水收集和输送管道系统、初期雨水弃流池、雨水贮水池、雨水处理机房以及各类提升设备、控制系统、监测系统。

本系统工程处理能力为比赛场内的 5 年一遇一次的 24h 降雨（144mm），体育场屋顶和用地范围内地面重现期 1 年一遇一次的 24h 降雨（86mm），全部回收利用。超过以上降雨量的雨水全部排入市政雨水管道。其中，设计净产水能力为 2000m^3/d，年回收利用总量 6.7 万 m^3。既能有力的减少北京市日益短缺的水资源的供水负担，降低径流量，减少对市政水管网的压力，又能为体育场运营中年回用水提供约 24% 的补水量。雨水处理流程见图 7-16。

雨水收集系统：由分布在体育场周围的雨水收集点和收集管网通过进水井粗格栅去除大的漂浮物，进入弃流池，弃

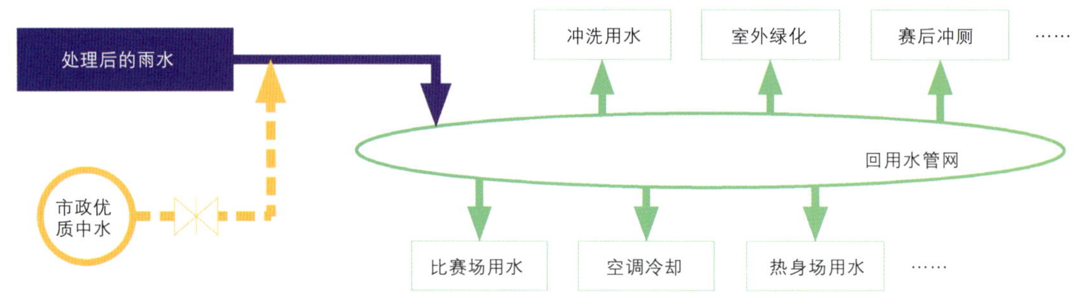

图 7-16　雨水处理流程

流池根据雨量监测进行初期雨水弃流以维持处理系统水质相对稳定，弃流池的雨水通过溢流口设置的水力筛去除细小的悬浮物后溢流至相应的贮水池，水力筛拦截的悬浮物，通过设置的高速喷管，被冲至弃流池，由弃流池提升泵提升至市政管网。详见图 7-17。

雨水处理系统：雨水通过加压泵进入砂滤进行过滤，以去除水中的悬浮物（SS），达到超滤进水的要求。出水进入砂滤中间产水箱，一部分作为砂滤的反洗用水，其余水量通过超滤加压泵通过自清洗过滤器后进入超滤系统，超滤系统的主要功能是去除水中的浊度、细菌、胶体和大分子有机物质，

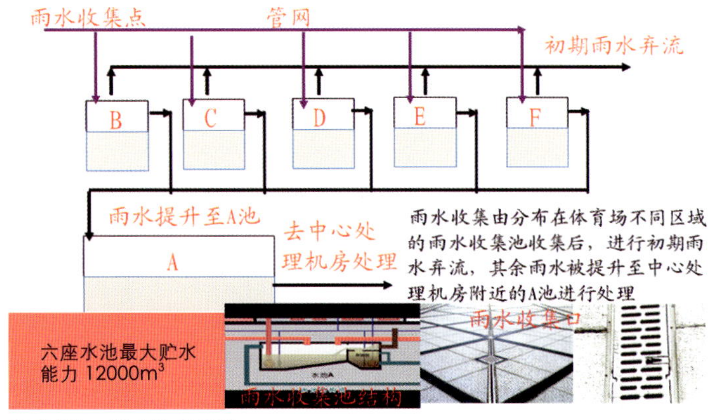

图 7-17　雨水收集系统

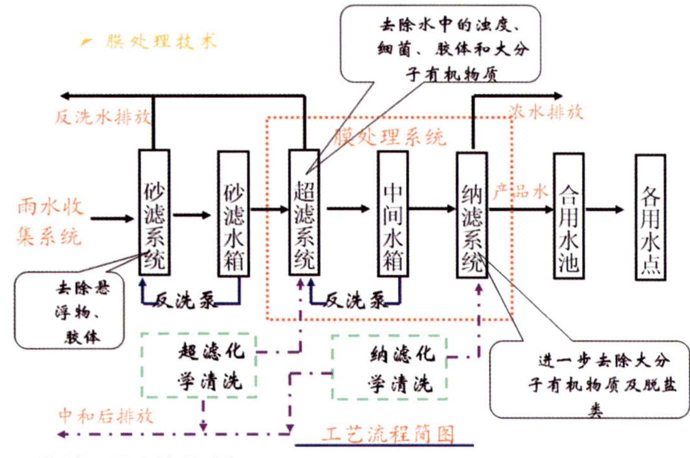

图 7-18　雨水处理系统

达到纳滤的进水指标。超滤的产水进入中间水箱，一部分供超滤自身反洗使用，其余的水作为纳滤系统的进水，经加压泵加压通过保安过滤器（过滤精度 5μm）后经高压泵加压后进入纳滤系统。经过纳滤系统处理后的产品水被收集至合用水池（消防水池和回用水池），通过各回用系统的回用泵回用至各用水点。详见图 7-18。

外围 A~F 雨水收集池系统：本工程雨洪利用系统共设有 6 组雨水贮水池和初期雨水弃流池，其中 1 组位于比赛场南端地下（A 区域）；1 组位于成府路隧道以北热身场用地范围（F 区域）；另外 4 组分布于体育场主体建筑用地范围内（B、C、D、E 区域），具体布置见图 7-19。雨水处理机房与 A 区域雨水贮水池贴临建设，内有两组砂滤、增压设备和膜处理的雨水处理单元。经处理后的雨水送入消防、回用水合用水池。

雨水处理系统主要设备为砂滤罐、超滤主机、纳滤主机。砂滤 + 超滤系统中超滤为核心工艺，砂滤作为超滤的预处理工艺。砂滤设备是超滤膜设备的预处理设备，通过砂滤设备将原水处理达到超滤膜设备进水要求，其产水先进入砂滤反冲洗水箱，该水箱既用于砂滤的反冲洗水箱，又用于超滤供水的缓冲水箱。砂滤后的水经过超滤供水泵提升供给超滤膜设备。超滤膜设备是纳滤膜设备的预处理设备，通过超滤设备将砂滤产水处理达到纳滤膜设备进水要求，其产水直接供给纳滤膜设备。超滤膜设备产水水质、工作好坏直接影响到纳滤膜设备运行状况、产水水质和使用寿命。系统回收率 92%，单支膜平均产水量 3.83m³/h，系统设计产水量为 92m³/h。

纳滤膜设备是将超滤膜系统出水进一步处理以达到高品质用水要求的膜分离设备。纳滤是一种物理分离过程，它是凭借压力为推动力，进而克服原料液的渗透压进行过滤的处理技术。系统回收率为 87%，单台产水量为 40m³/h。为了保证第三段浓水流速和流量，设置浓水回流，回流量为 6.3m³/h。

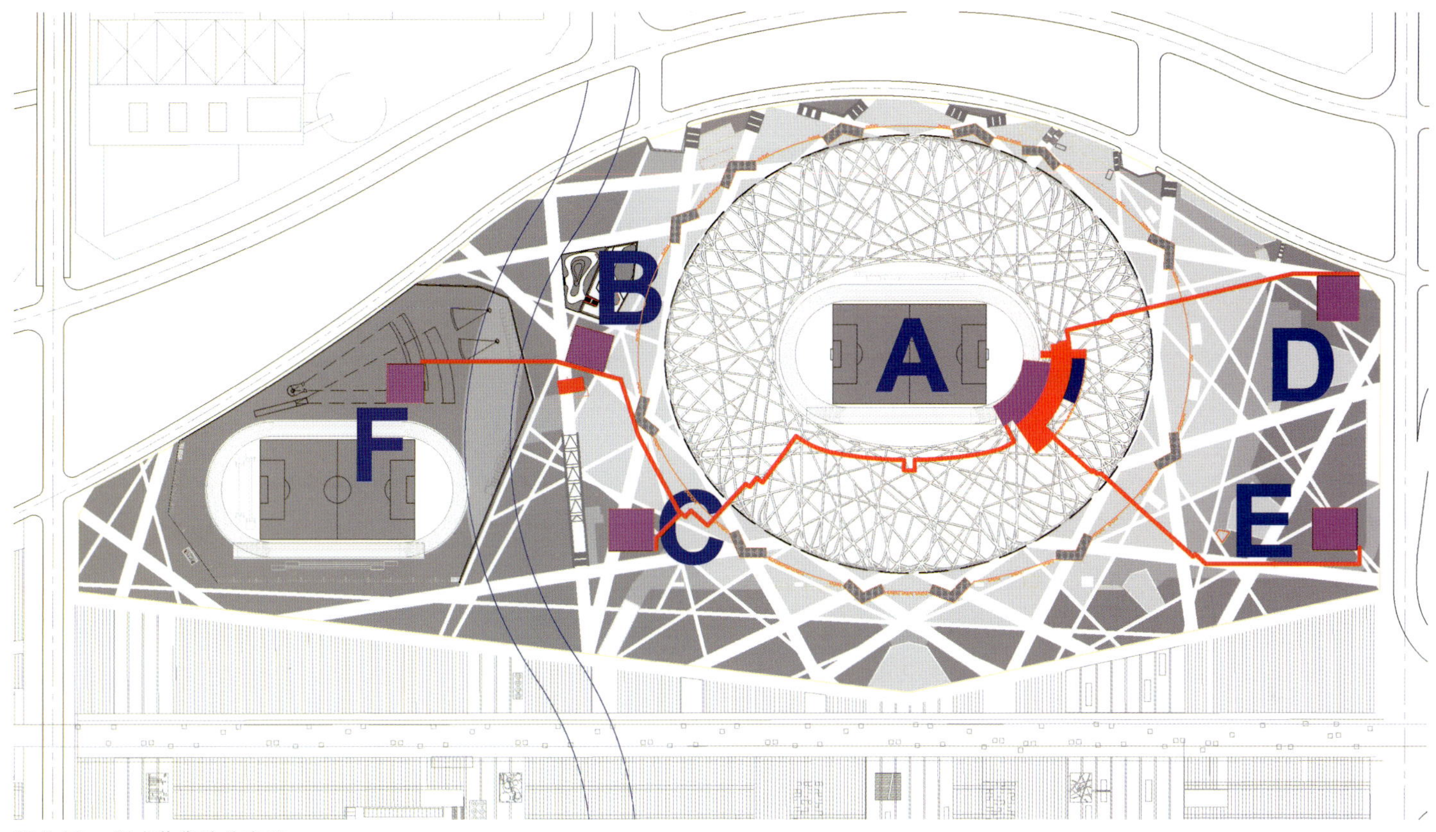

图 7-19 雨水收集池分布图

2. 工程特点

根据国家体育场的特殊性，并结合当前国内外中水处理现状，本工程采用砂滤 + 超滤 + 纳滤膜过滤技术处理雨水。膜处理为核心工艺，其具有以下特点：安全可靠的高性能；药剂和材料的消耗量少，环保性较高；能耗低；性价比高；运行成本降低。同时，本系统将砂滤、超滤、纳滤有机的结合在一起，技术含量高，工艺成熟稳健合理务实，可实施性强。

在国家体育场雨洪利用工程实施过程中主要对膜技术处理雨水的可行性、经济性、稳定性等方面进行研究，主要体现在如下几方面：

- 根据雨水的特点，找到经济合理的膜处理技术方案；
- 通过膜系统的运行调试，检验膜处理技术处理雨水的可行性；
- 通过长期运行，对膜技术处理雨水的经济性和稳定性进行研究。

3. 主要技术内容

3.1 雨水膜处理技术工艺研究

3.1.1 进出水水质

根据不同的使用需要，雨水处理系统可能在雨季处理雨水，非雨季考虑预留处理市政优质中水的可能性。雨水的水质受到气候、季节和一场降雨中的不同时段等多种因素影响，深化设计中充分考虑雨水水质的变化，选择适应能力强的水处理工艺。

3.1.2 工艺选择

国内外常用的给水、中水处理工艺如图 7-20 所示。

根据国家体育场对雨水处理的进出水水质要求，特别是去处病菌、金属离子的要求，雨水处理的工艺可选定为纳滤膜处理工艺。而纳滤的进水要求较为严格，进水须作预处理。

3.1.3 雨水预处理

根据多年的膜处理经验，可利用砂滤 + 超滤系统作为纳滤的预处理，其中砂滤又作为超滤的预处理工艺。

砂滤设备是超滤膜设备的预处理设备，通过砂滤设备将原水处理达到超滤膜设备进水要求，其产水直接供给超滤膜设备。

砂滤器利用容器内所装填的石英砂之间的间隙，通过拦截、沉淀、惯性、扩散和水动力作用使得悬浮物和胶体颗粒在迁移到滤料表面时，粘附于滤料颗粒表面或滤料表面上原先粘附的颗粒上得到去除。

超滤膜设备是纳滤膜设备的预处理设备，通过超滤设备将砂滤产水处理达到纳滤膜设备进水要求，其产水直接供给

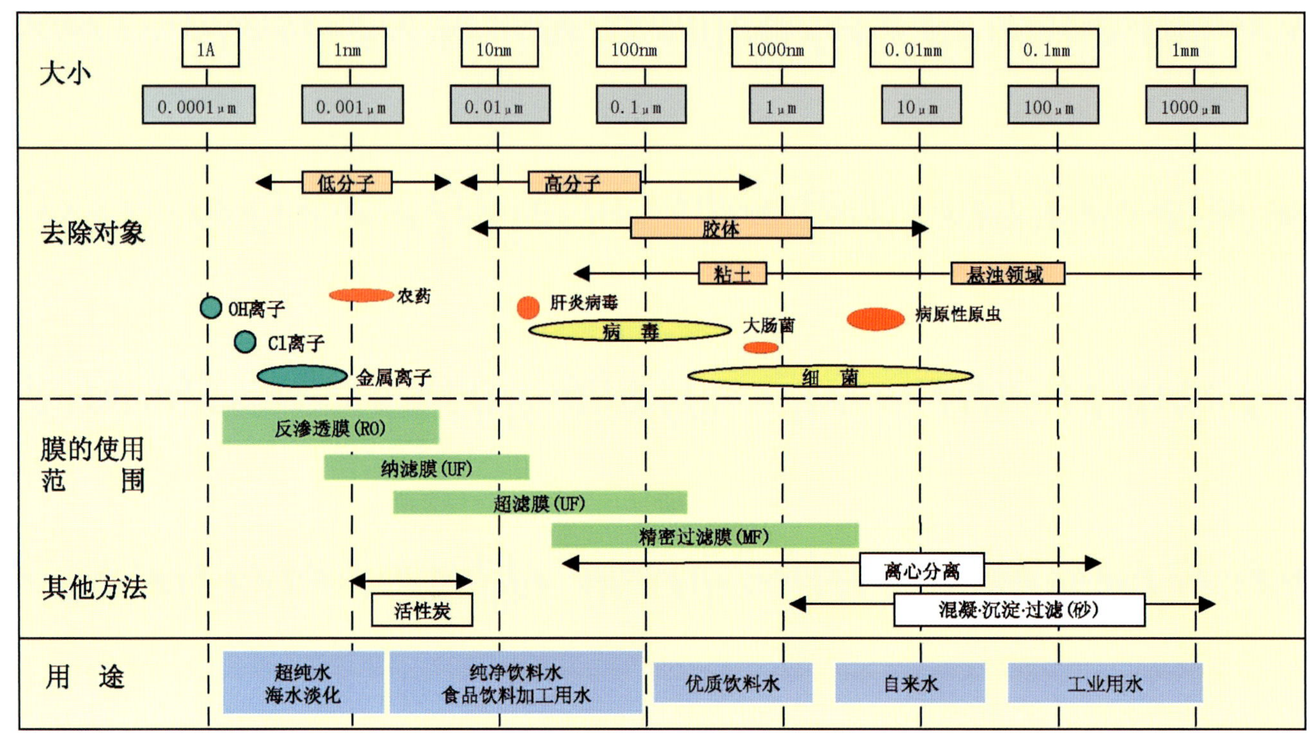

图 7-20　中水水处理流程

纳滤膜设备。

超滤是一种以筛分为分离原理，以压力为推动力的膜分离过程，本工程选用超滤膜过滤精度为 10 万分子量，可有效去除水中的悬浮固体、胶体、微生物和大分子有机物等。超滤膜工艺的特点：

（1）出水水质稳定，基本不受原水水质波动的影响；

（2）可延长纳滤膜的使用寿命，降低清洗的频率；

（3）增大纳滤膜的通透率，降低反渗透装置的投资费用；

（4）操作简单、自动化程度高。

超滤系统的运行

超滤膜元件的运行方式工艺，超滤膜可按死端模式或错流模式来操作。运行方式的选择是根据水质和系统成本核算来决定的。处理工艺见图 7-21 所示。

错流过滤模式通过流体与膜表面切向流动，在表面形成湍流状态，带走瞬时积累在膜表面的污染物，使表面不会形成较厚的泥饼，方便反洗和正冲，以最大限度地减少超滤膜受污堵的程度。本系统为了保证系统更加稳定、可靠的运行，本方案采用错流过滤的运行方式。

超滤膜元件的运行：原水进入中空纤维内腔，由内向外通过纤维过滤。通常原水由膜组件的一端进入，在压力驱动下流经整个膜组件，较高固含量的浓缩液自膜件的另一端排出，透过液经纤维膜壁的过滤流入膜件中心的透过液集水管

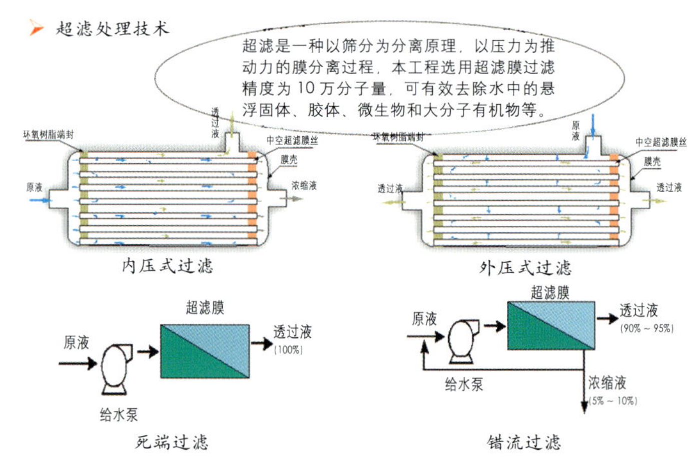

图 7-21　超滤处理流程

中，透过液经集水管自每支膜件的中心流出。

超滤膜元件的清洗：超滤膜运行一段时间后膜表面会出现沉淀物，为恢复膜的性能，需定期对超滤膜进行化学清洗。本系统化学清洗采用化学循环 / 浸泡清洗模式，此方式药剂与污染物接触时间长，清洗效果好。

3.1.4 纳滤系统

纳滤膜设备是将超滤膜系统出水进一步处理以达到高品质用水要求的膜分离设备。纳滤是一种物理分离过程，它是凭借压力为推动力，进而克服原料液的渗透压进行过滤的处理技术。纳滤膜过滤后的出水含盐量低且具有良好的卫生学指标，处理效果稳定可靠。

纳滤主机是由纳滤膜、纳滤膜壳、管道、阀门、仪表组成的。本工程纳滤系统采用两段式排列方式，采用典型的 8 ：4 ：2 的三段排列方式，这样可以保持每段内水的流速均匀性，本系统采用的美国 GE 公司纳滤膜。 纳滤膜壳用于装填膜元件。在实际运行过程中，给水从压力容器一端的给水管路进入膜元件。在膜元件内一部分给水穿过膜表面而形成低含盐量的产品水，剩余部分水继续沿给水通道向前流动而进入下一个膜元件，由于这部分水含盐量比原水要高，在纳滤系统中称为浓水。一段产水直接进入产水管道，一段浓水作为进水进入二段，二段产水进入产水管道，二段浓水作为进水进入三段，三段将浓水进一步浓缩最后产生的浓水进入排放系统。

3.2 膜系统处理雨水稳定性研究

突破传统雨水处理工艺，国家体育场雨洪利用系统采用砂滤 + 超滤 + 纳滤的膜处理工艺体育场内部及周边所处理收集的雨水。由于膜处理设备对进水的水质要求较为严格，而降雨又存在突发性，其水质存在波动性。因此膜系统处理雨水的稳定性是一个重要的研究课题。其研究方法是：通过长期监测膜系统主要设备砂滤罐、超滤主机、纳滤主机的进出水的各项参数来验证膜系统的稳定性。经过以上长期运行的监测数据可知，膜处理设备运行稳定，能够承受由于降水突发等原因带来的水质波动。由此可以验证雨水膜处理系统的稳定性。

3.3 雨水膜系统处理效果的研究

雨水经过膜处理系统处理后的出水水质优与差可以通过对膜系统的出水水质进行周期定时检测，对所得数据进行分析来判定膜处理系统处理雨水的效果。

第四节　轻质隔墙同层排水洁具挂式安装技术

1. 工程概况

国家体育场有 12 个核心筒，每个核心筒两侧分布有卫生间，一层（含一层）以上卫生间墙体均为轻钢龙骨轻质隔墙。卫生间由男卫、女卫、无障碍卫生间组成，所有公共区域的卫生间为前来参赛的观众、运动员及工作人员服务。鉴于该工程在运营过程中高峰使用情况，预计将有由运动员、观众、开闭幕式表演人员、工作人员约计 15 万人共同使用，其对卫生间的高峰用量提出了很大的要求。卫生洁具的安装、使用情况及排水系统的运行通畅情况成为赛事期间运营的关键环节。

2. 工程特点、难点

该工程卫生间繁多，排水管道错综复杂，一层以上所有卫生间采用同层排水系统，排水管道全部隐藏于轻质隔墙中，洁具排水采用墙内排水形式，并且全部挂装于轻质隔墙上，此种做法对管道施工的质量要求，及大面积轻质隔墙挂装洁具提出了很大的难题。

3. 施工需解决的技术问题

根据国家体育场工程自身特点：轻钢龙骨隔墙的大面积使用，同层排水系统的应用，洁具采用挂装形式。决定最终效果的因素很多，其中同层排水管道的施工、洁具支架的制作和安装、洁具的挂装、最终效果的使用和检查四个方面问题是主要的施工技术问题：

（1）对满足墙体厚度的墙体内排水管道进行合理布排，对不满足墙体厚度的情况向设计反映进行必要的调整，最终目的达到可以在墙体内施工排水管道的要求且尽量减少墙体厚度，增大空间使用面积；

（2）通过对洁具本体的自重和使用过程中产生的负荷进行研究，制作、加工专门的洁具支架来固定、挂装洁具，保证洁具挂装与轻质隔墙相对独立，不与墙体发生受力关系，避免墙体的开裂和变形；

（3）通过优化施工方案，提高洁具挂装的成品质量，保证其实用性及美观性。

4. 主要施工技术

4.1 轻质隔墙同层排水洁具挂装设计研究

轻质隔墙同层排水洁具挂装设计研究包括以下内容：

（1）针对不同形式的洁具（脸盆、坐便器、小便器）的不同受力情况，制定不同的洁具支架形式。

（2）考虑技术上可行，经济上合理等各项因素，采取有针对性的措施以提高洁具支架的强度和稳定性。

（3）针对特殊的洁具的挂装要求采取必要的加固措施以保证洁具与墙体的相对独立。

4.2 轻质隔墙同层排水洁具挂装技术流程

4.2.1 工艺流程（图 7-22）

4.2.2 操作要点

（1）根据不同洁具挂装的自重和使用过程中承受的负荷进行计算，确定相应的挂装支架和配件的做法、施工要求、相关尺寸、选材及焊缝，进行加工、制造。

（2）根据洁具挂装位置，地垄放线完毕后，进行挂装支架柱脚、柱腿的安装，即先将柱脚（10mm 厚钢板）用 4 个 Φ10 膨胀螺栓固定于混凝土地面上，固定牢固后将靠近洁具

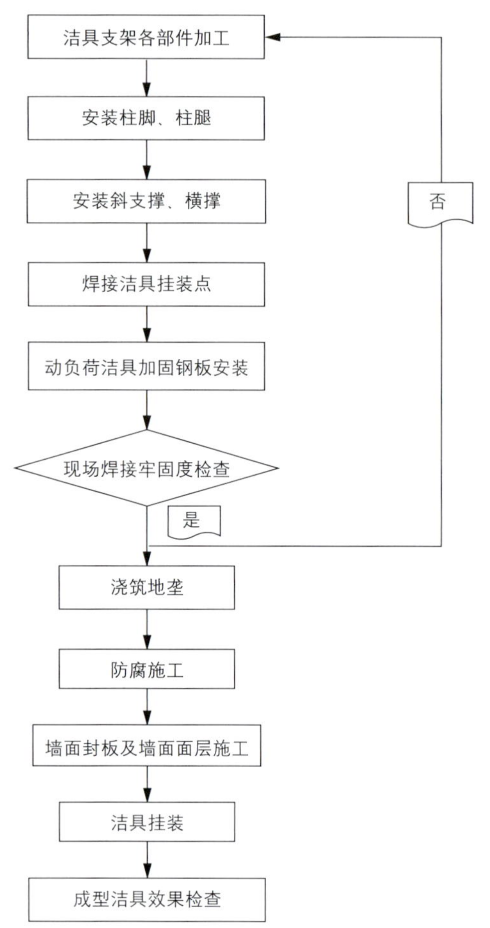

图 7-22　洁具安装流程图

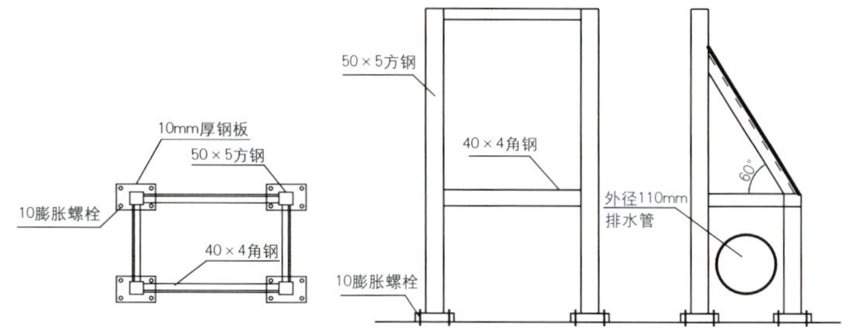

图 7-23　洁具支架设计图

图 7-24　脸盆支架现场照片

图 7-25　坐便器支架现场照片（一）

图 7-26　坐便器支架现场照片（二）

的柱腿（50×5 方钢）根据地垄放线焊接到钢板上，使其在竖向平面上达到两点受力支撑体系。

（3）为保证整体支架的受力稳固体系，在远离洁具的柱腿安装斜支撑，确保整个支架达到四点、两面受力的稳定格局。详见图 7-23~ 图 7-26。

（4）根据不同洁具品牌的挂装要求及挂装点的布置，在不同高度焊接洁具挂装点横撑，该横撑既能满足今后挂装洁具的受力要求，又对该支架的整体性和稳定性提供了横向支撑。见图 7-27。

（5）由于动负荷洁具（坐便器、脸盆）长期和装饰面接触，并持续对装饰面挤压，容易引起墙面的变形和开裂，为解决此问题，考虑到保持支架的整体性和避免晃动的原因，需要在动负荷洁具与墙体受力面上焊接比装饰面内陷 2mm 的加固钢板，确保动负荷洁具受力点和墙面分离，达到预先的目的。详见图 7-28、图 7-29。

（6）焊接完成后在现场应进行试验，主要检验焊接完成后支架的受力效果是否牢固可靠，若不能满足需重新进行计算复核和焊缝检查，确保最终洁具挂装的效果及稳定性能。

图 7-27　坐便器横撑支架现场照片

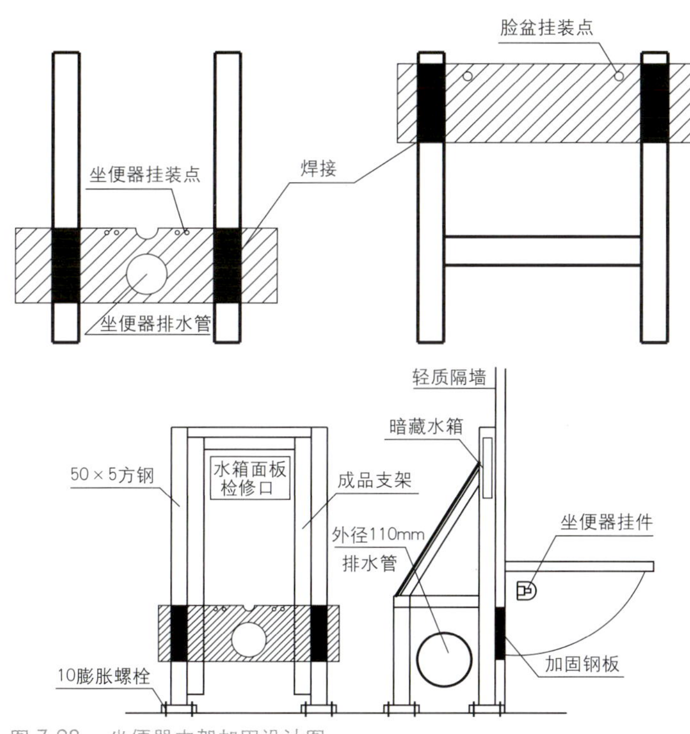

图 7-28　坐便器支架加固设计图

图 7-29　坐便器加固钢板现场照片

图 7-30　脸盆现场安装成型照片

对于成排洁具应采用拉通线和吊线坠的方式检查支架的水平度和垂直度，控制整体支架变形在 1mm 以内。

（7）当整个支架焊接并试验完毕后，装饰单位可进行地垄浇筑工作。

（8）对在焊接过程中产生的支架面层破坏进行防腐处理，避免因防腐破损而导致使用过程中支架的老化和损坏。

（9）加固焊接钢板及面板封板完成后，装饰单位可进行面板外的装饰施工，需要注意的面板装饰材料应覆盖焊接钢板表面或仅留洁具与焊接钢板接触部位，保证洁具安装后，洁具外延和墙面的整体性和美观性。

（10）洁具安装应该为最后一道工序，洁具应紧贴墙体即保证洁具受力点紧贴墙内支架，达到洁具安装与墙体的相对独立。

（11）安装后的洁具应进行效果检查，可采用加载的方式进行观察，一般坐便器加载到本体上放置 300kg 的负荷，脸盆本体上放置 200kg 的负荷，小便器本体上放置 50kg 的负荷，观察洁具挂装是否存在牢固、稳定问题，观察墙体是否存在变形和开裂问题。见图 7-30。

4.3 施工质量控制

严格控制焊接质量，严格按照计算出的焊缝要求进行焊接施工。

4.3.1　柱脚、柱腿施工过程中要严格按照装饰单位墙体放线来控制，避免支架超出或凹陷与装饰墙体内，造成今后洁具挂装的困难。

4.3.2　柱腿与柱脚焊接过程中要保证满焊，并垂直度误差控制在（±2mm/m）以内。

4.3.3 单体挂装洁具横支撑上焊接挂装洁具固定焊点位置要准确，偏差不得大于 ±5mm。

4.3.4 成排挂装洁具的支架在水平度上应该做到一致，误差控制在（±10mm/ 排）以内。

第五节 地源热泵技术

1. 工程概况

地质勘探结论：该区域地质情况较为恶劣，从 41m 向下基本为石质地层，且随深度增加风化及胶结程度越明显。总体而言，成孔难度较大。本项目所在地的静默地温为 14.6℃，为较常规地温。测试孔孔深平均换热系数 K=2.32 W/m℃。国家体育场周边地层温度条件适中，换热效果较好。经过以上分析及核算，确定系统配置如下：地埋管形式：单孔双 U 型；孔数：312 组；孔深：70m；间距：4.5m。

在每年冬夏都运行并按要求输出冷热量时系统运行 20 年的极限水温范围为 3~32℃。系统运行时为温升趋势，最大温升幅度为 3℃，在控制范围之内。另外考虑到系统实际运行工况不易控制，提供极限工况水温核算数据，极限冬季水温为 -4℃，极限夏季水温为 33℃。

2. 主要特点、难点

研究工作主要集中于以下几方面：

（1）地源热泵系统的设计和施工；

（2）地源热泵系统的经济性能和运行特性的研究；

（3）土壤蓄冷与土壤源热泵集成系统的应用基础研究等关键工序；

（4）竖孔成孔施工；

（5）下管施工；

（6）各道打压检测施工：共四级打压，以保证系统的整体可靠性；

（7）水平开沟及连接施工；

（8）管沟回填：在成孔回填时才采用专用配方回填料，进行回填。保证孔位不塌陷。水平连接管沟回填工艺上，严格遵照规范要求进行设计，并根据地源热泵的具体特点做了专项设计，从而确保地面不会发生沉降现象；

（9）系统整体调试。

3. 主要技术内容

3.1 概述

通过参考相关国际、国内标准，同时结合工程实际经验，将此类系统的设计划分为四大部分，即

（1）建筑物全年负荷分析——进行建筑物“尖峰负荷”及“累积负荷”核算，从而换算出埋管系统全年所供给的能量总额及分布情况；

（2）地层情况测定——进行建筑物所在地地层情况分析（预估及现场实测），从而得出孔深平均换热系数、“静默温度”等关键参数，为系统设计提供依据；

（3）地埋管系统设计——根据相关传热模型及经验公式，“笔算”系统总延长米数，同时结合本工程所在地具体情况拆分核算结果，提出设计预案；

（4）软件水温校核——采用软件模拟方式对于设计预案进行校核，同时修正初期设计结果。校验系统长期稳定性情况，进行单季极限水温分析。

地埋管系统对于负荷较为“敏感”，对于相关负荷核算亦要求较高。除需要进行常规的“尖峰负荷”计算外，还需进行“逐月负荷”计算。前者主要为系统单季极限水温控制换算提供依据（防止由于单季内水温过高，或过低造成热泵机组保护），而后者主要作用于系统季节性平衡的设计（防止由于运行后的冷、热量持续积累，导致系统偏工况运行）。

采用专用软件对于建筑物“尖峰负荷”及“累积负荷”情况进行相关分析。本次设计根据招标文件相关要求对于夏季负荷做重点分析，峰值负荷参考瑞中设计联合体（赫尔佐格和德梅隆事务所、奥雅纳、中国建筑设计研究院）提供数值，累积负荷按运行时段进行拆分核算。

3.2 地层情况测定

3.2.1 地质探孔

深化设计前在国家主体育场施工地点进行了前期地质勘探，钻探深度 112m。

从地质勘探结果可以看出：该区域地质情况较为恶劣，从 41m 向下基本为石质地层，且随深度增加风化及胶结程度越明显。总体而言，成孔难度较大。

现场地质探孔见图 7-31。

3.2.2 工程现场热反应检测实验

在进行完地质探孔后，进行下管及回填处理，并完成了系统热反应试验。

3.2.2.1 换热性能检测（图 7-32）

该检测主要通过向地层内部输入一定能量，并检测地层对于该部分能量的响应情况来获取相关参数（主要为孔深平均换热系数）。

由图 7-33 可以看出，温度曲线的对数趋势线的函数为：$y = 1.7383\ln(x) + 6.6053$，其中 $\ln(x)$ 的系数为 1.7383，

图 7-31　地质勘探照片

则梯度 m=6.6053。检测密合度 R^2 = 0.9789。故计算得到该测试孔孔深平均换热系数 K = 2.32W/m℃。

3.2.2.2　系统检测误差分析

功率的变化范围为 5.29~5.79kW，平均值为 5.57kW。极限上偏差 3.0%，极限下偏差 5.0%。由加热功率变化导致的传热系数变化范围为 2.20~2.38。

3.2.2.3　系统静默温度检测

本项目所在地的静默地温为 14.6℃，为较常规地温。综上所述国家体育场周边地层温度条件适中，换热效果较好。

图 7-32　地埋孔换热性能检测

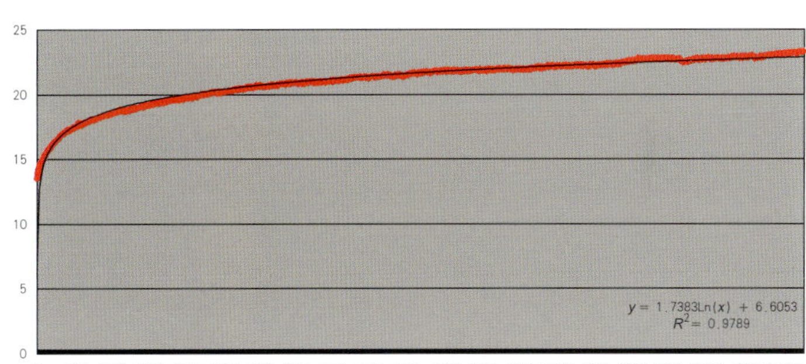

图 7-33　系统热反应试验检测结果

3.3 地埋管系统设计

在分析了负荷及地层换热情况后，可进行系统设计。参考美国俄克拉荷马州立大学传热模型及 ASHRAE《Handbook Fundamentals》中 Geothermal energy 部分进行详细核算。系统配置结果见表 7-1。

系统配置结果　　表 7-1

形式	孔数（个）	孔深（m）	间距（m）	孔深平均传热系数	材质	填料
单孔双 U 型	216	100	5	2.32W/MK	D32 × 2.9	-Beta

3.4 软件水温校核

埋管系统设计预案完成后，需采用软件对于埋管系统运行水温进行相应校核。此过程为系统设计及考核的关键。为此，我公司专门配置了欧洲地热应用协会推荐的 EED（Earth Energy Designer）软件，对于系统水温进行相应校核。

校核主要分为两部分：首先，由于埋管系统必须满足单季峰值负荷需要，故需要对于单季极限水温进行校核，以保证系统不出现冬季的防冻保护(低压)及夏季的排气温度保护(高压)。

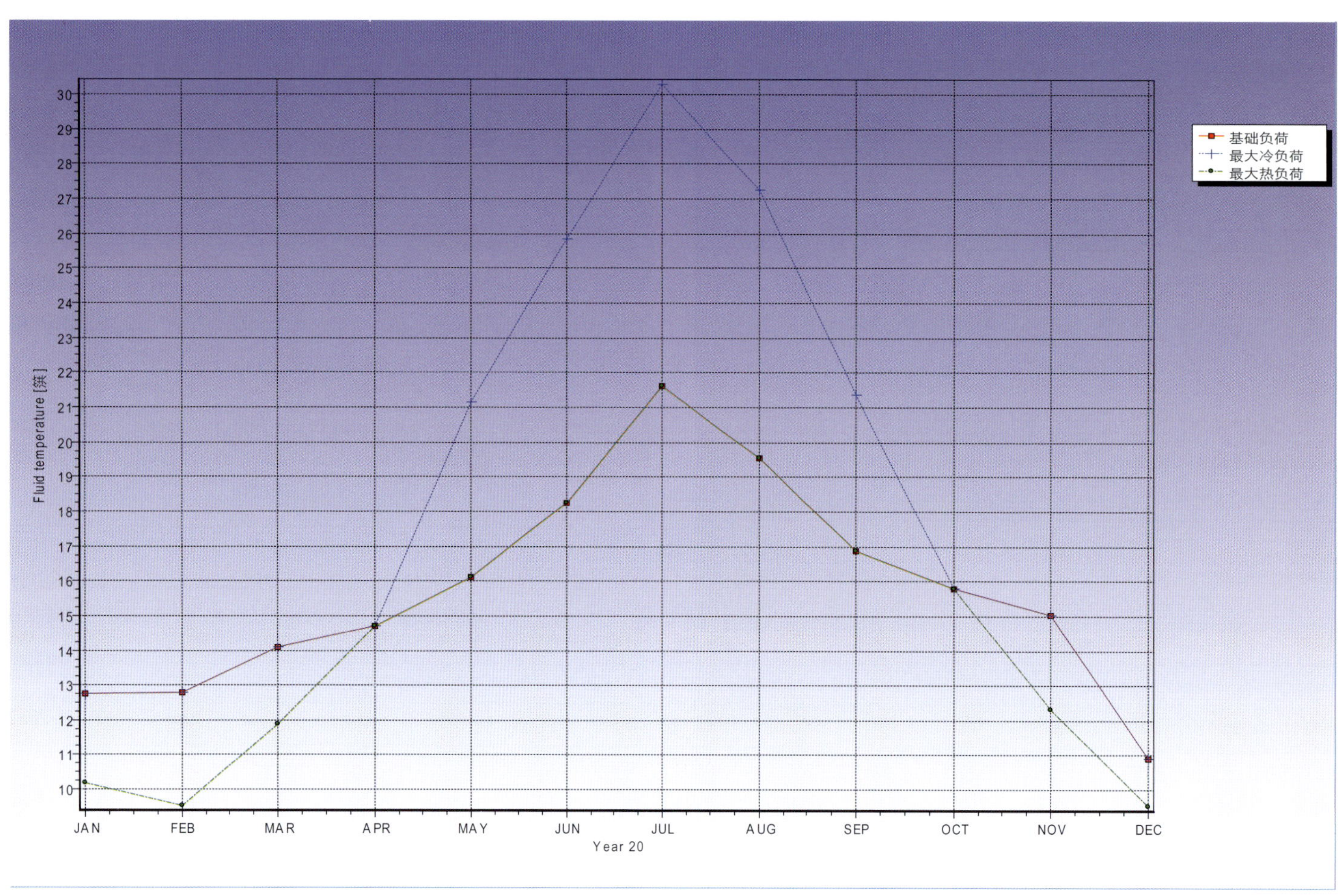

图 7-34　国家体育场 EED 单季水温校核

其次，由于所有建筑物冷、热负荷均不同，导致系统在运行时的总排冷、排热量亦不同。这种不同在累积后会导致埋管内部水温发生相应年、季变化。具体来说，当末端系统向埋管系统排冷大于排热时，系统水温会发生逐年温降，而反之则会发生逐年温升。故使用软件对于埋管系统年、季运行水温进行分析，以保证系统长期运行可靠性。

图 7-34 为单季水温校核曲线，其中蓝、绿曲线分别代表系统峰值冷负荷及热负荷情况下的运行温度，由曲线走势可以看出，系统运行较为稳定，运行温度在控制范围内；

图 7-35 为系统稳定性水温校核曲线，由图中可以看出，系统运行时为逐渐温升过程，但温升幅度在控制范围之内，系统常年的运行效果良好；

4. 室外地埋系统施工

4.1 定位及检测

进场之后由技术人员在现场进行放线、定位，交叉点（孔位）进行打桩定位处理；钻机就位时需进行铅直度测试，并配置要求长度的钻杆。

4.2 一次打压试验（内检）

管材进场后由打压组根据设计说明要求及现场情况进行一次打压试验（水压），不合格产品一律退货。

4.3 钻孔、下管、连接

钻机长负责保证钻孔、护壁、扫孔等要求，质检员抽样检测（深度）；

竖直地埋管换热器 U 型管安装应在钻孔钻好且孔壁固化后立即进行。当钻孔孔壁不牢固或者存在孔洞、洞穴等导致成孔困难时，应采取措施或废掉重打。

下管过程中，U 型管内宜充满水，并采取措施使 U 型管两支管处于分开状态。用钻杆顶进方式，沿中心部位送至管底，匀速下管，下管后严禁回转；

U 型管安装完毕后，应立即灌浆回填封孔。利用钻杆在中心部位，由下向上进行管底机械注浆，边灌边提升，直至注满为止；回填组人员负责清理返回的泥浆（进行晾晒处理），泥浆池泥浆按现场指定位置排放；灌浆回填材料采用专用配比材料。

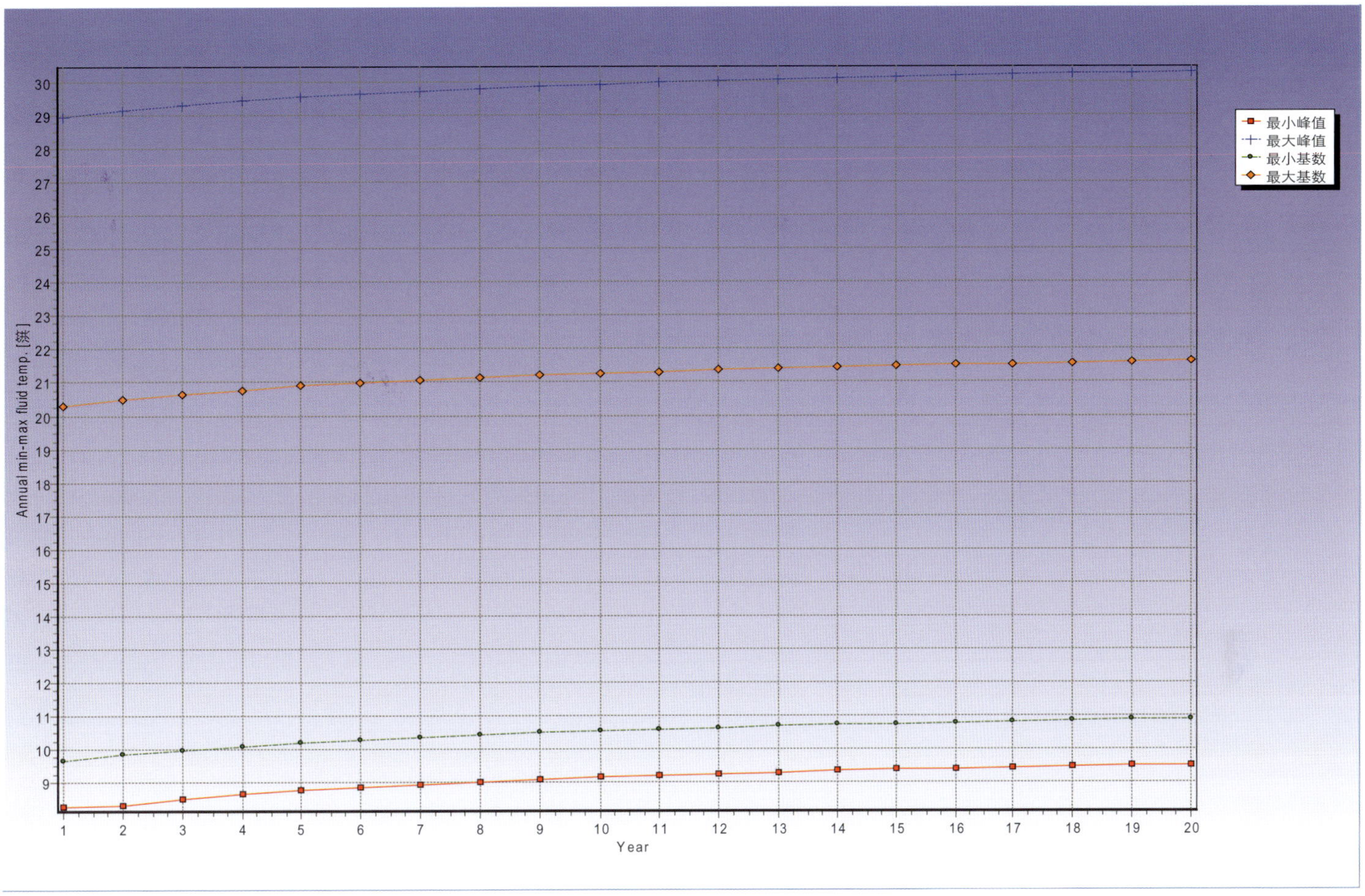

图 7-35　国家体育场 EED 稳定性水温校核

4.4 二次打压试验

下管完毕后由打压组根据设计说明要求进行二次打压试验（水压），不合格按废孔处理。

4.5 水平连接

采用专业热熔机具、大型管道对熔焊机进行水平连接。见图 7-36。

4.6 三次打压试验（内检）

水平连接完成后，需进行第三次打压试验，不合格需马上检查，并重新热熔。

4.7 注水及排气

每一支干路水平连接完成，对其系统注水及排气只能由专业工程技术人员负责，质检员进行全程监督。见图 7-37。

图 7-36　管道连接

图 7-37　管道井

4.8 回填

水平埋管换热器敷设前，沟槽底部应先敷设相当于管径厚度的细沙。水平地埋换热器安装时，应防止石块等重物撞击管身。管道不应有折断、扭结等问题，转弯处应光滑。

地埋管换热器回填土应细小、松散、均匀且不含石块及土块。回填压实过程应均匀，回填土应与管道接触紧密，且不得损伤管道。

夯实过程中需按图纸要求进行放坡处理；

由土建专业用机械设备或人工进行夯实、回填，需达到设计及规范要求。

4.9 二次注浆

在开挖完成后对于孔的沉降部分进行二次人工注浆。

4.10 四次打压试验

地埋室外管线全部安装完毕，回填后进行水压试验。

第六节　场地扩声技术

1. 设计指标

国家体育场东西看台约175m长，南北看台约110m长。东西看台扬声器距观众席中部距离约35m，最远处约60m。南北看台扬声器距观众席中部距离约35m，最远处约45m。

场地扩声系统功能达到的目标：系统功能可靠完备；管理界面简捷高效；使用操作安全方便；环保节能资源共享；接口丰富扩展灵活。采用数字网络遥控功率放大器，达到遥测、监控功能；采用星型+环形的高可靠数字网络架构；模拟和数字信号的双备份冗余系统；兼容各种数字音频格式；系统无论在任何恶劣的意外时均能保证正常工作。

场地扩声系统设计指标：最大声压级：额定通带内大于等于106dB；传输频率特性：音乐：100~15000Hz：±5dB；语言：100~5000Hz：±5dB；声场不均匀度：1000Hz、4000Hz，≤8dB；扩声系统语言传输指数STI-PA：满场（80%观众）时观众席大部分区域平均值≥0.60，空场是达到0.512。

随着社会现代化的高速增长，现代对体育场场地扩声系统集成的需求也急剧增加，高品质的扩声效果实现难度也越来越高。特别是国家体育场这种世界级的体育场，场地扩声系统已经成为体育场不可或缺的核心基础系统之一。

2. 深化设计

2.1 声场系统的设计

2.1.1 设计内容

选用指向性合适且指向性频率特性较一致的扬声器（组），将声能尽可能地投射到其服务区域（观众席或场地）；减小扬声器到其服务区域的距离，以提高直达声能/混响声能比，这一点上采用分散式扬声器布置方式比较有利；尽可能做到直达声场的均匀覆盖，同时也应避免出现扬声器覆盖区域的过多叠加；考虑控制多只/组扬声器到达听众的声程差而引起的长延时声干扰的手段。

2.1.2 扩声形式的确定

根据设计思想和设计分析，综合各个方面的因素，采用分散式扩声方式，并采用线性阵列扬声器来满足设计指标中对语言传输特性指标STI≥0.60的要求。

线性阵列扬声器有如下特点：

（1）功率大，投射距离远，它可提供高声压级，适合于大场地远距离供声。

（2）覆盖的声场比较均匀，干涉区域小，重放分辨率高。极小的垂直辐射角使音箱之间不会有声音的叠加，声干涉就不会产生。从而达到一个高标准、高声压级、高覆盖面的音响系统。在使用中如果配置适当，线阵列扬声器系统在宽带范围内可以提供一个平滑的水平覆盖，以及一个"可控"的并具有很强的垂直指向特性。国家体育场场地扩声形式图见7-38。

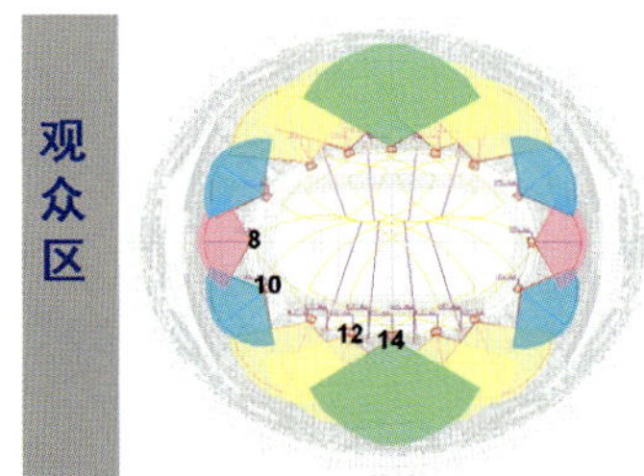

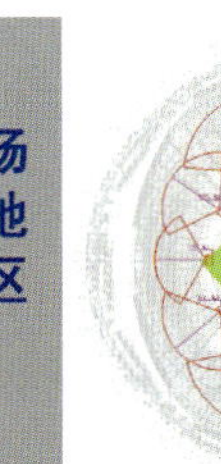

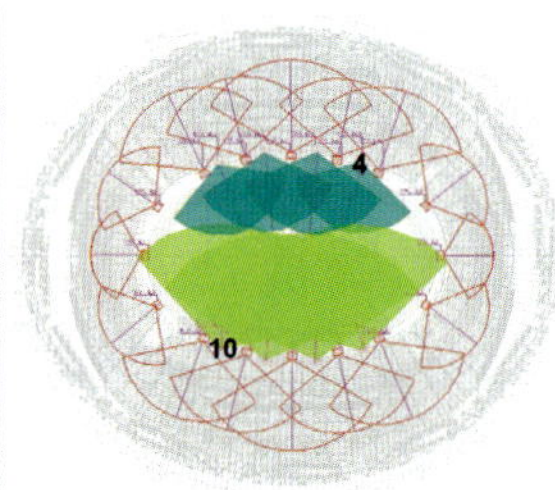

图7-38　场地扩声形式图

2.1.3 扬声器系统的布局

2.1.3.1　观众看台扬声器的布局

根据观众区的结构，设计将整个体育场的看台分为东、西、南、北4个大的区域，其中东、西和南、北的观众看台是基本对称的。又进一步将这4个大的区域西划分为16个扩声分区。每个分区，都由一组线阵列扬声器组扩声。看台区的扬声器平面布局见图7-39。

由于，有一些分区的高度、宽度等几何尺寸存在差异，所以，我们使用了不同数量的线阵列音箱来调整相关的声场覆盖，以便使看台不同区域的声压保持基本一致。

2.1.3.2 东西看台的线阵列扬声器布置

E1和E5以及W1和W5分区由于几何形状基本相同，所以配置了相同数量的音箱。该区共使用线阵列音箱10只。

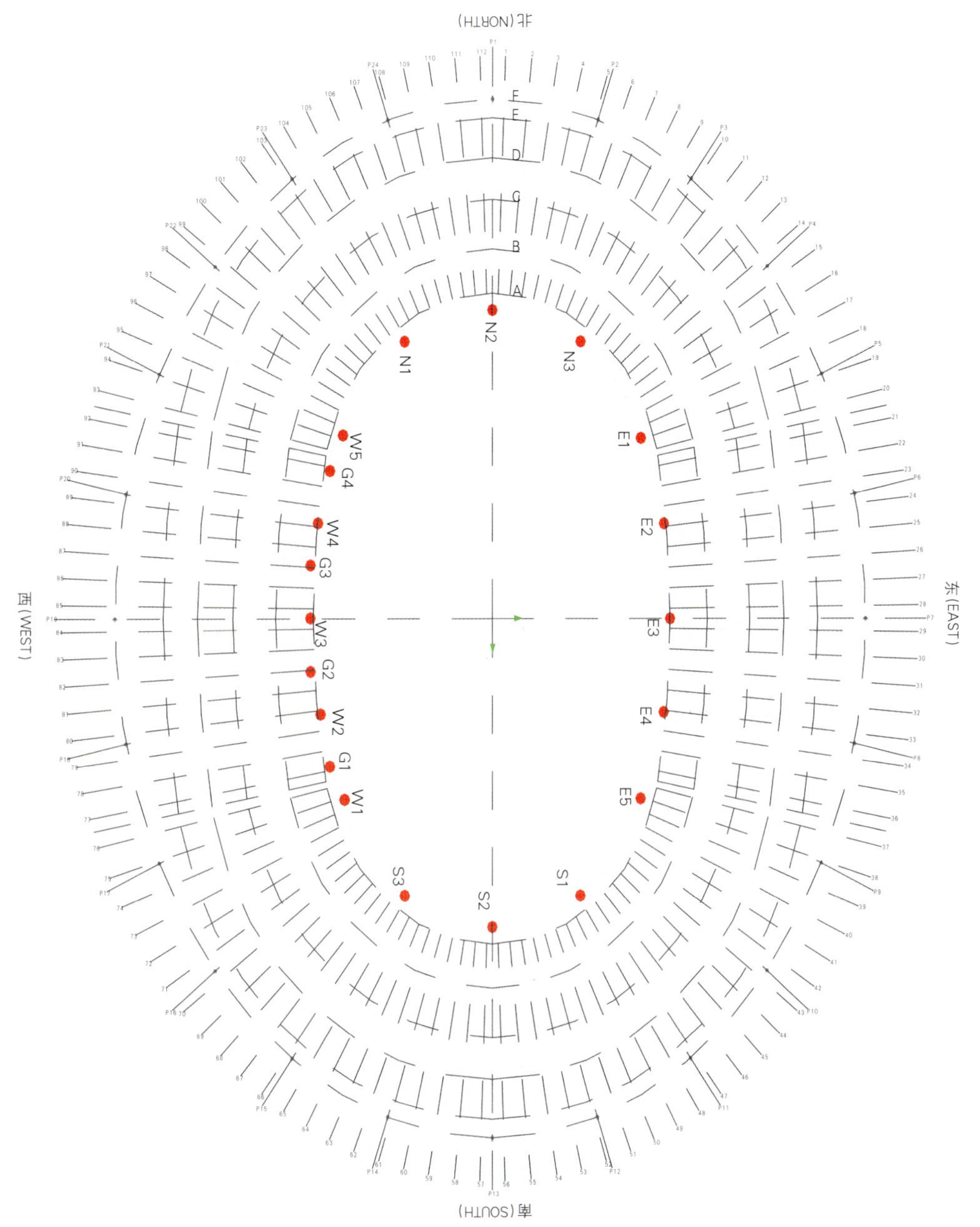

图 7-39　扬声器平面布局图

E2 和 E4 以及 W2 和 W4 分区由于几何形状基本相同，所以配置了相同数量的音箱。该区共使用线阵列音箱 12 只，见图 7-40。

2.1.3.3 南北看台的线阵列扬声器布置

N3 和 N1 以及 S3 和 S1 分区由于几何形状基本相同，所以配置了相同数量的音箱。该区共使用线阵列音箱 9 只。N2 和 S2 分区由于几何形状基本相同，所以配置了相同数量的音箱。该区共使用线阵列音箱 8 只。如图 7-41。

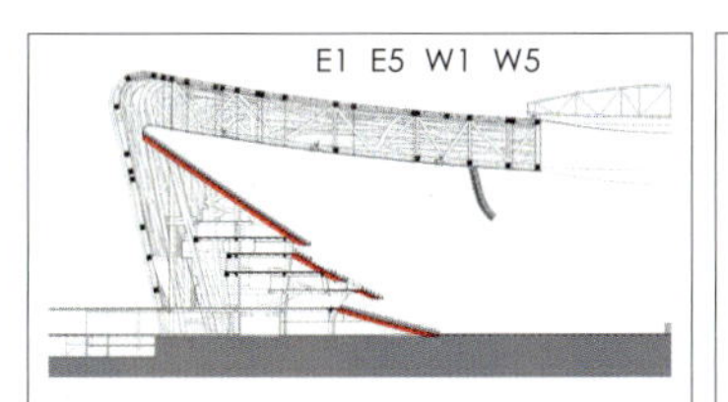

图 7-40　阵列音箱布局图

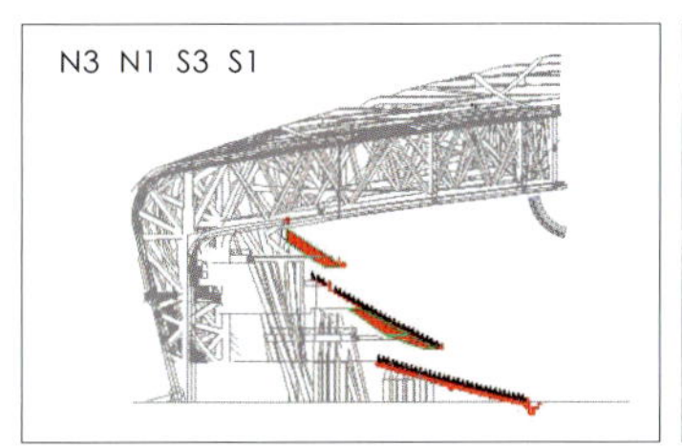

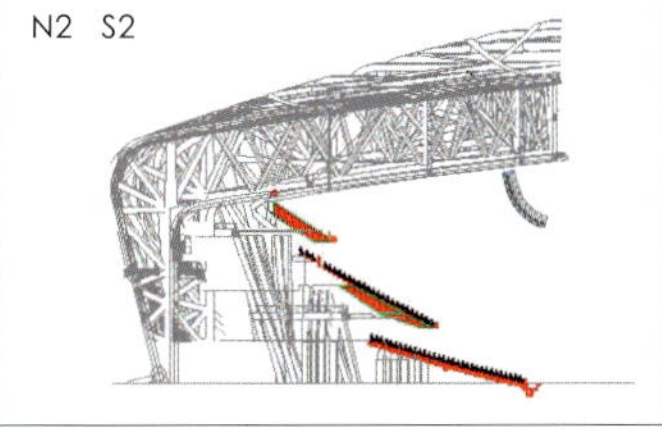

图 7-41　南北看台阵列音箱布局图

2.1.3.4 看台区补声扬声器布置

由于挑台遮掩，主扩扬声器直达声音达不到在中层和下层都有一个声影环带区。所以必须补声。在中层布置补声扬声器 56 只小型定压音箱分散布置。在下层观众席补声扬声器采用小型定压辅助音箱 224 只进行分散布置。见图 7-42。

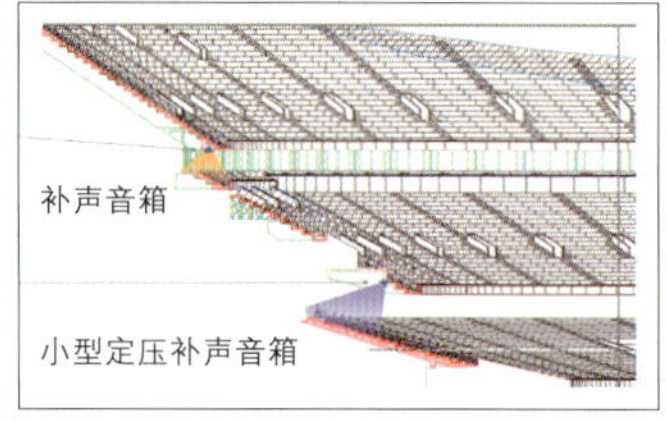

图 7-42　南补声区阵列音箱布局图

2.1.3.5 比赛场地扬声器的布置

4 组线性阵列音箱，其中中央组 G2 和 G3 各 4 有只音箱，两侧组 G1 和 G4 各有音箱 8 只。布置在西看台顶棚上方，均匀覆盖整个比赛场地。见图 7-43。

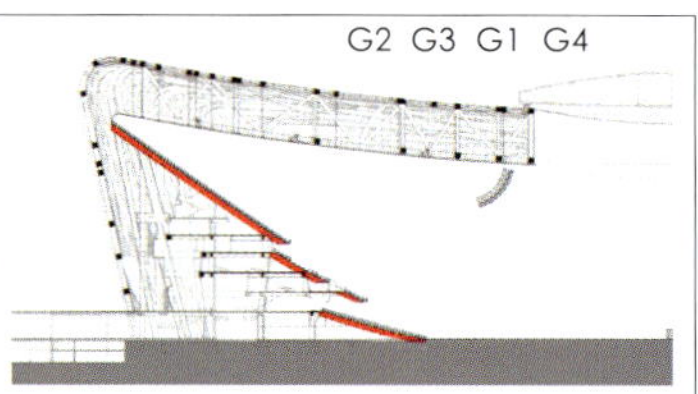

图 7-43　比赛场地阵列音箱布局图

G1 和 G4 分别覆盖比赛场地两侧，使用相同数量的音箱。分别使用线阵列扬声器 8 只。G2 和 G3 共同覆盖比赛场地中心区域，使用相同数量的音箱。分别使用线阵列扬声器 12 只。

2.1.4 计算机仿真模拟

2.1.4.1 仿真模拟软件

运用 EASE 4.1 版计算机声学分析软件对国家体育场的扩声系统进行的模拟分析结果。根据国家体育场平、剖面图建立了供 EASE 使用的声学模型。由于声场的分析工作主要涉及对体育场内各要素的声学特性模拟，模型仅提供了较精确的内侧构造，外立面及“鸟巢”造型不包含在其中。模型示意见图 7-44。

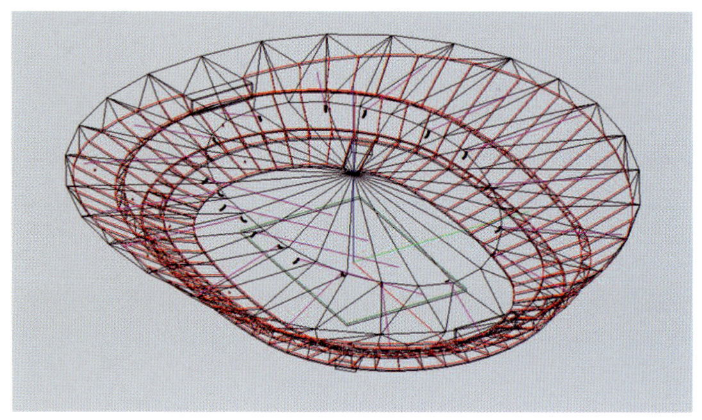
图 7-44　模型示意图

2.1.4.2 仿真参数设定

建筑模型内侧共敷设有多种不同声学特性的材料，各种材料的吸声系数包含长期积累的试验数据、为配合国家体育场工程实际测量的数据。模拟满场（80% 观众席）的情况。主要材料的声学特性见表 7-2。

主要材料的声学特性　　　　表 7-2

	125Hz	250Hz	500Hz	1000Hz	2000Hz	4000Hz
顶棚构造	0.80	0.60	0.46	0.45	0.48	0.42
80% 观众的看台	0.25	0.32	0.62	0.78	0.77	0.60
草地	0.10	0.20	0.40	0.50	0.55	0.50
跑道	0.04	0.05	0.07	0.09	0.12	0.15
玻璃	0.05	0.03	0.02	0.02	0.01	0.01

根据上述材料，得到国家体育场混响时间见表 7-3。

混响时间　　　　表 7-3

	125Hz	250Hz	500Hz	1000Hz	2000Hz	4000Hz
满场（80% 观众）时	3.24 s	3.19 s	3.14 s	2.81 s	2.49 s	1.96 s

注：温度 20℃，湿度 50%。

声学模型中设置的扬声器规格、指标、位置是按照实际设备设定的。模型图见图 7-45、图 7-46。

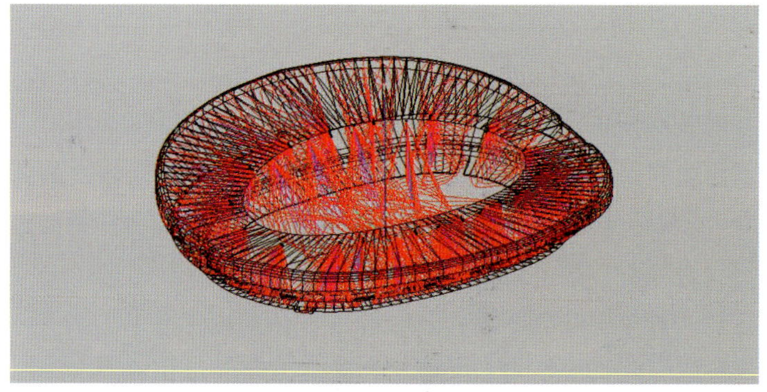
图 7-45　声线覆盖图

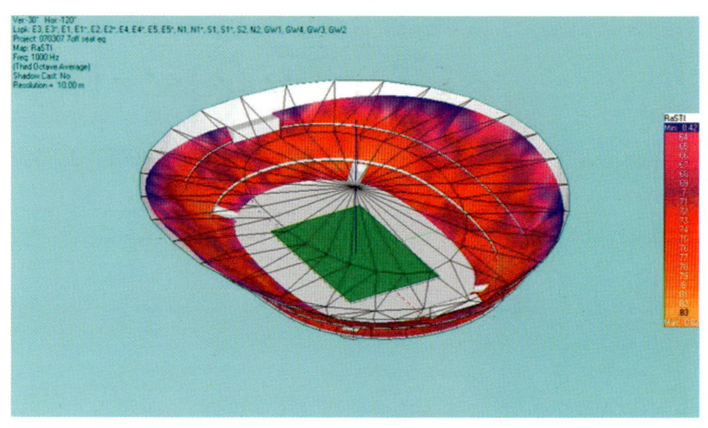
图 7-46　扬声器组布置图

2.1.4.3 仿真结果

经过计算机模拟分析，根据扩声系统设计方案，国家体育场内最大声压级平均大于106dB；传输频率特性：125~6300Hz：±5dB；总声场不均匀度（1000Hz，4000Hz）<8dB；扩声系统语言传输指数STI-PA在满场（80%观众）的情况下，观众席大部分区域平均值>0.60。指标满足设计要求。模拟图见图7-47。

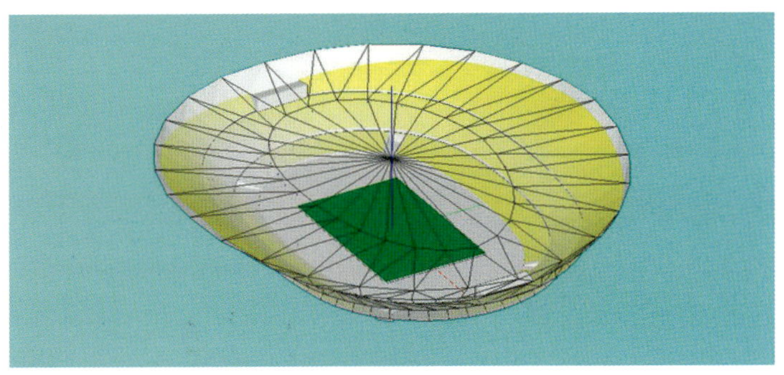

图7-47　125Hz总声压布置图

2.2 扩声系统的设计

国家体育场场地扩声系统定位是一套安全可靠的，扩声品质较高的，技术先进的具有世界级水平的系统。

2.2.1 电声系统基础

国家体育场主扩声系统由一条音响链构成，见图7-48。

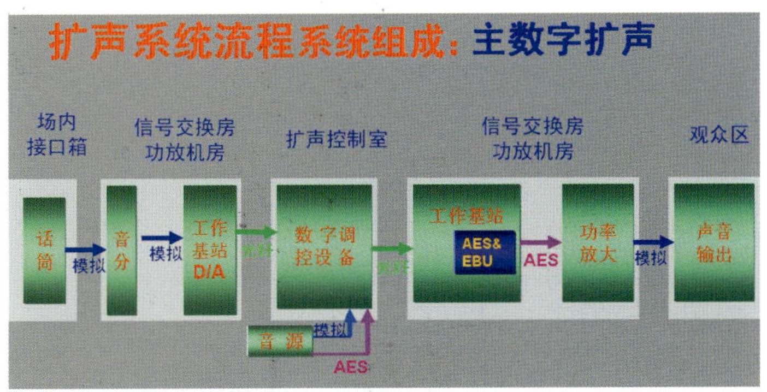

图7-48　扩声流程图

由于国家体育场的建筑结构决定，场地的尺寸非常的大，所有的信号的传输距离都非常长；采用模拟传输信号衰减将会非常的大，模拟系统的长距离传输音质也会大打折扣，而且系统设置的灵活性较差；若采用数字方式传输，模拟方式控制，那就将要经过多次模数，数模转换，这样系统延时就会加大，音质也会降低。

为了解决这些问题，在国家体育场场地扩声系统中，采用全数字的扩声控制系统，系统模数转换只有一次。系统图见图7-49。

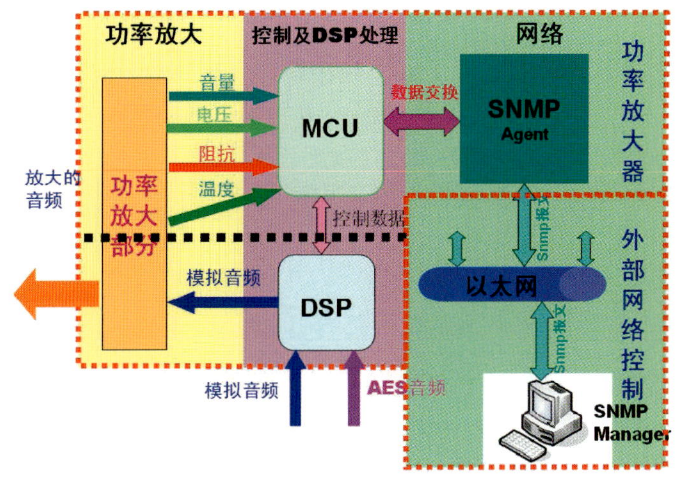

图7-49　扩声系统图

2.2.2 数字音频控制系统设置

以扩声机房为中心，搭建三个“子系统”——数字音频系统、模拟音频系统、监测及控制系统。数字音频系统为主体，模拟音频系统为应急/备份，监测及控制系统对主要设备的工作状态进行实时监控。

（1）数字音频系统

采用网络化数字调音台。扩声机房与各功放机房均设置信号基站，以扩声机房调音台中央处理器为中心，通过各机房内的光纤跳线架以光纤为媒介组成网络化数字音频系统。数字调音台界面配置32个推子，耳机、监听、对讲接口；中央处理器配置主控制卡、中央路由器卡、4块光纤连接卡、DSP处理卡RMD、台面接口卡等，具有64路全处理通道，支持双调音台界面。

典型的数字信号流程为：传声器信号、音源模拟信号等接入扩声机房内的信号基站，经模/数转换后用光纤传至数字调音台中央处理器，经调音台混合、调整、分配后再用光纤经光纤跳线架传至各机房的信号基站，信号基站输出AES3信号至功率放大器，馈送入附近的扬声器系统。

MD录音机、硬盘刻录机输出AES3信号接入扩声机房内的信号基站，用光纤传至数字调音台中央处理器，经调音台混合、调整、分配后再用光纤经光纤跳线架传至各机房的信号基站，信号基站输出AES3信号至功率放大器，馈送入附近的扬声器系统。

场内传声器信号就近接入功放机房的信号基站，经模/数转换后用光纤经光纤跳线架传至扩声机房内的数字调音台中央处理器，经调音台混合、调整、分配后再用光纤经光纤跳线架传至各功放机房的信号基站，信号基站输出AES3信号至功率放大器，馈送入附近的扬声器系统。整个过程最大

限度地减少模 / 数和数 / 模转换次数，保证了信号的质量。

对于数字音频系统安全上的考虑，简述如下：中央路由器和各信号基站均配置双电源；光纤均一常用一备用，常用光纤与备用光纤连接至不同的光纤连接卡，可实现自动冗余；各功放机房内信号基站的 AES3 信号卡配置 3~4 块，由不同的信号输出卡提供信号给各扬声器组。

（2）模拟音频系统

采用小型模拟调音台作为数字调音台的备份，并在扩声机房与各功放机房之间留有模拟信号线缆，以实现在数字系统不能正常工作时，模拟音频系统仍可以满足基本要求，起到应急 / 备份的功能。

（3）监测及控制系统

数字调音台中央处理器、信号基站、功率放大器等设备的工作状态均可在扩声机房通过计算机进行实时监测和控制。

2.2.3 数字功率放大器系统

功率放大器内置信号处理模块，可数字和 2 路模拟信号输入，并可实现以下功能：数字信号作为扩声系统正常工作信号接入；数字信号因故缺失时，模拟应急 / 备份信号自动接入；紧急广播信号接入时哑掉其他信号，进行紧急广播。功率放大器的工作状态可通过网络系统进行远程监控其工作状态和设置参数。另外，功率放大器还带有 DSP 音频处理功能，可对信号进行包括均衡、延时、分频、增益等处理。

2.2.4 扩声系统安装设计

国家体育场有鸟巢一样的外形，它是用特殊的钢结构制作的。钢结构的形式如同鸟巢一样的编织在一起，这样的结构非常的新颖，也非常的复杂。在如此复杂的结构上要将 24 组扬声器安装上，也是非常困难的一件工作。为了能安全、可靠、美观、简洁的将扬声器组安装到鸟巢钢结构上，设计采用了多种设计软件配合的方案来设计：

首先用 Rhino 3.0 软件建造国家体育场的三维钢结构模型图，见图 7-50。

然后将 Rhino 3.0 模型导入 SolidWorks 三维软件中建立三维模型，设计吊装结构和结构的安全性验算，最后进行线阵列音箱安装。见图 7-51、图 7-52。

2.3 系统的安全性设计

国家体育场（鸟巢）作为 2008 年北京奥运会的主体育场，是奥运会开闭幕式和田径比赛的场地，其安全性要求不言而喻；针对这样的高标准，场地扩声系统主要从以下几个方面来保证系统的安全可靠运行设计。

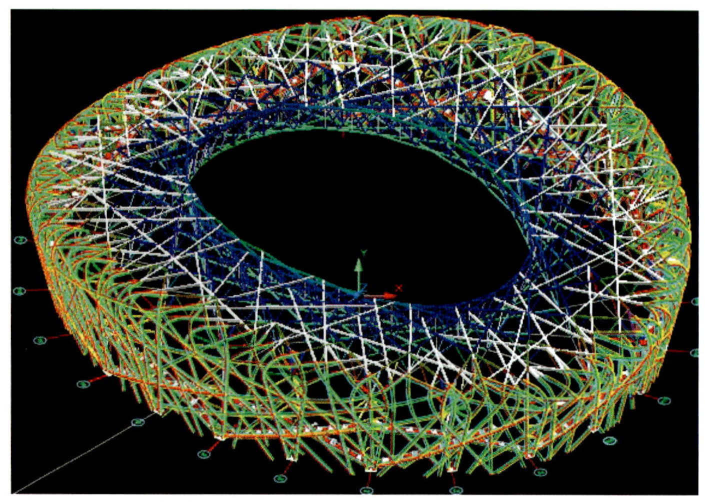

图 7-50 钢结构模型图

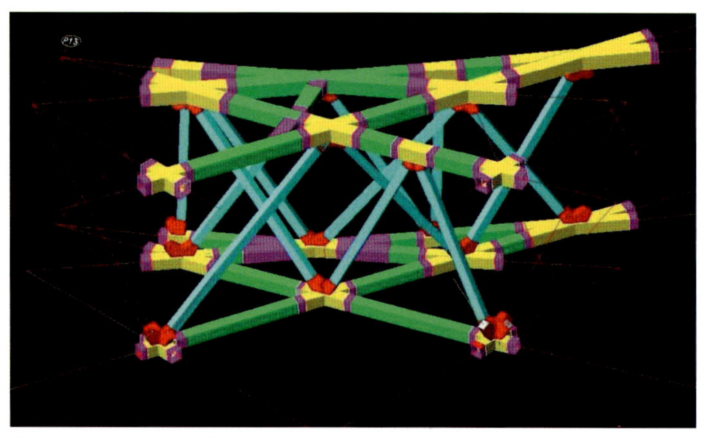

图 7-51 构件模型图

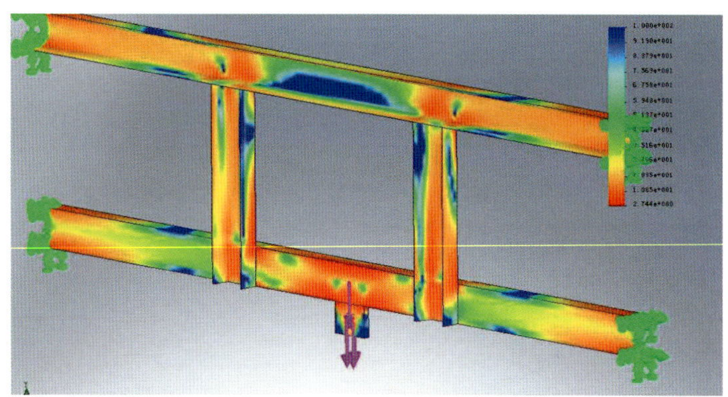

图 7-52 安全系数验算图

2.3.1 结构安全设计

2.3.1.1 吊装机构的安全设计

钢结构吊装的安全可靠设计可以通过对其结构的用材和结构力学设计来做。保证吊装结构的负载能力是实际负载能力的两倍以上。通过用 SolidWorks 建立三维结构模型，然后在通过结构分析软件计算其安全系数，以及实际做拉力实验来保证结构的安全性；三维吊装结构模型见图 7-53。

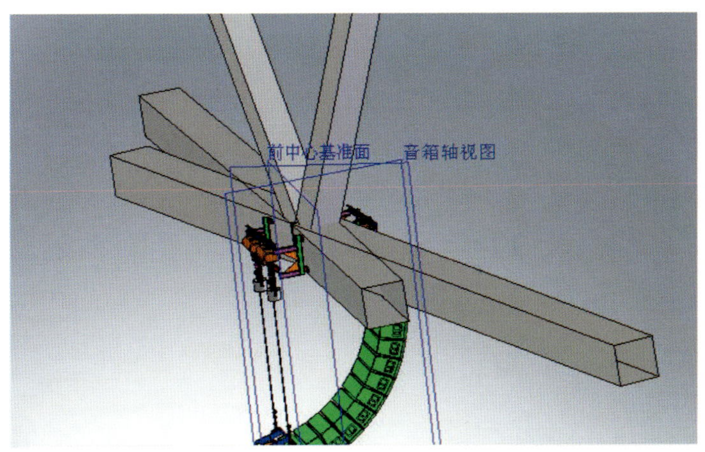

图 7-53　三维吊装模型图

2.3.1.2 线性扬声器箱体的安全设计

线性阵列扬声器系统是多只组合成串使用的扬声器，将其安装在钢结构的下玄，多只组合使用，扬声器组合所使用的连接螺栓等连接件也必须考虑其结构强度，根据参考相关的国家标准和规定，所有的箱体安装结构件的强度安全系数必须大于 2~4 倍余量；除此之外，扬声器组是在露天环境下使用的，连接器安装后的长期吊装使用会有磨损，使用热浸锌工艺。

2.3.2 音频传输安全设计

音频传输的安全可靠是保证整个扩声系统正常运行的核心。为了能保证整个系统的音频传输的可靠性，我们采用全数字传输系统，该系统基于 TDM 网络，采用光纤为介质，所有的系统连接做双备份，网络的连接采用星形网络加环形网络的网络拓扑结构，保证系统内所有设备连接的多路由通道安全。网络拓扑结构图见图 7-54。

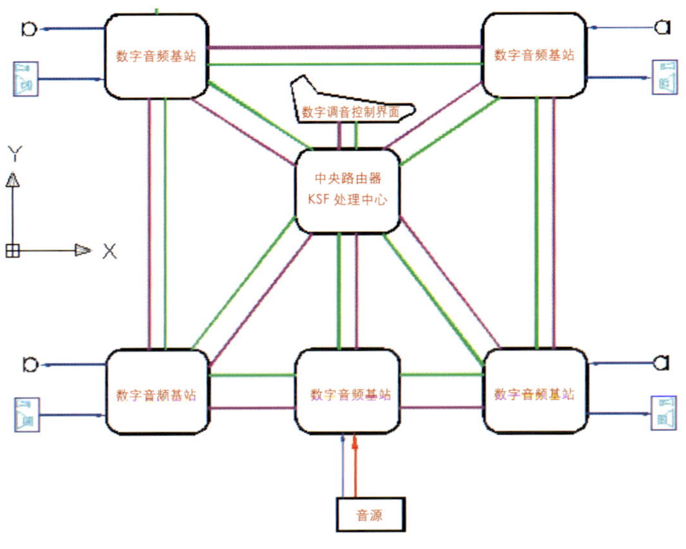

图 7-54　网络拓扑结构图

2.3.3 配电安全设计

国家体育场（鸟巢）场地扩声系统的使用电功率相对来说非常的大，总的配电功率有 240kW 左右；而且由于扩声系统重要性，断电是不可接受的大事故；所以场地扩声系统的各个机房配电都是采用双路市电互投供电，所有数字设备采用在线式的 UPS 供电；另，系统设置配电分配的时候要注意各种开机情况下的配电三相平衡。例如只开所有看台下层扬声器组时要三相平衡，或只开东西看台不开南北看台时也要三相平衡。

3. 设备安装及调试

3.1 设备安装

为了设备安装施工工艺能做到规范的要求，特别针对扩声系统的施工特点，编写了一本扩声系统施工工艺技术规范文件（系统连接工艺），以指导施工。 对一些重要基础施工工艺使用计算机设计了一些做法大样图，以指导施工人员。包括扬声器吊装工艺要求，扬声器安装工艺要求，设备机柜安装工艺要求等等。见图 7-55 ~ 图 7-57。

图 7-55　音箱机柜安装图

3.2 系统调试

3.2.1 电系统

试通各传声器通路，检查是否正常；试通数字音频系统；试通模拟音频系统；试通功率放大器监测和控制系统；试通紧急广播功能；试通与其他系统的联络功能；检查扬声器通路是否正确，分区是否正确；试通内通系统。

3.2.2 声系统

用粉红噪声信号馈送至相应的扬声器，对代表点进行声场测量，根据声学实时分析仪进行处理设备的参数设置，包

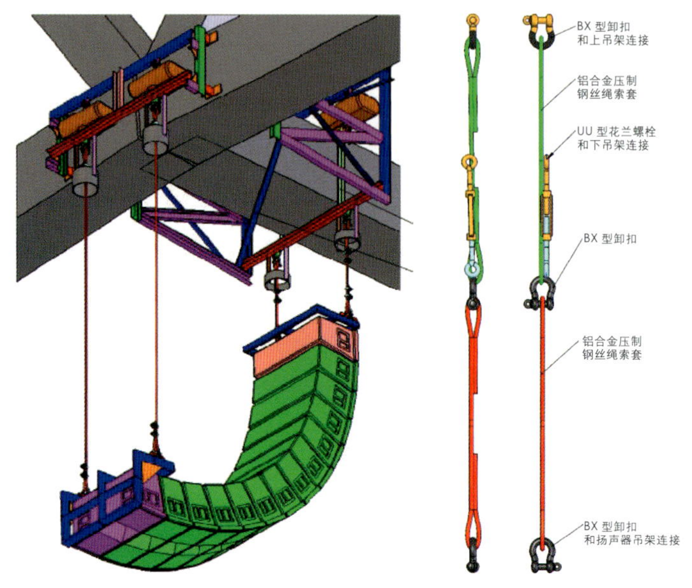

图 7-56　线阵列音箱安装详图

图 7-57　线阵列音箱安装完成后效果图

括增益、均衡、延时等。馈送节目信号，进行主观听音，并根据主观听音情况进行设备参数调整。反复以上步骤，直至达到设计要求。

4. 系统检测

针对国家体育场场地扩声系统的特殊性，国家体育场场地扩声系统由相关政府部门聘请第三方有资质的检测单位进行了现场检测，经检测，系统实测指标全部达到设计要求。

第七节　场地照明技术

1. 设计指标

国家体育场为综合性体育场，不同的运动项目对场地照明的要求也不一样，要同时满足相关的国际单项体育组织、国际体育联合会、国际奥委会对场地照明的要求。2008年北京奥运会将使用高清晰度电视（HDTV）向全球转播，HDTV 与普通电视系统相比，具有清晰度更高，图像质量更好，HDTV 的数字信号不易受干扰等优点，但同时也对照明提出了更高的要求。从使用上讲，国家体育场要考虑近期与远期的使用，如各类常规赛事，以及文艺表演、团体活动、商业展示会等非竞赛项目。

2. 深化设计

2.1 计算机设计软件的选用

国家体育场场地照明系统设计选用 Calculux AREA 软件，本软件的灯具瞄准位置可以使用（X，Y，Z）坐标方式来表示，直接贴切，再配合专用的瞄准器具，使日后的安装和调试简单高效，利于电气系统的设计。

2.2 场地照明系统三维建模（见图 7-58）

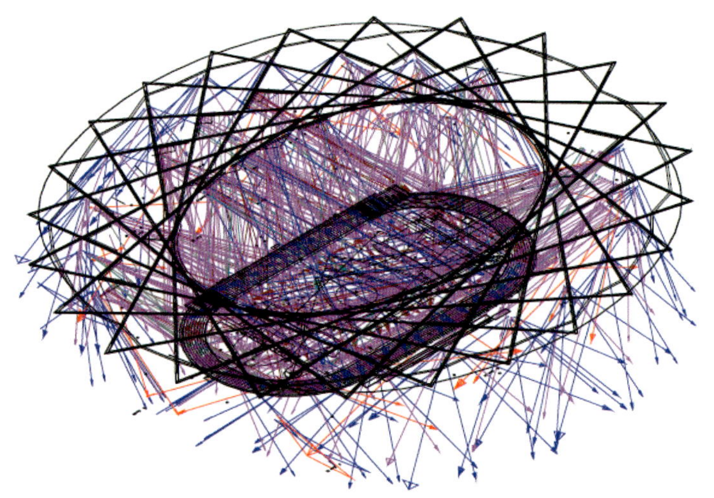

图 7-58　场地照明三维模型透视图

2.3 摄像机机位

国家体育场场地照明系统中兼顾 93 个固定摄像机和许多移动摄像机。主要有：足球摄像机机位；田径赛道摄像机机位；400m 起跑区域摄像机机位；4×400m 起跑区域摄像机机位；800m 起跑区域摄像机机位；全场摄像机及 ERC 摄像机机位；田径全场摄像机及 ERC 摄像机机位；标枪项目摄像机机位；铅球项目摄像机机位；铁饼、链球项目摄像机机位；跳远项目摄像机机位；跳高项目摄像机机位；撑杆跳项目摄像机机位等，见图 7-59。

2.4 场地照明灯具布置

场地照明系统在外环马道灯具布置上将传统的下垂式连续马道改为沿建筑钢结构件的锯齿型不连贯的隐藏式马道，给照明设计带来了极大的困难，外环马道同一钢结构件上的灯具的瞄准方向必须基本一致以保证灯具之间的不挡光，隐

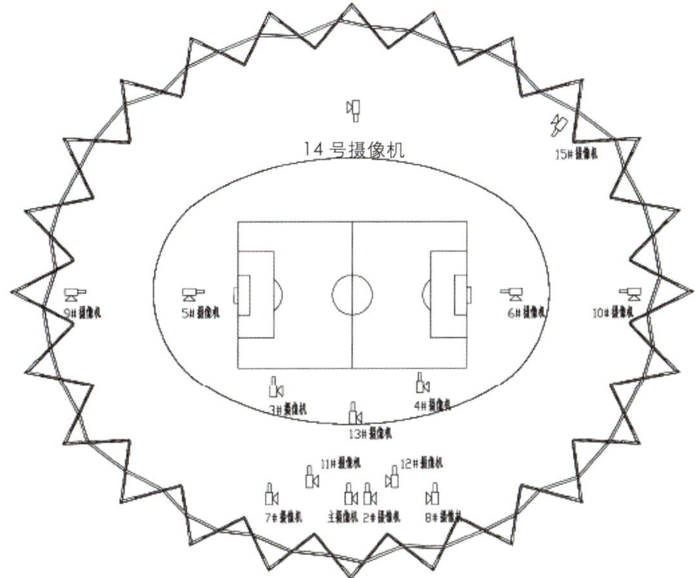

图 7-59　足球场摄像机机位

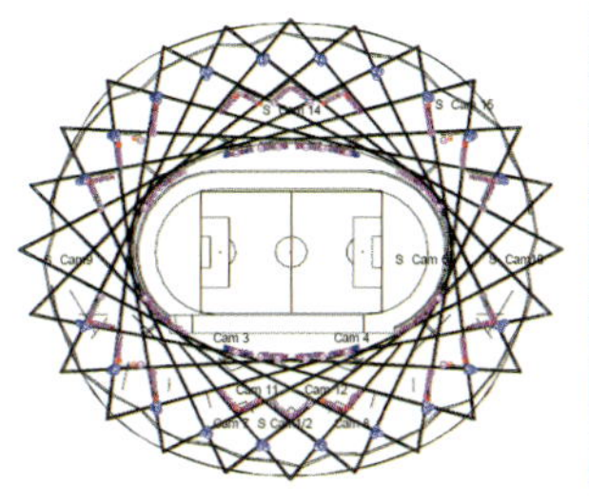

图 7-60　场地照明灯具布置

藏式的马道需考虑前方顶棚张拉膜的挡光问题和灯具热量对张拉膜的影响。灯具布置见图 7-60。

2.5 场地照明系统配光方案

2.5.1 配光方案示意图（见图 7-61）

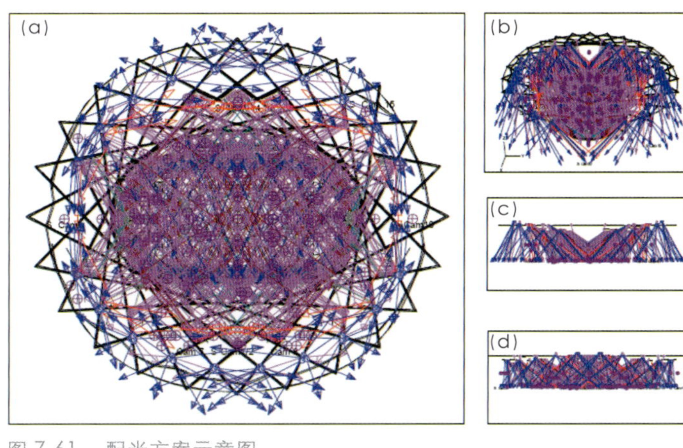

图 7-61　配光方案示意图

(a) 配光方案平面视图 (b) 配光方案 3D 视图
(c) 配光方案短轴侧视图 (d) 配光方案长轴轴侧视图

2.5.2 配光和灯具布置方案

(1) 日常维护模式配光和灯具布置方案；

(2) 训练、娱乐模式配光和灯具布置方案；

(3) 俱乐部足球比赛模式配光和灯具布置方案；

(4) 俱乐部田径比赛模式配光和灯具布置方案；

(5) 无电视转播国内国际田径比赛配光和灯具布置方案；

(6) 无电视转播国内国际足球比赛配光和灯具布置方案；

(7) 彩色电视转播国内一般足球比赛配光和灯具布置方案；

(8) 彩色电视转播国内重大足球比赛配光和灯具布置方案；

(9) 彩色电视转播国内重大田径比赛配光和灯具布置方案；

(10) 高清晰彩色电视足球比赛配光和灯具布置方案；

(11) 高清晰彩色电视田径比赛配光和灯具布置方案（图 7-62）；

(12) 观众席照明配光和灯具布置方案；

(13) 高清晰电视转播全场照明配光和灯具布置方案；

(14) 彩色电视转播国内一般田径比赛配光和灯具布置方案；

(15) 应急电视转播田径比赛模式配光和灯具布置方案；

(16) 应急安全模式配光和灯具布置方案；

(17) 应急电视转播足球比赛模式配光和灯具布置方案。

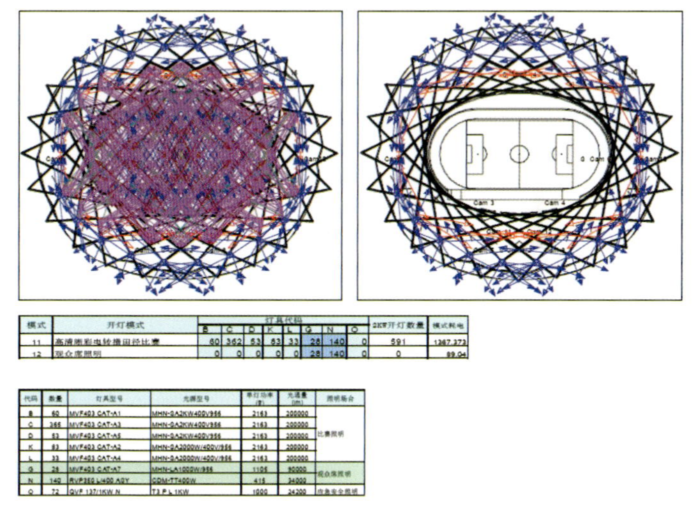

模式	开灯模式	灯具代码								2KW开灯数量	模式耗电
		B	C	D	K	L	G	N	O		
11	高清晰彩色电视转播田径比赛	60	362	53	83	33	28	140	0	591	1367.373
12	观众席照明	0	0	0	0	0	28	140	0	0	89.04

代码	数量	灯具型号	光源型号	单灯功率(W)	光通量(lm)	照明场合
B	60	MVF403 CAT-A1	MHN-SA2KW400V956	2163	200000	比赛照明
C	365	MVF403 CAT-A3	MHN-SA2KW400V956	2163	200000	
D	53	MVF403 CAT-A5	MHN-SA2KW400V956	2163	200000	
K	83	MVF403 CAT-A2	MHN-SA2000W/400V/956	2163	200000	
L	33	MVF403 CAT-A4	MHN-SA2000W/400V/956	2163	200000	
G	28	MVF403 CAT-A7	MHN-LA1000W/956	1105	90000	观众席照明
N	140	RVP350 L/400 ASY	CDM-TT400W	415	34000	
O	72	QVF 137/1KW N	T3 P L 1KW	1000	24200	应急安全照明

图 7-62　高清晰彩色电视转播田径比赛、观众席照明配光和灯具布置方案

2.6 眩光及逸散光控制

2.6.1 眩光控制

国家体育场场地照明系统眩光计算除了依据招标文件和 BOB 对眩光的要求外，还参考了 IAAF（国际田联）和 FIFA（国际足联）的相关文件中对眩光的定义和要求。

在 IAAF 文件的照明部分中，对眩光的计算点和最低要求都做了明确的规定。BOB 的文件主要是从电视转播的角度对眩光数值（通常观察位置为摄像机位置）进行约定，但并不是眩光含义的全部，还有一个重要部分，那就是场地眩光

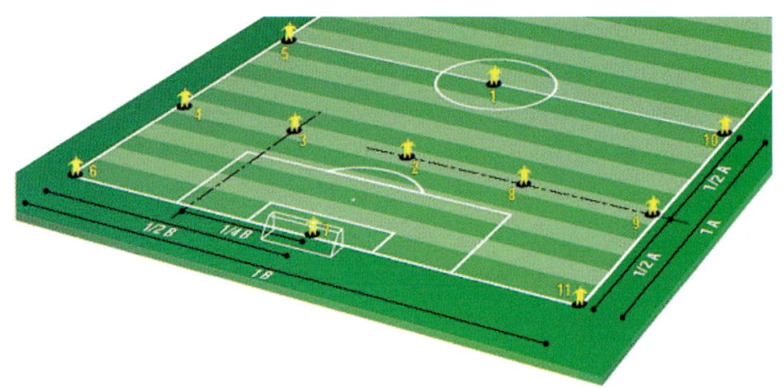

图 7-63　国际足联指导文件中对场地眩光观测点位置的规定

（对运动员的眩光数值），此数值有可能直接影响到运动员的正常比赛和水平的发挥。因此眩光应该包含这两部分：对摄像机的眩光和对场地观测者的眩光。见图 7-63。

对摄像机的眩光计算基准位置为摄像机的机位，因此针对各个项目中的每个摄像机的机位都要进行眩光计算，眩光计算将按照比赛项目分别进行计算。

（1）足球摄像机眩光计算；

（2）田径跑道摄像机眩光计算；

（3）标枪项目摄像机眩光计算；

（4）铅球项目摄像机眩光计算；

（5）铁饼、链球项目摄像机眩光计算；

（6）跳远摄像机眩光计算；

（7）跳高摄像机眩光计算；

（8）撑竿跳高摄像机眩光计算。

国家体育场场地照明系统的所有灯具投射角全部控制在 68° 以下。

例：在足球眩光的计算中为了更好地控制眩光，在 FIFA 的文件基础上，增加了在大禁区角上的眩光观测点，全部观察点的最大眩光数值为 42.0，满足技术要求，见图 7-64。

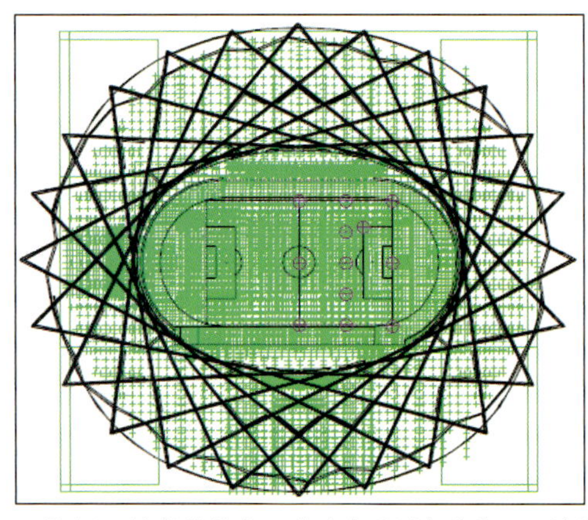

运动员位置	最大眩光值
FB	33.5
FB1	33.5
FB2	35.2
FB3	37.3
FB4	39.6
FB5	38.2
FB6	42
FB7	37.5
FB8	37.3
FB9	39.6
FB10	38.2
FB11	42
FB12	38.3

图 7-64　计算软件中足球眩光观测点的位置及计算结果

2.6.2 逸散光控制

ULOR 是指照明中，朝向水平面以上发射的部分，这部分灯光被称为 ULOR，或上射光。如图 7-65 所示，上：逸散光强烈，光污染严重；下：逸散光得到非常好的控制。国家体育场场地照明系统深化设计时，列出了各个模式下的 ULR 计算结果，除此之外，针对每个灯具都有响应的 ULR 计算结果，全部结果数据完全小于 5%，满足 CIE126 的相关要求，同时也体现了绿色奥运的精神。

图 7-65　散光的效果

2.7 灯具热量对 PTFE 膜的影响

由于国家体育场场地照明的灯具均安装在两层 PTFE 膜之间，前排马道上更是双层布置灯具，考虑到建筑的美观及一致性，灯具的安装位置离 PTFE 膜均很近。而场地照明用的灯具均为大功率 2kW 的透光灯具，灯具本身的温度较高，因此设计中应严格考虑灯具发出的热量对体育场 PTFE 膜的热辐射影响，保证 PTFE 膜的性能不受灯具热量的影响。

通过在实验室对体育场中所选用投光灯具 MVF403/2kW 的热量测试，证实了灯具的散热良好，热辐射的方向控制良好。根据对灯具周围热量的测试，在供电电压高于正常电压 6% 的恶劣使用条件下，温度环境与室外恶劣自然温度环境基本相仿，在 PTFE 膜的正常使用温度范围内，可以忽

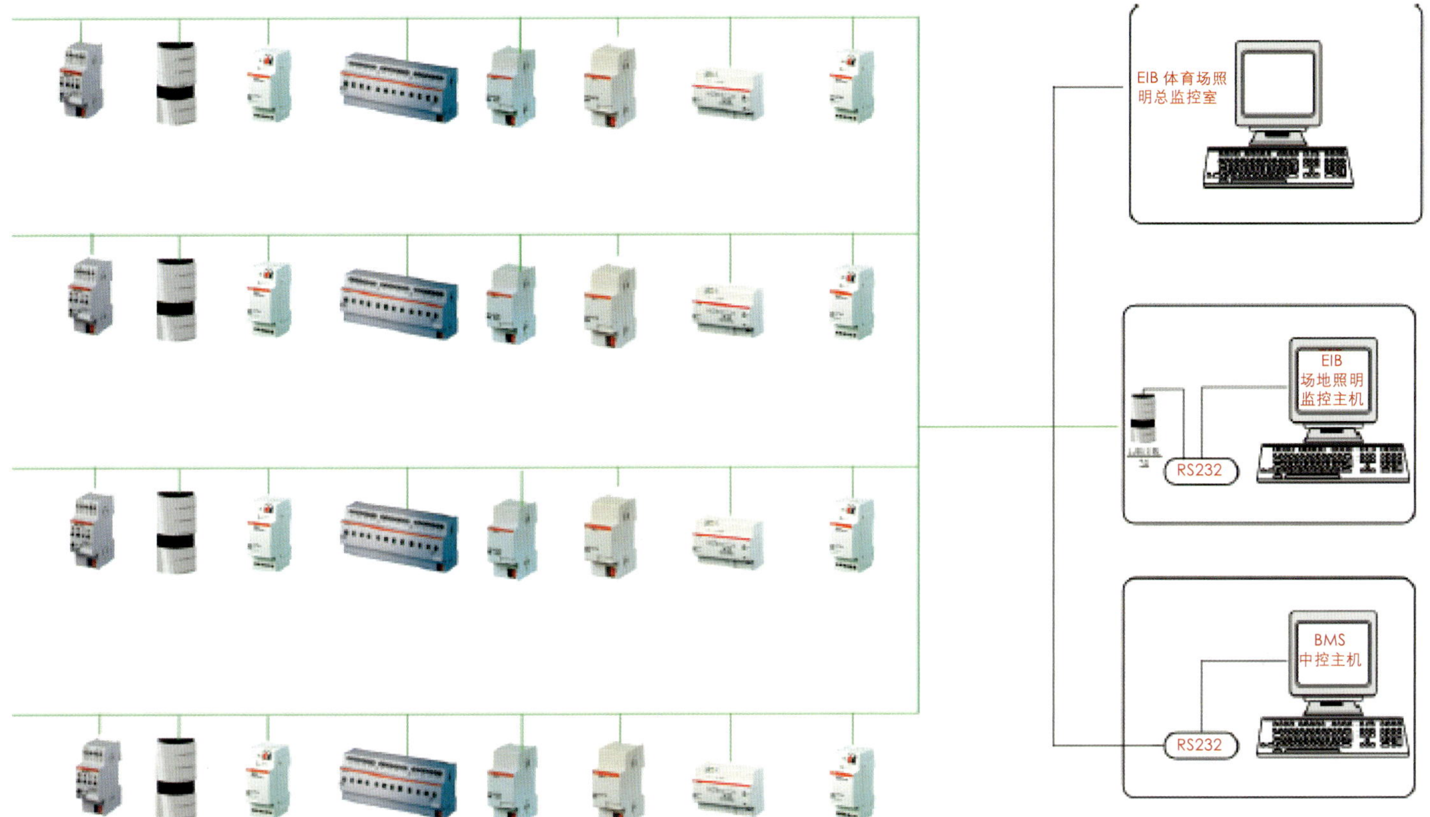

图 7-66 国家体育场 i-Bus 系统结构示意图

略灯具热量对膜的性能及寿命的影响。

所以所选用的灯具及其安装位置是正确可靠的，不会对 PTFE 膜造成过热的影响而损坏其性能。

2.8 照明控制模式

2.8.1 控制模式

日常维护，训练、娱乐，俱乐部比赛田径比赛，俱乐部比赛足球比赛，无电视转播国内、国际田径比赛，无电视转播国内、国际足球比赛，彩电转播的一般田径比赛，彩电转播的一般足球比赛，彩电转播的重大田径比赛，彩电转播的重大足球比赛，高清晰彩电转播的田径比赛，高清晰彩电转播的足球比赛，高清晰彩电转播的全场照明，应急电视转播照明，观众席照明，应急安全照明等。

控制系统由于基本采用分散控制形式（俗称单灯单控），每个灯具都有自己的控制终端模块，因此增加的控制模式不会对整个系统造成多余的用电负担或增加安装施工的工程量。

2.8.2 控制方式

场地和观众席照明 i-bus 系统进行控制，以解决场地区域较大，控制点较多，控制复杂的问题，并且借助综合布线系统的网络，也可以降低成本，降低场地照明整个布线系统的复杂程度和难度。见图 7-66。

3. 系统安装及调试

3.1 场地照明系统设备安装

工艺流程：

熟悉图纸——检查灯具——安装灯具——通电试运行

3.2 场地照明系统调试

调试时首先按图 7-67 所示进行单个灯具的瞄准工作，然后按模式进行测量：各开灯模式下的水平照度测量；各开灯模式下的垂直照度测量；计算平均照度；计算均匀度；计算梯度；计算各观测点的眩光值；最后完成调试报告。

4. 系统检测

针对国家体育场场地照明系统的特殊性，国家体育场场地照明系统由相关政府部门聘请第三方有资质的检测单位进行了现场检测，经检测，系统实测指标全部达到设计要求。

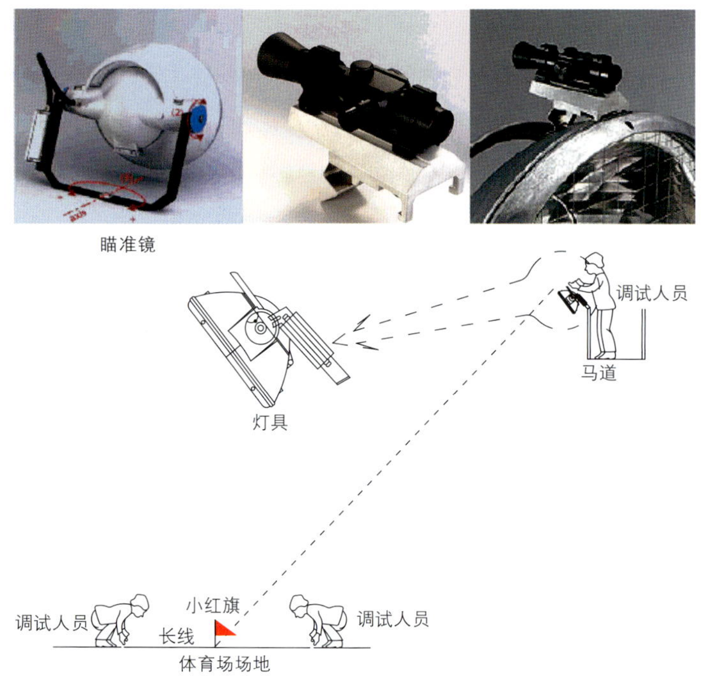

图 7-67　调试示意图

第八节　立面照明技术

1. 方案设计理念

国家体育场夜景方案同样与中国文化紧密相关。中国红主题在夜景效果中再次得到提升，红墙在灯光的照射下更具魅力。在重大节日或者盛大活动期间，红色部分效果将产生明暗变化模拟展现呼吸、心跳场景，甚至能展现简洁的图案渲染现场的热烈气氛。

而由红墙和钢结构共同营造的外立面剪影效果更是与中国剪影、窗花等文化息息相关。由此产生很强的视觉效果，使建筑物在白天和夜晚具有截然不同的外观。

夜景效果是通过对不同建筑元素的照明累积实现的，包括内层的柱子、红色的看台背面以及红色的核心筒外墙。作为集散厅普通照明的补充，屋顶起辅助作用的效果照明灯具安装在内部且在立面顶部，从而形成全面发光的效果。这些元素的效果照明可以通过开关组合控制，达到不同的整体效果。

在举办奥运会这类盛大活动时，国家体育场的夜景效果格外重要。不仅要考虑正常视点的外观形象，还要考虑直升飞机摄像从上空俯瞰的效果。

国家体育场立面照明分为三大部分，一是核心筒（功能区空间）外墙和观众看台背墙的红色墙面部分，用红光投射照亮；二是外立面钢架结构的内侧及左右两侧形成的 U 形面，用白（黄）光投射照亮，外立面形成剪影；三是顶部上下膜结构之间的钢架结构也由白（黄）光投射照亮。

2. 夜景实施过程

在鸟巢夜景照明项目的实施过程当中我们经历了以下四个主要环节：一、试验；二、专家论证；三、实施安装调试；四、系统升级；

2.1 试验

国家体育场立面照明系统深化设计最主要的方式之一就是实验，首先找寻场地，搭建 1 ：1 局部模型，选购灯具，测试效果记录，对鸟巢红色墙面的表现取得了最直接最有说服力的数据，对日后的深化及改造提供了最可靠的依据，当然局部模型的实验仅仅是我们试验化解中的主要步骤之一，方案深化期间贯穿着多次在实验室或现场展开的针对光源显色性、灯具配光等技术性的实验，都为我们的项目提供了有效的数据帮助。见图 7-68。

图 7-68　夜景照明测试图

2.2 专家论证

组织国内外专家对鸟巢照明方案的实施展开了论证，由照明设计师对效果的把握，由电气工程师对供电安全实施的确诊，灯具厂商一同探讨产品结构及工期安排的保障。各行业专家结合我们的试验数据对鸟巢照明效果的会诊把脉在众多的技术环节取得突破和创新，为鸟巢夜景照明制定出了几近完美的实施方案。

2.3 实施安装调试

首先确定灯具安装确切位置，从零层开始逐层进行排查和现场定位，每根钢柱的位置每层楼板的错位充分的融合，结合灯具的配光角度确定投光灯的安装点位。红墙的灯具位置也由于空调管道和其他结构的原因变得没有规律可循，只能随结构的走向来定制。解决了管线路由的复杂走向、玻璃隔断和核心筒墙体的错综都给现场施工造成各种影响。

2.4 系统升级

现场效果越来越清晰，随之而来的是社会各界对鸟巢夜景效果越来越高的期盼，经过专家专场分析论证，充分论证了夜景照明效果提升的可能性，增加了的动态效果和金色场景的设计理念。

3. 技术难点特点

鸟巢的夜景照明方案中“红墙的色彩还原和照度均匀度”；“钢结构均匀度与眩光控制之间的平衡”是两大技术难题。

中国红是鸟巢的一大文化主题，在白天墙面在日光照射下红色偏暗钢结构明亮，而在夜晚红墙在灯光照射下显得越发富有张力，而钢结构在红墙和内层钢架的灯光映射下又展现剪影效果，由此红墙的照明效果就变得尤为重要，不仅在亮度上要达到指标与周边的水立方等建筑形成呼应，在立面的均匀度方面也需要尽量提高使得上下不同层红墙形成整体，更为重要的是影响观赏者情绪的色相的表现：在白光的透射下红光显得饱和度不够，在纯红光的照射下又显得生硬过于艳丽，与周边的环境欠缺融合，白光与红光相加能表现较为纯正的红色，但色调偏冷过于严肃，经过多次试验在红光中加入白光和黄光并按照 4 ∶ 3 ∶ 3 的比例进行调配，使得红墙表现于纯红与橘红之间，色调偏暖与现场纳灯光环境相互融合又形成适当对比，堪称最佳效果。

剪影效果是鸟巢夜景照明效果特有的文化主题，通过内亮外暗的效果使得本来就最具吸引力的外层钢结构呈现了与白天截然不同的一面，为整个建筑平添几分魅力。除了人们从外观上知觉感受到的，外层钢结构以内，到观众坐席之间的部分才是鸟巢更加复杂更加立体的空间结构。此间有用于结构支撑的混凝土柱和钢柱，又有最主要的通道大楼梯，有卫生间，设备间，贵宾包间等功能性室内空间，也有巨大的疏散大厅与其特有的功能性照明灯具，有特殊配比调制的漆面材质，也有鸟巢随机纹理的夹层玻璃隔断墙，在这些功能性极强的结构空间中找寻适当的投光灯安置位置，相当困难，既考虑照明的均匀性，又必须避免大楼梯、通道、室内空间等位置的眩光，除了现场试验不同方向观察外没有什么办法能够兼顾这些元素之间平衡，当然在这种典型的复杂场合的投光照明项目中，特制防眩光格栅作用也起了非常大的作用。当这些结构都用适当的照明形式照亮后，整个鸟巢内层比白天更立体的元素最丰富的结构空间得到了充分的展示，而外层钢结构在这些元素的映衬下，展现出特有的剪影效果。

4. 场景切换介绍

根据体育场使用的不同情况——平日、节日及大型活动、重大节日及盛大活动等级别，分别设计不同的总体照明效果。体育场的功能照明也兼顾这个目标。在功能照明的基础上，附加设置效果照明，从而实现总体的照明设计原则。

鸟巢夜景照明效果在设计已开始及考虑了不同的场景切换开启，这样既最大限度的起到节能效果，又使得鸟巢可以有不同的夜景观在不同时段得以呈现。鸟巢外层钢结构和屋顶膜结构分为 4500k 白光和 2700k 黄光两个模式，两种光色的模式又可分别开启立面钢结构或者屋顶膜结构 ，形成四项有效照明元素的不同组合。而红墙本身的照明方式可以展现静止的或动态的场景，既可以有整体的照明明暗变化，也具备分层分段组合图案的功能，通过控制动态的速率及图案形式红墙作为最丰富的单体元素与钢结构及膜结构进行有选择的组合，国家体育场鸟巢成奥运中心区最具气魄的标志性夜景观建筑。

5. 设计图与实际效果对比

图 7-69、图 7-70 是设计图与实际效果图的对比，由此可见，国家体育场立面照明实际效果完全达到了设计的要求。

图 7-69　夜景照明设计图

图 7-70　夜景照明实际效果图

第九节 管线综合布排技术

1．特点、难点

（1）由于“鸟巢”独特的造型，形成了其独特的建筑风格：整体要形成“鸟巢”独特的风格，虽有一定的内在规律，但很难满足管线横平竖直即管线与管线之间要平行或垂直，管线与建筑参照物之间要平行或垂直，布局要讲究左右对称的要求。所以，鸟巢的建筑风格使机电安装难度非常大，具体体现在以下几个方面：

1）纵向看：多层布局不一致，上层与下层完全不一样。

2）横向看：同层各房间布局不一致，在体育场很难找到两个完全一样的房间（少数对称房间除外）。

3）从结构上看：柱多，梁多，柱没有一根是垂直的，全部是倾斜的，倾斜角度各不相同；梁在看台板下部的全是斜梁，其他地方为水平梁，但宽度、高度变化很大。

4）从房间内看，房间为不规则房间、多边形房间，墙与墙的交角为任意角，很少有 90 度常规角度。

（2）从管道工程专业本身来说，管材选用品种多，规格多，连接形式多，不同连接形式的管道要做到转弯角度一致难度非常大。具体管材和连接形式如下：

1）给排水专业：

A. 冷热水管采用铜管，采用钎焊连接。

B. 排水横支管采用高密度聚乙烯管，热熔连接，通气管、立管及排出干管采用抗震柔性接口机制排水铸铁管，AC 承插式柔性法兰接口。

C. 中水管道采用内筋嵌入式衬塑钢管，快装专用连接件连接。

D. 直饮水管采用食品级薄壁不锈钢管，卡压连接。

E. 消火栓管道采用无缝钢管，焊接连接。

F. 自动喷水和水喷雾管采用热浸镀锌钢管，$DN < 100$ 者螺纹连接；$DN \geqslant 100$ 者采用沟槽柔性连接。

G. 气体灭火系统管道采用厚壁无缝钢管，镀锌法兰连接。

2）暖通专业

A. 空调水系统冷、热水管 $DN < 80$ 采用焊接钢管；$DN \geqslant 80$ 采用无缝钢管。连接形式：$DN < 40$ 丝扣连接；$DN \geqslant 40$ 时焊接。冷凝水管采用热浸镀锌钢管，丝扣连接。零层空调水干管采用沟槽连接。

B. 采暖系统 $DN < 80$ 采用焊接钢管；$DN \geqslant 80$ 采用无缝钢管。连接方式：$DN < 40$ 丝扣连接；$DN \geqslant 40$ 时焊接。

（3）因建筑的不规则性及管道的多样性，造成管道安装更难满足横平竖直的要求，且需特制的异形管件多。

管件品种很多，但每种数量很少，如果全部加工异形管件。一是时间不允许；二是每种异形管件数量较少，成本太高；三是管件品种太多，无法全部定型加工；四是有时施工现场与图纸不一致。因此，只能加工一些比较通用的管件通过组合来达到管道转折目的。

2．综合布排工作内容

机房工程

每个空调机房、水泵房等做管线布置平面图，成果最终体现在施工方案中。

3．管线综合布排原则

3.1 机房内管线布排原则

（1）进出设备的管线垂直设备接口布排，其余管线平行设备布置；

（2）同类机房的管线支架应统一型式；

（3）需操作的部件（阀门、控制开关等）安装在便于操作的位置，且其安装位置、方向等一致。

机房布置效果见图 7-71~ 图 7-73。

图 7-71 变配电站布置图

图 7-72 水泵机房布置图

图 7-73　冷冻机房布置图

3.2 零层环道布排原则

（1）环道内各专业管线在 112 个轴线位置的定位应满足零层环廊相应轴线位置的剖面定位，管道找弧线的折线放在两轴线之间完成，见图 7-74、图 7-75。

图 7-74　零层管廊布置图

图 7-75　零层风管布置图

（2）最上层给排水专业管道按 *DN*250 铜管布排，各专业管道尽量平行于铜管安装，支吊架采用普通支吊架。

（3）中间暖通区域空调水及采暖水管道的布排按照设计人审批的深化设计图纸进行，风管的布排应与空调水管道布排协调统一，支吊架选用成品支架。

（4）最下层电气区域电缆桥架支吊架亦选用成品支架，桥架应弧形布排，要求同层桥架间布排必须统一。

（5）环道转换段位置的所有管道支架要求选用成品支架。

（6）环道核心筒位置的管线翻身应满足本剖面图的要求。

零层环廊布置最终效果见图 7-76。

图 7-76　零层环廊布置图

3.3 三层走廊布排原则

（1）D 轴以内管线按环轴布置，基准为喷洒主干管线，其余管线布置与其折点一致。见图 7-77。

（2）钢结构组合菱形内柱穿楼板处核心筒外侧范围集散厅管线按环轴布置。

（3）核心筒周边其余部分管线沿核心筒墙体布置，其余集散厅按环轴布置。

图 7-77　三层管廊布置图

（4）房间内管线布置原则上以风管为基准，各专业管线平行风管布置，风管应平行于房间一侧墙安装。

3.4 四层走廊布排原则

（1）走道内喷淋管道、电缆桥架及空调、通风管道均沿包厢墙体布置，各类管线要求折点一致。

（2）靠近玻璃外围幕墙的管道沿幕墙布置。

（3）房间内管线布置原则上以风管为基准，各专业管线平行风管布置，风管应平行于房间一侧墙安装。

第十节　综合调试技术

1. 总则

机电综合调试是体育场专业功能实现的关键，是建筑功能最重要的组成部分之一，为加强机电综合调试工作的管理和质量验收，确保机电工程各系统和综合功能的实现，更好地协调机电各专业统一、有序地进行调试工作，特制定本作业指导书。

本作业指导书作为国家体育场机电综合调试指导性文件，明确了各单位职责及分工，建立了指挥、协调、操作及应急系统，规定了调试程序、调试方法及进度安排，以确保调试工作的顺利进行。本作业指导书是根据国家体育场总控进度计划及工程实际情况编制的，内容涵盖了国家体育场机电工程各分部（智能建筑、电气、暖通、给排水及电梯），不包含体育工艺相关系统。

2. 组织机构

针对不同调试阶段，成立相应的组织机构。

2.1 试运行期间

以业主为主体，成立以下组织机构：

领导小组：业主；

现场指挥协调组：业主、使用单位；

专业协调组：业主、使用单位；

操作作业组：业主、使用单位；

紧急预案组：业主、使用单位；

后勤保障组：业主、使用单位；

保驾/维修、培训组：总包、机电分包；

物资保障：业主、总包。

2.2 联合调试期间

以总包为主体，分别成立消防报警与联动和楼宇自动控制综合协调性组织机构。

2.3 子系统调试及单机试运转期间

（1）暖通组（专业分包单位为主体）。

（2）给排水组。

（3）变配电组小组。

（4）场地照明组小组。

（5）照明组。

（6）建筑设备监控小组。

（7）消防小组。

（8）音/视图像系统小组。

（9）通信/网络/公共信息系统。

（10）办公自动化、集成系统小组。

（11）防雷接地、等电位小组。

3. 调试部署

3.1 调试总体部署原则

为实现国家体育场工程工期、质量、安全及功能等方面的目标，确保奥运期间机电系统顺利运行，满足奥运赛事及赛后的使用功能要求。

3.2 调试总体顺序

单机试运转—子系统调试—联合调试—试运行。其中单机和子系统调试 2007 年 8 月 15 日前完成，热调在 2007 年 11 月 15 日开始，联合调试 2007 年 10 月 31 日前完成，试运行视负荷情况安排，原则上在 2007 年 12 月底完成，不涉及联合调试的子系统调试可在试运行期间进行调试。

3.3 调试组织原则

单机试运转和子系统调试按施工任务划分原则执行，即：谁施工谁组织并实施调试；联合调试由总承包部组织，涉及的专业公司实施，业主、设计及监理单位监督、协调。

3.4 调试保障原则

为满足综合调试工作，在调试期间必须提供水源及电力，并有相应的排水点和排水设施，根据体育场施工实际情况，具体部署如下：

3.4.1 给水

体育场水源来自用地东侧的北辰东路 *DN*800 和用地西侧景观路 *DN*600 的市政给水管接出的 *DN*250 给水管。根据大市政情况确定给水管路，需业主给出大市政详细资料及现状情况，以确定给水管路的可实施性。在调试期间给水方面拟定在 2007 年 5 月底保证提供一路给水管，即从体育场东南方向北辰东路 *DN*800 的市政给水管接出 *DN*250 的进户管与鸟巢内部给水环状管网连接，供水压力为 0.18~0.20MPa。给水管道强度及严密性试验和冲洗试验在调试前进行完毕，以保证调试供水量和水质的要求。市政中水给水管暂不考虑供水，调试期间中水设备及系统调试均采用自来水调试。

3.4.2 排水

国家体育场排水为污水和雨水分流制管道系统。室内污水在红线以内汇集后分别经东侧 200m^3 化粪池和南侧 100m^3 化粪池及隔油池后向东、南两个方向排入体育场用地东侧湖边东路的 *DN*500 污水管道和南侧北四环规划的 DN500 污水管道。

3.4.3 电力

体育场的变电所共有 8 个，由于受外围基座施工及施工进度的影响，变电配电系统的施工与调试分两步进行，即 2007 年 7 月中旬先对 1 号、2 号、7 号变电所的配电设备进行安装调试，以 1 号变电所作为施工样板，调试完成达到验收条件后，先对其进行验收、供电。其余变电所待达到施工条件后再进行安装、调试，在经验收合格后，先引进 1 号变电所电源，进行送电试运行。待西侧结构完成及南泥沟高压送入体育场后，再对 3 号变电所进行验收、送电，见图 7-78。

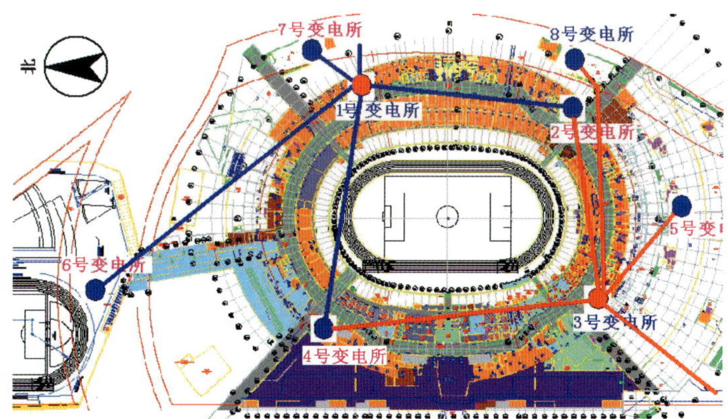

图 7-78　变电所、柴油发电机房的位置

3.4.4 电讯

（1）有线电视 / 电视转播系统：有线电视系统由北京歌华在赛时根据奥组委要求随时提供相关外部条件、外部信号。

（2）程控交换机：在 2007 年 8 月 15 日前市政电话外线、光纤进户，并完成通信机房内的市政端的设备安装调试。

（3）数据网络系统：在 2007 年 8 月 30 日前市政网通的外线、光纤进户，并完成网络机房内的市政端的设备安装调试。

（4）LED 大屏显示：2007 年 10 月 15 日零层 LED 大屏显示的信号源接驳到位。

（5）安保系统与奥组委指挥中心接口：奥组委指挥中心要求在赛时能够对国家体育场的数字监控系统进行控制和报警信息处理，在 2007 年 4 月底完成软件接口测试，8 月底完成从指挥中心到国家体育场零层控制管理中心的光纤数据硬件链路测试。

4. 调试内容

4.1 消防联合调试

调试流程见图 7-79。

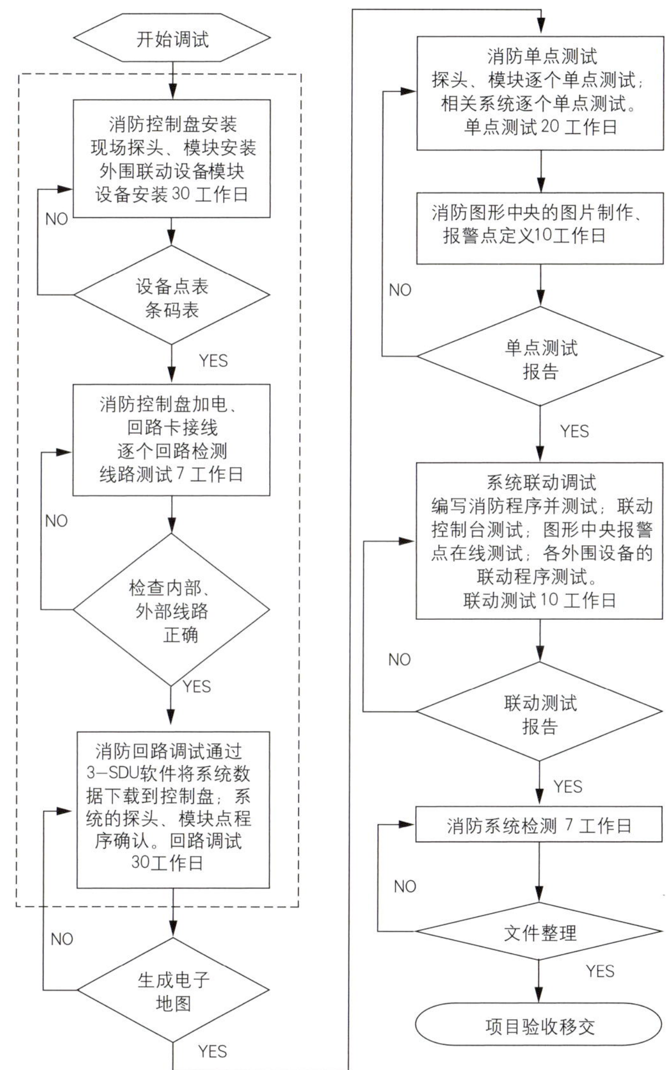

图 7-79　消防联合调试流程

4.2 建筑设备监控系统调试

调试流程见图 7-80。

4.3 通风与空调工程调试

调试流程见图 7-81。

4.4 智能建筑系统

4.4.1 建筑设备监控子系统调试（同 4.2）

4.4.2 消防调试（同 4.1）

4.4.3 安全防范系统调试

调试流程见图 7-82。

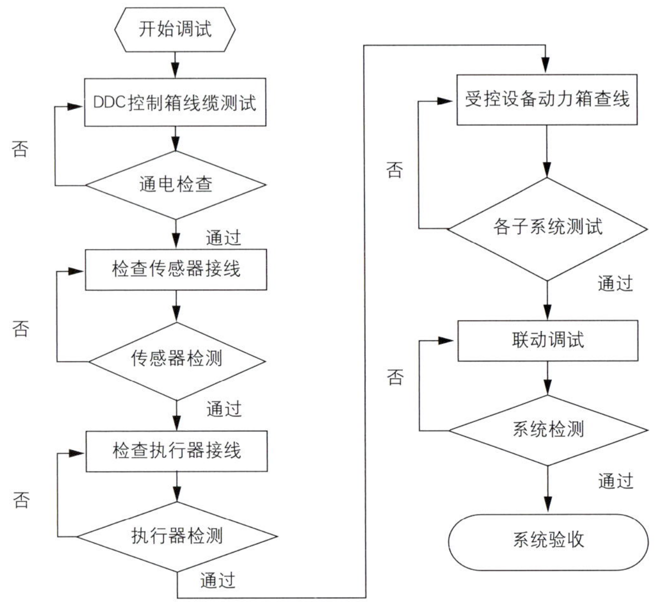

图 7-80　建筑设备监控系统调试流程

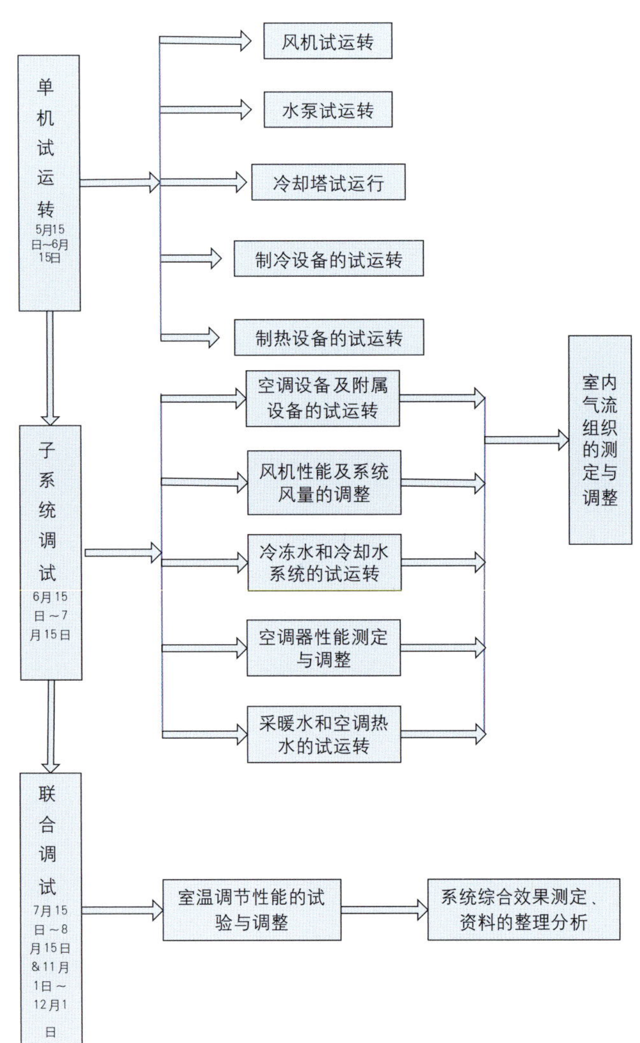

图 7-81　通风与空调工程调试流程

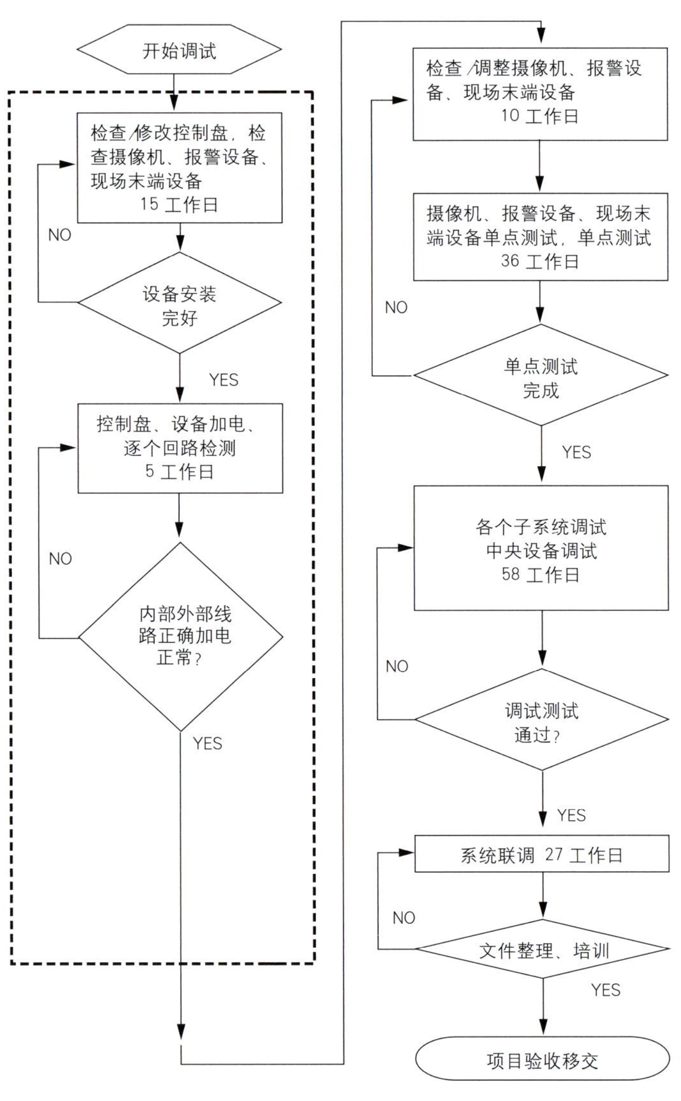

图 7-82　智能建筑安全防范系统调试流程

4.4.4 建筑设备集成管理系统调试

调试流程见图 7-83。

4.4.5 综合布线系统调试

调试流程见图 7-84。

4.4.6 通信网络系统调试

调试流程见图 7-85。

4.4.7　数据网络系统调试

调试流程见图 7-86。

4.4.8 卫星有线电视系统调试

调试流程见图 7-87。

4.4.9 公共广播系统调试

调试流程见图 7-88。

4.4.10 多功能会议、扩声和同声传译系统调试

调试流程见图 7-89。

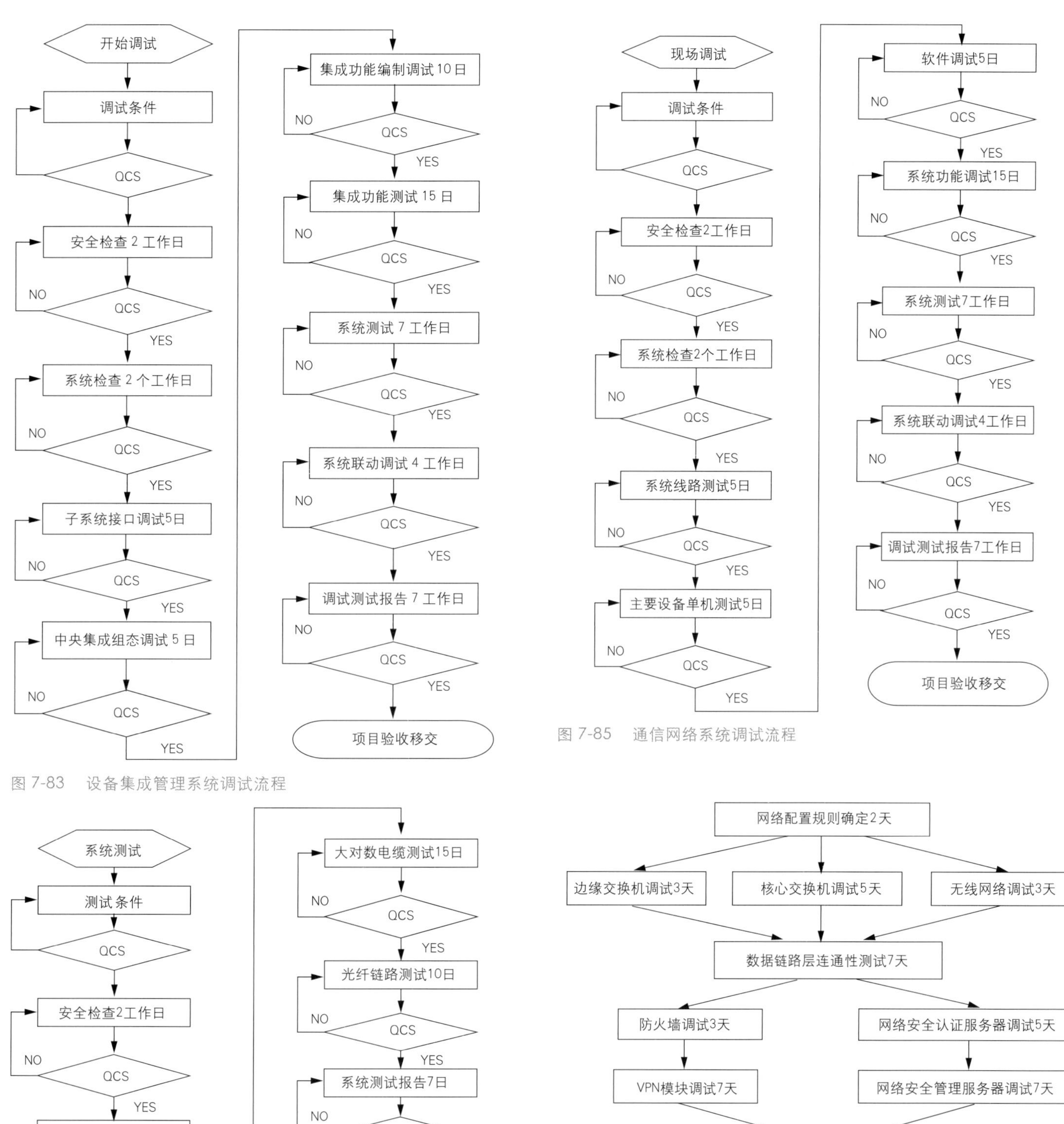

图 7-83　设备集成管理系统调试流程

图 7-85　通信网络系统调试流程

图 7-84　综合布线系统调试流程

图 7-86　数据网络系统调试流程

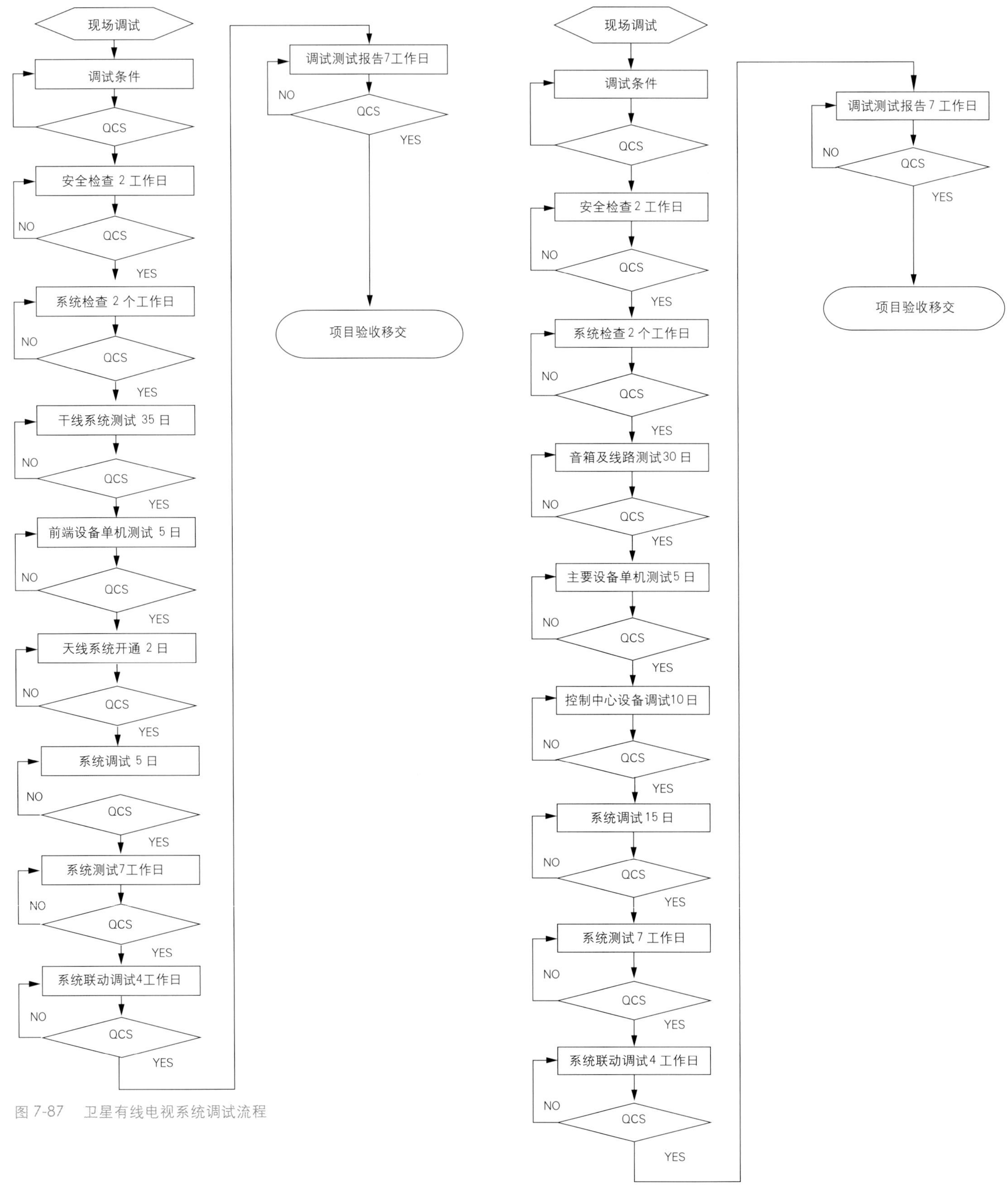

图 7-87　卫星有线电视系统调试流程

图 7-88　公共广播系统调试流程

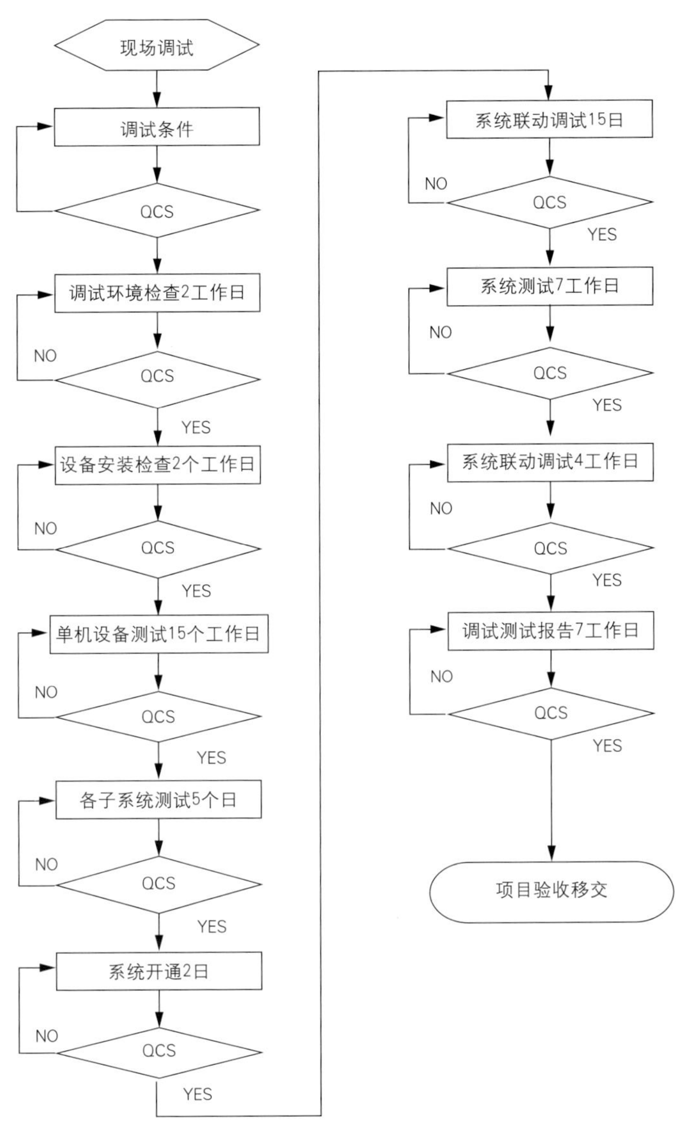

图 7-89　多功能会议、扩声和同声传译系统调试流程

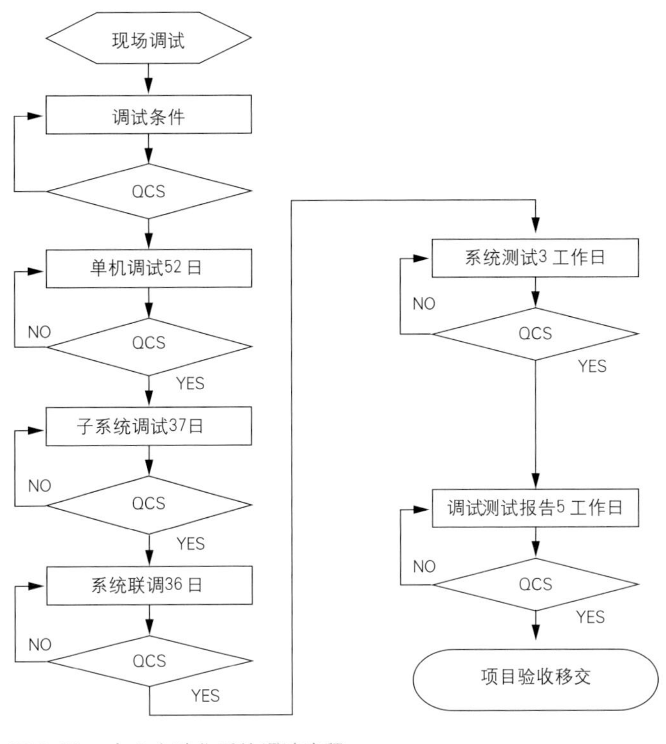

图 7-90　办公自动化系统调试流程

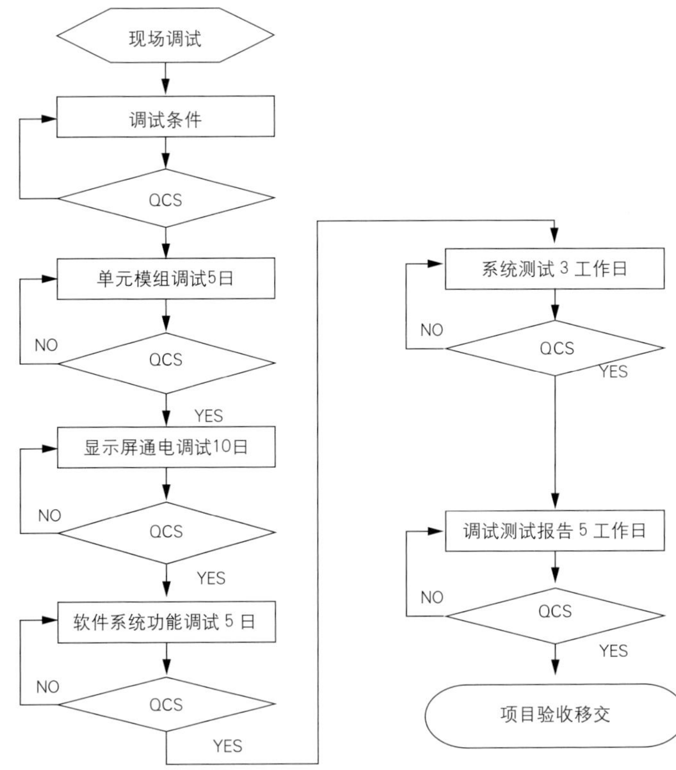

图 7-91　信息显示系统调试流程

4.4.11 办公自动化系统调试

调试流程见图 7-90。

4.4.12 公共信息系统调试

信息显示系统调试流程见图 7-91。

时钟系统调试流程见图 7-92。

4.4.13 售验票系统调试

调试流程见图 7-93。

4.4.14　场地扩声系统调试

调试流程见图 7-94。

4.5 变配电系统调试

调试流程见图 7-95。

4.6 柴油发电机调试

调试流程见图 7-96。

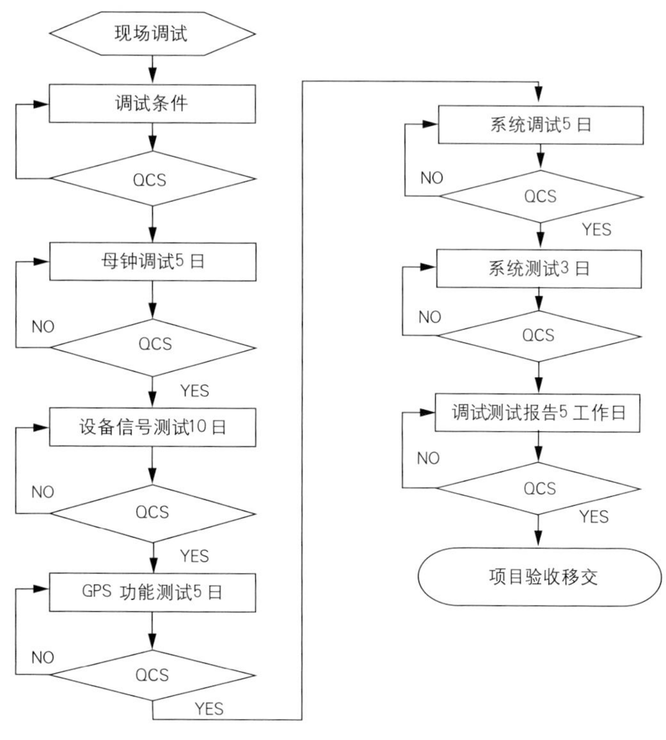

图 7-92　时钟系统调试流程

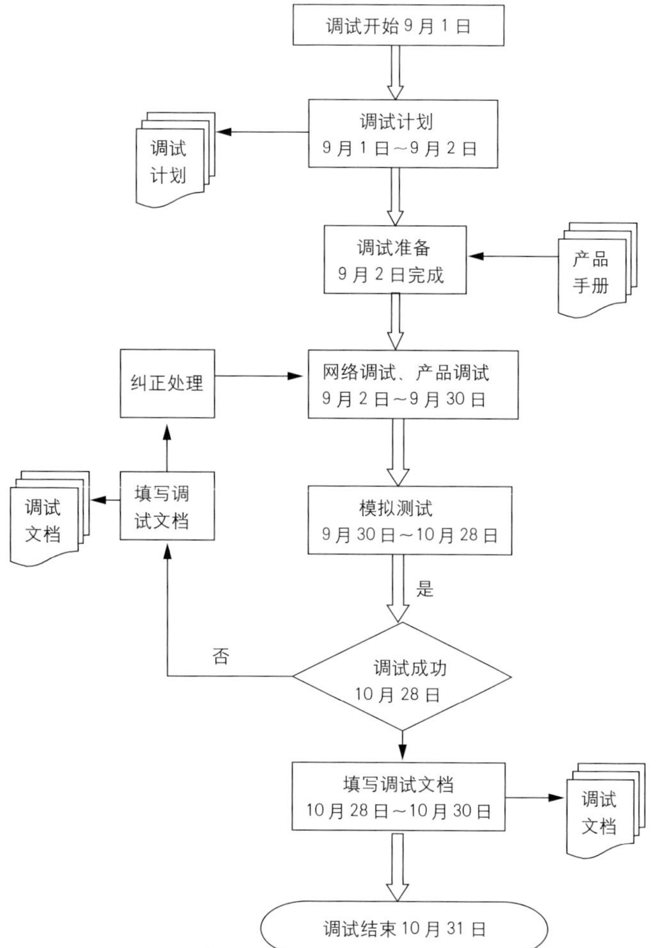

图 7-93　售验票系统调试流程

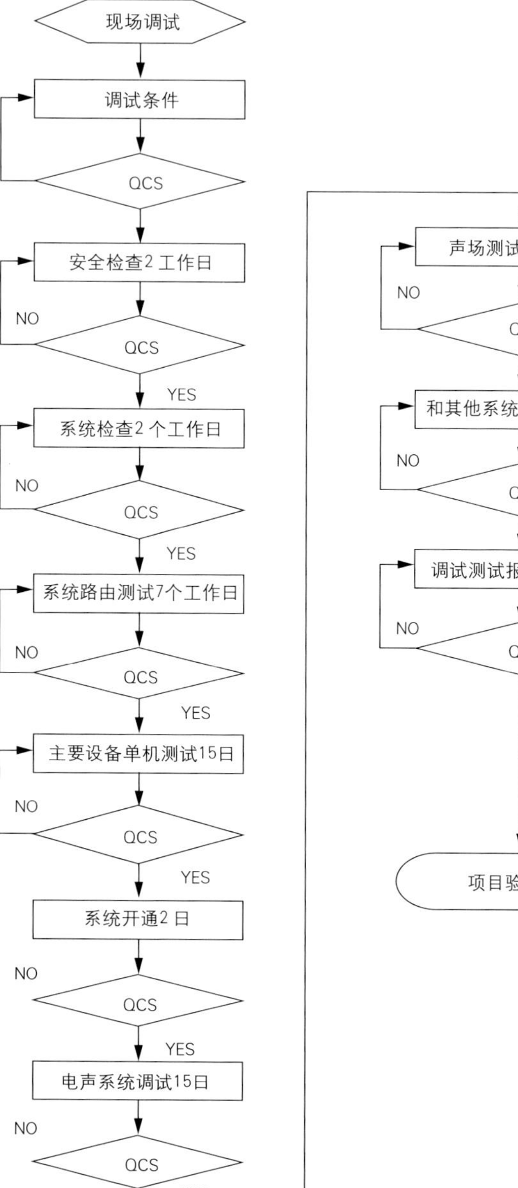

图 7-94　场地扩声系统调试流程

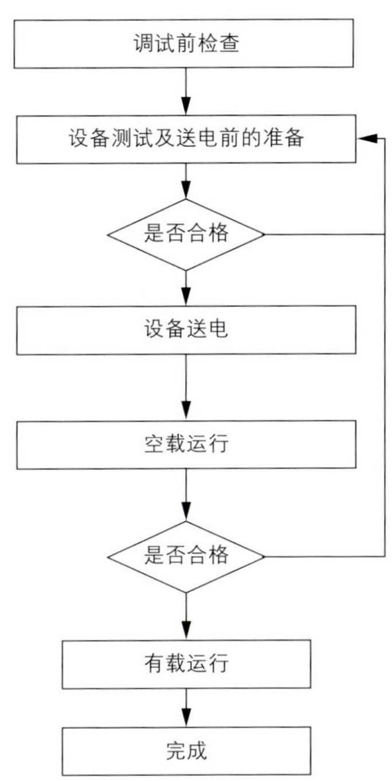

图 7-95　变配电系统调试流程

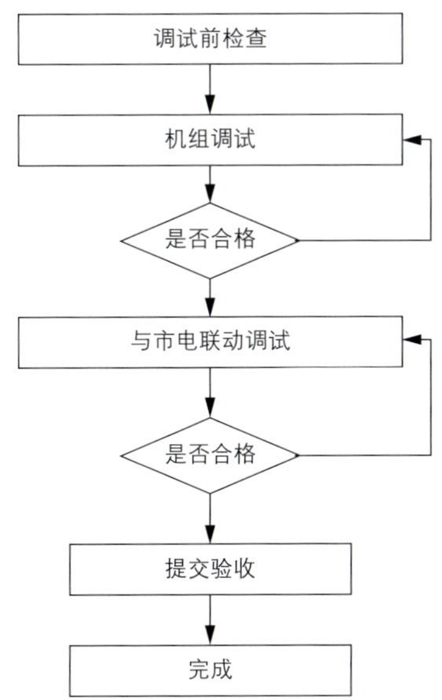

图 7-96　柴油发电机调试流程

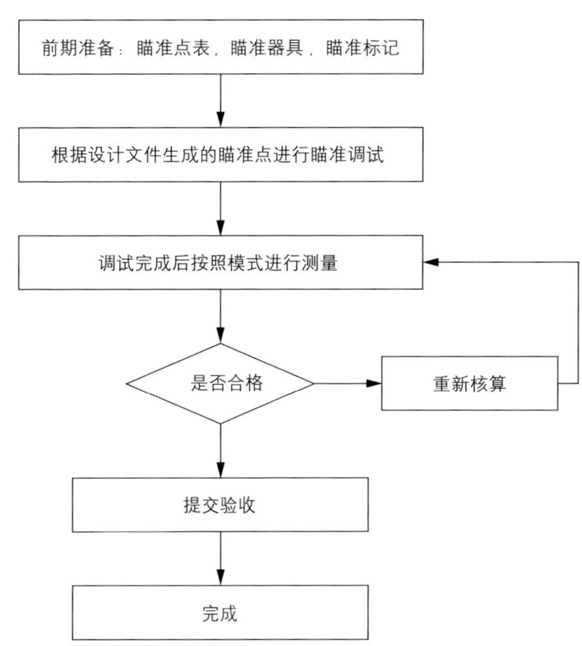

图 7-97　场地照明调试流程

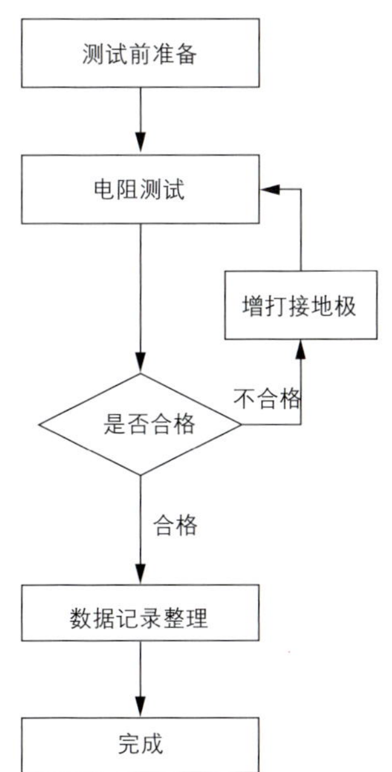

图 7-98　其他照明调试流程

4.7 照明系统调试

场地照明调试流程见图 7-97

其他照明调试流程见图 7-98。

4.8 给水系统调试

4.8.1 生活给水系统调试

生活给水调试流程如下：

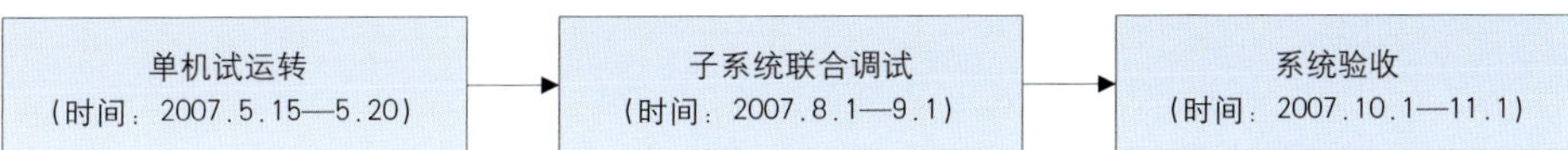

4.8.2 热水系统的调试

生活热水调试流程如下：

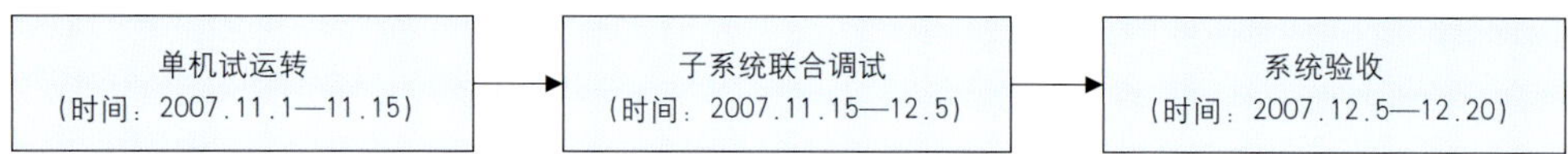

4.8.3 中水系统调试

中水调试流程如下：

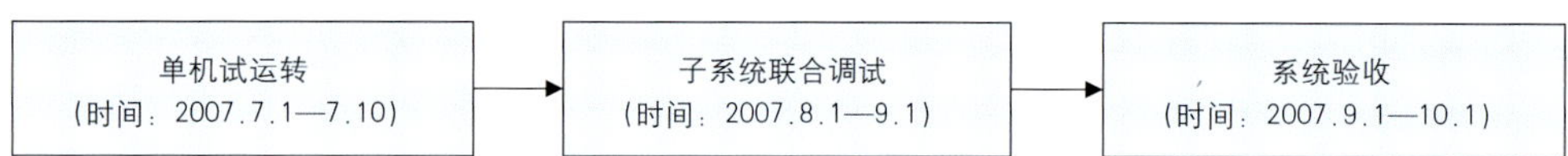

4.8.4 直饮水系统调试

直饮水调试流程如下：

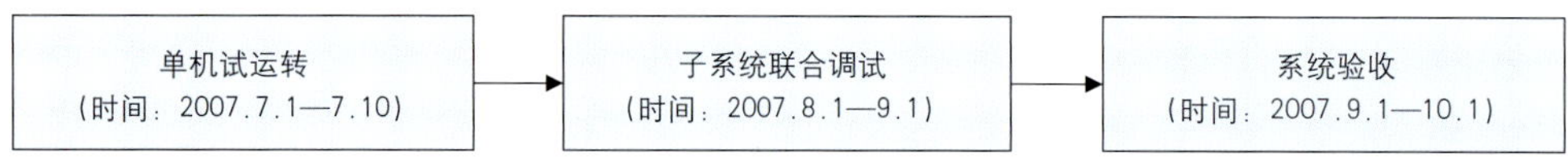

4.8.5 消火栓系统调试

调试流程如下：

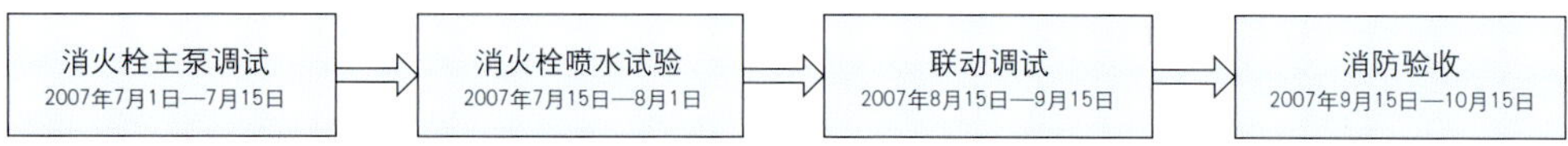

4.8.6 自动喷洒系统调试

调试流程如下：

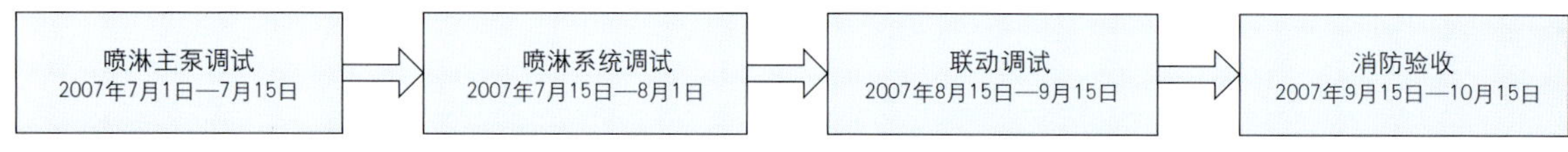

4.8.7 水喷雾系统调试

调试流程如下：

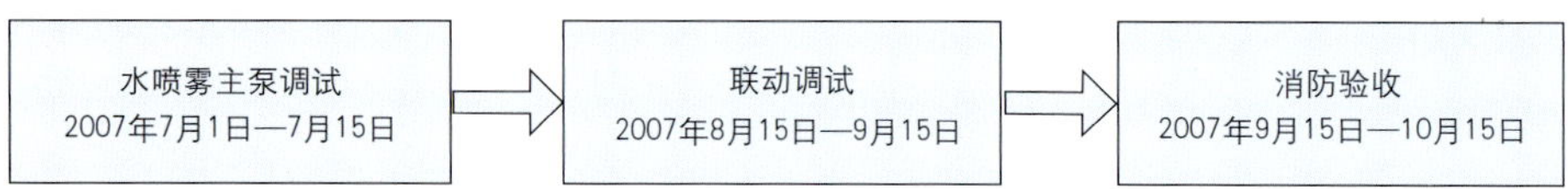

4.9 排水系统的调试

4.9.1 压力排水系统调试

压力排水调试流程如下：

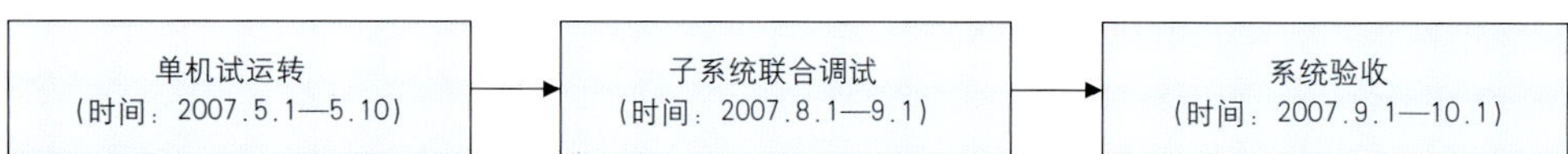

4.9.2 屋面排水系统

整个屋面雨水排水系统安装完成后，做系统排水能力试验。

(1) 水槽上游系统排水能力试验方法：因屋面天沟都为坡天沟，没法在天沟内储水用容积增减法进行试验，只能通过模拟当地 100 年重现期暴雨强度雨量，用供水设备将设计用水量输送到某一屋面天沟内，观察雨水斗排水两分钟，如雨水斗处水位在天沟高度以内，则系统排水能力满足设计要求（做一个系统）。

(2) 水槽下游系统排水能力试验方法：可用单位时间内水容积增减方法进行试验。上游排水系统是由三个或两积水槽通过管道连接构成，故先将系统的出口密封，然后往该系统所有积水槽灌水，持续加水（要求水深小于 0.4m，供水量应满足按设计排水量排放一分钟），打开排出口 5s 后，记录 30s 内积水槽水量变化量并计算：排水能力 = 水容积变化量 / 时间，通过计算可得出排水能力是否符合系统设计流量要求（做一个系统）。

4.9.3 雨洪利用

本系统调试主要涉及两大部分：雨水收集部分和雨水处理。

4.10 电梯、扶梯

4.10.1 电梯

调试流程：调试前检→电梯的整机运行调试→试验运行。

4.10.2 扶梯

调试流程：准备工作→通电前检查、调试→试运转。

第八章 比赛场地工程施工技术

第一节 田径比赛场地施工技术

1. 工程概述

国家体育场比赛场地包括田径比赛场地和移动草坪足球场，其中田径场包括主运动跑道及辅助区的跑道。本工程主跑道按400m综合田径场设计，半径36.5m，直道长84.39m，分道宽1.22m，共设九条主跑道。设置有全部田径比赛项目和一个国际标准尺寸草坪足球场，所设项目符合比赛要求。400m跑道内含一块105m×68m国际标准的天然移动草坪足球场。跑道基层为沥青混凝土结构层，结构层为4cm细粒式沥青混凝土和5cm中粒式沥青混凝土，总面积14058m^2。跑道面层为塑胶跑道，主场运动区域铺装跑道厚度为13mm；主场辅助等非运动区域铺装跑道厚度为9mm；加厚区范围厚度为20mm、障碍水池局部加厚为25mm，总铺装面积约1.4万m^2。田径比赛场总体效果见图8-1。

2. 主要施工技术

2.1 基层沥青混凝土施工

2.1.1 沥青混凝土摊铺材料要求

沥青混合料到工地温度不得低于170℃；保持基层干燥、清洁，碾压终了温度不应低于110℃；接槎处预热。做好各阶段的测温工作。

图8-1 田径比赛场总体效果

2.1.2 对运料车要求

运料车选用 20t 以上自卸车，运料车的车厢在装沥青混合料前清洗干净，并在车厢内侧涂刷油水（柴油：水 =1：3）混合物作隔离剂。同时运料车采用保温车，运输过程中覆盖保温棉及篷布，以防混合料温度损失过多和污染混合料。

2.1.3 沥青混凝土面层施工程序（图 8-2）

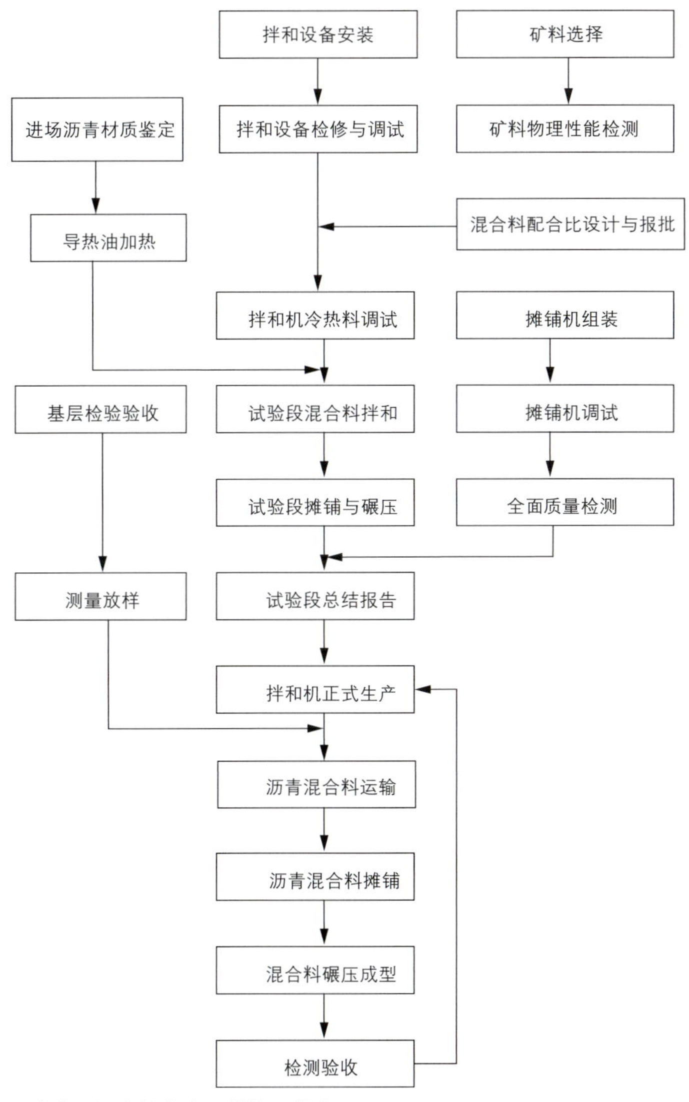

图 8-2 沥青混凝土面层施工程序

2.1.4 沥青混凝土摊铺方法

本次沥青混凝土摊铺半圆区采用一台 8820 型摊铺机进行摊铺，跑道及辅助区采用两台摊铺机进行摊铺，两台摊铺机相隔 5m 进行整幅摊铺，避免纵向接缝。

摊铺机起步时下垫等间距的三块木板，木板厚度为沥青混凝土压实厚度 × 松铺系数 1.25，且点火加热熨平板，使之温度达到 100℃以上方可起步。摊铺时摊铺机行进速度宜为 2~3m/min，其行驶速度由沥青混合料拌和及运输能力来确定，同时符合规范要求。摊铺施工中途不能变速或出现停机待料等现象，以防影响路面平整度。

因意外因素影响停机两小时以内的，保持熨平板继续加热，温度控制在 110℃左右；停机超过 2 小时的应将摊铺机驶离作业点，该段按施工缝处理。正常摊铺时，对于普通沥青混合料温度不低于 130℃，并不超过 165℃；对于改性沥青混合料不低于 160℃。施工气温低于 10℃时，停止施工。改性沥青混合料保持连续、均匀、不间断的摊铺，在摊铺过程中随时观察摊铺机的工作状态和摊铺层的外观质量，出现异常且调节无效时，立即停机查明原因，进行调整，对不合格的摊铺层经过整修仍不达标时，则铲除重铺，同时在摊铺过程跟踪检测质量，发现缺陷“趁热”修补，修补不好铲除重铺。

碾压所用设备为双钢轮压路机 DD-110，采用高频率振幅碾压 1~2 遍，再用 DD-130 双钢轮压路机高频率振幅碾压 2~3 遍，最后用钢轮压路机 DD-110 赶光 2 遍。碾压从低处向高处顺序碾压，双钢轮压路机每次碾压重叠宽度不小于 20cm，见图 8-3。

图 8-3 钢轮压路机进行沥青混凝土碾压

压路机行驶速度要均匀且符合要求，同时不得在新铺的路段上停留、转弯或急刹车。碾压过程中压路机开始喷洒雾状水，以防粘轮，同时设专人将离析料铲除并找补细料（图 8-4），对于压路机无法碾压的地方，采用墩锤或 BW-80 小型压路机将混合料碾压到位且密实，见图 8-5。

对于横缝处理，采用 3m 直尺量取接头沥青混凝土平整度，对于不合格部分划线，然后用人工垂直切除并设挡板，下次摊铺前在缝口上涂刷沥青粘层油以利连接。上、下面层间横缝间距应保持不小于 20cm 以上。碾压时沿着横缝进行，每次碾压都向新铺层伸进 20~25cm，直至整个压路机轮都

图 8-4　设专人铲除离析料并找补细料

图 8-5　小型压路机

压在新铺层上，方可沿着中线方向进行碾压（图 8-6）。沥青混凝土底面层和表面层铺筑时采用铝梁控制厚度及平整度。

在沥青混凝土面层冷却且低于 50℃后即可开放交通，同时在铺筑 12 小时后用钻芯取样机钻取芯样以测取其压实度、厚度等，并通过抽提试验测其油石比。

图 8-6　横缝处理

为了控制好沥青混凝土面层的平整度，在确保路床施工平整度的同时，采用较优的施工工艺、方法及设备控制好底基层、基层和下面层的平整度，从而确保整个路面的平整度（采用水准仪及靠尺）。

混合料与压路机配合作用是很重要的，处理得当可获得最佳密度，在压实作业中必须合理考虑压实机具和压实方法。

2.1.5 质量验收标准

跑道基层的技术标准。

（1）平整度：基础应具备有一定的强度和稳定性。基础不能产生裂缝和由于冰冻引起的不均匀冻胀。平整度合格率在 95% 以上，3m 直尺误差 3mm。

（2）坡度：横向 <1%，纵向 <0.1%，跳高区 <0.4%。表面应平坦，保证排水。

（3）强度和稳定性：沥青基础最好采用改性沥青。沥青压实度在 95% 以上，表面均匀坚实，平整无裂缝，无烂边堆挤。面层沥青应采用 AC5 碎石，底层沥青应采用 AC10 碎石。具体见表 8-1。

跑道基层技术要求　　　　**表 8-1**

序号	项目		质量要求		检查频率		检查方法
			标准	允许偏差	范围	点数	
1	压实度		95%	不低于	2000m^2	1	现场在构筑场区取样
2	厚度		设计厚度	±10mm	2000m^2	1	现场在构筑场区取样
3	平整度	径赛区	3mm	不大于	20m	1	用 2m 直尺、塞尺量或平坦度测量仪
		田赛区			各项目	1	
4	横坡	径赛区	0.1%	±0.1%	20m	1	用水准仪测
		田赛区			各项目	1	
5	高程	径赛区	设计高程	±10mm	20m	2	用水准仪测
		田赛区			各项目	2	
6	宽度		设计宽度	不小于	40m	1	用钢尺量

2.2 塑胶面层施工技术

2.2.1 产品概述

国家体育场塑胶跑道采用 MONDO 塑胶产品，跑道根据人体力学而使之具有良好的振动吸收性能和最大程度的负荷以及对负荷的均匀分布，从而达到使运动员减少用力和疲劳程度。该产品的高安全系数、卓越的多功能性、适应性都最大程度考虑到了产品的维护，并确保使用效果，为所有的运动选手减少肌肉和腱拉伤成为可能，为运动员提供了正确的弹力性能和更多的有利条件以保障运动员的安全。MONDO 产品针对运动员的足部而设计的，可达到的平整性、回弹性和不反光性，提供给运动员踏步安全，避免引起视觉眩乱。MONDO 对天然橡胶原料的精挑细选和严格要求，采用预先成型，高温压制制造工艺。

MONDO 跑道为二层结构，内含矿物填充料、环保色料和稳定剂等。拥有卓越的防烟头灼伤性能。表面层为天然橡胶。防滑、无味，防光的反射。下层为合成橡胶结构，具有出色的弹性与吸音性能。充分考虑到对运动员在快速运动阶段有极好的弹性反应，及其他有利的运动条件。

产品特性：

（1）符合生物力学的设计，非常舒适和安全。具有适度的弹性及反弹力，在提高运动员竞技能力的同时可减少体力的消耗，适度吸收脚部冲击力，减少运动伤害。MONDO 不但考虑运动员竞赛的需要，还考虑长久练习需要。经过多项实地应用测试后，其跑道不单用于主场竞赛，还可以用于练习和赛前热身副场。

（2）独特的蜂窝凹巢设计提供了最佳的鞋底牵引力、无可比拟的连续反弹力性能，独特的设计和用料给予运动员最大和最快的能量回送（图 8-7）。

（3）可全天候使用，适宜户外各种气候的变化，即使在严寒和高温天气下，依然保持稳定性能。不会因紫外线、臭氧、风雨及亚硫酸、瓦斯的污染而褪色、粉化或软化，并能长期保持其鲜艳的色彩。防滑抗裂、抗紫外线，疏水透气性能佳，并能常年保持颜色鲜艳和稳定。

（4）世界任何地方均可安装，不受纬度、海拔等地理条件限制。

（5）无颗粒，永久表面凸纹，避免雨水停留，耐磨止滑，可有效防止运动滑倒。

（6）不需要表面保护涂层。

（7）工厂制造时严格控制产品厚度一致，确保了贯穿整个安装后跑道的统一平整度。

（8）经运动器械的重压后也可迅速恢复原形，具有强韧的弹性层及缓冲层，可吸收强劲的冲击，即使在受力最大使用最频繁的百米起跑点，表面都不会受到钉鞋或起跑架的破坏而受损。

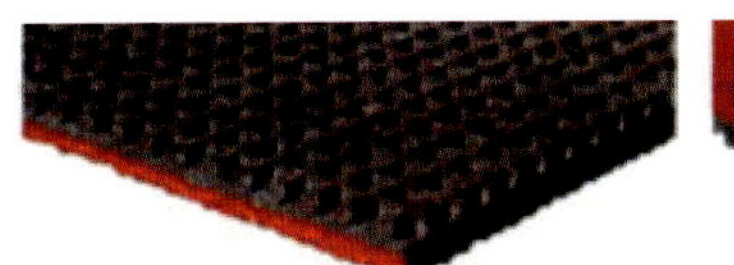

图 8-7　蜂窝凹巢设计

现代化的训练程序，强调长时间、高强度。为避免肌肉因为时间紧张而受伤，一条跑道必须是性质连续、均一、受力时变形平稳，对运动员施加的冲击力给予一致的反应，并且实施高速的能量释放。

2.2.2 塑胶铺装

（1）塑胶施工工艺流程

铺设安装的顺序：基础层的检查→表面清洁→施划安装施工线→加厚区加厚垫的安装铺设→修补加厚区的边缘→主场主跑道铺设安装→主场半圆区和助跑道安装铺设→主场辅助区的安装铺设。

铺装程序为先铺主直跑道，再铺第一弯道，再铺第二直道，最后铺第二弯道，第二程序是铺两个半圆，第三程序是铺外在的跳远，标枪，等比赛区，最后铺辅助区 9mm，平均每天安装 500m^2。

铺装工艺流程

基础清洁→检查基础平整→确定安装位置弹线→卷材预铺→检查预铺卷材→粘接→边缘修正

（2）塑胶施工要点

理想的铺装温度是在 15 ~ 30℃之间，无雨天，沥青必须干燥。跑道铺设用的专用胶水，需在 20℃以上方可发挥其正常性能。其凝固时间约在 20min 左右，须保证正常电源。在胶水刮铺后如粘有水分或被污染跑道面层亦无法与胶水粘接，施工现场需严格保证干燥与洁净。因此在跑道面层施工现场需有正常电源、无交叉施工、保证干燥。所以在施工时如以上条件不具备时，不可强行铺设。

（3）操作工艺

将基础层的尘土、杂物、清扫干净，必要时用水清洗然后使其干燥。使用铝合金平尺及洒水的方法检查基础层的水平情况，发现平整度超标时及时修正。按照图纸要求在相应位置进行弹线，确定安装位置。按照弹线的位置将材料进行预先铺展，检查预铺卷材。用专用胶水粘接卷材，使其与基层粘接牢固。刮涂胶水后，立即进行跑道的粘接。两幅跑道接缝处使用重物施压，保证接头平整。不同厚度的跑道接头处，先使用胶水填充过渡，然后铺装厚度较薄的跑道，达到表面过渡平顺。两行纵向接头错缝安装，错缝距离大于1m。需要修正的边缘进行修正，使其尺寸符合设计要求。井盖和排水沟按照要求切割孔洞。雨水对安装完成的跑道没有影响，安装完成7天后可以正常使用。施工过程见图8-8~图8-13。

图8-10　粘接卷材

图8-8　基础层检查、弹线

图8-11　边缘修正

图8-9　材料预铺

图8-12　接缝粘接

2.3 质量标准及保证措施

（1）质量标准

表面平整度在4m距离范围内不能有6mm的起伏；跑道厚度误差允许的范围之内。即低于国际田联规定标准厚度10%的范围，不允许超过总面积的10%。

（2）质量保证措施

由专业安装技师到现场进行跑道安装铺设。保证跑道的安装质量能够到达质量要求。所有安装人员经过培训，由意

图 8-13 跑道接缝用重物施压

大利安装技师指导进行工作。粘接跑道基层要求表面干燥、坚实、平整。当施工时现场若条件不具备，即停止铺设安装施工，将场地清理到符合施工条件时，再继续进行铺设安装施工。安装气候要求无雨天；最佳安装温度摄氏 15~35℃。本工程施工期间可能会遇到沙尘、降雨等不利于安装施工的气候条件。如遇到雨、沙尘暴等恶劣天气，不能进行跑道的安装施工。为应对不利于施工的气候条件，加快施工进度和保证施工质量，准备鼓风机和火焰喷枪，当遇上述气候并在其结束后，及时恢复工作面。

3. 实施效果（图 8-14）

图 8-14 铺装完成后的田径比赛场地

第二节 移动草坪施工技术

1. 工程概述

国家体育场中心区 400m 田径跑道内含一块 105m×68m 国际标准的天然草坪足球场。该场区担负着北京奥运会、残奥会开闭幕式表演和田径比赛、足球比赛场地的双重角色，因此采用了便于快速拆卸和组装的“模块式移动草坪”（简称 ITM 系统），由 5460 模块式小草坪 （1.159m×1.159m）像拼图一样拼装而成，属于模块式移动草坪。该草坪是目前世界上第 9 块模块式移动草坪。

“鸟巢草坪”的神奇之处还在于四季长青，采用美国冷季型混配草种来培植，冬天时给小草盖上“棉被”无纺布。一旦比赛来临，只要轻轻掀开“棉被”。模块式草坪的透水性极强，在保证养分不流失的前提下，让多余水分能及时穿过沙体排出去。即使下再大的雨，运动场地上也不会有积水。

2. 施工方法概述

2.1 草坪培植

（1）基地种植：“鸟巢草坪”的草皮在专用场地进行培植，在培植草坪时按照专项技术要求，采用专用配比的纯沙来培养（图 8-15）。

图 8-15 种植基地

（2）模块移植：天然草皮培育到成苗后，移入模块单元体内进行培植（图 8-16）。组合拼装"鸟巢草坪"的模块，其间距为 0.5cm，再加上后期的整型工作，运动员踩上去，根本感觉不到是拼装的，形成一整片大草垫。草坪被运动员铲起后能够及时更换。为确保草坪受损后能够立刻更换，培植基地储备了 1000m^2 的备用草皮。如果损伤面积小，使用取洞器把受损草皮规则地揭下来，补充基层的沙子，换上新草皮。

图 8-16　移植模块

2.2 草坪运输、安装

移动草坪总计 4600 吨、5460 个模块，采用百余辆运输车从基地运到体育场（图 8-17），现场采用近 50 辆叉车进行搬运，近千人进行安装就位作业，在多方协调配合下，仅用 24 小时就完成安装工作（图 8-18~ 图 8-21）。为确保每个模块安装位置的准确性以及安装便捷、迅速，将整个场地分成 5000 余个模块，并为每块模块按照其朝向，以及与相邻模块的关联编上号，像拼图一样把"模块"放在场内指定位置，最后拼装成近 8000m^2 的大草坪（图 8-21），拼装顺序丝毫不能出差错。

图 8-17　运输车运至体育场

图 8-18　叉车搬运（一）

图 8-19　叉车搬运（二）

图 8-20　叉车搬运（三）

图 8-21　叉车搬运（四）

第九章　开闭幕式工程施工技术

第一节　场地升降舞台结构工程施工技术

1. 工程概况

1.1 结构概况

2008 年奥运会开幕式工程位于国家体育场的比赛场地中央，按永久性基坑设计。场地中央是内径 23m 的圆形基坑，基础底板标高为 −18.100m，用于布置舞台机械，支护结构采用地下连续墙加内衬墙。其东西两侧为道具台仓，基础底板标高为 −12.050m。圆形基坑周边为平面尺寸 51.4m × 58.6m 的矩形基坑，按使用功能分为舞台机械区和演员候场区两部分，如图 9-1、图 9-2 所示。

开幕式工程圆形升降舞台围护结构为地下连续墙 + 混凝土衬墙结构，地下连续墙平面为多边形围成的封闭的环状结构，混凝土衬墙平面内侧为光滑的圆弧，圆弧内径为 23m，衬墙厚度为 700~939mm，衬墙高度为 12m，如图 9-3、图 9-4。

台仓施工见图 9-5。

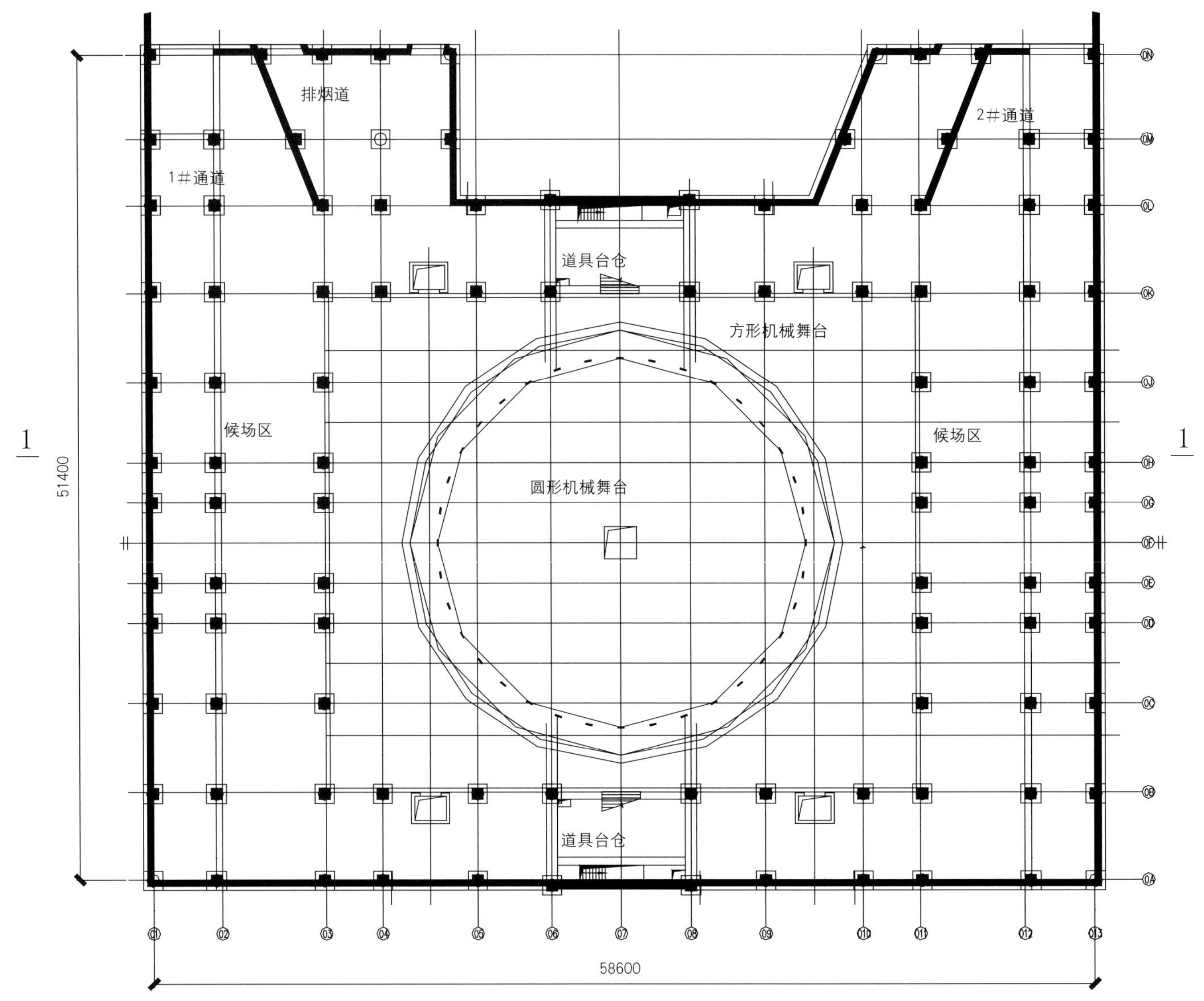

图 9-1　开幕式工程典型平面图

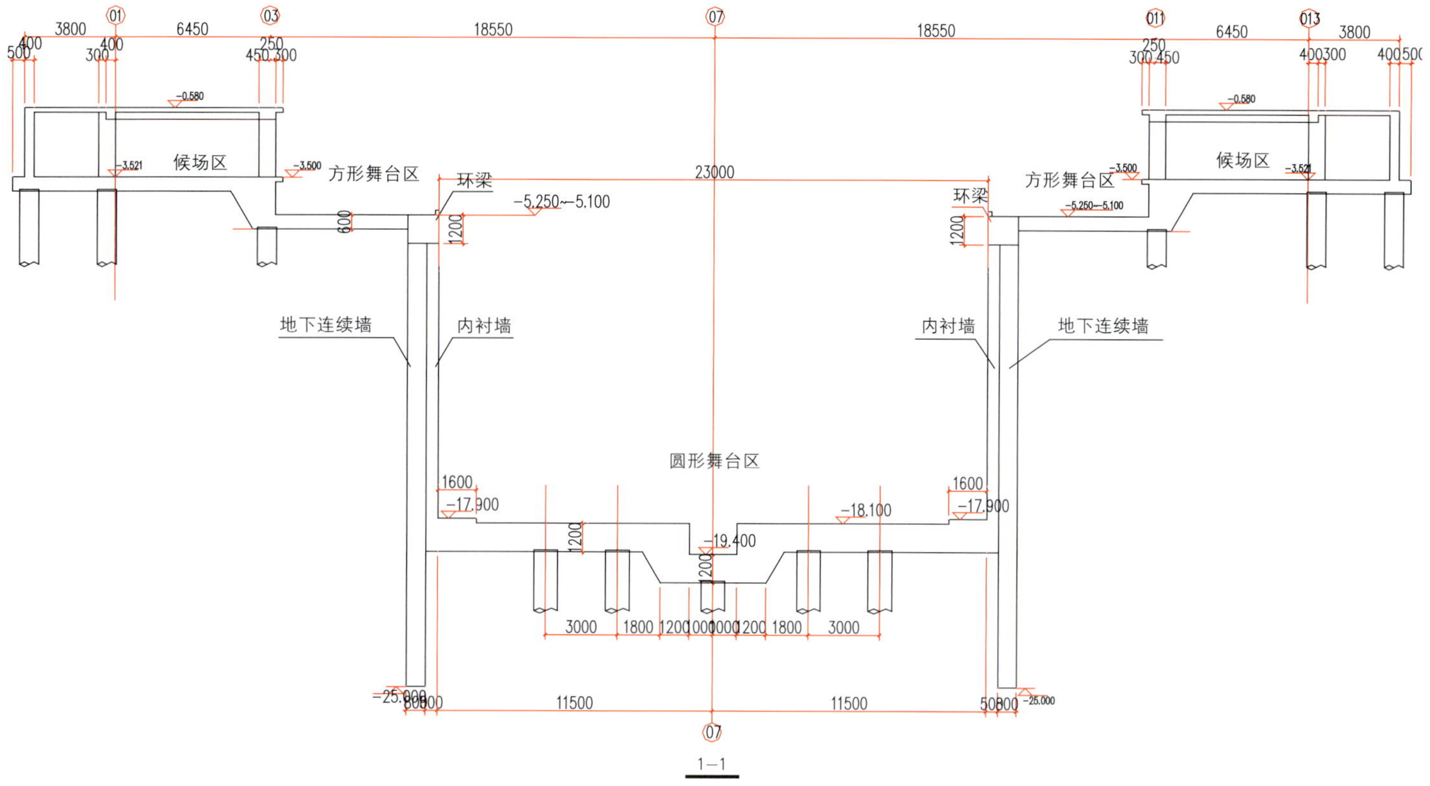

图 9-2　开幕式工程典型立面图（1-1 剖面）

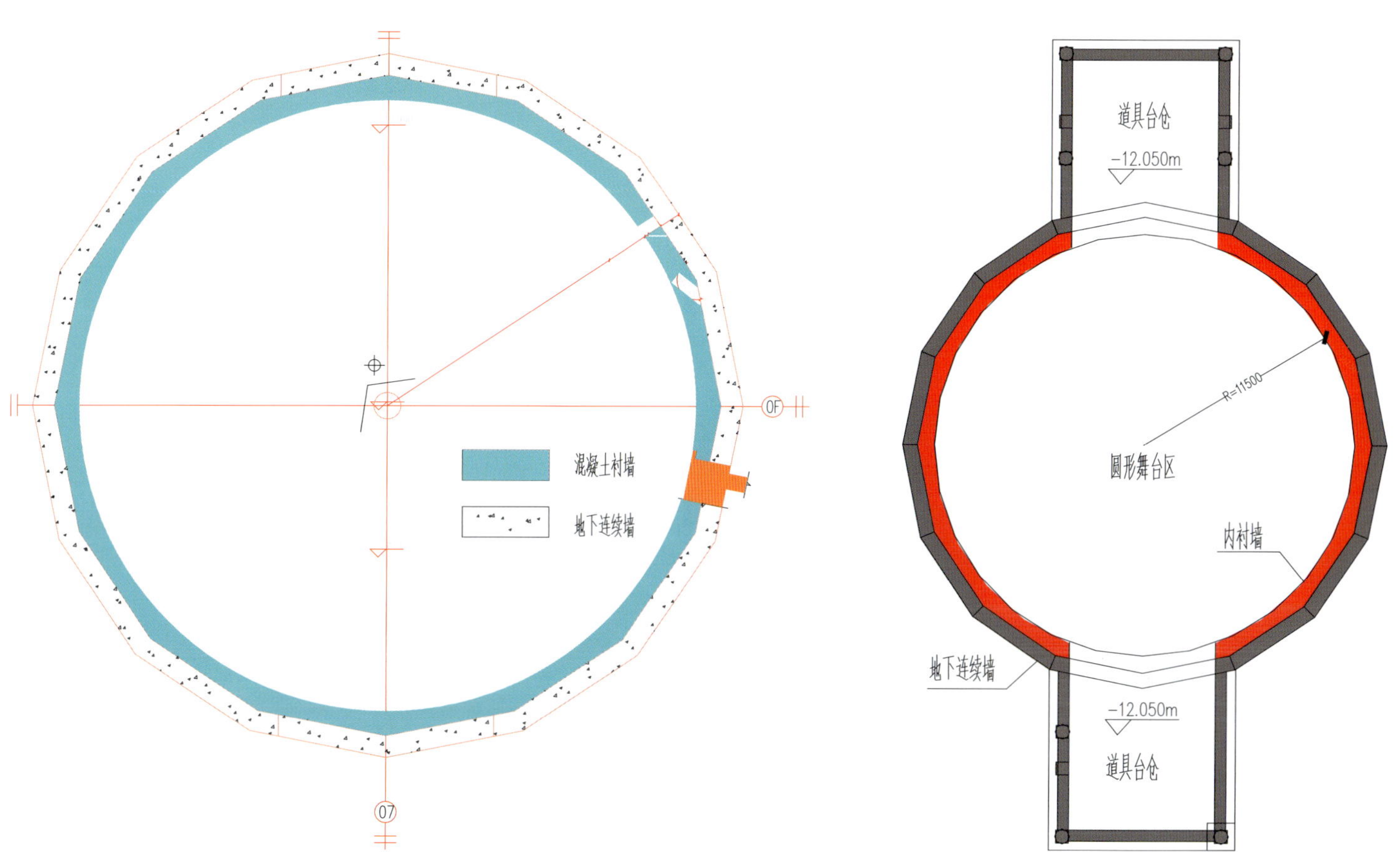

图 9-3　圆形升降舞台平面图（-12.050m 以下）

图 9-4　圆形升降舞台平面图（-12.050m 以上）

图 9-5　台仓施工

1.2 开幕式衬墙工程模架施工难点、特点

（1）开幕式圆形机械舞台直径为 23m，衬墙宽度最小为 700mm，深度为 12m。圆形混凝土结构施工只能采用单侧支模，模板侧向压力大。混凝土为清水混凝土，表观质量要求高。根据设计图纸要求，衬墙混凝土结构墙体分四次浇筑。

（2）衬墙模板须使用单侧模板体系，且模板为圆弧形。

由于衬墙需分四次浇筑，每次浇筑高度为 3m。在第一步衬墙结构施工完毕之后，考虑施工现场情况，模板支撑体系无法从结构地面生根，考虑使用单侧支模挂架模板体系。

（3）模板的侧向压力主要靠挂架体系承担，衬墙的混凝土浇筑速度将受到很大影响。

（4）体育场中心区的膜结构、地源热泵工程、跑道工程等正在或即将施工，空间立体交叉作业，施工现场布置困难。

（5）开幕式工程工期紧张。

2. 模架体系选择

2.1 模架体系选择原则

结合相关设计文件及施工现场实际情况，在施工安全、质量保证、技术先进、造价节约的原则下，进行开幕式衬墙工程模架体系的选择，原则如下：

（1）根据结构设计特点，选用的模架体系必须有足够的横向刚度，能够承担单侧支模所产生的侧压力，保证现场施工安全。

（2）根据建筑及结构设计要求，混凝土表面没有装饰面层，要求混凝土表观质量达到清水混凝土的质量要求，对模架体系面板的质量及模架整体刚度要求非常高。

（3）根据地下连续墙施工的相关情况，模架体系的选择必须轻便，能够按照现场要求进行组合。

（4）在保证现场施工安全、质量、进度的前提下，要求模架体系造价尽量节省。

2.2 模架选型

2.2.1 衬墙模板体系的比较

针对上述衬墙结构施工的特点及难点，提出三种模板方案，即：

（1）木胶合板 + 造型木 + 方木龙骨 + 钢管脚手架支撑的散拼木模板体系。

（2）全钢模板 + 定型全钢龙骨 + 挂架（主梁三脚架）的钢模板体系。

（3）木胶合板 + 造型木 + 木工字梁 + 挂架（主梁三脚架）的木工字梁定型圆弧模板体系。

并对其在技术、经济以及施工现场可行性等方面进行了比较。

2.2.1.1 散拼木模板体系

散拼模板体系施工的优点为施工简便，模板与方木便于加工，模板与方木的周转速度较快，可以降低施工成本。

但散拼模板体系存在以下缺点：

（1）由于本工程对衬墙结构内径尺寸偏差要求较为严格，使用散拼木模板体系很难保证施工误差在允许范围之内。

（2）模板与模板之间的拼缝不严，在混凝土浇筑过程中容易产生错槎，影响混凝土的表观质量。

（3）散拼模板体系在拆除过程中容易被破坏，不利于模板的周转，从而加大施工成本。

（4）模板体系支撑架必须在圆形舞台区满布搭设才能满足单侧支模的要求，且支撑架必须在衬墙结构完全施工完毕之后方可拆除，脚手架的租赁费较高。

2.2.1.2 钢模板体系

钢模板的优点在于，周转速度快，施工操作简便。由于本工程工期紧张，且衬墙结构施工制约着整个开幕式工程的施工，使用钢模板体系可以加快施工进度。

钢模板体系存在以下缺点：

（1）全钢模板体系模板单元自重较大（4 吨以上），施工现场的垂直运输设备无法满足要求（施工现场塔吊的臂端最大起重为 2.5 吨）。

（2）由于钢模板体系自重较大，挂架（主梁三脚架）施工荷载相对加大，对衬墙混凝土结构的内径（23m）影响较大，且施工安全性较低。

（3）鉴于本工程的特殊性，钢模板体系要求在模板厂家重新定制加工，加工周期较长，在工程结束之后模板的可利用性很小，施工成本太高。

2.2.1.3 木工字梁定型圆弧模板体系

木工字梁定型圆弧模板体系（以下简称圆弧模板体系）的缺点在于施工工序较多，操作复杂，对工人的操作水平要求很高。在施工过程中要重点加强模板体系的保护，以保证模板的正常使用，施工中的人力投入较大。模板由专业厂家提供，前期的模板加工需进行严格控制。

圆弧模板体系的优点有：

（1）由于使用木头作为主要材料，相对于钢模板，模板单元的自重减小很多，不存在垂直运输以及挂架荷载过大等问题。

（2）造型木、木工字梁的刚度较大，能够保证混凝土结构的成型质量。

（3）使用连接器控制模板单元之间的拼缝，保证混凝土表面不出现错槎。

（4）使用高强爬锥 + 主梁三脚架的挂架体系可以最大限度地简化施工工序，能够满足开幕式工程的工期要求。

（5）在施工中只需要搭设模板操作架，周转材料的租赁费相对较低。

（6）模板体系中的木工字梁、挂架体系等构件均为标准构件，在施工过程中以及工程结束之后均可周转使用，最大限度地降低了施工成本。

2.2.2 衬墙模板体系的确定

在对上述三种模板体系进行各方面比较之后，根据模架体系选择的相关原则，项目部决定使用木工字梁定型圆弧模板体系。另外，为保证混凝土的表观质量（清水混凝土效果），选用乳化石蜡脱模剂。

3. 模架方案设计

3.1 方案说明及节点设计

本工程模板设计主要内容为圆形舞台衬墙模板施工设计，圆形舞台衬墙为圆形，圆形的直径为 23m，墙体厚度为 700~939mm，墙体高度为 12m。圆形舞台在高度方向上有腰环梁和顶环梁两道环梁作为支撑体系。在施工舞台底板的同时要求浇筑 700mm 高的混凝土导墙，第一次浇筑高度为 3.0m，浇筑到腰环梁的下方，待混凝土达到一定的强度后剔凿腰环梁，然后继续浇筑上部结构。

根据工程特点，确定采用挂架定型圆弧模板体系，面板采用 18mm 厚 WISA 板，在单块模板中，胶合板与竖肋（木工字梁、或者方木）采用自攻螺丝正面连接，竖肋与横肋（双槽钢背楞）采用连接爪连接，在竖肋上两侧对称设置两个吊钩。两块模板之间采用芯带连接或连接器，用螺栓销固，见图 9-6。

3.1.1 圆弧模板平面及模板单元设计

由于圆弧型衬墙的混凝土成型质量要求较高，在施工过程中应尽量减少面板之间的拼缝。受面板尺寸（2440×1220mm）影响，将整个模板体系分为 30 个模板单元，其中包括 29 个标准单元（MB-01）和 1 个非标准单元（MB-02），见图 9-7。这样即方便了模板的前期加工，同时不会对垂直运输设备产生影响。

模板体系单元见图 9-8、图 9-9。

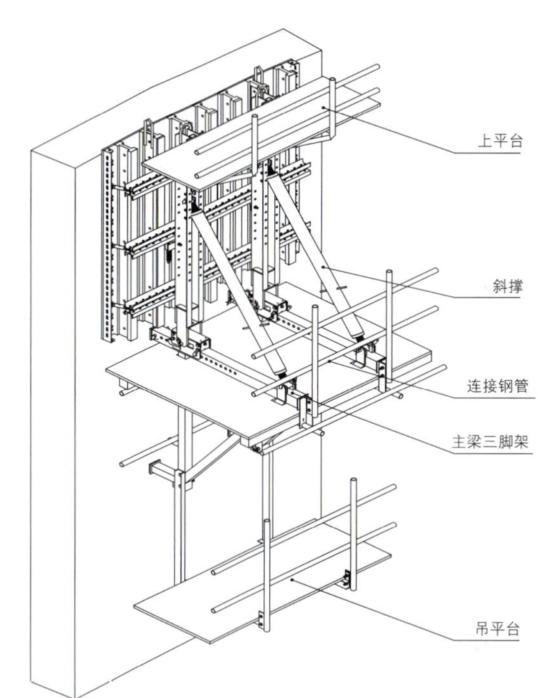

图 9-6　衬墙模板体系单元透视图

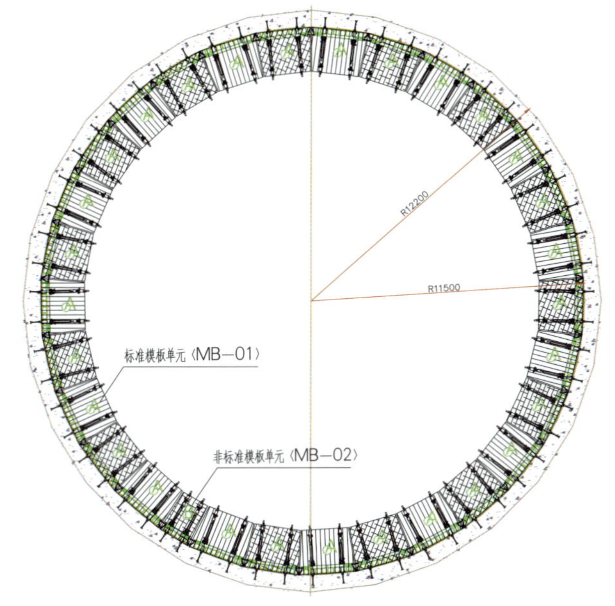

图 9-7　开幕式圆形舞台模板平面布置详图

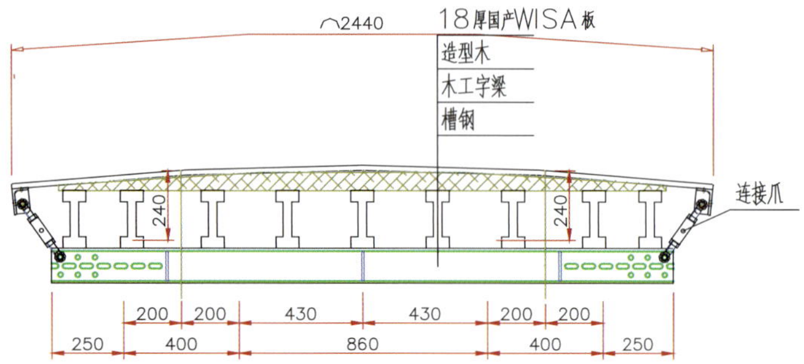

图 9-8　定型圆弧模板标准单元（MB-01）

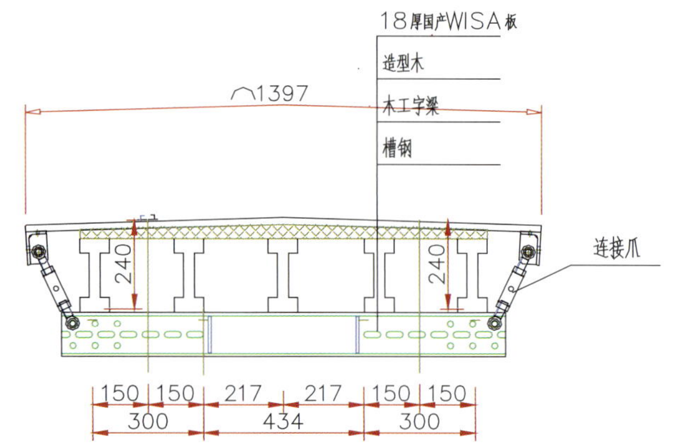

图 9-9　定型圆弧模板非标准单元（MB-02）

3.1.2 圆弧模板弧度的设计

定型圆弧模板调节曲率的方式是在工字木梁与面板之间夹造型木条，使面板弯成所需要的弧度。造型木按照模板单元进行弧度计算，并由专业厂家进行加工。

3.1.3 非标准单元与标准单元模板之间的连接

为了保证模板拼缝之间严密，且便于拆模，在非标单元模板设置调整板条，拆模板时先行拆除调整板条。见图 9-10、图 9-11。

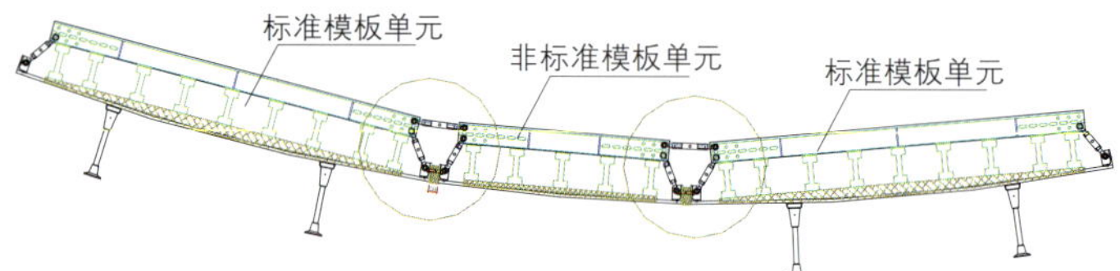

图 9-10　非标准单位与标准单元的连接平面图

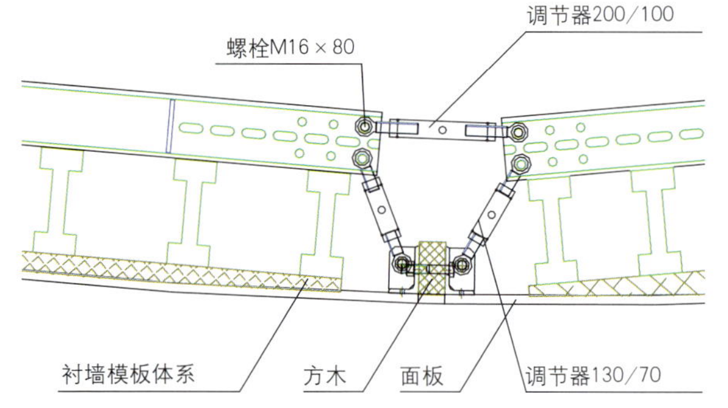

图 9-11　非标准单位与标准单元的连接节点详图

3.1.4 模板支架设计

第一步衬墙施工，模板采用三角支架、上口拉接固定、脚手架侧向顶撑、地脚螺栓固定等措施进行加固，见图 9-12。

第二步及以上衬墙施工，模板采用挂架、上口拉接固定，见图 9-13。

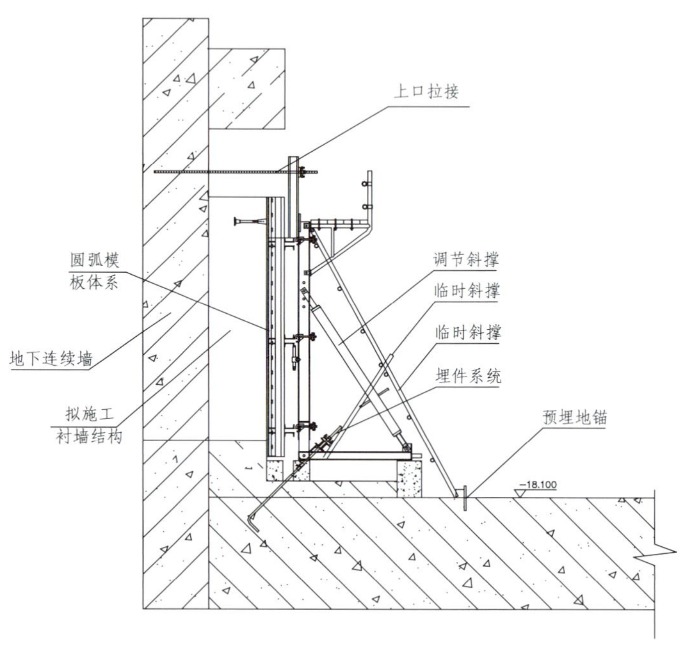

图 9-12　第一步衬墙施工模板加固图

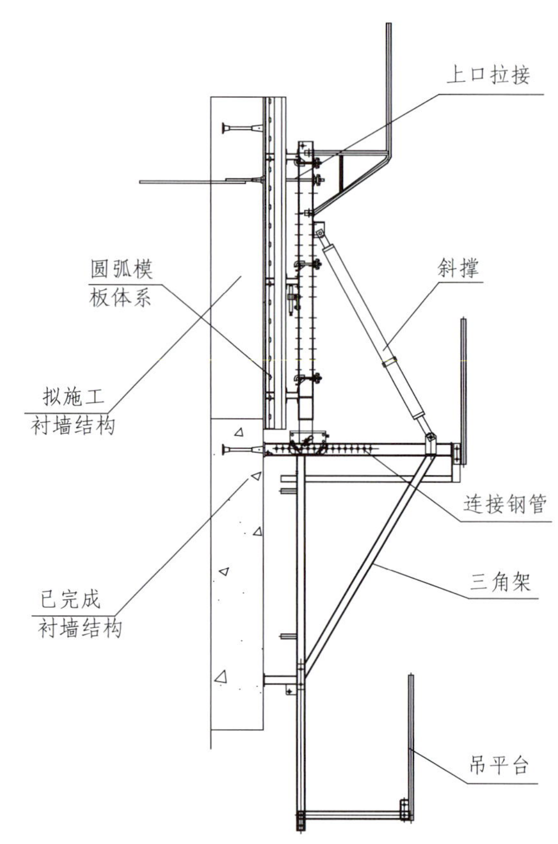

图 9-13　第二、三、四步模板加固

4. 衬墙模架施工工艺

4.1 衬墙模板体系

衬墙模板体系使用由卓良模板公司提供的木工字梁定型圆弧模板体系，定型圆弧模板面板采用 18mm 厚国产多层板。在单块模板中，胶合板与竖肋（木工字梁、或者方木）采用自攻螺丝正面连接，竖肋与横肋（双槽钢背楞）采用连接爪连接，在竖肋上两侧对称设置两个吊钩。两块模板之间采用芯带连接，用芯带销固，详见图 9-14。

另外，为满足混凝土成型质量（清水混凝土效果），使用乳化石蜡作脱模剂。

定型圆弧模板调节曲率的方式主要有两种：

（1）通过做成所需弧度的定型槽钢横楞来调节弧度；

（2）在工字木梁与槽钢背楞之间点上不同大小的楔形木块，使面板弯成所需要的弧度。见图 9-14。

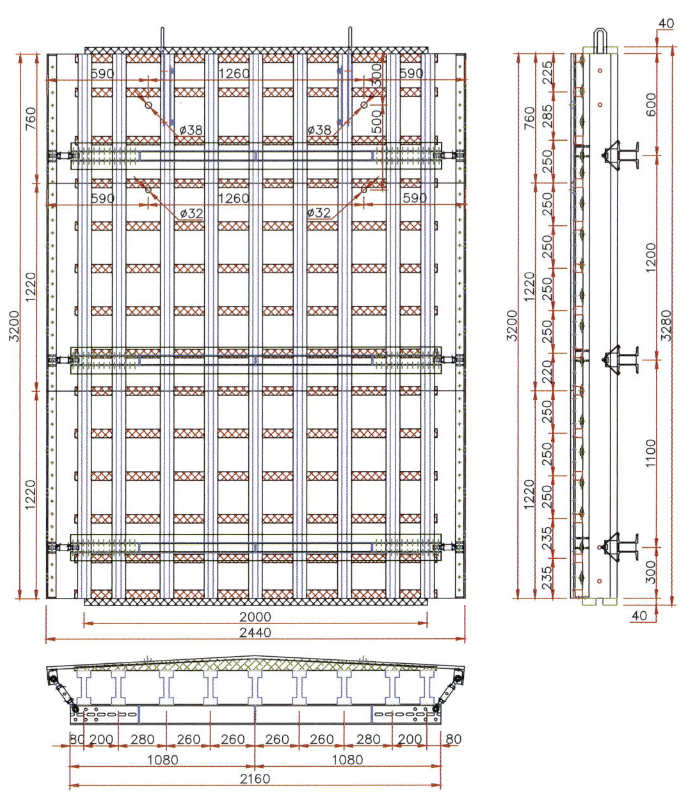

图 9-14 衬墙模板体系单元立面图

4.1.1 衬墙混凝土导墙施工

导墙混凝土施工，采用模板体系中的造型木作为吊模的附面龙骨，保证混凝土衬墙的内径尺寸精度。

在衬墙导墙施工时，设置衬墙施工地脚螺栓。地脚螺栓为 D20 粗螺纹螺栓，长度为 1200mm，地脚螺栓布置要求见图 9-15。

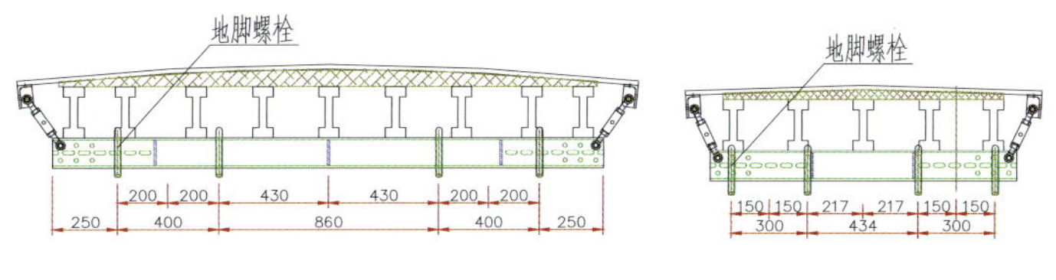

图 9-15 衬墙模板单元地脚螺栓布置图

为了节省造价，模板三角支架下面采用预制混凝土垫块将架体垫起，见图 9-16。

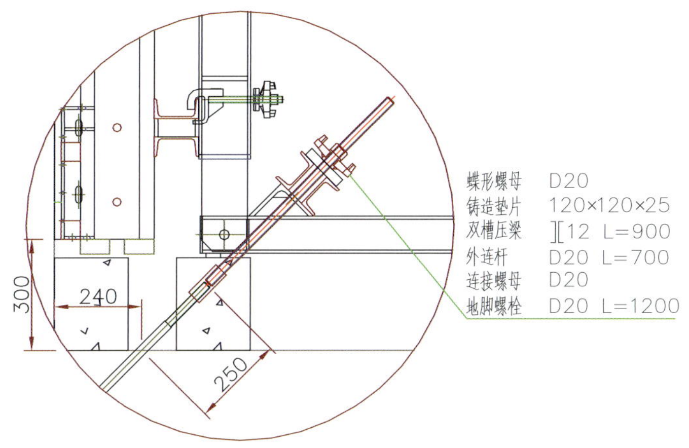

图 9-16 地脚螺栓埋件系统图

模板拼装见图 9-17。

图 9-17 模板拼装

4.1.2 第一步衬墙施工

4.1.2.1 上口拉接筋

根据圆弧模板尺寸，在模板上口处的钢背楞上设置双 14 #槽钢，槽钢长 1000mm，槽钢与钢背楞之间的焊缝长度不得小于 200mm。在地下连续墙上进行拉结筋植筋，拉结筋直径 20mm，植筋深度为 600mm，上口拉接间距与爬锥间距相同（图 9-18）。

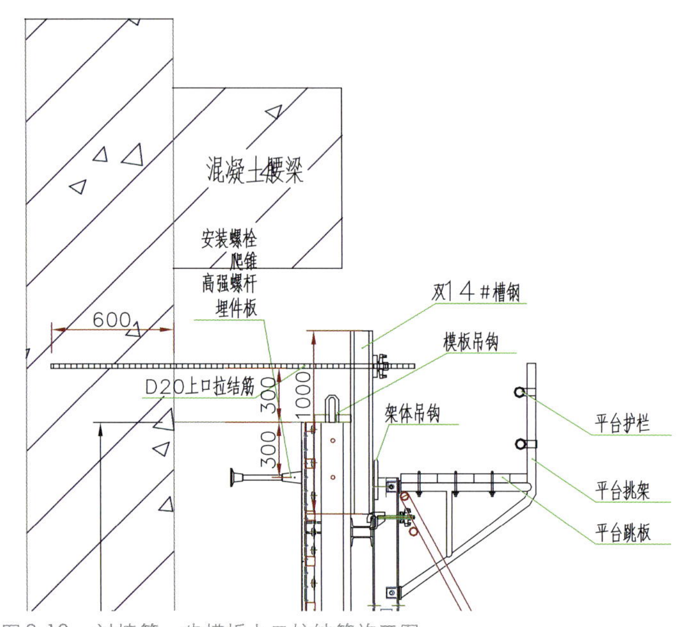

图9-18 衬墙第一步模板上口拉结筋施工图

模板的竖向垂直度的调整通过单侧支架可调节支腿实现。

4.1.2.2 脚手架临时斜撑

在衬墙第一步施工模架体系处加设脚手架临时斜撑，斜撑间距1500mm，两侧使用可调顶托及木楔子顶紧，以保证上口拉结筋的位置变化不会对模板体系的垂直度等技术参数造成影响（图9-19）。

4.1.3 第二、三、四步衬墙施工

第二步衬墙施工：待腰环梁混凝土破拆完成后即可进行第二步衬墙模板施工，施工顺序见图9-20。

4.1.3.1 爬锥与挂架模板体系施工

为满足上部衬墙施工，在已施工的衬墙混凝土结构上口处需埋设M36/D20爬锥。包括：埋件板、高强螺栓及爬锥三部分，见图9-21。

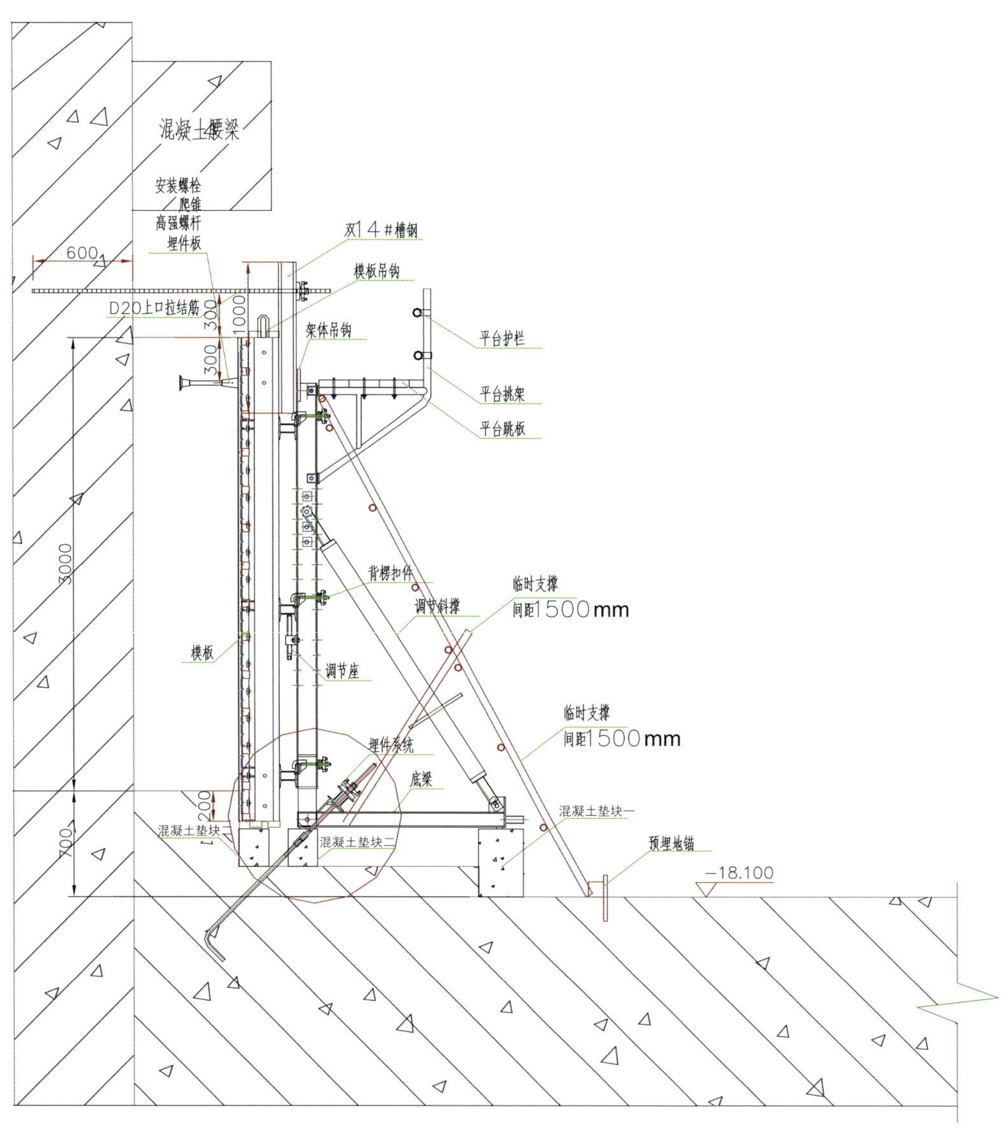

图9-19 第一步衬墙模板施工详图

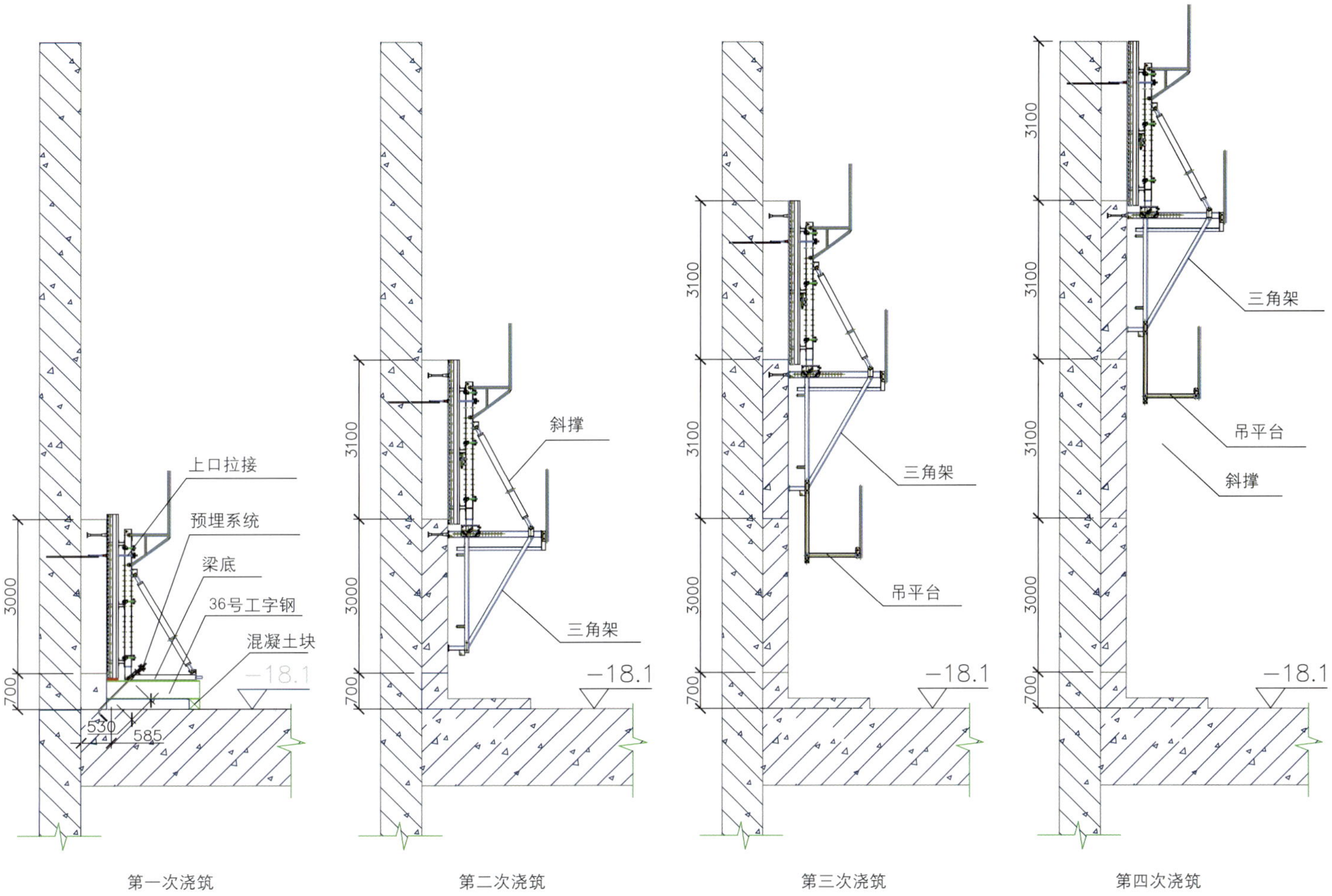

第一次浇筑　　第二次浇筑　　第三次浇筑　　第四次浇筑

图 9-20　圆形舞台衬墙模板分步施工详图

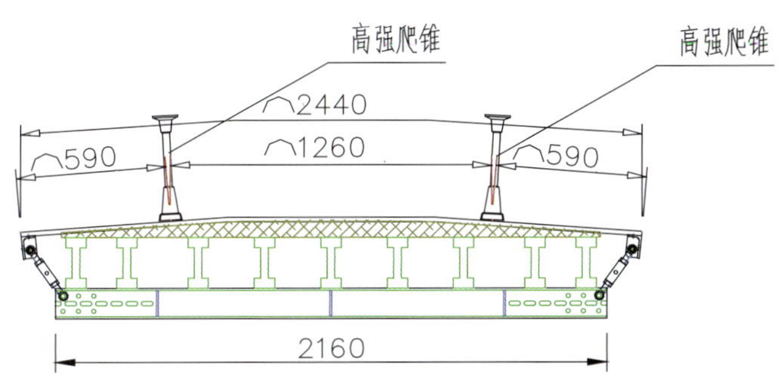

图 9-21　衬墙模板上口爬锥布置图

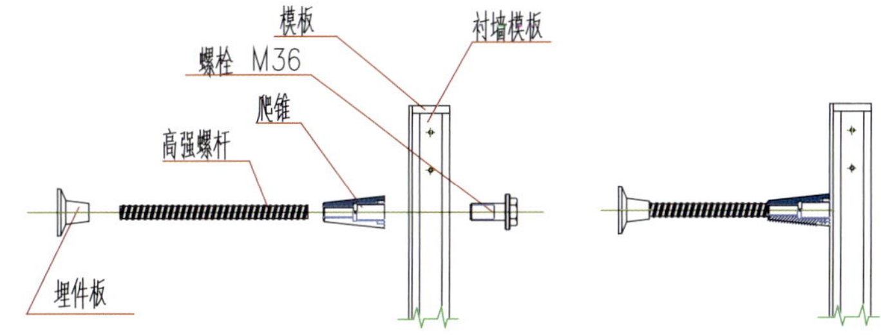

图 9-22　爬锥组装图

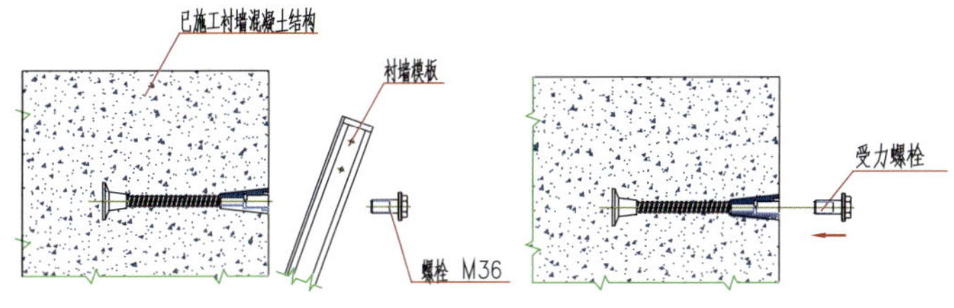

图 9-23　爬锥预埋图

爬锥与挂架模板体系施工工序如下：

(1) 按图 9-22 组装埋件系统，将其固定在模板上；

(2) 下部衬墙混凝土结构施工完毕之后，卸下 M36 螺栓，移开模板，之后将螺栓装入受力爬锥（图 9-23）；

(3) 将主梁三脚架吊入对应位置，插入销子，确保模板与螺栓牢固连接（图 9-24）；

(4) 模板再次提升后，在吊装平台卸下受力螺栓与爬锥周转使用（图 9-25）。

4.1.3.2 上口拉接筋

根据圆弧模板尺寸，在地下连续墙上进行拉结筋植筋。拉结筋直径 20mm，植筋深度为 600mm，上口拉接筋间距

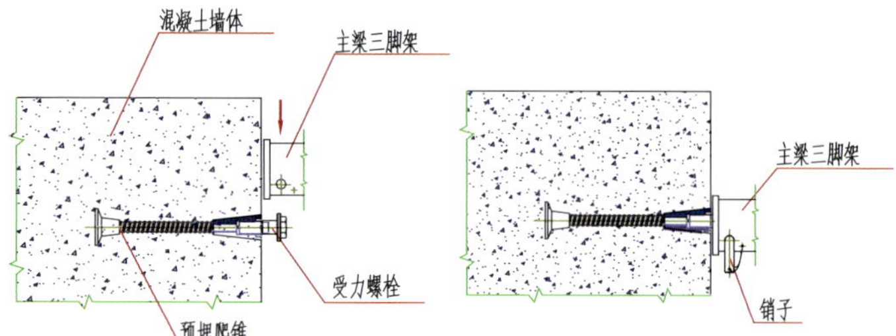

图 9-24　主梁三脚架与爬锥连接图

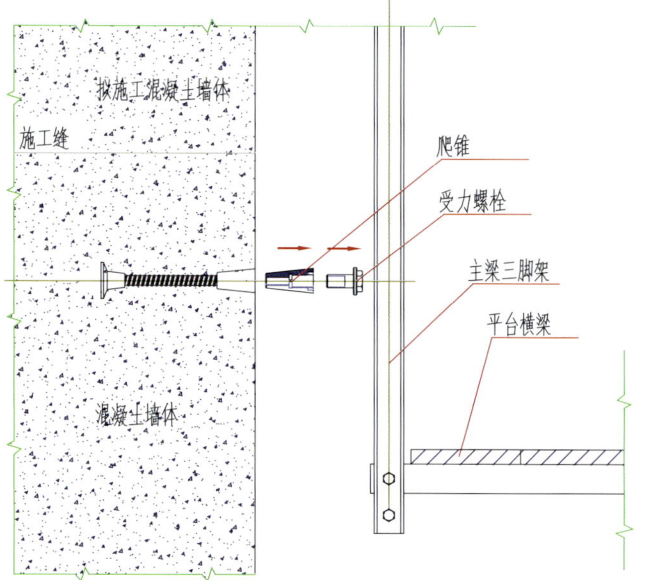

图 9-25　爬锥周转使用施工图

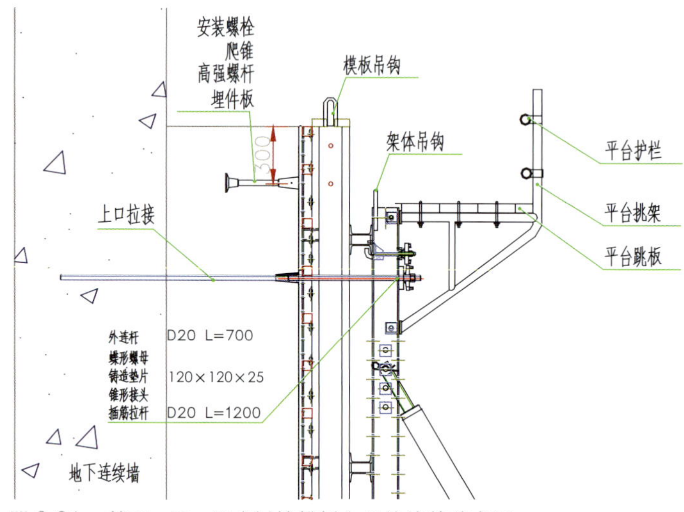

图 9-26　第二、三、四步衬墙模板上口拉接筋节点图

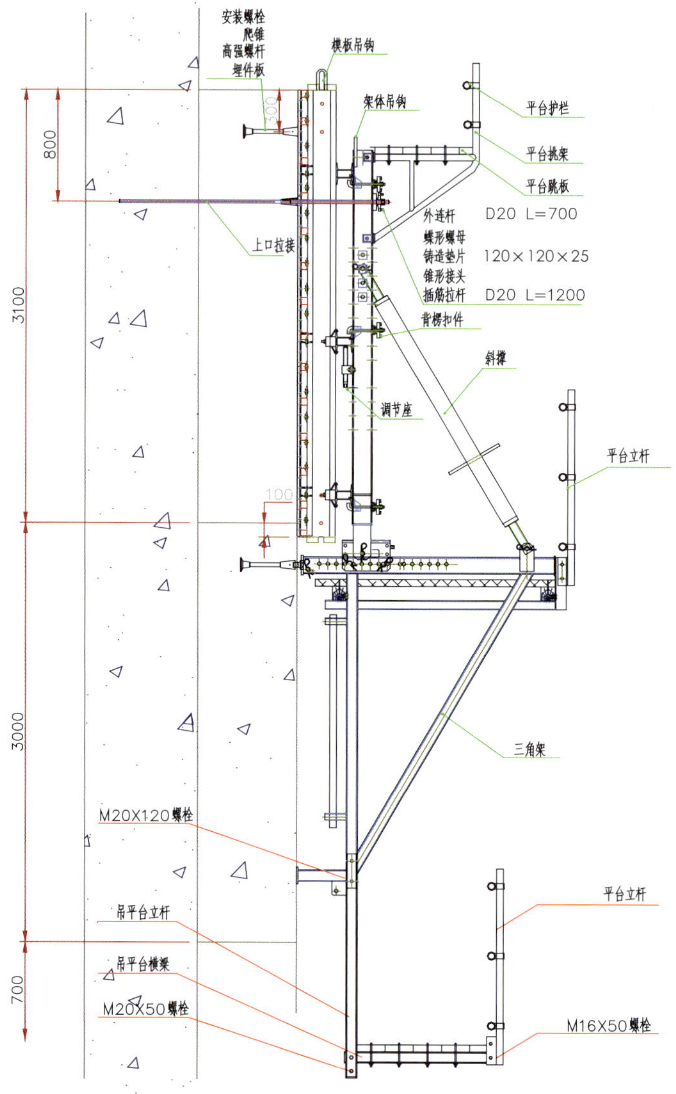

图 9-27　第二、三、四步衬墙模板施工详图

与爬锥间距相同（图 9-26、图 9-27）。

4.1.4 衬墙圆弧模板与道具台仓模板的节点处理

由于开幕式工程混凝土结构在 −12.50m 标高东西两侧设置道具台仓，在衬墙第三、四布模板施工时在道具台仓所在位置，需取消圆弧模板单元（MB-01），见图 9-28。

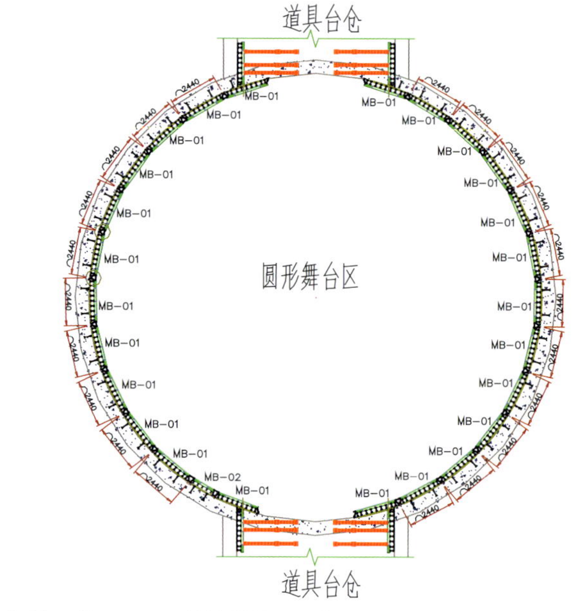

图 9-28　第三、四步衬墙模板平面布置图

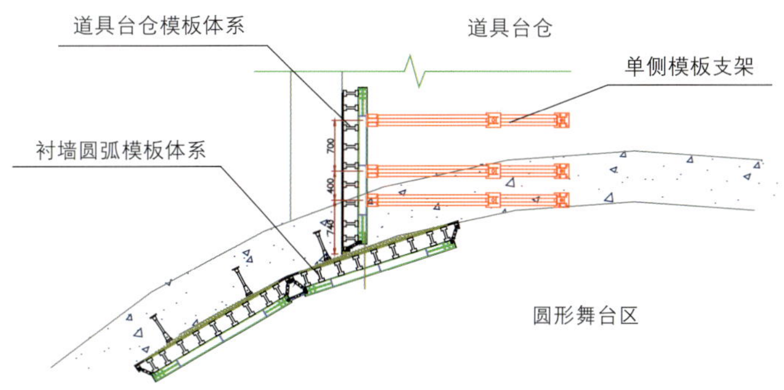

图 9-29　圆形舞台衬墙与道具台仓节点处模板详图

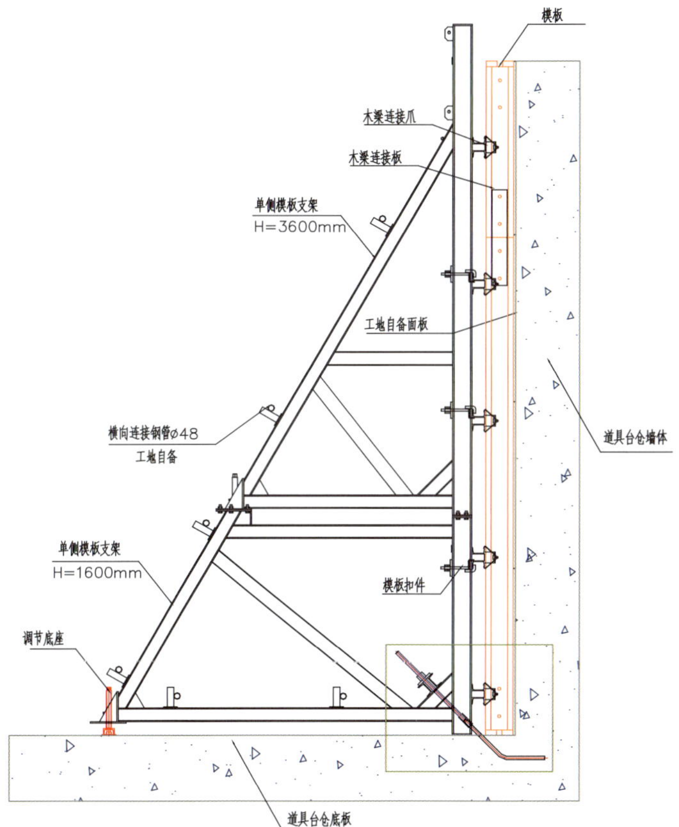

图 9-30　道具台仓单侧支模详图

圆形舞台与道具台仓墙体模板交接位置的处理见图 9-29、图 9-30。

4.2 衬墙圆弧模板操作架

脚手架采用双立杆钢管脚手架，立杆横距 1200mm，立杆纵距 1200mm，步距 1200mm。在架体外侧立面满设剪刀撑，并由底至顶连续设置，脚手架体系设斜撑，间距 2400mm 梅花布置。圆弧模板操作架应根据衬墙结构的施工高度逐步搭设（图 9-31）。

圆弧模板施工操作架主要用于挂架的安装和各步墙体混凝土的施工。在施工到各步墙体时，在挂架操作面设置通道方便施工人员上下。

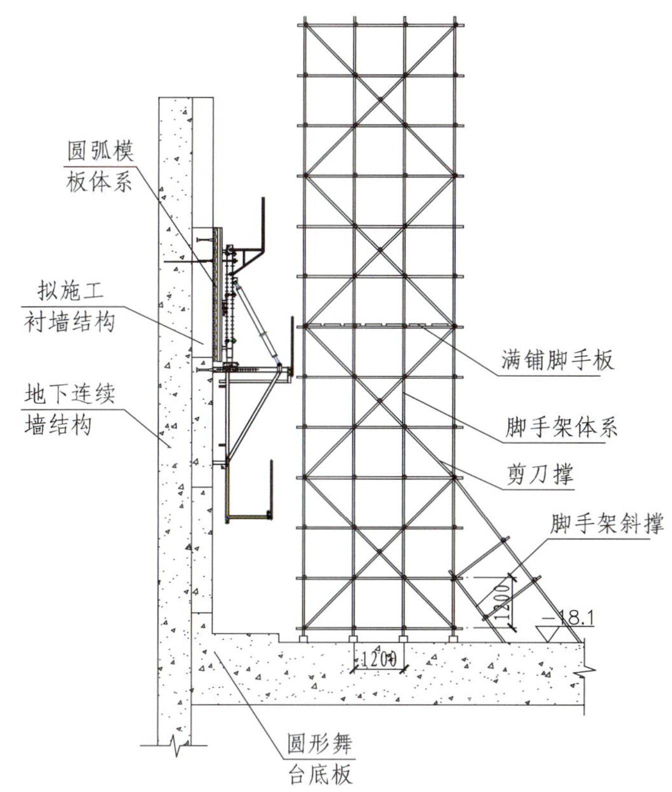

图 9-31　衬墙圆弧模板操作架

5. 模板质量验收标准

模板质量验收标准　　表 9-1

项次	项　目		允许偏差值（mm）	检查方法
1	轴线位移	柱、墙、梁	3	尺量
2	底模上表面标高		±3	水准仪或拉线尺量
3	截面模内尺寸	基础	±5	尺量
		柱、墙、梁	±3	
4	层高垂直度	层高不大于 5m	3	经纬仪或吊线、尺量
		大于 5m	5	
5	相邻两板表面高低差		2	尺量
6	表面平整度		2	靠尺、塞尺
7	阴阳角	方正	2	方尺、塞尺
		顺直	2	线尺
8	预埋铁件中心线位移		2	拉线、尺量
9	预埋管、螺栓	中心线位移	2	拉线、尺量
		螺栓外露长度	+5、−0	
10	预留孔洞	中心线位移	5	拉线、尺量
		尺寸	+5、−0	
11	门窗洞口	中心线位移	3	拉线、尺量
		宽、高	±5	
		对角线	6	
12	插筋	中心线位移	5	尺量
		外露尺寸	+10、0	

第二节　火炬塔施工技术

1. 概述

1.1 工程概况

北京第29届奥运会主火炬造型优美，是奥运会开幕式上的亮点，火炬塔由主体钢结构、外部蒙皮造型、机械驱动系统、液压驱动系统、机械控制系统、燃烧系统、燃气供气系统、燃烧控制系统等组成，具有制作工艺复杂、技术标准高、安装工艺复杂且难度大、设备调试精准等特点。主火炬塔总长约32m、厚度6.8m、宽度约13.2m，安装在鸟巢东北屋面钢结构上。在屋面上设置托梁，托梁上布置轨道梁，轨道梁上放置运输小车及机械驱动总成，火炬体坐落在小车上，并由运输小车将火炬塔运到碗口处，启动液压翻转机构将火炬塔竖立在碗口上，最后点火燃烧（图9-32）。

1.2 需要解决的技术难题

影响火炬塔系统制作和安装质量的因素很多，极具特殊性。需要重点解决以下方面的问题：

（1）鸟巢本体是一个构造复杂的钢结构，错综复杂的钢构件相互交织在一起，形成一个不规则空间曲面，极易受到气候、施工的影响，采集正确的测量数据，建立有指导意义的测量网十分关键。

（2）设计图纸必须要进行深化设计，并且满足设计、导演的创意理念和意图。

（3）火炬塔骨架与内外蒙皮、设备连接是以火炬塔骨架的制造精度为基础的，火炬塔骨架几何尺寸控制难度大。

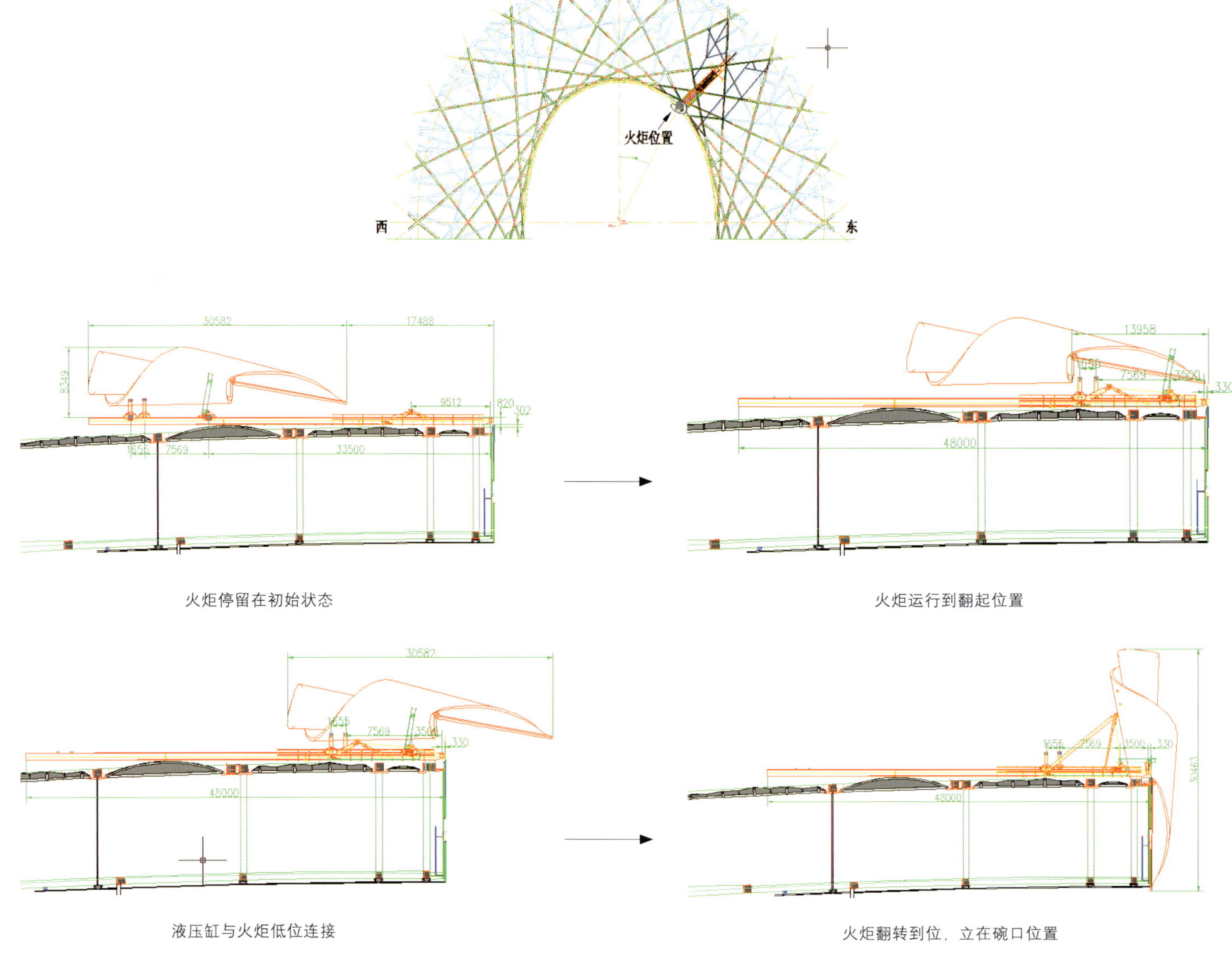

图9-32　火炬安装程序

（4）火炬塔主体钢结构、设备的安装、调试。

2. 关键施工技术

2.1 现场测量网布控

2.1.1 控制点设定

选用莱卡 TPS1001 精密全站仪（测角精度“1″”，测距精度“1mm+1ppm”）进行了高精度三角高程的观测；并选择位于二层平台观众席里面对火炬的土建基础上的“NE 支 1”点及位于鸟巢顶部碗口内侧的火炬安装区域内的“Q3”点等两个控制点。

根据一级控制点，采用光电测距三角高程法，通过“NE 支 1”点，对位置较高的“Q3”点进行水准测量。为了提高全站仪三角高程法的测量精度，大胆采用一种新方法，即，将测站设于控制点附近（非控制点上），进行非严格意义上的对向观测。

这种方法的优点在于增加了检核条件及可靠性，测站布设更为灵活，受地形地貌的限制更小，工作效率更高；而且不用量取仪器高度及棱镜高度，直接消去了此步骤的误差来源，大大地提高了测量精度。

2.1.2 测量网的布控

在布设完控制点后，对施工区域内鸟巢主体结构的特征点进行三维坐标校核工作。当测量结果与鸟巢原设计三维坐标进行对比后，鸟巢主体结构已与原设计相比发生了微小的形变，这些变化对于火炬的高精度安装工作来说是不可忽略的，需要提供一份对于鸟巢主体变形后，火炬施工区域内主要钢结构节点的完整空间三维坐标，以最大限度模拟变形后的鸟巢结构，将火炬原设计安装用的空间三维坐标进行调整。采用地形图测绘的方法，保证对变形结构的模拟精度，选择观测特征点 1000 余个；克服从传统的“施工放样”到“地形测绘”这两个可逆过程的技术转变难题。每次观测均采用固定观测者、固定仪器、相同测站与后视点（“Q1”、“Q2”两点）；并尽量保证在相同温度、相同风力的情况下进行观测。

2.2 详图深化设计

采用 X-STEEL 详图绘制软件，并且结合 CAD 绘图软件进行施工详图的设计。为了保证详图的正确性及相关接口的可靠性，对每一个尺寸都进行认真的核实，对接口等重要尺寸反复核对，修正了设计不周的缺陷，使施工详图更具可靠性和施工指导性。

（1）建立三维空间模型分析与详图设计（图 9-33），通过三维模型，对火炬塔的径向和纬向的系统分析，找出规律性，充分理解设计意图和构件的空间关系，确定加工工艺、施工方法、运输方案。

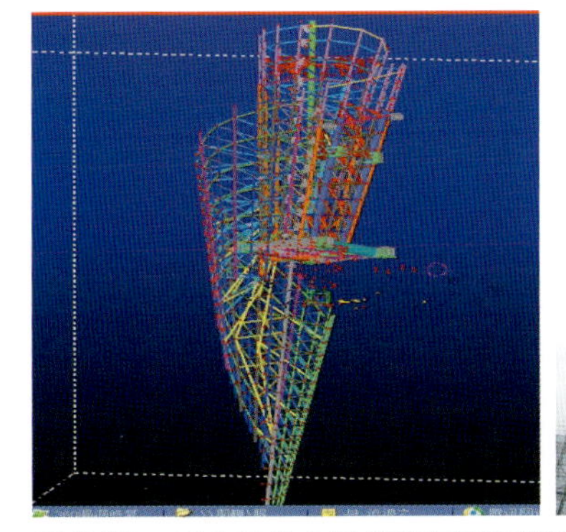

图 9-33　建立三维空间模型与详图设计

（2）建立数据库，对能够采用或部分采用设备加工的零部件，按照构件空间位置扭曲形状不同进行分类，进行编程。用相贯线切割机切出直管的贯口形状，然后依据此形状制作样板，在胎具的两端根据主管的角度、位置做出投影面确定好相贯口的位置和角度方向，用样板划出切割线进行切割，保证贯口的形状尺寸，提高样板放样速度。

（3）利用精确的三维模型进行计算分析与设计，确定加工方法，解决加工最大的难题之一不规则圆锥曲线螺旋式杆件的煨制。

（4）通过对径向（立柱）、纬向（环向杆件）的分析，利用其所有径向中心线和纬向中心线的交点在径向连接为一条直线，环向的交点为不规则变化的曲线，这些曲线决定了火炬塔的形状的特性，研发套模定位组装技术，使火炬塔组装及饰板的制作、组装趋于操作简单化，更具可靠性。

2.3 套模定位组装技术的应用

把本体结构划分为上下两个部分：以中部翻转架为界限，翻转架以上部分包括翻转架为上主体，以下部分为下飘部分，分别采用套模定位组装技术，控制火炬塔的制作精度。

2.3.1 火炬塔制作精度几何尺寸控制

在翻转架上垂直设置一根 $\phi 273 \times 12$ 的钢管作为上主体的中心测量标准柱，并在钢管柱身上划出十字中心线，在 7m 标高处设置一块胎模板。胎模板使用 XSTEEL 软件在电脑上给出定位图和数据，输入数控切割机中切割制成。

以柱中心为基准点，在胎模板和翻转架上作十字线，使用全站仪在翻转架上表面标出 23 根钢管柱的坐标点位置。

利用两台经纬仪成 90° 角测量中心柱与翻转架，使其保持垂直。在中心柱 7m 标高处焊接 4 块三角形钢板做为支撑胎模板的牛腿，用 4 根 200×200 的 H 形钢做为四周边的支撑杆柱，使胎模板与翻转架保持稳定及平行，上、下两层的十字中心线和钢管柱身上的十字中心线要完全重合。检查坐标点、平面度及标高合格后依次插入 23 根钢管立柱，复查角度合格后固定，由下而上依次组对螺旋形横杆件及斜杆件等。

2.3.2 下飘制作几何尺寸控制

下飘段的杆件形状复杂，表现形式为不规则圆锥曲线螺旋式杆件。结构要求精度之高、制作难度非常之大（图 9-34）。

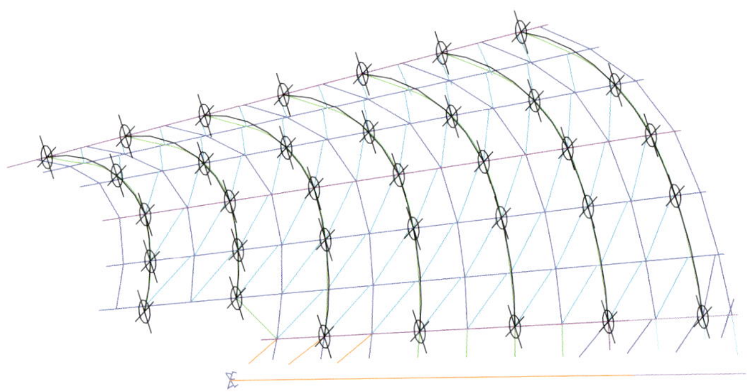

图 9-34　下飘段分片模型

（1）下飘部分采用卧装法，使用 XSTEEL 软件把模型分解成为 5 个单片，根据每片不同的特点分别模拟出每片钢管柱在胎具模板上的具体坐标位置，尺寸数据等资料。输入数控切割机在胎具模板上切割出钢柱位置的椭圆孔，分别制作出相应的定位胎具模板，胎具模板根据角度的不同分别位于螺旋主管之间。

（2）下飘段的组装：下飘的组装顺序依次为主钢管柱、不规则圆锥曲线螺旋式钢管杆件、次钢管柱、斜撑杆件。胎具检查合格后（图 9-35），插入主钢管柱并标注螺旋式钢管连接杆件位置，在次钢管柱的外皮下部中心位置处顺方向拉设钢线（由于螺旋式钢管连接杆件直径大于次钢管柱直径，要留出其公差值），组装螺旋式连接杆件，（杆件上的点要和平台上的投影点垂直，下部外皮与钢线相切）以钢线为中心组对次钢管柱，最后组对斜撑杆件等（图 9-36）。

2.3.3 整体装配几何尺寸控制

上主体与下飘的组装利用试验台架实施立体组对法，首先把已经焊接完成的上主体吊装固定到台架的行走小车上，在上主体的正下方铺设三张 30mm 钢板作为投影面，用全站仪把在所有下飘段的模型数据（下飘段上钢管柱的设计上、下端点位置）标注到地面钢板的投影面上。用汽车吊依次吊装下飘段与上主体的节点连接。使用两台经纬仪从正面和 90° 方向分别测量校正下飘段钢管柱的上、下点和相应投影面上的点成垂直状态，用构件的连接支撑杆件和临时支撑加以固定。

图 9-35　下飘段组装胎具

图 9-36　组装下飘段

2.3.4 饰板制作

主火炬内外饰板是由近 1300 块内外不锈钢板组成，每一块外饰板的曲面、外形尺寸、倾斜角度都不一样。通过三维建模，根据火炬塔的结构特征，把套模定位技术的思路进行扩展，将火炬塔的整个曲面按经线（经线 51 根）、纬线（纬线 14 根）分成上千个大小不同平均 $1m^2$ 左右的块，每块饰板的曲面是靠纬线方向的弧型板来定位的，在三维空间形成曲线并转化为二维图形的曲线（实长曲线），从而形成最终的加工工艺。制作中采用了先进的工艺软件和先进的板金数控加工设备，同时还要依靠一些必要的辅助模具及大量的工装。

火炬祥云是在高温区，它的制作主要是保证其艺术性和安全性，采用激光等离子切割技术，把祥云一片一片用无损焊接方式与内层板连接在一起形成一个整体。所有的焊接部位加装了隔热套，减少了温度的影响。为了确保祥云的美观，祥云的外表面采用了喷丸和电抛光技术，使祥云光彩夺目。

2.4 火炬塔钢结构、设备安装

火炬塔系统是由钢结构（托梁、火炬塔本体及饰板）、机械设备驱动总成、自动化等组成。采用异地组装、试车调试，充分采集翔实可靠的数据，再根据鸟巢现场的实际情况，制定切实可行的技术方案。

2.4.1 设备安装

设备安装最大的难点就是设备在钢结构基础上安装施工，而且是在不规则的鸟巢上安装施工，安装精度要求也非常高，在保证安装精度的同时，还要保证轨道的坡度、轨道的平行度、轨道的垂直度。

（1）导轨组件安装（图 9-37）。

导轨组件为箱形梁结构，单根长 16m，单重约 6t，两根导轨之间的连接用预制的工字钢组件进行连接固定。施工过程中的各项数据使用全站仪进行测量，导轨标高检测时要在两根导轨对称的位置分别检测，标高误差控制在 0.5mm 以内。由于受气温影响，整体标高会一日内发生很大变化，但相对标高不会发生很大变化，因此将标高点返到主体结构上，以主体结构上的标高点进行检测安装。所有导轨现场安装完毕后，两条导轨平行度误差不大于 1mm/1m，且不大于 2mm/ 全长，垂直度误差不大于 2mm。

（2）轨道梁位置的确定及坡度的调整。轨道梁在现场安装要求有一定的坡度，如果保证不了坡度，火炬塔的下飘将会和碗口膜结构产生很大的间隙，将影响火炬塔的与鸟巢完美结合的效果，实现不了导演的创意理念；如果轨道梁探出不够，连火炬塔就会立不起来，由于碗口结构膜的骨架在制作安装时

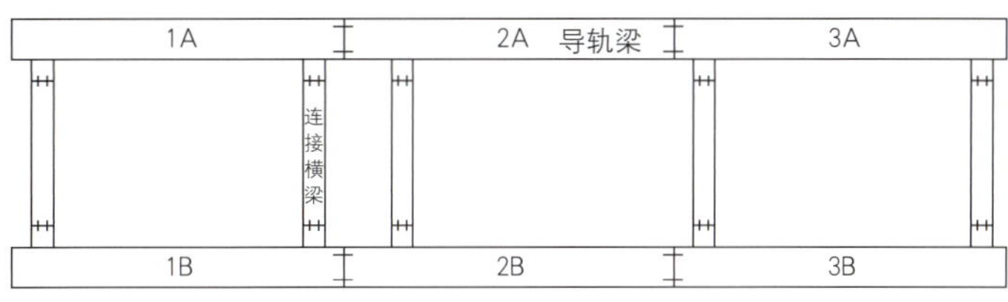

导轨布置图

图 9-37　导轨组件安装

存在误差，需根据现场实际测量结果，结合火炬主体结构的制作误差来确定轨道梁的探出位置。在西集试验场进行模拟时，轨道梁是水平安装的，火炬竖起后，对火炬主支撑杆从顶部至底部相对于定位销中心线垂面的距离进行测量，测量中使用全占仪，采集相关数据 50 余个，根据设计要求的坡度进行换算成新的数据；在鸟巢顶部碗口处定出安装位置后，挂垂线测量碗口结构膜的垂直度，之后再通过计算，与在西集实验场换算后的数据进行比照，最终确定轨道梁探出的尺寸，同时也确定轨道的坡度。在安装的过程中，只有保证坡度和探出位置，才能保证火炬塔主体位置正确，保证导演的创意理念的实现。轨道梁的坡度的调整，是利用高等数学的等差比相等的原理实现，在轨道梁的精加工面上确定几个等距点，左右两侧的相同位置的点对应，在调整轨道坡度的时候，能同时保证左右两轨道的等高。轨道总长度 48m，在实际测量的时候选用的是 10m 等差。经过了精心的调整，最终结果是轨道调整的坡度为 0.735 度，非常接近理论数据。

（3）机械设备驱动总成安装。火炬机械设备驱动总成由带齿条的导轨组件、驱动小车、液压顶升部分和驱动小车及火炬插销定位等主要部件组成。实现功能为：把火炬从 35m 处水平驱动至翻起位置，液压缸驱动插销将驱动小车定位，顶升部分连接火炬将火炬顶起至要求位置，液压缸驱动插销再将火炬定位，顶升部分回至原位。火炬顶升部分结构如图 9-38 所示。

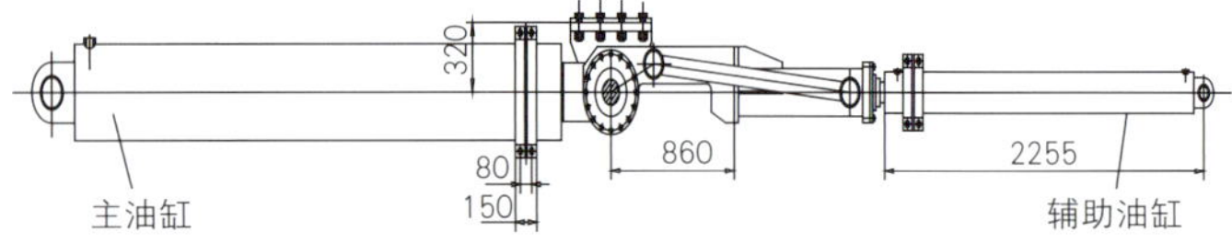

注：主油缸 2 件，辅助油缸 2 件

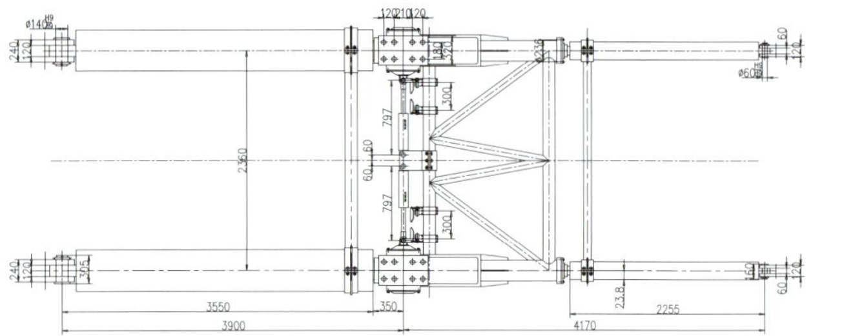

图 9-38　火炬顶升结构

主油缸每件重量为 3300kg，辅助油缸每件重量为 800kg，重量相差很大，因整体结构的特殊型顶升部分往导轨组件内装配难度很大，最好的办法是将顶升部分事先装配好后整体装入导轨组件内，可是主辅油缸的重量相差太大，吊装时很容易将油缸活塞杆损坏弯曲变形，经过反复研究，最终确定设计制造一套专用的吊装工具，预先将顶升部分整体装在吊装工具上，然后利用吊装工具将其整体装入导轨组件内，经过试验最终既保证了油缸的完整无缺，又将顶升部分迅速有效地装配到位。

液压驱动组件采取整体吊装安装，将液压缸组件用支架吊装调整好位置后，将支架吊装到主小车和支撑运行小车上，用小车将液压组件运到安装位置，用倒链配合安装。用 6 个 3 吨的倒链，分别吊装液压缸组件的铰接点、主液压缸下部、副液压缸下部，安装时先安装主液压缸，再安装副液压缸及其他液压驱动组件。

2.4.2 火炬塔主体安装（图 9-39）

火炬塔主体分五个单元进行安装，第一单元为火炬塔的上部分，其余为火炬塔的下飘部分。火炬塔在西集实验场试运行时，根据国家体育场的实际情况，拆除前对火炬塔和设备的连接关系、几何尺寸等都进行了测量采集，并对重要的连接关系做了特别标记；拆除中对每一个单元都进行模拟吊装，确定每个单元的重心位置，标记吊点的位置，记载每根索具的长度，以保证火炬塔在鸟巢现场安装中符合采集的数据和几何尺寸。火炬塔在新的安装条件下，如何保证火炬塔安装的成功率，采取了三条技术措施：

（1）第一单元安装后，立即进行调整，把与驱动小车的连接螺丝拧紧，运行到碗口处，进行火炬塔下连接；有条件时竖起，进行小车固定销连接，脱离上位连接、进行上位连接，检验火炬塔安装位置的准确性和连接关系的正确性。

图 9-39　火炬塔主体安装

（2）下飘部分安装后，进行调整，主要螺丝拧紧后，水平运行到碗口，检验 53 号杆件与顶升缸的上顶面的距离是否等于 300mm。无误拧紧全部螺丝，否则要进行再调整。

（3）火炬塔骨架全部安装完成后，火炬塔竖起，检查确认下飘与碗口竖向膜结构的间距，调整铰轴装置，使饰板骨架与鸟巢竖向膜结构的贴合。

2.4.3 火炬塔系统调试

（1）编程及调试：程序控制以自动时序控制为主线，在非正常情况下的手动应急操作及 10 种预案的逻辑连锁及操作控制为关键点进行编制。主要内容包括：

主缸的比例、同步阀控制，完成主缸的速度调节和同步调节，保证在火炬翻转过程中速度平稳，两侧主缸同步；

顶升缸比例阀控制，完成顶升缸的速度调节，火炬与顶升缸接触后，顶升缸的速度要与主缸的速度相匹配，使得火炬翻转过程中不会因为顶升缸速度过快而与火炬分离，也不会因为顶升缸的速度太慢而使顶升缸压力过高。

辅缸控制，在火炬翻转过程中，辅缸要一直保持

50~100mm 的自由缸，使其一直处于跟随状态，不会对支撑点产生推力或拉力。

泵、溢流阀及插销的控制，1#、2# 泵用于举升机构的翻起和各插销油缸动作，溢流阀为比例阀。火炬举升过程中通过调节比例溢流阀的给定和液压缸速度，使得翻转过程既保持足够的推力又不致于使顶升缸背压过高。3# 泵用于火炬落回时的举升机构收回。

变频器的控制，变频器分为自动和手动两种控制方式，状态字及控制字通过 PROFIBUS 与 PLC 通讯。手动时，目标位置、斜坡时间等在画面上设定，到位自动停止，自动时，变频器将按照自动时序的指令自动运行。

自动时序，完成系统的自动控制。

液压与自动化密切配合，反复试验寻找最佳的控制方式和参数配置，力求液压系统在最优化的状态运行。由于该系统复杂的负载特性，各控制阀尤其是比例阀均不是在相对稳定的工况条件下工作，因此很难计算出较接近实际的调节参数与压力损失，以及流量在同时工作的几个执行机构中的变化，较优化的参数必须经过大量的反复实验才能得到。故该系统的科研性在调试上表现的比较突出。经过大家反复的大量的试验，最终调定了最佳运行参数：1#、2# 泵最高压力调定为 7MPa，用于举升机构的翻起和各插销油缸动作，当带火炬翻起至 4500mm 时，比例溢流阀自动切换到 4MPa，既保持足够的推力又不致于使顶升缸背压过高。3# 泵最高压力调定为 15MPa，用于火炬落回时的顶升缸推出和举升机构收回。顶升缸推出时比例阀给定值调至 16mA，以保证火炬落回时的其速度与举升机构落回速度一致。当火炬翻起至 4500mm 顶升缸托住火炬回落时比例阀给定值调至 10.3mA，使顶升缸始终托住火炬且背压不超过 15MPa。并找到准确的低位和高位连接点，最终实现液压与自动化的一键式操作。

（2）液压系统调试

①液压泵工作压力。调节泵的安全阀或溢阀流，使液压泵的工作压力比液压设备最大负载时的工作压力大 5%~10%。

②快速行程的压力。调节泵的卸荷阀，使其比快速行程所需的实际压力大 10%~15%。

③换接顺序。调节行程开关、先导阀、挡铁，使换接顺序及其精确程度满足工作部件的要求。

④工作部件的速度及其平衡性。调节节流阀（或调速阀）、溢流阀、变量液压泵或变量液压马达、润滑系统及密封装置，使工作部件运动平稳，没有冲击和振动，不允许有外泄漏，在有负载下，速度降落不超过 5%。

3．结论

火炬塔工程是一个系统工程，2008 年 8 月 8 日第二十九届奥运会开幕式上火炬塔点火成功，圆了中华民族百年的奥运梦想，在奥运发展史上画上浓重的一笔。本单项工程获得中国施工企业管理协会科学技术奖奥运专项技术创新成果特等奖，冶金科学技术二等奖。通过开展技术研究和技术创新带来显著的经济效益，降低成本 178 万元。

第三节　上空设备支承结构及连接件制作技术

1．工程概况

国家体育场上空设备支承结构及连接件是主体钢结构之后的又一个主要内容，2008 年奥运会的开闭幕式将使用此设备，会后部分构件将拆除，该工程工程量虽小，但施工时间较紧且精度要求高。国家体育场上空设备支承结构及连接件主要包括以下内容：

（1）屋盖内环上空轨道；

（2）屋盖内环上弦轨道支架局部加强节点板和增加杆件；

（3）屋盖内环下弦设备连接件；

（4）屋盖下弦钢索动力平台；

（5）屋盖 RT4 上空钢索上、下弦连接耳板；

（6）卷布支托连接件。

2．屋盖内环上弦轨道梁的加工制作方案

2.1 轨道梁的使用功能说明

屋盖内环上弦轨道梁设置在内环桁架的上弦处，沿着内环桁架整圈布置，轨迹为一椭圆形状（深化设计修正为一标准椭圆，详见深化设计图），其截面为箱形结构，由于内环桁架上弦的高度各点不一，整个轨道落差高达 8m 多，且由于轨迹的几何形状，造成轨道梁的上下翼缘板为空间微扭状，腹板经过技术处理定为垂直于大地。轨道梁与桁架上弦有两种连接形式，一种直接与桁架上弦杆的支座连接，另一种是通过轨道支架进行连接，其截面为箱形结构，如图 9-40 所示。

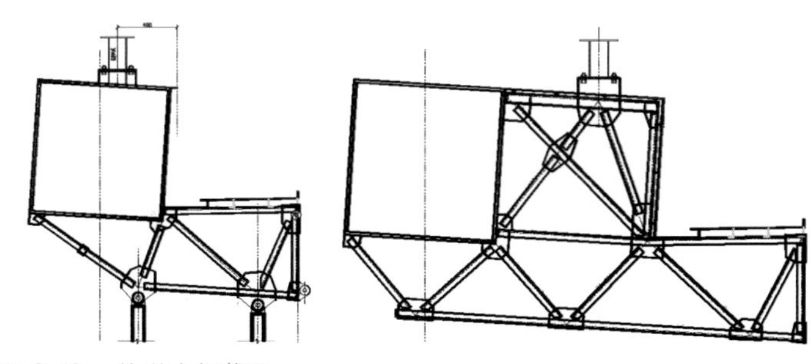

图 9-40　轨道支架截面

轨道使用时，在轨道梁上设置 100 台滑动小车，滑动小车采用水平和垂直滚轮与轨道梁的上翼缘和两块腹板夹紧，通过滚轮滑动，为保证小车滑行时不产生卡阻现象，轨道梁上翼缘的平整度和腹板的垂直度以及滚轮需要的相对位置尺寸的控制将非常重要，设计要求轨道梁上翼缘平整度达到 0.5mm/m，加工时必须采用工艺技术措施予以保证。

2.2 轨道梁的分段划分要求

签于轨道梁的结构特点和精度控制要求，轨道梁的分段长度宜控制在 6~8m 左右，按此分段要求，进行屋盖内环桁架上方整圈轨道梁的分段划分，拟将整根轨道划分为约 64 个分段，如图 9-41 所示（图示为 1/4），注意在局部分段处应加设现场安装调整余量。

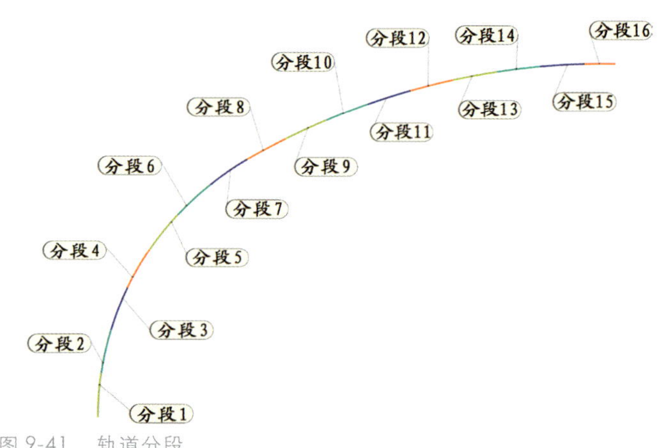

图 9-41　轨道分段

2.3 轨道梁的加工工艺

2.3.1 轨道与支托连接形式的修改

为便于轨道的安装定位和调整，轨道与支托的连接形式需作修改，见图 9-42。

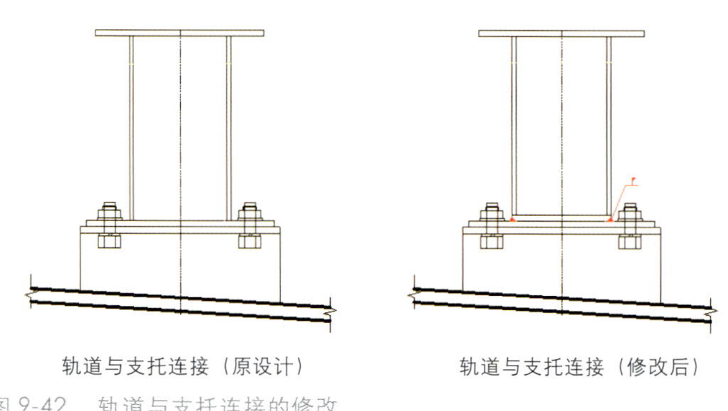
轨道与支托连接（原设计）　　轨道与支托连接（修改后）

图 9-42　轨道与支托连接的修改

2.3.2 轨道箱梁内工艺隔板的加设

为控制箱梁加工制作的变形，以及确保制作需要的精度要求，轨道箱梁内需增加必要的工艺隔板，工艺隔板每隔 2m 左右设置，工艺隔板形式及与箱梁的连接形式如图 9-43 所示。

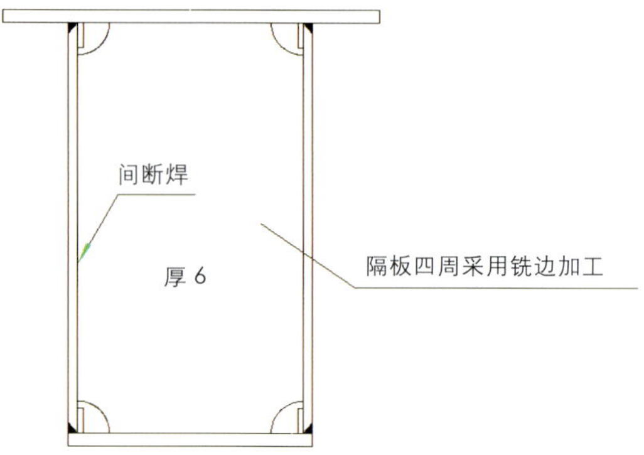

图 9-43　工艺隔板与箱梁的连接

2.3.3 轨道箱梁零件的前期加工

2.3.3.1 钢材的矫平

由于本工程加工制作精度要求高，任何的积累误差都会影响到质量控制，为此钢板进厂后先采用钢板矫平机对钢板进行矫平，达到每平方米平整度不大于 1mm，矫平的目的是消除钢板的残余变形和减少轧制内应力，从而可以减少制造过程中的变形，见图 9-44。

七辊矫平机　　零件二次矫平

图 9-44　钢材矫平

2.3.3.2 钢材的预处理

本工程轨道梁属室外结构，安装完成离奥运会开幕还将近有一年时间，故防腐要求较高，但由于考虑到使用时滑动小车的摩擦行走要求，油漆不可能做较厚，可能只涂一层底漆，为此对钢材的防锈要求较高，钢板矫平后采用专用钢板预处理生产线对钢板进行除锈，喷车间底漆和烘干，保证钢材的除锈质量达到 Sa2.5 级，如图 9-45 所示。

钢板预处理生产线　　自动喷漆

图 9-45　钢材预处理和喷漆

2.3.3.3 钢材切割

由于轨道梁的翼缘和腹板宽度较窄且钢板不是很厚，切割时易产生变形，特别是腹板切割后还需加工坡口，为防止切割产生过大变形，要求轨道梁的翼板和腹板采用等离子切割机进行切割，另外，由于腹板上下二侧为弧形曲线，不能采用机械加工坡口，为此腹板坡口切割时采用二台等离子切割机进行对称切割，腹板坡口切割前，先在腹板上划出一根直线，待坡口切割后以此直线检查腹板的变形情况，如有变形应进行矫正。

2.3.3.4 轨道翼缘板的加工成形

根据轨道的几何形状，轨道梁的上下翼缘板呈空间微扭状，加工成形与主体育场弯扭构件成形的方法一致，采用卷板机进行加工成形。

2.3.4 轨道箱梁的组装工艺

2.3.4.1 轨道箱梁制作方案及说明

根据轨道箱梁的结构特点，箱梁组装采用反造法，即以箱梁上翼缘板为胎架基准面进行组装，考虑到箱梁为双曲形且为微扭构件，同时对线型的要求和制作精度质量要求较高，在分段较多的情况下，为保证现场安装分段接口处的线型和顺和安装精度，轨道箱梁采用以4~5个分段在同一胎架上进行制作的方法进行整体组装。

2.3.4.2 箱梁组装胎架的设置要求

为保证轨道能达到使用功能要求，箱梁组装胎架是保证质量控制的重点，针对箱梁公差要求极高的特点，胎架应精心制作，主要工艺要求如下：

（1）胎架设置前，先在平台上划出箱梁分段的投影中心线和外轮廓线、分段位置线，然后划出胎架模板位置线，并用小铁板进行定位。

（2）为保证箱梁上翼缘板的定位精度和控制焊接变形，胎架模板间隔500mm设置，同时必须控制模板上口水平度和模板定位竖向标高，用激光仪进行定位和检测。

（3）考虑到4~5个箱梁累加后，胎架二端高度相差会较大，故胎架设置时可将胎架进行适当转换，以降低胎架高度，但相关线形尺寸也应相应变动。胎架设置后应提交检查验收合格方可使用，胎架设置如图9-46所示。

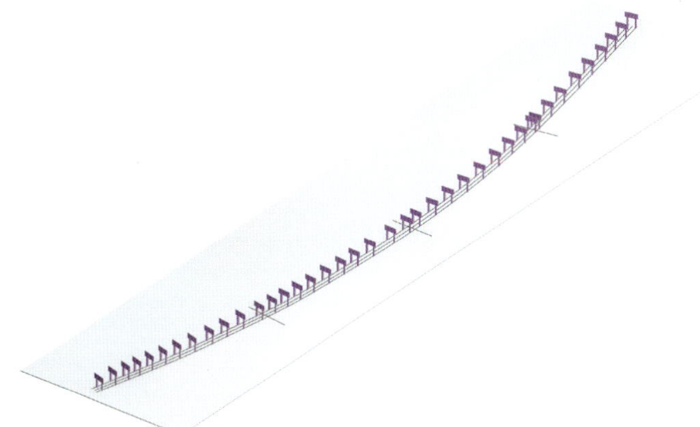

图9-46 胎架设置

2.3.4.3 箱梁的组装细则工艺

（1）箱梁上翼缘板的定位。胎架验收后，把箱梁上翼缘板吊上胎架进行定位，由于上翼缘板为空间微扭状，加工成形后存在一定的弹性变形，故定位时必须保证上翼缘板与胎架接触面的定位间隙，确保上翼缘板与胎架线型吻合，上翼缘板定位后采用夹拉姆与胎架进行固定牢固，必须注意在上翼缘板两侧边各80mm范围内不得有任何焊接定位，如图9-47所示。

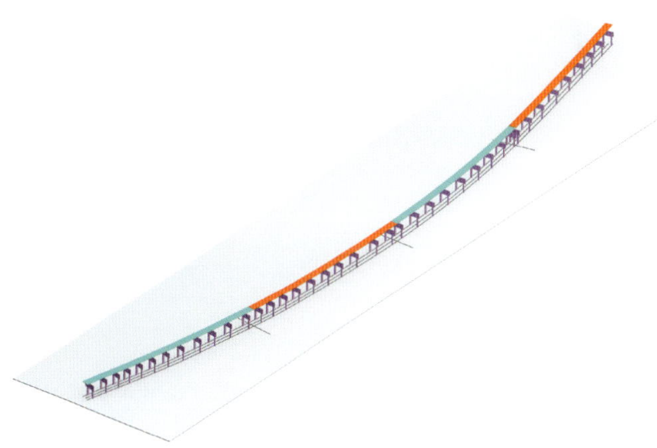

图9-47 箱梁上翼缘板定位

（2）箱梁工艺隔板的定位。箱梁上翼缘板定位后，在每个分段的两端和中部定位安装工艺要求的工艺横隔板，横隔板定位时要确保与上翼缘板相互垂直，而不是垂直于大地，定位后与上翼缘板定位焊，如图9-48所示。

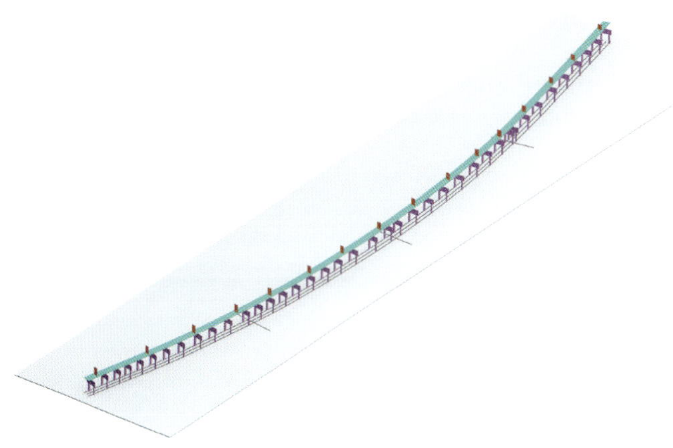

图9-48 箱梁工艺隔板定位

（3）箱梁腹板的组装定位。组装箱梁二侧腹板，腹板安装从一端向另一端进行定位，腹板定位前先将焊接垫板与腹板组装好，定位时必须保证腹板与大地垂直，并严格控制二块腹板间的距离，同时注意腹板的纵向线型要和顺，焊接垫板处与上翼缘板间的定位间隙必须控制在 0~0.5mm 内，以防止焊接产生过大的角变形，组装后与横隔板进行间断焊接，腹板组装如图 9-49 所示。

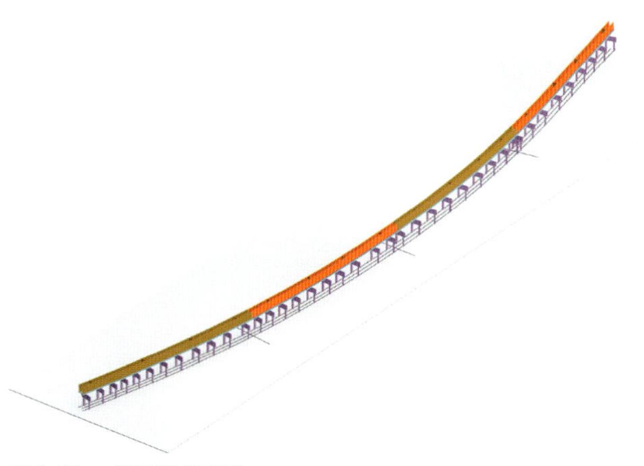

图 9-49 箱梁腹板定位

（4）箱梁底板组装定位。腹板组装定位后，即组装箱梁下翼缘板，按腹板的定位顺序进行组装，定位时要注意控制下翼缘板与腹板间的组装间隙尺寸，如图 9-50 所示。

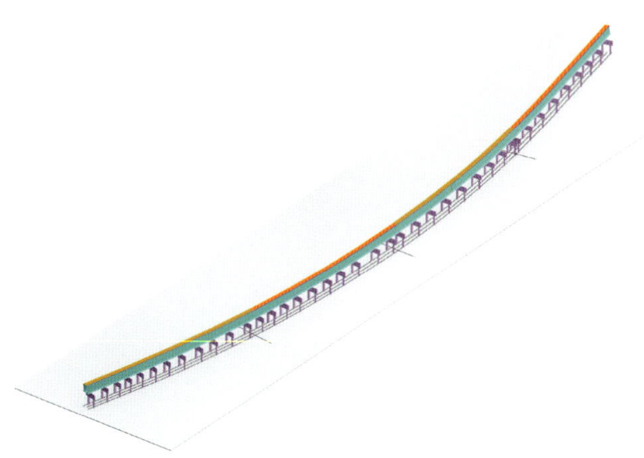

图 9-50 箱梁底板组装定位

（5）箱梁组装检测要求。箱梁分段组装后，在焊接前必须进行测量检查，对于检查不合格的箱梁，不得进行焊接，箱梁组装检查主要内容和公差要求如下：

箱梁高度	±1mm
箱梁宽度	±1mm
腹板间距	±1mm
腹板与翼缘的垂直度（径向）	≯ 1.5mm
线型相对位置尺寸（胎架底线）	≯ 2mm
端口对角线误差	≯ 1mm
分段接口处板边差	≯ 0.5mm
分段接口处坡口间隙	±2mm
上翼缘板的平整度（径向）	≯ 0.5mm

2.3.4.4 箱梁的焊接工艺

本工程轨道箱梁由于结构的特殊性以及严格的功能使用要求，对箱梁的外形尺寸要求非常高，为此必须控制焊接变形，焊接宜采用适当（较小）的焊接线能量进行焊接，尽量不用埋弧焊接，以下为箱梁的焊接要求：

（1）焊接方法。箱梁焊接采用 CO_2 气保护焊，不采用埋弧焊接和手工焊，焊丝采用药芯焊丝，配以小电流进行焊接。

（2）焊接顺序。箱梁焊接时，先焊腹板和上翼缘板间的角焊缝，后焊下翼缘角焊，焊接采用分步退焊法在二侧对称进行焊接。

（3）焊接变形控制。箱梁焊接时，对于腹板与上翼缘处的角焊缝，应对焊接角变形进行重点控制，可通过上翼缘板定位时的夹拉姆把上翼缘板向下施加一个反变形量，以达到上翼缘板焊接产生的角变形，另外腹板上侧焊接时应注意控制腹板的局部变形。

2.3.5 轨道箱梁分段工厂预拼装方案

2.3.5.1 轨道箱梁分段预拼装方案说明

由于箱梁轨道分段数量较多，且呈空间立体分布，加以严格的质量要求和使用功能，为保证现场安装的精度要求，箱梁分段需要在工厂内进行预拼装，但由于箱梁整体为一空间椭圆状，外形尺寸和标高落差较大，根本不可能进行整体预拼装。

根据工厂的实际条件以及箱梁的实际尺寸，拟将整个椭圆轨道箱梁分为六个预拼装单元，每个预拼装单元预拼装后，留下一个分段与下一个预拼装单元进行预拼，即采用累积拼装的方法进行预拼，达到最终的预拼装目的，轨道箱梁预拼装单元划分如图 9-51 所示。

2.3.5.2 预拼装工艺

（1）预拼装胎架设置要求。预拼装胎架设置前先在平台上划出分段的投影中心线和分段位置线、胎架模板位置线、胎架标高严格按实际的安装标高进行设置，如图 9-52 所示。

（2）箱梁分段定位。箱梁分段定位时，从中间向二端进行定位，定位要求定对平台上的胎架底线和分段位置线，以及标高位置、分段接口处的间隙尺寸、板边差等，定位后与胎架进行定位牢固，如图 9-53 所示。

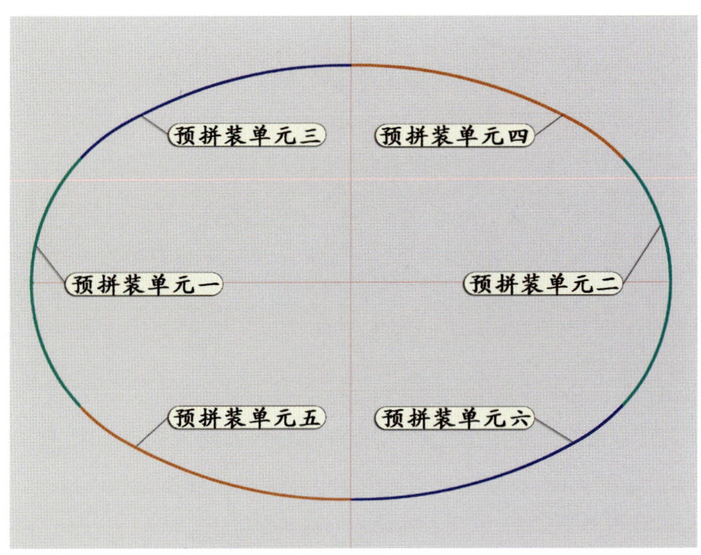

图 9-51 轨道箱梁拼装单元划分

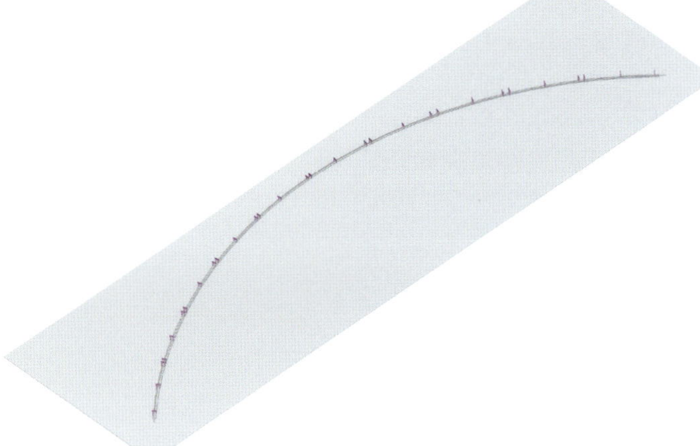
图 9-52 预拼装胎架设置

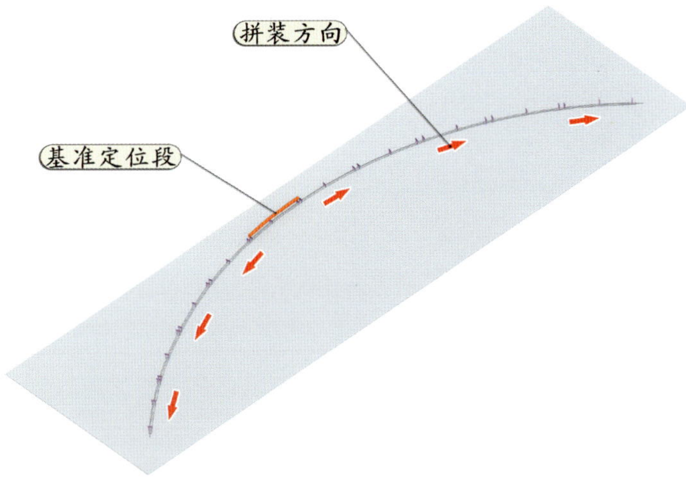

图 9-53 箱梁分段定位

（3）预拼装检测方法。椭圆轨道为空间微扭形，其测量非常麻烦，对于上翼缘板的二侧平整度可用直尺进行测量，但对于功能性检测方法应本着以轨道的实际使用功能要求为前提进行。所以，本工程预拼装单元的检测拟参照轨道实际的使用要求进行，按将来布置在轨道上的实际小车形状，制作一台小车（要求与实际完全相同），把小车与轨道梁组装在一起，通过小车的滑行来检验轨道的制作精度，如果小车滑行无明显的卡阻现象，则证明轨道箱梁能满足使用要求，反之，箱梁将不能使用。轨道箱梁的检测方法如图 9-54 所示。

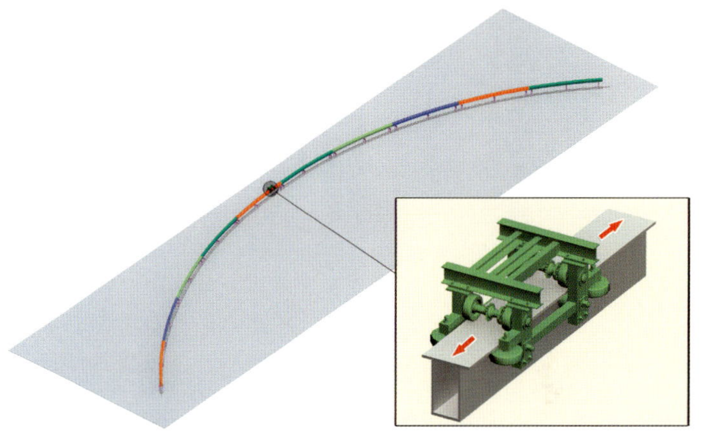
图 9-54 轨道箱梁检测

预拼装检测后，应将箱梁分段间做好对合标记并编号，作为现场安装的基准。

2.4 轨道支座的制作工艺

轨道支座作为轨道箱梁的支承点，主要控制其上平面的平面度，由于主体育场安装卸载后，内环桁架上弦的实际座标均发生了实质性的变化，为此，轨道支座不能按目前的图纸理论座标值进行制作。

轨道支座制作前，应先对已安装好的内环桁架上弦支座安装位置的座标进行实际测量，并形成一个独立的座标体系，根据测定的座标体系，找出最低处的支座标高，以此标高为基准结合理论标高确定其余支座的高度。

轨道支座的连接形式有两种，一种直接与内环桁架上弦箱梁连接，一种与轨道支架连接，两种不同的连接形式对支座的制作并不完全一样。

但由于测量和安装产生的误差存在，支座高度并不能完全保证，为此，对于直接与内环桁架上弦箱梁连接的轨道支座工厂加工时，宜对其下端加放一定的余量，通过现场切割调整安装。对于与轨道支架连接的支座根据实际测量的最低标高按最大高度进行制作，通过现场安装调整处理。

2.5 动力平台和卷布支托钢梁的制作工艺

动力平台和卷布支托钢梁采用 H 型钢梁制作，分别与内环桁架上下弦主桁架连接，其连接形式为两端铰接，如图 9-55

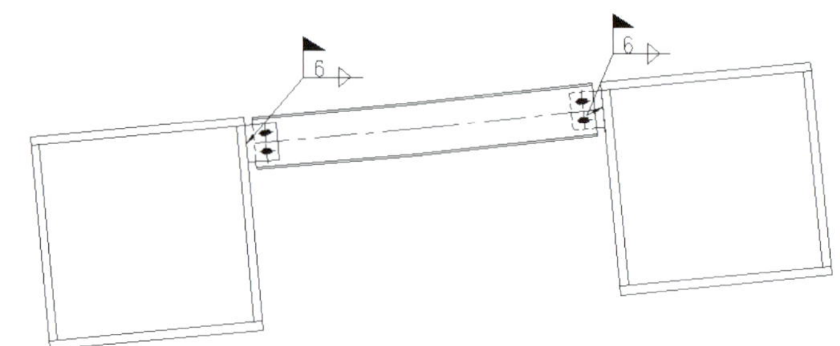

图 9-55　动力平台和卷布支托钢梁与主桁架连接

所示。

由于内环主桁架安装卸载后，其空间座标发生了变化，已不能完全按照图纸理论尺寸进行加工制作，应按目前实际的安装位置进行测量进行配作，工厂加工时，钢梁一端按图进行加工，另一端加放必要的加工余量，待二端连接板现场安装后量取连接板之间的实际距离，在现场进行配切余量并进行钻孔，以确保安装精度。

2.6 下弦设备连接件和上空钢索连接件制作工艺

屋盖内环下弦设备连接件为一 140×140 的方管，其下方有二只长孔，通过 T 形螺栓悬挂相关设备，该长孔应采用机械制孔，保证开孔尺寸和孔周边的光洁度。

上空钢索连接件为一连接耳板，与钢索进行连接，由于其对定位角度和空间座标要求较高，为保证现场安装精度，与主桁加连接处应加放适当有加工余量，根据现场实测座标进行配切安装，另外连接板上的销轴孔应进行机械钻孔。

2.7 构件涂装

工厂加工好的构件应进行扫砂处理，除去构件表面浮锈和一切油污，然后进行构件的表面涂装，涂装配套要求如下:

喷涂水性无机富锌底漆一道　　干膜厚度 50μm

喷涂环氧封闭漆一道　　干膜厚度 30μm

现场安装结束后，按上述要求进行涂层修复后，喷涂银灰氟碳金属面漆一道，干膜厚度 25μm。

2.8 构件运输及保护

2.8.1 运输方案

根据本工程主要构件的特点，从经济、快捷角度考虑，拟直接采用汽车从公路运输的方案。

2.8.2 构件的包装和保护

(1) 轨道箱梁和钢梁的包装（图 9-56）

(2) 小零件的包装箱（图 9-57）

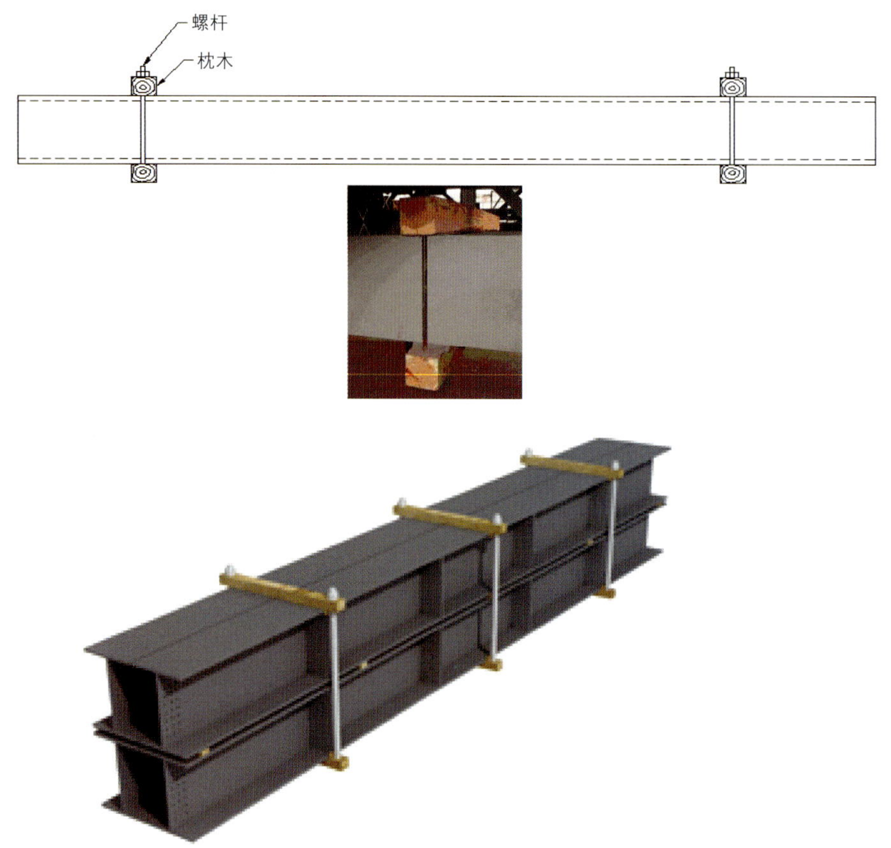

图 9-56　轨道箱梁和钢梁的包装

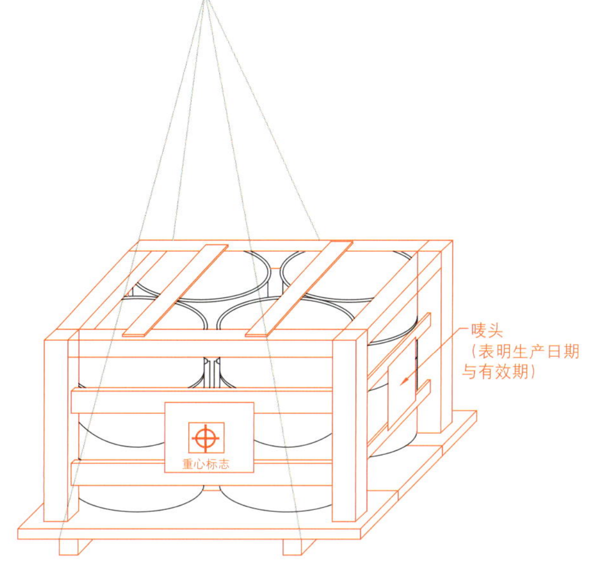

图 9-57　小零件包装箱

第十章 总承包施工管理

第一节 综述

1. 管理特点难点

1.1 建设标准要求高

1.1.1 设计标准高

国家体育场专业系统及体育设施设计先进，选用材料、设备、设施均为当今世界最新产品，科技含量高。

1.1.2 验收标准高

建设验收标准要求严格，综合调试、体育场地、体育设施技术标准必须与IOC、SPOC、BOCOG及国际单项体育联合会最新技术标准相一致；工程建设及工艺质量验收标准除了符合中国建设工程质量最高奖验收标准——“鲁班奖”要求外，还与国际接轨，接受国际奥委会、田联等国际相关组织的验收，满足体育场馆建设有关国际技术标准规定。

1.1.3 管理标准高

国家体育场建设过程中实行信息化管理，实现现场管理远程实时监控、计算机模拟操作、资源共享、无纸化办公；工程建设过程中对人、机、料等各项资源实行精确的动态控制，以保证资源的最优整合；为了体现2008年奥运会“新北京、新奥运”的时代主题，“绿色奥运、科技奥运、人文奥运”三大理念将融入工程建设的各个阶段、各个环节。

1.1.4 装修质量标准高

各个功能分区形成的多种特殊用途房间将给装修工作带来相当大的难度。另外，钢结构涂料的基层处理、饰面层的防色差以及造型装饰的放样和施工复杂。

1.1.5 室内环境控制标准高

为营造舒适的竞技环境，最大限度发挥运动员潜能，同时为观众提供安全舒适的公共空间，除设计在室内环境方面研究外，在建造过程中严格控制原材料关，实施全性能抽样检测深入工艺措施研究及过程控制，实现绿色施工、绿色建筑。

1.2 综合管理难度大

1.2.1 钢结构工程量大，加工制作分布江、浙、沪长三角，超重、超大、超长运输横跨八省市，运输调度组织十分艰难。

1.2.2 工程共有8个子单位工程和14个专项验收项目，工程调度协调、设备材料监造、进场验收、专业配合、工序衔接，对总承包的驾驭管理能力形成极大挑战。

1.2.3 工程所有专业分包选择、设备材料订货全部由总承包部在国内外组织公开招标确定，招标量大、面广、种类多。

1.2.4 国家体育场先后有3.3万人参与现场施工，安全教育、专业培训、文明施工、居住环境、饮食卫生、文化生活等，建立了一整套管理制度及相应设施。

1.2.5 2000吨焊接材料，310公里长的焊缝，900多名焊工昼夜作业，焊接工程量浩大，防火设施要求高，消防保卫管理与监控难度大。

1.3 工程总承包管理难度大

1.3.1 外部单位关系多，协调难度大

工程建设期间需沟通的单位将涉及北京市政府、BOCOG、“2008”工程建设指挥部、国家体育场有限责任公司、规划部门、设计单位、监理单位、监督及社会职能部门，以及相关国际国内关系公司，信息沟通、关系协调复杂。

奥林匹克公园内同时施工单位众多，互相交叉影响：奥林匹克公园内与国家体育场同时建设的工程项目包括游泳馆、体育馆、市政道路、市政管线及配套工程等，参施单位众多，势必为体育场建设交通运输、场区规划布置带来一定难度。

1.3.2 内部管理制约因素多，管理难度大

(1) 专业系统复杂，参施单位多、专业工序交叉作业，专业管理知识跨度大，常规管理难以满足需要。施工总平面布置需随阶段里程碑作相应调整，精细规划。指挥系统同时兼顾各项资源的最佳利用。

(2) 工程的先进性、特殊性决定了其设备、材料等资源的调研、采购、进场是工程建设的关键环节，势必要求总包管理统筹规划，对设备、材料进行过程预控、动态管理。国家体育场工程结构复杂，参施单位多、交叉作业面广，各种重型、大型机械设备多，巨型构件吊装作业频繁，因此施工现场安全管理难度大；同时为了在工程建设过程中融入“绿色奥运、科技奥运、人文奥运”三大理念，对施工现场管理、文明施工管理、施工人员管理、安保管理等提出了严

峻的课题。

2. 管理模式

北京城建集团作为国家体育场总承包商，负责组建工程总承包部，对工程全面负责，履行施工总承包合同的各项建设任务。

对机电设备安装工程总承包部设置专业工程师，负责技术、质量管理和工程协调工作。

鉴于工程的重要性、艰巨性、复杂性、紧迫性，除参建各方的努力之外，针对工程特点难点，总承包部广泛吸纳社会资源，分别组成钢结构和机电顾问团队，并与集团专业技术委员会共同对本工程提供全程专业支持。

总承包部对于国家体育场工程参施单位实施四种管理模式：分部管理、城建专业公司管理、专业分包管理、指定赞助商管理。

主体混凝土结构，对城建一、四分部总承包部采取一定范围内授权、委托的管理模式。

对城建专业公司参与的专项工程，实行一定范围内授权管理模式。

遵照总承包合同规定，中信建设参与主体结构，对其管理形式等同于专业分包。

对 IOC/BOCOG 所指定的专业分包商纳入总承包统一管理。

为了便于工程协调与管理，弱电系统工程采用智能化系统集成的管理模式。

3. 管理目标

按照市委、市政府提出奥运工程建设“安全、质量、工期、功能、成本”五统一精神，以建设“国内最好、世界一流”的体育场为指导思想，全面贯彻“绿色奥运、科技奥运、人文奥运”三大理念，坚持科学管理、科技创新。在国家体育场工程总承包施工中“追求卓越，追求完美，追求零缺陷”，把国家体育场工程建设成“样板工程、窗口工程、观摩工程、示范工程”，保证 2008 年奥运会成功举办。

3.1 项目管理方针：“建奥运精品，筑人文丰碑”（图 10-1）

图 10-1　项目管理方针

3.2 质量目标

确保结构工程获北京市建筑结构长城杯金杯，中国建筑工程钢结构金奖。单位工程获北京市建筑工程长城杯金杯和中国建设工程“鲁班奖”。

3.3 工期目标

2003 年 12 月 24 日开工，2008 年 3 月竣工，后由于开闭幕式工程的加入竣工调整为 2008 年 6 月底。

3.4 现场管理目标

确保北京市一流文明样板工地，建设“花园式”工地。

3.5 安全指标

杜绝重大安全生产事故，杜绝重大火灾事故，杜绝重大食物中毒事故，杜绝重大疫情传染疾病事故，杜绝重大机电设备事故，杜绝严重职业病发生，负伤率 0.5% 以下。

3.6 科技目标

学习和借鉴国际先进的管理理念、科学技术，积极进行技术创新，降低成本，争创北京市、建设部、国家科技进步奖；争创全国建筑业新技术应用金牌科技示范工程；力争“詹天佑大奖”。

3.7 工程功能目标：确保奥运会开闭幕式和田径竞赛的使用功能。

4. 管理体系策划

4.1 总承包管理

北京城建集团作为国家体育场总承包单位，举全集团之力、集全社会之智，组建了“北京城建集团国家体育场工程总承包部”，全面组织国家体育场工程的总承包施工。项目总承包部拥有中、高级职称 47 人，其中教授级高工 6 人，博士 3 人，外聘国家级专家 9 人，是一支管理素质高，专业齐全，经验丰富、能打硬仗的具有大型重点工程总包驾驭能力的优秀团队。

组织结构见图 10-2。

4.2 钢结构管理体系

钢结构工程是国家体育场整个项目的重中之重，是决定成败的重大环节，任务艰巨、挑战严峻。为贯彻落实北京市委市政府关于国家体育场工程建设的有关指示精神，进一步

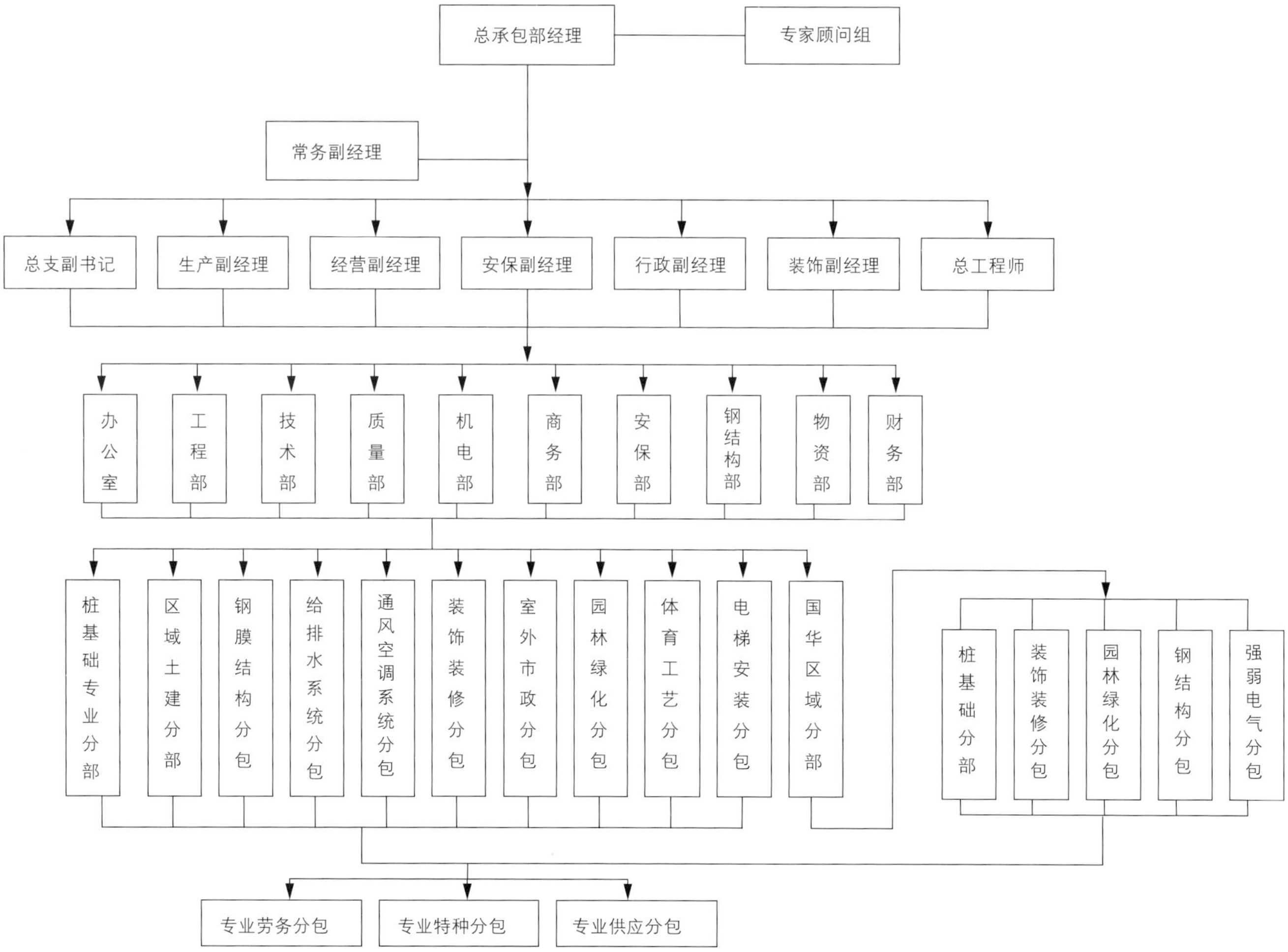

图 10-2 总承包管理组织结构

加强对国家体育场钢结构专项工程的组织领导，强化统一指挥协调功能，整合和优化专业人才等资源配置，强化管理职能与效能，实现统一指挥、统一技术方案与验收标准，统一专业管理，确保安全、优质、高效、经济地完成国家体育场钢结构工程施工任务。根据钢结构各分包单位建议，经集团公司确认，总包部党政联席会议研究决定，成立国家体育场城建国华钢结构分部。其主要职责是：在国家体育场工程总承包部的直接领导下，负责国家体育场钢结构专项工程的施工组织和管理工作，整个钢结构工程的施工组织计划、技术方案的编制与实施，组织审核详图设计和编制验收标准；负责研究解决钢结构施工过程中出现的技术问题和难题；负责协调、监管钢结构加工单位；负责国家体育场钢结构工程科研课题攻关；负责落实吊装设备进场和钢结构安装；负责管理指挥钢结构加工制作、安装和膜结构施工项目部；完成总承包部临时交办的有关钢结构工程工作的各项事宜。组织机构见图 10-3。

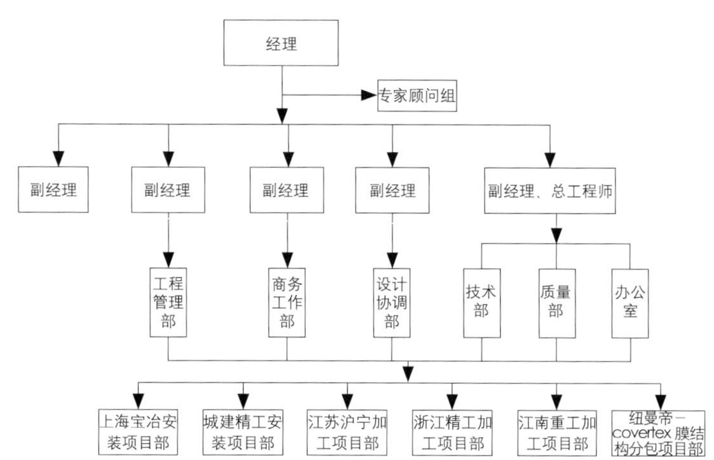

图 10-3 钢结构管理组织结构

5. 管理内容

5.1 贯彻“绿色奥运、科技奥运、人文奥运”三大理念

针对本工程的特殊意义，北京城建集团对该工程予以最高的重视，从集团到参施单位组成强有力团队，并设定管理

目标为“国内最好，世界一流”，具体为一流的施工工地、一流的施工管理、一流的工程质量，并针对工程管理的特点，贯彻“绿色奥运、科技奥运、人文奥运”三大理念的实施，落实《北京奥运行动总规划》及各专项规划，实现“新北京、新奥运”的战略构想，成功举办一届历史上最出色的奥运会。

5.2 项目施工管理及实施措施

5.2.1 建立、健全项目管理体系

优选管理人员，组建国家体育场工程总承包部，科学、合理地设置各个专业组织管理机构和职能部门，明确各部门、各类人员的职责分工，针对工程项目管理的特点、难点、重点和关键点组织编制了《项目管理控制手册》、《项目管理工作计划》、《各部门、各类人员岗位责任制》，累计制定了157项各种项目管理制度和规定。建立、健全生产、技术、质量、安全、环保、成本控制等管理体系，使国家体育场工程的施工管理分工合理，责任明确，各个职能有机衔接和交圈。

5.2.2 组织业务培训，增强岗位责任意识，提高管理能力

根据工程的复杂性和高难度和管理风险，进行全员质量、安全、环保和文明培训，提高参施分包单位和人员对建好国家体育场工程的历史责任，政治责任、社会责任和法律责任的认识，学习国家体育场工程所适用的国家、地方、行业关于建设项目管理的各类法律、法规，规范、标准，通过培训使全体管理人员提高了管理目标认识，各业务的管理能力，规范工程项目管理手段和行为，提高完成大型、重点工程的总承包管理驾驭能力。

5.2.3 依靠社会力量，举全集团之力，做好项目管理

积极利用外部力量对国家体育场工程施工过程进行指导帮助，与监督站、业主、设计、监理等紧密配合，约请国家和市属专业机构、行业协会进行检查指导，与中国建筑科学研究、冶金建筑科学院、铁道科学研究院、清华大学、北京建工学院等科研、教学单位建立技术攻关联合体系，研究制定工程难点、重点、关键点的技术、管理的措施和方法，聘请土建、施工机械、机电安装三个专业顾问，同时在政府和行业协会的指导下，聘请了9名国内钢结构设计、吊装、焊接知名专家和技术权威到现场进行咨询。

5.2.4 实行“阳光工程”管理，降低工程成本

全面落实中央、北京市委市政府提出的“把奥运工程建设作为阳光工程示范”的要求，结合工程复杂性、重要性，专业分包多、机械设备和机电设备多、物资材料各类、分包和采购量大的特点，与检察院开展共建阳光奥运活动，为强化选择分包商、材料设备供应商的招标工作，我们有针对性地建立了80多项规范文件和管理制度，实行阳光决策、阳光采购、阳光管理、阳光监督。在实施过程中做到“领导决策与实际操作相分离、投标商的选择与中标商确认相分离、组织考察与购置相分离和评委组成与具体招标相结合”。

5.2.5 加强文明施工管理，落实绿色奥运理念

建立“封闭围档、安全监控系统、出入检查系统、覆盖防尘网、多个环保测试装置系统”等设施，现场各种机具车辆所到之处按国家公路标准硬化施工道路，浇筑沥青路面3公里，绿化现场洒水除尘。在近5年的建设中，我们严格贯彻国家和北京市的环保和安全生产法规、认真执行集团公司建立的ISO14000国际标准管理体系文件，结合集团CIS企业形象识别系统和现场实际，制订了完整的环境保护方案、施工安全生产预案、企业文化展示方案。

5.2.6 以技术创新为动力落实科技奥运理念

针对国家体育场工程施工技术和组织管理的特点、难点，积极组织工程技术人员，进行科研项目的立项，在国家科技部和北京市科委科研立项18项。完成各级科技立项课题的研究工作，及时、有效地指导工程施工。工程被列入第五批建设部新技术应用示范工程，于2008年3月通过验收，并取得良好效果，达到国际先进水平，其中钢结构高强钢厚钢板焊接，异形复杂钢结构综合安装技术等达到国际领先水平。

5.2.7 以人为本，落实人文奥运理念

针对国际、国内专业分包单位多、参施人员庞大、工作强度大等特点，按施工现场平面布置和施工组织设计，在现场建设了高标准、设施齐全、功能完善可容纳12000人居住的施工人员生活区，每个房间配置电风扇、电暖器，生活区内设食堂、24小时服务的医务室、电视室、小卖部、文体活动室、图书室、理发室、太阳能浴室，开办民工夜校，提高民工的技术技能，还在区内安装了红外保安系统和现场动态监控系统，实行封闭管理，开设36部公用电话，按照施工阶段，分配给各专业分包单位使用，使庞大的参施队伍和人员在生活管理上井然有序，保障了工程施工高效、有序的进行。

5.2.8 始终把安全放在首位，保证施工顺利进行

总承包部在加强安全消防部门建设、增加安全管理人员的基础上，重点以安全、消防管理的“目标、制度、意识、环境、行为”为中心，做好施工过程的安全消防管理与监控。编制了《钢结构施工安全专项防护方案》和《防雷击专项安全方案》、《紧急和意外情况处置预案》、《天沟安装施工安全强制性规定》和制定了《雨季施工用电管理规定》等，多次组织技术、质量、安全、气象专家进行各专项方案论证，不仅为

高难度的“鸟巢”钢结构合拢、卸载的安全防护提供了可靠技术措施保障，有的填补了国内空白。

5.2.9 加强调度协调与服务，增强总承包部的驾驭能力

国内110余家分包商参与了鸟巢建设，作为总承包单位，组织各类人员熟悉和掌握技术标准、法律法规，研究和制定商务洽谈、现场管理、分部、分项验收的方法、措施，做到了精益求精。使总包与国内外各分包商之间能够有效、有机配合，顺利地完成了各项施工任务。

5.2.10 统筹安排，确保里程碑计划

组织制定了总工期进度控制里程碑计划、年度阶段性工程施工计划，专业、专项施工计划，作业计划，实施在节点里程碑计划控制之下，分级编制，统筹控制与分级控制相结合。按照专业和施工阶段由多个副经理分别控制基础、结构、钢结构、机电设备安装、装饰装修、体育工艺施工节点计划。在钢结构施工期间，向加工厂派驻监造人员，督促工厂的加工计划的实施，通过政府协调八省市交通行政主管部门开辟钢结构运输的绿色通道，并安排专门领导负责钢结构的运输计划的落实。对于平行交叉作业的制约，采取三班倒，场地作业面不闲置，专业按时轮换作业，以避免交叉作业对工期的影响。

5.2.11 加强质量管理，创建精品工程

针对工程复杂、质量标准要求高的特点，建立、健全了总、分包单位质量管理体系，明确质量目标和标准，按照“管理预控、过程监控、目标总控、成品终控”的原则，严格落实“交底制、样板制、三检制、首件制、责任制、否决制、隐检制、预检制、交接制、追根制”十项过程制度，制定了专项过程管理控制程序，明确各级责任制。按照程序仔细、周密地进行三级交底，在施工过程中严格检查、指导，使各参施分包单位和人员，都按照同一标准、同一方法施工。加强总包与监理协调、统一，整合检查、监控资源，使总承包管理权和监理验收权有机结合。

第二节　安全管理

1. 指导思想及管理目标

坚持“安全第一、预防为主”的方针，落实责任，强化管理，加强监督，严格奖罚，杜绝等级责任事故。

创建绿色现场、建造绿色工程、实现绿色奥运，确保市级“安全文明样板工地”。

杜绝重大安全生产事故，杜绝重大火灾事故，杜绝煤气中毒、食物中毒、淹亡事故，杜绝重大疫情、传染疾病事故，杜绝严重违法违纪事件。

2. 管理特点、难点

本工程安保工作紧紧围绕施工生产任务，重点抓好土建作业、装饰装修、高空作业、机电设备安装的安全防护、成品保护重点防范部位的管理。同时针对工期紧、工序复杂、立体交叉作业难以避免的特殊阶段，把高空坠落、物体打击、消防安全和成品保护作为第一任务来抓。工程进入装修阶段时，正值机电设备安装、膜结构安装进入收尾阶段。中心区舞台也正在进行设备安装。外围市政管线、出入口通道及体育工艺、园林景观绿化施工正加紧施工，是国家体育场工程整个施工过程中工序最为复杂、立体交叉作业最多、施工人员最多、周界围挡难以完全封闭的特殊的施工阶段。在各级领导和全体安保系统人员的共同努力下，国家体育场安全保卫工作始终处于受控状态。

3. 主要管理措施

3.1 安全生产管理

在安全生产方面，严格执行国家规范标准，针对土建施工阶段面对立体平端作业，高大架体防护、施工人员多等特点，坚持做到紧盯现场，严防死守，确保安全。针对钢膜结构、天沟、虹吸雨水管、电缆线铺设等安装全部在空中进行，结构复杂，具有起重吨位大、对接施焊操作点多，施工难度大，安全防护难度极大等诸多安全上的高风险，坚持做到防范措施、个人防护用品、监督检查、教育培训“四落实”。针对梁板柱装饰装修、基座5.6万m^2施工等超高超大架体施工，坚持方案先行，措施到位，管理人员到位，检查监督到位的原则落实责任，紧盯现场，消除隐患，减少违章，杜绝事故。

3.1.1 方案制度落实

总承包部就先后制定各项安全管理规定40余个近150万字，并针对工程进展、季节性、施工阶段、部位、专业等特点，及时补充下发相关管理规定。特别是在钢结构施工阶段，编制了《钢结构施工安全专项防护方案》和《防雷击专项安全方案》、《紧急和意外情况处置预案》、《天沟安装施工安全强制性规定》和制定了《雨季施工用电管理规定》等，多次组织技术、质量、安全、气象专家进行各专项方案论证，不仅为高难度的“鸟巢”钢结构合拢、卸载的安全防护提供了可靠技术措施保障，有的还填补了国内空白。同时还制定国家体育场工程危机事件处理应急总预案和五个专项预案，为全面实现安全保卫工作管理，提供了制度保证（图10-4）。

图 10-4　专项方案论证会

3.1.2 防护措施

针对钢结构主桁架 182 个吊装单元，我们要求对操作平台脚手板铺设及捆绑固定，护身栏加固，立面爬梯设置按照安全专项防护方案规定搭设完成，然后由工程、技术、安全等部门专职人员检查验收，签字确认。在长达 12km 的天沟和数万件吊挂件安装过程中，对安装单位制作的 3km 长 800 个吊栏架和 3 公里长 600 个脚手架，坚持从加工制作到起吊安装、固定、防护网铺设严格执行验收程序。

3.1.3 宣传教育

从总包到各分包对所有进场施工人员进场前必须进行全员培训，考试合格后持证上岗，累计培训 2 万多人次，提高了全体施工人员自我保护意识。总承包部共购买各种安全法规宣传画册等 4000 多份发放各参施单位，还组织特殊工种和 700 多名群众安全监督员进行专业培训。各分包对施工作业人员坚持每天班前教育、班中检查、班后讲评和每周一全员的安全教育，来提高安全意识（图 10-5）。

3.1.4 安全标准化达标

总承包部始终将现场管理严格按照国家和北京市施工现场管理标准化要求严格管理，特别是 2006 年底市“08”办组织率先在奥运中心区场馆开展现场整治及施工安全达标工作，总包及分包对照标准检查整改，开展隐患排查。工程后期，针对安全管理难度增大等特点，又增加安全、消防管理人员、保安及成保人员 100 余人（图 10-6），并将用火证审批权收回总包统一管理，加大防火力度。坚持每周一由监理、业主组织的大检查和每周三由总包组织的安全大检查，并进行打分评比，在每周四的工程例会上通报安全、消防检查情况。

3.1.5 督察监管

在工程施工全过程中，我们始终推行安全管理人员跟班作业制度，加大过程控制，随时检查纠正违章行为，确保施工安全做到万无一失，从总包到各分包单位每天至少派 20 名专职安全员和 40 名兼职安全员跟班作业，及时巡查、抽查（图 10-7），对查出的问题及时通报、及时整改，坚决杜绝重大隐患，减少一般违章行为。近五年来，共有 7000 多人次参加检查、巡查、抽查，发现纠正违章近 6000 余起，

图 10-5　宣传教育培训

图 10-6　安全演习

图 10-7　督察监管

图 10-8　绿色施工

处罚 50 万余元，下发整改通知近 200 余份，有效地保障了安全生产。

3.2 绿色施工

在工程施工过程中制定了“创建绿色现场、建造绿色工程、实现绿色奥运”做为我们的环境管理方针，把环境保护工作列为工作重点（图 10-8），按照《奥运工程绿色施工指南》、《北京市建设工程施工现场环境保护标准》的要求，我们在施工组织设计中将环境保护工作作为重点章节编写，同时建立了环境保护工作管理体系、制定了环境保护工作管理方案。在近 5 年的建设中，我们严格贯彻国家和北京市的环保和安全生产法规、认真执行集团公司建立的 ISO14000 国际标准管理体系文件，结合集团 CIS 企业形象识别系统和现场实际，制订了完整的环境保护方案、施工安全生产预案、企业文化展示方案，在钢结构高危、高风险的作业环境下，由于总包管理措施到位环境保护得到有效控制。

3.2.1 建立环境保护工作管理体系

（1）工程总承包部设立了绿色奥运领导小组，组长由总经理担任，小组由 14 人组成，定期召开会议，对现场绿色工程状况进行分析，并制定有关工作方案；总承包部及各分部都设立了专职环保员。

（2）与工程分包及劳务分包单位签订《国家体育场工程文明施工、安全生产、治安消防、环境保护管理协议书》50 余份，将国家体育场项目环境管理要求落实到各级管理层。

（3）建立和完善环保工作规章制度。制定了国家体育场项目环境管理制度、环境管理强制性措施等管理文件，组织相关人员对环境因素进行了排查，共排查出环境因素 236 项，经评价后其中 34 项被评价为重大环境因素，把 34 项重大环境因素归纳为噪声排放、粉尘排放、固体废弃物排放、火灾及易燃易爆品、施工及生活废水排放和节约能源资源六大类来进行控制，针对六大类重大环境因素制定了目标指标和管理方案，对管理方案的落实情况和目标指标的完成情况落实了责任单位和监控部门。

（4）加强对环境保护的培训教育工作。组织各级管理人员学习有关环保工作的政策和法规，提高职工环境保护意识，增强法制观念。对外施队伍进行入场教育时，将环境保护的有关要求作为专项内容进行培训，并组织书面考试。

3.2.2 采取环境保护的主要措施：

（1）为控制现场扬尘，对现场道路及裸露地面进行硬化，使现场硬化面积达 95% 以上，现场各种机具车辆所到之处按国家公路标准硬化施工道路，浇筑沥青路面 3km。

（2）使用防尘网覆盖裸露地面 35 万 m^2，现场覆盖率达到 100%（图 10-9）。

（3）工地设立硬质围挡 2500m，全部达到规范要求。

（4）前期在中心区 35000m^2 裸露地面喷洒固化剂，在基坑内道路及 4 条马道喷洒抑尘剂。

（5）为防止现场车辆噪音，使用小方砖修建了东西两个停车场，共 6049m^2。

（6）为控制现场强噪声设备对环境产生的噪声污染，现场搭建了木工房 10 个，并对混凝土泵修建了封闭式隔音棚 6 个。

（7）加强对施工现场人为噪声的控制，现场配备对讲机 100 余部，通过无线通讯设备的应用，减少了现场作业面的人为噪声。

（8）在施工车辆出入的西北大门，安装了清洗车台，设立了二级污水沉淀池和高压水泵，派 10 人昼夜清洗出场车辆。

（9）根据现场各施工阶段，为控制水污染，现场共修建泥浆池、沉淀池 20 余个，泥浆随时清运，沉淀池定期清掏，

图 10-9　防尘网覆盖裸露地面

保证了排入市政管线内的污水排放达标。

(10) 施工现场保洁采取责任区负责制，现场每天30余人清理现场道路及责任区。对场区外西侧施工车辆路线，每天派专人进行清扫。

(11) 现场主要道路每天采用机动洒水车定时洒水降尘，施工场地使用10多部手推洒水车对工作面进行洒水降尘。

(12) 在生活区设立了6个食堂，全部安装了静电油烟净化器。

(13) 现场选用的施工材料都必须符合环保要求，采用了页岩砖，进场的砂子、水泥、膨润土等细颗粒物材料全部采取封闭覆盖。

(14) 现场搭建封闭式垃圾站10个，对现场施工垃圾采取分类封闭堆放，对生活垃圾实行封闭管理，定时清运，对有害垃圾，如电池、废旧墨盒实行单独存放。

(15) 对施工现场道路两侧和生活区进行了绿化，种花植草，还栽种了蔬菜。

3. 管理成果

自工程开工，在安全生产、绿色文明施工管理上，先后被评为全国文明安全工地、北京市文明安全样板工地、"首都平安示范单位"、北京市"安全质量标准化达标示范工地"和"绿色施工优秀工地"。

第三节　质量管理

1. 工程项目质量管理概述

(1) 国家体育场工程共有主体育场、室外基座、体育工艺、室外市政、室外热身场、室外园林绿化、室外硬质景观、开闭式升降舞台八个子单位工程，以及通风空调、给排水、消防、强弱电雨洪利用等多个专业系统。规划、环保、消防、档案、人防等14个预验收项目。

(2) 工程规模庞大，造型奇特，结构复杂，功能繁多，科技含量高，世界领先的建筑新技术、新材料、新工艺、新设备多，是世界上独一无二的特大型体育场馆建筑，多项新技术国家目前尚无相关的技术工艺标准和成熟经验可借鉴。

(3) 业分包、劳务分包、特种分包、特殊分包及物资、设备供应单位众多，现场质量协调、管理与控制难度大。

2. 工程项目质量策划

2.1 项目质量方针、目标

依据工程性质和"人文奥运、科技奥运、绿色奥运"文化理念，按照北京城建集团有限责任公司企业质量方针、目标，《工程总承包管理体系手册》，结合工程的特殊性制定了"建奥运精品、筑人文丰碑"的项目质量方针。

2.2 项目总包施工的质量目标

结构工程目标：创北京市建筑工程结构"长城杯"金杯，

单位工程目标：创北京市单位建筑工程"长城杯"金杯创中国建筑工程"鲁班奖"(国家优质工程)

2.3 项目质量目标的业务分解

(1) 单位工程，分部、分项、检验批质量报验及验收一次通过率为100%。

(2) 分部、分项、检验批施工质量优良率为85%以上。

(3) 各项施工记录、工程技术资料等按部位、施工进度收集及时、准确、完整，归档率100%，合格率100%。

(4) 所进场原材料、成品、半成品合格率100%，检查、验收率100%。

(5) 原材料检验与试验率100%，按规定时间检验、试验率100%，准确率为100%。

(6) 计量、检测、试验等设备、器具的送检、检定率和合格率为100%。

(7) 各类人员按有关要求持证上岗率100%。

2.4 施工质量目标部位、专业分解

八个子单位工程中，按《建筑工程施工质量验收统一标准》验收项目全部合格，除开闭幕式保密工程外，其余主体育场、室外基座、室外市政、室外热身场、室外园林绿化、体育工艺、室外硬质景观等七个子单位工程评价全部为优良。

2.5 工程施工过程中追求目标

(1) 总包施工中坚持"追求卓越，追求完美，追求零缺陷"的过程和工程成品目标。

(2) 在工程建设施工过程坚持做到："管理预控、过程监控、目标总控、成品终控"的过程管理原则，和"有依据、有程序、有记录、有结果"的控制原则。

(3) 钢筋混凝土主体结构、钢膜结构、钢楼梯、预制混凝土看台板、轻钢龙骨外墙涂料墙面，乱拼石材地面，0层设备环廊、体育工艺等作为精品亮点控制。

2.6 建立、健全项目质量体系

在项目管理体系基础上，建立总分包自上而下的质量管理体系、自下而上的质量保证体系，三方协同制约的质量检、试验体系(图10-10~图10-12)。

3. 工程项目总包质量管理对策

(1) 按照全面质量管理的基本要素，通过质量职责分工、质量目标的分解，明确各参施单位和人员的具体质量分工、

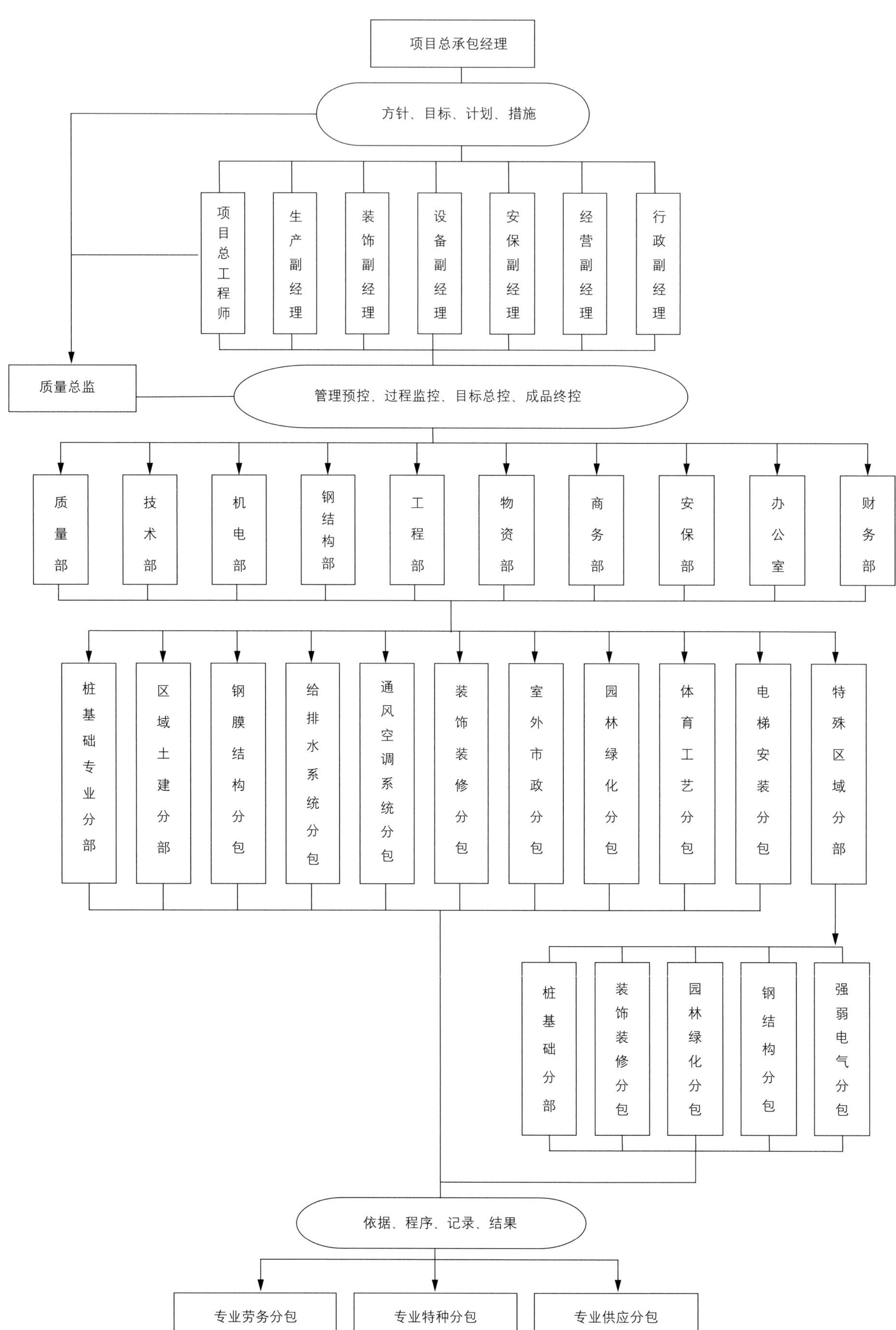

图 10-10　国家体育场工程总承包施工质量管理体系流程图

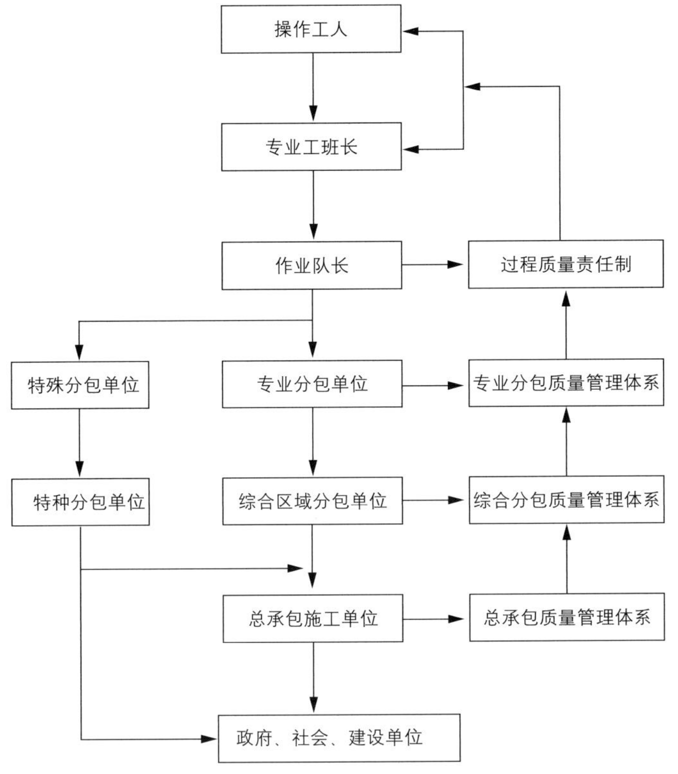

图 10-11　国家体育场工程总承包施工质量保证体系流程图

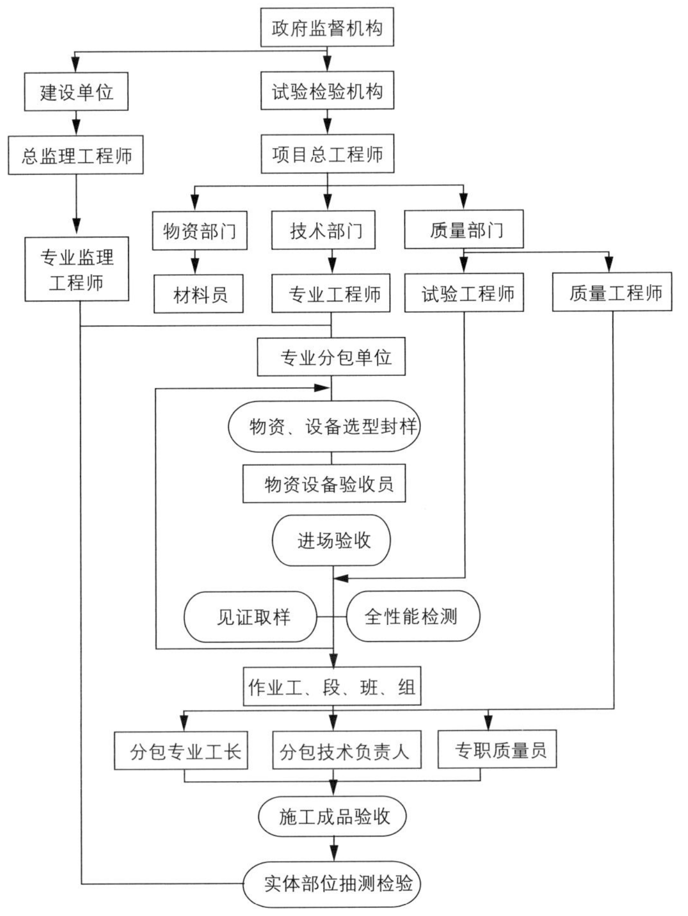

图 10-12　国家体育场工程总承包施工质量检验、试验体系及流程

职责和责任。保证施工过程质量管理与覆盖全员、全方位、全过程。

（2）在工程施工全过程的质量管理、检查、监控中，实施“管理预控、过程监控、目标总控、成品终控”。施工前按照质量目标设计编制《质量计划》，事先做好创优的策划和编制各项预控措施；在施工过程中通过“三检制、样板制、责任制、隐检制、预检制、交验制、否决制、督察制、追根制、奖罚制、”等十项基本制度，在质量管理与监控的各环节做到:“精益求精、一丝不苟、严格标准、目标控制”，做到一次成活、一次成优，不留死角、标准统一、质量均衡。

（3）发挥总包单位的作用，确保工程施工创精品过程责任层次分明，逐级保证。在确立总包单位的同时明确总包单位权利和义务。按照工程施工过程的需要设立齐全的组织机构的职能部门，配备足够专业人员，监控到检验批和作业面和部位工序。利用计算机多媒体技术和网络技术，建立总承包管理信息平台工程总承包施工的现场局域网络，保证高效率的监控与管理信息畅通、统一管理、统一标准。

（4）正确处理好质量与工期、安全、成本的辩证关系。在创精品工程中在保证施工安全的前提下，当质量与工期发生矛盾时，质量优先，优化资源配置，做到预控到位、管理协调到位、方案措施到位、资源优化配置到位，使各个检验批、施工工序按照质量目标不返工、不浪费、一次成活、一次成优。实施质量成本管理，在合理的成本支出范围内、合理的施工期范围内，必须确保每道工序和检验批的质量都达到精品的要求。

（5）针对难点、重点、关键点强化创新意识。进行质量管理创新和质量检验创新，利用现代先进的科学技术和手段，进行质量管理和质量检验、质量监控方法的探索和创新。广泛开展全员的质量管理小组活动，针对施工中出现的难题，质量管理的重点难点，拟定课题，每年注册质量管理小组不少于 20 个，结合科研工作进行现场攻关研究，保证质量水平的提高。

4. 工程项目施工过程质量过程控制要点

（1）针对钢筋混凝土斜梁、斜板、斜柱的异形碗状看台结构，做好模架的选型和设计。

（2）针对本工程全焊接钢结构的特点，必须进行全面系统的焊接工艺评定，进行有针对性的焊工培训和严格的焊缝质量检验。

（3）共计约 42000 吨异形复杂钢结构的加工制作、安装、合拢、卸载、涂装每一环节都需要进行深入系统的研究，采取针对性的技术措施。

(4) 针对装修和机电安装施工的复杂性，组织进行装修和机电安装深化设计和综合排布。

(5) 针对设计所采用的新技术、新工艺、新材料、新设备，组织做好验收标准、施工工艺标准的编制和研究。

(6) 制定工程验收方案，对工程的子单位工程，分部、子分部工程进行严格划分，严格专业分包责任制，制定工程的各级验收程序和分工，按施工进度做好工程的各项验收。

(7) 对于各专业的交叉施工和关键工序制定专项施工管理与组织程序，制定专项施工工艺标准和质量验收标准，在过程中严格控制。

(8) 对常规的原材料要进行延伸管理，对于新材料、新设备按现行规范标准做好，出厂、进场抽样检验、第三方有见证试验和全性能的检验，确保满足设计和规范的要求，避免返工。

(9) 针对施工分包单位多，立体交叉作业多的情况，严格采取质量系统化管理，贯彻执行ISO质量管理体系标准，确保每一个分包单位、每个施工部位的过程施工质量都能处于受控状态。

(10) 按照国家规范、标准和奥运工程建设施工资料收集、整理、归档的要求，总包设置专职资料管理工程，分包单位置专业资料员，组成总、分包施工资料管理系统，纳入总、分包质量管理系统，每周参加质量分析会，报告和处置施工资料的收集、整理、归档情况。

5. 质量管理成果

5.1 验收及评定结果

桩基工程的桩位全数测量检查合格率100%，混凝土强度全部达到设计强度等级，经桩身完整性检测，一类桩为98%，二类桩为2%，静载试验全部符合设计要求。24个钢结构承台群桩，空钻高度超过10m，2/3的桩垂直度1/150以上，1/3的桩身垂直度达到1/200以上。整个主体结构桩基于2005年5月17日一次通过验收。

钢筋混凝土主体结构，内实外美，色泽一致，尺寸准确，构件截面50%以上达到了零误差，强度稳定。14700块预制清水混凝土看台板平整光滑，尺寸准确、颜色一致、打胶平顺。

钢结构空间三维造型准确，焊缝自检探伤一次合格率99.5%以上，第三方探伤合格率100%，卸载沉降量271mm，在286mm设计允许范围，应力、应变、变形监测稳定，对口偏差均控制在3mm以内，防腐涂装附着力强，厚度、色泽均匀。

由10万m^2 ETFE和PTFE单层膜结构，边缘固定牢固，张力均衡，无褶皱。经雨季考验，无渗漏。

玻璃幕墙严密可靠，四性试验一次合格。涂料墙面平整顺直、色泽一致，达到了金属幕墙的质感，轻钢骨非石棉水泥压力板和石膏板外墙无开裂、变形。黑色顶面、红色墙面和银灰柱子交角、分色方正、顺直、清晰。要员厅、包厢、公用卫生间和商业用房功能可靠、工艺精细，线角方正顺直。

乱拼天然石材地面平整、美观、无空鼓。4万m^2亚麻和地毯地面平整度控制在2mm之内。

体育工艺是工程每层密度取样合格率100%，表面平整度控制在3mm以内，横向坡度严格控制在2%以内，符合国际田联规定的6mm和5%的标准，体育设施基础及安装精度高、牢固可靠，达到高水平体育设施要求。

机电设备专业系统安装精度高，各系统测试、调试、专项验收一次通过率100%，试运行良好，管线排布合理、整齐，达到了工业美和工艺美的要求。26部电梯，16部扶梯安装精良，运行平稳可靠。

共1万2千卷32万张施工资料随施工部位和进度整理完整、齐全、真实、可靠。各项原材料和施工常规、第三方见证和全性能检验、试验，室内空气检测全部合格。

工程施工始终处于严格的受控状态，没有发生任何重大质量问题和责任事故，报验合格率为百分之百，精品率为67%，分项工程和分部工程以及子单位工程一次验收合格率100%，各专项验收全部合格，符合设计、国家规范和行业特种验收标准，经过自评、监理与业主核定、北京市工程质量监督总站监督，单位工程质量等级评定为优良。

工程由业主委托建设综合勘察研究设计院进行全面沉降观测，各阶段的观测结果沉降量均匀、稳定，均在设计和规范要求允许范围。

工程经过测试赛、好运北京邀请赛，至残奥会圆满落下帷幕，历时5个月，工程承受了累计观众1000万人次以上，1200余台次各类大型设备的各种作业、使工程地基与基础，结构，防水，装饰、装修，机电设备的各项功能承受集中高负荷的运转及考验，在长达5个月的连续使用时间内没有出现任何问题，保证了各项活动顺利进行。

国家体育场工程2004、2005、2006、2007年度获得北京市建设委员会、北京2008工程指挥部办公室共同颁发的奥运工程安全质量杯，被评为2006年北京市建筑工程结构长城杯金杯，2007年度被为中国建筑钢结构金奖，2008

年度北京市建筑工程长城杯金杯和中国建设工程鲁班奖。工程施工档案2004年度被评为奥运工程档案先进单位、2008年度被评为北京市工程档案先进单位。共有13项质量管理小组成果获得市级以上优秀质量管理小组成果，2项获得全国工程建设质量管理小组优秀成果，5项被收录奥运工程质量管理小组成果汇编。

5.2 QC小组活动成果（表10-1～表10-3）

2006年QC成果获奖登记表　　表10-1

序号	小组名称	组长/发布人	奖项名称	获奖时间	证书编号
01	混凝土QC小组	张义昆/秦海英	北京市第48次QC小组成果发表会优秀质量管理小组称号；银奖	2006年4月	BAQ 06-252
02	钢结构厚板焊接QC小组	王大勇/王大勇	北京市第48次QC小组成果发表会优秀质量管理小组称号	2006年4月	BAQ 06-253
03	钢结构第二QC小组	王大勇/王磊	北京市第49次QC小组成果发表会二等奖	2006年11月	

2008年QC成果获奖登记表　　表10-3

序号	小组名称	课题名称	组长/发布人	奖项名称	获奖时间	证书编号
01	体育场总包花木QC小组	提高国家体育场矢羽芒在栽植前期的生长量	商岩/王佳	北京市优秀质量管理小组一等奖（2007年度）	2008.4.18	
02	体育场总包张本QC小组	提高大面积异形石材铺装观感质量	张本/宋楠	“北京电力杯”暨北京市第52次QC小组成果发表会三等奖	2008.4.25	

2007年QC成果获奖登记表　　表10-2

序号	小组名称	课题名称	组长/发布人	奖项名称	获奖时间	证书编号
01	钢结构第二QC小组	提高鸟巢钢组合柱拼装间隙合格率	王大勇/王磊	北京市优秀质量管理小组一等奖（2007年度）	2007.4.13	
02	四分部董树恩QC小组	超高混凝土斜扭柱施工方法的创新	董树恩/朱同然	“中南海”杯第50次北京市二等奖	2007.4.27	BAQ07-798
03	安装分部闫同军QC小组	提高支吊架一次合格率	闫同军/蒋雪梅	“中南海”杯第50次北京市优秀奖		BAQ07-797
04	道桥分部仲建军QC小组	提高王字钢制做一次验收合格率	仲建军/杨军/张茹娜	“中南海”杯第50次北京市优秀奖		BAQ07-796
05	钢结构第二QC小组	提高鸟巢钢组合柱拼装间隙合格率	王大勇/王磊	全国工程建设优秀质量管理小组	2007.7.5	建协质证字第07002号
06	城建建设分部张本QC小组	提高超长清水混凝土平板的观感质量	张本/杨俊	第51次北京市质量管理小组优秀奖	2007.9.17	BAQ07-1786
07	城建港源分部张昌平QC小组	研究钢楼梯曲面装饰板的施工工艺	张昌平/许彦特	第51次北京市质量管理小组优秀奖	2007.9.17	BAQ07-1785
08	城建长城分部李炅QC小组	提高金属格栅吊顶的质量验收合格率	李炅/罗伟成			BAQ07-1787
09	城建安装分部闫同军QC小组	提高空调系统橡塑海绵保温合格率	闫同军/赵爽			BAQ07-1784
10	城建建设机电分部赵桐新QC小组	提高弧形大管径铜管成形后的观感质量	赵桐新/邢建仓			BAQ07-1783

第四节　进度管理

奥运工程建设伊始，北京市委、市政府暨市2008工程建设指挥部提出“五统一”工作要求，即奥运工程建设必须按照“安全、质量、工期、功能、成本”五项目标协调统一地推进。国家体育场作为第29届奥运会的主会场，建设规模大、结构形式复杂，施工难度大，如何确保奥运会如期开幕、实现既定工期目标是国家体育场工程建设管理面临的重大挑战之一。施工总承包商只有建立健全工程计划管理体系，科学管理，切实加强工程进度控制，才能保证项目工期目标的实现。

1. 项目进度管理目标

国家体育场工程于 2003 年 12 月 24 日正式开工，原计划 2006 年 12 月底完工。受设计优化调整及开闭幕式工程影响，工期目标曾两度修正。

2004 年 7 月，因设计优化调整，国家体育场暂停施工，修改计划竣工日期为 2007 年 12 月底；2006 年 12 月，因奥运会开闭幕式工程施工影响，修改计划竣工日期为 2008 年 6 月底。期间，要满足 29 届开闭幕式排练及好运北京测试赛使用需求，以实现北京奥组委对国际奥委会的承诺。

2. 项目进度管理面临的挑战

2.1 工程自身属性与特点

（1）建设规模大、施工任务重

工程建设规模宏大，国家体育场施工任务十分繁重，基础钻孔灌注桩达 2600 根、C50 预制清水混凝土看台板 15000 块、钢结构构件 4.4 万 t、ETFE 膜 4.2 万 m^2、PTFE 膜 5.3 万 m^2。

（2）专业类别多、结构复杂、施工难度大

国家体育场作为 PPP 工程，赛时作为奥运会主会场，赛后将进行多种用途的经营。工程共有 8 个子单位工程和 14 个专项验收项目，专业类别繁多，如仅暖通专业就有 10 个系统，智能建筑专业有 11 个系统，电气专业有 6 个系统，工程工期紧张，决定了施工中必然造成多专业大量的立体交叉作业，总承包管理协调工作量很大。

（3）质量标准高、建设工期短

国家体育场作为奥运工程的“重中之重”，必须坚持质量的高标准。工程建设之初，即将争创“鲁班奖”工程作为质量管理目标。在非常紧张的建设工期内，要高标准地完成技术难度大的工程施工，进度管理无疑面临巨大的挑战。

2.2 自然及社会环境制约及影响

（1）现场地质条件较差

国家体育场坐落于具有人工杂填土及软弱地基的场地上，场区水文地质条件复杂，地下水丰富，从而给基础工程施工造成较大难度。

（2）场地狭窄、交通运输受限

国家体育场先后有约 110 家分承包商、3.3 万人次参与工程施工，生产、生活临时设施及场地均需在现场解决。钢结构工程量大，加工制作基地分布于江、浙、沪长三角，超重、超大、超长构件运输横跨八省市，运输调度组织十分艰难。

2.3 管理体系及特点

（1）总承包模式

国家体育场工程承包模式为施工总承包，而不是 EPC 模式。工程设计、前期拆迁、资金筹措等均由业主（国家体育场有限责任公司）负责。由于设计方为国内单位与境外设计事务所的联合体，设计进度存在风险；建设资金部分来源于北京市政府，部分来源于银行组合贷款，建设资金能否及时到位，存在风险。

（2）分承包方及材料设备供应管理

国家体育场工程专业类别多、国内外专业分包单位约 110 家，设备材料供应商约 130 家，现场协调、设备材料监造及进场验收、各专业配合与交叉作业等，对总包单位的总承包驾驭管理能力形成极大挑战。

3. 项目进度管理体系

3.1 项目进度计划体系

整个项目进度计划按四级网络分层次管理：

一级网络计划——控制性节点计划（里程碑计划）、综合进度计划。

二级网络计划——分承包方编制的分部分项工程施工进度总计划。

三级网络计划——分承包方编制的季度、月度施工进度计划。

四级网络计划——分承包方编制的执行性周滚动作业计划。

3.2 进度计划编制

（1）项目总承包部首先组织对项目结构分解 WBS 编码、组织结构 OBS 编码等进行统一规定，各专业分承包商负责对项目结构 WBS 细化层次进行进一步分解编码、对作业分类编码及作业 ID 代码和资源代码等进行统一编码，为实现进度计划的编制、汇总、协调和平衡打下基础。

（2）项目施工总控计划的编制

确定施工计划总流程为：看台主体结构基础桩、钢结构承台基础桩施工→看台主体基础结构、钢结构基础承台结构施工→看台主体混凝土结构施工→钢结构主结构施工、看台围护结构及粗装修施工、看台板预制及安装→钢结构次结构、膜结构、基座混凝土结构施工→热身场结构、基座装修、主体精装修施工、座椅安装、中心场地及热身场体育工艺施工。

（3）编制各专业施工计划及实施性短周期（月、周）计划

在项目总控计划的指导下，各专业分承包方负责编制各专业施工计划，经项目总承包部审核修改后，报中咨监理审核批准；各专业实施性短周期（月、周）计划由分承包方负责编制，项目总承包部汇总整理后报中咨监理备案。

3.3 进度计划实施

项目进度计划实施的主要内容是计划执行、进度监测、计划调整和新计划再执行的工作循环。如图 10-13 所示。

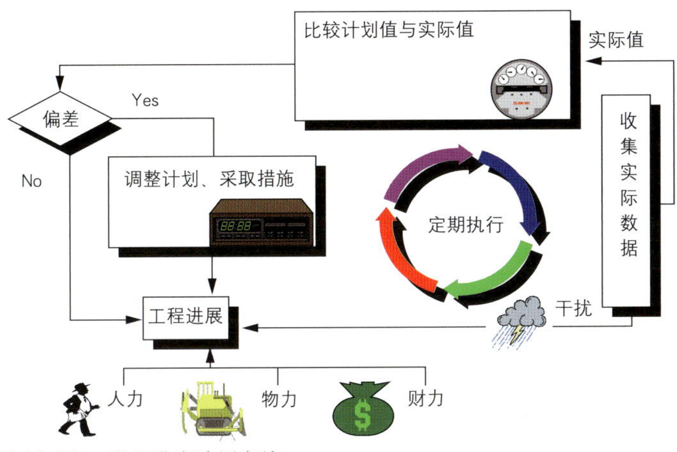

图 10-13　项目进度计划实施

3.3.1 进度监测

项目总承包部编制一级网络计划后，通过信息平台下达给各分承包商，分承包商负责编制二级、三级网络计划，并进一步细化编制的四级网络计划以甘特（横道）图为形式，直接指导现场施工作业。国家体育场主要采用的实际进度记录与监测方法有：

（1）平面图示标记法

对于某些工序，应用平面图形进行标示，更为直观，反映现场最新进展。如，国家体育场基础桩施工、基础防水施工以及看台板安装施工利用平面图采用彩色笔标记的方法反映实际施工进展（图 10-14）。

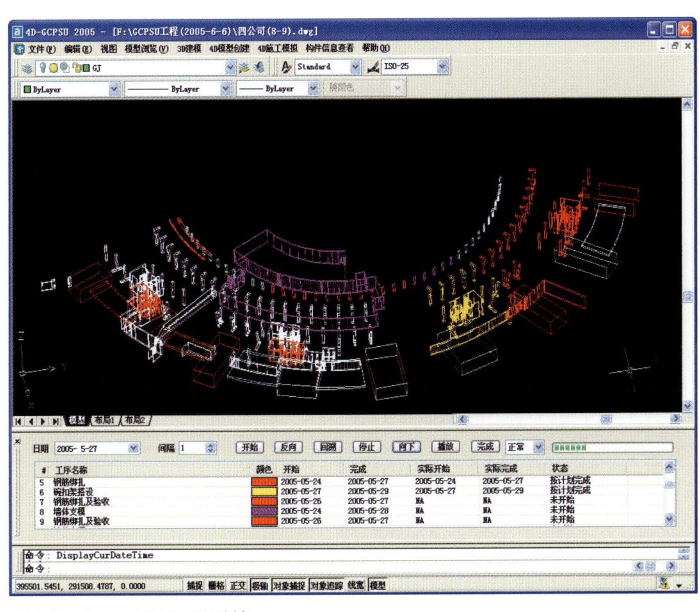

图 10-14　平面图示系统

（2）4D 施工管理系统跟踪记录法

采用城建集团与清华大学土木工程系合作开发的"国家体育场 4D 施工管理系统"（图 10-15），在国家体育场三维模型基础上，实现了国家体育场施工过程的 4D 模拟。

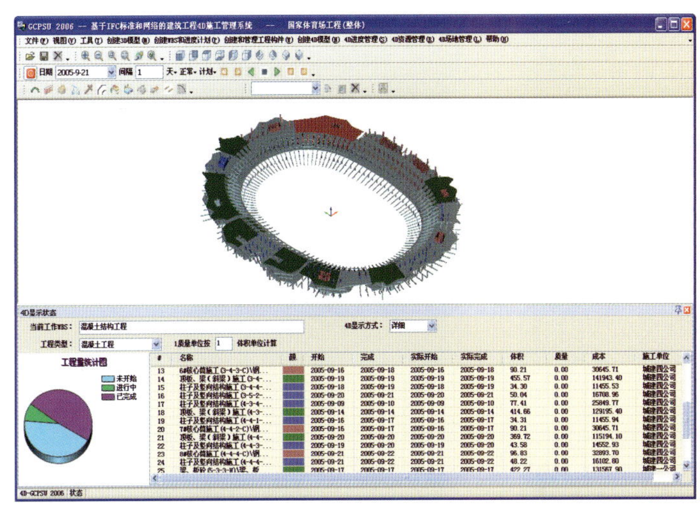

图 10-15　4D 施工管理系统

（3）前锋线技术记录法

应用前锋线技术，在带有时间坐标的网络计划图上，绘制实际进度前锋线，通过前锋线与工作箭线交点位置体现实际施工进度偏差（图 10-16）。

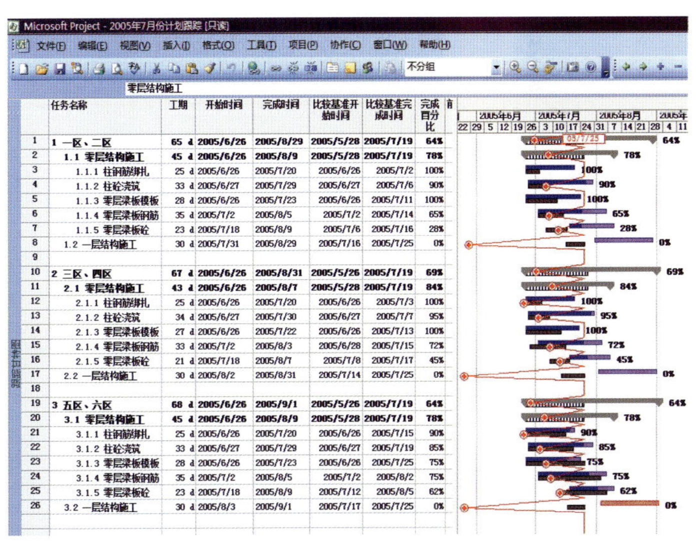

图 10-16　前锋线技术法

（4）计划完成率统计法

对于单项工序分布区域广泛的任务，往往需要应用计划完成率统计法来反映实际工程进度。如，分布广泛的精装修各工序、机电管线敷设、灯具安装等工序的实际进度往往可以应用此类方法进行跟踪（图 10-17）。

国家体育场主体装饰工程计划统计表

填报日期：2007年10月22日

序号	施工项目	单位		总工程量	截至上周累计完成工程量	本周完成情况			累计完成情况			下周计划完成工程	备注
						本周计划完	本周实际完	周计划完成	累计完成工程量	累计完成	剩余工程量		
1	地面防水	m^2	合计	74963	74963				74963	100.0%			
			中信	49372	49372				49372	100.0%			
			港源	14301	14301				14301	100.0%			
			长城	11290	11290				11290	100.0%			
2	吊顶格栅	m^2	合计	17941	1450	5550	4750	85.6%	6200	34.6%	11741	1550	
			中信	9400	250	4000	4750	118.8%	5000	53.2%	4400		
			港源	4588	1200	1500			1200	26.2%	3388	1500	需水电尽快交接
			长城	3953		50					3953	50	
			龙骨完成量	17941	16900	888	500	56.3%	17400	97.0%	541	541	
			中信	9400	9400				9400	100.0%			
			港源	4588	4100	488	100	20.5%	4200	91.5%	388	388	需水电尽快交接
			长城	3953	3400	400	400	100.0%	3800	96.1%	153	153	
3	石膏板天棚	m^2	合计	25452	17241	838	450	53.7%	17691	69.5%	7761	638	
			中信	17543	10511	200	150	75.0%	10661	60.8%	6882		
			港源	4538	4200	338			4200	92.6%	338	338	需水电进行交接
			长城	3371	2530	300	300	100.0%	2830	84.0%	541	300	
			龙骨完成量	25452	25452				25452	100.0%			
			中信	17543	17543				17543	100.0%			
			港源	4538	4538				4538	100.0%			
			长城	3371	3371				3371	100.0%			
4	轻钢龙骨隔墙	m^2	合计	190988	189591	1100	100	9.1%	189691	99.3%	1297	1100	
			中信	44459	44459				44459	100.0%			
			港源	137777	136777	1000			136777	99.3%	1000	1000	需水电进行交接
			长城	8752	8355	100	100	100.0%	8455	96.6%	297	100	
5	喷黑色乳胶漆顶棚	m^2	合计	107193	107193				107193	100.0%			
			中信	76196	76196				76196	100.0%			
			港源	17227	17227				17227	100.0%			
			长城	13770	13770				13770	100.0%			
			合计	22491	12440	1550	700	45.2%	13140	58.4%	9351	1052	

图 10-17　计划完成率统计法

3.3.2 计划调整与落实

（1）关键线路工序调整

当关键线路工序实际进度比计划进度提前时，可以选择后续关键线路工序中资源强度大的工序适当延长其持续时间。当关键线路工序实际进度比计划进度落后时，一般选择未完成的关键线路中资源强度小的工序压缩其持续时间，并重新计算剩余施工的时间参数，调整至目标工期内。压缩关键线路工序持续时间，必须采用相应的得力措施来实现。常用措施有：第一，增加有效作业时间。第二，增加资源的投入。第三，采取技术措施缩短作业时间。例如，采用永久钢管模板、混凝土泵送顶升方案施工看台高大斜扭柱，既保证了质量，又缩短了工期。

（2）非关键工序的时差调整

非关键工序时差调整的目的是为了更充分地利用资源、平抑资源峰值，降低成本，满足进度需要。时差调整额不得超出总时差值，每次调整均需进行时间参数校核。

（3）逻辑关系的调整

在国家体育场工程任务逻辑关系调整中，往往采用调整组织关系的方法。例如，原考虑看台板吊装和田径场内地源热泵井施工存在场地占用冲突，计划看台板吊装完成后开始地源热泵井施工，由于看台板吊装确实工程量较大、需要较长作业时间，决定调整二者的前后逻辑关系，部分时间内二者同时作业，通过加强内环场地调度管理解决场地占用冲突问题。

3.4 相关技术与工具

（1）项目 WBS 方法

WBS（Work Breakdown Structure），即项目结构分解，是把项目（目标、任务、工作范围、合同要求）按照系统原理和要求分解成互相独立、互相影响、互相联系的项目单元，将它们作为项目的计划、实施、控制和信息传递等一系列项目管理的工作对象，通过针对所有项目单元的管理，达到综合的计划与控制要求。

（2）Microsoft Project 项目管理软件

为有效实施项目进度管理，国家体育场选用微软 Project 作为计划管理软件平台。该软件在国际上享有很高的知名度，不仅仅能协助实现项目进度计划、项目实施的动态控制，还是资源合理配置和经济成本分析的有效工具，有助于实现工程进度控制管理的信息化，保证工程的进度、资源、费用都处于受控状态，从全过程追求项目管理目标的全面实现。

（3）建筑施工项目 4D 管理系统

北京城建集团和清华大学土木工程系合作开发的 4D-GCPSU 2005 系统（图 10-18），结合国家体育场工程的实际管理需求，实现了 4D 施工进度管理、4D 施工过程模拟、施工资源动态管理以及 4D 施工场地管理等功能。

4D 施工过程模拟如图 10-19 所示。

4. 项目进度控制措施

4.1 技术保证措施

（1）抓好与设计相关的技术保障

首先做好图纸会审和与设计接口，组织好施工图深化设计。特别是钢结构、膜结构、机电设备安装等专业施工，项

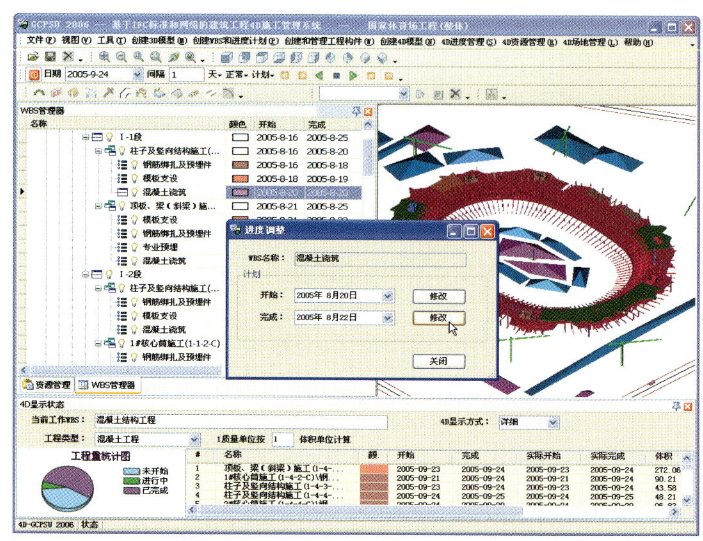

图 10-18　4D-GCPSU 2005 系统

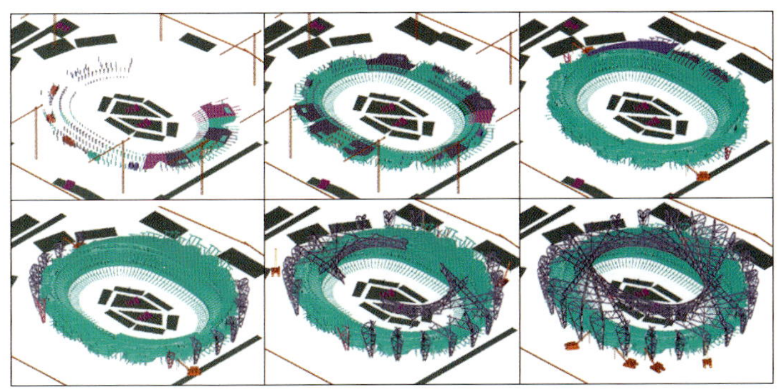

图 10-19 施工过程模拟

目总承包部设专人负责协调配合施工详图的设计，保证图纸能够及时、准确到位，满足施工进度的要求。

（2）做好各项技术方案保证工作

项目总承包部组织编制《施工组织设计大纲》和《工程施工组织总设计》，分专业、分步骤制定具有针对性和可操作性的《专业施工方案》，各分承包商根据专业施工方案，编制具体的现场作业技术交底，保证施工有条不紊地顺利进行。提前组织重点解决各专业工程中的技术难点。

4.2 总承包管理措施

（1）以合同管理为中心抓好各专业工程的进度管理（图 10-20）

对各分包单位签订的合同工期必须与有关计划目标相协调。国家体育场工程涉及专业面广，有相当数量的专业工程将由分包单位完成。项目总承包部以合同管理为中心，对各分包专业工程进度进行监控、协调，确保各专业工程工期不影响工程总进度。

（2）加大总承包协调调度力度，保证施工顺利进行

建立现场例会制度，包括工程总承包部部门负责人以上人员会议，协调内部管理事务；各分承包方生产经理共同参加的生产、质量会议，总结上一周期施工进度，工程质量，制定下一周期安排，化解各专业及分包界面摩擦，分析工程进展形势，互通信息，协调各方关系，制定工作对策。通过例会制度，使施工各方信息交流渠道畅通，问题解决及时。

（3）精心组织好资源的调配

严格审查分包队伍、劳务队伍资质及施工能力、技术实力，优选分包队伍及劳务队伍。通过招标选择合格材料供应商及成品、半成品供货商，严格考察其生产能力、供货能力、技术实力。提前做好材料、成品、半成品翻样、提料及委托加工。加强对材料的入场检验，严禁不符合要求的材料应用于工程。加强进场材料的管理，合理规划存放场地及调剂材料使用，避免材料多次倒运及停工待料。

（4）加强施工过程的控制

根据土方、基础、混凝土结构、钢结构、装修等不同阶段的特点和需求设计现场平面布置图，平面图涉及现场循环道路的布置、各阶段大型机械的布置、各阶段材料堆场等方面的布置。各阶段的现场平面布置图和物资采购、设备订货、资源配备等辅助计划相配合，对现场进行宏观调控，在施工紧张的情况下，保持现场秩序井然，保障施工顺利进行。

（5）加强与社会相关方的协调

在施工过程中，影响进度的因素很多，项目总承包部加强与建委、“2008”办、街道办、交通、市政、供电、供水、城管监察等单位的协调，保证工程施工的正常进行。

图 10-20 合同形式

5. 结语

在市“2008”办的大力支持和指导、参建各方的通力合作与支持下，北京城建集团建立并完善工程进度计划体系，加强计划编制、实施、监测、调整全过程的管理，切实落实进度控制措施，经艰苦努力，最终实现项目的整体工期目标。国家体育场工程进度管理的实践，其积累的经验与做法，可以为以后类似大型工程的进度管理提供借鉴参考。

第五节 采购管理

国家体育场作为北京 2008 奥运会的主会场，具有技术上挑战性、功能上综合性、时间上紧迫性以及管理上复杂性等特点。基于上述特点，为了保证体育场的工程建设，及时确定能够满足工程建设要求的专业分包商和材料设备供应商，国家体育场项目的采购及合同管理是商务工作的重点和难点。在策略安排上，作为总承包单位应首先辨识和分析采购及合同风险，采取相应的措施进行风险控制，在采购及合同中达到限制风险和转移风险的目的。

1. 国家体育场施工总承包合同形式

《总承包合同》是国家体育场项目采购及合同管理的基础和前提，全部采购及合同管理均围绕《总承包合同》开展，国家体育场施工总承包合同为固定总价合同形式，工程合同价款为人民币28.96亿元，除赞助产品/服务和奥组委指定产品/服务以外的全部专业分包和材料设备采购均由总承包单位负责。

2. 国家体育场项目招标的策划

2.1 国家体育场项目采购的法律基础

国家体育场项目采购依照《中华人民共和国招标投标法》和北京市建设委员会、北京市发展和改革委员会、北京市审计局、北京市"2008"工程建设指挥部办公室联合下发的京建市[2007]145号《关于进一步规范"2008"工程招投标工作的通知》中的规定和要求开展，采购招标过程中遇有不符合上述文件规定的紧急情形出现，总承包单位及时上报了业主和政府分管部门，获得批示后，进行后续工作。

2.2 国家体育场项目采购方式

根据上述法律法规的规定，依据《总承包合同》，结合国家体育场工程特点，国家体育场项目采购分为竞争性谈判、市场公开招标、内部比选、直接采购几种方式。

2.3 项目采购策略和计划

根据总价包干的总承包合同特点，总承包部先就采购项目进行了分工，以便于明确采购责任，避免工作中出现扯皮现象，致使供货不及时，延误工期。为了规避造价风险，一般的常规材料由分包单位自行采购；需要集中批量采购的常规材料由总承包部物资部负责采购；对于性能要求高、技术指标非标、需厂家完成深化设计、潜在投标人少、加工周期长的重要材料设备和专业分包项目由总承包部商务部负责采购；总承包合同中列明需联合招标的项目，由总承包部和业主联合招标采购。

图10-21　考察活动

3. 国家体育场项目采购管理

3.1 采购招标过程关注点"技术+商务+品牌"

（1）技术关注点

结合工程的实际情况，通过风险分析，在技术方面的采购关注点主要在于：采购项目的技术参数、产品性能；采购产品尺寸是否满足现场空间布置排列的要求；采购产品确定后是否会导致相关专业的配合和调整。

（2）商务关注点

采购过程中商务方面的关注点主要集中在：资质文件和体系证明文件是否满足工程需求；造价的合理性；如实际采购数量或型号发生变化如何实施。

（3）采购品牌关注

采购产品的品牌是否能够得到参建各方的认同是采购过程中关注的问题，品牌代表着产品长期的稳定性和企业的信誉及履约能力。

3.2 采购过程中关注点的控制

（1）在采购之前组织业主、设计人、监理工程师、总承包单位等参建各方共同对潜在厂家进行考察（图10-21），以便了解产品生产流程、质量控制、生产能力等实际情况，确定采购产品的技术参数。

（2）组织投标厂家进行工地现场踏勘，便于其了解现场空间布置、施工进度、设备基础、构件及连接件预埋等情况，为其投标方案和深化设计的编制提供保证。

（3）在确定产品技术参数之前，请结构、装饰和机电相关专业工程师相互沟通，在招标确定采购产品后再将中标产品技术参数报设计人确认，如其参数指标与其他专业有所冲突，即刻分析情况相互调整，以确保专业交圈。

（4）招标之前，首先对潜在市场进行调查，提出资格要求，并按要求进行严格审查，确保不出现无资质和不符合资质、体系认证要求的中标单位出现，为合同履约提供有力保证。

（5）通过合理设置评标办法，来达到技术和经济的匹配，从而保证造价的合理性，而不是一味地追求低造价。对于技术上把握性不强的采购项目，在公开招标项目中，设置评标办法时，将技术分和商务分所占比重根据实际情况进行调整，同时将设计方案、产品性能参数指标等评分项目适当调高分值。

3.3 招标资料管理

总承包部对招标资料进行分类管理，将招标过程中的全部资料分别按招标项目编排成册，形成招标程序文件，做到一项招标对应一册程序文件。招标程序文件中要涵盖整个招标过程中形成的全部资料，做到有据可查。

4. 招标项目实例—工程膜结构分包工程国际竞争性谈判

国家体育场膜结构由 PTFE 和 ETFE 两部分组成，表面覆盖面积约 10 万 m^2，其中 ETFE 约 3.9 万 m^2，工程概算约为 1.73 亿元。ETFE 单层张拉膜结构每个单元体均须形成双曲雨水坡度，形状复杂。

膜结构招标在不完全具备采购条件下进行采购工作存在较大的经济风险和技术风险：PTFE 和 ETFE 膜材采购为国外进口；膜结构没有验收规范，尤其 ETFE 国内就没有施工过，掌握和了解其核心技术的是潜在的膜结构工程投标人。膜结构工程需要中标人配合设计人做深化设计，确定膜结构各种支撑反力，只有确定了膜结构的中标单位才能配合出钢结构正式施工图，并帮助编制膜结构工程相关标准，因此招标技术、经济风险大，时间紧。

4.1 为了确定合理的招标方式和招标范围，先做好招标准备—资源落实。

为保证国家体育场的膜结构工程的施工资源落实，总承包部组织业主、监理、“2008”工程建设办公室等单位对欧洲和日本主要膜结构加工制作厂进行了考察。其中，德国的四家公司存在相互派生关系，这导致膜结构加工制作单位难以形成竞争局面。

4.2 采购方式和采购范围的确定

（1）国内仅有 PTFE 膜结构技术规程，国内对 ETFE 材料及工程尚无成熟的工艺标准和检验标准等。因此，需要招标人通过与具备分包能力的膜结构公司沟通洽谈，确定膜结构分包商，参与编制国家体育场 ETFE 膜结构工程验收标准等。

（2）由于国家体育场工程总工期要求以及设计联合体在进行膜结构设计时需要膜结构专业公司进行设计配合。因而，须提前确定膜结构工程专业分包单位。

（3）一次性确定膜结构工程材料加工价格及安装价格的难度较大，存在的风险也较大。

为最大限度规避在现状条件下进行膜结构工程招标的技术风险和经济风险。申请国家体育场的膜结构工程采取面向国际的竞争性谈判方式，择优选择价格合理、技术先进、满足综合条件，并能提供相应的控制经济风险和技术风险措施的膜结构工程分包商。2005 年 1 月 5 日，本分包工程采购项目的采购方式得到国家发改委的正式批准，同意国家体育场膜结构工程采取竞争性谈判的采购方式。

4.3 竞争性谈判重点环节控制

（1）确定竞争性谈判原则。

1）技术评估、谈判原则：只对各家进行技术评估、不排名次。

根据“技术可行、价格最低”的评估、谈判原则，技术评估、谈判过程中，技术谈判组依据《采购文件》的有关要求对各报价文件中技术文件进行评估，按照“只对各家进行技术评估、不排名次”的原则形成最终的技术评估报告。

2）商务评估、谈判原则：技术可行，价格最低。

（2）谈判计划和谈判方案：制定详细的采购工作计划，编制指导整个工作过程的重要文件：《谈判 / 评估大纲》和《谈判评估工作纪律》，并要求所有参与谈判和评估的人员签署《保密承诺函》。通过成立“三个组织”、经历“四个阶段”最终形成结论。

（3）谈判过程：谈判工作根据“国家体育场膜结构分包工程竞争性采购评估 / 谈判大纲”的有关要求进行。谈判工作按照“技术澄清先行，商务谈判其后”的工作思路，先后进行了一次技术澄清和三轮商务谈判，采购人与报价人的每次谈判会议结束后，报价人均对会议上作出的承诺和让步结果签字盖章后报采购人，逐轮锁定有关问题。先进行技术澄清，各方的技术人员针对技术方案进行锁定，然后在技术澄清的基础上进行商务谈判。

根据谈判结果，从控制工程成本角度出发，按照“技术可行、价格最低”的采购原则，谈判小组形成推荐意见，经领导小组批准后确定膜结构分包工程的分包商（图 10-22）。

图 10-22　膜结构工程分包合同签字仪式

4.4 采购结果

根据《采购文件》中总包人将选择综合结果最优的报价人的约定和“技术可行、价格最低”的评估、谈判原则，经谈判工作组研究，在报价人的设计和技术方案能够满足或基本满足《采购文件》和技术澄清会要求的技术等前提下，从严格控制工程造价角度考虑，选择总价为合理低价的投标联合体作为膜结构工程的分包商。

5. 国家体育场项目合同形式策划

经过仔细研究《总承包合同》条款，结合国家体育场工程的实际情况，首先确定合同范本及合同形式。城建集团内部分包单位基本上采用集团拟定的分包合同范本，其他专业分包单位均使用建设部、国家工商行政管理局1999年12月24日印发的《建设工程施工合同（示范文本）》，材料设备采购合同采用货物买卖合同示范文本。

6. 合同管理

（1）把握好合同关注点，在招标过程中打下基础，为合同谈判做好准备。

考虑到奥运工程的特殊性，有些关键点可能会与其他工程不同，在签订合同时要特别注意。为了避免在合同谈判和签订中对合同关注点出现争议，在招标文件中要将拟签订合同文件作为招标文件的一部分，并在合同文件中加入关注点，如投标人在投标文件中没有提出商务偏差，即表示对招标文件的实质性响应，这样总承包单位可以在合同谈判中获得主动，签订的合同文件不得实质性背离招标文件。

1）工期/供货期风险控制。对国家体育场工程而言，整体工期已经锁定，因而采购项目的工期/供货期至关重要，是保证工程整体进度的基础和前提。在实际操作中，总承包部按国家体育场工程整体进度计划和里程碑，研究提取出采购项目的工期/供货期要求，编写到招标文件及合同文件中，让分包商/供应商满足要求的同时注意在工期索赔方面不要出现合同漏洞并在合同条款中加入奖罚措施以保证合同执行力度。

2）专利项目和知识产权。国家体育场工程是奥运工程，同时也是国际性的工程，在工程实施过程中不能出现任何侵权行为。但由于工程包含内容繁多，总承包单位不可能在每一个行业都是专家，因而可能并不了解投标单位所使用的产品、技术以及深化设计有无侵权，因此在招标文件和合同条款中均有明示：“专业分包人使用他人专业图纸及他人知识产权时，应自行承担其使用费用，并免除总包人与此相关的一切责任。专业分包人应保证总包人不会因使用这些成果侵犯任何第三方的知识产权或其他合法权益”。

3）广告与宣传。业主独家享有在体育场施工场地红线内（含围墙）作任何广告、企业或商业信息的权利。因此为了避免出现纠纷，总承包部对广告与宣传方面格外重视，在合同中设定了相关条款来对签约方的行为进行约束，简列如下：“合同签订、履行过程中，专业分包人不得在体育场施工场地红线内（含围墙）做任何广告、企业或商业信息，除非取得业主的事前书面同意，未经业主书面同意，专业分包人无论中标与否均不得以任何目的为由对本合同事项进行新闻宣传及报道等相关事宜。”

4）捐赠和赞助。考虑到本工程属于奥运场馆工程，任何第三方通过捐赠、赞助或类似方式进入并拟用于本工程的材料、设备或服务等，均应由业主作为受益人受益并接收。因此在合同条款设定时明确“专业分包人同意并确认，其不得享有或主张享有任何第三方对本工程的材料、设备、服务、款项等的捐赠或赞助。专业分包人承诺在其了解或知悉任何第三方表示有对本工程捐赠或赞助意向时，其立即将该类意向通告总包人，并由总包人通告业主，由业主与第三方直接协商、洽谈捐赠、赞助等事宜。”

（2）加强签约管理，做好合同评审，提高签约质量。

合同签订的目的，是为了履行，签订合同是履行合同的前提和基础，签订一个有效、条款完备的合同，将有利于合同的履行和目的的实现。

为了审查合同的组成文件及主要条款是否完备和按集团的工程总承包管理体系文件《施工合同评审控制程序》中要求，在合同签订前进行合同评审，由各职能部门对合同中的有关条款进行评审、会签。

（3）合同的实施管理。

1）合同分析及合同交底。为保证合同双方全面地、有秩序地完成合同规定的责任和义务，行使合同赋予的合法权利，对于重要合同项目要及时进行合同交底工作。合同交底是合同管理的一个重要环节，可以让总承包部各部门管理人员了解合同、统一理解合同的内容，特别是要对合同工作范围、合同条款的交叉点和理解的难点进行交底，提醒注意执行各项工程活动的依据和后果，以便在工程实施中进行有效的控制和处理，避免不了解或对合同理解不一致带来工作上的失误，有效防止由于权利义务的界限不清引起的内部职责争议和外部合同责任争议的发生，提高合同管理的效率。

2）加强履约管理，做好合同的动态管理。合同的执行过程是一个随工程进展情况变化的动态过程，为了更好地履行合同，保证工程的物资需求，总承包部专门设置物资部门负责向采购合同签约方提出采购计划、催货并组织货物的接收和检验。在履约过程中，经常会发生由于设计变更、运输损失、安装损坏、使用单位提出的采购计划不准确等原因致使合同中采购货物的型号变更、数量变化，要区分并注明变化原因，分清责任，采取谨慎态度调整供货计划或签订补充协议，使合同的履行满足工程的需要。

第六节　技术管理

1. 国家体育场工程建造难点

国家体育场工程具有技术上的挑战性、功能上的综合性、管理的上复杂性、时间上的紧迫性等特点。作为一座设施先进、功能齐全、造型特异、科技含量高、充满了时代气息的智能建筑，国家体育场的建造是一个庞大而复杂的系统工程。由于建筑师追求的是浑然天成的鸟巢造型，在这一设计理念的主导下，国家体育场工程由外至内无不体现出“杂乱无序”的结构构造，外围钢结构由巨形弯扭构件编织而成，内部混凝土结构由倾斜、旋转角度各异的斜（扭）柱以及斜梁组成的异形框架结构。将这种特异的设计造型变成建筑实体无疑是一个巨大的技术挑战，建设工期相对于庞大的体量而言十分紧迫。

2. 施工科技创新目标

紧密围绕工程需要，以解决工程技术问题为重点，以圆满完成国家体育场工程建设任务为目标，同时要在某些建筑理论和技术方面取得突破，推动建筑技术的进步，提高企业竞争力。

本项目争取达到如下目标：

（1）争取列入北京市、建设部、国家有关科技立项；

（2）争创北京市、建设部、国家科技进步奖；

（3）争创全国建筑业新技术应用金牌科技示范工程；

（4）争创詹天佑奖。

3. 施工科技创新组织管理

3.1. 科技创新管理机构和职责

3.1.1　科技创新管理机构

科技创新工作分为两级管理，总承包部成立科技创新领导小组，由总经理任组长，由总工程师任常务副组长，各参施单位相应设立科技创新小组，科技创新的组织实施工作由总承包部技术部负责，设科技创新管理岗一人；各参施单位由其技术部门负责管理，设专（兼）职人员负责日常管理工作。

3.1.2 科技创新领导小组职责

（1）负责审定本工程科技创新目标，科技创新计划；

（2）负责协调解决本工程科技创新中的重大问题；

（3）负责审定本工程科技成果的奖励。

3.1.3 科技创新管理岗职责

（1）负责编制本工程科技创新计划和年度计划并组织实施；

（2）负责组织本工程科研项目的申报、研发、总结、验收工作；

（3）负责组织新技术、新材料、新工艺在本工程中的推广应用及科技统计工作；

（4）负责本工程的创优评奖的策划、组织、接待工作；

（5）负责本工程专利、工法的申报，管理工作。

3.2 科技创新管理

针对国家体育场工程由于十分独特的设计特点而带来的极为复杂的施工技术，北京城建集团国家体育场工程总承包部进行了科技信息查新和检索，积极组织工程技术人员，并联合冶金建筑研究院、中国建筑科学研究院以及清华大学等科研院校开展科技攻关，进行科研项目的立项，并成立了 18 个课题组具体负责实施。为了实现对国家体育场工程科技攻关工作进行系统化管理，圆满地完成各级科技立项课题的研究工作，及时、有效地指导工程施工、不断提高施工技术创新能力、推动施工技术管理水平和科技水平的迅速提高，国家体育工程总承包部统一制订科技攻关计划并下发至各课题组，将项目落实到课题负责人。

4. 科技立项情况（表 10–4）

5. 主要科技创新成果

5.1 国家体育场施工科技成果鉴定及获奖情况（表 10-5）

5.2 完成示范工程情况

本工程获得第五批建设部示范工程。工程施工中积极推广应用了建设部十大新技术中的十大项共五十个子项，创造了良好的经济效益与社会效益（表 10-6）。于 2008 年 3 月 30 日通过了建设部组织的专家组验收，整体达到国际先进水平，高强厚板钢结构焊接技术和复杂异形钢结构综合安装技术等达到国际领先水平。

国家体育场工程施工科技立项情况 **表 10-4**

序号	课题名称	所属专业	子课题名称
1	国家科技攻关课题《国家体育场结构设计与施工的安全关键技术研究》	钢结构、混凝土结构	(1) 灌注桩基础工程施工技术研究 (2) 超长结构混凝土裂缝控制技术研究 (3) 双斜柱综合施工技术研究 (4) 空间弯扭箱型截面构件及多向微扭空间节点的加工制作技术研究 (5) 高强钢 Q460 厚板（100mm）焊接性能试验、焊接工艺技术研究 (6) 巨型马鞍形空间钢结构整体卸载技术研究
2	国家科技攻关课题北京市科委配套课题《国家体育场关键施工技术与安全研究》	钢结构、混凝土结构	（1）高大空间综合支撑架体研究与应用 （2）超高矩形钢管永久模板钢筋混凝土斜（扭）柱施工工艺研究 （3）大型钢结构工程质量控制与管理信息系统的研究与开发 （4）国家体育场混凝土结构耐久性（100）年关键技术研究
3	国家"十五"重点科技攻关项目《建筑业信息化关键技术研究》	信息化	（1）大型建筑安装工程总承包施工管理信息系统 （2）建筑工程多参与方协同施工管理平台 （3）基于 IFC 标准的建筑工程 4D 施工管理系统
4	北京市科委科研项目课题《国家体育场钢结构设计与施工关键技术研究》	钢结构、膜结构	（1）国家体育场钢结构负温焊接试验研究应用 （2）国家体育场钢结构合拢技术的研究应用 （3）国家体育场钢结构顶面次结构安装技术研究应用 （4）国家体育场膜材及膜结构检验技术研究
5	08 办"三大理念课题"	测量	钢结构、膜结构施工三维激光测量技术研究与应用

国家体育场施工科技成果鉴定情况 **表 10-5**

序号	项目名称	完成单位	鉴定单位	鉴定时间	成果水平	获奖情况
1	国家体育场混凝土结构耐久性（100 年）关键技术研究	北京城建集团 中国建筑设计研究院等	北京市建委	2007 年 6 月 1 日	国际先进水平	国家体育场混凝土结构工程关键技术研究获 2007 年北京市科学技术奖三等奖
2	国家体育场工程矩形钢管永久模板混凝土斜扭柱施工技术及应用研究	北京城建集团等	北京市科委	2006 年 3 月 3 日	填补国内空白，国际领先水平	
3	国家体育场钢结构工程 Q460E-Z35 厚板焊接技术及应用研究	北京城建集团等	北京市科委	2006 年 1 月 19 日	填补国内空白，国际先进水平	2006 年北京市科学技术奖二等奖
4	国家体育场大跨度马鞍形钢结构支撑卸载技术研究及应用	北京城建集团等	北京市建委	2007 年 2 月 1 日	填补国内空白，国际先进水平	国家体育场钢结构工程关键施工技术研究与应用获 2008 年北京市科学技术奖一等奖
5	国家体育场钢结构工程箱形弯扭构件制作及多向微扭节点制作技术及应用研究	北京城建集团等	北京市建委	2007 年 2 月 1 日	填补国内外空白，国际领先水平	
6	建筑工程多参与方协同工作网络平台系统	清华大学 北京城建集团	教育部	2006 年 1 月 19 日	填补国内空白，国际先进水平	
7	基于 IFC 标准的建筑工程 4D 施工管理系统	清华大学 北京城建集团	教育部	2006 年 12 月 15 日	填补国内空白，国际先进水平	2008 年华夏建设科学技术奖一等奖
8	国家体育场施工测量技术研究与实践	北京城建勘测设计院 北京城建集团等	北京市建委	2007 年 12 月 18 日	国际领先	2008 年中国测绘学会科学技术奖一等奖
9	国家体育场膜结构施工关键技术及应用研究	北京城建集团等	北京市建委	2009 年 1 月 14 日	国际领先	国家体育场膜结构、钢结构安装、火炬塔等关键施工技术获 2008 年中国施工企业管理协会科学技术奖特等奖
10	国家体育场工程钢柱穿混凝土板变形缝防水新技术的研究				国际领先	
11	国家体育场轻钢龙骨轻质外墙防裂技术研究				国内领先	
12	国家体育场地源热泵空调系统施工研究				国内领先	

续表

序号	项目名称	完成单位	鉴定单位	鉴定时间	成果水平	获奖情况
13	雨洪利用技术研究	北京城建集团等	北京市建委	2009 年 1 月 14 日	国内领先	国家体育场膜结构、钢结构安装、火炬塔等关键施工技术获 2008 年中国施工企业管理协会科学技术奖特等奖
14	国家体育场轻质隔墙同层排水洁具挂装关键技术研究				国内领先	
15	国家体育场弧形大管径铜管焊接施工关键技术研究				国内领先	
16	大漆工艺在国家体育场装饰工程中的创新与应用	北京漆宝斋文化艺术公司 北京城建集团	北京市住建委	2009 年 8 月 5 日	国内首创 国际领先	

推广新技术应用情况 表 10-6

序号	推广应用十项新技术名称	应用项目名称	应用部位	数量
1	地基基础和地下空间工程技术	灌注桩后压浆技术	基础	1889 根
		长螺旋水下灌注成桩技术		248 根
		复合土钉墙支护技术	基础护坡	15132m^2
		桩墙—内支撑支护技术		5427m^2
2	高性能混凝土工程应用技术	混凝土裂缝防治技术	混凝土结构	205279m^3
		混凝土耐久性技术		
		清水混凝土技术		10000m^3
3	高效钢筋与预应力技术	HRB400 级钢筋的应用技术	混凝土结构	17000t
		粗直径钢筋直螺纹机械连接技术		12000t
		无粘接预应力成套技术	桩及混凝土楼板	1500t
		有粘接预应力成套技术	梁	500t
4	新型模板及脚手架应用技术	清水混凝土模板技术	混凝土结构	10000m^2
		早拆模板成套技术		130000m^2
		新型脚手架应用技术		200000m^2
5	钢结构技术	钢结构 CAD 设计技术	钢结构工程	4.2 万 t
		厚钢板焊接技术		
		钢结构安装施工仿真技术		
		钢与混凝土组合结构技术		
		高强度钢材的应用技术		
		钢结构的防火防腐技术		
6	安装工程应用技术	管道制作（通风、给水管道）连接与安装技术	安装工程	1 项
		管线布置综合平衡技术		1 项
		建筑智能化系统调试技术		1 项
		大型设备整体安装技术		1 项
7	建筑节能和环保应用技术	新型墙体材料应用及施工技术	围护墙	100000m^2
		地源热泵供暖空调技术	暖通工程	1 项
8	建筑防水新技术	SBS 改性沥青防水卷材应用技术	地下工程	130000m^2
		聚氨酯建筑防水涂料	卫生间	50000m^2
		结晶渗透型高分子刚性防水剂	基础桩桩头	1889 根
9	施工过程监测与控制技术	施工控制网建立技术	主体工程	1 项
		深基坑位移监测	基础工程	
		大体积混凝土温度监测和控制技术	P 承台	
		大跨度结构施工过程中受力与变形监测和控制	超长混凝土结构、钢结构屋盖	
10	信息化管理技术	管理信息化技术	办公平台	1 项
		工具类技术		

5.3 完成专利情况（表 10-7）

完成专利情况　　表 10-7

序号	授权项目名称	知识产权类别	国（区）别	授权号
1	钢木组合中模板	实用新型专利	中国	ZL200420092475.X
2	采用钢箱作为永久模板的混凝土柱及其施工方法	发明专利权	中国	ZL200510200708.2
3	高大空间结构小间距碗扣塔架支撑架体	实用新型专利	中国	ZL200620200772.0
4	建筑工程 4D 施工管理系统 V1.0	软件著作权	中国	2006SRBJ2825（登记号）
5	建筑工程多参与方协同工作网络平台系统 V1.0（ePIMS+）	软件著作权	中国	2005SR15409（登记号）
6	厚钢板热加工及焊接方法	发明专利权	中国	ZL200710200608.9
7	大型钢构件吊装用管式吊耳	实用新型专利	中国	ZL2008203016069
8	钢结构合拢卡马	实用新型专利	中国	ZL200820301604X
9	建筑钢结构低温焊接用防风棚	实用新型专利	中国	ZL2008203016072
10	支撑卸载消除水平力垫块	实用新型专利	中国	ZL2008203016054
11	箱形空间弯扭构件加工制作方法	发明专利权	中国	ZL2008103011106
12	一种销纳偏差的钢结构安装接口方法	发明专利权	中国	ZL2008103031069
13	巨型异形钢构件单机翻身吊装方法	发明专利权	中国	ZL2008103031044
14	变形缝三重设防的防水结构	实用新型	中国	ZL2009203077762
15	建筑钢结构异形构件三维坐标测量方法	发明专利权	中国	

5.4 完成工法情况（表 10-8）

国家体育场工程完成工法情况　　表 10-8

序号	工法编号	工法名称	备注
1	YJGF016-2006	大跨度马鞍形空间钢结构支撑卸载工法	国家级工法
2	YJGF025-2006	现浇混凝土斜柱施工工法	国家级工法
3	YJGF163-2006	箱形空间弯扭钢结构构件加工制作工法	国家级工法
4	YJGF324-2006	Q460 高强钢厚板焊接工法	国家级工法
5	07-33-046	大型复杂形状钢构件单机吊装工法	北京市级工法
6	07-34-047	建筑钢结构低温焊接工法	北京市级工法

5.5 完成企业标准情况（表 10-9）

企业标准完成情况　　表 10-9

序号	标准编号	标准名称	备案号
1	QB/GJJT-GTCG-2005	国家体育场钢结构施工质量验收标准	JQB-046-2005
2	QB/GJJT-GTCYZKT-2006	国家体育场预制清水混凝土看台质量验收标准	JQB-080-2006
3	QB/GJJT-MJG2-2006	国家体育场 PTFE 膜结构施工质量验收标准	JQB-088-2005
4	QB/GJJT-MJG1-2006	国家体育场 ETFE 膜结构施工质量验收标准	JQB-087-2006
5	QB/GJJT-GTCGZ-2005	国家体育场矩形钢管永久模板混凝土柱施工质量验收标准	JQB-054-2005
6	QB/GJJT-005-2007	国家体育场空调及采暖水管道沟槽连接工程施工质量验收标准	JQB-134-2007
7	QB/GJJT-006-2007	国家体育场屋面安全防护系统施工质量验收标准	JQB-148-2007
8	QB/GJJT-001-2008	国家体育场金属格栅吊顶工程质量验收标准	JQB-177-2008
9	QB/GJJT-002-2008	国家体育场自然面拼石材地面质量验收标准	JQB-183-2008
10	QB/GJJT-003-2008	国家体育场自流平地面质量验收标准	JQB-184-2008

5.6 发表论文情况

（1）钢结构（表 10-10）

钢结构发表论文汇总 表 10-10

序号	文章名称	作者	发表刊物
1	"鸟巢"钢结构关键施工技术介绍	刘树屯、李久林、高树栋、邱德隆	第六届全国现代结构工程学术研讨会论文集，2006 年
2	国家体育场钢结构施工关键技术	李久林、高树栋、邱德隆、李文标、万里程等	《施工技术》2006 年第 12 期
3	国家体育场钢结构安装方案比选研究	高树栋、李久林、邱德隆、杨俊峰等	《施工技术》2006 年第 12 期
4	国家体育场钢结构支撑卸载分析	邱德隆、李久林、杨俊峰、高树栋、范重等	《施工技术》2006 年第 12 期
5	国家体育场钢结构施工技术及研究	陈桥生、许立新	首届全国钢结构施工技术交流会论文集 2006.12
6	国家体育场大型空间箱形截面扭曲构件的加工技术	周永明、蒋良军、廖功华等	首届全国钢结构施工技术交流会论文集 2006.12
7	国家体育场钢结构施工测量技术研究与实践	龙正武、秦长利、李久林、邱德隆、杨俊峰、万里程	首届全国钢结构施工技术交流会论文集 2006.12
8	国家体育场钢结构卸载变形测量技术实践	刘增希、秦长利、龙正武、李久林、邱德隆、高树栋	首届全国钢结构施工技术交流会论文集 2006.12
9	采用液压设备控制的大跨度钢结构卸载分析方法	罗兴隆、陈桥生、蒋振彦	首届全国钢结构施工技术交流会论文集 2006.12
10	国家体育场钢结构桁架柱拼装施工测量	沈李强、万里程	首届全国钢结构施工技术交流会论文集 2006.12
11	无线温度测试系统在鸟巢钢结构合拢和卸载施工中的应用	张玉玲、王丽、张林	首届全国钢结构施工技术交流会论文集 2006.12
12	国家体育场（鸟巢）钢结构安装工程焊接质量控制的有效途径	戴为志、孔建平、芦广平、周浩东、田玉明	《建筑结构》2006 年增刊
13	国家体育场（鸟巢）钢结构安装工程重型桁架柱单机立直安装工艺	魏义进、封叶剑、刘子祥	《建筑结构》2006 年增刊
14	国家体育场鸟巢工程钢结构支撑塔架设计	封叶剑、曹峰、崔明芝、魏义进	《建筑结构》2006 年增刊
15	国家体育场（鸟巢）工程空间巨型桁架安装工艺	魏义进、封叶剑、刘子祥	《工业建筑》2007 年第 1 期
16	国家体育场钢结构冬季焊接施工技术	万里程、李久林、乔锋、邱德隆、王大勇、高树栋	《施工技术》2007 年第 6 期
17	国家体育场（鸟巢）钢结构工程加工与安装关键技术	黄明鑫、刘子祥、戴为志、林观志、刘中华	《中国大型建筑钢结构工程设计与施工》
18	国家体育场钢结构焊接技术	胡晓辉	《中国大型建筑钢结构工程设计与施工》
19	国家体育场钢结构合拢施工技术	邱德隆、李久林、黄卫东、万里程、郝彤途	《建筑施工》2007 年
20	国家体育场钢结构工程低温焊接技术应用研究	李久林、芦广平	2006 钢结构焊接国际论坛 2006.5
21	国家体育场钢结构屋盖落架过程模拟分析	郭彦林等、李久林	首届全国钢结构施工技术交流会论文集 2006.12
22	国家体育场（鸟巢）工程钢结构焊接概述	李久林等	电焊机
23	国家体育场钢结构安装安全防护技术	邱德隆 万里程 李久林等	《施工技术》2007.10
24	国家体育场钢结构 -"鸟巢"屋盖安装的支撑体系及卸载施工技术	邱德隆 李久林 乔锋等	《建筑施工》2007.10
25	"鸟巢"钢结构桁架柱吊装技术研究	高树栋、李久林、邱德隆	施工机械化新技术交流会论文集 2007.8
26	国家体育场（鸟巢）工程主钢结构吊装技术	高树栋、李久林、邱德隆	《建筑技术》2007.7
27	国家体育场钢结构工程箱形弯扭构件制作技术及应用研究	高树栋、李久林、董海等	《建筑技术》2007.7
28	高强特厚钢板焊接施工技术	高树栋、路克宽、李久林等	《建筑技术》2007.7
29	国家体育场钢结构合拢施工技术研究	高树栋、李久林、邱德隆等	《建筑技术》2007.7
30	国家体育场钢结构冬季焊接施工技术	万里程、李久林、乔锋等	《施工技术》2007.6
31	国家体育场（鸟巢）工程钢结构长效防腐施工技术研究	高树栋、李久林、邱德隆等	《建筑技术》2008.3
32	国家体育场（鸟巢）钢结构肩部及顶面安装技术	高树栋、李久林、邱德隆等	《建筑技术》2008.3
33	建筑钢结构低温焊接施工技术	高树栋、李久林、路克宽等	《建筑技术》2008.3

(2) 混凝土（表 10-11）

混凝土发表论文汇总 **表 10-11**

序号	文章名称	作者	发表刊物
1	国家体育场混凝土斜（扭）柱泵送顶升施工工艺	张从思、杨俊峰、胡伟兵、朱同然	《施工技术》2006 年第 10 期
2	国家体育场斜（扭）柱的测量技术	杨俊峰、杜峰、邱德隆、汪蛟	《施工技术》2006 年第 10 期
3	国家体育场墙体楼梯清水混凝土施工	杨军霞、刘创、张颖、张义昆	《施工技术》2006 年第 10 期
4	国家体育场深基础桩施工技术	杨庆德、李久林、韩刚、郑洪永	《施工技术》2006 年第 10 期
5	矩形钢管混凝土斜（扭）柱施工阶段钢管侧壁压力试验研究	杨俊峰、胡伟兵、杜峰、杨军霞	《施工技术》2006 年第 11 期
6	国家体育场混凝土斜（扭）柱综合施工技术（一）	刘晨、汪蛟、张子轩、朱伟	《施工技术》2006 年第 11 期
7	国家体育场混凝土斜（扭）柱综合施工技术（二）	张朝阳、张颖、宋丽敏、薛忠亚	《施工技术》2006 年第 11 期
8	国家体育场矩形钢管混凝土斜柱施工工艺	刘创、汪蛟、叶军、杨乃鳃	《施工技术》2006 年第 11 期
9	国家体育场工程混凝土看台斜梁施工技术	董树恩、杨庆德、赵红梅、屈秦军	《施工技术》2006 年第 12 期
10	国家体育场 Y 形混凝土柱综合施工技术	李兴、王宾、徐良、李强	《施工技术》2006 年第 12 期
11	高流态混凝土在国家体育场工程中的研究及应用	安同富、杨俊峰、高新京、胡伟兵	《施工技术》2006 年第 12 期
12	国家体育场边梁板柱支撑防护架施工技术	杨军霞、杨俊峰、贾伟、史自卫	《施工技术》2006 年第 12 期
13	国家体育场工程施工科技创新	张颖、杨庆德、邱德隆、高树栋	《工程建设自主创新与科学发展》2006 年 10 月
14	国家体育场模板工程施工概述	杨俊峰、汪蛟、杨庆德、张颖	《中国模板脚手架》2006 年总第一期
15	国家体育场工程超大截面转换梁模架施工	刘创、王宾、刘洋	《中国模板脚手架》2006 年总第二期
16	国家体育场试桩工程在质量管理中的作用分析	李久林、邹东峰	《岩土工程的安全与品质》2007 海峡两岸岩土工程地工技术交流研讨会
17	国家体育场钢结构柱基础承台钢筋混凝土施工	韩羽、吴之昕、何泽民等	施工技术 2007.6

(3) 工程管理（表 10-12）

工程管理发表论文汇总 **表 10-12**

序号	文章名称	作者	发表刊物
1	国家体育场工程风险评估实践	卢伟	《工程建设自主创新与科学发展》2006 年 10 月
2	施工企业 BOT 模式运作的研究	卢伟	《工程项目管理与科学发展》2005 年 11 月
3	BOT/PPP 的应用之九：联合体伙伴选择	卢伟、王守清	《中华建筑报》2007 年 4 月 28 日
4	国家体育场工程 4D 施工管理系统	张洋、张建平、李久林、卢伟	第八届全国建设领域信息化与多媒体辅助工程学术交流会论文集
5	建筑施工现场的 4D 可视化管理	张建平、韩冰、李久林、卢伟	《施工技术》2006 年第 10 期
6	浅谈我国大型工程施工总承包中的高效团队建设	徐仲卿	《建造师》
7	工程项目施工阶段协同工作平台系统研究	马智亮、李久林	第二届中国国际数字城市建设技术研讨会 2006.6
8	Research and application of a 4D construction planning systemfor construction management	张建平、李久林	1st international construction specialty conference 2006.5
9	国家体育场：筑“巢”信息化	李久林、王大勇	建设科技 2005.10
10	EPIMS 系统在国家体育场项目施工管理中的应用	马智亮、李久林	第七届全国建设领域信息化与多媒体辅助工程学术交流会 2004.7
11	国家体育场工程信息化建设解决方案	李久林、王大勇	第七届全国建设领域信息化与多媒体辅助工程学术交流会 2004.7
12	北京奥运工程项目管理创新 国家体育场工程项目 4D 施工管理系统	李久林、张建平等	中国建筑工业出版社
13	Construction Technologies of the National Stadium(Bird′s Nest)	李久林等	Proceeding of Shanghai International Conference on Technology of Architecture and Structure(ICTAS2009) 同济大学出版社
14	Research on Key Technologies of Concrete Structure 100-Year Durability of the National Stadium for Beijing 2008 Olympic Games		
15	Construction Information Management for the General Contractor of the National Stadium Project		
16	国家体育场（鸟巢）关键施工技术与总承包施工管理	李久林等	北京国际项目管理论坛
17	国家体育场（鸟巢）施工科技创新	李久林、张颖	第十届中国科协年会论文集
18	国家体育场（鸟巢）工程施工新技术综述	李久林等	《建筑技术》

6. 结论

作为2008年奥运会的主会场国家体育场（鸟巢）造型新颖独特、功能强大、结构复杂。其巨大的施工技术难度使科技创新成为决定工程成败的关键。通过开展系统的科技攻关和新技术推广应用工作，解决了施工关键技术难题，使鸟巢由图纸变成了现实，同时形成了一批科技成果、专利、工法和技术标准，推动了我国建筑技术水平的提高。

第七节　风险管理

国家体育场是第29届奥运会的主会场，建筑体量大、结构形式复杂、建筑设计独特新颖，为世界所瞩目。国家体育场作为PPP项目，在项目融资、工程建设、项目运营、项目移交等各阶段均存在风险。由于其施工建造汇集了诸多世界性难题，具有技术上挑战性、功能上综合性、时间上紧迫性以及管理上复杂性等特点，决定了国家体育场施工期面临巨大的风险和挑战。施工总承包商只有立足自身实施项目风险管理，有效防范工程风险，才能保障工程顺利实施，保证项目各项管理目标的实现。

1. 项目风险识别

工程项目具有进度、质量、成本三个主要目标。国家体育场地处首都奥运中心区，奥组委要求奥运工程施工要体现"人文奥运，科技奥运，绿色奥运"三大理念。因此，从施工总承包商的角度出发，可以将目标归纳为五个方面：进度、质量、成本、安全、绿色环保。识别这五个目标的风险因素是风险管理的重要任务之一。

从风险的分类来看，为便于分析和评价，结合工程特点，将风险事件或因素按实施环境风险、技术风险、业主及设计风险、合同风险、管理风险、资源风险等分类（表10-13）。

2. 项目风险估测

由于工程项目具有明显的单件性和一次性，工程项目之间的可比性较差，在缺乏历史数据和相关工程资料的情况下，选用主观概率分析工程项目风险。

2.1 估测表的设计

估测表的设计，侧重于考虑在有限的时间内，向参加估测的专家准确、简洁、全面地传递评估信息，为风险估测的实施打好基础。估测表形式参见表10-14。

2.2 估测的实施

项目请业界专家20人分别对风险事件或因素做出估计，然后进行汇总（表10-15）。

项目进度风险识别一览表　　表10-13

风险分类	编号	影响进度目标的风险事件或因素
实施环境风险	1	不可抗的事件（恶劣气候、灾难、食物中毒，疾病等）
	2	恐怖主义（如场馆建设项目现场炸弹袭击等）
	…	……
技术风险	11	场馆技术标准高、功能复杂
	12	国际奥委会/国际单项组织及媒体等用户在技术标准和使用功能上要求不明确，提出大的变动或频繁变动
	…	……
业主及设计风险	16	业主在项目上经验不足
	17	业主管僚主义作风严重，决策过程缓慢
	…	……
合同风险	32	合同责任划分不够清晰
管理风险	33	内部组织结构不合理，权责定义不明确，协调沟通不畅
	34	承包商应对特殊情况（如里程碑事件的变动）的能力不足
	…	……
资源风险	45	工人素质低、技术力量差
	46	劳务工资支付不及时，劳资双方争端或工人罢工
	47	原材料或预制构件采购延误
	…	……

估测表样例　　表10-14

风险分类	编号	影响进度目标的风险事件或因素	事件或因素发生的可能性					事件或因素一旦发生对目标的影响程度				
			1.罕见	2.不大可能	3.可能	4.很可能	5.几乎确定	1.微小	2.轻度	3.中等	4.严重	5.极其严重
技术风险	i	场馆技术标准高、功能复杂	□	□	□	□	□	□	□	□	□	□
	i+1	……	□	□	□	□	□	□	□	□	□	□
业主及设计风险	…	业主在项目上的经验不足	□	□	□	□	□	□	□	□	□	□
	…	业主官僚主义作风严重，决策过程缓慢	□	□	□	□	□	□	□	□	□	□
	…	大的工程变更	□	□	□	□	□	□	□	□	□	□
	…	……	□	□	□	□	□	□	□	□	□	□
…	…	……	□	□	□	□	□	□	□	□	□	□

进度风险事件（因素）估测汇总表 表 10-15

风险分类	编号	影响进度目标的风险事件或因素	发生的可能性	一旦发生对目标的影响程度
实施环境风险	1	不可抗的事件（恶劣气候、灾难、食物中毒，疾病等）	1.8	3.8
	2	恐怖主义（如场馆建设项目现场炸弹袭击等）	1.1	3.4
	3	政治经济环境不稳定（台湾问题升级、政府换届、通货膨胀等）	1.8	3.1
	4	政府对项目的不合理干预（限制、过分干预、指挥不当等）	3.1	2.1
	5	政府机构的官僚主义（手续冗杂、工作效率低、协调不力等）	3.6	2.8
	6	奥运商业拓展与施工进度计划协调不力	3.1	2.3
	7	对考古和历史文物的保护导致的问题	2.7	1.2
	8	不可预见的现场地质条件	2.9	4.1
	9	不利于施工的现场条件（如场地狭窄、水/电/路等基础设施供应不及时或不足等）	4.2	2.1
	10	不利于施工的周边交通运输条件	2.9	1.8
技术风险	11	场馆技术标准高、功能复杂	4.6	2.2
	12	国际奥委会/国际单项组织及媒体等用户在技术标准和使用功能上要求不明确，提出大的变动或频繁变动	2.6	2.7
	13	施工方案不合理	2.9	4.1
	14	施工技术难题（技术创新）	3.8	2.7
	15	缺乏相应的技术标准（如膜结构）	4.6	2.9
业主及设计风险	16	业主在项目上的经验不足	2.8	2.9
	17	业主官僚主义作风严重，决策过程缓慢	3.7	4.1
	18	业主不合理的干预和要求	2.7	2.1
	19	业主履约能力发生重大问题（如资金不足）	2.1	3.8
	20	业主关键人员的意外变动	3.1	1.9
	21	联营体成员相互不信任，意见不统一，存在矛盾甚至个别成员退出	2.9	2.8
	22	工程款支付不及时	2.7	3.4
	23	放贷金融机构（银行，保险公司）等出现经济问题	2.1	2.9
	24	地质勘查失误	2.1	3.1
	25	工程变更（规模大、频繁）	2.4	4.1
	26	设计单位对类似的项目经验不足	2.9	2.2
	27	主要设计人员变动	2.1	1.6
	28	设计方案延迟，图纸供应不及时	4.9	4.8
	29	设计错误或缺陷（如考虑因素不全面，标准引用不当）	1.9	3.9
	30	可施工性差	2.4	2.9
	31	设计总负责方与分部分项工程二次设计配合不好	2.7	2.7
合同风险	32	合同责任划分不够清晰	2.8	3.6
管理风险	33	内部组织结构不合理，权责定义不明确，协调沟通不畅	1.6	2.8
	34	承包商应对特殊情况（如里程碑事件的变动）的能力不足	1.8	3.2
	35	关键人员变动	3.2	2.1
	36	管理落后，没有根据项目特点建立合理高效的工作流程	1.9	4.1
	37	项目计划不周、不合理	2.1	3.6
	38	能力不足，进度控制上发生严重错误	1.7	3.9
	39	分包商履约能力不足（如资金、技术力量等）	2.3	3.1
	40	与分包商之间的协调配合不力	2.7	2.1
	41	承包商现场管理不力	1.9	4.1
	42	承包商与监理配合不力	1.7	2.2
	43	出现人员伤亡或质量事故	3.0	2.3
	44	监理索贿、受贿导致不能正确履行监理职责（影响控制、审批等工作）	1.2	2.3

续表

风险分类	编号	影响进度目标的风险事件或因素	发生的可能性	一旦发生对目标的影响程度
资源风险	45	工人素质低、技术力量差	2.6	3.5
	46	劳务工资支付不及时，劳资双方争端或工人罢工	2.7	2.8
	47	原材料或预制构件采购延误	2.8	3.6
	48	关键设备或特殊原材料获取困难（需进口、缺乏替代品等）	1.8	4.1
	49	机械设备不能满足施工要求	2.1	3.7
	50	原材料价格上涨	2.9	2.1
	51	没有充足的流动资金支持完成项目	2.2	4.1

3. 项目风险评价

3.1 基于 AHP 法的风险分析与评价

首先用层次分析法对风险因素进行评价。

根据前面的风险识别与估测成果，可构造出本项目在施工阶段的风险递阶层次结构图（见图 10-24）。为便于分析计算，有意控制了层次结构图中第四层次的因子数量（根据估测结果，选取了发生可能性较大、一旦发生对目标的影响程度较高的主要风险因素）。

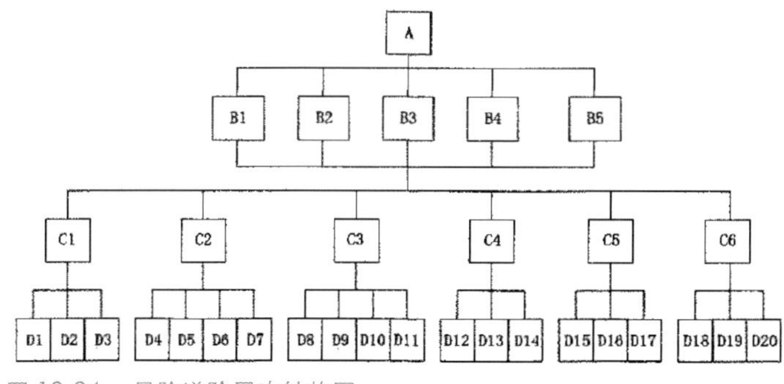

图 10-24　风险递阶层次结构图

其中：A：总承包商风险

B1：进度风险；B2：质量风险；B3：成本风险；B4：安全风险；B5：绿色环保风险。

C1：实施环境风险；C2：技术风险；C3：业主及设计风险；C4：管理风险；C5：合同风险；C6：资源风险

D1：不利的施工现场条件；D2 不可预见的地质条件；D3：政府官僚主义；D4：施工方案不合理；D5：缺乏足够的解决高难度技术问题的经验；D6：应用不成熟的技术；D7：缺乏相应的技术标准；D8：设计拖延；D9：频繁或大的设计变更；D10：业主决策迟缓；D11：工程款支付不及时；D12：总承包商组织管理能力欠缺；D13：分包商履约能力不足；D14：施工现场管理不力；D15：任务划分不够清晰；D16：计价原则操作复杂；D17：争议解决效率低；D18：作业人员素质差；D19：材料采购迟缓；D20：材料质量问题。

经过构造比较判断矩阵，可以依次计算出相应层次中各因素的权重，进而逐层次计算出各因素的综合权重见表 10-16。

D 的综合权重表　　　　表 10-16

	D1	D2	D3	D4	D5	D6
权重	0.054275	0.024272	0.010853	0.138618	0.061979	0.061979

	D7	D8	D9	D10	D15	D16	D17
权重	0.027811	0.074715	0.043698	0.014937	0.03594	0.007187	0.016073
	D11	D12	D13	D14	D18	D19	D20
权重	0.025551	0.190477	0.038111	0.038111	0.036761	0.016438	0.082201

综合权重的结果表明，五个目标风险对总承包商的风险影响顺序依次为 B1 与 B2（进度风险与质量风险）并列第一、B3（成本风险）、B4（安全风险）、B5（绿色环保风险）。

3.2 基于风险损失期望值的分析

在前面的风险估测中，通过应用专家估计法得到了各种风险发生的可能性，其数值可以换算为风险发生的概率 Pi（$0 \leqslant Pi \leqslant 1$）。但上述风险往往相互联系、相互作用，一旦一种风险事件发生，其他风险发生的概率可能会相应增加。如：业主决策迟缓可能会导致设计拖延发生的概率增加。

如用 $P(j/i)$ 表示一旦风险 i 发生后风险 j 发生的概率 $[0 \leqslant P(j/i) \leqslant 1]$，那么在风险 i 以概率 Pi 已发生的条件下，风险 j 也发生的概率 Pij 为 $Pij=Pi \times P(j/i)$，则各风险组成的综合概率矩阵为 $P' =Pij\}$。

设 Mi 表示一旦第 i 个风险发生时承包商所遭受的损失值，则各风险的损失矩阵为 $M' =Mi\}$；风险损失期望矩阵为 $E' =P \times M' =Ei\}$，$i=1，2，\cdots\cdots$

在此，选取在层次分析法中权重位于前十位的风险因素进行风险期望值计算，亦即 F1：总承包商组织管理能力欠缺，F2：施工方案不合理，F3：材料质量问题，F4：设计拖延，F5：缺乏足够的解决高难度技术问题的经验，F6：应用不成熟的技术，F7：不利的施工现场条件，F8：频繁或大的设计变更，F9：分包商履约能力不足，F10：施工现场管理不力。

风险发生的概率 Pi 参照前面的估测数确定，条件概率 $P(j/i)$ 及各风险的损失值 Mi 应用专家估计法获得。

风险损失期望值计算结果为（过程略）

$E'=P'\times M'$ =[20269，24568，3024，21346，25966，17241，6750，8387，9548，885]T

将损失期望值（单位：万元）按从大到小顺序进行排列，并计算出各期望值在总损失期望值中所占比例和累计比例（表 10-17），绘制风险损失期望值累计比例示意图（图 10-23）。

各期望值在总损失期望值中所占比例和累计比例　　表 10-17

	风险因素	损失期望值	所占比例（%）	累计比例（%）
F2	施工方案不合理	24568	17.8	17.8
F4	设计拖延	21346	15.5	33.3
F5	缺乏足够的解决高难度技术问题的经验	25966	18.8	52.1
F1	总承包商组织管理能力欠缺	20269	14.7	66.8
F6	应用不成熟的技术	17241	12.5	79.3
F9	分包商履约能力不足	9548	6.9	86.2
F8	频繁或大的设计变更	8387	6.1	92.3
F7	不利的施工现场条件	6750	4.9	97.2
F3	材料质量问题	3024	2.2	99.4
F10	施工现场管理不力	885	0.6	100.0

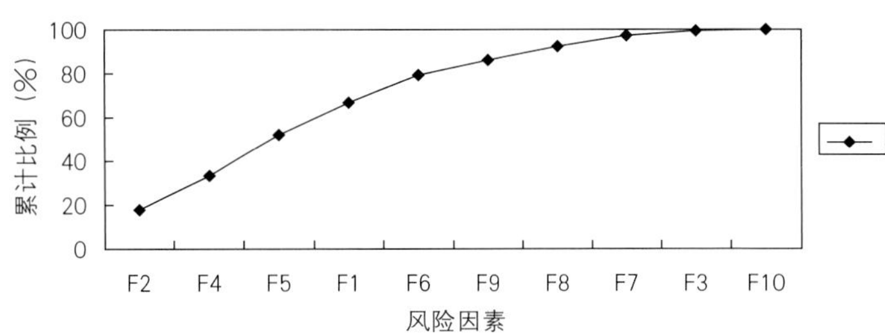

图 10-23　风险损失期望值累计比例示意图

从风险损失期望值的计算分析结果来看，从大到小排在前五位的是施工方案不合理、设计拖延、缺乏足够的解决高难度技术问题的经验、总承包商组织管理能力欠缺、应用不成熟的技术，与国家体育场的实际工程特点基本吻合。有些风险因素（如材料质量问题）尽管在对总目标的影响权重较大，但由于发生概率较小、诱发其他风险发生的关联概率小，总的风险损失期望值并不大。

4. 项目风险控制

4.1 风险控制体系

（1）建立健全风险控制机制。按照"近因易控"，即"谁最有控制力和控制成本最低就由谁来承担该风险"的原则，在参建各方之间进行风险分配，确立合理的风险分担机制，使双方风险责任和风险管理目标明确，从而使已辨识的风险和潜在的风险因素得以有效的监控，应对措施适时得到落实，保证风险控制机制健全、系统运转有效，确保风险管理目标的实现。表 10-18 所示是项目总体风险责任分配情况。

国家体育场工程总体风险管理责任单位一览表　　表 10-18

序号	风险事件（或因素）	主控单位	责任部门
1	业主官僚主义作风严重，决策过程缓慢	项目公司	综合办
2	政府对项目的不合理干预（限制、过分干预、指挥不当等）	项目公司	综合办
3	奥运商业拓展与施工进度计划协调不力	项目公司	运营部
4	政府机构的官僚主义（手续冗杂、工作效率低、协调不力等）	项目公司	工程部
5	对考古和历史文物的保护导致的问题	项目公司	工程部
6	不可预见的现场地质条件	项目公司	工程部
7	国际奥委会 / 国际单项组织及媒体等用户在技术标准和使用功能上要求不明确，提出大的变动或频繁变动	项目公司	设计部
8	业主在项目上的经验不足	项目公司	工程部
9	业主不合理的干预和要求	项目公司	综合办
10	业主履约能力发生重大问题（如资金不足）	项目公司	财务部
11	业主关键人员的意外变动	项目公司	人事部
12	联营体成员相互不信任，意见不统一，存在矛盾甚至个别成员退出	项目公司	法律部
13	工程款支付不及时	项目公司	合同部

续表

序号	风险事件（或因素）	主控单位	责任部门
14	保险机构不能履约	项目公司	合同部
15	地质勘查失误	项目公司	设计部
16	工程变更（规模大、频繁）	项目公司	设计部
17	承包商与监理配合不力	项目公司	工程部
18	没有充足的流动资金支持完成项目	项目公司	财务部
19	设计方案延迟，图纸供应不及时	设计单位	结构院
20	设计单位对类似的项目经验不足	设计单位	结构院
21	主要设计人员变动	设计单位	结构院
22	设计错误或缺陷（如考虑因素不全面，标准引用不当）	设计单位	建筑院 结构院 机电院
23	可施工性差	设计单位	结构院
24	设计总负责方与分部分项工程二次设计配合不好	设计单位	结构院
25	场馆技术标准高、功能复杂	总包单位	技术部
26	施工技术难题（技术创新）	总包单位	技术部
27	分包商履约能力不足（如资金、技术力量等）	总包单位	商务部
28	出现人员伤亡或质量事故	总包单位	安保、质量部
29	工人素质低、技术力量差	总包单位	工程部
30	关管键设备或特殊原材料获取困难（需进口、缺乏替代品等）	总包单位	物资部
31	不利于施工的现场条件（如场地狭窄、水／电／路等基础设施供应不及时或不足等）	总包单位	工程部
32	缺乏相应的技术标准（如膜结构）	总包单位	钢结构分部
33	关键人员变动	总包单位	综合办公室
34	不可抗的事件（恶劣气候、灾难、食物中毒，疾病等）	总包单位	综合办公室
35	恐怖主义（如场馆建设项目现场炸弹袭击等）	总包单位	安保部
36	政治经济环境不稳定（台湾问题升级、政府换届、通货膨胀等）	总包单位	商务部
37	不利于施工的周边交通运输条件	总包单位	安保部
38	施工方案不合理	总包单位	技术部
39	合同责任划分不够清晰	总包单位	商务部
40	内部组织结构不合理，权责定义不明确，协调沟通不畅	总包单位	综合办公室
41	承包商应对特殊情况（如里程碑事件的变动）的能力不足	总包单位	安保部
42	管理落后，没有根据项目特点建立合理高效的工作流程	总包单位	综合办公室
43	项目计划不周、不合理	总包单位	工程部
44	能力不足，进度控制上发生严重错误	总包单位	工程部
45	与分包商之间的协调配合不力	总包单位	工程部
46	承包商现场管理不力	总包单位	工程部
47	劳务工资支付不及时，劳资双方争端或工人罢工	总包单位	工程部
48	原材料或预制构件采购延误	总包单位	物资部
49	机械设备不能满足施工要求	总包单位	工程部
50	原材料价格上涨	总包单位	物资部
51	监理索贿、受贿导致不能正确履行监理职责	监理单位	总监代表

（2）将风险管理责任分解到各业务口和部门，将风险管理工作和日常业务管理工作相结合。按照风险因素的不同性质，将风险管理的目标分解落实到各单位的相关业务部门中（参见表 10-19），指定相应责任人。

4.2 风险应对策略与措施

4.2.1 风险应对策略

国家体育场工程采用的风险应对策略主要有：风险回避、风险转移、风险缓解、风险自留和风险利用。

（1）风险回避是指当项目风险事件发生可能性较大和损失期望值较大时，主动放弃项目或变更项目计划，从而消除风险或风险产生的条件，以避免产生风险损失的方法。对潜在损失大、概率大的灾难性风险一般采取回避对策。风险回避可以在某种风险事件发生之前，完全彻底地消除其可能造成的损失，而不仅仅是减少损失的影响程度，是一种最彻底的消除风险影响的应对策略。

（2）风险转移是通过合理方式将某些风险转移给他方。风险转移的本身并不能消除风险，只是将风险管理的责任和可能从该风险管理中所能获得的利益转嫁给他人。风险转移的方法很多，主要包括非保险转移和保险转移两大类。总承包单位会同业主投保建筑工程一切险及第三者责任险，即属于保险转移，在一定程度上达到了规避风险的效果。如，2004 年 8 月 27 日，奥运中心区遭局地旋风罕见恶劣气候影响，国家体育场工地部分临时设施损毁，得到保险公司理赔。

（3）风险缓解即风险减轻，是指将工程项目风险的发生概率或后果降低到可以承受程度的过程。风险缓解不是消除风险，而是降低风险发生的概率和减少风险损失期望值。国家体育场跨层高大斜扭柱原设计为普通钢筋混凝土结构，其施工面临较大的质量、安全、进度风险，经设计同意，施工方采用矩形钢管永久箱模施工，并采用泵送顶升施工工艺，降低了施工质量和安全风险，加快了施工进度，即属于风险缓解范畴。

（4）风险自留亦即风险接受，是一种由项目主体自行承担风险后果的风险应对策略。如，2007 年 5 月，屋顶膜结构承建商德国柯沃泰公司因资不抵债申请破产，尽管柯沃泰公司已经交付了国家体育场建设所需用的膜材料，但其能否按期履约存在风险，该风险由总承包方实行风险自留，属于被动自留。

（5）风险利用是指利用投机风险可能提供的谋利机会以获得好处。如，2004 年 7 月，因政府主导奥运工程设计优化（瘦身），国家体育场工程暂停施工，现场物资设备闲置。利用此时机，总承包单位在分析钢材市场价格走向的基础上，结合钢材供应合同条款及现场实际状况，果断决定将现场为混凝土结构施工屯备的钢材转售给集团内其他项目，不但规避了风险损失，还实现了项目盈利。

4.2.2 风险应对措施

（1）总体风险应对措施。依据风险应对策略的原则，制定项目风险应对措施（见表 10-19）。

国家体育场总体风险应对措施一览表（设计、监理因素） **表 10-19**

序号	风险事件（或因素）	应对措施
1	设计方案延迟，图纸供应不及时	严格加工图审批及设计变更管理程序：(1) 加大施工详图审查力度，落实到具体设计人，指出施工详图存在的问题，克服重复审查造成的困难，按时完成审图任务。(2) 积极配合膜结构深化设计，及时将加劲肋等对主体结构的要求反映到钢结构详图中
2	设计单位对类似的项目经验不足	本工程为超大跨度钢结构，节点构造复杂，出现大量弯扭构件，许多内容超出现行规范的范畴。将在设计中通过试验研究、大量计算分析及关键问题邀请全国专家反复论证等手段提高项目的设计水平，尽最大可能地降低设计风险
3	主要设计人员变动	在主要设计工作结束后，配置充足的人力资源，积极配合施工详图审查、现场施工配合、膜结构深化设计配合、安装方案配合等与业主、总包、钢结构深化设计、钢结构加工制作、膜结构等单位相关的多项工作，严格控制主要设计人员的变动，各项工作均有专人负责
4	设计错误或缺陷（如考虑因素不全面，标准引用不当）	加强自身的质量管理，保证图纸质量；审图单位严格把关；结合施工详图审核，完善节点构造
5	可施工性差	设计、施工单位密切配合，对个别较难施工部位，通过派驻现场设计代表具体解决；积极与加工单位与施工详图设计单位沟通，尽量降低加工难度，以洽商、变更等形式及时解决加工制作中出现的问题
6	设计总负责方与分部分项工程二次设计配合不好	明确各方的责任、进度计划与工作的具体要求；设计方与分部分项工程二次设计各方积极沟通，加强配合，以洽商、变更等形式及时解决二次设计中存在的问题；项目公司和总承包方根据施工进度的要求及时确定有专业设计、加工能力的分部分项工程承包方并留出必要的二次设计配合时间，设计方指定专人保质保量按时完成配合确认工作
7	监理索贿、受贿导致不能正确履行监理职责	完善并严格执行制度与纪律，加大工作督查力度，加强监理人员思想素质和职业道德教育，恪守“守法、诚信、公正、科学”的监理行为准则

（2）各专业风险因素应对措施。

依据风险评估结果，各专业结合自身领域工程实际，查找具体的风险点，并贯彻风险应对策略，制定具体的风险应对措施，在过程中落实、完善（见表 10-20）。

施工各专业风险应对措施（2005 年 11 月重点控制风险因素） **表 10-20**

风险分类	序号	风险事件（或因素）	风险应对措施
钢结构施工	1	加工单位的制作能力不平衡，可能影响钢结构整体进度计划的实现	跟踪分析和评估各加工制作工厂能力；根据厂家实际能力及时调整工作比例
	2	如果详图设计用钢量突破施工图用钢量，将导致目前的钢材采购、吊车选用，甚至钢结构自身安全等一系列风险。	对施工图用钢量对比分析，必要时调整钢材采购和吊机使用计划
	3	不利天气给钢构件运输带来的风险	作好构件运输预案，钢结构运输安排与到现场后拼接要预留足够的弹性时间
	4	钢结构主结构加工制作、吊装将跨越整个冬季，恶劣天气、冬施降效等因素给计划工期的实现带来风险	完善钢结构冬季施工方案，对各种情况准备相应预案，并进行详细方案交底，针对不同情况采取相应预案处理
	5	春节期间焊工组织风险	做好焊工动员工作，保证重要节假日如春节期间按进度计划连续施工
	6	9 个柱脚混凝土承台的素土回填需要 7~10 天，并在钢结构桁架柱安装工期的控制路线上，对工期有一定的滞后影响。	合理安排工期，同时与设计、项目公司协商解决素土回填替代方法
	7	大型吊机故障风险：目前进度计划未考虑大型吊机故障处理、保养等所需要的时间，一旦出现故障将影响总进度计划	现场吊机租赁单位须预备对吊机一般故障处理的能力，同时须承诺吊机故障的处理时间及预案，以确保工程进度计划的实现
	8	大型吊机吊装能力风险（如出现部分构件超出吊机吊装能力）	做好预案，必要时调整吊机的使用以满足吊装需求
	9	主结构合拢时间计划在夏季，无法满足设计提出的合拢温度要求，存在较大风险	各方协商解决，提出预案，采取必要措施、手段，保证钢结构合拢按既定计划完成
	10	主结构对口误差控制及消除难度较大，施工及验收均存在一定的风险。	严格控制加工制作误差；严格控制吊装误差；制定相应的主结构对口误差处理措施
	11	卸载后顶面次结构对口拼接风险	设计单位协助总承包单位进行主结构卸载后变形的精确计算和分析；施工单位制定次结构接口误差的处理预案，保证次结构安装的整体工期
	12	钢结构临时支撑揽风对混凝土结构安全带来的风险、钢结构临时支撑体系安全风险	加强设计监测及验算
基座混凝土结构	13	钢结构吊装完工时间推延（吊机占用场地、通道）	敦促钢结构专业尽早收尾、退场；基座结构施工计划预留可利用时差
	14	结构冬期施工质量风险	制定并严格执行冬施方案
	15	周边运输条件恶化（例如景观湖、地下道路、地铁施工等影响）	与新奥集团及交管局沟通，制定专项预案
	16	施工安全风险（地下结构层高较高）	加强现场安全管理、增配专业安全管理人员
装饰装修工程	17	交叉施工引起成品保护不善	严格责任界限，并加派专门成品保护巡查人员
	18	贵重装饰材料被盗或损坏造成缺损，补充订货使进度推延。	加强安保和成品保护工作；部分材料订货考虑合理损耗额
机电工程	19	钢结构卸载对机电工程施工进度的影响	按机电各专业分别评估影响，制定专项预案
	20	招标采购及专业深化设计影响	与业主、设计紧密配合，积极推进专业深化设计，及时启动招标采购工作

钢膜结构专业重点监控风险因素　　表 10-21

序号	风险事件（或因素）	应对措施	工作计划	主控单位	责任部门	工作进展情况
1	缺乏相应的技术标准（如膜结构）	提前编制，审批备案	2005 年 12 月完成预案	总包单位	钢结构分部	膜结构规范编制小组成立，工作已展开，计划 2005 年底拿出规范底稿，再请设计、监理单位共同讨论修改，并召开专家论证会，全部工作计划于 2006 年一季度完成
2	设计方案延迟，图纸供应不及时	严格加工图审批及设计变更管理程序：(1) 加大施工详图审查力度，落实到具体设计人，指出施工详图存在的问题，克服重复审查造成的困难，按时完成审图任务。(2) 积极配合膜结构深化设计，及时将加劲肋等对主体结构的要求反映到钢结构详图中。	2005 年 11 月完成预案	设计单位	结构院	已按计划制定预案；由业主、总包组织会议，对膜结构深化设计审查规则予以确认。主设计联合体配合膜结构设计图纸进行审查工作。按进度要求 11 月 25 日已经完成了第一批膜结构天沟控制点的审查
3	焊接用电风险：用电不足，将直接影响焊接及施工组织	抓紧报装、提前增容	2005 年 11 月完成控制方案	项目公司	工程部	已经确定了供电方案，完成了红线内施工图纸的审查，确定了红线外电源工程投资来源

4.3 风险监控

国家体育场建设周期较长，在建设周期内，已识别评估的风险也会不断演化，原有风险可能消除，潜在的新的风险亦可能出现。由此，在项目建设过程中，定期对风险进行监控是一项不可或缺的工作内容。风险监控的内容包括：(1) 风险控制措施是否落实，评估其产生的效果；(2) 及时发现和评估新的风险事件或因素；(3) 跟踪、评估残余风险的变化，监控潜在风险的发展，完善风险应对措施。

国家体育场工程风险监控报告（2005 年 11 月钢膜结构专业重点监控的风险因素）见表 10-21。

5. 项目风险管理成果

在市"2008"办的大力支持和指导、参建各方的通力合作与支持下，北京城建集团在国家体育场工程建设中引入项目风险管理，建立健全风险管理体系，通过风险的识别、估测与评价，明确了风险控制的主要对象；针对项目风险因素，确立了风险应对策略、制订并落实了风险应对措施，持续加强项目过程中的风险监控，较好地实现了风险管理目标，为最终实现项目管理的总体目标作出了贡献。

第八节　信息化管理

1. 总承包施工信息化管理特点及难点

国家体育场工程具有技术上的挑战性、功能上的综合性、管理的上复杂性、时间上的紧迫性等特点，工程的建造过程是一个庞大而复杂的系统工程。该工程总承包施工信息化管理方面具有如下特点和难点：

(1) 管理对象复杂，需要全新的施工指挥平台。

由于建筑师追求的是浑然天成的鸟巢造型，在这一设计理念的主导下，国家体育场工程由外至内无不体现出"杂乱无序"的结构构造，外围钢结构由巨形弯扭构件编织而成，内部混凝土结构由倾斜、旋转角度各异的斜（扭）柱以及斜梁组成的异形框架结构，混凝土结构没有标准层和标准段，钢结构上万个构件中相同构件仅 2 根。将这种特异的设计造型变成建筑实体无疑是一个巨大的技术挑战，一个重要的难点就是建筑模型的表达。该工程设计单位创新性地应用了 CATIA 软件进行三维建模，但由于该软件的复杂性等原因施工单位难以直接应用，只能依据设计单位提供的控制点坐标进行工程建造。而传统的 2D 施工图纸很难表现如此复杂的结构，使工程师读懂施工图纸变得十分困难。因此，工程管理需要建立一个基于 4D 模型的施工指挥平台，即以施工对象的 3D 模型为基础，施工的建造计划为其时间因素，将工程的进展形象地展现出来，形成动态的建造过程模拟模型，用以辅助施工计划管理。能够直观、准确、动态地模拟施工方案，按照指定时间显示当前的施工进度和状态，发现并及时调整施工中的冲突和问题，为指挥、协调和监督各分包单位的施工计划和实际进度，提供一个可视化的施工指挥工具。

此外，建立一个覆盖整个场区和主要作业面的视频监控系统，不仅有助于对施工进度、安全文明施工和安保的管理，而且和 4D 施工管理系统配合为总承包单位打造一个全新的施工指挥调度平台。

（2）工期紧，进度管理要求严格。

该工程有效施工期仅 4 年，相对于庞大的体量和复杂的结构而言工期异常紧张，需要进行严格的进度管理。需要计划和控制每月、每周甚至每天的施工操作，动态地分配所需要的各种资源和工作空间。现有的计划管理软件不适于建立这种计划，抽象的图表也难以清晰地表达其动态的变化过程，施工管理人员只能根据经验制定计划，计划的正确与否只能在实践中被检验。需要开发应用 4D 项目管理系统，以使管理者、施工参与者、领导都可以通过观察 3D 模型，以非常直接的方式查看到与进度相关联的施工进展情况。并通过对不同计划的 4D 模拟显示，以直观的方式表现各种方案的异同，为施工方案的比选与确定提供手段和工具。

（3）施工场地狭小，必须高效利用。

国家体育场工程紧贴红线建设，施工场地异常狭小。混凝土结构施工后期插入钢结构施工，钢结构施工后期插入看台板吊装，多种工序交叉作业。施工现场 800 吨吊车 2 台、600 吨吊车 2 台，各种大型吊装设备 20 多台套，构件堆场、钢构件拼装场地、大型吊装设备行走和吊装场地等，场地利用必须科学规划、高效利用、严格管理并根据工程进展及时动态调整。因此，需要实施 4D 施工场地管理，将施工设施的 3D 模型与工程进度计划信息相链接，建立施工场地的 4D 动态管理模型，并通过智能辅助决策，实现施工现场设备、堆料区和其他各种施工设施的优化布置和可视化管理。

（4）参施单位众多，协调管理与控制难度大。

除建设、设计、监理单位外，国内外分包及材料供应单位近 200 家，参建各方间的沟通、协调和管理的效率直接影响工程建设，需要采用信息技术建设和应用多参与方之间的信息沟通平台、协同工作平台。

（5）涉及大量的人员、材料设备、施工机械等施工资源，优化管理意义大。

需要一个先进的施工资源管理工具，以实现与施工进度计划相对应的动态的资源管理、方便的资源信息查询和可视化的资源状态显示。对应于不同施工方案，将施工进度、3D 模型、资源需求有机地结合在一起，通过优化施工方案和进度安排以降低工程成本。

（6）管理要求高，必须做到精细化管理。

钢结构工程涉及 9 个钢厂、3 个深化设计单位、3 个钢结构加工单位、3 个现场拼装单位、2 个安装单位，钢构件运输距离 1600km，跨越 5 省 3 市。由于工期异常紧迫，钢材生产、深化设计、构件加工、运输、拼装和安装基本上同步进行，任何一个环节出现问题都可能造成整个工程的停滞和延误。同时，工程质量要求高，任何一条焊缝的缺陷都有可能造成工程隐患。因此，除了严格按合同和计划管理外，总承包单位还必须做到精细化管理，管到每一块钢板、每一个构件、每一条焊缝、每一个焊工的动态变化，需要采用基于互联网的信息化手段以实现分布在各地的钢结构参施单位间信息沟通、协同工作和钢结构工程的精细管理。

（7）窗口工程，需要满足各方面的观摩、检查。

国家体育场建设是整个奥运工程的重要窗口，在施工过程中需要面对社会各界人士的参观，如政府官员、新闻记者、中小学生等，他们绝大部分都没有土木专业的技术背景。因此如何形象、逼真的展示施工组织和施工过程成为一个实际需求。需要实现施工项目的 4D 动态模拟，形象反映施工计划和实际进度。同时，由于安全等多方面原因，不可能允许所有参观者到实际作业面，需要建立覆盖整个场区和主要作业面的视频监控系统，以满足观摩、总承包施工管理和政府监管的需要。

2. 信息化管理技术研究与应用

2.1 指导思想和总体思路

国家体育场工程总承包施工信息化管理系统的建设是适应总承包的施工管理模式，以施工总承包单位（即北京城建集团国家体育场工程总承包部）的管理应用为主，涵盖总承包施工的全过程管理。即总承包部对业主（国家体育场有限责任公司）负责，并接受政府行政部门、2008 工程建设指挥部、奥组委、社会公众等的监督，对各个分包单位进行控制和管理，同时在全过程中协同各配合单位（如监理、设计单位）的工作，见图 10-24。

国家体育场工程总承包信息管理系统总体技术目标是建成以网络为支撑，业务流程为引导，专项软件应用为基础，信息管理为核心，项目管理为主线，使施工生产与管理实现一体化的施工总承包单位的信息集成应用系统。同时系统具有开放性，可以与相关单位进行连接和沟通，便于进行推广。

根据总承包管理实际工作需要和适度超前的原则，坚持以应用为主导，根据实际需求形成需求分析成果，选择几个具有较强信息化管理、开发能力的单位作为合作伙伴，配合进行系统开发、建设。

在软件系统平台建设初始阶段，重点进行框架的搭设，不采用大而全的现成系统，而是进行有针对性的、专门的开发和定制系统。功能上不贪大求全，力求做到简单、实用、易于扩展，在施工过程中根据实际需要，循序渐进，在总体

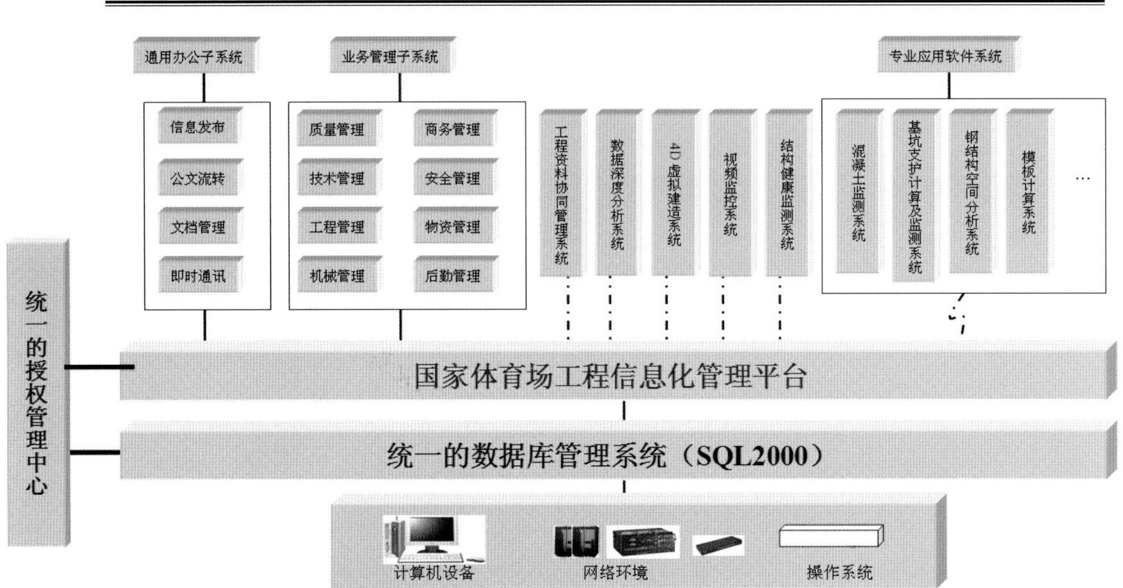

图 10-24　国家体育场工程总承包信息化管理系统体系结构图

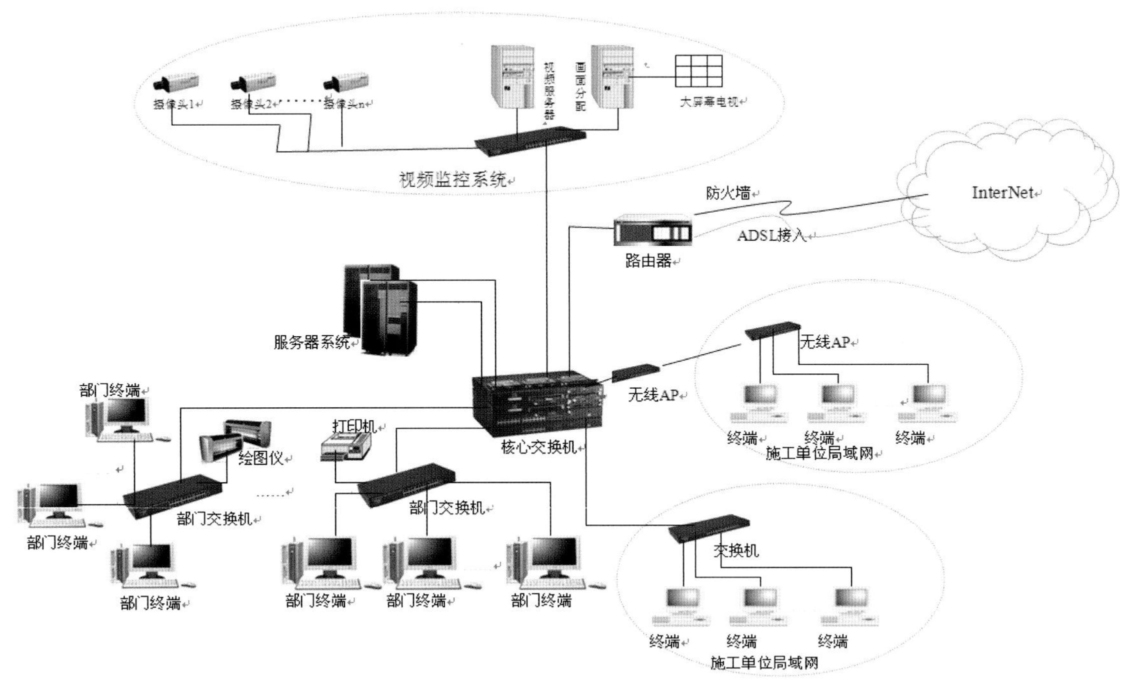

图 10-25　国家体育场总承包施工信息化管理网络结构示意图

规划下，分阶段进行建设，不断进行功能的完善和扩充。

最终目标是，在相关单位的通力配合下，建设一套科学合理的、适合大型工程总承包管理要求的信息化管理系统，并在类似工程上进行推广，促进建筑业信息化管理水平的提高，提高企业的竞争力，同时也为建筑业施工总承包领域信息化建设工作积累经验。

2.2 硬件、网络系统

为满足国家体育场工程总承包施工信息化管理的需要，以总承包部为龙头建立了一套通过局域网、互联网连接在一起的、涵盖总承包各部门、各参施单位、异地的材料供应、构件加工单位的计算机网络系统，见图 10-25。

2.3 总承包综合信息化管理平台系统

该平台主要以 OA 办公系统为核心，涵盖了工程管理、技术管理、质量管理、安全管理、合同管理、综合办公等工程管理的各个领域，提高了总承包单位与各参施单位之间、各业务系统之间信息沟通的效率，见图 10-26。

图 10-26　国家体育场项目信息化管理平台

2.4 建筑工程多参与方协同工作网络平台系统（ePIMS+）

ePIMS 是国家体育场工程总承包部与清华大学土木工程系合作开发的一个基于网络的建筑工程多参与方协同工作平台系统（图 10-27）。ePIMS 以互联网技术、SQL 数据库技术、XML 技术为支撑，通过提供对文档、图档和视档 3 种不同形式的建筑工程信息进行传送、管理及分析的功能，为工程项目包括业主、总包、监理以及分包在内的多参与方管理人员提供高效的协同工作平台。

国家体育场各参施单位在该系统上进行工程资料的编制工作，总承包部可以通过系统对各单位的资料收集整理情况进行实时监控和远程审核，并利用系统积累的历史数据进行统计分析和数据挖掘辅助管理决策，实现工程质量持续改进。

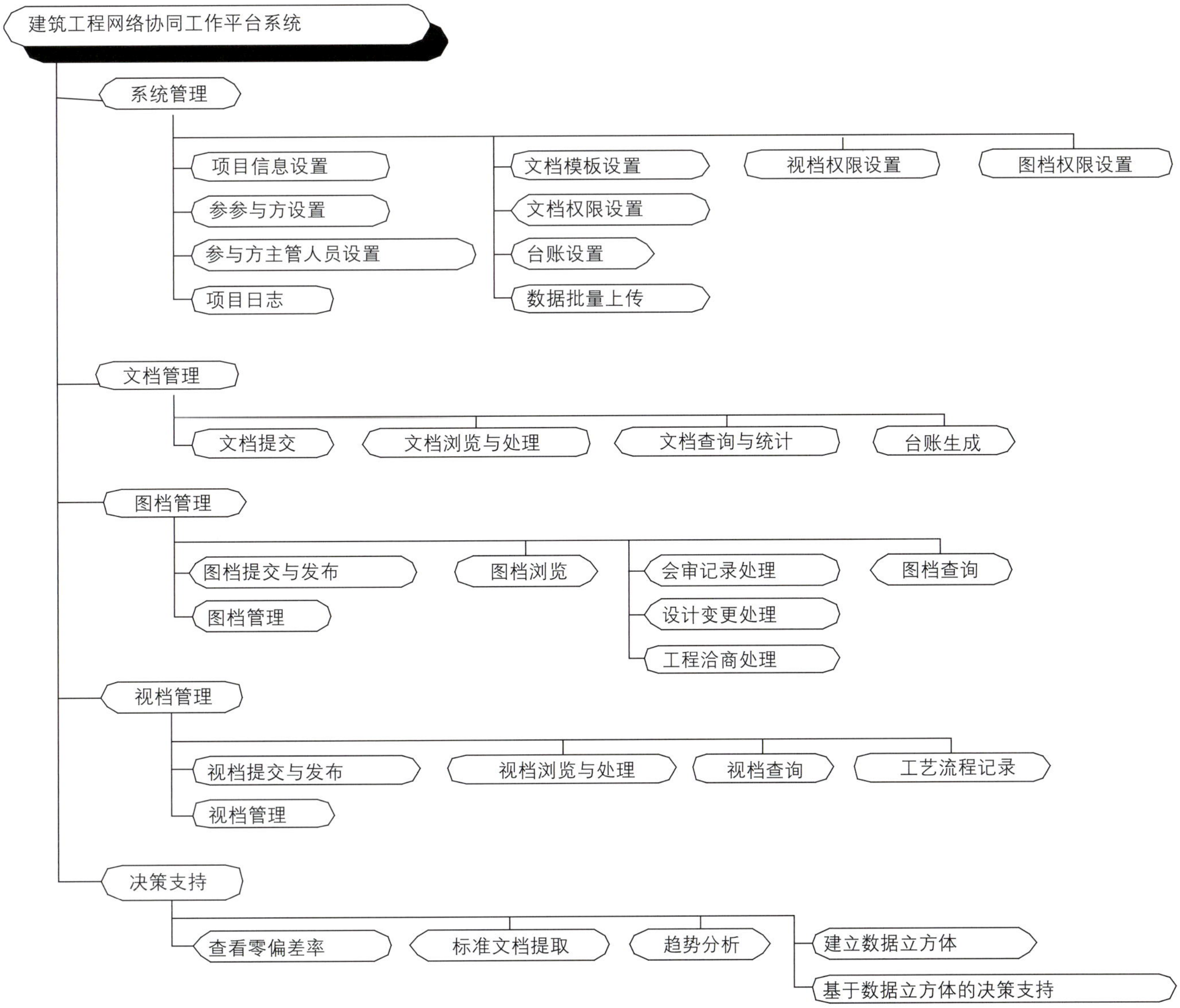

- 建筑工程网络协同工作平台系统
  - 系统管理
    - 项目信息设置
    - 参参与方设置
    - 参与方主管人员设置
    - 项目日志
    - 文档模板设置
    - 文档权限设置
    - 台账设置
    - 数据批量上传
    - 视档权限设置
    - 图档权限设置
  - 文档管理
    - 文档提交
    - 文档浏览与处理
    - 文档查询与统计
    - 台账生成
  - 图档管理
    - 图档提交与发布
    - 图档管理
    - 图档浏览
    - 会审记录处理
    - 设计变更处理
    - 工程洽商处理
    - 图档查询
  - 视档管理
    - 视档提交与发布
    - 视档管理
    - 视档浏览与处理
    - 视档查询
    - 工艺流程记录
  - 决策支持
    - 查看零偏差率
    - 标准文档提取
    - 趋势分析
    - 建立数据立方体
    - 基于数据立方体的决策支持

ePIMS+ 功能结构图

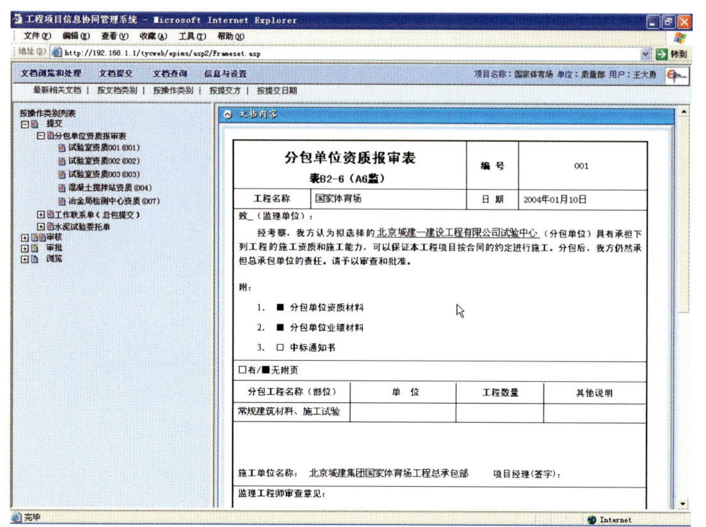

文档管理

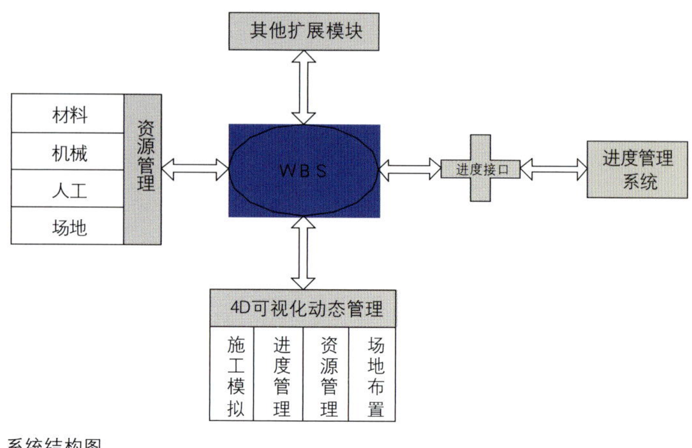

系统结构图

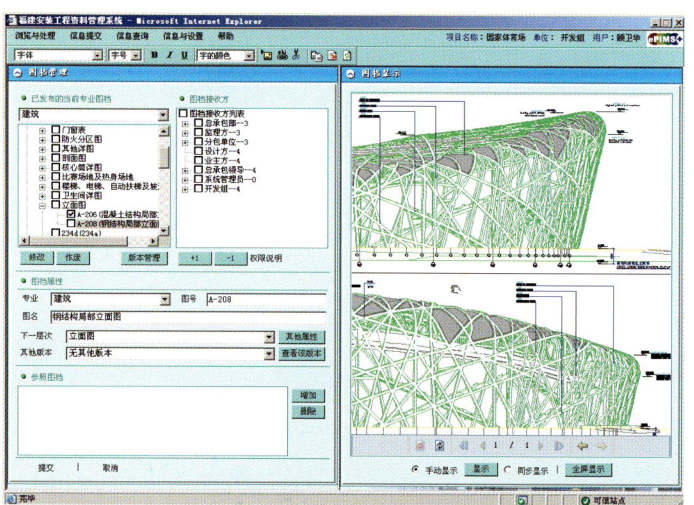

图档管理

施工进度的 4D 显示

图 10-27 建筑工程多参与方协同工作网络平台系统（ePIMS）

2.5 基于 IFC 标准的建筑工程 4D 施工管理系统

该系统由国家体育场工程总承包部与清华大学土木工程系合作开发完成，综合应用了 4D-CAD、工程数据库、人工智能、虚拟现实、网络通讯以及计算机软件集成技术，引入建筑业国际标准 IFC，通过建立基于 IFC 的 4D 施工管理扩展模型 4DSMM，将建筑物及其施工现场 3D 模型与施工进度相链接，并与施工资源和场地布置信息集成一体，提供了基于网络环境的 4D 进度管理、4D 资源动态管理、4D 施工场地管理和 4D 施工过程可视化模拟等功能，实现了施工进度、人力、材料、设备、成本和场地布置的 4D 动态集成管理以及施工过程的 4D 可视化模拟，为提高施工水平、确保工程质量，提供了科学、有效的管理手段，见图 10-28。

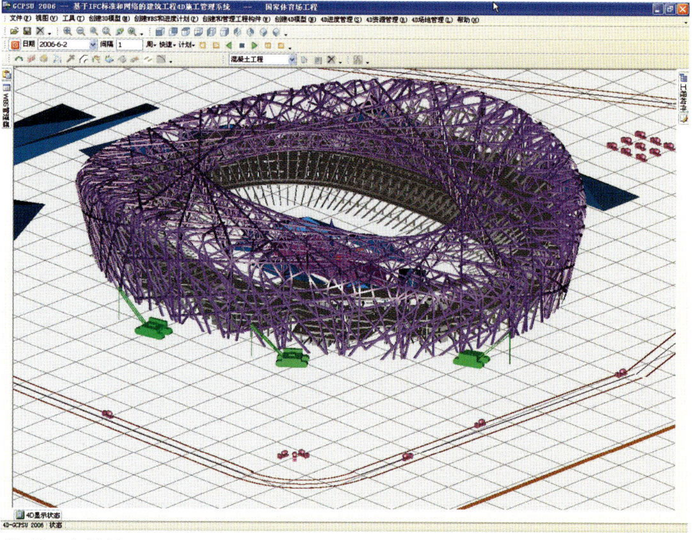

4D 施工场地管理

图 10-28 基于 IFC 标准的 4D 施工管理系统

2.6 钢结构施工信息管理系统

钢结构施工信息管理系统以构件管理、质量管理、深化设计、工程协调、远程办公等为主要内容。该系统在总承包部内部为一个 Intranet，同时开通 Internet 连接，所有参与国家体育场钢结构工程的单位和人员，均可通过该系统进行信息沟通（图 10-29）。通过该系统，可以对每一个构件的工厂加工、运输、现场拼装以及安装状态进行监控，同时，在该系统上建立了以焊接质量追溯为核心的质量管理系统，实现了焊缝、焊工和焊接记录的一一对应。

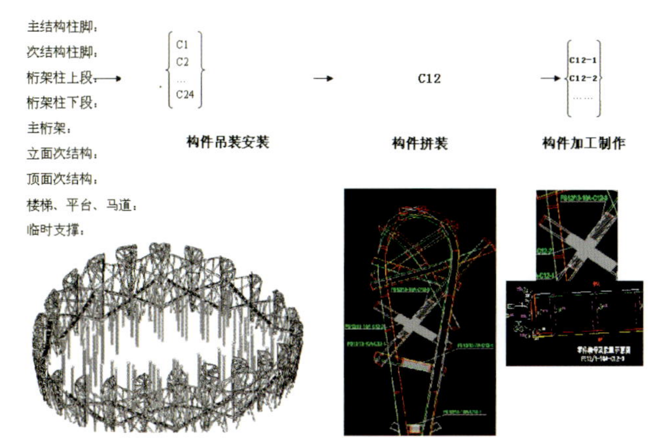

系统管理内容

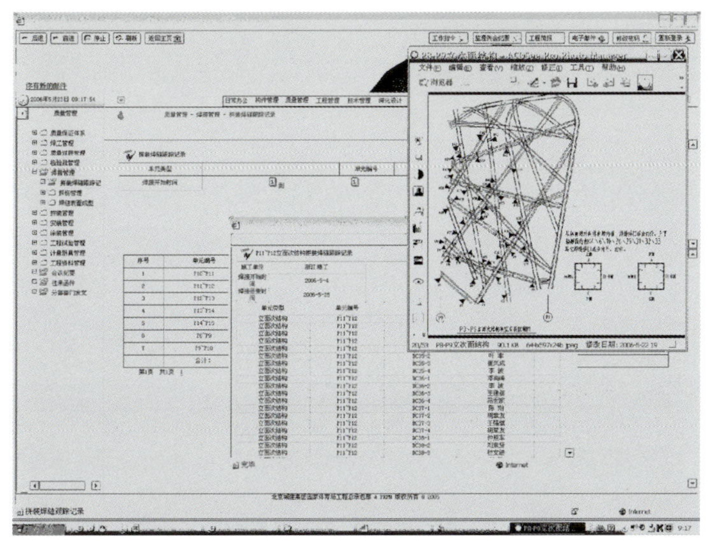

系统界面

图 10-29　钢结构工程施工信息管理系统

2.7 视频监控系统

在施工塔吊、工地大门建立了 13 路视频摄像系统，并与总承包部局域网融合，实现桌面对现场作业面和场地主要出入口的实时监控。在民工生活区布设了红外安防系统，保证了生活区的安全，见图 10-30。

图 10-30　视频监控系统

3. 结论

作为 2008 年奥运会的主会场国家体育场（鸟巢）工程规模庞大、造型新颖独特、结构复杂，建设工期异常紧迫。建设过程中安全、质量、工期、成本以及沟通协调等管理复杂，管理要求高，必须采用信息化管理手段。通过综合应用管理信息系统、协同办公平台、4D 施工管理系统、视频监控等信息化管理技术，提高了管理水平，实现了精细化管理。国家体育场工程的信息化建设和应用工作，还被列为国家“十五”科技攻关项目“建筑业信息化关键技术研究”的子课题，于 2005 年 12 月通过了建设部科技司的成果验收。Epims 系统 2006 年 1 月通过了教育部组织的科技成果鉴定，鉴定结论为该系统在综合功能和实用性上达到国际先进水平。“基于 IFC 标准的建筑工程 4D 施工管理系统的研究和应用”于 2006 年 11 月通过了教育部组织的科技成果鉴定，专家鉴定委员会评价该系统的研制成功和实际应用属国内首创，填补了国内空白，达到了国际先进水平。该项目获得了 2009 年度华夏建设科学技术奖一等奖。

国家体育场的施工信息化管理相关技术成果不仅在鸟巢工程建设中得到了成功应用，而且在国内其他工程得到了推广应用，推动了我国工程建设信息化管理水平的提高。

第十一章 大事记（2003~2008 年）

2006 年 10 月 1 日

中共中央总书记、国家主席胡锦涛等中央和北京市领导视察国家体育场（鸟巢）钢结构卸载完成后的施工现场。总书记在施工现场发表重要讲话：“同志们坚持精心设计、精心施工、勇于创新，以顽强拼搏的精神和严谨科学的态度，攻克了一个又一个难关，取得了出色的成绩。特别是 9 月 17 号鸟巢的主结构卸载成功，可以说是谱写了中国建筑史上的光辉一页，我向你们表示热烈的祝贺！”

2002 年

2002 年 3 月 31 日

国家体育场面向全球公开征集规划设计方案。

2002 年 4 月

北京市计委成立了“奥运项目办公室”，专职负责奥运场馆和相关设施建设项目法人招投标的组织、协调，制订各类招标相关文件，积极向国内外推介奥运场馆项目法人招标项目。

2002 年 7 月 2 日

截至 2002 年 7 月 2 日共收到 89 个规划设计方案。

2002 年 10 月

向全球公开发售奥运项目资格预审和意向征集文件。同时，北京《国家体育场（2008 年奥运会主体育场）建筑概念设计方案》举行国际竞赛。经过对参赛设计单位或联合体的资格审查，来自中、美、法、意、德、日、澳大利亚等十几个国家和地区的 7 家独立参赛单位和 7 家联营体参赛单位参加了概念设计方案的角逐。

2003 年

2003 年 1 月至 2 月

评审委员会对 7 份国家体育场项目法人申请文件进行评审推荐，并报市政府批准，确定了 5 名国家体育场项目合格申请人进入项目法人招标的第二阶段。

2003 年 3 月 18 日

13 名评审委员选举出 3 个优秀方案，分别是“鸟巢”方案、“浮空开启屋面”方案和日本与中国合作设计的“天空体育场”方案。讨论“鸟巢”方案时，有 8 票赞成、2 票反对、2 票弃权、1 票作废。

2003 年 4 月

经过严格的评审程序和群众投票，由瑞士 Herzog & de Meuron 建筑师事务所、中国建筑设计研究院及英国 Ove Arup 工程顾问公司设计联合体共同设计的“鸟巢”方案，设计新颖，结构独特，最终中选。同时，国家体育场项目法人合作方招标文件正式发出。

2003 年 6 月

对项目法人合作方投标人递交的优化设计方案、建设方案、融资方案、运营方案以及移交方案等进行综合评审。

2003 年 7 月

评标委员会推荐了 2 名综合评分靠前的中标候选人。

2003 年 8 月

经过谈判，并报北京市政府批准，最终确定由中国中信集团公司、北京城建集团有限责任公司、国安岳强有限公司、金州控股集团有限公司 4 家企业组成的中国中信集团联合体，成为国家体育场项目法人合作方招标的中标人。

2003 年 8 月 9 日

北京 2008 奥运会主体育场——国家体育场项目正式签约，中国中信集团联合体作为项目法人合作方招标的中标方与北京市政府草签了《特许权协议》、与北京市政府和北京奥组委草签了《国家体育场协议》，并与北京市国有资产经营有限责任公司签订了《合作经营合同》。

2003 年 9 月

北京市国有资产经营有限责任公司与中国中信集团联合体，正式开始国家体育场有限责任公司的各项筹备工作。

2003 年 11 月

国家体育场有限责任公司与瑞中设计联合体草签《国家体育场设计服务合同》。国家体育场项目完成场地清理、红线钉桩、树木伐移、用电准备等开工前的各项准备工作。

2003 年 12 月 19 日“鸟巢”第一根试验桩开钻。

2003 年 12 月 24 日

2003 年 12 月 24 日上午 9 点 15 分，国家体育场建设工程开工仪式隆重举行。这是奥运场馆中第一个开工的工程，标志着北京 2008 年奥运会场馆建设工程的全面启动。中共中央政治局常委、全国政协主席贾庆林出席了开工奠基仪式。

中共中央政治局委员、北京市委书记、北京奥组委主席刘淇在开工仪式上表示：国家体育场将是凝聚国内外建筑设计工作者智慧的标志性建筑，它的建设标志着北京奥运场馆建设的全面展开，是北京筹办2008年奥运会工作的一个重要里程碑。

时任北京市代市长王岐山宣布国家体育场开工，出席开工仪式的还有北京市副市长、北京奥组委副主席刘敬民，国家体育总局副局长、中国奥委会副主席于再清、段世杰等。出席仪式的领导和嘉宾为国家体育场和国家游泳中心进行了奠基，铲下了第一铲土。设计者之一皮埃尔·德梅隆先生也出现在开工现场。

2004年

2004年2月

国家体育场首批百根基础桩完成，开始实质性结构建设。

2004年4月7日

中共中央政治局委员、北京市委书记、北京奥组委主席刘淇、北京市副市长刘敬民等领导检查正在进行桩基基础施工的“鸟巢”工程。

2004年4月21日

中央电视台《同一首歌》、共青团北京市委在“鸟巢”施工现场举办纪念“北京市青年突击队成立五十周年”大型文艺晚会。

2004年5月1日

北京城建集团有限责任公司与国家体育场有限责任公司签定国家体育场建设工程施工总承包合同。

2004年6月9日

雅典奥运会火炬传递途经“鸟巢”施工现场。

2004年7月30日

为了进一步实现“节俭办奥运”,“鸟巢”的规划设计“不可避免”地需要进行一些优化和提升。2004年7月，国家体育场建设工程暂时全面停工。专家重新论证并调整规划设计后，这一工程将立即恢复施工，不会影响主体育场的主体功能和整体形象。北京奥运会场馆建设的总体格局也没有大的变化。

2004年8月

“鸟巢”优化设计后的效果图公布。

2004年10月30日

国际奥委会主席罗格等一行访问即将复工的“鸟巢”现场。

2004年11月

“鸟巢”设计的优化调整工作于2004年11月下旬完成。优化调整后的方案维持了“鸟巢”的设计概念，取消了可开启屋盖、扩大了屋顶开孔，其钢结构用钢量比原设计减少了22.3%。由于屋顶开孔扩大，膜结构减少了13%。使用功能完全满足奥运会赛时需求，安全性能得到进一步提高，同时降低了建安费用。

2004年12月28日

“鸟巢”正式复工，工程开始按计划积极有序地推进。

2005年

2005年1月15日

加拿大温哥华市长访问“鸟巢”施工现场。

2005年1月18日

国际网联主席访问“鸟巢”施工现场。

2005年2月18日

瑞典奥委会主席参观“鸟巢”施工现场。

2005年3月1日

堪培拉市市长参观“鸟巢”施工现场。

2005年3月18日

全国政协民主党派人士视察“鸟巢”建设现场。

2005年3月31日

欧广联秘书长参观“鸟巢”施工现场。

2005年4月28日

北京市文化局送电影到“鸟巢“施工现场。

2005年5月9日

国家体育场零层混凝土结构施工。

2005年5月31日

国际奥委会协调委员会官员考察“鸟巢”看台混凝土结构施工。

2005年6月30日

100多位中外知名媒体记者采访“鸟巢”工程。

2005年7月10日

希腊文化部长参观“鸟巢”施工现场。

2005年7月16日

时任建设部部长汪光焘等领导检查“鸟巢”工程。

2005年7月22日

北京市建筑工程结构“长城杯”专家首次检查“鸟巢”看台混凝土结构施工质量。

2005年7月25日

国家档案局执法检查组检查“鸟巢”档案工作。

2005年7月28日

法国驻华大使参观“鸟巢”施工现场。

2005年7月30日“鸟巢”钢结构开始加工

2005年9月8日

中共中央政治局委员、北京市委书记刘淇、时任北京市市长王岐山检查“鸟巢”看台混凝土施工。

2005 年 9 月 13 日

建设部工程质量专家检查“鸟巢”施工质量。

2005 年 9 月 13 日鸟巢首个钢结构柱脚 C13 柱脚开始安装，9 月 15 日安装到位，这也是唯一一个采用滑移法安装的柱脚。

2005 年 9 月 22 日

美国奥委会官员参观“鸟巢”施工现场。

2005 年 10 月 28 日

“鸟巢”首件钢构件 C1 桁架柱开始吊装，此举标志着作为“鸟巢”施工难度最大的钢结构工程施工正式拉开序幕。

2005 年 11 月 3 日

北京市建筑工程结构“长城杯”专家第二次检查“鸟巢”看台混凝土结构质量。

2005 年 11 月 15 日

2005 年 11 月 15 日上午，“鸟巢”混凝土主体结构施工提前一个月实现封顶。国家体育场工程混凝土结构主体分地下一层，地上七层，组成三层碗状斜看台。混凝土结构施工项目是国家体育场工程施工进度总控制目标中的第一个最关键节点，也是自开工以来难度最大的施工项目。自 2006 年 5 月初转入主体结构施工后，北京城建集团克服工程量大、工期紧、质量标准高、构造奇特复杂、斜柱、Y 型柱、超长钢管柱、空间环梁、斜梁等异形结构多，施工难度大等前所未有的困难，全力以赴，积极推进。集团公司主要领导坚持“零距离”坐镇指挥和现场办公。现场各级指挥人员坚持科学组织，强化管理、昼夜施工，争分夺秒，开展了百日大会战和多层面的劳动竞赛活动。同时，还针对结构施工中，科技含量高，推广应用新技术、新工艺、新材料多，技术难点多的特点，总包、分包单位及时组织推广了国家建设部确定的十大新技术，开展科技攻关活动，先后取得了混凝土双斜柱施工工艺、异性结构高大脚手架施工技术、研发了多角度独立支撑钢木组合模架体系以及 21m 超高斜柱矩形钢管柱混凝土泵送顶升技术、大体积超长结构混凝土防裂技术、清水混凝土施工技术等重大科技成果，为结构施工的圆满完成提供了强有力的科技支持和技术保证。仅用 5 个多月时间，一举打赢了建筑面积达 20.3 万 m^2，包括 124 根钢管柱、112 根 Y 型柱、228 根斜梁、600 多根斜柱等在内的主体结构施工攻坚战，共绑扎钢筋约 5 万吨、浇筑混凝土 20 多万 m^3，创造了结构施工新记录，圆满实现了市 2008 工程指挥部办公室确定的“11.15”结构封顶的里程碑计划目标。

2005 年 11 月 21 日

中央新影大型记录片《筑梦 2008》对“鸟巢”看台混凝土结构进行全方位拍摄

2006 年

2006 年 1 月 7 日钢结构立面次结构开始安装。

2006 年 1 月 8 日钢结构柱脚安装结束。

2006 年 1 月 24 日

中华全国总工会、北京市总工会春节前夕慰问“鸟巢”建设工人。

2006 年 2 月 13 日钢结构大楼梯开始安装。

2006 年 2 月 22 日钢结构主桁架开始安装。

2006 年 3 月 26 日

朝鲜政府代表团参观“鸟巢”工程。

2006 年 3 月 28 日

北京奥组委、北京市 2008 工程指挥部办公室组织全球百余家知名媒体记者采访“鸟巢”工程。

2006 年 4 月 5 日

中国钢结构协会专家首检“鸟巢”钢结构安装质量。

2006 年 4 月 9 日

伦敦市长利文斯通访问北京时，对鸟巢工程赞叹不已。

2006 年 4 月 16 日

张艺谋为总导演领衔的北京奥运会开闭幕式导演团队首次查看“鸟巢”施工现场。

2006 年 4 月 25 日

北京市文联、北京摄影家协会“擎起奥运大厦的人们”大型主题纪实摄影活动在“鸟巢”启动。

2006 年 4 月 27 日

全球 225 家建筑企业北京峰会代表参观“鸟巢”工程。

2006 年 4 月 30 日

中共中央政治局委员、北京市委书记刘淇、时任北京市市长王岐山于“五一”国际劳动节前夕慰问“鸟巢”建设工人。

2006 年 5 月 16 日

国际奥委会第 29 届奥运会协调委员会主席维尔布鲁根等官员访问“鸟巢”工程，北京市副市长、北京奥组委执行主席刘敬民，北京奥组委执行副主席杨树安陪同考察。委员们对“鸟巢”建设的进展情况赞不绝口。协调委员会主席维尔布鲁根曾于 2005 年 10 月参观过国家体育场，当时正在进行混凝土主体结构施工。时隔半年多，“鸟巢”的主体钢结构已安装完成过半，“鸟巢”外观已初具规模。巨大的变化令维尔布鲁根用“非凡”一词来形容北京的奥运场馆建设工作。

2006 年 5 月 17 日钢结构桁架柱安装结束。

2006 年 5 月 22 日

日本 NHK 电视台现场直播“鸟巢”钢结构安装工程夜景；“鸟巢”东立面被 30 多盏大功率聚光灯照亮，格外壮观。

2006 年 5 月 23 日

联合国秘书长安南及其夫人访问北京，在北京市委书记、北京奥组委主席刘淇陪同下参观鸟巢建设现场。

2006 年 6 月 7 日

英国皇家摄影协会主席访问“鸟巢”工程现场。

2006 年 6 月 29 日钢结构主桁架安装结束。

2006 年 7 月 8 日钢结构大楼梯安装结束。

2006 年 7 月 16 日钢结构立面次结构安装完成，至此鸟巢合拢前钢结构构件全部安装完成。

2006 年 7 月 20 日

瑞典国王卡尔十六世·古斯塔夫和夫人访问“鸟巢”。

2006 年 7 月 20 日

中共中央政治局委员、北京市委书记、北京奥组委主席刘淇、北京市市长王岐山等市领导调研“鸟巢”钢结构安装、合拢前的施工情况。

2006 年 8 月 8 日

国家体育总局局长刘鹏检查“鸟巢”工程。

2006 年 8 月 8 日

中央电视台、北京电视台、中央人民广播电台等媒体在北京 2008 奥运会开幕倒计时两周年之际对“鸟巢”工程进行现场直播。

2006 年 8 月 26 ~ 31 日

鸟巢钢结构完成合拢焊接，鸟巢钢结构浑然一体。

2006 年 9 月 11 日完成卸载前钢结构质量验收。

2006 年 9 月 13 日上午北京市市委、市政府听取鸟巢钢结构卸载准备情况汇报，13 日下午开始预卸载。

2006 年 9 月 17 日

鸟巢完成钢结构施工最关键环节——整体卸载。

“鸟巢”作为世界上跨度最大的钢结构建筑，纵横交错的钢铁枝蔓是这个建筑最华彩的部分，也是鸟巢建设中最艰难的。看似轻灵的枝蔓总重达 42000t，如此庞大的钢铁结构实施整体性卸载，在国际建筑领域尚属罕见。为了让鸟巢均匀、渐进地自主受力，卸载的过程中包括 7 个大步骤，也就是千斤顶需“7 上 7 下”，每一大步骤里又按位置按顺序依次包含：外圈、中圈、内圈、中圈、内圈 5 个相似的小步骤，共 35 个小步骤。而每一小步骤内要经历 3 个准确无误的工艺环节：第一环节，升起千斤顶，使它与“垫块”一起支撑鸟巢（垫块是指钢柱与鸟巢之间可以活动的块状钢铁，每一根钢柱的顶端都有 50mm 厚的数块垫块）；第二环节，撤去钢柱顶端的第一层垫块，这个区域的受力完全由千斤顶支撑；第三环节，千斤顶缓慢下降，一直降到第二层垫块的高度，此时这个区域的受力再次由钢柱与千斤顶共同承担。就这样，千斤顶与钢柱交替受力，交替下降，在上述 5 个位置上重复后，5 小步骤再循环往复 7 次，也就是 7 大步骤，直至卸载完成。

35 个步骤必须严格控制下降的距离，距离精确到毫米，根据测算，外圈卸载将下降 68~286mm；中圈卸载将下降 161~178mm；内圈卸载将下降 208~286mm，这个距离是鸟巢卸载成功的标志，如果鸟巢在自身受力后钢铁的下降幅度超过这个距离，那么就意味着鸟巢过去 3 年的设计、施工存在问题。因此，卸载是一个检验鸟巢从设计到施工合理与否的标准。

“鸟巢”钢结构的成功卸载，向世人宣告“鸟巢”钢结构施工诸多难题都被中国钢结构专家和建筑工人一一破解，也使国家体育场工程建设又进入了新阶段，为装修和膜结构施工赢得了宝贵的时间。

2006 年 10 月 13 日

北京市人民政府组织“国际导演拍北京”的摄影队在“鸟巢”拍摄。

2006 年 10 月 24 日

国际奥委会主席罗格先生在中共中央政治局委员、北京市委书记、北京奥组委主席刘淇陪同下参观“鸟巢”钢结构卸载后的工程现场。

2006 年 11 月 3 日

非洲联盟委员会主席科纳雷访问“鸟巢”。

2006 年 11 月 7 日

中央电视台大型纪实节目《奥运档案》首次使用高清数字设备拍摄“鸟巢”工程建设

2006 年 11 月 30 日

北京市全国人大代表视察“鸟巢”工程。

2006 年 11 月 30 日

随着最后一钩肩部次结构吊装就位，备受关注的 2008 年北京奥运会主会场——国家体育场（“鸟巢”）工程中最关键的项目——钢结构吊装工作全部完成。这是继 8 月 31 日钢结构主体结构成功合拢，9 月 17 日钢结构顺利卸载后，完成的又一重大工程节点目标，此举标志着国家体育场主体结构工程施工全部完成，施工重点已转向膜结构、装饰装修、机电设备安装和室外工程施工。

2007 年

2007 年 2 月 7 日

中共中央政治局常委、全国政协主席贾庆林视察“鸟巢”工程。

2007 年 2 月 9 日

北京市朝阳区“迎奥运全民健身活动”在“鸟巢”现场启动。

2007 年 3 月 1 日

法国外交部长参观“鸟巢”工程。

2007 年 4 月 15 日

中央电视台“五一国际劳动节”特别节目《筑巢颂》大型专题晚会在“鸟巢”举行。

2007 年 4 月 17 日

第 29 届奥运会协调委员会主席维尔布鲁根等视察“鸟巢”工程。

2007 年 4 月 26 日

摩纳哥总统和夫人访问“鸟巢”。

2007 年 4 月 29 日

台湾国民党荣誉主席连战携夫人参观“鸟巢”。

2007 年 6 月 1 日

为庆祝“六一国际儿童节”,“鸟巢”工程总承包部组织“鸟巢”小鸟看“鸟巢”活动。20 名总承包部职工的子女来到“鸟巢”工程现场，体验父亲母亲工作岗位；度过了一个特殊、浪漫的节日。

2007 年 7 月 1 日

国家体育场两个总配电室接通了由邻近变电站所供给的第一路电源，“鸟巢”正式通电了。

承担“鸟巢”外电源建设工程的北京电力朝阳供电公司，在短短两个月多的时间内完成了所有设备的安装、调试和实验。在正式实现第一路供电的同时，其他三路电源工程正在紧张施工，最终将由四路电源共同给“鸟巢”供电。

2007 年 7 月 17 日

中共中央政治局常委、国务院总理温家宝等领导视察“鸟巢”工程。

2007 年 8 月 5 日

北京奥运会官方电影开机仪式在“鸟巢”举行。

2007 年 8 月 10 日，“鸟巢”顶部网架结构外表面部分开始贴上一层半透明的 ETFE 膜。使用这种膜后，体育场内的光线不是直射进来的，而是通过漫反射，使光线更柔和，由此形成的漫射光还可解决场内草坪的维护问题，同时也有为坐席遮风挡雨的功能。8 月底进入下层 PTFE 膜结构施工。

2007 年 8 月 20 日

英国《泰晤士报》评出正在建设的十个最大最重要的建筑工程，“鸟巢”居首位。

2007 年 9 月 19 日

时任中共中央政治局常委、国家副主席曾庆红视察“鸟巢”工程。

2007 年 9 月 27 日

中共中央政治局常委李长春视察“鸟巢”工程。

2007 年 11 月 8 日

鸟巢铺完最后一块外层膜，为观众席撑起了“伞”。随着“鸟巢”顶端最后一块膜施工完毕，2008 年北京奥运会的主会场外观完美地展现在世人眼前。

2007 年 11 月 13 日

包括座椅安装在内的“鸟巢”内部装修全面展开。

2007 年 12 月

鸟巢被美国《时代》周刊评为 2007 年世界十大建筑奇迹。

2007 年 12 月 11 日

中共中央政治局常委、中纪委书记贺国强视察“鸟巢”工程。

2008 年

2008 年 1 月 11 日

全国妇联主席顾秀莲春节前夕慰问“鸟巢”建设现场女工。

2008 年 1 月 19 日

英国首相戈登·布朗携夫人访问“鸟巢”。

2008 年 1 月 28 日

“鸟巢”的 80000 个永久性座椅全部安装完毕。由零层的红色自下而上渐变为白色的座椅轻盈美观，将“鸟巢”内装扮得异常靓丽。

2008 年 1 月 29 日晚

国家体育场内部景观照明首次点亮进行调试，夜幕下的“鸟巢”璀璨夺目，美丽的景色令人陶醉。

2008 年 1 月 31 日

北京市市长郭金龙检查“鸟巢”工程。

2008 年 2 月 6 日

中共中央政治局委员、北京市委书记、北京奥组委主席刘淇等领导春节前夕慰问为“鸟巢”工程施工做最后冲刺的建设工人。

2008 年 2 月 15 日

中共中央政治局常委、国家副主席习近平视察“鸟巢”工程。

2008 年 4 月 1 日

国际奥委会官员考察“鸟巢”工程。

2008 年 4 月 2 日

中共中央政治局常委、全国人大常委会委员长吴邦国视察“鸟巢”工程。

2008 年 4 月 12 日

鸟巢内 1.4 万 m^2 塑胶跑道铺设全部完成，4 月 15 日前跑道线全部画完。“鸟巢”塑胶跑道从 3 月 30 日开始铺设。

此次用于“鸟巢”的塑胶跑道是经过改良的新一代产品，首次在北京奥运会场馆中使用。塑胶跑道的铺设工作基本是以传统的手工完成，像抹胶、接缝等细节工作更是纯手工进行，所用工具都非常简单，所用的黏合剂等一切相关施工材料及工具都是从意大利空运至北京。

2008 年 4 月 18 日

2008“好运北京”国际田径竞走挑战赛在“鸟巢”举行，这是该体育场第一次公开亮相，“首演”不仅迎来了众多参赛运动员，也吸引了大批热情的观众。

2008 年 4 月 20 日

2008“好运北京”国际马拉松赛从天安门广场鸣枪；终点设在“鸟巢”。

2008 年 5 月 13 日

2008 年 5 月 13 日晚，“鸟巢”开始铺草坪。草坪核心区由 5460 块 1.159m × 1.159m 的草坪块组装而成，采用美国冷季型混配草种，铺好后每三天就要维护一次。

经过建设者和部队官兵近 24h 的连续奋战，亚洲唯一的移动草坪在国家体育场“鸟巢”内顺利安装完成，为 5 月 22 日在此举办的“好运北京”田径赛事提供了硬件保障，更重要的是为奥运会和残奥会开闭幕式草坪转场在时间安排上进行了一次实战演练。

此次在国家体育场内共安装草坪 5460 块，每块重约 800kg，总重量约 4600 吨，铺设面积 7811m^2。

2008 年 5 月 22 日～ 25 日

2008 年中国田径公开赛在“鸟巢”举办。这是“鸟巢”首次迎接大规模赛事。比赛期间进行了男女 100m、200m、400m、1500m 短、中、长跑、110m 栏、跳高、跳远、铅球、铁饼、链球、标枪在内的 46 个项目（包括 4 个残奥会项目）的赛事，14 个国家和地区的 900 多名运动员在这里进行了角逐。

2008 年 5 月 28 日

台湾国民党主席吴伯雄访问“鸟巢”。

2008 年 5 月 29 日

韩国总统李明博访问“鸟巢”工程。

2008 年 6 月 15 日

国家建筑工程鲁班奖专家检查“鸟巢”工程。

2008 年 6 月 27 日

“鸟巢”工程通过竣工验收。

在北京市建筑工程质量安全监督总站的监督下，“鸟巢”工程通过最后竣工验收。工程业主、设计、勘测、监理和总承包商五方代表在工程验收书上签字。“鸟巢”工程项目共有 8 各子单位工程，17 个分部工程。

2008 年 6 月 28 日

“鸟巢”全面完工，并举行竣工仪式

经历了近 5 年的施工，“鸟巢”于 6 月 28 日顺利落成。作为奥运场馆的“收官之作”——“鸟巢”的落成，标志着北京奥运会主办及协办城市的所有 37 个比赛场馆已全部准备就绪。这座北京市的新地标建筑经过了数年的期盼和等待，建设施工中攻克了重重难关，终于圆满竣工。在竣工仪式上，市委书记刘淇、市长郭金龙为国家体育场落成纪念柱揭幕。北京市副市长、市“2008”工程指挥部指挥陈刚向国家体育场有限责任公司董事长李爱庆交付竣工验收合格证书。国家体育场参建单位有关人员还从市领导手中接过了纪念证书。

纪念柱上刻建设者名字

纪念柱背面规则地铭刻着建设者的名字，113 人名分 29 列排刻在钢柱上。吴竞军、谭晓春、李久林……这些为“鸟巢”建设起到关键作用的人记录在了“鸟巢”的“肩膀”上。前来参加竣工仪式的人员聚集在建设者名录下，与纪念柱合影留念。

2008 年 7 月 31 日

中共中央政治局委员，国务院副总理李克强视察“鸟巢”工程。

2008 年 8 月 8 日

第 29 届奥林匹克运动会在“鸟巢”盛大开幕，来自全世界五大洲 204 个奥运大家庭的 20000 多名运动员、教练员参加了开幕式；中共中央总书记、国家主席胡锦涛等党和国家领导人、国际奥委会官员以及 80 多个国家的元首、政府首脑出席开幕式。全世界约 40 亿人（次）通过电视等媒介途径观看了在中国国家体育场（“鸟巢”）举行的开幕式。

2008 年 8 月 24 日

第 29 届奥林匹克运动会在“鸟巢”隆重闭幕

2008 年 9 月 6 日

第十三届残疾人奥林匹克运动会开幕。

2008 年 9 月 17 日

第十三届残疾人奥林匹克运动会闭幕。

2008 年 10 月 24 日

“鸟巢”在全国建筑工程鲁班奖评选中，以 21 位评委全票通过，荣获建筑行业最高奖——“国家建筑工程鲁班奖”第一名。

2009 年

2009 年 9 月 24 日

经过全国千万网民网上投票和专家评选，国家体育场（鸟巢）以高票入选北京当代十大建筑。

国家体育场建设全过程见图 11-1~ 图 11-26。

图 11-1　开工前场地

图 11-2　开工仪式

图 11-3　完成“三通一平”

图 11-4　桩基基础施工

图 11-5　零层结构（一）

图 11-6　零层结构（二）

图 11-7　一层结构

图 11-8　二层结构

图 11-9　三至七层结构

图 11-10　结构施工夜景

图 11-11　结构施工完成

图 11-12　钢结构桁架柱吊装（一）

图 11-13　钢结构桁架柱吊装（二）

图 11-14　钢结构桁架柱吊装（三）

图 11-15　钢结构桁架柱和立面次结构安装

图 11-16　从“鸟巢”东边高处俯瞰“鸟巢”钢结构

图11-17　北京2008奥运会官方电影开机仪式灯光扮靓"鸟巢"

图11-18　空中航拍"鸟巢"膜结构安装完成

图 11-19　从“鸟巢”西边高处俯瞰“鸟巢”全景

图 11-20　“鸟巢”首次正式试灯

图 11-21　从“鸟巢”南侧水系看“鸟巢”全景

图 11-22　“鸟巢”第二次试灯

图 11-23 "鸟巢"掩映在周边景观花坛之中

图 11-24 以红色为基调的灯光扮靓"鸟巢"

图 11-25　第二十九届奥林匹克运动会开幕式

图 11-26　第十三届残疾人奥林匹克运动会开幕式

鸟巢四季——春

鸟巢四季——夏

鸟巢四季——秋

鸟巢四季——冬

图书在版编目（CIP）数据

织梦筑鸟巢　国家体育场——工程篇／北京城建集团有限责任公司，中信建设有限责任公司本卷主编．—北京：中国建筑工业出版社，2009
（2008北京奥运建筑丛书）
ISBN 978-7-112-12296-7

Ⅰ．①织…　Ⅱ．①北…②中…　Ⅲ．①体育场－工程施工－施工管理－概况－北京市　Ⅳ．①TU245.1

中国版本图书馆CIP数据核字（2010）第141400号

责任编辑：刘　江
责任设计：赵明霞
责任校对：关　健　陈晶晶

2008北京奥运建筑丛书
织梦筑鸟巢
国家体育场——工程篇
总主编　中国建筑学会
　　　　中国建筑工业出版社
本卷主编　北京城建集团有限责任公司
　　　　中信建设有限责任公司
*
中国建筑工业出版社出版、发行（北京西郊百万庄）
各地新华书店、建筑书店经销
北京嘉泰利德公司制版
恒美印务（广州）有限公司印刷
*
开本：965×1270毫米　1/16　印张：22　字数：880千字
2009年12月第一版　2009年12月第一次印刷
定价：188.00元
ISBN 978-7-112-12296-7
（19541）